化妆品
配方与工艺技术

龚盛昭　揭育科　编著

HUAZHUANGPIN
PEIFANG YU GONGYI JISHU

·北京·

本书简要介绍了去离子水、防腐剂、表面活性剂、抗氧化剂和着色剂等化妆品通用基本原料，重点介绍了乳化类护肤化妆品、水剂类化妆品、面膜、手工皂、洗护类化妆品、彩妆类化妆品、特殊用途化妆品、气雾剂型化妆品、口腔卫生用品等产品的原料组成、配方设计、生产工艺和质量控制，并列举了化妆品企业生产过程中出现的大量生产案例，同时编写了大量的实训项目。产品配方和生产工艺均来自企业正在使用的配方和工艺，实用性强。

本书注重理论与实际相结合，书中内容与企业生产实际保持了一致，非常适合化妆品企业技术人员作为参考书，同时也非常适用于化妆品类专业学生使用。

图书在版编目（CIP）数据

化妆品配方与工艺技术/龚盛昭，揭育科编著. —北京：化学工业出版社，2019.10（2025.2重印）
ISBN 978-7-122-35093-0

Ⅰ.①化… Ⅱ.①龚…②揭… Ⅲ.①化妆品-配方-设计②化妆品-生产工艺 Ⅳ.①TQ658

中国版本图书馆CIP数据核字（2019）第183246号

责任编辑：张双进　　文字编辑：向　东
责任校对：刘　颖　　装帧设计：王晓宇

出版发行：化学工业出版社（北京市东城区青年湖南街13号　邮政编码100011）
印　　装：北京天宇星印刷厂
787mm×1092mm　1/16　印张27¼　字数670千字　2025年2月北京第1版第6次印刷

购书咨询：010-64518888　　售后服务：010-64518899
网　　址：http://www.cip.com.cn
凡购买本书，如有缺损质量问题，本社销售中心负责调换。

定　　价：79.00元

编 写 人 员

主　　编　龚盛昭　广东轻工职业技术学院

　　　　　　揭育科　广州清碧化妆品有限公司

编写人员（按姓名拼音字母排序）

陈庆生　广州环亚化妆品科技有限公司

陈云波　广州善合化工有限公司

范黎明　广东优博日化用品有限公司

龚德明　广州留今科学研究有限公司

龚盛昭　广东轻工职业技术学院

何远伦　广州市素缘生物科技有限公司

揭育科　广州清碧化妆品有限公司

孔秋婵　广州环亚化妆品科技有限公司

赖子强　广州市福美生物科技有限公司

李仁衬　广州天芝丽生物科技有限公司

林朝栋　广州优科生物科技有限公司

林　珠　广州福友新材料科技有限公司

凌文志　广州市祺富精细化工有限公司

刘　山　广州雅纯化妆品制造有限公司

罗建斯　广州市能冠化工有限公司

莫锐华　广州华誉化工有限公司

潘柯敏　集思美创（广州）科技有限公司

孙华杰　广州市奥雪化工有限公司

王　强　广州崃克保新材料科技有限公司

温俊帆　中山市天图精细化工有限公司

向文浩　广州雅纯化妆品制造有限公司

徐梦漪　广东轻工职业技术学院

张艳容　广州市奥雪化工有限公司

郑　鹏　广州融汇化妆品有限公司

前言

爱美之心人皆有之，随着人民生活水平不断提高，越来越多的人追求时尚追求美，带动了我国化妆品市场规模的持续增加，化妆品行业迎来了黄金时代。但我们也要清醒地认识到，本土化妆品行业与“中国智造”整体发展水平有落差，亟待化妆品生产企业抓住个性化需求的机遇，以产品质量安全为底线，在强化研发、精准营销和品牌建设等方面同步发力，推动国产化妆品行业提档升级。

近年来，民族化妆品品牌有崛起的趋势，但与国际知名品牌相比，无论产品还是设计大都处于模仿阶段。化妆品配方与工艺作为化妆品技术的核心，是应当引起化妆品生产企业重视了！

本书就是为了提升整个化妆品行业的化妆品配方与工艺技术水平而编写的，编写团队将多年的研发经验融入了全书的编写过程。本书简要介绍了去离子水、防腐剂、表面活性剂、抗氧化剂和着色剂等化妆品通用原料，重点介绍了乳化类化妆品、洗护类化妆品、水剂类化妆品、面膜类化妆品、彩妆类化妆品、气雾剂型化妆品、特殊用途化妆品、口腔卫生用品、手工皂等产品的原料组成、配方设计、生产工艺和质量控制，列举了大量化妆品企业生产过程中出现的生产案例，编写了大量的实际训练项目，特别是结合作者多年产品配方研发经验撰写了化妆品配方研发创新技巧。书中产品配方和生产工艺技术均来自企业正在使用的最新配方和工艺，实用性强，参考价值大。

本书注重理论与实际相结合，突出实用性，书中内容与化妆品产业发展实际保持了高度一致，体现了化妆品产业最先进的技术元素，非常适合作为化妆品企业技术人员和配方工程师的参考书，也非常适合作为高校化妆品技术、精细化工技术、化工应用技术、化妆品经营与管理等专业用教材。

全书由龚盛昭、揭育科担任主编，陈庆生、潘柯敏、孔秋婵、温俊帆、何远伦、陈云波、龚德明、赖子强、李仁衬、凌文志、罗建斯、莫锐华、王强、孙华杰、张艳容、徐梦漪、范黎明、郑鹏、林朝栋、林珠、向文浩、刘山等参与了本书的编写。本书是在国家、省、市等各级科研项目支持下完成的，广州环亚化妆品科技有限公司、广州善合化工有限公司、广州留今科学研究有限公司、广州市素缘生物科技有限公司、广州市福美生物科技有限公司、广州天芝丽生物科技有限公司、广州市祺富精细化工有限公司、广州市能冠化工有限公司、广州华誉化工有限公司、集思美创（广州）科技有限公司、广州崃克保新材料科技有限公司、广州市奥雪化工有限公司、中山市天图精细化工有限公司、广州雅纯化妆品制造有限公司、广州融汇化妆品有限公司、广东优博日化用品有限公司、广州优科生物科技有限公司、广州福友新材料科技有限公司等企业为本书提供了大量生产配方、生产案例和原料资讯，确保了本书先进性，达到了产学研的完美结合。在此一并表示感谢。

限于编者水平有限，不妥之处在所难免，恳请广大读者批评指正。

编者
2019 年 8 月

目录

绪论

第一章　化妆品通用基本原料

第二章 乳化类化妆品

第三章 水剂类化妆品

第四章　面膜

第五章　手工皂

第六章　洗护类化妆品

第七章　彩妆类化妆品

第八章　特殊用途化妆品

第九章 气雾剂型化妆品

第十章　口腔卫生用品

第十一章　化妆品配方研发创新设计思路

附　录

参考文献

绪　论

Chapter 0

第一节　化妆品概念与分类

一、化妆品定义

化妆品是指以涂抹、喷洒或者其他类似方法，散布于人体表面的任何部位，如皮肤、毛发、趾指甲、唇齿等，以达到清洁、保养、美容、修饰和改变外观，或者以修正人体气味，保持良好状态为目的的精细化工产品。

二、化妆品分类

化妆品的种类繁多，其分类方法也多种多样，如按剂型分类、按内含物成分分类、按使用部位和使用目的分类、按使用年龄、性别分类等。

1. 按剂型分类

按剂型分类，即按产品的外观性状、生产工艺和配方特点，可分为以下 13 类。

① 水剂产品：如香水、花露水、化妆水、营养头水、奎宁头水、冷烫水、祛臭水等。

② 油剂产品：如发油、发蜡、防晒油、浴油、按摩油等。

③ 乳剂产品：如清洁霜、清洁乳液、润肤霜、营养霜、雪花膏、冷霜、发乳等。

④ 粉状产品：如香粉、爽身粉、痱子粉等。

⑤ 块状产品：如粉饼、胭脂等。

⑥ 悬浮状产品：如香粉蜜等。

⑦ 表面活性剂溶液产品：如洗发香波、浴液等。

⑧ 凝胶状产品：如抗水性保护膜、染发胶、面膜、指甲油等。

⑨ 气溶胶制品：如发胶、摩丝等。

⑩ 膏状产品：如泡沫剃须膏、洗发膏、睫毛膏等。

⑪ 锭状产品：如唇膏、眼影膏等。

⑫ 笔状产品：如唇线笔、眉笔等。

⑬ 珠光状产品：如珠光香波、珠光指甲油、雪花膏等。

2. 按使用部位和使用目的分类

（1）皮肤用化妆品类

① 清洁皮肤用化妆品：如清洁露、洗发膏等。

② 保护皮肤用化妆品：如雪花膏、冷霜、奶液、防裂膏、化妆水等。

③ 美容用化妆品：如香粉、胭脂、唇膏、唇线笔、眉笔、眼影膏、鼻影膏、睫毛膏等。

④ 营养皮肤用化妆品：如人参霜、维生素霜、荷尔蒙霜、珍珠霜、丝素霜、胎盘膏等。

⑤ 药性化妆品：如雀斑霜、粉刺霜、除臭剂、抑汗剂等。

(2) 毛发用化妆品类

① 清洁毛发用化妆品：如洗发香波、洗发膏等。

② 保护毛发用化妆品：如发油、发蜡、发乳、爽发膏、护发素等。

③ 美发用化妆品：如烫发剂、染发剂、发胶、摩丝、定型发膏等。

④ 营养毛发用化妆品：如营养头水、人参发乳等。

⑤ 药性化妆品：如去屑止痒香波、奎宁头水、药性发乳等。

第二节　皮肤与化妆品

由于大多化妆品涂擦在人的皮肤表面，与人的皮肤长时间接触，因此配方合理、与皮肤亲和性好、使用安全的化妆品能起到清洁、保护、美化皮肤的作用；相反，使用不当或使用质量低劣的化妆品，会引起皮肤炎症或其他皮肤疾病。因此，为了更好地研究化妆品的功效，开发与皮肤亲和性好、安全、有效的化妆品，有必要对相关的皮肤科学进行深入的了解。

一、皮肤的结构

皮肤是人体的主要器官之一，它覆盖着全身，起着保护人体不受外部刺激或伤害的作用。人的皮肤从表面来看是薄薄的一层，如果把它放在显微镜下仔细观察，就会清楚地看到皮肤由表及里共分三层：皮肤的最外层叫表皮；中间一层叫真皮；最里面的一层叫皮下组织。皮肤的解剖和组织示意图如图 0-1 所示。

二、皮肤的生理作用

皮肤的作用主要包括保护、感觉、体温调节、吸收、呼吸、汗液和皮脂的分泌排泄等。

皮脂是由皮脂腺分泌出来的，主要含有脂肪酸、甘油三脂肪酸酯、蜡、甾醇、角鲨烯和烷烃等物质。根据皮脂分泌量的多少，人类的皮肤分为干性、油性和中性三大类，这是选择化妆品的重要依据。

皮肤吸收的主要途径是渗透通过角质层细胞膜，进入角质层细胞，然后通过表皮其他各层而进入真皮；其次是少量脂溶性及水溶性物质或不易渗透的大分子物质通过毛囊、皮脂腺和汗腺导管而被吸收。通常角质层吸收外物的能力很弱，但如使其软化和在透皮促进剂作用下，可加快吸收。通常情况下，水及水溶性成分不能经皮肤吸收，但油脂和油溶性物质可以通过角质层和毛囊被吸收。对油脂类的吸收方面，其吸收顺序为：动物油脂＞植物油＞矿物油。猪油、羊毛脂、橄榄油等动植物油脂能被吸收；而凡士林、白油、液体石蜡、角鲨烷等几乎不能吸收；酚类化合物、激素等易被吸收。对维生素来讲，具有油溶性的维生素 A、D、E、K 等比较容易被皮肤吸收，而水溶性维生素 B、C 难吸收。

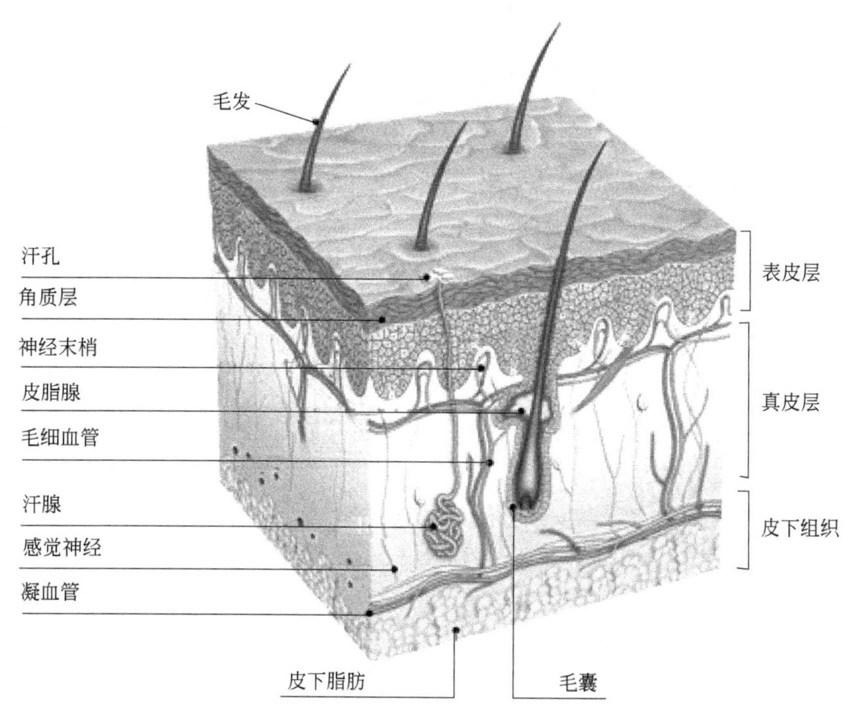

图 0-1 皮肤的解剖和组织示意图

三、皮脂膜和天然调湿因子

1. 皮脂膜

皮肤分泌的汗液和皮脂混合，在皮肤表面形成乳状的脂膜，这层膜称为皮脂膜。它具有阻止皮肤水分过快蒸发、软化角质层、防止皮肤干裂的作用，在一定程度上有抑制细菌在皮肤表面生长、繁殖的作用。皮脂膜中主要含有乳酸、游离氨基酸、尿素、尿酸、盐、中性脂肪及脂肪酸等。由于这层皮脂膜的存在，皮肤表面呈弱酸性，其 pH 值为 4.5～6.5，并随性别、年龄、季节及身体状况等而略有不同。皮肤的这种弱酸性可以起到防止细菌侵入的作用。

2. 天然调湿因子

角质层中水分保持量在 10%～20%时皮肤适度张紧，富有弹性，是最理想的状态；水分在 10%以下时，皮肤干燥，呈粗糙状态；水分再少则发生龟裂现象。正常情况下，皮肤角质层中的水分之所以能够被保持，一方面是由于皮脂膜可防止水分过快蒸发；另一方面是由于角质层中存在有天然保湿因子（natural moisture factor，简称 NMF），使皮肤具有从空气中吸收水分的能力。NMF 由多种成分组成，主要有氨基酸、吡咯烷酮羧酸、乳酸盐、尿素、尿酸、无机盐、柠檬酸等。化妆品的保湿剂大多数就是以 NMF 为模型，如近年来采用的氨基酸、吡咯烷酮羧酸、透明质酸等。

四、皮肤的老化与保健

1. 皮肤的老化

人体衰老是一个复杂的过程，也是生命发展的自然规律，其原因有内因和外因两个方面：内因主要包括内分泌、遗传、细胞代谢异常、组织病变等；外因包括工作和生活环境、营养状态等。

人的成长经历幼年期、少年期、青春期、壮年期、老年期，皮肤的状态也随之发生相应的变化。一般24岁左右是人体皮肤的转折点，24岁之后人体皮肤的弹性纤维逐渐变粗，弹性减弱，到40～50岁时皮肤开始明显衰退。衰老是一个非常复杂的过程，皮肤衰老的具体特征是：皮肤失去弹性和柔软性，出现皱纹，干燥角化，色素过量沉积，皮肤松弛，出现老年斑，免疫力降低等。

关于皮肤老化的机理，目前比较完善的有几种观点，如“消耗学说”“细胞变异学说”“自身免疫学说”“交联结合学说”“自由基学说”等。下面以“自由基学说”为例说明人体皮肤老化的机理。

自由基学说认为：老化是自由基产生和消除发生障碍的结果。正常情况下，生物体内氧自由基的产生与消除处于相对平衡状态，但某些病理或紫外线的照射可以增加氧自由基的形成。自由基形成后，它们可以进攻、浸润和损伤皮肤细胞结构，并引起如下变化：

① 长命分子（如胶原蛋白、弹性纤维和染色体物质）中的累积性氧化变异，使皮肤逐渐失去弹性和张力，皱纹不断增加；

② 黏多糖（如透明质酸）分解和细胞间质（如神经酰胺）流失，使皮肤干燥角化；

③ 惰性物质的积累和衰老色素（如脂褐素）的积累；

④ 脂质过氧化引起细胞膜和质膜的变化；

⑤ 动脉和毛细血管的纤维化；

⑥ 酶活力降低和免疫力降低，促进衰老。

皮肤老化的原因多种多样，应是多种因素作用的共同结果，但有一点是公认的，即紫外光照射是加速皮肤老化的最重要的外部原因。

2. 皮肤的保健

皮肤是人体自然防御体系的第一道防线，皮肤健康防御能力强，而且健康美丽的皮肤不仅使人显得年轻，还能给人以美的享受，给人以轻松、愉快、清秀之感。健康美丽的皮肤应该是清洁卫生、湿润适度、柔软而富有弹性，具有适度的光泽和张紧状态，肤色纯正，有生机勃勃之感。

因此，保护好皮肤，特别是面部皮肤，对于美化容貌、延缓衰老是非常重要的。在皮肤保健中护肤化妆品的作用不可忽视。护肤化妆品可清洁皮肤表面、补充皮脂的不足、滋润皮肤、促进皮肤的新陈代谢。它们能在皮肤表面形成一层护肤薄膜，可保护或缓解皮肤因气候变化、环境影响等因素所造成的刺激，并能为皮肤提供正常生理过程中所需要的营养成分(如神经酰胺、维生素、氨基酸)，清除活性氧自由基，使皮肤柔润、光滑，从而延缓皮肤的衰老，并预防某些皮肤病的发生，使皮肤更加美观和健康。

第三节　毛发与化妆品

毛发是人体的重要组成部分，健康的秀发是外表俊美的重要标志之一，一头浓密漂亮的头发能给人以美感。头发经过人为加工修饰后，更增加美感和风采。很多化妆品，例如，洗发香波、护发素、啫喱水、烫发剂、染发剂等均用于毛发。因此，为了更好地研究毛发用化妆品的功效，开发与皮肤亲和性好、安全、有效的发用化妆品，有必要了解有关的毛发科学。

一、毛发的结构

毛发，分为毛干和毛根两部分，如图 0-2 所示。

1. 毛干

毛干是露出皮肤之外的部分，即毛发的可见部分，由角化细胞构成。毛干由含黑色素的细长细胞所构成，胞质内含有黑色素颗粒，黑色素使毛发呈现颜色。毛发的色泽与黑色素含量的多少有关。

毛干组织可分为表皮、髓质及皮质三层，如图 0-3 所示。

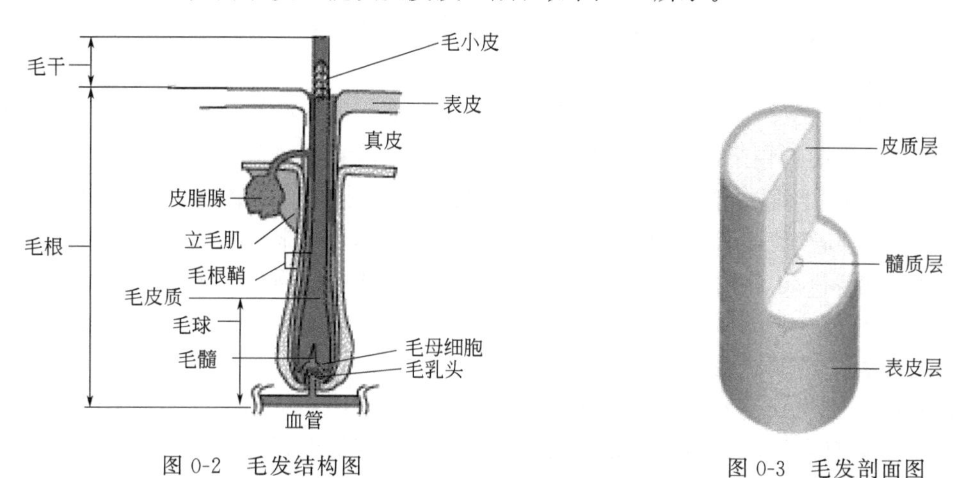

图 0-2 毛发结构图

图 0-3 毛发剖面图

表皮层是由角质结构的鱼鳞状细胞顺向发尾排列而成，一般毛发的表皮层由 6～12 层毛鳞片所包围，保护头发抵御外来的伤害。在头发湿润时，表皮鳞片膨胀而易受到伤害，通常头发在碱性条件下，毛鳞片更容易打开。

皮质层是由蛋白细胞和色素细胞所组成，占头发的 80%，是头发的主体，它含有以下连接物：盐串、硫串纤维状的皮质细胞扭绕如麻花状，从而赋予其弹性、张力和韧性，头发的物理性质和化学性质归因于这种纤维结构。头发的天然色（麦拉宁色素）存在于皮质内，由两种色素构成，即黑色素、红黄色素，而红黄色素是由红至黄排列，它们决定头发的颜色。

髓质层是在毛发的最内层，被皮质层细胞所包围，成熟的头发里有的结构呈连续或断续状。髓质层碱量低，并且有一种特殊的物理结构，对化学反应的抵抗力特别强。

2. 毛根

毛根是埋在皮肤内的部分，是毛发的根部。毛根长在皮肤内看不见，并且被毛囊包围。毛囊是上皮组织和结缔组织构成的鞘状囊，是由表皮向下生长而形成的囊状构造，外面包覆一层由表皮演化而来的纤维鞘。毛根和毛囊的末端膨大，称毛球。毛球的细胞分裂活跃，是毛发的生长点。毛球的底部凹陷，结缔组织突入其中，形成毛乳头。毛乳头内含有毛细血管及神经末梢，能营养毛球，并有感觉功能。如果毛乳头萎缩或受到破坏，毛发停止生长并逐渐脱落。毛囊的一侧有一束斜行的平滑肌，称为立毛肌。立毛肌一端连于毛囊下部，另一端连于真皮浅层，当立毛肌收缩时，可使毛发竖立。有些小血管会经由真皮分布到毛球里，其作用为供给毛球毛发部分生长的营养。

二、毛发的生长

毛发的制造工厂叫毛囊，在毛囊的底端存在着毛囊干细胞，可以进一步分化为角质细胞，而角质细胞就是毛发的加工与生产车间。毛发根部上皮细胞是在人体分裂最快的细胞之一，超过不少癌症细胞，因此，许多攻击快速生长的癌细胞的化学药物会攻击到毛囊，造成脱发。

人出生后毛囊的数量是恒定的，在不同的时期，产生不同的毛发，这是受身体内环境，主要是激素调节的。人在胎儿时期长的是胎毛，胎毛还常发现于畸胎瘤中；胎儿长到33～36周，就换成了细毛；到了青春期，在性激素的刺激下，身体上不少部位，比如面部、胸部、腋下、耻部、腿部、前臂等，都换成了粗壮的终毛。老年性的秃头，掉的是终毛，又换成了细毛，看不见以为秃，实际上多半还是一根不少的。

毛发有一个周期生长过程，大致分为三个阶段：生长期、退化期、静息期。毛发的生长期为3～7年，而退化期只有2～3周，迅速过渡到静息期，静息期约为3个月。

人的毛发85％～90％都处于生长期，持续不断地以每个月1cm的速度生长，到了静息期，毛发不再生长，陆续地脱落，这就是为什么每天梳头会掉几十根头发的根本原因。毛发掉了之后，毛囊会重新长出新的毛发，进入下一个周期。一般可以通过在不修剪毛发的情况下测量毛发的自然长度，来计算生长期。只有生长期特长的人，才会长出很长的毛发来，眉毛生长期只有几个月，故而眉毛一般较短。

胡须可能是唯一在生长速度上赶得上甚至超过头发的，其他部位的毛发生长速度要慢得多。体毛大多处于静息期，生长期只有数月或者更短，故而其长度有限。

三、毛发的功能

毛发的功能很多，它能帮助调节体温，同时也是触觉器官，当轻触到身体表面时，毛发的根部就会产生轻微的动作，并立刻被围绕在毛干四周的神经小分支物所截取，然后经由感觉神经传送到大脑。另外，头发还具有防晒作用。

四、毛发的主要成分

毛发的主要成分是角蛋白。角蛋白是由氨基酸组成的多肽链。毛发角蛋白由多种氨基酸组成，其中以胱氨酸的含量最高，可达15.5％，蛋氨酸和胱氨酸的比例为1∶15。毛发结构的稳定性是由多肽链间的各种作用力所决定的，这些作用力包括氢键、盐键（氨基与羧基间形成盐）和二硫键等，其中二硫键是最为关键的一种。二硫键是胱氨酸分子中存在的一种化学键，胱氨酸分子结构式如下。毛发中胱氨酸含量越大，二硫键的数目就越大，毛发纤维的刚性就越强。自然头发中，胱氨酸含量为15％～16％。但紫外线、还原剂和强酸、强碱、氧化剂等因素都对二硫键具有破坏作用。烫发后，胱氨酸含量降低为2％～3％，同时出现烫发前没有的半胱氨酸，这说明烫发有损发质。

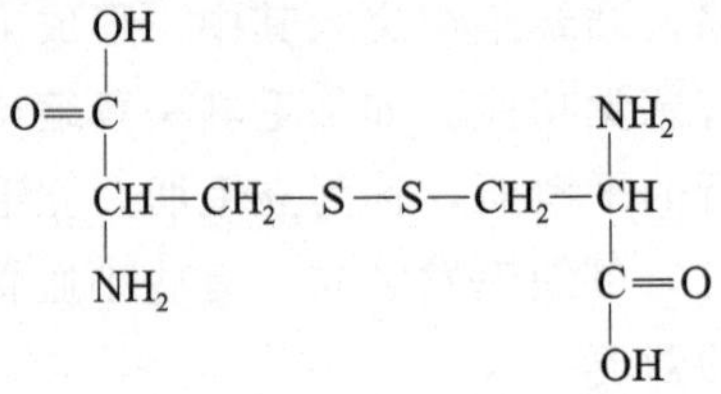

$$\begin{array}{ccccccccc}
 & OH & & & & & & & \\
 & | & & & & & & & \\
O= & C & & & & & & & NH_2 \\
 & | & & & & & & & | \\
 & CH & -CH_2- & S & - & S & -CH_2- & & CH \\
 & | & & & & & & & | \\
 & NH_2 & & & & & & & C=O \\
 & & & & & & & & | \\
 & & & & & & & & OH
\end{array}$$

其次较多的是水分。通常空气中毛发中含有 10%～15%的水分，洗发后会提高到 30%～35%，即使经吹风机干燥后毛发中仍保持着 10%左右的水分。如毛发受损，毛发的保湿能力变弱，含水量下降，会呈现出受损状态。

毛发对湿度变化非常敏感，随着湿度变化毛发中的含水量也随之变化。含水量过多，使毛发失去弹性。反之，则变得干枯，影响光泽度。

毛发中的脂质分布于毛发内部的皮脂中和从头皮脂腺处分泌出来（一部分附着在毛发表面，一部分渗透至毛发内部）的皮脂中。它们的组成几乎相同，均起着防止干燥、保护毛发的作用。

黑色素是决定毛发颜色的成分，存在于毛母细胞中的色素细胞内，以氨基酸之一的酪氨酸作为原料，使其氧化聚合成黑色素后被角朊蛋白吸收。

毛发中含有 0.5%～0.9%的微量元素，除了铁、铜、钙、锰等金属外，还含有磷、硅等 30 多种非金属成分。这些微量元素也许是污垢、灰尘、美发用品等外部附着物，或来自体内的积蓄，或是毛母细胞在分裂增殖中作为不可缺的成分而必然存在。但毛发被认为有将有害金属排出体外的功能，通过测定毛发中的微量元素，可推测身体的物质代谢变化，得知健康状态。

五、头发的保养

头发会影响仪表，要秀发保持光泽亮丽，应该从以下几个方面进行头发的保养。

1. 从饮食着手，注意营养和饮食均衡

硫氨基酸食物可强壮发质。富含半胱氨酸与甲硫氨酸的食品有助秀发生长，这些氨基酸多存于动物性食品中，如蛋就是最佳的来源，除此还有豆类与包心菜。

维生素 B_6 和维生素 E 有预防白发和促进头发生长的作用，如包心菜、麦片、花生、葵花子、豆类、香蕉、蜂蜜、蛋类、猪肝、酸乳酪等食品。

海产食物可助生发。海产如紫菜、小鱼干、蚬等，有助于保持血液酸碱度的平衡；尤其是海鲜中的碘、硫、铜和蛋白质，是生发及养发的必要物质。

蔬果可抑制酸性。蔬果如菠菜、芹菜、豆类、柠檬、橘子等为碱性食品，不仅有抑制酸性作用，还含有许多构成发质所必需的微量元素，对头发的营养帮助很大。

保养好头发，生活中应保持良好的饮食习惯，注意这几方面，如忌糖、忌油腻、忌烟酒、忌辛辣。

2. 注意头发清洁和保养

头皮有许多汗腺和皮脂腺，经常分泌汗液和油脂。由于头发覆盖，不易散热，分泌物易和尘埃、头皮屑积聚，促使细菌繁殖和藏污纳垢，伤害毛囊和发质，所以要经常保持头发清洁。洗发时应以温水洗头为佳，因水温过低难去除油垢，过热则易损伤头皮，增加头皮屑。洗净后，应自然风干，避免用电吹风。

如果头发过于粗糙和干涩，可适当使用护发素，但不宜过于频繁使用，以免护发素成分在头发上残留过多，增加头发和头皮负担，引起头皮过敏。

3. 染发及烫发对头发伤害大

染发剂及烫发剂会溶于毛皮质的脂肪中，伤及神经系统的毛髓质，导致脱发及变白发。

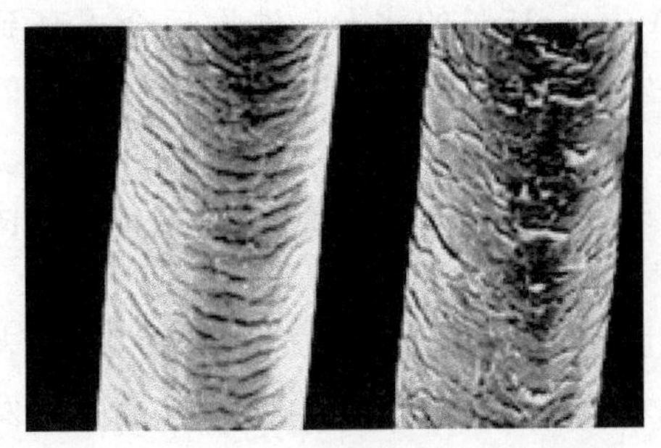

图 0-4 健康头发与受损头发的对比图

烫发过于频繁会使头发失去光泽，容易折断脱落。所以，应尽量间隔长一点时间再去烫发和染发。图 0-4 为健康头发与受损头发的对比图。

4. 不要经常戴帽

长时间戴假发及帽会令头发不透气，热气和汗水挥发不去，易感染细菌，导致头发脱落。

5. 保持愉快心情

情绪紧张、熬夜、便秘会导致内分泌失调，影响头皮油脂分泌，所以应经常保持愉快心情。

第四节 化妆品开发过程

一个完整的化妆品开发过程大概包括如图 0-5 所示的几个过程。

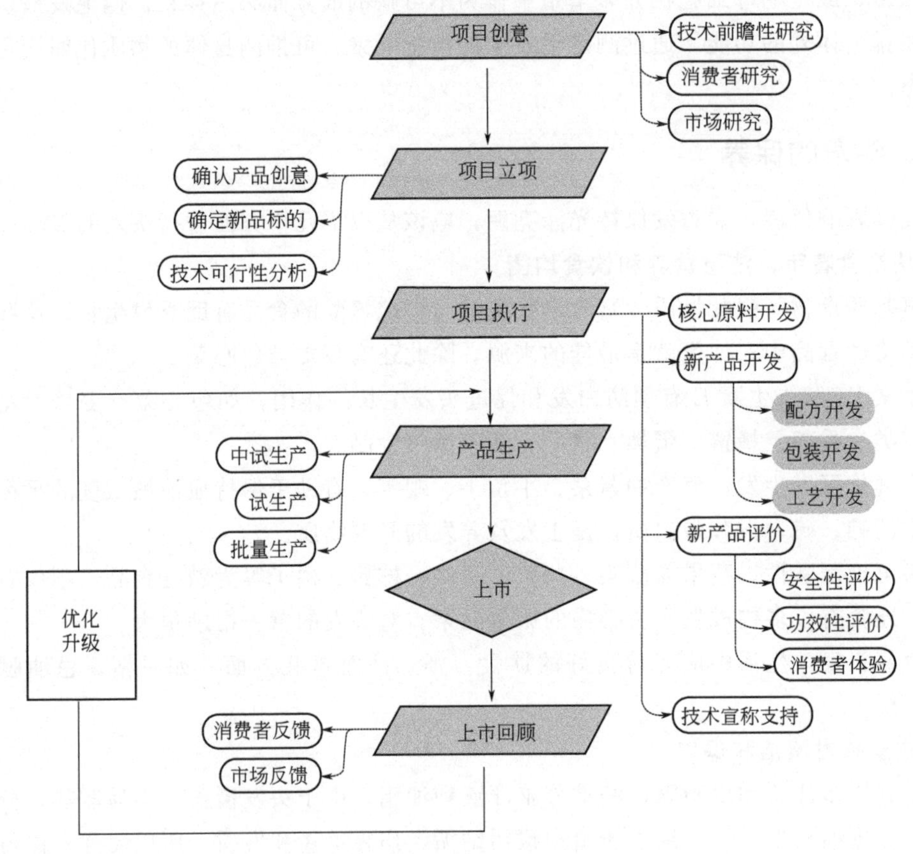

图 0-5 化妆品开发过程

一、产品创意

产品的创意一般由企业市场营销人员、策划部门经过广泛的市场调查，了解目前国内外化妆品市场最热销最流行的产品行情后，向研发部门提出建议。当然，研发人员也可根据市场流行趋势和自身企业的产品方向，形成具有创意的产品开发意向。在产品创意构思方面，研发人员应与营销人员、策划人员充分讨论，确定企业的新产品开发计划。切忌无序、无计划的开发，浪费人力、物力和财力。

二、产品配方设计

绝大部分化妆品是复配型产品，所以配方就是化妆品最为核心的技术。产品配方设计就是按照企业新产品开发计划，根据产品的功能要求和性能目标，通过试验、性能评价和优化，合理选用原料，并确定各种原料的用量的过程。

1. 初始配方的设计

配方工程师应根据产品的功能和性能要求设计初始配方。为了更好地理解配方设计，下面举一个实例。

【实例】 要设计一款低价位的沐浴液配方，成本要求2.5元/kg左右。可按下列步骤进行初始配方的设计。

第一，沐浴液的功能是去除皮肤污垢，所以配方中要加入具有去污功能的表面活性剂，如阴离子表面活性剂和非离子表面活性剂。

第二，沐浴液应具有很好的起泡性能，而非离子表面活性剂起泡性能不佳，所以不能以非离子表面活性剂为主，而是应该采用阴离子表面活性剂为主，例如AES、皂基等。

第三，沐浴液应配制成具有一定黏度的液体。所以，可用水作溶剂，并加入能与阴离子表面活性剂形成增稠体系的原料，如6501、氯化钠等，做成黏稠的水溶液。

第四，根据成本要求确定物质用量。要做低价位的沐浴液，皂基沐浴液成本比较高，所以只能使用AES这些低成本的表面活性剂。

第五，根据以上分析，并结合专业知识，可设计沐浴液初步配方为：AES 15%；6501 3%；CAB 5%，氯化钠 0.3%；凯松防腐剂 0.1%；香精 0.2%；去离子水余量。

2. 产品评价

初始配方设计好后，按照生产工艺配制出来，并通过系列评价，看产品是否达到设计的目标要求。产品评价主要包括感官评价、理化指标评价、卫生指标评价、功效评价和安全评价等，具体评价方法可参考已有的相关产品的国家标准或行业标准。

3. 产品配方优化

根据产品评价结果来优化产品配方。以上述沐浴液配方为例，如果评价结果产品的黏度偏低，可适当增加6501或氯化钠用量。

4. 配方设计原则

（1）安全性应放在首位

因为化妆品是人们在日常生活中每天、长期和连续使用的产品，因此其安全性被视为首要质量特性。化妆品的安全性所指的是化妆品应无毒（经口毒性）、对皮肤（毛发）及眼黏膜无刺激性和无过敏性等。很多原料在化妆品中是限用或禁用的物质。所以在进行化妆品配方设计时，应按照《化妆品安全技术规范》要求，禁用的物质绝对不能加到产品配方中，限用的物质在配方中不得超过限用的量。

（2）稳定性作为重点

当前，我国化妆品产品在保质期内出现质量问题主要表现在两方面：一是微生物污染的卫生安全性问题；二是产品出现析水、析油、分层、沉淀、变色、变味和有膨胀现象等稳定性问题。当然，不同类型的产品出现稳定性问题的原因各有不同，但主要原因多是其配方设计不尽合理，故产品稳定性是配方设计的重点内容。

（3）配伍性是关键

绝大部分化妆品是由许多组分经过适当的工艺混合复配而成的产品。一个产品所使用的原料有时多达30种以上，因此各组分间的配伍性是设计配方、选取组分的一个关键，因它不仅会影响产品的最终质量和特性，还决定产品是否稳定。如果配方中各组分间的配伍性良好，相互间不发生化学反应，而且还具有协同作用，就可认定该配方是合理的。

化妆品的原料有近万种之多，就是常用的也有3000多种，要使配方中各组分间具有良好的配伍性，重要的是对各类原料的理化性质要有充分的了解，要注意原料之间的配伍禁忌、互溶性和pH值适用范围等。

（4）功效性要充分体现

每一种化妆品都有着它特定的功效性，如遮盖、清洁、保湿、防晒、抗皱、美白等；此外还有由色彩、香气等产生的感官功效。特别是我国9类特殊用途化妆品，更具有其特定的功效作用。在化妆品配方设计中，必须选择添加适量的功效组分，以达到预计的功效。

（5）感观效果不可忽视

消费者购买化妆品时，一般是“一看，二闻，三涂抹”，所以要求它具有良好的外观和使用感觉。如膏霜产品应具有香气怡人、膏体细腻、光滑柔软及有良好的涂抹性和铺展性。产品配方的优劣，首先就表现在感观效果上，即使有着良好的功效，但因其色泽暗、膏体粗和有异味，消费者也难接受，配方设计时应注意。

（6）要顾及生产可操作性

在设计化妆品的配方和生产工艺时，必须考虑该配方在实际生产时的可行性问题，要尽量顾及生产操作的方便。

（7）要考虑经济性

目前常以产品的性价比大小作为评估化妆品产品配方水平的指标，性价比越高表明该产品的配方设计水平越高。因此，在设计化妆品配方时，应根据配方中各组分的价格对该配方的成本进行核算，通过对配方的进一步修正改进，以求得用较低的成本配制出高性能的产品。

5. 生产工艺设计

绝大部分化妆品是复配型产品，并不涉及化学反应，只是一个简单的混合过程，所以生产工艺相对比较简单。但不同产品的生产工艺还是稍有差异的，例如膏霜和乳液需要高速剪切乳化工艺，而爽肤水不需要乳化。另外，即使同一类型的产品，配方不同工艺参数不同，例如加料顺序、加料温度、搅拌速度和搅拌时间等工艺参数都会对最终产品的质量产生很大的影响。所以，生产工艺设计也是非常重要的环节，应予以重视。

6. 产品生产

产品配方和工艺设计、优化完成后，下一步就进入生产环节。化妆品生产工艺虽然简单，但控制不好也会出现很多质量问题。有的产品在实验室研制阶段产品质量很好，但投入大生产后往往出现质量不稳定的情况。所以，任何一种产品在投入大生产前应采取逐步放大的方式，最好经过2～3次的中试生产，待产品质量稳定后才投入大规模生产。

三、产品配方解析

1. 配方实例

表0-1为一款婴幼儿润肤霜配方。

表 0-1　婴幼儿润肤霜配方

序号	物质名称	质量分数/%	作用
1	去离子水	余量	溶解
2	甘油	6.0	保湿
3	油橄榄(*Olea europaea*)果油	6.0	润肤
4	角鲨烷	5.0	润肤
5	鲸蜡醇	3.0	润肤
6	聚二甲基硅氧烷	2.0	润肤
7	聚山梨醇酯-60	1.5	乳化
8	山梨坦硬脂酸酯	0.8	乳化
9	苯氧乙醇	0.5	防腐
10	卡波姆	0.3	增稠
11	生育酚乙酸酯	0.2	抗氧
12	氨甲基丙醇	0.35	中和卡波姆

2. 配方解析

由于是婴幼儿使用的产品，所以配方应精选已知安全、温和且纯度高的化妆品常用原料，使用尽量少的原料品种及添加量（水除外）。产品的基本功能为滋润与保湿，配方不使用超出这两点基本功能的其他功效添加成分（必要的乳化剂、稳定剂等除外）。配方中各种成分的作用，表 0-1 中已经进行了大概的描述。下面主要针对其用量安全性进行解析。

配方中的 1～6 号原料是基于滋润与保湿的产品性能选用的。

第 2 号原料甘油是已知的化妆品常用多元醇保湿剂，配方中选用的甘油纯度大于 98%，其中杂质二甘醇残留量小于 0.05%。相关指标均高于国家食品药品监督管理局发布的“化妆品用甘油原料要求”。本配方中甘油用量为 6%，在安全的用量范围之内。

第 3 号原料油橄榄（olea europaea）果油是来源于天然的橄榄果植物油，安全、可食用，也是使用多年的化妆品原料，化妆品配方中没有用量的限制，本配方用量是 6%。

第 4 号原料角鲨烷是人体皮脂中的天然成分，美国 CIR 评论认为其用于化妆品中是安全的，配方最大安全使用量为 31%。本配方中添加量是 5%。

第 5 号原料鲸蜡醇，美国 CIR 评论认为其用于化妆品是安全的，化妆品中最大安全用量达 50%。本配方中添加量是 3%。

第 6 号原料聚二甲基硅氧烷在化妆品配方中应用多年，化学性质稳定，美国 CIR 评论其在化妆品中最大安全用量为 24%，因此在本配方用量（2%）下应该不会有安全风险。

配方中的第 7、8 号原料是使用非常普遍的非离子型乳化剂，也是形成乳化膏霜的必要原料。聚山梨醇酯-60、山梨坦硬脂酸酯的添加量分别为 1.5%和 0.8%，属于较低的用量水平。美国 CIR 对于聚山梨醇酯-60 及山梨坦硬脂酸酯的评价结论是其用于化妆品是安全的，两种原料最大安全用量均为 25%。

本产品选用的防腐剂是第 9 号原料苯氧乙醇，其在《化妆品安全技术规范》中的限用量为 1%，本配方添加 0.5%，低于其限量。

第 10 号原料卡波姆是在化妆品中有多年使用历史的增稠剂，本配方使用的是卡波姆 940 经碱（如氨甲基丙醇）中和后，黏度迅速增大。美国 CIR 评论卡波姆 940 在化妆品中最大安全用量为 2%，本配方的用量（0.4%）大大低于这一数值。

第 11 号原料生育酚乙酸酯是化妆品中最常用的抗氧剂之一，其作用主要是防止配方中的油脂发生氧化、酸败而导致产品变质，本配方中的用量（0.2%）低于一般常用量（美国CIR统计其在化妆品配方中的最大用量达36%），在本产品中应用应该是安全的。

第12号原料氨甲基丙醇是用于与卡波姆940发生中和反应，使卡波姆940发挥增稠作用。

综上所述，从配方整体分析及所用原料看，本配方用于儿童产品应该是安全的。

第一章
化妆品通用基本原料

Chapter 01

【知识点】 去离子水；离子交换；反渗透；防腐剂；抗氧化剂；着色剂。

【技能点】 制备去离子水；控制化妆品微生物；选用防腐剂；设计防腐体系；选用抗氧化剂；设计抗氧化体系；选用着色剂。

【重点】 去离子水的制备；防腐剂的选用；抗氧化剂的选用；着色剂的选用。

【难点】 防腐体系的设计；抗氧化体系的设计。

【学习目标】 掌握去离子水的制备方法；掌握去离子水的灭菌方法；掌握化妆品微生物的控制方法；能进行防腐剂、抗氧化剂和着色剂的选用；能进行防腐体系和抗氧化体系的初步设计。

第一节　去离子水

水在化妆品生产中是使用最为广泛、最价廉、最丰富的原料。在液体洗涤剂、香波、浴液、各种膏霜和乳液等大多数化妆品中都含有大量的水，水在这些化妆品中起着重要的作用。水具有很好的溶解性，在产品中是最廉价的均质介质，同时也是一种重要的润肤物质。所以，生产水的质量直接影响到产品生产过程和最终产品的质量。

一、化妆品生产用水的要求

为了满足化妆品的要求，特别是化妆品高稳定性和良好使用性能的要求，对生产用水主要有两方面的要求：电解质浓度和微生物含量均要控制在很低的含量，最好是不含有电解质和微生物。

1. 电解质浓度

经过初步纯化的水源（如自来水）仍然含有钠、钙、镁、钾、铜离子，而且还有微量的铅、汞、镉、锌和铬等重金属，以及流经水管夹带的铁和其他物质。到达用户的自来水水质比自来水厂出口要差。这些杂质对化妆品生产有很多不良的影响。举几个实例如下。

【实例 1】 在生产古龙水、须后水和化妆水等含水量较高的产品时，微量的钙、镁、铁和铝能慢慢地形成一些不溶性的残留物，更严重的是一些溶解度较小的香精化合物会共沉淀出来，导致产品出现浑浊等质量问题。

【实例 2】 在洗涤剂生产中，水中钙、镁离子会和表面活性剂作用生成钙、镁皂，影响制品的透明性和稳定性。

【实例 3】 一些有机酚类化合物，如抗氧化剂、紫外线吸收剂和防腐剂等可能会与微量金属离子反应形成有色化合物，甚至使之失效。

【实例 4】 香波常用的去头屑剂——吡啶硫酮锌（ZPT）遇铁会变色，一些具有生物活性的物质遇到微量重金属可能会失活。

【实例 5】 在乳化工艺中，大量的无机离子，如镁、锌的存在会干扰某些表面活性剂体系的静电荷平衡，引起原先稳定的产品发生分离。

【实例 6】 水中矿物质的存在构成微生物的营养源，普通自来水中所含杂质几乎已能供给多数微生物所需的微量元素，含电解质的水有利于微生物的生长和繁殖。

所以，化妆品用水需去除水中的电解质，一般要使含盐量降至 1mg/L 以下，即电导率需降低至 1～6μs/cm。

2. 微生物含量

水是生命之源，自来水中虽然加有漂白粉等杀菌剂，但经过很长的输送管道到达生产企业时，自来水中会含有一定量的微生物。

自来水（即生活饮用水），其水质标准细菌总数＜100CFU/mL（CFU 为 colony-forming units 的缩写，指单位体积中的活菌个数）。经过水塔或贮水池后，短期内细菌可繁殖至 10^5～10^6CFU/mL。这类细菌只限于对营养需要较低的细菌，大多数为革兰阴性细菌。这类细菌很容易在水基产品，如乳液类产品中繁殖。而另一类细菌是自来水氯气消毒时残存的细菌，即各种芽孢细菌，它在获得合适培养介质时才继续繁殖。

化妆品生产用水的另一要求是不含或尽量少含微生物。化妆品卫生标准规定：一般化妆品细菌总数不得大于 1000CFU/mL 或 1000CFU/g，霉菌和酵母菌总数不得大于 100CFU/mL 或 100CFU/g；耐热大肠菌群和假绿铜杆菌、金黄色葡萄球菌不得检出。眼部、口唇、口腔黏膜用化妆品及婴儿和儿童用化妆品细菌总数不得大于 500CFU/mL 或 500CFU/g。微生物在化妆品中会繁殖，结果使产品腐败，产生不愉快气味，产品变质，对消费者造成伤害。任何含水的产品都可能滋长细菌，而且最常见的细菌来源可能是水本身，因此，生产用水必须使用没有被微生物污染的水（主要是原料用水），需要对自来水进行除菌处理。

值得注意的是，微生物在静态或停滞不流动的水中繁殖最快，所以生产用水最好是现处理现使用，切勿放置太长时间。

二、去离子水生产过程

水处理设备所用的水源一般都是天然水；这种天然水源无论是地表水还是地下水都含有很多不同的杂质。水体中杂质种类繁多，一般是按杂质粒度大小和存在状态的不同，分为三类。

第一类：悬浮物。水中凡是颗粒直径在 10^{-4} m 以上的杂质统称为悬浮物。天然水中悬浮物的主要成分是泥沙和黏土，其次还有原生动植物遗骸、微生物、较大分子有机物聚合物等。这些杂质可以通过沉淀、过滤将其有效地去除。

第二类：胶体物。水中凡是颗粒直径在 10^{-4}～10^{-7} m 以上的杂质统称为胶体物。天然水中胶体颗粒是由许多分子和离子组成的集合体，这种细微的颗粒具有较大的比表面积，从而使它具有特殊的吸附能力，而被吸附的物质往往是水中的离子，因此胶体一般带有一定的电荷。而同种胶体带有同种电荷，从而胶体之间具有一定的电排斥力。此外，这种带电的胶体颗粒还会吸引极性水分子，使其周围形成一层水化层，进一步阻止胶体微粒的相互接触，所以这种颗粒在水中一般不容易沉淀和聚集，而是无规律散布于溶液之中，使胶体在水中维持分散运动的稳定状态。天然水中的胶体杂质主要是硅酸，铁、铝化合物和一些高分子化合物，如腐殖质等，还有一些细菌、病毒等。天然水中的胶体一般都带有负电荷。

第三类：溶解物。水中凡是颗粒直径在 10^{-7} m 以下的杂质统称为溶解物。溶解物质一般以分子和离子形式存在于水中。大致上可分为三种：

① 盐类或称为矿物质，一般呈离子状态；

② 气体：其中主要是二氧化碳和溶解氧；

③ 有机物：天然水中的有机物主要为腐殖酸和富维酸，它们都是聚羧酸混合物组成的芳香族物质的大分子有机酸群体，还有其他有机碱、氨基酸、糖类的有机物。但是随着工业的迅猛发展，天然水源都受到不同程度的污染，经过水厂的净化处理，水中还有着各种各样的污染物存在，只是含量不同而已。这些杂质对日用品，特别是化妆品生产有较大影响，必须去除。目前，绝大部分日化企业的去离子水生产采用的是如图 1-1 所示的工艺流程。

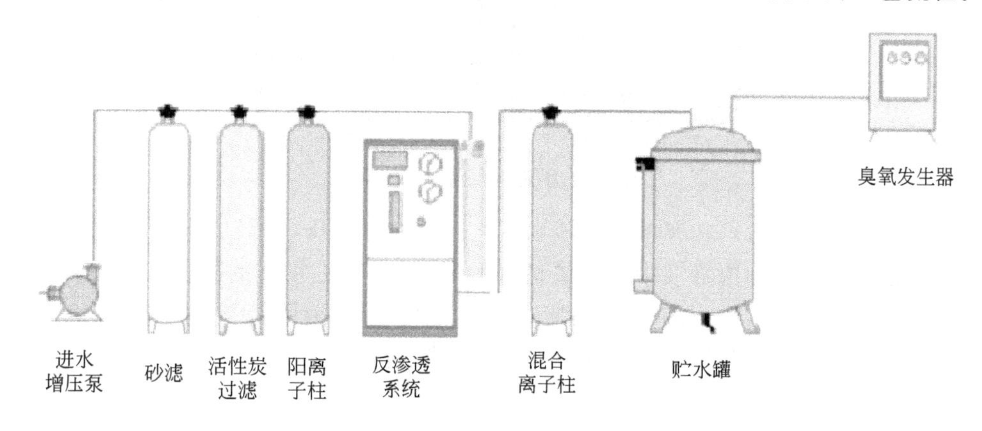

图 1-1　去离子水生产工艺流程

1. 砂滤

水中含有的悬浮物质和胶体物质，如泥沙等的去除方法主要有电凝聚、砂滤和微孔过滤，其中砂滤是最常用的方法。

2. 活性炭过滤

水中有机物的性质不同，去除的手段也各异。悬浮状和胶体状的有机物在过滤时可除去60％～80％腐殖酸类物质。对所剩的 20％～40％有机物（尤其是其中 1～2mm 粒径的颗粒）需采用吸附剂，如活性炭、氯型有机物清除器、吸附树脂等方法予以除去，活性炭吸附应用较普遍。

活性炭吸附法是利用多孔性固体物质，使水中一种或多种有害物质被吸附在固体表面而去除的方法，如除去水中有机物、胶体粒子、微生物、余氯、臭味等。常用粒状活性炭，粒径为 20～40 目，比表面积 500～1000m^2/g。活性炭除余氯的效率很大，可达 100％。此外，活性炭还可除去部分胶体硅和铁。活性炭吸附法在去离子水制备预处理中应用很广泛。

3. 阳离子柱

阳离子柱主要是为了去除钙、镁、铁、锰等阳离子，因为这些离子会在反渗透膜表面结垢，加速反渗透膜的老化。因此，在反渗透装置前安装阳离子柱，防止反渗透膜表面结垢。

阳离子交换柱内装填的是阳离子交换树脂（RH），其工作原理（以去除 Na^+ 为例）见下列反应式：

$$RH + Na^+ \longrightarrow RNa + H^+$$

【疑问】 从阳离子柱出来的水的酸碱性应该是怎样的？

【回答】 阳离子交换树脂吸附饱和后，需要用 HCl 溶液再生，其工作原理为：

$$RNa + H^{+} \longrightarrow RH + Na^{+}$$

4. 反渗透系统

渗透与反渗透的原理如图 1-2 所示。

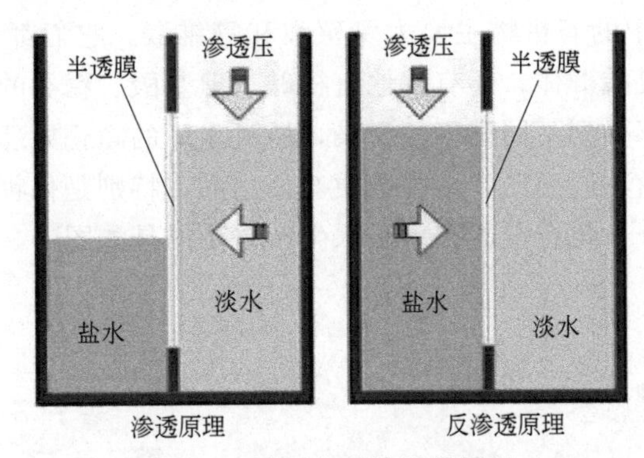

图 1-2 渗透与反渗透的原理

因为在浓溶液（盐水）和稀溶液（淡水）之间存在渗透压，所以自然界中渗透现象是水从稀溶液中通过渗透膜到浓溶液中。反渗透（RO）则是与之相反的过程，是在浓溶液侧加压，克服渗透压，使水从浓溶液通过膜进入稀溶液中。通常采用多级 RO 并联组串联的方式运行（见图 1-3），从而获得较大的产水率和较高的除盐率。

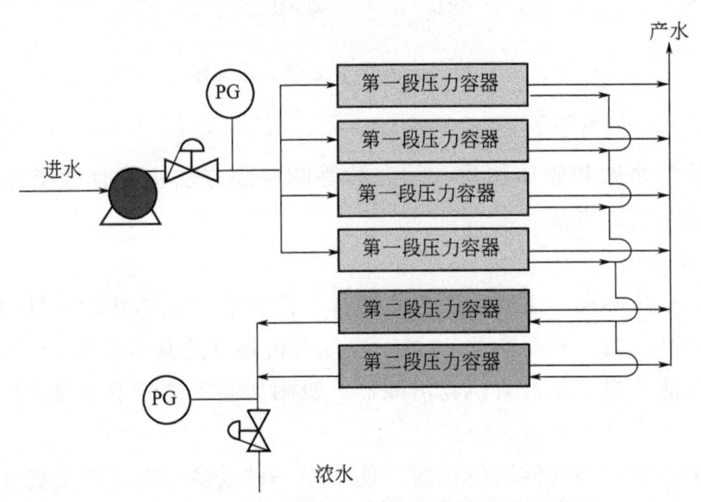

图 1-3 多级 RO 并联组串联方式的运行示意图

在反渗透膜的表面布满了许多极细的膜孔，盐类溶质被膜排斥，化合价态越高的离子被排斥得越远，膜孔周围的水分子在反渗透压力的推动下，通过膜孔流出从而达到除盐的目的。当离子孔径小于反渗透膜孔范围时，盐的水溶液就会泄漏过膜，其中一价盐泄漏较多，二价盐次之，三价盐最少。RO 膜的孔径＜1.0nm。反渗透是整个脱盐系统的执行机构，其作用是脱除水中的可溶性盐分、胶体、有机物及微生物，也能滤除各种病毒，如流感病毒、脑膜炎病毒、热原病毒。

5. 混合离子柱

阴、阳离子交换树脂按一定比例混合装填于同一交换柱内的离子交换装置，称为混合离子交换柱，简称混床（MB）。混床中装填有阴阳离子交换树脂，阳离子交换树脂用于去除水中的阳离子，阴离子交换树脂用于去除水中的阴离子。均匀混合的树脂层阳离子交换树脂与阴离子交换树脂紧密地交错排列，每一对阳离子交换树脂与阴离子交换树脂颗粒类似于一组复床，故可以把混床视作无数组复床串联的离子交换设备。

混床中离子交换树脂的工作原理如下。

交换：

$$RH + NaCl \longrightarrow RNa + HCl \quad \text{阳离子交换树脂}$$

$$ROH + HCl \longrightarrow RCl + H_2O \quad \text{阴离子交换树脂}$$

再生：

$$RNa + HCl \longrightarrow RH + NaCl$$

$$RCl + NaOH \longrightarrow ROH + NaCl$$

通过离子交换可较彻底地除去水中的无机盐。混合床离子交换可制取纯度较高的去离子水。

三、去离子水的灭菌和除菌

原水经过反渗透处理后，大部分的微生物被去除了，但仍有少量的微生物污染。特别是通过离子交换的水，微生物的污染会更严重，因为树脂床中停滞水的薄膜面积很大，树脂本身有可能溶入溶液，形成理想的细菌培养基（即碳源、氮源和水），而离子交换树脂吸附并除去各种离子，还完全除去在自来水中起消毒作用的氯元素，所以，由去离子水制备装置所制备的去离子水一旦蓄积起来，马上就会繁殖细菌。此外，尽管生产设备已消毒，没有细菌污染，但供水系统的泵、计量仪表、连接管、水管、压力表和阀门都存在一些容易滋长微生物的、水无法流动的死角。

减少或消除化妆品厂用水的微生物污染有化学处理、热处理、紫外线消毒和臭氧消毒等方法，它们可单独使用或多种方法结合使用。

1. 化学处理

污染的树脂床和供水管线系统可使用稀甲醛或氯水（一般用次氯酸溶液）稀溶液进行消毒。在消毒前必须完全使盐水排空，防止甲醛可能转变为聚甲醛和次氯酸盐而产生游离氯气。一般方法是让质量分数为1%的水溶液与树脂接触过夜，然后，清洗干净。

进水通过去离子后，确保微生物不在贮水池和供水系统内繁殖的一种方法是添加一定剂量的（低浓度）灭菌剂。在去离子后的贮罐中添加氯气（一般使用氯水或次氯酸钠溶液）$(1\sim4)\times10^{-6}$mg/L，可使其中微生物污染降至100CFU/mL的水平。一般氯气在5×10^{-6}mg/L浓度时水就可闻到氯的气味，这样水平的氯对大多数化妆品没有影响。可采取计量泵在管道系统中添加氯。

较不常用的获得消毒水或接近消毒水的方法是用防腐剂和加热处理，例如，用0.1%～0.5%的对羟基苯甲酸甲酯，加热到70℃几乎完全消毒，这也可用于清洗设备。

2. 热处理

在反应容器中加热灭菌是化妆品工业最常使用的一种灭菌方法。水相在容器中加热到85～90℃并保持20～30min，足以消灭所有水生细菌，但不能消灭细菌芽孢（一般细菌芽孢很少存在于自来水中）。如果有细菌芽孢，加热处理可能会引起芽孢发育，但如果加热后间歇2h再重新加热，这样反复加热3次是绝对安全的。

另一种加热灭菌方法是将水呈薄膜状加热至120℃，并立即冷却。这种方法称为超高温短期消灭法（简写UHST），据称可除去所有的细菌。

【疑问】 为什么化妆品配制过程中，水和水溶性物料需要加热到85～90℃并保温一段时间，而油混合物一般不需要保温，或保温很短时间？

【回答】 水和水溶性物料微生物含量高，需要85～90℃并保温一段时间才能杀灭微生物；而油混合物微生物含量低，不能高温长时间加热，否则容易氧化分解而变质。

3. 紫外线消毒

波长低于300nm的紫外辐射可杀灭大多数微生物，包括细菌、病毒和大多数霉菌。紫外线灭菌的机理是紫外辐射对细菌细胞膜DNA和RNA的作用。由于紫外线较难透过水层，只有当水流与紫外线紧密接触时才有效，这就意味着水流必须呈薄膜状或雾状，因而它对供水系统有限制，水流很慢才有效。

尽管紫外线消毒是对空气和一些设备消毒有效的方法，但必须确保紫外线源的效率。光源表面黏液的积聚或光源发光效率衰减会导致灭菌效率的下降。紫外线消毒作为水处理冷式消毒方法不是很有效，即使很有效的系统，往往也有残存的微生物。尽管在化妆品生产用水系统中也常使用，但其有效性是较差的。

【疑问】 为什么化妆品制造车间安装紫外灯可以达到很好的消毒效果？

【回答】 紫外线对于空气消毒和器物表面消毒是最佳选择方式。

4. 臭氧消毒

臭氧（O_3）是氧的同素异形体，它是一种具有特殊气味的淡蓝色气体，其密度是氧气的1.5倍，在水中的溶解度是氧气的10倍。臭氧是一种强氧化剂，它在水中的氧化还原电位为2.07V，仅次于氟（2.5V），其氧化能力高于氯（1.36V）和二氧化氯（1.5V），能破坏分解细菌的细胞壁，很快地扩散透进细胞内，氧化分解细菌内部氧化葡萄糖所必需的葡萄糖氧化酶等，也可以直接与细菌、病毒发生作用，破坏细胞的核糖核酸（RNA），分解脱氧核糖核酸（DNA）、RNA、蛋白质、脂质类和多糖等大分子聚合物，使细菌的代谢和繁殖过程遭到破坏。细菌被臭氧杀死是由细胞膜的断裂所致，这一过程被称为细胞消散，在消散的条件下细胞不可能再生。应当指出，与次氯酸类消毒剂不同，臭氧的杀菌能力不受pH值变化和氨的影响，其杀菌能力比氯大600～3000倍，它的灭菌、消毒作用几乎是瞬时发生的，水中臭氧浓度在0.3～2mg/L时，0.5～1min内就可以杀死细菌。

① 病毒：已经证明臭氧对病毒具有非常强的杀灭性，例如Poloi病毒在臭氧浓度为0.05～0.45mg/L时，2min就会失去活性。

② 孢囊：在臭氧浓度为0.3mg/L下作用2.4min就被完全除掉。

③ 孢子：由于孢衣的保护，它比生长态菌的抗臭氧能力高出10～15倍。

④ 真菌：白色念珠菌（candida albicans）和青霉属菌（penicillium）能被杀灭。

⑤ 寄生生物：曼森氏血吸虫（schistosoma mansoni）在3min后被杀灭。

第二节 微生物污染和防腐剂

化妆品在生产、贮藏和使用过程中都难免受到微生物的污染。微生物的危害，首先表现在感官上使产品的色、香、味发生变化，导致质量下降，失去商品价值；更主要的是病原微生物及其代谢产物会导致人体健康受到危害。为此，有必要采取防止微生物污染的措施。除了在产品生产过程中加强卫生管理外，为了达到防腐、防霉的目的，大部分产品中必须加入防腐杀菌剂。

一、微生物对产品的危害

一般来说，只要有水、碳源、氮源、矿物质、微量的金属、氧和合适的温度及合适的pH值下，微生物就能生长繁殖，化妆品中一般都具备微生物这些生长和繁殖的条件。特别是近年来大量营养物质（如人参提取液、胎盘提取液、水解蛋白和维生素等）在化妆品中的使用，为微生物的生长创造了更好的营养条件。

霉菌能在产品的表面繁殖，导致产品发霉，而细菌可在产品内外各部分繁殖，导致产品腐败。微生物污染的产品表现出如下现象：

① 产品内外都变色。这是由于细菌产生色素所致。

② 产品表面形成红、黑、绿等颜色霉斑。这是由于霉菌产生不同色素所致。

③ 产品发生气胀现象。这是由于微生物特别是酵母菌产生气体或难闻气味所致。

④ 产品散发酸味。这是由于微生物分解有机物产生酸，使产品的pH值降低。

⑤ 乳化体破坏和分层。可能是由于细菌、霉菌分解膏体内的有机营养物，使乳化体受破坏，稳定性变差，出现黏度变化、分层和失去光泽等不同程度的变化。

二、微生物污染的来源

化妆品中造成微生物污染的主要途径有两个方面：一是生产过程中由于原料、操作、工艺、设备、运输而被微生物污染，称为一次污染；二是在使用过程中由于不注意卫生而引起的微生物污染，称为二次污染。

1. 一次污染来源

一次污染的来源主要有以下几方面：

(1) 原材料

特别是一些含水的原材料（如动植物提取液）和一些吸附性强的粉状原料，往往容易被微生物污染。

(2) 生产用水

生产去离子水的某些环节，如反渗透后的离子交换树脂在使用过程中也容易被微生物污染，从而使生产的去离子水被污染。另外，去离子水静置过程中，微生物能大量繁殖。

(3) 设备

由于一些直接与内容物接触的设备在构造上较难分解拆卸，导致弯头、接缝处不易彻底清洗干净，造成微生物污染。

(4) 制造环境

制造环境对保证产品的品质有着非常重大的意义，由于布局不合理，人流、物流不分，相应的卫生设施如空气过滤除尘装置、给排气装置、消毒杀菌设备等不健全，都非常容易造成制造环境的污染。

(5) 从业人员

这是一个大污染源，如果对从业人员不进行相应的卫生培训教育和健康管理，是很难保证产品的卫生品质的。

2. 二次污染来源

二次污染来源于人的手、大气等，主要为革兰阳性菌和霉菌等。消费者在使用和保管上的不当是造成产品变质的主要原因，主要有以下几点：

① 将产品取到手中时发现量过多，又倒回瓶中；

② 产品超期使用，一些季节性产品使用量不大，但轮换周期长；

③ 产品为使用方便而摆放在洗脸池边或浴室里，由于温度湿度较大，不仅容易滋生微生物，同时也会对产品的稳定性造成影响。

三、微生物污染的控制

对于微生物污染的控制，一方面是针对微生物污染的来源，从产品生产过程和使用过程进行控制；另一方面，是在产品配方中加入适量的防腐剂，在产品内部构建一个良好的防腐体系，抑制微生物的生长与繁殖。下面主要介绍产品生产过程中的微生物控制方法。

1. 生产环境的卫生控制

化妆品企业对选址、厂房设计、设备布局及建筑上的要求都有具体规定。总体来说，生产车间按照生产流程应划分为制造室，半成品存放室，灌装室，包装室和容器清洗、消毒、干燥、存放室以及仓库，检验室和办公区等，做到上下工序衔接，人流、物流分开，避免交叉污染。在生产区域内应划分洁净等级，内容物制造、充填等内容物有暴露可能的生产环节应设在洁净等级较高的洁净区内（10 万～30 万级洁净区），洁净区内的空气必须经过净化过滤处理，而且需要维持一定的压差，不同等级洁净区之间的压差应不小于 49Pa，与室外的压差应不小于 9.8Pa。洁净区与非洁净区之间应设缓冲间，操作者进入洁净区必须经过更衣、风淋。建筑上生产车间的地面使用不渗水、不吸水、无毒害的材料做成，表面平整、耐磨、防滑。墙面应用浅色、无毒、耐热、防潮、防霉的涂料，表面光滑、不起灰，便于清洁和消毒。对生产环境的消毒方式有日常的紫外线辐射消毒和定期的化学药剂消毒。定期消毒的药剂，地面、墙面一般采用 0.05%的次氯酸钠及 0.5%的新洁尔灭等，操作室一般在密闭状态下采用 1%～5%的福尔马林及 0.05%～0.2%的新洁尔灭等喷雾。

另外，生产环境中空气系统的设计针对工厂每一个区域的特殊要求应有所不同，它应考虑在此区域进行操作所需要的空气质量，这将要求几种不同的空气处理系统，这些系统的设计要基于每一服务区域所需的空气质量。这些系统的设计必须要考虑几个方面，包括进入空气的质量、温度、湿度、交换速度和系统设计对空气纯度的要求，并且要考虑进/出通风口的位置，以及控制气流模式的管道的布置。

2. 制造设备的微生物控制

产品的制造设备有制造釜、搅拌机、过滤器、泵、热交换器、管道、贮槽、充填器等。凡直接接触产品原料、半成品、成品的容器、设备、管道，必须采用无毒、耐腐蚀、不脱屑、能够反复清洗和消毒的材料制成。一般以不锈钢材质为好，内表面应光滑、不凹陷和无裂缝，表面吸附力低；构造上应能够分解拆卸，便于清洗灭菌。

操作台表面、设备器具的外表面一般采用不小于 25min 的 $70\mu W/cm^2$ 紫外线灭菌灯照射；制造釜、贮槽、过滤器、管道等一般采用 80℃以上灭菌去离子水冲洗 30min，必要时还可加上 75%乙醇或其他杀菌剂消毒。

3. 原材料的微生物控制

生产产品的主要原料有水、表面活性剂、油脂、蜡、保湿剂、增稠剂及粉体原料等，其他还有氨基酸、维生素、酶制剂等。原料的灭菌方式应根据原料不同而选择适宜的方式。例如粉体类被污染的微生物主要是革兰阳性菌和霉菌，通常采用EO环氧乙烷和干热灭菌等方式；而制造用的去离子水中多为革兰阴性菌，可以采用加热灭菌、过滤灭菌和紫外线灭菌；相比较而言，油脂、蜡、保湿剂被微生物污染的机会较小，在加热制造的工艺中就可以保证杀灭微生物；对酶制剂等稳定性较差的产品，到目前为止还没有找到行之有效的方法。

化妆品用水一般采用去离子水或蒸馏水，贮存几天后会产生各种杂菌。为保证用水的质量，应每日检测水中的微生物，如果没有明显问题出现，可减少测试频率，但这必须建立在已证明的有效系统基础上。但对水处理系统中微生物控制装置及各用水点，每星期至少进行一次微生物检验，假如有某一取水点测试结果超标，必须进行全面分析，直到找出原因并采取果断措施加以改正。

4. 作业人员的微生物控制

在《化妆品卫生监督条例》中明确规定，直接从事化妆产品生产的人员每年必须进行健康检查并取得健康证，而且8种疾病患者或带菌者不得从事产品生产活动。人的污染主要来源于人手、衣服和头发等，微生物类别主要是革兰阳性菌和霉菌。为防止人员带来的微生物污染，必须经常进行卫生管理方面的教育和培训，以提高操作人员的个人卫生意识，勤洗手、勤剪指甲、勤更衣，真正理解《化妆品生产企业卫生规范》中要求穿工服、戴帽、戴口罩、戴手套和定期消毒等的重要意义。

5. 包装的污染控制

包装材料（桶、瓶、盖）的不卫生会造成化妆品的微生物污染，需要清洗后再投入使用。特定的包装是保持化妆品质量的措施之一。同一类型产品的保存视其包装类型不同而有不同防止微生物污染的效果，乳液化妆品采用泵式包装的效果好；香波使用旋盖要比滑动盖的效果好。

6. 制品的微生物控制

除香水、指甲油、净甲液等产品本身所使用的原料就具有极高的防腐效果外，大多数产品防腐能力不强，需要添加防腐剂。

四、防腐剂和防腐体系设计

1. 防腐剂的作用机理

化妆品防腐剂是指以抑制微生物在化妆品中的生长和繁殖为目的而在化妆品中加入的物质。化妆品中微生物的生存和繁殖是依赖于一些环境因素的：物理方面有温度、环境pH值、渗透压、辐射、静压；化学方面有水源、营养物质（C、N、P、S源）、氧、有机生长因子。基于此，可以简单总结防腐剂的作用机理，主要通过以下三个方面来发挥作用：一是破坏微生物细胞壁或抑制微生物细胞壁的形成；二是破坏微生物的细胞膜或影响细胞膜的功能，使微生物细胞内物质泄漏而致死；三是抑制微生物细胞内的酶或蛋白质合成或使蛋白质变性，致使微生物死亡。

① 在一些油膏类等含水量很低的产品中，微生物一般情况下是很难生长的；

② 对于大多数细菌来说，最适合生长的pH范围接近中性（6.5～7.5），强酸及强碱不适合微生物的生长，比如常见的果酸产品，防腐效果通常会平行好过中性产品；

③ 提高或降低渗透压可导致细胞膜的破裂，也可引起膜的收缩和脱水；

④ 表面张力也是影响微生物生长的原因之一，在一些表面活性剂用量很高的配方中，

微生物也不容易生长，在这个方面，阳离子表面活性剂表现比较突出，而阴离子及非离子对微生物的生理毒性则很小；

⑤ 在一般情况下，细菌最适宜生长的温度为30～37℃，而霉菌及酵母菌为20～25℃，所以可以采用高温灭菌的方法，但个别芽孢菌在适应环境后，生成保护膜，即使80～90℃高温下短时间内也无法将其杀灭。

防腐剂对微生物的作用，只有在足够的浓度与微生物直接接触的情况下，才能产生作用。防腐剂最先是与细胞外膜接触、吸附，穿过细胞膜进入细胞质内，然后才能在各个部位发挥药效，阻碍细胞繁殖或将其杀死。实际上，防腐剂主要是对细胞壁和细胞膜产生效应，也对影响细胞新陈代谢的酶的活性或对细胞质部分遗传微粒结构产生影响。

2. 理想防腐剂的特性

理想的防腐剂应具备下述一些特性：

① 具有广谱抗菌能力；

② 能溶于水或常用化妆品原料中；

③ 不应有毒性和皮肤刺激性；

④ 在较大的温度范围内都稳定有效；

⑤ 不产生有损产品外观的着色、褪色和变臭等现象；

⑥ 不与配方中的有机物发生反应，降低其效果；

⑦ 是中性的，至少不应使产品的pH值产生明显变化；

⑧ 成本低廉，容易得到。

3. 常用防腐剂

目前，可用于化妆品的防腐剂有50多种，但常用的并不多，这里仅就几种常用防腐剂介绍如下。

（1）布罗波尔（Bronopol）

布罗波尔（Bronopol），化学名为2-溴-2-硝基-1,3-丙二醇，为白色结晶或结晶粉末，稍有特征气味，能释放甲醛，通过缓慢释放甲醛达到杀菌目的。Bronopol的最佳使用pH值范围为4～8。它在pH=4时最稳定，随介质pH值增加其在溶液中的稳定性下降。在碱性条件下，长时间日光照射使Bronopol溶液变成黄色或棕色，但对抗菌活性影响不大。另外，含有巯基的原料，如巯基乙酸和半胱氨酸等会降低Bronopol的抑菌活性。另外，铝盐也能降低Bronopol的抑菌活性。

Bronopol与配方中使用的各类表面活性剂配伍，能保持其抗菌活性。最高允许使用量为0.1%。常用浓度：香波200mg/kg，护肤膏霜300mg/kg，牙膏、防晒用品和婴儿用品200mg/kg，原料和表面活性剂100mg/kg。

（2）杰马系列

杰马（Germall）系列防腐剂（如表1-1所示）的主要成分为咪唑烷基脲，能释放甲醛。可在较广的pH值范围（3～9）使用，稳定性好，可与所有类型离子表面活性剂和非离子表面活性剂、蛋白质配伍，也与大多数化妆品原料配伍，广泛应用于乳化体系和水溶性产品中，在产品中的限量为0.6%（以咪唑烷基脲含量计）。

（3）凯松（Kathon）

凯松活性成分为异噻唑啉酮类化合物，为5-氯-1-甲基-4-异噻唑啉-5-酮和1-甲基-4-异噻唑啉-5-酮的混合物，为淡琥珀色透明液体，气味温和，也会释放出甲醛。

表 1-1　杰马系列防腐剂名称与性能

序号	商品名	INCI 名称(中文)	INCI 名称(英文)	性能简介
1	Germall 115	咪唑啉基脲	imidazolinyl urea	都是甲醛释放体,在应用的过程中通过缓慢释放甲醛而达到杀菌的目的。Germall 115 的抗菌活性比 Germall Ⅱ 差,Germaben Ⅱ -E 为羟苯酯类的复配物,在对付霉菌、酵母菌方面比单组分方面有优势。Germall Plus、Germall IS-45 为碘代丙炔基丁基甲氨酸酯的复配物,要注意避免配方中可能存在的抑制其活性的成分。另外防腐剂中碘代丙炔基丁基甲氨酸酯水溶性较差,在操作时,如果未用有机溶剂进行溶解,也可能会影响其防腐效果。Germall IS-45 中含有羟苯甲酯 5%,从而增强了对霉菌、酵母菌抑制能力
2	Germall Ⅱ	双(羟甲基)咪唑烷基脲	diazolidinyl urea	
3	Germaben Ⅱ -E	双(羟甲基)咪唑烷基脲/羟苯甲酯/羟苯丙酯/丙二醇	diazolidinyl urea/melhylparaben/propylparaben/propylene glycol	
4	Germall Plus	双(羟甲基)咪唑烷基脲/碘丙炔醇丁基氨甲酸酯	diazolidinyl urea/iodopropynyl butylcarbamate	
5	Germall IS-45	双(羟甲基)咪唑烷基脲/羟苯甲酯/羟苯丙酯/碘丙炔醇丁基氨甲酸酯/丙二醇	diazolidinyl urea/melhylparaben/iodopropynyl butylcarbamate/propylene glycol	

凯松可与阴离子、阳离子、非离子和各种离子型的乳化剂、蛋白质配伍。但在本类产品中，为增加其防腐活性，会添加镁盐以提高其渗透压，故在使用本产品的时候必须考虑原料之间的相容性问题，以免发生沉淀，特别是在透明产品中，要十分小心。胺类、硫醇、硫化物、亚硫酸盐和漂白剂以及高 pH 值均会使凯松-CG 失活。最佳使用 pH 值范围为 4～8，pH 值>8 时稳定性下降，失去防腐活性。凯松的活性不受温度限制，80℃以下为佳，100℃以下有效率 90%以上。市售产品（含活性物 15%）推荐用量为 0.1%，主要用于洗发液、护发素、沐浴液等洗涤类产品中，也可用于染发液、膏霜和乳液等。应避免用于直接接触黏膜的制品，如牙膏、口红、眼部用品等。

美国陶氏的 KathonCG、950，LONZA 公司的 Isocilpc，S&M 公司的 EUXYLK100、EUXYLK727，浙江圣效的 CY-1、山东明达的 MD-2000、江苏新科的新科-99、陕西华润的 KS-1、西安先锋的 XF-1 都属于这类防腐剂。

（4）*N*-羟甲基甘氨酸钠（Suttocide A）

市售 *N*-羟甲基甘氨酸钠是 50%透明碱性水溶液，有轻微特征气味。Suttocide A 是广谱防腐剂，特别是在 pH 值为 8～12 范围内保持良好的防腐活性。一般使用浓度为 0.03%～0.3%，主要用于皂基沐浴液、皂基洁面膏等碱性产品中。

（5）羟苯酯

羟苯酯的化学名为对羟基苯甲酸酯，俗称尼泊金酯，由于它具有酚羟基结构，所以抗细菌性能比苯甲酸、山梨酸都强。其作用机制是：破坏微生物的细胞膜，使细胞内的蛋白质变性，并可抑制微生物细胞的呼吸酶系与电子传递酶系的活性。羟苯酯主要有羟苯甲酯、羟苯乙酯、羟苯丙酯等，目前生产羟苯酯的国际品牌公司有科莱恩（Clariant）公司等。羟苯酯是一类广谱杀菌剂，对霉菌有较强的抑制能力，有效 pH 值范围 4～9，酸性条件下，更有利于防腐。羟苯酯多用于膏霜类化妆品中，一般将羟苯甲酯和羟苯丙酯一起使用。另外，有文献报道，甲基纤维素、乙二醇、聚乙烯吡咯烷酮会与羟苯酯作用而降低其抗菌性能。

目前，化妆品中最常用的羟苯酯有羟苯甲酯、羟苯丙酯，如表 1-2 所示。

表 1-2　常用羟苯酯简介

序号	商品名	INCI 名称(中文)	INCI 名称(英文)	性能简介
1	尼泊金甲酯或 MPB	羟苯甲酯	METHYLPARABEN	防霉效果比较突出，是适用于酸性体系的防腐剂，体系中羟苯酯的活性主要通过降低体系的 pH 值得到改善，通常是 7.0～6.5 或更低，虽然有时它们也能在 pH 值略高些的体系中保持其功效，但随着碳链的增长，其水溶性逐渐变差，影响其在水相中的分配率。羟苯甲酯水溶性最好，常可以直接添加在水相中；而羟苯丙酯则倾向于溶解在油相或醇中
2	尼泊金丙酯或 PPB	羟苯丙酯	ETHYLPARABEN	

(6) DMDM 乙内酰脲

化学名为 1,5-羟甲基-5,5-二甲基乙内酰脲，英文名称为 DMDM Hydantoin，市售 DMDM 乙内酰脲是质量分数为 55%浓度的水溶液，为无色透明液体，会释放甲醛，带有甲醛气味，适用的 pH 值范围为 5～9，对多种细菌的抗菌性能好，但霉菌的抗菌性能稍差，使用时应与其他防腐剂（如羟苯酯、凯松等）一起使用，一般用于液洗类化妆品中。

(7) 三氯生（Triclosan）

化学名为二氯苯氧氯酚，又名“三氯新”“三氯沙”等。三氯生常态为白色或灰白色晶状粉末，稍有酚臭味，不溶于水，易溶于碱液和有机溶剂。高浓度用量时用作杀菌剂，用于消毒类产品中；低浓度用量时，作为防腐剂使用，是一种广谱抗菌剂，被广泛应用于肥皂、牙膏等化妆品中。

(8) 苯氧乙醇（Phenoxyethanol）

苯氧乙醇为无色稍带黏性液体，微香，味涩，溶于水，可与丙酮、乙醇和甘油任意混合。对假绿铜单杆菌有较强的杀灭作用，对其他革兰阴性细菌和阳性细菌作用较弱。一般不单独使用，需要与其他防腐剂配合使用。另外，苯氧乙醇是很好的溶剂和防腐剂，在防腐剂的配制中经常被用作溶剂来溶解其他油溶性的防腐剂，但使用时需要注意苯氧乙醇在某些高 pH 值情况下出现不稳定的状况。

目前生产苯氧乙醇的国际品牌公司有科莱恩（Clariant）公司等，在化妆品中的使用限量为 1%。

(9) 苯甲酸及其盐/山梨酸及其盐

苯甲酸及其盐/山梨酸及其盐是一些广谱的防腐剂，但其防腐效果受 pH 值限制较大，在 pH 值＞5.5 的产品中抑菌效果很差，使用时应注意，具体见表 1-3。

表 1-3　苯甲酸及其盐/山梨酸及其盐简介

序号	商品名	INCI 名称(中文)	INCI 名称(英文)	性能简介
1	苯甲酸	苯甲酸	BENZOIC ACID	属于酸性体系有效的类别，山梨酸和苯甲酸于 pH 值为 7 时无活性，于 pH 值为 5 时分别呈现出 37%和 13%的活性，因此它们应在偏酸性的介质中应用
2	苯甲酸钠	苯甲酸钠	SODIUM BENZOIC	
3	山梨酸	山梨酸	SORBIC ACID	
4	山梨酸钾	山梨酸钾	POTASSIUM SORBATE	

(10) IPBC

IPBC 的英文名称为 3-iodo-2-propynyl-butyl-carbamate，主要成分为碘代丙炔基氨基甲酸丁酯，不释放甲醛，具有广谱抗菌活性，尤其对霉菌及酵母菌有很强的抑杀作用。IPBC 配伍性佳，可与化妆品中存在的各种组分配伍，试验结果表明其抑菌能力不受化妆品中表面活性剂、蛋白质以及中草药等添加物的影响，建议用量为 0.01%～0.05%。

4. 影响防腐能力的因素

防腐剂只有在足够的浓度并且与微生物细胞直接接触的情况下，才能产生作用。除了防腐剂用量和接触时间两方面外，下列因素也会影响防腐剂的防腐能力。

(1) 水分活性

水是微生物生长的必要条件，产品中的水分活性直接影响产品的防腐能力。含有甘油、丙二醇、丁二醇等多元醇的产品，由于这些多元醇能与水结合，从而降低了水分活性，使体系防腐能力增强。

(2) pH 值

细菌生长繁殖较佳的 pH 值为弱碱性，而霉菌和酵母菌则易在酸性条件下生长繁殖。产品的 pH 值会影响产品的防腐效果，一般有机酸类防腐剂在酸性、中性范围内效果较好，而在碱性范围内效果就大大降低。布罗波尔在 pH=4 时非常稳定，而 pH=7 时其活性只有几个月。

(3) 防腐剂的活性

一般来说，防腐剂的浓度越高，防腐效果越好。有时产品配方中的某一成分会使防腐剂的活性降低而使防腐效果下降，特别是粉末类原料容易吸附羟苯酯类防腐剂，或与其反应导致变质等。防腐剂与其他物质的相容性问题主要体现在如下几个方面。

① 化妆品中的某些组成材料，如糖类化合物、滑石粉、金属氧化物、纤维素等会吸附防腐剂，降低其效力。

② 产品中含有的淀粉类物质可影响羟苯酯类的抑菌效果。

③ 高浓度的蛋白质（氨基酸）一方面可能通过对微生物形成保护层，降低防腐剂的抑菌活性，另一方面又能促进微生物的生长。

④ 金属离子如 Mg^{2+}、Ca^{2+}、Zn^{2+} 对防腐剂的活性有很大的影响，一般情况下，过量的金属离子在香料、润滑剂、天然或敏感的化合物中易形成难溶物或发生催化氧化反应。

⑤ 防腐剂可和化妆品的某些组分形成氢键（如山梨酸与某些组分）或螯合物（如增稠剂中的铁离子），通过“束缚”或“消耗”的方式，降低防腐体系的效能。

⑥ 少量表面活性剂能增加防腐剂对细胞膜的通透性，有增效作用，但是量大时会形成胶束，吸引水相中的防腐剂，降低防腐剂在水相中的含量，影响其杀菌效能。

⑦ 某些防腐剂和表面活性剂如硫酸盐（酯）、碳酸盐（酯）、含氮表面活性剂作用，或和色素荧光染料作用，和包装材料（塑料、金属、橡胶）作用，在影响防腐剂效力的同时，也损害产品的品质。

⑧ 非离子以及高乙氧基的物质都会影响羟苯酯类的活性。

⑨ 亚硫酸盐会影响异噻唑啉酮和甲基二溴戊二腈的活性，配方里一般不含有亚硫酸盐，但是，亚硫酸钠作为一种常见的原料脱色剂，原料当中有时会含有亚硫酸盐。

⑩ 某些塑料会影响防腐剂的活性（比如羟苯酯类）。因此对产品在其最终包装中进行测试来确保其防腐效果是非常重要的。

(4) 油水分配率

在油水乳液中，水层或界面处存在的防腐剂直接影响产品的防腐能力。相同剂量的防腐剂只有防腐剂在水中的分配率越高，防腐效果才越好。如 1,3-丁二醇、丙二醇等多元醇能够提高羟苯酯在水中的浓度，因此有协同防腐作用；而氯化钾、吡咯烷酮羧酸钠、甘氨酸等使水中的羟苯浓度下降，导致防腐能力下降。

(5) 容器

容器是减少产品二次污染的重要因素，一般膏霜类为广口瓶，使用时直接用手蘸取内容物，所以防腐要求就要高，而软管、喷头类产品防腐要求相应低一点。此外，容器材质对防腐剂有吸附作用，也会引起防腐剂浓度下降。

(6) 防腐剂的变质

光、热、空气中的氧都会引起防腐剂的分解，例如，酚类防腐剂、洗必泰在光照下或高温加热时均会发生分解。另外，防腐剂与配方中其他成分发生化学反应，也会引起防腐剂失效。

5. 防腐体系的设计

化妆品防腐体系的设计要遵从安全、有效、有针对性以及与配方中其他成分相容的原则，同时设计的防腐剂应尽量满足以下要求：

① 广谱的抗菌活性；

② 良好的配伍性；

③ 良好的安全性；

④ 良好的水溶性；

⑤ 良好的稳定性；

⑥ 在使用浓度下，应是无色、无臭和无味的；

⑦ 成本低。

防腐体系的设计可按以下步骤进行。

(1) 所用防腐剂种类的筛选

应根据产品类型、pH 值、使用部位和产品配方组合相容性等选择相应的防腐剂。

① 根据产品类型选用：不同产品类型会受到不同微生物的影响，对防腐剂的选用要求也不同。另外，不同产品在皮肤上的停留时间也不同，对防腐剂的要求也不同。表 1-4 列出了部分化妆品对防腐剂的要求。

表 1-4 不同类型化妆品对防腐剂的要求

类型	产品名称	产品特点	微生物污染	防腐剂要求
洗去型化妆品	香波、沐浴液、洗面奶、洗手液	与皮肤接触时间短	易受以假绿铜单杆菌为主的革兰阳性菌污染	广谱抗菌，对刺激性无明显要求，成本低
驻留型化妆品	护肤膏霜、乳液护肤爽肤水、唇膏	与皮肤接触时间长	易受以酵母菌、细菌等大多数微生物污染	广谱抗菌，刺激性低
粉末型化妆品	香粉、粉饼、胭脂、眼影	与皮肤接触时间长	不含水，但粉有吸附性，会受酵母菌、霉菌等微生物污染	广谱抗菌，刺激性低
面膜	无纺布面膜	与皮肤接触时间 10～30min	易受以酵母菌、细菌等大多数微生物污染	广谱抗菌，刺激性低

② 根据产品 pH 值选用：大多数防腐剂在酸性和中性条件下才能发挥好的防腐效果，在碱性条件下防腐效果弱。但季铵盐类防腐剂和 *N*-羟甲基甘氨酸钠却在 pH>7 时才有防腐效果，所以开发产品时要根据产品 pH 值选用防腐剂。例如在开发皂基产品时，产品的 pH 值为 8～10，为碱性环境，只能选用季铵盐类和 *N*-羟甲基甘氨酸钠等耐碱性的防腐剂。

③ 根据不同使用部位选用：不同部位的肌肤敏感程度不同，选用防腐剂应有所区别。例如，用于眼部周围的产品的防腐剂就应选用刺激性非常小的防腐剂，尽量避免选用释放甲醛的防腐剂；儿童的皮肤娇嫩，所以儿童用化妆品的防腐剂刺激性要小。

④ 根据产品配方组分与防腐剂相容性选用：防腐剂和产品中的一些成分可能会发生作

用，在选用防腐剂时应注意避免降低防腐效果的因素。

（2）防腐剂的复配

通常来讲，某一种防腐剂只是对某一特定菌落才有杀灭或是抑制效果的，所以，出于下列考虑，有必要进行化妆品配方中防腐剂的复配研究。

① 拓宽抗菌谱：某种防腐剂对一些微生物效果好而对另一些微生物效果差，而另一种防腐剂刚好相反。两者合用，就能达到广谱抗菌的防腐目的。

② 提高药效：两种杀菌作用机制不同的防腐剂共用，其效果往往不是简单的叠加作用，而是相乘作用，通常在降低使用量的情况下，仍保持足够的杀菌效力。

③ 抗二次污染：有些防腐剂对霉腐微生物的杀灭效果较好，但残效期有限，而另一类防腐剂的杀灭效果不大，但抑制作用显著，两者混用，既能保证贮存和货架质量，又可防止使用过程中的二次污染。

④ 提高安全性：单一使用防腐剂，有时要达到防腐效果，用量需超过规定的允许量，若多种防腐剂在允许量下混配，既能达到防腐目的，又可保证产品的安全性。

⑤ 预防抗药性的产生：如果某种微生物对一种防腐剂容易产生抗药性的话，它对两种以上的防腐剂都同时产生抗药性的机会自然就少得多。

近年来，防腐剂生产企业推出了一些防腐剂的复配物，供企业选用。在配方设计的时候，也可以根据需要在产品中加入多种防腐剂构成复配体系。复配物的作用是扩展防腐剂的抗菌性，利用协同效应增加其抗菌活性，增加某些防腐剂的溶解度，改变其与各种表面活性剂和蛋白质的相容性，降低单一防腐剂的用量，从而提高产品安全性。复配物能构成更有效、经济的防腐剂体系。

防腐剂的复配方式一般有如下几种：

① 不同作用机制的防腐剂复配。这种复配方式，不是功效的简单相加，通常是相乘的关系，可大大提高防腐剂的防腐效能。

② 不同适用条件的防腐剂复配。这种复配方式可对产品提供更大范围的防腐保护。

③ 适用于不同微生物的防腐剂复配。这种复配方式主要是拓宽防腐体系的抗菌谱，是目前日用化妆品防腐体系设计最常用的方式。

值得提醒的是，复配时应注意防腐剂之间的合理搭配，并注意避免防腐剂间的相互作用，同时注意复配后的抗菌广谱性。

【疑问】 有的企业采用羟苯甲酯、羟苯丙酯和苯氧乙醇复配作膏霜、乳液的防腐剂，你觉得是否可行？

【回答】 可行。现在很多企业膏霜、乳液的防腐体系就是这样设计的。

（3）防腐剂用量的确定

如果采用多种防腐剂复配，可采用正交试验来确定各种防腐剂最佳用量。如果只是采用单种防腐剂，则采用单因素试验来确定用量。但是，目前化妆品企业工程师基本上还是采用经验法来确定用量。

6. 无防腐剂体系的设计

随着对防腐剂安全性研究的深入，许多传统的防腐剂被证实具有一定的负面作用，例如，杰马等甲醛释放体释放甲醛，对人体有害；绝大部分的防腐剂均有刺激作用等。所以，安全的“无添加”防腐剂产品概念开始出现。但真正无防腐剂的产品不能保证保质期，所以仍未完全普及。这就存在着刺激性与保质期两者的矛盾，那么如何解决这个矛盾呢？一些国际原料公司，如德之馨等研究了一些没有纳入防腐剂系列的化合物，筛选出了一些具有防腐活性的醇类化合物，如己二醇、戊二醇等，当这些化合物在产品中用量适当时就能达到很好的防腐效果，并且能通过防腐挑战测试。

不属于防腐剂范畴的化妆品用防腐成分见表 1-5。

表 1-5 不属于防腐剂范畴的化妆品用防腐成分

序号	商品名	INCI 名称（中文）	INCI 名称（英文）	性能简介
1	979940 SymSave H 馨鲜酮	对羟基苯乙酮	HYDROXYACETOPHENONE	①抗氧化、抗刺激；②优良的稳定性，适于高/低 pH 值、温度；③非常有效的防腐增效剂，适用于各种配方，如香波、防晒配方
2	616751 Hydrolite 5	1,2-戊二醇	PENTYLENE GLYCOL	①优良的皮肤保湿剂，具有抗菌活性；②乳液稳定剂，良好的溶解和增溶性能；③提高生物利用度；④食品级，适用于口腔护理产品
3	510352 Hydrolite 6O	1,2-己二醇	1,2-HEXANEDIOL	具有防腐功能的保湿剂：①良好的皮肤保湿功效；②高纯度，无色液体；③良好的增溶剂；④食品级，适用于口腔护理产品
4	199602 Hydrolite CG	辛甘醇	CAPRYLYL GLYCOL	①兼具皮肤保湿和防护功能；②纯度＞98％
5	344028 SymClariol	癸二醇	DECYLENE GLYCOL	具有广谱抑菌能力的保湿剂：祛痘、去屑、除臭、防腐增效、增泡、增黏剂
6	108580 SymDiol 68	1,2-己二醇，辛甘醇	1,2-HEXANEDIOL，CAPRYLYL GLYCOL	①保湿剂；②烷烃二醇的协同复配物；③食品级，适用于口腔护理产品
7	SymDiol 68T 馨醇 68T 177441	1,2-己二醇，辛甘醇，环庚三烯酚酮	1,2-HEXANEDIOL，CAPRYLYL GLYCOL，TROPOLONE	①保湿剂和抗氧化剂，提供广谱抗菌能力； ②2 天完全抑菌； ③适用于防晒产品
8	SymTriol 馨醇 MBA 399870	辛甘醇，1,2-己二醇，甲基苄醇	CAPRYLYL GLYCOL，1,2-HEXANEDIOL，METHYLBENZYL ALCOHOL	①具有广谱抑菌能力的保湿剂；②2～7 天完全抑菌
9	Softisan GC8	甘油辛酸酯	GLYCERYL CAPRYLATE	植物来源；熔点为 30℃左右，具有良好的铺展性，为皮肤带来良好的滋润和保湿效果，同时具有抗菌能力；试验表明：使用 0.5％～1％的甘油辛酸酯，就能有效改善产品的抗菌性；适用于祛痘、润肤、洗发、护发等产品中
10	Velsan AS	*p*-茴香酸	*p*-ANISIC ACID	白色粉末；一种天然存在的、多功能的香精成分，适合天然配方；提供极佳的防腐促进功效；推荐 pH＜5.5；适用于“不含防腐剂”产品
11	Velsan EHG	乙基己基甘油	ETHYLHEXYLGLYCERIN	澄清液体；多功能的化妆品成分，具有广泛的 pH 值适用性（2～12）；有效抑制致病菌生长而不影响皮肤菌群，与传统防腐剂配合使用，能增强防腐剂的效果，减少传统防腐剂的用量；适用于“不含防腐剂”的配方及个人护理品
12	Velsan SC	山梨坦辛酸酯	SORBITAN CAPRYLATE	黄色液体；活性物含量约 100％，个人护理品天然润肤脂；与传统防腐剂配合使用，能增强防腐剂的效果；适用于“不含防腐剂”的配方
13	3-甲基-1,3 丁二醇	异戊二醇	ISOPENTYLDIOL	有较强抑菌性，用于无防腐配方体系；同时具有较强的保湿性能，用于护肤品和发品中

常用的能通过防腐挑战的无防腐剂体系设计方案如下。

① 膏霜乳液体系。

a. 0.5% SymDiol 68（1,2-己二醇+辛甘醇）+0.5% SymSave H（馨鲜酮）。

b. 0.6% Hydrolite 6（1,2-己二醇）+0.6% SymSave H（馨鲜酮）。

② 化妆水、营养水、精华等（水剂）。

a. 2% Hydrolite 5（1,2-戊二醇）+0.5% SymSave H（馨鲜酮）。

b. 2% Hydrolite 5（1,2-戊二醇）+0.5% SymDiol 68。

c. 0.2% SymDiol 68（1,2-己二醇+辛甘醇）+0.5% SymSave H（馨鲜酮）+1% Hydrolite 5。

d. 0.5% Hydrolite 6（1,2-己二醇）+0.5% SymSave H（馨鲜酮）。

③ 面膜液（对温和性要求较高的体系）。

0.5% Hydrolite 6（1,2-己二醇）+0.5% SymSave H（馨鲜酮）。

④ 防晒（对防腐能力要求较高）。

a. 0.5% SymDiol 68T（1,2-己二醇、辛甘醇、环庚酚烯三酮）+0.5% SymSave H（馨鲜酮）。

b. 0.5% SymDiol 68T+0.5% SymTriol MBA。

⑤ 香波、沐浴露、洗面奶、卸妆水等（洗去型产品）。

a. 0.5%苯氧乙醇+0.5% SymSave H（馨鲜酮）。

b. 1%～1.2% SymOcide PS（1,2-己二醇、癸二醇、苯氧乙醇）。

c. 0.5% SymSaveH+0.5% SymTriol MBA。

d. 0.5% SymDiol 68T+0.5% SymTriol MBA。

e. 0.5% Softisa GC8（甘油辛酸酯）+0.2%Velsan AS（*p*-茴香酸）+0.1% 510352（1,2-己二醇）。

f. 0.5% Softisa GC8（甘油辛酸酯）+0.3%Velsan AS（*p*-茴香酸）。

⑥ 护发素、发膜、调理霜等（含阳离子季铵盐调理剂的产品）。

a. 0.3% SymSave H+0.4%苯氧乙醇。

b. 0.3%SymSave H+0.3%SymDiol 68T。

7. 几个常见问题

【疑问1】 哪些防腐剂会释放甲醛？国家有限制吗？

【回答】 布罗波尔、凯松、杰马、DMDM乙内酰脲等防腐剂均会释放出甲醛。我国暂时对这些防腐剂的使用还没有禁用，但对其使用量进行了限制，属于限用范围，化妆品卫生规范对我国使用的防腐剂的使用量进行了规定。欧美很多国家对这些防腐剂则是属于禁用的，所以做出口产品时要避免使用这些防腐剂。

【疑问2】 为什么苯甲酸钠和山梨酸钾等防腐剂要在酸性条件下才能发挥防腐功效？

【回答】 苯甲酸钠和山梨酸钾的防腐作用需要在酸性条件下生成苯甲酸和山梨酸才能发挥出防腐的功效，所以要在酸性条件下使用，一般来说要在pH<5.5以下使用。

【疑问3】 防腐剂能作为杀菌剂使用吗？

【回答】 防腐剂的功效是抑制微生物的生长、繁殖，杀菌剂的功效是能在短时间内杀灭微生物。所以防腐剂不能作为杀菌剂使用。对于染菌程度严重的产品，防腐剂的防腐效果是很差的。

【疑问4】 有天然的防腐剂吗？

【回答】 有。例如壳聚糖，特别是阳离子化的壳聚糖就有比较好的防腐效果。另外还有很多的天然物质也具有一定的防腐功效。

【疑问 5】 在油包水、硅油包水产品中外相不含水，或者一些不含水的产品中是否不需要防腐剂？

【回答】 微生物的生长离不开水，即使这些体系的外相不含有水，但是不要忽略了空气中的湿气，少量的湿气可能只是停留在产品的表面，但这已经足以引起产品的微生物污染。所以仍然需要加入适量的防腐剂。

【疑问 6】 乙醇和氧化锌具有抗菌作用，如何利用这个性能来进行产品的防腐？

【回答】 如果配方中含有超过 15%的乙醇就不需要添加其他防腐剂。同样，在防晒及针对尿疹的配方中所含的氧化锌，其本身就具有抗微生物的特性。

【疑问 7】 二醇类物质的防腐功效是如何发挥的？

【回答】 配方中如果二醇物质含量高可以提升防腐剂的效果，即具有防腐增效作用；甚至可以通过与游离的水的结合，控制微生物生存所需的环境，从而起到少添加甚至不需要添加其他防腐剂就可以达到防腐效果。

第三节 抗氧化剂

含有油脂的化妆品，特别是当产品中含有不饱和键的油脂时，很可能被氧化而引起变质，这种氧化变质现象叫作酸败。油脂被氧化的难易是随着其分子结构中不饱和键存在的多少程度而决定的，往往由于少量高度不饱和物的存在而促使氧化作用迅速地进行。

不饱和油脂的氧化是一种连锁（自由基）反应，只要其中有一小部分开始氧化，就会引起油脂的完全酸败。氧化反应生成的过氧化物、酸、醛等对皮肤有刺激性，并会引起皮肤炎症，也会引起产品变色，放出酸败臭味等，从而使产品质量下降，因此在产品的生产、贮存和使用的过程中，要尽力避免油脂酸败现象的发生。

一、引起酸败的因素

油脂酸败伴随着复杂的化学变化，一般认为氧、热、光、水分、金属离子、微生物、酶等是促进油脂氧化分解的主要因素。

1. 氧

氧是造成酸败的最主要因素，没有氧的存在就不会发生氧化而引起酸败。因此在生产过程中要尽量避免混进氧，减少和氧的接触（如真空脱气、封闭式乳化等）。但要在化妆品中完全排除氧或完全避免与氧的接触是很难办到的。

2. 热

热会加速脂肪酸成分的水解，并提供微生物生长的合适条件，从而加剧酸败，因此。采用低温贮藏有利于延缓酸败。

3. 光

可见光虽然并不直接引起氧化作用，但某些波长的光对氧化有促进作用，用绿色或黄色玻璃纸或用琥珀色玻璃容器包装，可以消除不利波长的光。

4. 水分

含水的脂肪中可能发育着霉和酵母，造成两种酵素：脂肪酶和氧化酶。脂肪酶水解脂肪，氧化酶氧化脂肪酸和甘油酯。所以由于酶的存在，若增高油脂中的水分，一方面会引起油脂的水解；另一方面能加速自动氧化反应，提供了微生物的生活环境，降低某些抗氧化剂如多元酚、胺等的活力。

5. 金属离子

某些金属离子能破坏原有或加入的天然抗氧化剂的作用，有时成为自动氧化的催化剂，而加速酸败。金属中最严重的是铜，其催化作用较铁强 20 倍，其他依次为铅、锌、锡、铝、不锈钢、铁、镍，所以在一般制造过程中，采用搪玻璃设备较好。

6. 微生物

微生物中的霉菌、酵母菌与细菌都能在脂肪介质中生长，并将其分解为脂肪酸和甘油，然后再进一步分解，加速油脂酸败，因此在生产过程中要严格控制卫生条件。

7. 酶

油脂中若存在能促进氧化作用的氧化酶，在适宜的温度与水分、光和氧的情况下，会加速酸败的发生。

二、抗氧化剂作用原理

油脂的氧化反应大多属游离基（自由基）链式反应，在链式反应中游离基起着关键的作用。抗氧化剂的作用机理很复杂，它能阻滞油脂中不饱和键和氧的反应或者抗氧化剂本身能吸收氧或者能与金属离子螯合，从而达到抑制氧化反应的作用，从而相应地阻止了油脂的氧化。

三、常用的抗氧化剂

1. 维生素 E

又名生育酚。大多数天然植物油脂中均含有生育酚，是天然的抗氧化剂，可溶于脂肪和乙醇等有机溶剂，不溶于水，对热、酸稳定，对碱不稳定，对氧敏感，对热不敏感。维生素 E 缺乏时，人体代谢过程中产生的自由基不能及时清除，不仅可引起生物膜脂质过氧化，破坏细胞膜的结构和功能，形成脂褐素；而且使蛋白质变性，酶和激素失活，免疫力下降，代谢失常，促使机体衰老。所以维生素 E 作为一种美容因子常用于化妆品中，具有抗衰老功效。

2. 维生素 C

又名抗坏血酸，是一种水溶性维生素，水果和蔬菜中含量丰富，具有很强的清除自由基功能。维生素 C 的性质非常不稳定，极易受到热、光和氧的破坏而变色。而且由于其是水溶性物质，不易被皮肤吸收，为了改善其性能，通常将维生素 C 改性成酯，例如，维生素 C 棕榈酸酯等，再应用于化妆品中。

3. 叔丁基羟基苯甲醚

简称 BHA，是 5-叔丁基-4-羟基苯甲醚与 1-叔丁基-4-羟基苯甲醚两种异构体的混合物。它是作为矿物油的抗氧化剂而被开发出来的，应用于动植物油中，在低浓度下（0.005%～0.05%）即能发挥极佳效果，并允许用于食品中。BHA 易溶于脂肪，基本上不溶于水，与没食子酸丙酯、磷酸等有很好的协同作用，限用量 0.15%。

4. 2,5-二叔丁基对甲酚

简称 BHT，不溶于碱，且不发生很多酚类的反应，效果与 BHA 相当，但在高浓度或升温情况下，不像BHA那样带有不愉快的酚类臭味，也允许用于食品。和BHA一起使用能提高稳定性（协同作用），加入柠檬酸、抗坏血酸等协同剂，可增加抗氧化作用，限用量0.15%。

5. 去甲二氢愈创酸

简称NDGA，溶于甲醇、乙醇和乙醚，微溶于脂肪，溶于稀碱液呈深红色。对各种油脂均有效，但应注意添加量，如过量添加反而会促进氧化反应。与浓度低于0.005%的磷酸有协同作用。

6. 没食子酸丙酯

溶于乙醇和乙醚，在水中仅能溶解0.1%左右，溶于温热油中，不论单独使用或配合使用均为良好的抗氧化性，但颜色容易变深，限用量0.1%。

另外，超氧化物歧化酶（SOD）、金属硫蛋白、维生素A和天然提取物（如银杏、绿茶、芦荟等的提取物）也具有抗氧化功能，常用于化妆品中，作为人体自由基去除剂。上述抗氧化剂中BHA是低浓度的，抑制力最大，对动物油脂的效能最好；BHT对矿物油的效能大。此外，有时混合使用上述抗氧化剂比单独使用时的效果好，这是因为使用两种以上抗氧化剂具有协同作用，同时还可加大抗氧化剂的用量。一些有机酸（如柠檬酸、酒石酸、EDTA等）、醇（如甘露醇、山梨醇等）、亚硫酸盐等物质可促进上述抗氧化剂的抗氧化效果。

为了防止自动氧化，保持化妆品质量，并使之稳定，在选择适当的抗氧化剂种类和用量的同时，还需注意选择不含有促进氧化的杂质的高质量原料，选择适当的制备方法，并且要注意避免混进金属和其他促氧化剂。

四、抗氧化体系设计

1. 抗氧化剂的筛选

一种抗氧化剂并不能对所有的油脂都有明显抗氧化效果，所以配方中选用抗氧化剂时要根据配方油脂类型来选择。例如，配方中含有动物油脂，可选用去甲二氢愈创酸和安息香等酚类抗氧化剂，不宜用生育酚；植物油脂则宜选用抗坏血酸作为抗氧化剂；白矿油等矿物油则宜选用生育酚作为抗氧化剂。

2. 抗氧化剂的复配

单一抗氧化剂往往达不到理想的抗氧化效果，所以经常采用多种抗氧化剂复配使用，达到抗氧化作用的协同增效。例如，把抗坏血酸与生育酚合用时，抗氧化效果显著增强。也可将抗氧化剂与增效剂复配使用，常用的增效剂有柠檬酸、苹果酸、酒石酸、EDTA等。

3. 用量确定

科学的方法应该采用试验来筛选最佳用量，复配型采用正交试验法，单一型采用单因素试验法。但是，目前企业的配方工程师多采用经验法来确定用量。

第四节　着色剂与调色

化妆品作为时尚品，其色泽对消费者心理具有较大影响，好的颜色往往能吸引消费者的眼球，刺激消费者的购买欲望。所以，调色在化妆品开发过程中具有非常重要的地位。

一、化妆品色泽的来源

市场销售的各种化妆品具有各种不同的颜色，这些颜色主要来自以下几种途径。

① 各种原料组分混合后产生的混合色。例如色泽较深的中药提取物加入透明无色的水剂类产品中，能使产品呈现浅黄色。

② 添加的原料溶解后，重结晶而表现出来的珠光白色。例如珠光片溶化后，冷却过程中结晶产生珠光白色；再如生产皂基沐浴液或皂基洗面奶的过程中，脂肪酸皂结晶出现珠光白色。

③ 油、水两相混合乳化形成乳状液，冷却后呈现白色的膏霜或乳液。

④ 产品中通过加入着色剂和色淀来调色。例如，在洗洁精中加入少量柠檬黄，使洗洁精呈现浅黄色；在胭脂中加入多种色淀，使产品呈现红色。

二、化妆品的调色

依靠原料呈色和生产过程中产生的原色，往往不能满足产品对色泽的要求，此时只能依靠外加着色剂来调色。调色是指在产品的配方设计过程中，选用一种或多种颜色原料，把产品颜色调整到突出产品的特点，并使消费者感到愉悦的过程。

要达到产品色泽要求，依靠单种着色剂往往不能满足要求，而是需要将多种颜色按照一定的比例进行拼色，经过拼色达到的颜色称为复合色。表 1-6 列举了几种复合色的拼色方法。

表 1-6　几种复合色的拼色方法

复合色	拼色方法	复合色	拼色方法
熟褐色	柠檬黄＋纯黑色＋玫瑰红	粉绿色	纯白色＋草绿色
粉玫瑰红	纯白色＋玫瑰红	黄绿色	柠檬黄＋草绿色
朱红色	柠檬黄＋玫瑰红	墨绿色	草绿色＋纯黑色
暗红色	玫瑰红＋纯黑色	粉紫色	纯白色＋纯紫色
紫红色	纯紫色＋玫瑰红	咖啡色	玫瑰红＋纯黑色
赭石红	玫瑰红＋柠檬黄＋纯黑色	粉柠檬黄	柠檬黄＋纯白色
粉蓝色	纯白色＋天蓝色	藤黄色	柠檬黄＋玫瑰红
蓝绿色	草绿色＋天蓝色	橘黄色	柠檬黄＋玫瑰红
灰蓝色	天蓝色＋纯黑色	土黄色	柠檬黄＋纯黑色＋玫瑰红
浅灰蓝	天蓝色＋纯黑色＋纯紫色		

注：任何一种颜色加入白色都会使之颜色变淡。珠光颜料使产品呈现珠光。

应注意的是，pH 值对着色剂的影响很大，往往在不同的 pH 值下呈现不同的颜色。所以，在产品开发调色时，应是调完 pH 值后，才进行拼色处理。

三、着色剂的选用

1. 着色剂要求

化妆品用理想的着色剂应具有以下几个方面性能：

① 安全性好，应是无毒、无刺激、无副作用；

② 无异味；

③ 对光、热的稳定性好；

④ 化学稳定性好，不与其他原料和容器发生化学反应；

⑤ 着色效率高，使用量少；

⑥ 与溶剂相溶性好，易分散；

⑦ 易采购，价格合理。

2. 着色剂类型

目前用于化妆品的着色剂主要有如下几类。

（1）合成色素

合成色素就是通过化学合成的方法得到的色素，如溴酸红、曙红、酸性红、食品红、食品黄等。这类色素最大的优点就是稳定性好。

（2）天然色素

天然色素就是从天然动植物或微生物中提取分离得到的色素，如叶绿素铜钠、花色素苷、辣椒红色素等。这类色素最大的优点就是安全性好，最大的缺点就是稳定性不够好。

（3）色淀

色淀是指水溶性色素吸附在不溶性载体上而制得的着色剂。色淀一般不溶于溶剂，有高度的分散性、着色力和耐晒性。

（4）颜料

颜料是指不溶于水、油、溶剂和树脂等介质，且不与介质发生化学反应的粉末着色剂，如钛白粉、铬绿、铁红、铁黄、氯氧化铋珠光颜料等。

3. 着色剂的选用

由于绝大部分的化妆品要与人体接触，所以安全性非常重要。《化妆品卫生规范》对化妆品着色剂进行了限用规定，选择时要按照规范规定的品种、用量进行选用。

四、产品色泽问题与解决方法

着色剂的色泽易受产品中其他成分、金属离子、空气中氧气、紫外线和热的影响，使颜色发生变化或褪色。为了防止产品出现变色、褪色的现象，可采取如下几方面措施：

① 在选用着色剂时应选用稳定性好的着色剂；

② 添加紫外线吸收剂，防止紫外线对产品色泽的影响；

③ 添加抗氧化剂，防止色素被氧化；

④ 建立 pH 缓冲体系，确保产品 pH 值稳定；

⑤ 添加螯合剂，防止金属离子对色泽的影响；

⑥ 建立好的防腐体系，以免微生物滋生，产生色素。

第五节　香精

将数种乃至数十种香料（包括天然香料、合成香料和单离香料）按照一定的配比调合成具有某种香气或香韵及一定用途的调合香料，通常称这种调合香料为香精（Perfume compound），这个调合过程称为调香。

一、香精的分类

香精是一种由人工调配出来的含有数种乃至数十种香料的混合物，具有某种香气或香韵及一定的用途。根据香气、香韵或用途的不同，分类方法也不相同。

1. 根据香精的用途分类

根据香精的用途可分为以下几种。

① 日用香精：用于日用化学品。日用化学品种类繁多，由于其用途、用法、形态等的不同，在配方和性能上也千差万别。为了满足不同产品加香的需要，日用香精又可分为膏霜类化妆品用香精、油蜡类化妆品用香精、粉类化妆品用香精、香水类化妆品用香精、液洗类用香精、牙膏用香精、皂用香精等。

② 食用香精：用于食品，也因食品的种类、形态和加工过程而异。一般可分为清凉饮料用香精、冷果用香精、果糕用香精、酒用香精、调味品香精和辛香料香精。

③ 其他用途香精：指除了日用香精、食用香精以外的香精。此类香精一般分为室内芳香剂香精、薰香剂香精、工业用香精、保安用香精、饲料用香精等。

2. 根据香精的形态分类

产品状态不同，其体系的性能也不同，为了保持加香产品基本的性能稳定，所加香精的性能（溶解性、分散性等）应和所处制品的基本性能相一致。因此香精的形态可分为以下几种。

① 水溶性香精：可用在香水、花露水、化妆水、牙膏类等水性化妆品中，也可用在果汁、汽水等饮料，烟草和酒类等产品中。此类香精所用溶剂一般为乙醇、丙二醇、甘油。

② 油溶性香精：可用于油性化妆品与糕点等食品中，是将天然香料和合成香料溶解在油溶性溶剂中调配而成的香精。此类香精所用溶剂有两类：天然油脂和有机溶剂。

③ 乳化香精：可用于天然果汁类饮料、乳化类化妆品中，是将香料和水在表面活性剂作用下形成的乳液类香精。通过乳化可以抑制香料的挥发，用大量水代替溶剂，可以降低成本，因此乳化香精的应用发展得很快。

④ 粉末香精：主要用在固体汤料、固体饮料、香粉、爽身粉等粉类食品和化妆品中。一般分为碾磨混合或单体吸附的粉末香精及由赋形剂包裹的微胶囊粉末香精。

3. 根据香型分类

香精的整体香气类型或格调称为香型，香精根据香型大概可分为以下三大类。

① 花香型香精：多是模仿天然花香而调合成的香精。如茉莉香脂香精含有清新温浓的茉莉花香，用于配制茉莉香的化妆品、香纸等。

② 果香型香精：模仿果实的气味调配而成的。如苹果型香精有浓郁清甜的苹果香味，用于配制苹果味的食品、化妆品、日用品等。

③ 非花香果香型香精：有的模仿实物调配而成，有的则是根据幻想中的优雅香味调合而成。这类香精的名称，有的采用神话传说，有的采用地名，往往是美妙抒情的名称，如素心兰、古龙、力士、巴黎之夜、夏之梦、吉卜赛少女等。幻想型香精多用于制造各种香水。

二、香精的组成

香精是数种或数十种香料的混合物。好的香精留香时间长，且自始至终香气圆润纯正，绵软悠长，香韵丰润，给人以愉快的享受。因此，为了了解在香精配制过程中，各香料对香精性能、气味及生产条件等方面的影响，首先需要仔细分析它们的作用和特点。

不论是哪种类型的香精，按照香料在香精中的作用，大都由以下六个部分组成。

1. 主香剂

亦称主香香料，是决定香气特征的重要组分，是形成香精主体香韵和基本香气的基础原料，在配方中用量较大。因此主香剂香料的香型必须与所要配制的香精香型一致。在香精配方中，有时只用一种香料作主香剂，但多数情况下都是用多种香料作主香剂。例如，玫瑰香精常用香叶醇、香茅醇、苯乙醇作为主香剂。

2. 和香剂

亦称协调剂，是调和香精中各种成分的香气，使主香剂香气更加突出、圆润和浓郁的组分。因此用作和香剂的香料香型应和主香剂的香型相同。例如，玫瑰香精常用橙花醇作为和香剂。

3. 修饰剂

亦称变调剂，是使香精香气变化格调，增添某种新的风韵的组分。用作修饰剂的香料香型与主香剂香型不同，在香精配方中用量较少，但却十分奏效。在近代调香中，趋向于强香韵的品种很多，如较为流行的有花香-醛香型、花香-醛香-清香型等，广泛采用高级脂肪族醛类来突出强烈的醛香香韵，增强香气的扩散性能，加强头香。例如，玫瑰香精常用芳樟醇作为修饰剂。

4. 定香剂

亦称保香剂。定香剂不仅本身不易挥发，而且能抑制其他易挥发香料的挥发速度，从而使整个香精的挥发速度减慢，留香时间长，使全体香料紧密结合在一起，使香精的香气特征或香型始终保持一致，是保持香气持久稳定性的香料。它可以是单一的化合物；也可以是混合物；还可以是天然的香料混合物，可以是有香物质，也可以是无香物质。定香剂的品种较多，以动物性香料最好；香根草类高沸点的精油、安息香类香树脂及分子量较大或分子间作用力较强的苯甲酸苄酯类合成香料也常使用。例如，玫瑰香精常用麝香酮、秘鲁香脂、安息香、龙脑香等作为定香剂。

5. 香花香料

亦称增加天然感的香料，其作用是使香精的香气更加甜悦，更加接近自然花香，主要采用各种香花精油。

6. 溶剂

为了降低成本，同时适当地把香味淡化，需将结晶香料和树脂状香脂溶解和稀释，可加入一定量的溶剂。溶剂本身应无臭、稳定、安全而且价格低。例如，水溶性香精中可用乙醇、丙二醇作为溶剂，油溶性香精中可用苯甲醇、苄醇、苯甲酸苄酯、苯甲醇、甘油三乙酸酯、棕榈酸异丙酯和植物油脂作为溶剂。

三、香精挥发度

除了按香料在香精中的作用来理解香精的配方外，还可根据香精配方中香料的挥发度和留香时间的不同，大体将香精分为头香、体香与基香三个相互关联的部分。

1. 头香

亦称顶香，挥发度大，是决定香精“形象”和“新鲜感”的重要因素。用作头香的香料一般是由香气挥发性较好的香料构成，它的留香时间短，在评香纸上的留香时间在2h以下。头香的香料一般应选择嗜好性强、清新、能和谐地与其他香气融为一体，使整体香气上升并有些独特性的香气成分。常见的头香香料有柑橘型香料、玫瑰油、果味香料等。头香能赋予人们最初的良好印象，消费者通常比较容易受头香香气和香韵的影响，但头香并不代表香精的特征香韵。

2. 体香

亦称中香，是在头香之后，被嗅感到的中段主体香气，它能使香气在相当长的时间内保持稳定和一致，赋予香精特征香气。用作体香的香料是由具有中等挥发度的香料所配成的，在评香纸上的留香时间为2～6h。体香香料一般由茉莉、玫瑰、丁香、康乃馨等花香，以及醛类、辛香料等香料组成。它是香精的主要组成部分，代表了所配制香精的主体香气。

3. 基香

亦称尾香，是在香精的头香和体香挥发之后，留下来的最后香气，挥发度小。用作基香的香料一般是由高沸点的香料或定香剂所组成，在评香纸上的留香时间超过6h。基香香料主要由橡苔、檀香、香根、柏木、广藿香等木香成分及起定香剂作用的天然动物香和香脂、香豆素等香料组成。

在调香工作中，根据香精的用途，要适当调整头香、体香、基香香料的百分比。例如，要配制一种香水香精，如果头香占50%，体香占30%，基香20%则不太合理。因为头香与基香相比，基香百分比太小，这种香水缺乏持久性。一般头香占30%左右，体香占40%左右，基香占30%左右比较合适。总之，头香、体香和基香之间要注意合理的平衡，各类香料百分比的选择，应使各类原料的香气前后相呼应，在香精的整个挥发过程中，各层次的香气能循序挥发，前后具有连续性，使它的典型香韵不前后脱节，达到香气完美、协调、持久、透发的效果。

四、化妆品加香

香精是赋予化妆品以一定香气的原料，它是制造过程中的关键原料之一。香精选用得当，不仅受消费者的喜爱，而且还能掩盖产品介质中某些不良气味。香精由多种香料调配混合而成，且带有一定类型的香气，即香型。化妆品在加香时，除了选择合适的香型外，还要考虑到所选用的香精对产品质量及使用效果有无影响。因此不同制品对加香要求不同。

香精在各大产品中的建议添加量如下。

① 洗发水、沐浴露：0.5%～1.5%；

② 膏霜：0.05%～0.30%；

③ 乳液：0.05%～0.30%；

④ 化妆水：0.01%～0.20%；

⑤ 面膜：0.01%～0.20%。

第六节　表面活性剂

一、表面与表面张力

多相体系中相之间存在着界面（interface）。习惯上人们仅将气-液、气-固界面称为表面（surface）。

通常，由于环境不同，处于界面的分子与处于相本体内的分子所受力是不同的。在水内部的水分子受到周围水分子的作用力的合力为0，但在表面的水分子却不如此。因上层空间气相分子对它的吸引力小于内部液相分子对它的吸引力，所以表面水分子所受合力不等于零，其合力方向垂直指向液体内部，结果导致液体表面具有自动缩小的趋势，这种收缩力称为表面张力。简单地说，表面张力是指促使液体表面收缩的力。

在自然界中，可以看到很多表面张力的现象和对张力的运用。例如，露水总是尽可能地呈球形，荷叶上的水珠也是呈球形，将自来水管慢慢关闭的最后水滴呈近球形滴下，而某些昆虫则利用表面张力可以漂浮在水面上。

二、表面活性剂的定义

凡是加入少量就能显著降低溶液表面张力，改变体系界面状态的物质称表面活性剂(Surfactant)。表面活性剂是一大类有机化合物，它们的性质极具特色，应用极为灵活、广泛，具有改变表面润湿作用、乳化作用、破乳作用、泡沫作用、分散作用、去污作用等，是肥皂、洗衣粉、洗发香波、沐浴液、洗洁精等日用品的主要有效成分。

下面，列举两个实例来体验表面活性剂对表面张力的降低作用。

【实例1】 准备一盆清水和一根绣花针，将针小心翼翼地、水平地、放在平静的水面，针就会漂浮着。这是因为水分子紧紧地结合在一起，产生了表面张力，把针给撑了起来。拿洗洁精往水里挤几滴，针就沉下去了，因为洗洁精中含有大量的表面活性剂，降低了水的表面张力，所以针沉了。

【实例2】 准备一根细长的牙签，用小刀雕刻成独木舟的样子，在独木舟的一端沾上一点沐浴液，再将它放在一盆清水中，不用任何动力，独木舟就自己走了起来。这是因为在沐浴液中含有表面活性剂，这些表面活性剂可以减弱水的表面张力，因此独木舟上沾有沐浴液一端周围的水表面张力减弱，而其另一端的张力不变，两端的张力差形成了对独木舟的推力，独木舟自然就会自己前进了。

三、表面活性剂的结构

表面活性剂的分子结构均由两部分构成。分子的一端为非极性亲油疏水基，有时也称为亲油基；分子的另一端为极性亲水的亲水基，有时也称为疏油基或形象地称为亲水头。两类结构与性能截然相反的分子碎片或基团分处于同一分子的两端并以化学键相连接，形成了一种不对称的、极性的结构，因而赋予了该类特殊分子既亲水、又亲油，却又不是整体亲水或亲油的特性。表面活性剂的这种特有结构通常称之为双亲结构（amphiphilic structure)，表面活性剂分子因而也常被称作双亲分子，如图 1-4 所示。

图 1-4 表面活性剂双亲结构

(1) 亲油基

表面活性剂的亲油基部分一般是由长链烃基构成，结构上的差别较小，它们是

① 直链烷基（$C_8\sim C_{20}$）；

② 支链烷基（$C_8\sim C_{20}$）；

③ 烷基苯基（其中烷基为 $C_{8\sim16}$）；

④ 烷基萘基（其中有两个烷基，烷基为 $C_{3\sim7}$）；

⑤ 松香衍生物；

⑥ 高分子量的聚氧丙烯基；

⑦ 长链全氟（或氟代）烷基；

⑧ 低分子量全氟聚氧丙烯基；

⑨ 硅氧烷等。

(2) 亲水基

亲水基部分的基团种类繁多，但概括起来主要有两大类，一是离子，如—COO^-、—SO_3^-等；二是能与水形成氢键的基团，如—OH、—NH_2、—O—等。

亲水基相对于亲油基的位置对表面活性剂性能影响很大，如果亲水基在亲油基的末端，这种表面活性剂净洗作用强，润湿性差；如果亲水基夹在亲油基的中间，则相反。

四、表面活性剂的性质

为了达到稳定，表面活性剂溶于水时，可以采取两种方式：在液面形成单分子膜和形成胶束。当表面活性剂浓度低时，表面活性剂首先在液面形成单分子膜，随着浓度的提高，表面活性剂溶于水中，并将亲油基结合在一起，随着浓度的进一步提高，形成胶束，如图 1-5 所示。

1. 在液面形成单分子膜

将亲水基留在水中而将疏水基伸向空气，以减小排斥。而疏水基与水分子间的斥力相当于使表面的水分子受到一个向外的推力，抵消表面水分子原来受到的向内的拉力，即使水的表面张力降低。这就是表面活性剂的发泡、乳化和润湿作用的基本原理。在油-水系统中，表面活性剂分子会被吸附在油-水两相的界面上，而将极性基团插入水中，非极性部分则进入油中，在界面定向排列。于是在油-水相之间产生拉力，使油-水的界面张力降低。这一性质对表面活性剂的广泛应用有重要的影响。

2. 形成胶束

胶束可为球形，也可是层状结构，每一种结构都尽可能地将疏水基藏于胶束内部而将亲水基外露。在单分子膜和胶束结构中，如以球形表示极性基，以柱形表示疏水的非极性基，如图 1-5 所示，当溶液中有不溶于水的油类（不溶于水的有机液体的泛称），即可进入球形胶束中心和层状胶束的夹层内而溶解。这称为表面活性剂的增溶作用。

表面活性剂可起洗涤、乳化、发泡、润湿、浸透和分散等多种作用，且表面活性剂用量少（一般为百分之几到千分之几），操作方便、无毒无腐蚀，是较理想的化学用品。因此在生产上和科学研究中都有重要的应用。在浓度相同时，表面活性剂中非极性成分越大，其表面活性越强，即在同系物中，碳原子数多的表面活性较大。但碳链太长时，因在水中溶解度太低而无实用价值。

3. 临界胶束浓度 CMC

表面活性剂的表面张力、去污能力、增溶能力、浊度、渗透压等物理化学性质均在某一特定浓度发生突变，突变点时的溶液浓度称临界胶束浓度（critical micella concentration，CMC)。如前所述，表面活性剂在溶液中超过一定浓度时会从单个离子或分子状态缔合成胶态聚集物，即形成胶束，这一过程称胶束化作用，胶束的形成导致溶液性质发生突变。下面以表面活性剂十二烷基硫酸钠水溶液的一些物理性质随浓度的变化（如图 1-6 所示）来说明。

由图 1-6 可知，表面活性剂溶液物理性质随浓度的变化皆有一个转折点，而此转折点发生在一个不大的浓度范围内，这个范围就是 CMC。在溶液中能形成胶束是表面活性剂的一个重要特性，这是无机盐、有机物及高分子溶液所没有的。原因是表面活性剂具有双亲结构，在水溶液中，表面活性剂分子的极性亲水基与水分子强烈吸引，而非极性的烃链却与水

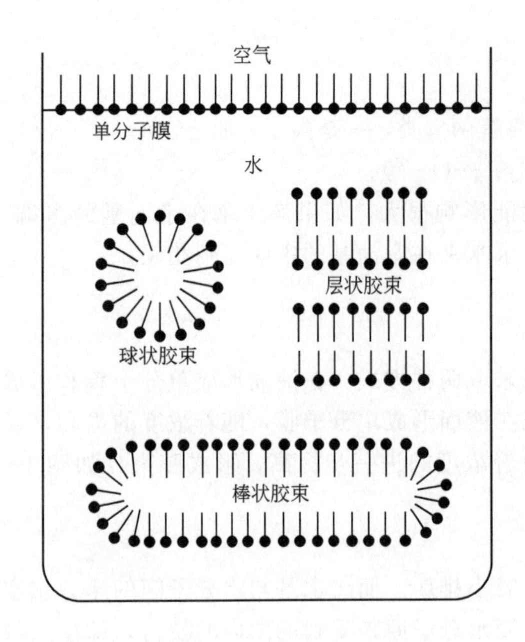

图 1-5 表面活性剂在水中的排列方式

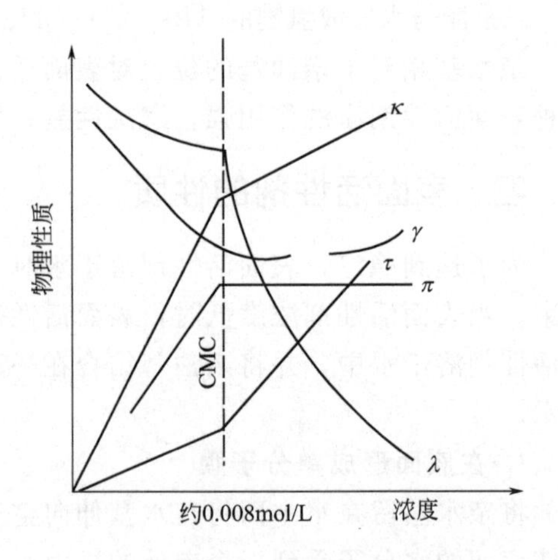

图 1-6 十二烷基硫酸钠水溶液物理性质随浓度的变化关系

κ—电导率；γ—表面张力；τ—浊度；π—渗透压力，λ—摩尔电导

分子的吸引力很弱。溶液中与烃链相邻的水比普通水具有更多的自由氢键，从而迫使其形成有序结构，使体系能量升高而不稳定，故水分子趋向把表面活性剂疏水的烃链排出水环境，这就是疏水效应。当浓度达到 CMC 后，疏水的烃链互相聚集形成内核，亲水的极性基向外，这样，既满足疏水基脱离水环境的要求，又满足亲水基与水强烈作用要求，处于热力学稳定状态，于是胶束就形成了。

4. 表面活性剂在水中的溶解度——Krafft 点与 CP 值

离子型表面活性剂在水中的溶解度随温度的升高而慢慢增加，但达到某一温度后，溶解度迅速增大，这一点的温度称为临界溶解温度，也叫作 Krafft 点。临界溶解温度是各种离子型表面活性剂的一个特性常数。一般来说，Krafft 点越高，CMC 值越小。这是因为温度升高，不利于胶束的形成。因此，离子型表面活性剂的临界胶束浓度会随温度的增加而略有上升。

非离子型表面活性剂溶液在加热到达某一温度时，溶液会突然变浑浊，就是说温度升高会使非离子型的表面活性剂溶解度下降。溶液出现混浊时的温度，称为非离子型表面活性剂的浊点，即 CP 值。产生该现象的原因是非离子型表面活性剂的极性基团是羟基，其极性很弱，为使非离子表面活性剂在水中有一定溶解度，需有多个羟基和醚键。因此在亲油基上加成的环氧乙烷分子数越多，醚键就越多，亲水性就越大，也就越容易溶于水。在水溶液中的聚氧乙烯基团呈曲折形，亲水的氧原子位于链的外侧，有利于氧原子和水分子通过氢键结合。但是这种结合并不牢固，当温度升高或溶入盐类时，水分子就有脱离表面活性剂分子的倾向。因此，随着温度升高，非离子型表面活性剂的亲水性下降，溶解度变小，甚至变为不溶于水的混浊液。在浊点以上不溶于水，在浊点以下溶于水。在亲油基相同时，聚氧乙烯基团越多，浊点就越高。可以看出，非离子型表面活性剂的溶解度与离子型表面活性剂不同，是随温度上升而下降的，所以临界胶束浓度随温度的上升而降低。

五、表面活性剂的分类

根据溶解性分类，表面活性剂有水溶性和油溶性两大类。

根据疏水基结构进行分类，分直链、支链、芳香链、含氟长链等。

根据亲水基进行分类，分为羧酸盐、硫酸酯盐、季铵盐、聚氧化乙烯（PEO）衍生物、内酯等。

根据极性基团的解离性质分类，可分为离子型表面活性剂和非离子型表面活性剂，离子型表面活性剂又分为阴离子表面活性剂、阳离子表面活性剂、两性离子表面活性剂。

六、常用表面活性剂

1. 阴离子表面活性剂

阴离子表面活性剂亲水基团带有负电荷，其结构如图 1-7 所示。

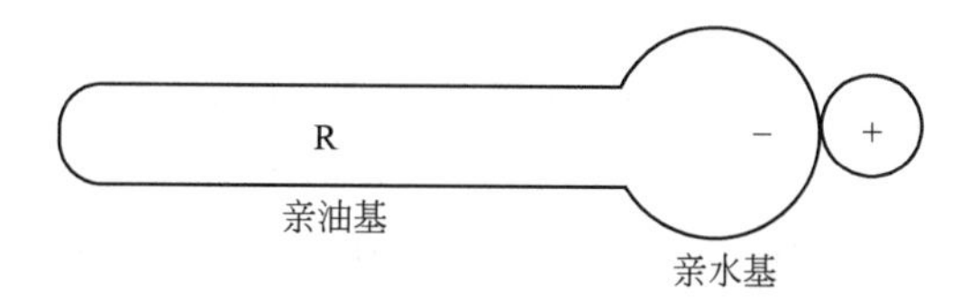

图 1-7　阴离子表面活性剂分子结构图

这类表面活性剂溶于水中时具有表面活性的部分为阴离子，例如 $C_{12}H_{25}OSO_3Na$ 溶于水时，具有表面活性的部分为 $C_{12}H_{25}OSO_3^-$。疏水基主要是烷基和烷基苯基，亲水基主要是羧基、磺酸基、硫酸基、磷酸基等，在分子结构中还可能存在酰胺基、酯键、醚键。

这类表面活性剂的特点是具有很强的起泡作用和去污作用，是日常清洁用品的主要有效成分，广泛用于洗衣粉、洗衣液、香波、沐浴液等清洁用品中。下面介绍阴离子表面活性剂的常用品种。

（1）羧酸盐

羧酸盐类阴离子表面活性剂俗称脂肪酸皂。分子通式为 RCOOM，其中 $R=C_{8\sim22}$，M 为 K^+、Na^+、$[(CH_2CH_2OH)_3NH]^+$ 等。

羧酸盐是用油脂与碱溶液加热皂化而制得，也可用脂肪酸与碱直接反应而制得，由于油脂中脂肪酸的碳原子数不同以及选用碱剂的不同，所制成的皂的性能有很大差异，常用的脂肪酸见表 1-7。

表 1-7　羧酸盐表面活性剂常用的脂肪酸

序号	化学名	俗名	分子式
1	十二酸	月桂酸	$C_{11}H_{23}COOH$
2	十四酸	肉豆蔻酸	$C_{13}H_{27}COOH$
3	十六酸	棕榈酸	$C_{15}H_{31}COOH$
4	十八酸	硬脂酸	$C_{17}H_{35}COOH$
5	十八烯酸	油酸	$C_{17}H_{33}COOH$
6	二十二酸	山嵛酸	$C_{21}H_{43}COOH$

脂肪酸皂的碳链越长，其凝固点也越高，硬度加大，水溶性也下降，起泡力也相应有所

降低。

对于同样的脂肪酸而言，钠皂最硬，钾皂次之，胺皂则较柔软。钠皂和钾皂有较好的去污力，但其水溶液碱性较高，pH值约为10，而胺皂水溶液的碱性较低，pH值约为8。

用于制造各类洗涤用品的脂肪酸皂都是不同长度碳链的脂肪酸皂的混合物，以便获得所需要的去污力、发泡力、溶解性、外观等，例如将月桂酸、肉豆蔻酸、硬脂酸混合与氢氧化钾中和来制备皂基沐浴液等。

肥皂虽有去污力好、价格便宜、原料来源丰富等特点，但它不耐硬水、不耐酸、水溶液呈碱性，刺激性比其他阴离子表面活性剂要稍大些。

例如，月桂基甘醇羧酸钠，结构式为 H_3C～～～～～～～～～～(HO)～O～CH_2C(=O)O^- Na^+，是一种高效起泡剂。由于分子内有两个不同的亲水基，具有出色的起泡性能，在pH值5～10都可以起泡快，而且细腻丰富，并且能较长时间维护泡沫的稳定性，既有非常高的洗净力，又有非常低的刺激性，常用于制备高端洗发水和洁面乳。

（2）烷基硫酸酯盐

烷基硫酸酯盐类阴离子表面活性剂的分子通式为 $ROSO_3M$，其中 $R=C_{8\sim18}$，M=Na、K、NH_4。这类表面活性剂具有很好的洗涤能力和发泡能力，在硬水中稳定，溶液呈中性或微碱性，它们是配制液体洗涤剂的主要原料。如果在烷基硫酸酯的分子中再引入聚氧乙烯醚结构或酯结构，则可以获得性能更优良的表面活性剂。这类产品中具有代表性的是月桂醇聚氧乙烯醚硫酸酯盐。

① 月桂醇硫酸酯钠盐或铵盐。分子式：$C_{12}H_{25}OSO_3Na$或$C_{12}H_{25}OSO_3NH_4$，商品代号分别为K12或K12A。

性状：起泡能力强，去污作用好，乳化能力强。市售的K12外观为白色粉末或针状，含量达到98%；市售的K12A一般为黏稠状，含量70%左右，可溶于水，有特征气味，HLB值40左右。这种表面活性剂稍有刺激性，其中钠盐的刺激性比铵盐要稍大些。

用途：泡沫剂、洗涤剂、乳化剂，大量用于牙膏及香波中发挥起泡及洗涤作用，亦可用于膏霜中作水包油型乳化剂。

② 月桂醇聚氧乙烯醚硫酸酯钠盐或铵盐。

分子式：$C_{12}H_{25}(OCH_2CH_2)_nOSO_3Na$ 或 $C_{12}H_{25}(OCH_2CH_2)_nOSO_3NH_4$，商品代号分别为AES或AESA。

性状：分子式中 n 一般是1～5，随着 n 的增大，亲水性有所增加，但泡沫性反而有所降低，刺激性也有所降低。化妆品中最常用的是聚氧乙烯（3EO）月桂醇硫酸钠，月桂醇加成更多摩尔数环氧乙烷即可制成较稠厚的液体。

脂肪醇加成环氧乙烷摩尔数越高，则加成物的浊点也越高。以乙烯氧基为亲水基的非离子型表面活性剂，因乙烯氧基的醚氧和水的氢键随温度上升而被切断，使这种表面活性剂的水溶性降低，这就是浊点现象的机理。因此可采用测定浊点的方法以检查非离子型表面活性剂的质量。

另外，AES的性能与碳链结构也有关系，如含有支链的AES的溶解性、润湿渗透性比直链的AES好，冲洗后的肤感比直链AES清爽，起泡性能则不如直链AES，所以直链AES多用于泡沫要求高的洗发香波和沐浴液，而支链AES则多用于肤感要求高的洁面乳和卸妆水等。广州某化工有限公司研制生产的超级表活4388就是一种低泡、高表面活性、优异润湿性能、气味低、易冷水溶、凝胶区间窄、可操作性强的支链醇 AES。

用途：由于分子中具有聚氧乙烯醚结构，月桂醇聚氧乙烯醚硫酸酯盐比月桂醇硫酸酯盐刺激性更低，水溶性更好，其浓度较高的水溶液在低温下仍可保持透明，适合配制透明液体香波。月桂醇聚氧乙烯醚硫酸酯盐的去油污能力特别强，可用于配制去油污的洗涤剂，如餐具洗涤剂、香波、沐浴液、洁面乳等，该原料本身的黏度较高，在配方中还可起到增稠作用。

（3）烷基磺酸盐

烷基磺酸盐的通式为 RSO_3M，其中 R 可以是直链烃、支链烃基或烷基苯，M＝Na、K、Ca、NH_4。这是应用得最多的一类阴离子表面活性剂，它比烷基硫酸酯盐的化学稳定性更好，表面活性也更强，成为配制各类合成洗涤剂的主要活性物质。烷基磺酸盐的疏水基不同时，可以表现出不同的表面活性，可分别作为乳化剂、润湿剂、发泡剂、洗涤剂等使用。这类表面活性剂比较典型的产品是烷基磺酸钠和烷基苯磺酸钠，是一种廉价洗涤剂，有良好的发泡性和溶解度，但对皮肤有较强的脱脂和刺激作用，单独使用会引起头发和皮肤的过分干燥，现大量用作家用清洁剂和织物洗涤剂，很少用作化妆品的原料。现将烷基磺酸盐中的主要几种产品介绍如下。

① 十二烷基苯磺酸钠。

分子式：$C_{12}H_{25}C_6H_4SO_3Na$，商品代号 LAS。

性能：去污力和起泡力均很强，但刺激性稍大，难生物降解。

用途：大量用作洗衣粉、洗衣液和洗洁精的主要活性成分。

② α-烯基磺酸钠。

主要成分是烯基磺酸盐：$RCH{=}CH(CH_2)_nSO_3Na$ 和羟基烷基磺酸盐：$RCH(OH)(CH_2)_n\text{-}SO_3Na$，商品代号为 AOS。

性能：AOS 的去污力优于 LAS，而且生物降解性能好，不会污染环境，AOS 的刺激性小，毒性低。AOS 与非离子表面活性剂及阴离子表面活性剂都有良好的配伍性能。AOS 与酶也有良好的协同作用，是制造加酶洗涤剂的良好原料。综合上述性能，可以预计 AOS 应有良好的发展前景。

用途：用于替代 LAS，用作洗衣粉、洗衣液和洗洁精的主要活性成分。

③ 脂肪酸羟乙基磺酸钠盐。

主要成分是椰油脂肪酸羟乙基磺酸钠盐［$CH_3(CH_2)_nCH_2COOC_2H_4SO_3Na$］和椰子油脂肪酸，商品代号为 SCI-85。

性状：SCI-85 为白色片状产品，有轻微的脂肪酸气味，是一种温和、高泡沫的阴离子表面活性剂，可产生细致及乳状的泡沫，其在硬水和软水中均非常稳定。

用途：SCI-85 既适合于生产透明液体产品，又适合于生产具有乳状或膏状的高黏度产品，如洗面奶、乳状沐浴液和香皂中均可使用。

（4）烷基磷酸酯盐

烷基磷酸酯盐也是一类重要的阴离子表面活性剂，可以用高级脂肪醇与五氧化二磷直接酯化制得，所得产品主要是磷酸单酯与磷酸双酯混合物：

$$RO{-}P(=O)(OM)_2 \qquad (RO)_2P(=O)OM$$

单酯盐　　双酯盐

不同疏水基和单酯盐、双酯盐含量不同时，产品性能有较大的差异，使产品适用于乳化、洗涤、抗静电、消泡等不同的用途。如十二烷基磷酸酯盐主要作为抗静电剂和洗涤剂，用于香波、沐浴液、洁面产品中。

烷基磷酸酯盐主要的产品有：鲸蜡醇醚磷酸酯钾（CPK）、单十二烷基醚磷酸酯钾盐（MAPK）、单十二烷基醚磷酸酯三乙醇胺盐（MAPA）等。

2. 阳离子表面活性剂

阳离子表面活性剂亲水基团带有正电荷，其结构如图 1-8 所示。

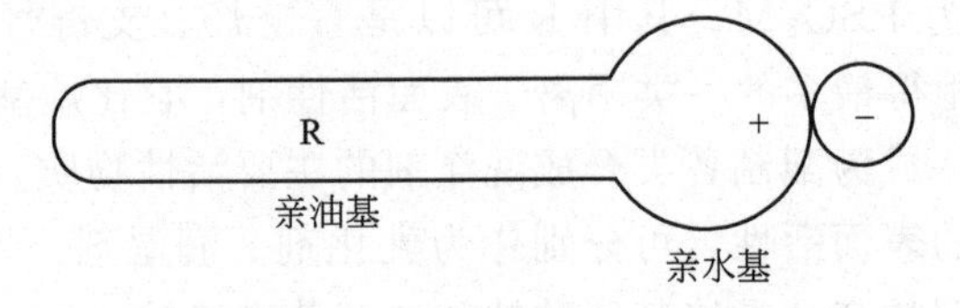

图 1-8　阳离子表面活性剂分子结构图

阳离子表面活性剂溶于水中时，分子电离后具有表面活性的部分为阳离子，例如，$[C_{12}H_{25}N(CH_3)_2CH_2C_6H_5]^+ \cdot Cl^-$ 溶于水中时，发生电离，离解成 $[C_{12}H_{25}N(CH_3)_2CH_2C_6H_5]^+$ 和 Cl^- 两部分，其中具有表面活性的是 $[C_{12}H_{25}N(CH_3)_2CH_2C_6H_5]^+$。几乎所有的阳离子表面活性剂都是有机胺的衍生物。

阳离子表面活性剂的特点是具有很强的杀菌功能和抗静电功能，主要用作杀菌剂、柔软剂、破乳剂、抗静电剂等。阳离子表面活性剂的去污力较差，甚至有负洗涤效果。一般来说，阳离子表面活性剂与阴离子表面活性剂配伍性不好，两者混合后能形成不溶于水的复合物。只有其中一种活性物过量而能使复合物增溶时，混合液才呈透明状。但是阳离子表面活性剂与阴离子表面活性剂混合时不一定降低它们的活性，有时候会有增效作用。

季铵盐是阳离子表面活性剂中最常用的一类，一般是用脂肪胺与卤代烃反应生成季铵盐。

(1) 十二烷基二甲基苄基氯化铵和十二烷基二甲基苄基溴化铵

分子式：十二烷基二甲基苄基氯化铵的分子式为 $[C_{12}H_{25}N(CH_3)_2CH_2C_6H_5]^+ \cdot Cl^-$，俗称洁尔灭；十二烷基二甲基苄基溴化铵的分子式为 $[C_{12}H_{25}N(CH_3)_2CH_2C_6H_5]^+ \cdot Br^-$，俗称新洁尔灭。

性能和用途：这是一种杀菌功能非常强的阳离子表面活性剂，万分之几浓度的溶液即可用于消毒。它无毒、无味，对皮肤无刺激，对金属不腐蚀，在沸水中稳定、不挥发，它的盐类对革兰阳性和阴性细菌都有杀灭作用，在 pH 值高时更有效。

(2) 烷基三甲基氯化铵

分子式：$[RN(CH_3)_3]^+ \cdot Cl^-$，这类表面活性剂主要有十六烷基三甲基氯化铵（1631）、十八烷基三甲基氯化铵（1831）、二十二烷基三甲基氯化铵（2231）、双十八烷基二甲基氯化铵等。

性能和用途：这类表面活性剂有非常强的抗静电作用，也有较强的杀菌作用，主要用作护发素、发膜、纺织品的抗静电剂和柔软剂。

3. 两性离子表面活性剂

两性离子表面活性剂亲水基团同时带有正电荷和负电荷，其结构如图 1-9 所示。

两性离子表面活性剂分子中既有正电荷的基团，又具有负电荷的基团，带正电荷的基团常为含氮基团，带负电荷的基团为羧基或磺酸基。

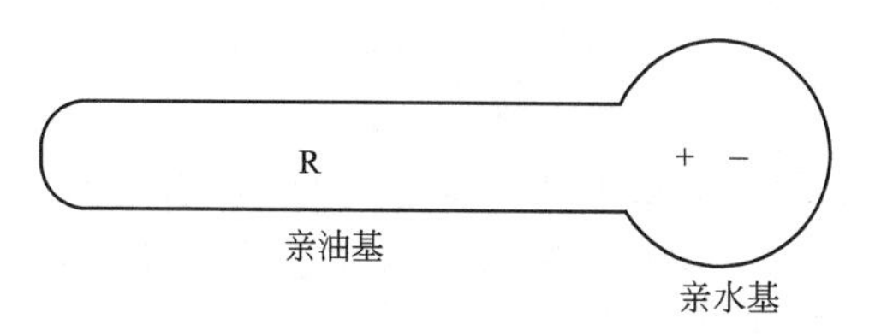

图 1-9 两性离子表面活性剂分子结构图

两性表面活性剂在水中电离，电离后所带的电性与溶液的 pH 值有关，在等电点以下的 pH 值溶液中呈阳离子性，显示阳离子表面活性剂的杀菌、柔软、抗静电作用；在等电点以上的 pH 值溶液中呈阴离子性，显示阴离子表面活性剂的起泡、去污作用。在等电点的 pH 值溶液中形成内盐，呈现非离子性，此时表面活性较差，但仍溶于水，因此两性表面活性剂在任何 pH 值溶液中均可使用，与其他表面活性剂相容性好，耐硬水、发泡力强、无毒性、刺激性小，也是这类表面活性剂的特点。

两性离子表面活性剂兼有阴离子表面活性剂和阳离子表面活性剂的功能，有起泡、去污和抗静电等作用，虽然效果均比阴离子表面活性剂和阳离子表面活性剂相对弱一些，但性质非常温和，用于降低其他表面活性剂的刺激性，可用于配制香波、沐浴液等化妆品。

下面介绍几种常用的两性表面活性剂。

(1) 甜菜碱型两性表面活性剂

甜菜碱是从甜菜中分离出来的一种天然产物，其分子结构为三甲氨基乙酸盐。如果甜菜碱分子中的一个甲基被长碳链烃基代替就是甜菜碱型表面活性剂。最有代表性的是椰油酰胺丙基（二甲基乙内酯）甜菜碱，其商品代号为 CAB，分子式为：$RCONH(CH_2)_3N^+(CH_3)_2CH_2COO^-$。市售的 CAB 有质量分数为 30%和 35%两种规格，其代号分别为 CAB-30、CAB-35。CAB 产品中一般含有 6%左右的氯化钠，所以 CAB 与阴离子表面活性剂复配时具有增稠作用。

性能：和阴离子、阳离子、非离子和其他两性表面活性剂有较好的配伍性。柔软性好，泡沫丰富而稳定，具有良好的去污、调理、抗静电作用，并具有很好的黏度调节作用。在广泛的 pH 值范围内稳定，对皮肤和眼睛刺激性小。在香波中，与其他活性物配伍产生协同效应，表现出明显的调理作用，而且还有增稠作用。

用途：用于制备个人洗涤用品如香波、泡沫浴液、洗面奶等，尤其适合制备温和婴儿香波、婴儿泡沫浴、婴儿护肤产品；在护发和护肤配方中是一种优良的柔软调理剂。

(2) 咪唑啉型两性表面活性剂

它是由咪唑啉衍生物与卤代羧酸反应而制得，如 1-(2-羟乙基)-2-烷基羧基咪唑啉。

$$
\begin{array}{l}
C_{17}H_{35}-C\overset{\displaystyle N-CH_2}{\underset{\displaystyle N-CH}{\Large\langle}} \\
HOCH_2CH_2\quad\quad\ \ |\\
\qquad\qquad\qquad\ \ CH_2COO^-
\end{array}
$$

这是一种优良的表面活性剂，刺激性很小，可用于婴儿香波和洗发香波中，还可用作抗静电剂、柔软剂、调理剂、消毒杀菌剂。

(3) 氧化胺

氧化胺，简称 OA，是氧与叔胺分子中的氮原子直接化合的氧化物，其分子式为 $RN^+(CH_2CH_2OH)_2\rightarrow O$，式中 R 为碳数 8～18 的烷基，其结构式如下：

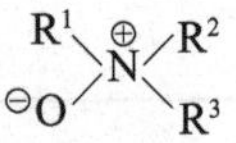

$$R^1 \overset{\oplus}{N}(R^2)(R^3)\text{—}O^{\ominus}$$

氧化胺分子中的氧带有较多的负电荷，能与氢质子结合，是一种弱碱，但碱性要比母体叔胺弱。氧化胺的弱碱性使其在中性和碱性溶液中显非离子特性，在酸性介质中呈阳离子性，是一种多功能两性表面活性剂。

氧化胺易溶于水和极性有机溶剂，是一种弱阳离子型两性表面活性剂，水溶液在酸性条件下呈阳离子性，在碱性条件下呈非离子性，具有良好的增稠、抗静电、柔软、增泡、稳泡和去污性能；还具有杀菌、钙皂分散能力，且生物降解性好，属环保型日化产品。

氧化胺的性质温和、刺激性低，可有效地降低洗涤剂中阴离子表面活性剂的刺激性，其中十八烷氧化胺主要用于洗发香波，使头发更为柔顺，易于梳理，富有光泽；还可用于餐具、盥洗室、建筑外墙等硬表面清洗剂中赋予产品以增稠、减少刺激和增效作用。它与传统的增稠剂 6501 相比，具有用量省、效率高、润湿性好、去垢力强的特点，还可赋予被洗涤物良好的手感和柔软性能。

十二烷基二甲基氧化胺主要用于各类透明液体洗涤液，如餐具洗涤剂。沐浴液、香波等产品配方中作为增泡、稳泡剂，能改善增稠剂的相容性和产品的整体稳定性。

氧化铵还可用于纺织印染行业，作为抗静电剂、真丝浸泡剂、后整理助剂的配方成分。

(4) 氨基酸盐

氨基酸盐表面活性剂是由脂肪胺与卤代羧酸反应后经进一步与碱中和而制得，其中具有代表性的产品是肉豆蔻酰基谷氨酸钠、*N*-月桂酰基谷氨酸盐、月桂酰基肌氨酸盐、椰油酰甘氨酸钠、*N*-月桂酰基-L-天（门）冬氨酸钠。

① *N*-酰基谷氨酸钠。

N-酰基谷氨酸钠系列产品是由谷氨酸缩合而成的性能优良的表面活性剂，分子结构式为：

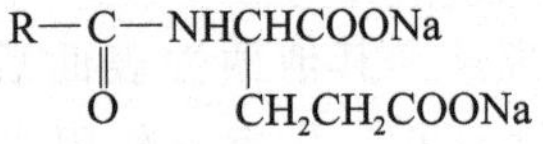

$$\text{R—}\underset{\|}{\overset{}{C}}\text{—NHCHCOONa} \quad (C{=}O;\ CH\text{—}CH_2CH_2COONa)$$

根据亲油基的不同，常用的有 *N*-月桂酰-L-谷氨酸钠、肉豆蔻酸酯谷氨酸钠。

性能：来源于天然资源，易于生物降解；使用安全，对皮肤和眼睛刺激性小，无过敏反应；溶液呈弱酸性，与皮肤 pH 值相近；是皮肤非常温和的洗剂，可使皮肤具有柔软和滋润的感觉；耐硬水，能在碱性、中性和弱酸性条件下使用。

用途：广泛用于化妆品、香皂、牙膏、香波、泡沫浴液、洗洁精等产品中，特别适合于做氨基酸洁面产品等。

② *N*-酰肌氨酸钠。

N-酰基肌氨酸盐系列表面活性剂是由天然来源的脂肪酸和肌氨酸盐缩合而成的表面活性剂，目前常用的有月桂酰肌氨酸钠和月桂酰肌氨酸钾，月桂酰肌氨酸钠分子结构式为：

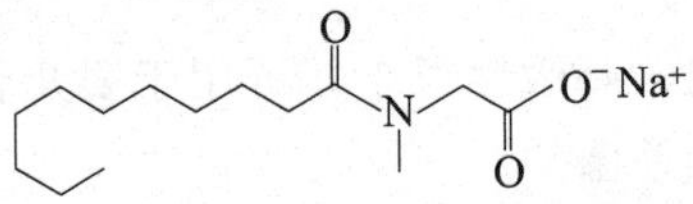

$$CH_3(CH_2)_{10}C(=O)\text{—}N(CH_3)\text{—}CH_2C(=O)O^-\ Na^+$$

性能：具有洗涤、乳化、渗透、增溶等特性；优越的发泡性，并且泡沫细腻、持久，适用作牙膏和化妆品的泡沫剂，香波、刮脸涂膏的原料；具有抗菌杀菌性、防霉和抗腐蚀、抗静电能力；低毒、低刺激性；生物降解性好，对环境无污染。

用途：适宜配制香波、浴液、洗面奶、婴儿洗涤剂、餐具洗涤剂和硬表面清洗剂等产品，特别适合于做氨基酸洁面产品。

③ 椰油酰甘氨酸钠。

椰油酰甘氨酸钠表面活性剂是由天然来源的椰子油酸和甘氨酸缩合而成的表面活性剂。

性能：泡沫非常丰富的氨基酸表面活性剂，泡沫丰富程度和月桂酸钾类似。类似皂基的过水感，不紧绷，可以方便地加入含 AES 表活体系，增强过水感的同时降低刺激性；也可以加入皂基配方，保证配方发泡性的同时有效降低皂基的脱脂力。与谷氨酸钠和肌氨酸钠表面活性剂相比，更易增稠。

用途：可应用于洁面乳、沐浴露、香波产品中。

（5）牛磺酸盐

牛磺酸其实也是一种氨基酸，但与传统氨基酸不同的是，传统氨基酸羧基的位置被磺酸基取代了。牛磺酸盐是一类新型的阴离子表面活性剂。目前已经被应用到化妆品中的牛磺酸盐表面活性剂是椰油酰甲基牛磺酸钠和椰油酰基牛磺酸钠，其中椰油酰甲基牛磺酸钠结构式如下：

$$R-CO-\underset{\displaystyle CH_3}{\underset{|}{N}}-CH_2-CH_2-SO_3Na$$

性状：市售产品为白色带珠光软膏体，基本无气味，有效物含量为 30%，性能温和，能产生稳定、稠密而丰富的泡沫，即使在含油的条件下也有极佳的发泡性能。

用途：广泛用作泡沫洁面乳、香波和高泡沐浴液中。

4. 非离子表面活性剂

非离子表面活性剂在分子中并没有带电荷的基团，其结构如图 1-10 所示。

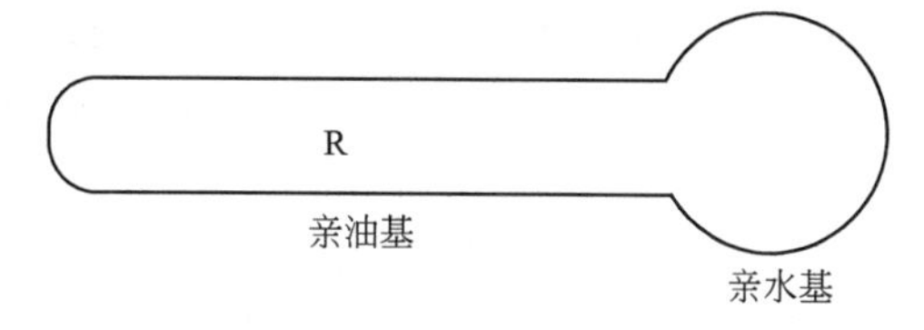

图 1-10 非离子表面活性剂分子结构图

非离子表面活性剂在水中不电离，而其水溶性则来自分子中所具有的聚氧乙烯醚基、端点羟基、酰胺基和酯基等。由于非离子表面活性剂在水中不呈离子状态，所以不受电解质、酸、碱的影响，化学稳定性好，与其他表面活性剂的相容性好，在水和有机溶剂中均有较好的溶解性能。亲水基中羟基的数目不同或聚氧乙烯链长度不同，可以合成一系列亲水性能不同的非离子表面活性剂，以适应润湿、渗透、乳化、增溶等各种不同的用途。

非离子表面活性剂的亲水基类型变化比较大，不同的亲水基表现出来的性能相差很大，现将常用的几种非离子表面活性剂介绍如下：

（1）脂肪醇聚氧乙烯醚

脂肪醇聚氧乙烯醚，其商品代号为 AEO，是近代非离子型表面活性剂中最重要的一类产品，由脂肪醇与环氧乙烷直接加成而得到，一般俗称 AEO，其通式为 $RO(CH_2CH_2O)_nH$，其中 $R=C_{12}\sim C_{18}$，n 为 3～30（n 值亦称 EO 值），随着 EO 数的增大，HLB 值增大，水溶性增加。EO 数较小时用作生产 AES 的原料以及乳化剂；EO 数较大时用于作乳化剂、润湿剂或洗涤剂。

（2）烷基酰醇胺

烷基酰醇胺是分子中具有酰胺基及羟基的非离子表面活性剂。常用的烷基酰醇胺表面活性剂主要有如下几种。

① 月桂酰二乙醇胺。

又名椰油酰二乙醇胺，分子式为：$C_{11}H_{23}CON(CH_2CH_2OH)_2$，商品代号净洗剂 6501，简称 6501。

性能：为浅棕色黏稠液，能分散于水中，溶于一般的有机溶剂，具有良好的起泡性、稳定性、增稠性、渗透性、防锈性和洗涤性，与其他活性物配伍性好。与 AES 表面活性剂复配使用，可达到较好的增稠效果。

用途：在印染助剂中用作洗涤剂、增稠剂、稳泡剂和缓蚀剂；用作铜、铁的防锈剂；用于香波、轻垢洗涤剂和液体皂中作泡沫稳定剂和黏度改进剂。

② 椰子油脂肪酸单乙醇胺。

分子式为 $C_{11}H_{23}CONHCH_2CH_2OH$，商品代号为 CMEA。

性能：为白色或淡黄色薄片状固体，不易溶于水，但与肥皂和其他表面活性剂复配时，可成为透明溶液。它具有优良的稳泡、增稠、润湿和抗硬水性能，生物降解性高，可用于固体、粉状及液体洗涤剂中；应用在香皂中，可以固香、增加光泽、防止腐败；在液洗产品中具有十分明显的增稠效果，配方中添加 1%，其黏度可达到甚至超过 6501，添加量为 2%～3%的配方黏度，可降低调黏用的无机盐加量，特别适合于铵盐及磺基琥珀酸盐体系。

用途：可广泛用于香波、浴液、餐洗等各种洗涤剂，化妆品，纺织印染助剂，医药及橡胶工业等许多领域，也可用作润滑油添加剂、沥青添加剂、染色助剂、鸡饲料添加剂等。另外，也是合成其他表面活性剂的中间体。

(3) 失水山梨醇脂肪酸酯

山梨醇是由葡萄糖加氢还原而得到的多元醇，由于醛基已被还原，因此化学稳定性好。山梨醇与脂肪酸反应时可同时发生脱水和酯化反应，生成失水山梨醇脂肪酸酯，结构式如下：

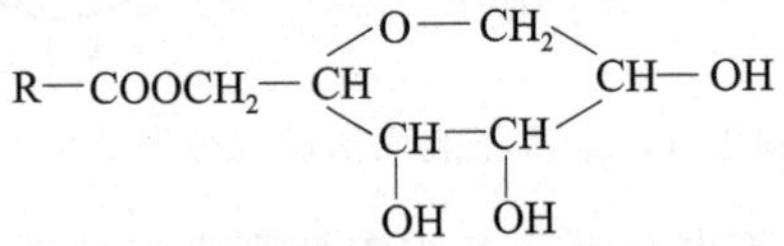

```
                      O — CH2
                    /         \
R—COOCH2— CH                   CH— OH
                    \         /
                     CH — CH
                     |     |
                     OH    OH
```

这种失水山梨醇脂肪酸酯的代表性产品是乳化剂斯盘（Span）。山梨醇可在不同位置的羟基上失水，构成各种异构体，实际上山梨醇的失水反应是很复杂的，往往得到的是各种失水异构体的混合物。

斯盘是失水山梨醇脂肪酸酯表面活性剂的总称，按照脂肪酸的不同和羟基酯化度的差异，斯盘系列产品的代号和化学名称如表 1-8 所示。

表 1-8 Span 系列产品的代号和化学名称

代号	化学名称	代号	化学名称
Span-20	十二酸失水山梨醇单酯	Span-65	十八酸失水山梨醇三酯
Span-40	十四酸失水山梨醇单酯	Span-80	十八烯酸失水山梨醇单酯
Span-60	十八酸失水山梨醇单酯	Span-85	十八烯酸失水山梨醇三酯

斯盘类表面活性剂的亲水性较差，在水中一般不易溶解。若将斯盘类表面活性剂与环氧乙烷作用，在其羟基上引入聚氧乙烯醚，就可大大提高它们的亲水性，这类由斯盘衍生得到的非离子表面活性剂称为吐温（Tween），吐温的代号与斯盘相对应，即 Span-20 与环氧乙

烷加成后成为 Tween-20，Span-40 与环氧乙烷加成后成为 Tween-40，以此类推。Span 与 Tween 混合使用可获得具有不同 HLB 值的乳化剂。由于这类表面活性剂无毒，常用于食品工业、医药工业和化妆品工业中。

（4）蔗糖酯

蔗糖酯的全称为蔗糖脂肪酸酯（SE），系以蔗糖为原料，在适当的反应体系中，与脂肪酸进行酯化反应而生成。分子式为 $(RCOO)_n C_{12}H_{12}O_3(OH)_{8-n}$，结构式如下：

式中，R 为脂肪酸烃基；n 为蔗糖的羟基酯化数，是以蔗糖的—OH 基为亲水基，脂肪酸的碳链部分为亲油基的一种乳化剂。因蔗糖上有八个—OH 基，故可接 1～8 个脂肪酸，常用的脂肪酸有硬脂酸、棕榈酸、油酸等高级脂肪酸，主要用作洗涤剂和乳化剂。

如广州某化工有限公司提供的蔗糖硬脂酸酯就是蔗糖酯的典型代表，其 HLB 值为 11，是新一代天然来源、环保绿色的温和乳化剂，主要用于 O/W 型乳化体。该乳化剂对皮肤有一定的柔软和保湿作用，能够提供丝滑般的感觉，乳化获得的膏体光泽高、触感好。

（5）烷基糖苷

烷基糖苷简称 APG，是由可再生资源天然脂肪醇和葡萄糖合成的，是一种性能较全面的新型非离子表面活性剂，兼具普通非离子和阴离子表面活性剂的特性，具有高表面活性、良好的生态安全性和相容性，是国际公认的首选绿色功能性表面活性剂。

市售的烷基糖苷为淡黄色液体，活性物含量大于 50%，pH 值（10%水溶液）为11.5～12.5。

该表面活性剂具有如下特点：表面张力低，去污性好；配伍性能好，能与各种离子型、非离子型表面活性剂复配产生增效作用；起泡性好，泡沫丰富细腻；溶解性好，耐强碱和电解质，有良好的增稠能力；与皮肤相容性好，显著改善配方的温和性，无毒、无刺激、易生物降解。由于 APG 具有良好的安全性、温和性、去污性、起泡性、泡沫稳定性、配伍性及流变性，因此常用于皮肤清洁的浴液和洗面奶等产品中。

案例分析

【案例分析 1-1】

事件过程：东莞某化妆品企业在进行化妆品用去离子水生产时，发现出水口有股怪味。对水质进行检测发现去离子水中细菌总数达到 14000CFU/mL，属于严重超标。

原因分析：经检查去离子水设备，发现该公司的去离子水设备为反渗透处理装置，已经使用 3 年，其间没有更换过反渗透膜和过滤用的滤砂、活性炭。打开滤砂柱和活性炭柱，即有一股难闻的臭味，这是由于长期过滤积累了大量的有机质，为微生物生长提供了很好的温床，导致微生物大量生长、繁殖，并排泄出难闻的有机物。另外，由于反渗透膜长期使用而老化，对微生物和有机物的隔绝功能丧失，导致出水微生物超标和难闻的怪味。

处理方法：立即更换反渗透膜和过滤用的滤砂、活性炭，对整个去离子水系统进行彻底清洗。运行后，出水指标达到要求。

【案例分析 1-2】

事件过程：广州某化妆品企业在生产一批爽肤水时，将产品调成了绿色，用透明无色玻璃瓶装，发到市场半年后发现产品的颜色变为无色，与标签标注的产品是绿色不符。

原因分析：由于配方设计在生产前才确定添加叶绿素铜钠为着色剂，没有进行长时间的耐光试验就投入生产。可能是所添加的色素不稳定，存放过程中出现了褪色。

处理方法：产品召回。同时，配方工程师在原来配方基础上加入 0.05%的紫外线吸收剂，重新设计配方，放在太阳光下进行耐光试验一个星期，不变色，不褪色。按新配方生产后，产品没有出现褪色问题。

【案例分析 1-3】

事件过程：广州某化妆品企业生产表面活性剂型的洁面乳时，使用的是羟苯酯与苯氧乙醇复配作防腐剂，在产品开发时都通过了防腐挑战，但发到市场半年后抽检时发现有多批次的产品细菌总数和霉菌酵母菌总数超标。

原因分析：表面活性剂形成胶束，将油溶性的羟苯酯进行了包裹，致使水中防腐剂的有效浓度下降，导致防腐能力下降。

处理方法：产品召回。同时，修改配方，将防腐体系改为馨鲜酮、1,2-己二醇和苯氧乙醇复配体系，配方修改后的产品没再出现微生物超标的现象。

【案例分析 1-4】

事件过程：2011 年 6 月，中国台湾报道某公司生产的食品添加剂——起云剂中加入有害健康的塑化剂（DEHP），用到了多种饮料和食品中，多家知名运动饮料及果汁、酵素饮品已遭污染。此次污染事件规模之大为历年罕见，在台湾引起轩然大波，被称为台湾“塑化剂事件”。国家食品药品监督管理局于 2011 年 7 月下发通知要求，保健食品配方中含增塑剂邻苯二甲酸酯类物质的，应当去除邻苯二甲酸酯类物质或使用符合相关规定的辅料代替，并对化妆品中邻苯二甲酸酯类增塑剂含量进行了限制。

原因分析：邻苯二甲酸酯类物质是一种环境激素的总称，对人的生殖系统会造成一定的危害。工业界使用的邻苯二甲酸酯有 20 多种，主要作为增塑剂、软化剂、载体等应用在化妆品、洗涤用品、建筑材料和润滑油中。化妆品中的邻苯二甲酸酯类物质主要来自香精，这类物质一般用作香精的溶剂和定香剂。

处理方法：化妆品香精的生产企业按照规定停用邻苯二甲酸酯类物质。化妆品生产企业加强了对邻苯二甲酸酯类物质的检测，确保化妆品中邻苯二甲酸酯类物质不超标。

实训 1-1 常用表面活性剂的认知

一、实训目的

1. 对常用表面活性剂的外观进行初步认知；
2. 对常用表面活性剂的性能进行初步认知。

二、实训内容

1. 实训材料

硬脂酸钠、AES、AESA、K12、K12A、1831、AEO-9、AEO-3、CAB-35、6501、单甘酯、Span-60、Tween-60 等表面活性剂。

2. 外观观察

对上述材料的状态、颜色等进行观察，并通过互联网查阅有关生产企业、活性物含量等信息，并填写表 1-9。

表 1-9 外观状态数据表

序号	名称	状态	颜色	生产企业名称	活性物含量
1	硬脂酸钠				
2	AES				
3	AESA				
4	K12				
5	K12A				
6	1831				
7	AEO-9				
8	AEO-3				
9	CAB-35				
10	6501				
11	单甘酯				
12	Span-60				
13	Tween-60				

3. 溶解性观察

取上述材料少量（约 0.1g），加入试管中，再加入 10mL 纯净水，充分摇动，静置 5min，观察这些表面活性剂的溶解性，并填写表 1-10。

表 1-10 溶解性能表

能溶于水的表面活性剂	不能溶于水的表面活性剂

4. 起泡能力观察

取 250mL 烧杯一支，装入 100mL 纯净水，将观察完溶解性的表面活性剂溶液从 30cm 高度缓慢倒入烧杯中，观察泡沫情况。洗净烧杯，用另一种表面活性剂溶液重复以上实训（不溶于水的表面活性剂不进行此项实验），并填写表 1-11。

5. AES 与 1831 去污能力、柔软性对比

将 AES 与 1831 配成 1%水溶液 200mL，装于 250mL 烧杯中，将两块用墨汁染污的污布放入烧杯中，用玻璃棒搅拌 10min，观察去污情况。将布取出，直接晾干后，用手直接触摸，感受手感，并填写表 1-12。

表 1-11 起泡性能表

序号	名称	泡沫描述
1		
2		
3		
4		
5		
6		
7		
8		
9		
10		

表 1-12 去污能力、柔软性对比描述

序号	名称	去污能力描述	柔软性描述
1	AES		
2	1831		

习题与思考题

1. 水中电解质对化妆品的影响有哪些方面？用什么指标来评价水中电解质含量？

2. 化妆品卫生标准对化妆品中的微生物含量有什么规定？

3. 化妆品生产过程中微生物来源有哪些方面？应如何控制？

4. 化妆品生产常用的防腐剂有哪些？宣称无防腐的化妆品是真的不需要防腐吗？

5. 在实际生产中，影响防腐剂作用的因素有哪些？

6. 影响化妆品酸败的因素有哪些？应如何处理？

7. 常用作化妆品的抗氧化剂有哪些？

8. 一种香精一般由哪几部分原料组成？根据挥发度，一种香精一般可嗅闻到哪几部分香气？

9. 根据所含离子形式的不同，表面活性剂有哪四种类型？对应的结构特征分别是什么？对应的主要性能和作用是什么？

第二章 乳化类化妆品

Chapter 02

【知识点】 乳化作用；乳化化妆品组成；乳化剂；保湿剂；乳化化妆品；乳化体稳定性；乳化体类型；乳化；乳液；膏霜；乳化工艺。

【技能点】 识别乳化体类型；计算 HLB 值；设计乳化化妆品配方；配制乳化化妆品；合理应用乳化体稳定与不稳定的因素；解决乳化化妆品生产质量问题。

【重点】 乳化原理；乳化化妆品的组成与常用原料；乳化剂的选择；乳化化妆品的配方设计；乳化化妆品的配制工艺；生产质量控制。

【难点】 乳化原理；乳化化妆品的配方设计；生产质量问题的控制与解决。

【学习目标】 掌握乳化类化妆品的生产原理；掌握乳化类化妆品生产工艺过程和工艺参数控制；掌握乳化类化妆品常用原料的性能和作用；掌握主要乳化类化妆品的配方技术；能正确地确定乳化类化妆品生产过程中的工艺技术条件；能根据生产需要自行制定乳化类化妆品配方，并能将配方用于生产。

乳化类化妆品是目前最常见的护肤品之一，其主要作用是为皮肤提供油脂和水分，在皮肤表面形成一层油膜，防止水分挥发，达到保湿护肤功效。乳化类化妆品配方设计关系到产品稳定性、肤感、外观、成本和价位等各方面，是乳化类化妆品制造的关键环节。

第一节 乳化理论

化妆品品种繁多，其中以乳化类化妆品产量最大，主要用于皮肤的保护和营养。常见的品种有各种膏霜和乳液，如护肤霜、防皱霜、营养霜、奶液、润肤乳液、洗面奶等。

一、乳化体与乳化体类型

乳化体（emulsion）是由两种完全不相溶的液体所组成的两相体系，一种液体以非常小的离子形式分散在另一相中，成为“均匀”体系。一般一个相以小液珠（小颗粒）存在，而这些小液珠（小颗粒）被另一液相所包围。小液珠（小颗粒）这一相称为内相，也称分散相；而包围小液珠（小颗粒）的另一相，称为外相，也可称为连续相。

分散相是非水溶性的，则水相就是连续相，称为油/水型（O/W）；反之则为水/油型（W/O），如图 2-1 所示。但必须指出：油、水两相不一定是单一的组分，而且一般都是每一相都可包含许多成分，例如油相由很多种油脂组成，而水相由水和保湿剂等水溶性物质组成。

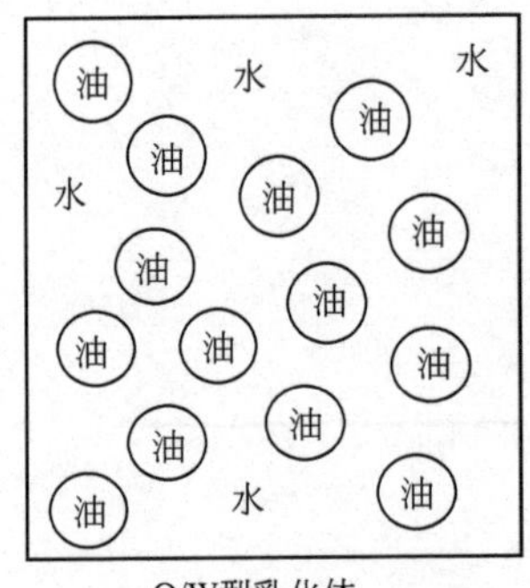

O/W型乳化体

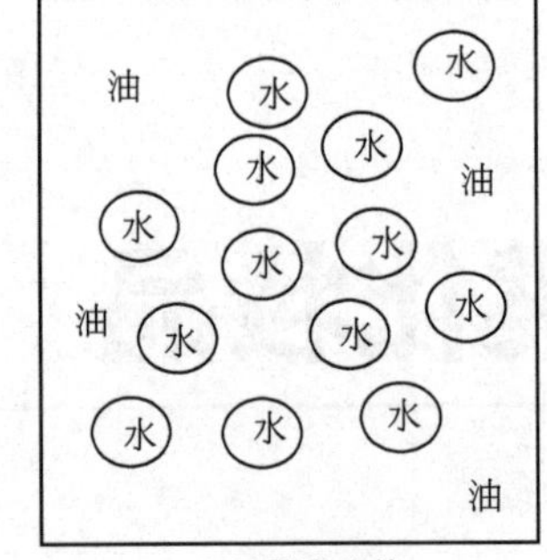

W/O型乳化体

图 2-1　乳化体类型

不同的乳化体类型，具有不同的特点和肤感，如表 2-1 所示。

表 2-1　不同乳化体类型特点和肤感

类型	特点和肤感	类型	特点和肤感
O/W 膏霜	外观稠厚，肤感清爽，滋润性稍差	W/O 膏霜	外观稠厚，肤感油腻，滋润性佳
O/W 乳液	外观稀薄，肤感清爽，滋润性稍差	W/O 乳液	外观稀薄，肤感油腻，滋润性佳

乳化体的类型与所用乳化剂的性质、用量、相体积比、制备的过程、各相本身的包含物及制备设备等因素有关。

除了以上两种乳化体类型外，另外还有 Si/W、W/Si、O/W/O、W/O/W 型多重乳化体系，如图 2-2 所示。

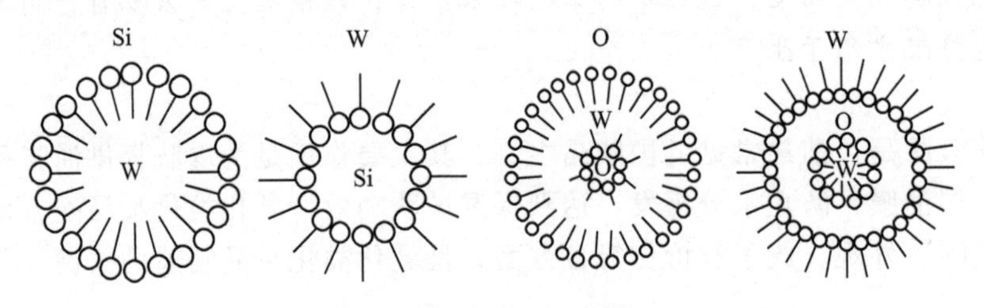

图 2-2　其他乳化体类型

虽然乳化体一般只考虑水相和油相，但随着科技的发展，无水化妆品亦在崛起，通常无水化妆品的乳化体是由甘油和生物油作为内相和外相的。

二、乳化体外观

乳化体的外观和分散相的粒子大小有关。一般分散相颗粒直径在 0.1～10μm，对可见光产生反射、折射、散射，因此，外观是雪白的；当分散相粒度减小，乳化体就由乳白色逐渐转变为透明；当分散相的液滴直径小于 0.05μm 时，入射光完全可以通过乳化体，乳化体则呈透明状。乳化体外观与分散相粒径关系见表 2-2。

表 2-2　乳化体外观与分散相粒径关系

分散相粒径/μm	乳化体外观	分散相粒径/μm	乳化体外观
>1	乳白色	0.05～0.1	灰色半透明
0.1～1	蓝白色	<0.05	透明体

当然，一种乳化体的分散相粒径并不是完全均匀的，一般各种大小都有，呈现正态分布。分散相粒径大小除了与制作过程的乳化工艺条件有关外，还与配方体系有很大关系。

三、乳化体的稳定性

当油和水混合时，可以形成一种暂时的乳化体，但由于表面张力很大，两相会很快地分离，除非采用乳化剂或偶合剂来稳定这种体系。但即使最稳定的乳化体，由于乳化体属于热力学不稳定体系，也是一种亚稳定状态，见图 2-3。所以，再稳定的乳化体最终也将分离。实质上，一般化妆品乳化体，要求稳定性达 2～3 年，永恒的稳定是不可能的。

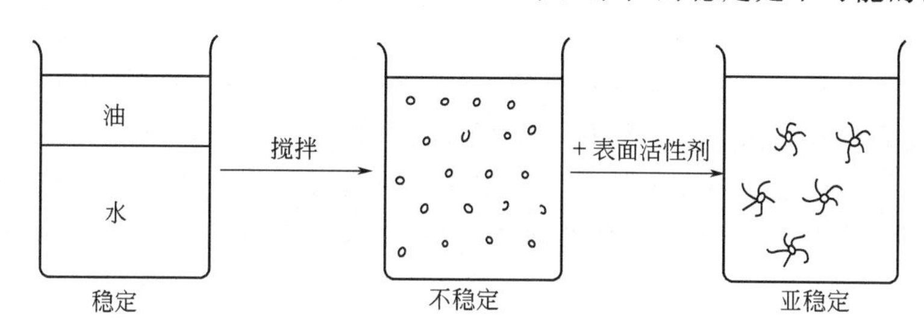

图 2-3　乳化体是热力学不稳定体系

（一）影响乳化体稳定性的因素

乳化体是高度分散的不稳定体系，因为它有巨大的界面，所以整个体系的能量增大了。影响乳化体稳定的因素主要有如下几个方面。

1. 表面张力

表面张力是突破两个不相溶的液体界面的力，当油水两相的表面张力降低时，乳化体迅速形成。从热力学角度上说，当表面张力等于零时，乳化体将自动形成，表面张力比零大时，从热力学上说，该乳化体是不稳定的。所以油-水界面的表面张力越低，乳化体越稳定。

2. 油-水界面膜

乳化体中分散相颗粒（或液滴）总是不停地运动，相互碰撞，如果界面膜不够强，界面膜容易被碰撞破坏，分散相颗粒就会聚结在一起而变大，如此反复，乳化体就被破坏。所以界面膜的强度是决定乳化体稳定性的主要因素。界面膜的强度与乳化剂、极性有机物有关。一般来说，乳化剂用量大，界面膜中乳化剂排列越紧密，界面膜的强度越强，乳化体的稳定性越好；极性有机物，如脂肪醇、脂肪酸等极性有机物，具有一定的表面活性，可增加界面膜的紧密度强度。

3. 连续相黏度

连续相的黏度越大，则分散相液滴运动的速度越慢，有利于乳化体的稳定。

4. 界面电荷

乳化体分散相液滴上往往带有相同的电荷，根据同电相斥的原理，不利于液滴的碰撞和聚结，有利于乳化体稳定。分散相液滴所带电荷的来源有：电离（如离子型乳化剂）、吸附和与介质之间的摩擦接触。若乳化剂是离子型的表面活性剂，则在界面上主要由于电离和吸附等作用，使得乳状液的液滴带有电荷；而对非离子表面活性剂，则主要由于吸附和摩擦等作用，使得液滴带有电荷。

5. 两相密度差

两相密度差越小，沉降速度越慢，有利于乳化体稳定。

6. 分散相液滴大小与分布

分散相液滴大小对乳化体稳定影响比较复杂，一般来说，液滴越小，乳化体越稳定。分散相液滴大小分布均匀的乳化体相对比较稳定。

7. 相体积比

分散相体积增加，界面膜越来越膨胀以把分散相包裹住，界面膜将变薄，乳化体的不稳定性增加。从相体积与乳化体的类型关系来看，通常当乳化体的分散相体积占总体积的80%以下的体系是稳定的，如果再不断加入分散相液体，其体积超过80%，分散相将可能转变为连续相，乳化体就发生变型。

8. 体系的温度

温度的改变会引起乳化体性质和状态的改变。例如，乳化剂的溶解度随温度的变化而变化，所以温度改变对表面张力、界面膜强度都有很大影响。另外，温度改变使乳化体的黏度改变，被分散粒子的热运动强度也随之发生改变，也会对乳化体有较大影响。再如，温度下降到水的冰点以下后，水相结冰，体积膨胀，会导致界面膜强度下降，从而使稳定体系破坏。

9. 固体添加物

固体粉末（碳酸钙、黏土、硬脂酸镁、石英、金属氧化物）能起到乳化剂作用，如碳酸钙、黏土、金属氧化物能提高O/W型乳化体的稳定性，硬脂酸镁可稳定W/O型乳化体。这是由于界面聚集了粉末而增强了界面膜的强度，使乳化体稳定。

10. 体系pH值

一方面，pH值的改变可以改变分散相粒子的电荷性质和强度，因而影响到乳化体的稳定性；另一方面，pH值的改变会使一些物质发生化学反应，例如pH值过低或过高将引起酯类乳化剂和酯类油脂发生水解反应，使乳化体不稳定；再如，用脂肪酸盐作乳化剂时，如果pH过低，脂肪酸盐将变成脂肪酸而失去乳化作用。

11. 电解质

对于用离子型乳化剂制备的O/W型乳化体，添加强电解质后，将降低分散相粒子的电势，引起破乳；同时增强乳化剂离子和反离子之间的相互作用，使其亲水性减弱，O/W型乳化体会转变为W/O型乳化体。另外，电解质的存在会改变乳化剂的溶解度，特别是离子型乳化剂溶解度受电解质影响较大。

上述因素中，并不是所有因素在同一具体的乳状液实例中都存在，更不可能是各个影响因素同等重要。对于应用表面活性剂作乳化剂而言，界面膜的形成与界面膜的强度是乳状液稳定性最主要的影响因素。而界面张力的降低与界面膜的强度对乳状液稳定性的影响有相辅相成的作用，并且都与乳化剂在界面上的吸附有关。要得到比较稳定的乳状液，首先应考虑乳化剂在界面上的吸附性质，吸附作用越强，表面活性剂吸附分子在界面的吸附量也越大，表面张力则降低得越低，界面膜强度越高。

（二）乳化体破坏的具体体现

乳化体破坏的具体体现有分层、变型和破乳三种形式，乳化体破坏之前，一般先出现絮凝和聚结等过程，如图2-4所示。每种形式都是乳化体破坏的一个过程，它们有时是相互关联的。有时分层往往是破乳的前导，有时变型可以和分层同时发生。

1. 分层

乳化体分层并不是真正的破坏，而是分为两个乳化体，在一层中分散相比原来的多，在

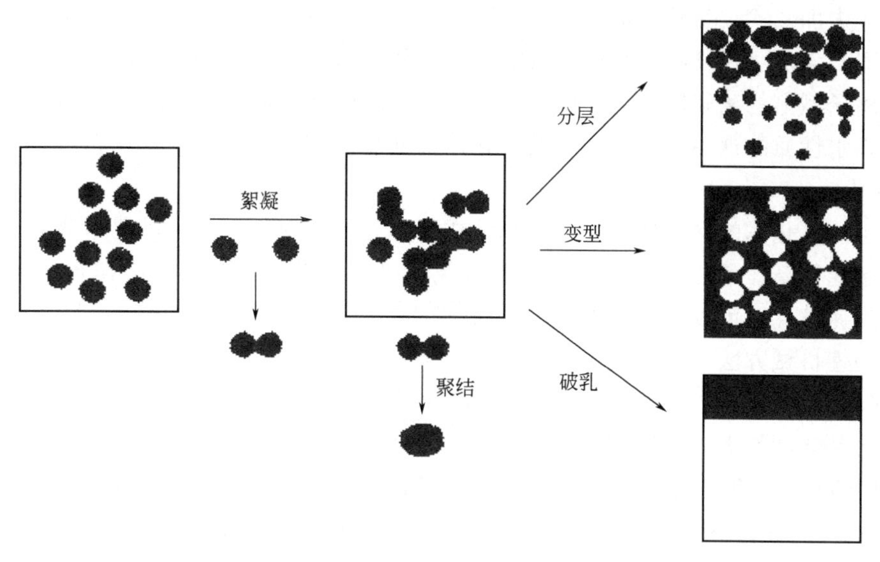

图 2-4　乳化体破坏的形式

另一层则相反。就像牛奶分层一样，它的上层是奶油，在这层中乳脂约占 35%，在下层中乳脂约为 8%。由于油相和水相密度不同，在重力或其他外力作用下分散相液珠将上浮或下沉。沉降的速度与内外相的密度差、外相的黏度、液珠大小等因素有关，沉降的结果是：乳化体分成两层，使乳化体的均匀性遭到破坏，分成了两个乳化体。乳化体的液珠也可以聚集成团，即发生絮凝。在这些絮团中，原来的液珠仍然存在。若絮团中的液珠发生凝聚，絮团变成了一个大液珠，则称为聚结，如图 2-4 所示。

2. 变型

变型是指在某种因素作用下，乳化体从 O/W 型变成 W/O 型，或从 W/O 型变成 O/W 型。所以变型过程是乳化体中液珠的聚结和分散介质分散的过程，原来的分散介质变成分散相，而原来的分散相变成了分散介质。引起乳化体变型的因素有以下几种。

（1）乳化剂类型的变更

乳化剂的类型是决定乳化体类型的主要因素。如果某一种构型乳化剂变为另一种构型，就会导致乳化体的变型。

（2）相体积的影响

从相体积与乳化体的类型关系来看，已知当乳化体的内相体积占总体积的 80%以下的体系是稳定的，如果再不断加入内相液体，其体积超过 80%，内相将转变为外相，乳化体就发生变型。

（3）温度的影响

以脂肪酸钠作为乳化剂的苯-水乳化体为例，若脂肪酸钠中有相当多脂肪酸存在，则得到的是 W/O 型乳化体，这可能是由于脂肪酸和脂肪酸钠的混合膜性质所决定的。当温度升高时，可加速脂肪酸向油相扩散的速度，在界面膜上的脂肪酸钠相对含量就提高，形成了用钠皂稳定的 O/W 型乳化体。若温度降低并静置 30min，O/W 型乳化体又变成 W/O 型乳化体。能使乳化体变型的温度称为变型温度。变型温度与乳化剂的浓度有关，通常随浓度的增加而升高。但是当浓度达到某一定值时，变型温度就不再改变。

（4）电解质的影响

乳化体中加入一定量的电解质，会使乳化体变型。用油酸钠为乳化剂的苯-水体系是O/W型乳化体，当加入0.5mol/L的NaCl后，就变成W/O型乳化体。这是因为电解质浓度很大时，离子型皂的离解度大大下降，亲水性也因之降低，甚至会以固体皂的形式析出，乳化剂亲油亲水性质的这种变化最终导致乳化体的变型。

3. 破乳

使稳定的乳化体的两相达到完全分离，成为不相溶的两相，这种过程叫破乳。由于乳化体是热不稳定体系，最终平衡应该是油水分离，破乳是其必然的结果，但可能需要很长时间。为了加速破乳，可以采用如下破乳方法。

(1) 物理机械方法

电沉降法主要用于W/O型乳化体，在电场的作用下，使水珠排成一行，当电压升到某值时，聚结过程瞬间完成，以达到脱水、脱盐的目的，一些燃料油的脱水也采用此种方法；超声分散是常用的制备乳化体的一种搅拌手段，在使用强度不大的超声波时，又可以采用超声波破乳；加热也是破乳的一种方法，升高温度，增加分子的热运动，使界面强度下降，有利于液珠聚结，从而降低了乳化体的稳定性，易发生破乳；另一方面，冷冻也能破乳；过滤破乳，将乳化体通过一个多孔性介质过滤时也可以破乳，这是由于滤板将界面膜刺破。例如，通过多孔玻璃板或压紧的硅藻土或白土板的过滤，可以使油田乳化体的水分降低到0.2%。

(2) 物理化学法

通过改变乳化体的界面膜性质，设法降低界面膜强度，从而使稳定的乳化体变得不稳定。如用皂作乳化剂，在乳化体内加酸，皂就变成脂肪酸，脂肪酸析出后，乳化体就会分层破坏。被固体粒子稳定的乳化剂可以通过加入某种破乳剂用以顶替在乳化体中生成牢固膜的乳化剂，产生一种新膜，膜的强度可以降得很低，而有利于破乳。在工业生产中破乳很少采用单一的方法，总是几种方法综合使用。

(三) 提高乳化体稳定性的方法

综合乳化体稳定性影响因素和乳化体破坏的形式及原因，要提高乳化体稳定性，应该采取如下方法。

1. 降低油-水界面的表面张力

乳化剂的加入能降低油-水界面的表面张力，从而使乳化体处于稳定状态。但不同的油相和水相组成需要不同的乳化剂，所以乳化剂的选择是乳化体稳定最关键的因素。

2. 形成坚韧的油-水界面膜

油-水界面膜越牢固，分散相液滴聚结的难度就越大，越有利于乳化体稳定。

3. 使分散相液滴带电

可通过高速剪切的方式使分散相液滴带电，产生静电斥力。

4. 分散相具有较高的分散度和较小的体积分数

通过高速剪切乳化和高速搅拌的方式，使分散相的粒径降低，分散度提高，有利于乳化体稳定；分散相体积分数小，乳化剂在油-水界面的浓度高，油-水界面膜强度大，有利于乳化体稳定。

5. 连续相具有较高的黏度

连续相黏度大，分散相运动的速度小，分散相絮凝和聚结的概率低，有利于乳化体稳定。可通过加入增稠剂，如汉生胶等物质提高连续相的黏度。

第二节　乳化类化妆品组成与常用原料

一、乳化化妆品的组成

从乳化体的结构来看，要制作一种乳化体，有三类物质是必不可少的，即油性物质、水性物质和乳化剂。当然，要制作一种符合法规和使用要求的乳化化妆品，除了以上三类物质外，还需要加入增稠剂、防腐剂、抗氧化剂、香精、色素等物质。

一般乳化体属于热力学不稳定体系，要想获得相对稳定的乳化体，需要在选择合适的乳化剂的前提下，加入增稠剂，增加体系的黏度，延长油水分离的时间；由于乳化体一般存在适合微生物生长的营养物质，如水、活性物等，因此需要加入防腐剂，以延长乳化体的保质期；在配方中加入的物质或多或少存在容易氧化的问题，如配方中的物质存在不饱和键等，需要加入一定量的抗氧化剂，以延长配方的稳定性。另外还可在配方中添加香精和色素，掩盖配方中的异味等，令乳化体有宜人的香味和漂亮的外观。

二、配方体系设计与常用原料

乳化类化妆品配方设计主要包括润肤体系设计、保湿体系设计、乳化体系设计、增稠体系设计、防腐体系设计、功效体系设计等方面。

（一）润肤体系设计与常用原料

1. 常用润肤原料与性能

润肤剂在配方中可以起到滋润、软化皮肤作用，同时可以起到一定时间的保持水分的作用，还能影响产品在使用中的感受。乳化类化妆品的润肤成分主要是油性物质，所以润肤体系设计就是油性物质的选择与复配。

根据分子结构不同，常用的油性物质有酯类、蜡类、烃类、脂肪醇、醚、硅氧烷等。

根据状态不同，油性物质有的是固体的，有的是液体的，也有的是半固体的（膏状）。

根据肤感不同，有的油性物质是轻质的（可快速地铺展，稀薄、润湿的肤感）；有的是厚重的（缓慢的铺展，厚实的肤感和黏性）；有的是中质的（铺展性和肤感处于前两种之间）。

作为配方工程师，应该对每一种油脂的性能了如指掌。本书附录1列出了常用油性物质的性能。下面主要根据油性物质的来源进行简单介绍。

（1）动物油脂

常用动物油脂：羊毛脂、水貂油、蛇（*Serpentes* spp.）油、马脂、鸸鹋油、鹅油、鸵鸟油、动物来源的角鲨烷等。

特点：化妆品中使用动物油脂相对都比较少，这是因为：

① 动物的疾病很多，动物油脂不一定安全；

② 基于动物保护的因素；

③ 动物油脂具有细胞极性，有潜在导致皮肤过敏的可能性；

④ 饱和度偏低，容易酸败，产生异味；

⑤ 很多动物来源的油脂进口时比较麻烦，需要提供很多数据。

（2）植物油脂

常用植物油脂：油橄榄（*Olea europaea*）果油、霍霍巴（*Simmondsia chinensis*）籽油、鳄

梨（*Persea gratissima*）油、杏（*Prunus armeniaca*）仁油、牛油果树（*Butyrospermum parkii*）果脂、山茶（*Camellia japonica*）籽油、葡萄（*Vitis vinifera*）籽油、白池花（*Limnanthes alba*）籽油、稻（*Oryza sativa*）糠油、乳木果油（脂）、植物来源的角鲨烷等。

特点：现在天然概念越来越流行，植物油脂由于肤感比较滋润，持久滋润度比较好，使用也越来越普遍，但是由于植物油脂存在如下缺点，使用时要控制好用量。

① 相对合成油脂，铺展性比较差，添加比例大的时候容易出白条；

② 不饱和成分比重大，不太稳定，容易酸败，不易保存；

③ 除少数几个天然油脂，添加比例不能很多，很多情况下需要添加抗氧化剂进行搭配。

另外，相对来讲，植物角鲨烷、霍霍巴籽油和白池花籽油都比较稳定，应用相对比较广泛。乳木果油（脂）是少有的固态或者半固态的植物油之一，有时可作为蜡或者凡士林的替代品。

（3）矿物油脂

常用矿物油脂：由石油经过一系列的分离、去除重金属和芳烃物质，加氢、脱臭、脱色得到的，主要是指白油（矿油）、凡士林（矿脂）和微晶蜡、石蜡等。

特点：

① 价格便宜，应用比较广泛；

② 易成膜，不会与皮肤发生作用，封闭性好，保湿性好，保持皮肤湿润状态；

③ 良好的氧化稳定性、光稳定性和化学稳定性；

④ 对于偏油性皮肤或其他情况则过于油腻，可能会阻塞毛孔。

（4）半合成油脂

常用半合成油脂：用天然油脂和蜡提纯精制，再经过化学反应得到相应的衍生物：辛酸/癸酸甘油三酯、辛酸/癸酸/琥珀酸甘油三酯、鲸蜡醇棕榈酸酯、棕榈酸乙基己酯、肉豆蔻酸乙基己酯等。

特点：

① 可以宣称天然植物来源，且具有良好稳定性；

② 相对于矿物油脂，肤感清爽，铺展性要好很多。

（5）全合成油脂

常用合成油脂：用煤化工、石化工等化工原料，按照天然油脂和蜡的化学结构进行合成，所得到的油脂和蜡类化合物：氢化聚癸烯、聚异丁烯、氢化聚异丁烯、异十二烷、异十六烷、己二酸二异丙酯、新戊二醇二庚酸酯、辛基十二烷醇、硅油及其衍生物等。

特点：

① 具有良好的稳定性，选择性比较大，应用范围广泛；

② 价格低廉，产品配伍性好，使用安全，特别是在化妆品产品中，能够做到轻薄软透的肤感。

例如，硅油，学名为硅氧烷，是一类非极性物质，具有良好的润滑性，能改善皮肤的光滑性和弹性，改进膏霜和乳液的分散性和铺展性，肤感好。硅油是化学惰性物质，不像矿油长期使用会从皮肤移除皮脂，也不像酯类化合物易水解。硅油疏水性强，当同时需要润滑和抗水作用时，可采用硅油。硅油在水或油的介质中都能有效地保护皮肤不受化学品的刺激。硅油透气性好，虽然烷烃和硅油两者都是非极性物质，但硅油既能抗水又能让水汽通过，因此在封闭性方面硅油较烷烃差，但对既需柔和的滋润性又要避免出汗的特种制品是十分有利的。

常用的硅油包括聚二甲基硅氧烷、聚甲基苯基硅氧烷和环状聚硅氧烷等几类，是高级化妆品的常用原料。聚二甲基硅氧烷为无色无味透明液体，具有较好的皮肤柔软性，可增强皮肤的滑爽细腻感，且无油腻感和无残余感，在化妆品中常用来取代传统的矿物油脂作润肤剂，根据黏度不同，有 50mPa·s、100mPa·s、200mPa·s、500mPa·s 和 1000mPa·s 等黏度的产品。聚甲基苯基硅氧烷为无色或淡黄色透明液体，对皮肤具有很好的渗透性，可增加皮肤柔软性，用后肤感良好。环状聚硅氧烷为无色透明液体，黏稠度低，具有良好的挥发性、流动性和铺展性，没有油腻感。

例如，广州某化工有限公司提供的新戊二醇二庚酸酯（LONESTER NGD）是一种无色无味透明油状高档油脂。该油脂稳定性高，铺展性好，易乳化，不黏腻，易涂展，能提供如天鹅绒般柔软光滑肤感，是不挥发性环甲基硅氧烷的良好替代品；与紫外吸收剂互溶性好，是有机紫外线吸收剂的理想溶剂，优于 $C_{12\sim15}$烷基苯甲酸酯，同时是香精的优良溶剂，也是非极性油（白油、异构烷烃、聚己丁烯、硅油等）和极性油（如 IPP、IPM、植物油等）的极好助溶剂，非常适用于防晒、膏霜乳液等产品。

2. 润肤剂的选择原则

对乳化体和润肤油配方来说，选择合适的润肤剂作为油相是配方成功的关键。当配方师在开发这些配方时，首先会考虑最终产品的外观性状，如配方的物化性质、皮肤亲和性等，而这些外观性状可通过选择合适的润肤剂来达到。我们可以通过对润肤剂的物化参数进行评价来选择合适的油相。以下一些物化参数是评价润肤剂的重要标准：铺展性、分子量、极性、分子结构、水解稳定性、雾点、折射率等。

（1）铺展性

铺展性是指物质在表面的铺展能力，以分散速率（spread value）来衡量一个产品的铺展性。油脂的铺展性越好，则油脂分散速率越大。其测定方法是用 4mg 的润肤剂滴在前臂的背侧，经 10min 后测定其铺展的皮肤面积。此方法只适用于测定液体油脂。常见油脂的分散速率见表 2-3。

润肤剂的铺展性会直接影响到配方产品的肤感及涂布性能，分散速率大的油脂赋脂能力较弱，具有轻盈光滑的肤感。在皮肤上涂布之后立刻有明显的光滑感觉，但这种感觉会迅速消失代之以一种钝感，仿佛是油脂很快被吸收了，皮肤上不存在任何残余成分。这一效应一方面取决于润肤剂的分散速率，另一方面也取决于润肤剂的化学结构。而分散速率小的油脂涂布之后给人不是很明显的光滑感觉，但这种感觉可以维持很长时间。因此在配方中应选择高、中、低三种不同铺展性的油脂，使产品的肤感从涂布上肌肤开始至涂布结束一直保持光滑。如果配方中只有高、低铺展性油脂，产品的肤感就会有一个断层。

润肤剂的分子结构、黏度及分子量都会影响其铺展性，通常油脂的分散速率随着分子量的增加而减小。这一规则适用于酯类及吉布特醇（guerbet alcohol）。

润肤剂的铺展性与润肤剂的赋脂性能有一定的关系，润肤剂的赋脂性会直接影响对润肤剂进行触觉特性的主观评价。实验表明在进行主观评价时，当将润肤剂涂布在皮肤上时主要感觉到的是它的赋脂性能，尤其是液体油脂。在制备体用乳液或润肤油配方时，由于此二类产品要求容易涂布及吸收，通常选用高铺展性及中等铺展性油脂，低赋脂能力的油脂非常适合此二类配方。而低铺展性油脂及高赋脂性油脂则适用于眼部护理产品。

分散速率与油脂的化学结构及物化特性关系如下：

① 分散速率随分子量的降低而增加；

② 中等分子量的油脂分散速率：酯类＞烃类化合物＞醇类；

③ 黏度相同的油脂分散速率：酯类＜烃类化合物＜醇类；

④ 分子量相同的油脂分散速率：异构酯类＞直链酯类；

⑤ 分散速率随油脂的表面张力减小而增加。

表 2-3 常见油脂的分散速率 单位：$mm^2/10min$

铺展性	油脂		分散速率	应用范围
低铺展性	蓖麻油		35	眼霜、抗皱霜、面霜、彩妆等
	Cetiol J600	芥酸油醇酯	350	
	Cetiol	油酸油醇酯	450	
中等铺展性	Myritol 318	辛酸/癸酸三甘油酯	565	高级护肤品、常规护肤产品、防晒产品
	Eutanol G	辛基十二烷醇	600	
	矿物油(低黏度)		660	
	Cetiol SN	异壬酸鲸蜡酯	685	
	Myritol GTEH	三异辛酸甘油酯	700	
	Cetiol V	油酸癸酯	700	
	Eutanol G16	异十六醇	730	
	Myritol 331	椰油酸甘油酯	750	
	Cetiol PGL	异十六醇，月桂酸异十六醇酯	750	
	Cetiol 868	硬脂酸异辛酯	780	
	Cetiol LC	辛酸/癸酸椰油酯	800	
	Cetiol S	二辛基环己烷	805	
	Cetiol SN-1	异辛酸十六醇酯	900	
	Cegesoft C24	棕榈酸异辛酯	900	
高铺展性	Cetiol B	己二酸二丁酯	1000	体用乳液、护手霜、润肤油
	IPM	肉豆蔻酸异丙酯	1045	
	Cetiol A	月桂酸己酯	1090	
	Cetiol ININ	异壬酸异壬酯	1400	
	Cetiol CC	碳酸二辛酯	1600	
	Cetiol OE	二辛基醚	1600	

（2）分子量

润肤剂的分子量将直接影响油包水膏霜的黏度及稳定性。对于化学结构相似的油脂如酯类或吉布特醇类，油包水乳化体的黏度随油相中使用的油脂的分子量的增加而增加。

但令人感到惊奇的是 W/O 产品的稳定性并不随产品黏度的增加而增加，在这点上 W/O 产品与 O/W 产品截然相反。这是由于油包水产品要求乳化剂与油脂的分子量相当，在某些情况下虽然黏度随油相分子量增加而增加，但由于油脂与乳化剂不匹配程度也随之增加，因此稳定性反而降低。然而，在使用一些分子量很大的 W/O 乳化剂时，却不符合此规律，它们能使配方简单化，很容易地制备一些含大量高分子量油脂如植物油的配方。

以下是一个实验（表 2-4），使用的 W/O 乳化剂平均分子量为 525。当使用的油脂的平均分子量＜400 时，配方稳定性很好；而那些高分子量的油脂需要相应高分子量的乳化剂（如 Dehymuls HRE 7、Dehymuls PGPH）来乳化才稳定（表 2-5）。

表 2-4 实验配方

功能	质量分数/%	成分
油脂	20	可变换
乳化剂	4	Lameform TGI(聚甘油醚-3-双异硬脂酸酯)
乳化剂	2	Monomuls 90-018(油酸甘油酯)
增稠剂	7	蜂蜡
溶剂	61	水
保湿剂	5	甘油
稳定剂	1	硫酸镁

表 2-5 实验结论

油脂	CTFA 命名	分子量	黏度/Pa·s	稳定性
Cetiol OE	二辛基醚	240	215	好
Eutanol G16	异十六醇	250	800	好
Cetiol A	月桂酸己酯	285	275	好
Cetiol CC	碳酸二辛酯	286	300	好
Eutanol G	辛基十二烷醇	300	1300	好
Cetiol S	二辛基环己烷	305	250	好
Cetiol LC	辛酸/癸酸椰油酯	335	450	好
Cetiol SN	异壬酸鲸蜡酯	400	600	好
Cetiol V	油酸癸酯	415	700	一般
Myritol 318	辛酸/癸酸三甘油酯	500	1200	一般
Almond Oil	杏仁油	880	1800	差

表 2-6 常用油脂的分子量

油脂	CTFA 命名	分子量(大约值)
Cetiol OE	二辛基醚	240
Cetiol CC	碳酸二辛酯	286
Cetiol ININ	异壬酸异壬酯	285
Cetiol A	月桂酸己酯	280
Eutanol G	辛基十二烷醇	300
Cetiol S	二辛基环己烷	305
Cetiol LC	辛酸/癸酸椰油酯	335
Myritol PC	辛酸/癸酸丙二醇	340
Cegesoft C24	棕榈酸异辛酯	365
Cetiol SN-1	异辛酸十六醇酯	370
Cetiol 868	硬脂酸异辛酯	390
Cetiol SN	异壬酸鲸蜡酯	400
Cetiol V	油酸癸酯	415
Myritol GTEH	三异辛酸甘油酯	470
Myritol 318	辛酸/癸酸三甘油酯	500
Cetiol	油酸油醇酯	530
Myritol 331	椰油酸甘油酯	580
Cetiol J600	芥酸油醇酯	590

另外，肤感跟油脂分子量密切相关，通常清爽的肤感一般来自分子量小的油脂；而滋润性则来自亲和性好、分子量适中的油脂；成膜感则要选择一些分子量大一些的油脂，常用油脂的分子量如表 2-6 所示。

（3）分子结构

分子结构是影响润肤剂性能的关键因素，如分子极性、饱和度、支链结构等。另外，润肤剂的铺展性、黏度等都能影响润肤剂在皮肤上的使用感觉。

① 脂肪链的长度和支链情况对油脂的熔点、黏度和肤感都有直接的影响。比较十八酸丁酯、十八酸十三醇酯、十八酸十八醇酯，随着醇链长的增加，物质变得重滞，同时油亮性和光泽性变差。辛酸辛酯和辛酸十六醇酯也有着相同的变化趋势。

② 脂肪链的结构对油脂的性能也有较大影响。与直链物质相比，相应分支链物质的轻柔感较好、油亮感较低，这种差异是由于化学结构不同和黏度不同共同引起的。脂肪酸酯的醇链上带分支的酯比对应的直链酯更轻柔、更少油亮感。对于链中有分支的酯和不饱和酯，随着醇链长的增加，带分支链和不饱和的酯的油亮感增加，这种现象不同于饱和酯。这些都是配方师用来调整膏体轻柔感和油亮感等特性的重要依据。

带有分支链的不饱和酯在油滑感方面与直链饱和酯和甘油三酸酯有着明显的不同。就带分支链的不饱和酯而言，随着分子量的增加，润肤剂变得更加油亮。各种评估结果显示，脂肪酸链长的增加一般会导致产品更黏稠、缺乏光滑感、缺乏油亮感。脂肪醇链长的增加也会使产品变得黏稠；然而对于直链物质，油亮感会下降，同时对于带分支的不饱和酯，油滑感会更好。配方师可根据配方要求，在复合润肤剂时利用该特性独立地调节产品的轻柔感和油亮感。

③ 油脂的饱和度对使用效果影响比较大。含有不饱和脂肪酸的油脂比相应的饱和脂肪酸的油脂熔点更低，更具轻柔感和光滑感，且在用于配方时，含有不饱和脂肪酸油脂的产品通常具有更高的光泽度。

特别注意的是，含不饱和脂肪酸的油脂过氧化值也较高，稳定性相对较差，特别是在温度较高时易氧化变质，在配方应用时应注意与抗氧化剂共同使用。一般来说，含不饱和结构的油脂一般不适宜做防晒产品。

（4）极性

润肤剂的极性对于配方的稳定性相当重要。在与其他成分配伍时，润肤剂的极性会直接影响到溶解度（成分之间）、乳化性能、乳化体的稳定性。无论是 W/O 还是 O/W 配方，选择合适极性的油脂作润肤剂都非常重要。

① O/W 乳化体。一般来说，极性润肤剂能增加 O/W 乳状液的稳定性。

② W/O 乳化体。在 W/O 配方中，单独使用强极性的油脂或弱极性的油脂，配方的稳定性都会很差，而用中等极性的油脂或者强极性复配低极性的油脂，一般可以获得稳定的配方。

油包水配方中油脂的极性会直接影响配方的稳定性。大量实验表明中等极性的油脂非常有利于 W/O 配方的稳定。以 Dehymuls HRE-7 为乳化剂的油包水乳液配方为例，油分的极性会严重影响乳化体的稳定性（表 2-7、表 2-8），中等极性的油脂一般可以获得稳定的配方，而单独使用强极性的油脂或弱极性的油脂很少能获得稳定的配方，但是如果强极性和弱极性的油脂以合适的比例混合使用，也能获得稳定的乳液配方。在弱极性油脂中混合一定量的中等极性的油脂，同样能使配方稳定。如用 Cetiol S 与 Cetiol SN 以及 Almond Oil 等作油相，制备油包水配方，结果如表 2-9 所示。

表 2-7 实验配方

功能	质量分数/%	成分
润肤剂	20	可变化
乳化剂	7	Dehymuls HRE-7(PEG-7 氢化蓖麻油)
溶剂	67.5	水
保湿剂	5	甘油
稳定剂	0.5	硫酸镁

表 2-8 润肤剂及其制备的 W/O 乳液的稳定性和极性

润肤剂	CTFA 命名	稳定性	极性
Almond Oil	杏仁油	差	强
Cetiol V	油酸癸酯	一般	强
Cetiol A	月桂酸己酯	一般	中等
Cetiol LC	辛酸/癸酸椰油酯	好	中等
Cetiol 868	硬脂酸异辛酯	好	中等
Cetiol SN	异壬酸鲸蜡酯	好	中等
Cetiol OE	二辛基醚	好	弱
Cetiol S	二辛基环己烷	差	弱

表 2-9 使用混合油脂的油包水乳液的稳定性

混合比	Cetiol S/Cetiol SN 稳定性	Cetiol S/Almond Oil 稳定性
100/0	差	差
80/20	一般	一般
60/40	好	好
50/50	好	一般
30/70	好	差
20/80	好	差
0/100	好	差

另外，在相同黏度下，极性的润肤剂比非极性润肤剂有更好的轻柔感。不同类型油脂极性对比如表 2-10 所示。

表 2-10 不同类型油脂极性对比

烷烃	酯类	醇类	酸类
白油 白蜡 凡士林 角鲨烷 聚癸烯 聚异丁烯 ……	天然植物油 天然植物蜡 合成油脂 ……	辛基十二烷醇 月桂醇 豆蔻醇 鲸蜡醇 硬脂醇 山榆醇 ……	月桂酸 豆蔻酸 鲸蜡酸 棕榈酸 硬脂酸 山榆酸 ……

—极性不断增加+ →

(5) 雾点

雾点对于润肤剂是一个重要的评价标准。在开发润肤油配方和水醇体系的配方，以及那些在寒冷地区使用的膏霜配方（尤其是油包水体系，因为油脂是外相）必须考虑到润肤剂的雾点。

液体油脂和水醇溶液在雾点以下的温度会结晶。雾点很低的油脂非常有利于 O/W 及 W/O 乳化体的低温稳定性。大量的实验数据表明选择低雾点的油脂作外相，可以获得低温稳定性很好的油包水乳化体。

图 2-5 为一些油脂产品的雾点。

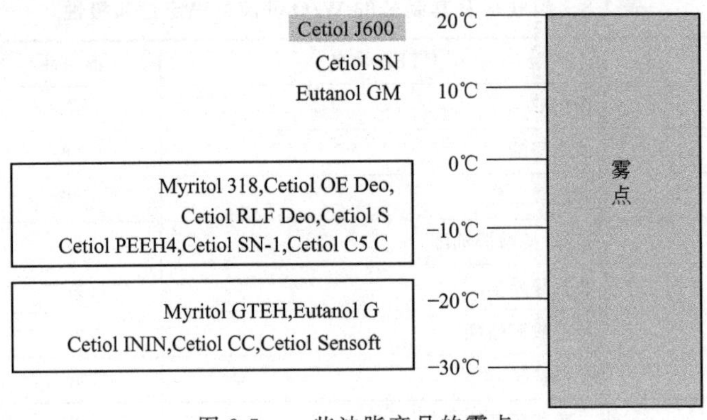

图 2-5　一些油脂产品的雾点

(6) 水解稳定性

水解稳定性对用于强酸性（果酸配方）和强碱性（脱毛霜、染发膏、直发膏）配方的产品非常重要。因为如果油脂发生水解，会导致配方产生异味和皮肤刺激性。吉布特醇、醚、碳氢化合物（如 Cetiol S、Cetiol OE、Eutanol G、Eutanol G16）非常适合于这些配方，因为它们的抗水解能力很好，在酸性或碱性环境下均能稳定。

通常脂肪酸的衍生酯类在碱性环境下都会发生水解，但是有些酯类却很难发生水解反应，比如异辛酸的衍生酯，这是由于异辛酸形成的酯由于 α-乙基的推电子作用及空阻效应使这类油脂在碱性条件下比较稳定。同样 Cetiol CC（碳酸二辛酯）由于其酯基两侧都有大基团阻挡且双烷氧基的推电子效应使羰基的正电荷减少，因此在碱性环境下也很稳定。

在碱性环境下稳定的油脂见表 2-11。

表 2-11　在碱性环境下稳定的油脂

稳定性	产品	稳定性	产品
稳定	Cetiol S(二辛基环己烷) Luvitol Lite Deo(氢化聚异丁烯) Eutanol G(辛基十二烷醇) Eutanol G 16(己基癸醇) Cetiol OE Deo(二辛基醚)	比其他酯类更稳定	Cetiol SN-1(异辛酸十六醇酯) Cetiol PEEH 4(季戊四醇四辛酸酯) Myritol GTEH(三异辛酸甘油酯) Cetiol CC(碳酸二辛酯)

(7) 折射率

折射率大的油脂光泽度好，更适合做高光泽度的产品；折射率小的油脂光泽度则差，适合做亚光的产品。

油脂的折射率随分子量增大而增大，随双键的增加而增大。存在共轭双键的化合物，比同类非共轭化合物有更高的折射率。

（8）与硅油相溶性

很多乳化型化妆品中同时含有油脂和硅油，而硅油与很多油脂的相溶性差，对乳化体的稳定性影响较大，复配时要注意选择相溶性好的油脂和硅油。图 2-6 为部分油脂与硅油相溶性图解。

	Cetiol OE Deo	Cetiol ININ	Cetiol SN-1	Myritol GTEH	Cetiol PEEH4	Cegesoft PFO	Cetiol B
聚甲基硅氧烷(10cs)	●	●	●	●	◍	△	▽
聚甲基硅氧烷(350cs)	●	●	○	○	○	○	○
聚甲基硅氧烷(5000cs)	●	●	○	○	○	○	○
聚甲基环戊硅氧烷	●	●	●	●	●	●	●
甲基苯基聚硅氧烷(22cs)	●	●	●	●	●	●	●
聚氧乙烯甲基聚硅氧烷(250cs)	○	○	▽	▽	◌	○	○
高聚甲基聚硅氧烷(平均聚合度:5000～9000)+甲基聚硅氧烷(10cs)[12:88]	●	●	○	●	○	○	○
高聚甲基聚硅氧烷(平均聚合度:5000～9000)+十甲基环戊硅氧烷[15:85]	●	●	●	●	○	○	○

溶解度(%)=(硅油质量/硅油+润肤剂的总质量)×100

○:0%　△:1%　▽:5%　◌:10%　◍:25%　●:50%(溶解度按照1∶1=50%)

图 2-6　部分油脂与硅油相溶性图解

（二）保湿体系设计与常用原料

保湿护肤品起主要保湿功效的成分即保湿剂分为三类：封包剂（occulusive agents）、湿润剂（humectants）和润肤剂（emollient）。

封包剂一般是指一些油脂性物质，它可以在皮肤表面形成一层生理惰性的油膜，可防止皮肤表面水分蒸发。目前市场上保湿霜常用的封包剂根据来源的不同可分为矿物质来源、动物来源以及植物来源三类。譬如凡士林、聚二甲基硅氧烷、羊毛脂以及一些生物脂质如神经酰胺等都是较为常见的封包剂。由于目前化妆品（包括保湿化妆品）的发展趋势是追求天然来源、安全无刺激，诸如像凡士林等矿物来源原料在高档的保湿化妆品中已经很少见了，一些轻质液状石蜡还在部分使用。此外，由于法规限制，国外（特别是欧盟）大牌护肤品对于动物性原料的使用频率也在减少或停止使用。因此，笔者选取保湿护肤品中具代表性的原料如聚二甲基硅氧烷、轻质液状石蜡及神经酰胺作为封包剂成分。

润肤剂包括一大类化合物，一些酯类和长链醇都可以归纳于此。它能填充在干燥皮肤角质细胞间的裂隙中，使皮肤变得柔软光滑，改善皮肤干燥的感觉，可提高使用者的满意度和依从性。目前在一些高档的保湿护肤品中植物来源的油脂如白池花籽油等较受青睐。长链醇如鲸蜡硬脂醇也是常见的润肤剂，同时还能起稳定膏体、增加稠度的作用。

湿润剂是指能吸收水分的物质。它们可以从皮肤深层将水分吸引到表皮角质层，同时也可以从外界环境中吸收水分，并将它们锁定在表皮角质层内。其中甘油和透明质酸是最为常见的湿润剂成分。

封包剂和润肤剂主要是一些油脂和蜡等，已经在前面介绍，在此主要介绍湿润剂，即保湿剂。

1. 常用保湿剂与性能

理想的保湿剂应该具有如下的性质：

① 能显著地从环境中吸收水分，在一般的条件下依然能保持水分。

② 吸收的水分能基本不受环境相对湿度的影响，变化较小。

③ 黏度随温度变化也较小。

④ 与其他常用原料的配伍性高。

⑤ 熔点较低，一般来说在室温或室温以下不会凝固或者沉积。

⑥ 一般无色、无味、无刺激性，安全性高。

⑦ 生产成本和价格适中。

表 2-12 列出了常用保湿剂的性能。

表 2-12　常用保湿剂的性能

序号	商品名	INCI 名称(中文)	INCI 名称(英文)	性能简介
1	甘油	甘油	GLYCERIN	黏稠液体,可与水互溶,用量大时肤感黏腻,使用量大时具有防冻效果
2	1,2-丙二醇	1,2-丙二醇	1,2-PROPANEDIOL	清爽肤感,可与水互溶,刺激性大,具有防冻效果
3	1,3-丙二醇	1,3-丙二醇	1,3-PROPANEDIOL	
4	1,3-丁二醇	丁二醇	BUTYLENE GLYCOL	较甘油清爽,可与水互溶,刺激性低,一般与甘油复配使用,具有防冻效果
5	1,2-戊二醇	1,2-戊二醇	PENTYLENE GLYCOL	具有良好的皮肤保湿功效,可降低传统防腐剂的用量,降低产品刺激性,同时,可促进其他活性成分的良好吸收
6	山梨醇	山梨(糖)醇	SORBITOL	较甘油清爽,可溶于水,刺激性低,常用在牙膏和婴儿制品中
7	聚乙二醇	聚乙二醇	PEG	不同分子量的聚乙二醇有不同的肤感,溶解性也不一样,一般用得最多的是 PEG-400,刺激性较大
8	粉感保湿剂 BL-210	聚甘油-10	POLYGLYCERYL-10	具有多功能的保湿基质,具有在皮肤表面形成透气膜的锁水能力,能长效保湿,同时具有柔润的粉质感,给皮肤提供更干爽不黏腻的手感
9	透明质酸	透明质酸	HYALURONIC ACID	天然保湿剂,柔滑肤感,可分散在多元醇中,遇水溶胀,用量较大时,干后有点黏。透明质酸目前有大、中、小分子的产品,大分子的成膜性好,小分子的渗透能力强
10	生物糖胶-1 (LONMOIS MG-1)	生物糖胶-1	BIOSACCHARIDE GUM-1	结合水能力很强,即使在低湿度的环境中吸水效果也较好,同时在皮肤表层形成透气的糖膜,有如透明质酸肤感,具有即时和长效的补水保湿作用
11	吡咯烷酮羧酸钠	吡咯烷酮羧酸钠	PCA-Na	类似于透明质酸,具有很强的保湿效果
12	氨基酸保湿剂	甜菜碱	BETAINE	保湿效果好,可溶解在水中,使用量大时在低温容易析出
13	燕麦葡聚糖	β-葡聚糖	BETA-DEXTRAN	具有独特的直链分子结构,赋予了良好的透皮吸收性能,因而具有高效的保湿效果
14	胶原蛋白	胶原	COLLAGEN	天然保湿剂,用量大时具有即时紧致效果
15	α-甘露聚糖	甘露聚糖	MANNAN	具有独特的顺滑肤感,被誉为“植物透明质酸”,极强的锁水保湿性能,发挥高效保湿护肤功能
16	神经酰胺	神经酰胺	CERAMIDE	神经酰胺是天然存在于皮肤里的脂质,由长链的鞘氨醇碱基和一个脂肪酸组成,能与角质层中的水分结合,形成网状结构,从而锁住肌肤水分

续表

序号	商品名	INCI名称(中文)	INCI名称(英文)	性能简介
17	D-泛醇	泛醇	PANTHENOL	一种渗透性保湿剂，具深层保湿作用，能透过皮肤，保持毛发和皮肤中的水分
18	芦芭胶	聚甲基丙烯酸甘油酯，丙二醇	GLYCERYL POLYMETHACRYLATE, PROPYLENE GLYCOL	独特的笼形结构，锁水能力强，结合水较难释放，是一种不干的保湿剂
19	甘草保湿液(TSP-Snow Coach)	一种高性价比的安全保湿防敏原料，具有更强的保湿性、锁水性，含有透明质酸钠、甘草酸二钾、甲基硅烷醇甘露糖醛酸酯等成分，可增加角质层保水能力，改善蜕皮现象，强化屏障功能，使皮肤变得柔软、光滑，恢复弹性；同时缓解粉刺、痘痘、过敏性皮炎症状		
20	麦芽寡糖葡糖苷/氢化淀粉水解物(LONMOIS SH-88)	一种高性价比的植物发酵保湿剂，在皮肤上形成滑爽性的膜，比透明质酸、氨基酸等保湿剂的保湿时间更长，而且具有一定的抗敏消炎功效		
21	异戊二醇	一种护肤品保湿剂，配合甘油和1,3-丁二醇使用，可以增加保湿性，而且比1,3-丁二醇具有更好的油溶性；可增强相容性，用在卸妆水里肤感、卸妆力增加；有一定抑菌性，可以用在无防腐配方体系；也可用于发品中，起到修复烫染受损头发、减少毛躁作用		

2. 保湿剂的选择

化妆品配方中可用单种保湿剂来达到保湿目的，但大部分配方基本上采用复配方式，例如，将多元醇、透明质酸钠、神经酰胺复配，通过价格低廉的多元醇吸湿达到保湿目的，通过透明质酸钠与皮肤中的游离水分结合并在皮肤表面成膜阻止水分挥发，通过神经酰胺达到增强角化细胞之间黏着力，改善皮肤干燥程度。

另外，多元醇保湿剂用量过多，使用后有黏湿的感觉，在高浓度时和皮肤相接触可使皮肤脱水。因此也有人认为过量的保湿剂会从皮肤角质层吸收水分而散发于相对湿度较低的大气中，特别是在冬季。所以采用保湿剂作为滋润物要有适宜用量，高浓度的甘油对皲裂的皮肤有刺激性。在含高水分的乳化体中，如护手霜，少量的保湿剂对皮肤有明显的光滑作用，这主要是由于它的滋润性和增塑性，而不是保湿的特性。在乳化体制品中加1%～5%保湿剂，不会像高浓度的甘油溶液对皮肤起脱水的作用。

保湿剂除了吸潮性之外，对膏体的稠度也有一定影响。雪花膏膏体的稠度一般随着保湿剂含量的增加而达到最高点，然后随着保湿剂的继续增加而下降。

(三)乳化体系设计与常用原料

要将不相溶的油性成分和水性成分能“均匀”地混合起来形成乳化体，没有乳化剂是不行的。也就是说乳化剂是乳化体形成必不可少的关键成分。作为配方工程师，应该对每一种乳化剂的性能了如指掌。

1. 乳化剂的性能

1988年美国CTFA化妆品原料手册中列出的适用于化妆品的表面活性剂有1708种，用作乳化剂的有几百种，常用的也有几十种。近年来由于新产品不断出现，对化妆品的安全性和环境保护日益关注，各种新型乳化剂和复合乳化剂层出不穷，例如，天然来源的乳化剂、聚合物乳化剂、多功能和特殊介质（如低pH值）使用的乳化剂等。一般而言，乳化剂按照结构可分为阴离子乳化剂、阳离子乳化剂、非离子乳化剂、二甲基硅氧烷-聚醚类乳化剂、聚合物乳化剂、仿生磷脂乳化剂和复合乳化剂。

(1) 阴离子乳化剂

阴离子乳化剂是指在水中溶解后，其活性部分倾向离解成负电离子的表面活性物质，常见的有单价烷基羧酸盐、脂酰基乳酰乳酸盐、烷基磷酸酯及其衍生物、脂肪醇和脂肪醇硫酸酯钠盐等类型。

单价烷基羧酸盐一般是指皂类，脂肪酸与相应的碱中和后从而具有乳化性能，主要用于O/W体系。皂类的pH值在10左右，一般脂肪酸只进行部分中和，形成接近中性的脂肪酸盐与脂肪酸混合物体系。这类乳化剂对钙离子比较敏感，在硬水中使用时需要添加螯合剂如EDTA-2Na。

脂酰基乳酰乳酸盐是一类多功能的乳化剂。乳酸盐是皮肤天然保湿因子的重要组分，对皮肤亲和性好。这类乳化体系的配方可提高制品的触感、分散性、滋润作用和长效性等，还能产生平滑感，降低矿物油类的油腻感，具有更持久的保湿作用，特别在低湿度时保湿效果更显著。

烷基磷酸单酯、双酯及其盐、乙氧基化烷基磷酸酯是一类近年来化妆品工业较广泛使用的乳化剂。这类阴离子乳化剂中的磷酸基被烷基链所屏蔽，因而称为“隐阴离子”，这种乳化剂具有离子性和非离子性的两种特征，其亲油性强弱主要取决于亲油基中烷基链长。这类酯的乳化特性取决于游离酸基中和程度。与羧酸酯不同，磷酸酯的酯键在高pH值和低pH值都十分稳定。

脂肪醇硫酸酯钠盐一般用作香波的基质原料，但与脂肪醇复配可形成乳化剂体系，如鲸蜡硬脂醇和月桂醇硫酸酯钠盐。

(2) 阳离子乳化剂

应用最广泛的阳离子表面活性剂是季铵盐。季铵盐主要用作护发素乳化剂，除具有乳化作用外，还有抗静电和调理作用。这类季铵盐包括烷基三甲基季铵盐、双烷基二甲基季铵盐、双季铵盐和乙氧基化季铵盐等。

(3) 非离子乳化剂

非离子乳化剂是一类品种最多和发展最快的乳化剂，其分子在水溶液中不电离，不带有电荷，因而可与各类的乳化剂和化妆品原料配伍，给配方带来不少便利。非离子乳化剂主要亲水基团是聚氧乙烯醚，可用于广泛pH值范围的配方，制得稳定的产品，且一般非离子乳化剂对皮肤的刺激性较低。

非离子乳化剂主要包括多元醇脂肪酸酯及其乙氧基化或丙氧基化衍生物，其乙氧基化和丙氧基化衍生物在化妆品中更重要。此外，还包括多元醇脂肪酸酯乙氧基化/丙氧基化的嵌段化合物、烷基醇酰胺和氧化胺等。

从刺激性的角度看，非离子乳化剂的刺激性比阴离子乳化剂、阳离子乳化剂小。例如，蔗糖硬脂酸酯等就是非常温和的非离子乳化剂。

(4) 二甲基硅氧烷-聚醚类乳化剂

二甲基硅氧烷类化合物是一类高安全性的多功能化妆品原料，主要用作头发和皮肤调理剂，可减轻油腻感，使膏体光滑，涂抹时不会泛白，有丝滑感等。用作乳化剂的只有二甲基硅氧烷-聚醚共聚物，如道康宁的DC 5225C（环五聚二甲基硅氧烷）和PEG/PPG-18/18（聚二甲基硅氧烷），主要用作W/O乳化剂。

(5) 聚合物乳化剂

聚合物乳化剂一般为多功能化合物，除作为乳化剂外，还可能具有调理、成膜、增稠和调节流变性等作用。如丙烯酸盐/$C_{10\sim30}$丙烯酸酯交联共聚物（Pemulen TR-1，TR-2，BF G oodrich）是一种多功能 O/W 型乳化剂，其乳化作用机理是分子含有亲油端，可紧紧地包裹在乳液中油滴的油/水界面；而其亲水端的基团在水相中充分膨胀，从而形成凝胶骨架，对各种类型的油相都能起到很强的稳定作用，其特点是用量少，乳化能力强，乳液稳定性高，低刺激性。用它制得的乳液涂于皮肤后，汗水的盐分会使其快速收缩，从而很快释放出油相，均匀地覆盖在皮肤表面，而被皮肤吸收。

常用的聚合物乳化剂还有甲氧基 PEG-17 或甲氧基 PEG-22/十二烷基二醇共聚物、PEG-30 二聚羟基硬脂酸酯等。

（6）仿生磷脂乳化剂

仿生磷脂是一类利用天然脂肪酸制成的多功能磷脂的复合物，具有高度安全性，无刺激性、无致敏作用，是一类多功能乳化剂，其皮肤相容性、稳定性和配伍性均良好，具有保湿作用和使皮肤长久保持光滑的特性，适合作护肤制品和皮肤科药物乳化剂。

（7）复合乳化剂

不少原料生产厂家不断地推出一些专利的复合乳化剂（有些称为乳化蜡），这类乳化剂一般为多功能的，例如，具有保湿、调理、增稠或调节流变性等作用，可以在很大程度上满足多样化配方的需求。

本书附录 2 列出了常用乳化剂的性能。

2. 乳化剂的选择

乳化剂对乳化体稳定性、质地、外观、肤感具有非常大的影响，即使在配方中其他物质一致前提下，改变乳化剂类型，对膏体的细腻度和黏稠度都有非常大的影响。

因油、水相成分的诸多变化性，以及要求形成乳状液类型的多样性和特殊性，如是透明啫喱型（油水两相折射率相同时）还是白色乳霜型，是油包水型还是水包油型等，实际上不可能找到一种通用的“万能”乳化剂。因此，只能在指定油相、水相组成与性质及所要求的乳状液类型后，通过适当的方法选择相对优良的乳化剂。

（1）选择的依据

具体选择依据如下。

① 界面张力越大，两种液体越不相溶，所选乳化剂越要具有良好的表面活性和降低表面张力的能力。

② 乳化剂分子可与其他添加物在界面上形成紧密排列的凝聚膜，在这种膜中分子有强烈的定向吸附性。

③ 乳化剂的乳化能力与其和油相或水相的亲和能力有关。亲油性越强的乳化剂越易得到 W/O 型乳状液，亲水性越强的乳化剂越易得到 O/W 型乳状液。亲油性强的乳化剂和亲水性强的乳化剂混合使用时，可以达到更佳的乳化效果。与此相应，油相极性越大，要求乳化剂的亲水性越大；油相极性越小，要求乳化剂的疏水性越强。

（2）影响选择的因素

选择乳化剂时要考虑的重要参数如下。

① HLB 值（亲水亲油平衡值）。HLB 值决定了所形成乳液的类型，如图 2-7所示。要做 W/O 型的乳化体应该选择 HLB 值 2～8 的乳化剂，做 O/W 型的乳化体应该选择 HLB 值大于 8 的乳化剂。

② 乳化剂分子量。乳化剂分子量对 W/O 型的乳化体耐热稳定性影响比较大，分子量大

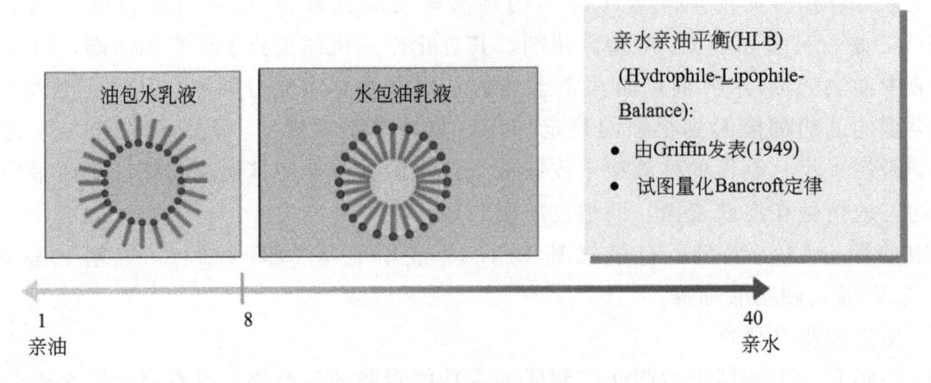

图 2-7 HLB 值与乳化体类型的关系

的乳化剂有利于 W/O 型的乳化体稳定，特别是聚合型多官能团的油包水乳化剂可在乳液液滴表面形成稳定的两性薄膜。

③ 乳化剂溶解性。一般来说，乳化剂在被乳化物中易溶解的，乳化效果较好。

④ 乳化剂分子结构。一般来说，用疏水基和被乳化物结构相似的乳化剂，乳化效果较好。以非离子型乳化剂制成的膏体比阴离子型乳化剂制成的膏体柔软。

⑤ 乳化剂用量。一般来说，乳化剂的用量越大，乳化体更稳定，但成本会上升，而且加大刺激性。另外，乳化剂用量对最后膏体的稠度也有一定关系，乳化剂浓度高时易产生较软的膏体。

⑥ 乳化剂的刺激性。乳化剂具有一定的刺激性，在相同浓度和相同接触时间下比较乳化剂的刺激性，阳离子乳化剂刺激性最强，阴离子乳化剂次之，非离子乳化剂最弱。

⑦ 乳化剂复配。一般来说，经过科学复配的乳化剂可以提升乳化体的稳定性，这是由于科学复配的乳化剂能提升界面膜中乳化剂的堆积密度和协同增效作用。

⑧ 其他值得考虑的因素。乳化剂属于表面活性剂，具有表面活性剂的所有性能，如降低表面张力、乳化、润湿、起泡、去污、增溶等性能和作用。

【疑问】 在一个配方中，在用量一致的情况下，用阴离子乳化剂或非离子乳化剂配制产品过程中，哪一种乳化剂产生的泡沫会多？为什么？

【回答】 用阴离子乳化剂产生的泡沫多些，因为阴离子表面活性剂的起泡能力比非离子表面活性剂强。

(四)增稠体系设计与常用原料

黏稠度是乳化类化妆品的最主要感官指标之一，给予消费者视觉、触觉感受，而且也对产品稳定性有很大影响。根据黏稠度的不同，乳化类化妆品可分为膏霜和乳液两大类型。乳化类化妆品的黏稠度除了与前述的油性成分、保湿剂和乳化剂类型有关外，主要依靠增稠剂来调节。作为配方工程师，应该对每一种增稠剂的性能了如指掌。

1. 增稠剂的性能

根据增稠剂作用于乳化类化妆品中相态的不同，可分为水相增稠剂和油相增稠剂两大类。

(1) 水相增稠剂

水相增稠剂，顾名思义就是能使水溶液增稠的物质，根据其来源和聚合物结构特性不同可分为：天然来源有机水性增稠剂、合成有机水性增稠剂和无机水性增稠剂三大类。

① 天然来源有机水性增稠剂。天然来源有机水性增稠剂有两个方面：一方面是以植物、动物或微生物为原料，通过物理方法获得的，如纤维素、黄原胶等；另一方面是以天然高分子化合物为原料，通过改性获得的，如改性淀粉、改性纤维素等。

这类增稠剂的增稠机理为：一方面，增稠剂分子链中含有大量羟基，分子链通过羟基与周围水分子通过氢键缔合，提高了聚合物本身的流体体积，减少了颗粒自由活动的空间，从而提高了体系黏度。另一方面，分子链间产生相互缠绕形成三维网状结构，从而实现黏度的提高。这类增稠剂表现为在静态和低剪切有高黏度，在高剪切下为低黏度。这是因为静态或低剪切速度时，分子链处于无序状态而使体系呈现高黏性；而在高剪切速度时，分子平行于流动方向做有序排列，易于相互滑动，所以体系黏度下降。

表 2-13 列出了常用天然来源有机水性增稠剂的性能。

表 2-13　常用天然来源有机水性增稠剂的性能

序号	商品名	INCI 名称(中文)	INCI 名称(英文)	性能简介
1	瓜尔豆胶	瓜尔豆胶	CYAMOPSIS TETRAGONOLOBA (GUAR)GUM	天然来源的增稠剂,肤感顺滑
2	汉生胶	黄原胶	XANTHAN GUM	有效的黏度调节剂,在很大 PH 值范围和温度下适用,其假塑性能增加乳液稳定性
3	阿拉伯树胶	阿拉伯胶树胶	ACACIA SENEGAL GUM	一种安全无害的增稠剂,在水中可逐渐溶解成呈酸性的黏稠状液体
4	明胶	明胶	GELATIN	由动物皮肤、骨、肌膜等结缔组织中的胶原部分降解而成为白色或淡黄色、半透明、微带光泽的薄片或粉粒;是一种无色无味,无挥发性、透明坚硬的非晶体物质,可溶于热水,不溶于冷水,但可以缓慢吸水膨胀软化
5	羟乙基纤维素	羟乙基纤维素	HYDROXYETHYLCELLULOSE	是一种白色或淡黄色、无味、无毒的纤维状或粉末状固体,具有良好的增稠、悬浮、分散、乳化、黏合、成膜等特性
6	羧甲基纤维素	羧甲基纤维素	CARBOXYMETHYL CELLULOSE	具有良好的增稠、悬浮、分散、乳化、黏合、成膜等特性
7	羟丙基淀粉磷酸酯	羟丙基淀粉磷酸酯	HYDROXYPROPYL STARCH PHOSPHATE	流变改良剂,能较好地改善产品的流变性,同时可让产品的肤感变得柔滑,同时具有一定的增稠效果
8	藻酸钠	藻酸钠	ALGIN	一种天然多糖,用在化妆品中可作增稠剂及稳定剂

② 合成有机水性增稠剂。合成有机水性增稠剂就是采用合成手段获得的有机聚合物，主要有丙烯酸聚合物、丙烯酸酯聚合物、丙烯酰胺聚合物、聚氧乙烯醚和聚乙烯醇类化合物等。一般来说，合成增稠剂性能比天然增稠剂性能好，增稠效果也比天然增稠剂要好一些。但合成增稠剂最大的风险就是合成单体残留问题，例如丙烯酰胺在化妆品中是禁用物质，那么用丙烯酰胺作为单体合成的丙烯酰胺聚合物就可能存在丙烯酰胺单体超标的问题，这是要引起注意的。

含有羧基的丙烯酸聚合物的增稠机理为：在粉末状态时分子呈卷曲状态，分散在水中，分子中的羧基与水结合而产生一定的伸展，但仍呈一定的螺旋状，所以在水中表现出一定的黏稠力，但黏稠度没有完全表现出来。若此时用碱与分子中的羧酸中和成羧酸根离子，通过羧酸根离子的同性静电斥力，分子链由螺旋状伸展为棒状，黏稠度会急剧上升。

不含羧基的合成聚合物的增稠机理与前述的天然增稠剂类似。

表 2-14 列出了常用合成有机水性增稠剂的性能。

表 2-14　常用合成有机水性增稠剂的性能

序号	商品名	INCI 名称(中文)	INCI 名称(英文)	性能简介
1	卡波姆 940/941	卡波姆	CARBOMER	增稠剂，提供水包油型乳化体的稳定性，耐热性高，低黏度中等清澈度，中等耐离子性及高耐剪切性，适用于乳液、膏霜中
2	卡波姆 U20/U21	丙烯酸(酯)类/$C_{10\sim30}$烷醇丙烯酸酯交联聚合物	ACRYLATES/$C_{10\sim30}$ ALKYL ACRYLATE CROSSPOLYMER	稳定剂，增稠剂；易分散，提供主效的增稠性，良好透明度、悬浮能力，不黏腻
3	Aristoflex AVC	丙烯酰二甲基牛磺酸铵/VP 共聚物	AMMONIUM ACRYLOYLDIMETHYLTAURATE / VP COPOLYMER	增稠剂，无需中和，操作简便，稳定性好；在 pH 值为 4～9 的范围内稳定，但耐盐性和耐电解质性较差
4	聚丙烯酰基二甲基牛磺酸铵	聚丙烯酰基二甲基牛磺酸铵	AMMONIUM POLYACRYLOYL-DIMETHYL TAURATE	增稠剂，乳化稳定剂
5	聚乙烯吡咯烷酮	聚乙烯吡咯烷酮	PVP	增稠剂，肤感调节剂，也可作为乳化产品的稳定剂
6	COSMEDIA SP	聚丙烯酸钠	SODIUM POLYACRYLATE	增稠乳化剂
7	Sepigel 305	聚丙烯酰胺/$C_{13\sim14}$异链烷烃/月桂醇聚醚-7	POLYACRYLAMIDE/$C_{13\sim14}$ ISOPARAFFIN/LAUR ETH-7	自行乳化增稠剂、稳定剂，极宽的 pH 值稳定范围(pH＝2～12)，赋予产品亮度和清爽光滑的手感

③ 无机水性增稠剂。无机水性增稠剂本身并不能溶解，但能与水结合，在水中分散成胶体或凝胶的复合硅酸盐类物质。其增稠机理是吸水后膨胀形成，形成胶体而达到增稠目的。这类增稠剂具有很大的比表面积、很好的悬浮功能、特有的流变性能、耐温变性能好、耐电解质能力强、成本低。

表 2-15 列出了常用无机水性增稠剂的性能。

表 2-15　常用无机水性增稠剂的性能

序号	商品名	INCI 名称(中文)	INCI 名称(英文)	性能简介
1	硅酸铝镁	硅酸铝镁	ALUMINA MAGNESIUM METASILICATE	高电解质含量体系的悬浮稳定剂及增稠剂
2	水辉石	水辉石	HECTORITE	常用于膏霜、乳液类产品中，控制触变性和改善黏度
3	膨润土	膨润土	BENTONITE	可作黏结剂、悬浮剂、触变剂、稳定剂

(2) 油相增稠剂

油相增稠剂是指对油相原料有增稠作用的物质，其增稠机理基本上是采用熔点相对较高的油性物质来提高整个油相的熔点来达到增稠的目的。所以油相增稠剂基本上是一些高熔点的高级脂肪醇、酯、蜡等，如十六醇、十八醇、十六/十八混合醇、三羟基硬脂酸甘油酯、硬脂酸镁、硬脂酸铝、铝/镁氢氧化物硬脂酸络合物和各种蜡等。这些物质在前面已经有所介绍，在此就不再赘述。

2. 增稠体系的设计

（1）影响乳化体黏度的因素

乳化体的黏度可从以下几方面来调节。

① 连续相。通过增加连续相的黏度来调节。对于O/W型乳化体可加入合成或天然的树胶、纤维素、黏土来增加膏体黏度；对于W/O型乳化体，加入多价金属皂和高熔点的蜡和树脂胶到油相中来增加黏度。

② 分散相。分散相黏度也能通过一些方法使分散相变稠而得到调节，如O/W型乳化体中加入蜡类、高级脂肪醇、高级脂肪酸等。

③ 配制工艺。配制工艺也对乳化体黏度有影响。如加热温度过高会导致油脂氧化而使黏度改变；乳化温度过低，容易削弱流层间传质，导致乳液液滴分布不均，使乳液黏度下降；添加相加入速度过快也易引起乳液液滴分布不均，使乳液黏度下降；搅拌速度过慢和搅拌时间过短都会引起乳液液滴分布不均，使乳液黏度下降；均质剪切速度过快和时间过长会破坏聚合物的结构，导致黏度下降；冷却速度也对黏度有影响，快速冷却有助于提升黏度，但过快冷却可能会导致乳化体不稳定。

④ 乳化剂。乳化剂的类型和用量对黏度影响较大。不同类型的乳化剂会形成不同的界面膜，从而影响乳化体的黏度；乳化剂用量大小对乳液液滴大小和分布有很大影响，从而影响乳化体的黏度，乳化剂用量大，平均粒径下降，导致黏度增大，但也会使粒径分布加宽使黏度下降，是一种矛盾关系。

（2）增稠剂的选择

增稠剂的使用对乳化体黏度的影响是最大的，在此主要介绍增稠剂的选择。

① 应考虑乳化体pH值对增稠剂的影响。当使用卡波树脂（Carbolpol）作增稠剂时，pH值对增稠效果影响较大，一般来说pH值在5.5～7.5时，黏度达到最大值。大部分的卡波树脂在pH值4～10有增稠效果，如果要在pH＜4的膏体中增稠，只能使用不需要中和的增稠剂，或者使用酸性条件下增稠的增稠剂，如Carbolpol Aqua CC等；如果要在pH＞10的膏体中增稠，只能使用高pH值条件下不会变稀的增稠剂，如Carbolpol 941等。

② 应考虑乳化体电解质对增稠剂的影响。电解质浓度对卡波树脂的增稠也有很大影响，一般来说，电解质含量较高时，卡波树脂的增稠体系不稳定；有少量电解质存在时，卡波Polygel CA的增稠效果会大大降低。因此，当体系中含有一定量的电解质时（如很多提取液中含有较大量的电解质），应选用一些耐电解质的卡波树脂（如ETD 2020、U21等）或者是汉生胶、羟乙基纤维素等有机高分子增稠剂。

③ 应根据产品黏度要求来选择增稠剂。在相同用量下，卡波树脂的增稠能力顺序如下：Carbolpol 910＜Carbolpol 941＜Carbolpol 934＜Carbolpol 940，所以很多O/W膏霜配方中常用Carbolpol 940、Carbolpol 934、Carbolpol U21等，而乳液配方中多用Carbolpol 941、Carbolpol 934等。

④ 增稠剂的复配。不同增稠剂的作用机理和效果是不同的，进行复配使用可达到协同增稠的效果。一般来说，产品中都会复配两种或以上的增稠剂来调节黏度，这样可以较好地提高产品黏度，调节产品丰富的使用感，降低产品因使用单一增稠剂可能导致的黏度变稀等风险。例如，卡波树脂与黄原胶复配使用，不仅可提高黏度，还可提高耐电解性；再如，卡波树脂与羟乙基纤维素（HEC）复配可大大提高黏度。

⑤ 增稠剂用量的确定。一般来说，随着增稠剂用量的增加，乳化体系的黏度将增加，但当增稠剂用量达到一定值后，乳化体黏度增加不明显，同时，增稠剂的用量较大时，会给产品带来黏腻、稠厚的不良使用感。所以设计配方时应根据具体的体系要求，进行相应的试验，以确定最佳用量。

（五）防腐体系设计与常用原料

乳化类化妆品中含有丰富的油性物质、水分和一些营养成分，都是微生物生长、繁殖所必需的成分，非常适合微生物生长与繁殖，容易导致化妆品出现变色、变味和腐坏等变质现象。一般情况下，在外观就能够反映出来。如霉菌和酵母菌经常在产品的包装边沿等地方出现霉点；受微生物污染的产品出现混浊、沉淀、颜色变化、pH 值改变、发泡、变味，如果是乳化体则可能出现破乳、成块等。所以，乳化类化妆品的微生物控制是化妆品生产企业非常重视的一个环节。

乳化类化妆品的微生物控制必须从生产环节控制和配方体系设计两个方面同时着手。生产环节控制就是从原料、生产环境、生产设备和生产人员等多方面控制微生物污染；配方体系设计控制微生物其实就是防腐体系设计。

常用的防腐剂原料在第一章中已经进行了详细阐述，在此就不详细阐述了。

目前乳化类护肤化妆品常用的防腐体系主要有如下几种。

防腐体系 1：羟苯甲酯＋羟苯丙酯＋苯氧乙醇；

防腐体系 2：羟苯甲酯＋羟苯丙酯＋Germall Plus；

防腐体系 3：苯氧乙醇＋馨鲜酮；

防腐体系 4：苯氧乙醇＋二醇类物质（如 1,2-己二醇、辛甘醇、1,2-戊二醇）；

防腐体系 5：馨鲜酮＋二醇类物质（如 1,2-己二醇、辛甘醇、1,2-戊二醇）。

其中，防腐体系 1、2 是目前最常用的乳化类化妆品防腐体系，最大优势是廉价，但刺激性较大；防腐体系 5 是可宣称“无防腐剂”的乳化类化妆品防腐体系，刺激性较小，缺点是价格较高。

（六）功效体系设计与常用原料

目前化妆品的功效需求主要有保湿、抗衰老、抗敏、祛痘等普通功效和祛斑、美白、防晒、健美等特殊功效，对于保湿功效成分前面已经进行了详述，特殊功效成分将在后面特殊用途化妆品章节中分别介绍，在此只介绍抗衰老、抗敏、祛痘等功效成分。

1. 抗衰老功效成分

常用的抗衰老物质主要有以下几种。

（1）氨基酸和水解蛋白

氨基酸具有很好的水合作用，是常用的保湿剂。为了使老化或硬化的表皮（出现皱纹）恢复水合性，常使用各种氨基酸，常用的有酪氨酸、亮氨酸、苏氨酸、赖氨酸、甘氨酸、谷氨酸等，这些氨基酸存在于多数蛋白质中。因此，通常在化妆品中加入水解蛋白或者肌肽，如水解胶原蛋白中就含有 15 种以上氨基酸。水解胶原蛋白能被皮肤吸收并填充在皮肤基质之间，从而使皮肤丰满，皱纹舒展；同时提高皮肤密度，增加皮肤弹性；能刺激皮肤微循环，促进新陈代谢，使皮肤光滑、亮泽。

（2）维生素类

缺乏维生素会使正常的生理机能发生障碍，而且往往首先从皮肤上显现出来。因此，应针对缺乏各种维生素的症状，在化妆品中加入相应的维生素。用于营养性化妆品的维生素主要是油溶性维生素A、D和E。

维生素A又名视黄醇，是表皮的调理剂，可通过皮肤吸收，有助于皮肤新陈代谢，保持皮肤柔软和丰满。缺乏维生素A，会使皮肤干燥、粗糙，并含有大量的鳞屑，会使头发枯干，缺乏弹性，无光泽，不易梳理，并呈灰色。足量的视黄醇能令表皮增厚，加强胶原蛋白和弹性蛋白的新生，减少紫外线诱导胶原酶。视黄醇对于光损伤的皮肤非常有效，可有效抗皱和抵抗色素沉着。维生素A遇热易分解，使用时应注意。在乳化体中的用量为1000～5000IU/g。

缺乏维生素D，皮肤出现湿疹，皮肤干燥，指（趾）甲和头发异常等，维生素D对治疗皮肤创伤有效。在乳化体中的用量为100～500IU/g。

维生素E又名生育酚，是一种不饱和脂肪酸的衍生物，有加强皮肤吸收其他油脂的功能，也有很强的抗自由基能力。缺乏维生素E，会使皮肤枯干、粗糙，头发失去光泽、易脱落，指甲变脆易折等。含有维生素E的营养霜能促进皮肤的新陈代谢。一般常将维生素A、D和E合用，能改善维生素A和D的稳定性。在乳化体中的用量为5mg/g。

维生素C又名抗坏血酸，是一种强效自由基去除剂，具有很好的美白、抗衰老功效。缺乏维生素C的人体皮肤病表现为色素沉着，出现色斑，皮肤抵抗力下降、易出血。但由于维生素C为水溶性物质，不易被皮肤吸收，而且非常不稳定，容易变色，所以往往将维生素C改性，制成维生素C的酯，如维生素C棕榈酸酯等。

（3）神经酰胺

神经酰胺是存在于人体皮肤最外侧的角质层细胞间类脂体的主要构成成分（>50%），起着防止水分散发及对外部刺激有防护功能的重要作用，承担着保护皮肤和滋润、保湿功能。也有许多研究报告指出，可以通过使用含神经酰胺的外用膏类产品，达到防止过敏性皮肤病的目的和抑制黑色素褐斑的效果。

随着年龄增长和进入老年期，人体皮肤中存在的神经酰胺会渐渐减少，干性皮肤和粗糙皮肤等皮肤异常症状的出现也是由于神经酰胺量减少所致。因此要防止这类皮肤异常，补充神经酰胺是较理想的办法。

神经酰胺是近年来开发出的最新一代保湿剂，是无色透明液体，高效保湿，具有启动细胞的能力，可促进细胞的新陈代谢，促使角质蛋白有规律再生的功能。它和构成皮肤角质层的物质结构相近，能很快渗透进皮肤，和角质层中的水结合，形成一种网状结构，锁住水分。

天然神经酰胺提纯困难，价格昂贵，且熔点较高不易应用，化学家们开发了各种具有类似结构和功能的成分来代替天然神经酰胺，这些合成的结构类似物被称为类神经酰胺（pseudoceramide）。

N-棕榈酰羟基脯氨酸鲸蜡酯（cetylhydroxyproline palmitamide，代号SkinRepair-11）是以羟脯氨酸为原料合成的一种类神经酰胺，具有优异的对角质层屏障的修复功能、保湿功效和去皱功效，同天然神经酰胺相比，具有价格上的优势，同时具有更低的熔点，更易使用。

（4）超氧化物歧化酶

超氧化物歧化酶（SOD）是一种人体内自由基的吸收剂，对皮肤抗皱有一定功效。它在生物界的分布极广，几乎从人到细胞，从动物到植物，都有它的存在，是一种非常安全的自由基清除剂。

(5) 金属硫蛋白

金属硫蛋白(MT)是目前所知的最有效的一种新型自由基去除剂,其清除自由基(·OH)的能力约为SOD的几千倍,而清除氧自由基(·O)的能力约是谷胱甘肽(GSH)的25倍,具有治疗皮肤瘙痒、面部皮炎和抗衰老的功能,其分子量较小,易于被皮肤吸收。

(6) 葡聚糖

目前葡聚糖有燕麦葡聚糖和β-葡聚糖两种。燕麦葡聚糖主要是从大燕麦皮中提取得到,β-葡聚糖主要采用微生物发酵获得,如燕麦β-葡聚糖,拥有优异的抗衰老功效,能够抚平细小皱纹,提高皮肤弹性,改善皮肤纹理度;具有独特的直链分子结构,赋予良好的透皮吸收性能;能够促进成纤维细胞合成胶原蛋白,促进伤口愈合,修复受损肌肤,给予皮肤如丝绸般滋润光滑的触感。

(7) 多肽

多肽是氨基酸的短链,可以以无限不同的组合合成。粗壮末端可以加强渗透肌肤。肽带着信号与肌肤纤维细胞交流,有效发挥着抗衰老功效。但是,并不是所有肽都是一样的,也有可能无法发挥出抗衰老的作用,甚至有负面效果。常用的多肽见表2-16。

表2-16 化妆品常用的多肽

序号	中文名称	英文名称	作用
1	肌肽、β-丙氨酰-L-组氨酸	L-carnosine	通过清除自由基达到抗皱功效
2	三胜肽、蓝铜胜肽	GHK-Cu	对治疗伤口和皮肤损伤非常有效,不但可减少疤痕组织生成,同时能刺激皮肤自行愈合
3	棕榈酰四肽-3、四胜肽	palmitoyl tetrapeptide-3	能提升肌肤弹性,增加肌肤的紧致度,补充老化肌肤多配体蛋白聚糖不足,改善表皮的黏附力,使肌肤更有光泽,肤色更均匀
4	棕榈酰五肽	palmitoyl pentapeptide-3	通过刺激胶原蛋白、弹力纤维和透明质酸增生,提高肌肤的含水量和锁水度,增加皮肤厚度以及减少细纹
5	阿基瑞林、六胜肽	acetyl hexapeptide-3/8、argreline	抗皱功效可以与A型肉毒毒素媲美,同时又避开了肉毒毒素必须注射和使用成本高昂的缺点

(8) 植物提取物

人参提取物能促进血液循环,促进细胞增殖,增加细胞活力,延缓皮肤细胞衰老和清除自由基。经常与人参接触的人不仅皮肤白嫩,润滑光亮,而且衰老期晚。

当归提取物具有增强血液循环,促进细胞新陈代谢、抑制色素沉着、滋养皮肤的功效。

灵芝提取物可增强血液循环,清除自由基,特别是灵芝多糖具有非常好的保湿、抗衰老功效。

芦荟含有的芦荟素、芦荟苦素,具有多方面美化皮肤的效能,在保湿、消炎、抑菌、止痒、抗过敏、软化皮肤、防粉刺、抑汗防臭等方面具有一定的作用,对紫外线有强烈的吸收作用,防止皮肤灼伤。芦荟含有多种消除超氧化物自由基的成分,如超氧化物歧化酶、过氧化氢酶,能使皮肤细嫩、有弹性,具有防腐和延缓衰老等作用。芦荟胶是天然防晒成分,能有效抑制日光中的紫外线,防止色素沉着,保持皮肤白皙。研究发现,芦荟具有使皮肤收敛、柔软化、保湿、消炎、解除硬化、角化、改善伤痕等作用。

银杏叶提取物有效成分为总黄酮苷≥24%,总内酯≥6%,其中黄酮是强有力的氧自由基清除剂，能保护皮肤细胞不受氧自由基过度氧化的影响，从而延长皮肤细胞的寿命，增强其抗衰老的能力。此外，银杏叶提取物中的内酯也能加速新陈代谢，改善血液循环，增强细胞活力，具有广谱杀菌作用。银杏能治疗多种皮肤疾患，如手足皲裂、头面癣疱和瘙痒等症。

燕麦提取物有效成分为燕麦多肽，与表皮生长因子（EGF）非常相似，可加快细胞繁殖，促进皮肤新陈代谢，活化肌肤；另外，燕麦多肽是一种良好的自由基捕捉剂，能有效抑制自由基反应，减少皮肤因自由基氧化而造成的伤害，从而维护皮肤结构完整，增强皮肤弹性。

另外，海藻提取物、扭刺仙人掌茎提取物、红茶提取物、红石榴提取物、红景天提取物等也被大量应用于抗衰老化妆品中。

（9）动物提取物

胎盘提取液含有丰富的氨基酸、多肽、酶、激素和微量元素等对人体有益的营养成分，能增强血液循环，促进皮肤的代谢作用，对细胞具有营养和活化作用，抗皱能力强，还具有抑制皮肤黑色素形成的作用。

蚕丝提取物富含各种氨基酸，能吸收、释放水分，有独特的活性细胞和改善肌肤容貌能力，而且对人体无毒、无副作用、无刺激性，是用于高级护肤品的天然原料。

珍珠粉水解液：珍珠的主要成分是 $CaCO_3$、氨基酸、蛋白质及一系列微量稀有金属元素，是一种天然产物。利用酸性条件水解法将珍珠粉末水解得到水解蛋白液，然后将水解蛋白液加入化妆品中，具有清凉、消毒杀菌、除斑等药物功能。经常搽用，可使皮肤光滑柔嫩，比较适合有粉刺的人使用。在化妆品中的用量一般为3%～5%。

2. 抗敏功效成分

化妆品常用抗敏成分如表2-17所示。

表2-17　化妆品常用抗敏成分

序号	中文名称	英文名称	作用
1	甘草酸二钾	dipotassium glycyrrhetate	抗敏抗炎，能增加皮肤防御能力，亦能辅助美白
2	β-甘草次酸	glycyrrhetinic acid	抗敏抗炎，能增强皮肤免疫力和抗病能力，亦能辅助美白
3	红没药醇	bisabolol	存在于春黄菊花中的一种成分，不仅具有抗炎性能，还被证明有抑菌活性。稳定性很好，同时具有很好的皮肤相容性
4	茶多酚	tea polyphenols	能强烈地抑制组胺的释放，达到抗敏目的，同时能提高人体的综合免疫能力
5	德敏舒	symcalmin	①三重抗刺激功效：减少红斑、炎症和瘙痒，并具有抗氧化功效； ②减少干性瘙痒肌肤的症状：皮屑、红斑、蜕皮、苔藓化； ③标准含有500μg/g二氢燕麦蒽酰胺D
6	馨肤怡	symsitive 1609	新一代的快速皮肤舒缓成分： ①快速显著降低刺痛感和灼烧感； ②证实在染发产品中有助于减少对头皮的刺激
7	*N*-棕榈酰羟基脯氨酸鲸蜡酯	cetylhydroxyproline palmitamide	①用于皮肤、毛发、头皮的类神经酰胺； ②保护肌肤，防止水分流失和受到刺激； ③日常护理，重置健康肌肤； ④低熔点，易于配方

续表

序号	中文名称	英文名称	作用
8	槲皮素	quercetin	能强烈地抑制组胺的释放，达到抗敏目的，同时具有强效抗氧化和抗炎作用
9	尿囊素	allantion	抗炎、止痒、保湿滋润，可以提升皮肤的水分含量、增加皮肤的屏障功能
10	烟酰胺	niacinamide	能增进真皮层微循环，抗炎、减轻和预防肤色暗淡、发黄，深层锁水，修复角质层
11	神经酰胺	ceramide liposomes	天然保湿因子，协助构建皮脂膜和维持肌肤脂质屏障
12	乳木果油	shea butter	适合敏感干燥肌肤，修护滋润，抗衰老，缓解皮炎晒伤
13	月见草油	evening primrose oil	高修复性植物油，适合干燥肌肤，易氧化变质，能抑制发炎过敏，调节肌肤细胞代谢
14	马齿苋提取物	portulaca oleracea extract	抗敏、抗菌、抗病毒，而且能够保护角质细胞、减轻紫外线对角质细胞的伤害
15	仙人掌提取物	cactus plant extract	良好的抑菌、消炎、抗敏功效
16	洋甘菊提取物	chamomile extract	具有很好的舒敏、修护敏感肌肤、减少细红血丝、减少发红、调整肤色不均等作用
17	葡萄籽提取物	grape seed extract	葡萄籽中的原花青素能深入细胞，从根本上抑制致敏因子"组胺"的释放，提高细胞对过敏源的耐受性
18	金盏花提取物	calendula officinalis extract	可以降低配方的刺激性，也可以起到消除水肿、舒缓镇静的作用
19	甘草提取物	glycyrrhiza uralensis (licorice) root extract	含有丰富的甘草酸等抗敏活性成分，具有抗炎和抗变态反应的作用
20	燕麦提取物	avena sativa extract	燕麦对过敏性皮肤有显著疗效，能改善皮肤的润滑性，减轻恶劣环境对皮肤的刺激以及由于湿疹引起的皮肤痛痒
21	紫松果菊提取物	echinacea purpurea extract	①预防由空气污染所引起的皮肤衰老现象，如皱纹和斑点； ②有效的去乙酰化酶激活剂，与白藜芦醇同等有效； ③抗炎，三重抗刺激功效，有效的透明质酸促进剂，强效抗氧化；试验证实可减轻由UV诱导的皮肤泛红现象

3. 祛痘功效成分

化妆品常用祛痘成分如表2-18所示。

表2-18 化妆品常用祛痘成分

序号	中文名称	英文名称	作用
1	水杨酸	salicylic acid	属于脱皮剂，效用则类似果酸，但对细胞壁的渗透能力强于果酸，因而可以迅速地让化脓的伤口结痂、干燥并脱落，对于已化脓的严重型痘痘，有快速治疗的效果，但皮肤会有过于干燥的不适感
2	硫黄	sulfur	具有杀菌作用，对化脓性的面疱具有干燥及脱皮的功效，但皮肤会有过于干燥的不适感
3	间苯二酚	resorcinol	具有剥离角质、杀菌的功效，常与硫黄搭配使用，效果明显、快速
4	壬二酸	azelaic acid	又名杜鹃花酸，有杀菌、调理角质和极好的消炎作用，对封闭性粉刺和炎症性痤疮都有良好效果
5	茶树精油	melaleuca alternifolia (tea tree) leaf oil	对一般的细菌、霉菌、酵母菌的灭菌力极强；因为属于天然萃取成分，所以安全性佳；杀菌性的成分，预防效果胜于治疗效果
6	金盏花油	calendula officinalis flower oil	抗发炎、清洁、收敛、活血散瘀，增加皮肤愈合力
7	三氯生	triclosan	具有杀菌作用，主要是针对脸部毛孔中所寄生的痤疮丙酸杆菌；主要用于预防青春痘的生成

续表

序号	中文名称	英文名称	作用
8	桦树提取物	betula alba extract	消毒、收敛，增加皮肤愈合力
9	洋甘菊提取物	anthemis nobilis flower extract	具有防止皮肤发炎的功效，亦具有清洁、安定肌肤的效果
10	苦参提取物	sophora flavescens extract	能抑制皮脂过多地分泌，减少粉刺的形成
11	丹参提取物	salvia miltiorrhiza extract	有改善血液循环、抑制毛囊内痤疮丙酸杆菌的生长繁殖、控制青春痘发生的作用
12	野菊花提取物	chrysanthemum indicum flower extract	是天然"抗菌素"，能抑制和杀灭数十种细菌
13	连翘提取物	forsythia suspensa extract	有明显的抗炎作用，可促进炎性屏障的形成，降低毛细血管通透性，减少炎性渗出，消除青春痘引起的局部红肿
14	芦荟提取物	aloe barbadensis extract	内含丰富的维生素、氨基酸、脂肪酸、多糖类物质，具有天然的消炎、抗菌功效

值得注意的是，维生素 A 酸、过氧化苯甲酰、抗生素、磺胺类药物虽然具有很好的祛痘效果，但属于化妆品禁用成分，不能用于祛痘化妆品中。

三、肤感剂

热感剂（香兰基丁基醚）是常用于乳化产品的肤感剂。香兰基丁基醚是一种油溶性热感剂，局部作用于皮肤后，能快速产生温和持久的热原效应，包括加快微循环，刺激皮下脂肪代谢，促进毛细管血液循环等。香兰基丁基醚具有低刺激性，热感所保持的时间长达数小时，能在极低的用量下即可得到强烈的热感（与产品配方搭配有关），并且具有稳定和安全的成分，在护肤、纤体、养生产品应用比较广泛。

四、其他成分体系设计

（1）EDTA

化妆品中常用的有 EDTA-2Na 和 EDTA-4Na 两种，主要用作螯合剂，与水或其他原料带入少量的 Ca^{2+}、Mg^{2+} 发生螯合反应，消除这些离子对乳化体的影响。另外，EDTA 对防腐体系和抗氧化体系有一定的协同增效作用。

（2）其他

香精、色素和碱性物质（如氨甲基丙醇）等根据需要进行添加。

第三节　乳化类化妆品配方设计

一、配方设计

乳化类化妆品配方可按如图 2-8 所示步骤进行设计。

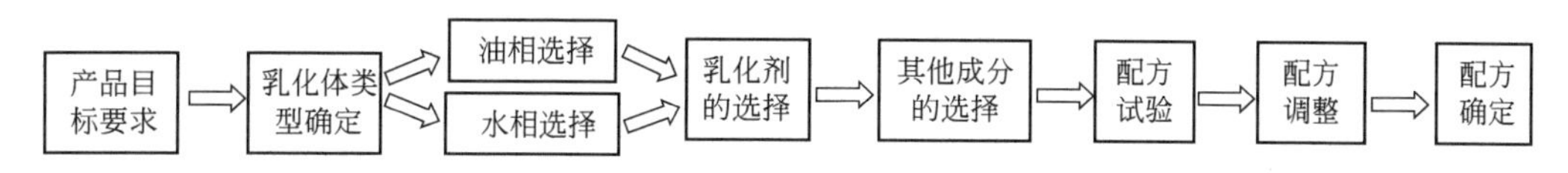

图 2-8　乳化类化妆品配方设计过程

1. 产品目标要求

产品目标要求决定了乳化类化妆品的设计方向，是配方设计的重要依据。产品目标要求主要包括产品功效、状态、肤感、价位、使用人群等方面。

2. 乳化体类型的确定

根据产品目标要求，确定乳化体的类型是O/W型，还是W/O型，然后确定乳化体的状态是膏霜，还是乳液。例如，要做一种祛痘的护肤产品，首先要考虑使用人群应该是年轻人，而有痘的年轻人基本上是油性皮肤，所以将产品类型定为O/W的乳液，肤感清爽，易于涂抹。

3. 油相和水相的选择

（1）油相原料的选择

当使用乳化型化妆品时，油相成分将在皮肤上形成一层薄膜，达到滋润保护肌肤的效果。所以，油相原料的选择与产品的特性和最终效果关系密切。

对于W/O型乳化体产品的稠度，主要取决于油相的熔点，熔点一般不超过37℃，否则就会过于稠厚，难以涂抹；而对于O/W型乳化体产品的稠度，虽然也受油相的影响，但主要还是取决于水相，所以油相的熔点不受37℃限制，但也不宜过高。

不同油脂和蜡的性能是不同的，一般来说固体油脂和蜡含量高时，产品相对比较稠厚，肤感比较厚重，对皮肤封闭性好，透气性不好，涂抹性不好，但价格便宜；而一些合成的液体油脂，如碳酸二辛酯、鲸蜡醇乙基己酸酯、马来酸酐蓖麻油酯、硅油、异壬酸异壬酯、角鲨烷等的产品肤感则比较轻柔，易于涂抹和渗透吸收，透气性好，有滑而不腻的感觉，但价格相对较高。所以选择油脂的时候要根据产品目标要求来选择，一般采用多种油脂和蜡组合的方式达到目标要求。

（2）水相原料的选择

在乳化类化妆品中，水相是很多有效成分的载体，如保湿剂、增稠剂、防腐剂和各种水溶性活性物质。在水相中存在这些成分时，要注意各种物质的相容性，例如，是否会发生化学反应等。

至于如何选择保湿剂，要根据产品目标要求，并结合表2-12所列保湿剂的性能特点来选择。例如，透明质酸的水溶液确实有很好的肤感和良好的保湿效果，但其价格高，做低价位产品时就难以使用。

（3）油相与水相的比例

一般来说，分散相比例最高可达80%，也可低于1%。当然，具体到配方中，两相的比例控制多少，一般要经过试验来确定。

从剂型来看，一般来说W/O的乳化体中油相比例比O/W乳化体的高；

从产品滋润度来看，含油比例高的产品滋润度比含油比例低的产品要好些；

从使用的地域来看，北方适用的产品比南方适用的产品含油比例要高；

从使用人群的年龄看，老年人使用的产品比年轻人使用的产品含油比例要高；

从使用部位来看，即使同一个人，使用部位不同，对产品的含油比例要求也不同。

所以，作为一个配方工程师，要根据不同的目标要求，对乳化体的油、水两相比例作出准确合理的判断，才能开发出有针对性的产品。

4. 乳化剂的选择

（1）乳化剂选择原则

乳化类化妆品用乳化剂的选择，一般要遵循如下几项原则。

① 根据目标产品乳化体类型选择乳化剂，例如要做O/W型乳化体，主要选择O/W型乳化剂；要做W/O型乳化体，主要选择W/O型乳化剂。

② 根据目标产品的肤感和外观选择乳化剂，不同乳化剂做出的产品的肤感和外观是不同的，具体见附录 2。

③ 亲油性的乳化剂与亲水性的乳化剂复配后产生的乳化体的质量和稳定性均优于单一乳化剂产生的乳化体，所以很多配方均采用两种乳化剂复配的形式使用。

④ 油相的极性越大，选择的乳化剂应更亲水；如果油相是非极性的，则应选择亲油的乳化剂。

⑤ 要考虑产品的刺激性。一般来说非离子乳化剂的刺激性低，阴离子乳化剂稍大，阳离子乳化剂最大，所以现在很多产品配方中都用非离子乳化剂。

（2）选择的方法

① HLB 值法。HLB 值是衡量表面活性剂类乳化剂亲水性强弱的指标。HLB 值高的乳化剂亲水性强，它与水之间的表面张力比它与油之间的表面张力小，因此就使油相成为内相，易制得 O/W 型乳状液；而 HLB 值低的乳化剂易生成 W/O 型的乳状液。

HLB 理论指出，不同的油相都有一个被乳化所需的 HLB 值。和油相所需 HLB 值一致时，才可获得最好的乳化效果。只有当乳化剂的亲油基和油相亲和力很强，亲水基和水相的亲和力很强，并且这两个亲和力达到某种程度的平衡时，才能保证表面张力最低，乳化效果最好。一般来说，W/O 型乳化剂的 HLB 值范围为 2～8，而 O/W 型乳化剂的 HLB 值一般要大于 8，以 8～18 为佳。

该方法使用方便，易于掌握，但用 HLB 值选择乳化剂是粗略的，因为它没有考虑油和水溶液的性能、乳化剂浓度和温度变化等因素的影响。比如，被广泛使用的非离子型表面活性剂的亲水基团的水合程度随温度升高而降低，表面活性剂的亲水性在下降，其 HLB 值也降低；换言之，非离子型表面活性剂的 HLB 值与温度有关：温度升高，HLB 值降低；温度降低，HLB 值升高；用非离子型表面活性剂做乳化剂时，在低温下形成的 O/W 型乳状液随温度升高可能变为 W/O 型乳状液；反之亦然。

② 相转变温度法（PIT 法）。在一定的体系中，在某一温度时，乳化剂的 HLB 值会发生急剧变化，同时乳状液体系会发生相变，此温度称为相转变温度（phaseinversion temperature），即 PIT。在临近 PIT 时，乳状液的稳定性和 HLB 的变化都很敏感，因此用 PIT 法不但可以测定 HLB 值，还可以得到较精确的值。以通常的油水两相为例，PIT 的确定方法为：用 3%～5%的非离子型乳化剂乳化分散相（油相和水相等量），搅拌加热至不同温度，观察（测量）乳状液是否转相，直至测出 PIT。PIT 能直接反映油相和水相的化学性质，测定方便，用 PIT 法来选择非离子型乳化剂比 HLB 法更为方便。但该法只适用于非离子型乳化剂的选择。

对于一定的油水体系，每一种非离子型表面活性剂都存在一定相转变温度，在此温度时表面活性剂的亲水亲油性质刚好平衡。因此，选择乳化剂可根据 PIT 值来选择。高于 PIT 形成 W/O 型乳状液，低于 PIT 形成 O/W 型乳状液。

③ 经验法。在实际配方研发工作中，大部分配方工程师还是采用经验法，就是根据长期的从业经验总结来选择乳化剂。

5. 其他成分的选择

其他成分如增稠剂、防腐剂、香精、色素和功效成分的选用，需要根据产品需求来确定，具体成分选择和用量设计见本章第二节有关知识。

6. 配方试验与调整

乳化体配方的组成是比较复杂的，除了以上主要基质成分外，还要添加各种功能性添加剂、香精、防腐剂和着色剂等。这些物质的加入，对乳化体的稳定性、肤感等均会有一定的影响。

所以在油相、水相和乳化剂确定后，要根据产品目标要求，选择功效成分、防腐剂和香精。选择好这些物质后，乳化体配方的雏形就已经基本具备，下一步就是要对设计的配方进行实际的配方试验，对试验得到的乳化体的稳定性、肤感、功效等方面进行评价，根据稳定性试验和评价结果，对配方各组分进行调整。

配方调整是一项复杂而关键的工作，需要有丰富经验的配方工程师才能完成。一般来说，配方调整主要包括以下几个方面。

(1) 乳化剂的调整

按照 HLB 值计算出来的乳化剂类型和用量，可能会跟实际生产的产品有差别，出现乳化剂用量过大，导致成本浪费和引起潜在的肌肤刺激。在 O/W 型产品中添加的一些活性物，如 Symwhite 377、Actiwhite，则不能完全按照理论上所选的乳化剂，应根据该活性物的特点，采用一些相匹配的乳化剂或者增加其他助乳化剂，以起到协同增效的作用。对于 W/O 型乳化体，乳化剂的选择对产品稳定性起着至关重要的作用，应根据产品中所使用的油脂的极性、钛白粉的表面处理方式等方面考虑选择匹配的乳化剂，同时，还应考虑产品在经历冷热条件下时体系的 HLB 值的变化，通常当温度升高时，体系的 HLB 值降低，当温度降低时，产品的 HLB 值升高。

(2) 黏度的调整

一般来说，产品的黏度越高，其稳定性越好，可根据不同的产品类型和诉求来制定大概的黏度。对于 O/W 型乳化体，可通过添加水相增稠剂来达到相应的黏度，如市面上比较常用的卡波姆、汉生胶、羟乙基纤维素、丙烯酰二甲基牛磺酸铵/VP 共聚物、聚丙烯酰胺等。在实际生产中，一般都会采用两个或以上的增稠剂进行复配使用，以达到较好的增稠效果和丰富的手感。对于 W/O 型乳化体，可通过调整油水两相的比例或者在油相中添加蜂蜡、地蜡、氢化蓖麻油、膨润土等增稠剂来调节产品黏度，水相比例越高，产品的黏度越高，一般水相比例控制在 50%～60%为佳。

(3) pH 值的调整

产品的 pH 值一般控制在 5.0～6.5 的弱酸性区间，此范围内的 pH 值跟人体皮肤的 pH 值较接近，对皮肤的刺激性较小，同时，该 pH 值范围内，增稠剂的增稠效果是最佳的。一些功效性的产品，如美白、去角质产品，需在 pH 值较低的条件下才能起到较好的效果，此时，应将产品的 pH 值调整到 5 以下。

(4) 肤感的调整

产品中所用到的乳化剂、油脂、增稠剂、保湿剂等成分对产品的肤感都有较大的影响，因此，设计配方时应根据产品的需求进行相应的调整，尽量选用一些非离子型的乳化剂，可获得较为柔软细腻的肤感，同时，可添加一些硅弹性体或者硅粉，改善产品的黏腻感和涂抹感。

二、乳化化妆品配方

(一) 雪花膏

雪花膏在皮肤上涂开后有立即消失的现象，此种现象类似“雪花”，故得名为雪花膏。它属于阴离子型乳化剂为基础的 O/W 型乳化体，在化妆品中是一种非油腻性的护肤用品，敷用在皮肤上，水分蒸发后就留下一层硬脂酸、硬脂酸皂和保湿剂所组成的薄膜，使皮肤与外界干燥空气隔离，能控制皮肤表皮水分的过量挥发，特别是在秋冬季节，空气相对湿度较低的情况下，能保护皮肤不致干燥、开裂或粗糙，也可防治皮肤因干燥而引起的瘙痒。

雪花膏在20世纪30年代就已经在上海有销售广告，在六七十年代大量使用的蛤壳油也是雪花膏，所以雪花膏为我国劳动人民的皮肤护理作出了巨大贡献。随着化妆品配方技术的不断发展，雪花膏逐渐淡出了中高档化妆品市场，但现在仍有一些低档护肤产品还在使用雪花膏配方体系。

1. 组成

雪花膏主要原料是硬脂酸、碱类、多元醇、水、白油、羊毛脂、防腐剂和香精等，其核心是配方中的部分硬脂酸与碱发生中和作用生成的硬脂酸皂为乳化剂，将油、水两相混合乳化而得雪花膏。

所用碱类有KOH、NaOH、氨水、硼砂、三乙醇胺、三异丙醇胺等。这些碱性物质中，使用NaOH中和成皂制出的膏体硬，KOH次之，氨水和胺制出的膏体软。但氨水有特殊气味，而且和某些香料混合使用容易变色，较少采用。三乙醇胺和三异丙醇胺制成的雪花膏柔软细腻，但制成的雪花膏如果使用香料不当也容易变色。NaOH制成的乳化体稠度较大，易导致膏体有水分离析，致使乳化体质量不稳定。一般采用KOH，为提高乳化体稠度，可辅加少量NaOH，其质量比为9∶1。

一般来说，被中和的硬脂酸占硬脂酸总加入量的15%～25%。，剩下的75%～85%的硬脂酸仍是游离状态。KOH的加入量依据下式计算：

$$\text{KOH用量}=\frac{\text{硬脂酸用量}\times\text{硬脂酸中和成皂率}\times\text{酸价}}{\text{氢氧化钾纯度}\times 1000}$$

式中，酸价为中和1g硬脂酸所需KOH的质量，mg。

【例题】 要配制100kg雪花膏，需要硬脂酸（酸价208）14kg，硬脂酸中和成皂百分率为15%，则配方中需要纯度为98%的KOH为多少千克？

【回答】按下式计算KOH的用量：

$$\text{KOH用量}=\frac{14\times 15\%\times 208}{98\%\times 1000}=0.445\text{kg}$$

2. 配方实例

常用雪花膏产品的配方如表2-19所示。

表2-19 常用雪花膏产品的配方实例

组分	物质名称	质量分数/%	作用
油相	硬脂酸	10.00	润肤，部分与氢氧化钾反应生成皂作乳化剂
	单甘酯	1.00	润肤、助乳化
	羊毛脂	1.00	润肤
	白油	6.00	润肤
	二甲基硅油	2.50	润肤
	羟苯甲酯	0.15	防腐
	羟苯丙酯	0.10	防腐
水相	甘油	6.00	保湿
	KOH	0.60	与部分硬脂酸反应生成皂作乳化剂
	EDTA-2Na	0.05	螯合
	去离子水	余量	溶解
香精		0.20	赋香

(二)冷霜

冷霜(cold cream)也叫香脂或护肤脂，涂在皮肤上有水分离出来，水分蒸发而带走热量，使皮肤有清凉的感觉，所以叫冷霜。

1. 组成

传统冷霜是一种 W/O 型乳化体，即所谓的蜂蜡-硼砂体系，其原料主要有蜂蜡、白油、水、硼砂、香精和防腐剂等。蜂蜡的用量为 2%～15%，硼砂的用量则要根据蜂蜡的酸价而定。理想的乳化体应是蜂蜡中 50%的游离脂肪酸被中和。在实际配方中由于单硬脂酸甘油酯、棕榈酸异丙酯等的游离酸存在(尽管含量很少，但也必须考虑)，蜂蜡与硼砂的比例是(10∶1)～(16∶1)。如果硼砂的用量不足以中和蜂蜡的游离脂肪酸，则成皂乳化剂含量低，有乳化体粗糙而不细腻、容易渗出水、乳化不稳定等情况；如果用量过多，则有针状硼酸结晶。这些现象都不符合质量要求。

在冷霜中往往采用一部分植物油代替白油。用植物油制成的乳化体在色泽方面不如用白油的洁白，但就皮肤吸收的角度考虑，采用植物油较为有利，如杏仁油、茶油等。白油主要由正构烷烃和异构烷烃组成，若白油中绝大部分是正构烷烃，则不适宜制造冷霜，因为正构烷烃会在皮肤上形成障碍性不透气的薄膜，所以应选用异构烷烃含量高的白油为宜。另外，地蜡吸收白油的性能较好，当地蜡和白油的质量比为 1∶6 时，可避免产品出现渗油的现象，有利于产品稳定。

传统的冷霜诞生于公元 100～200 年，已经有很长的历史，但蜂蜡-硼砂配方体系仍然被用于现代低档的 W/O 产品中。当然，由于蜂蜡-硼砂配方体系容易出现渗油现象，为了提高产品的稳定性和使用性，现代冷霜多采用非离子型乳化剂和蜂蜡-硼砂相结合的方式或单独采用非离子型乳化剂。这样制得的乳化体的耐热耐寒性好，其他物理性能也有改进，色泽较白，光亮润滑，减少了蜂蜡的用量，相应增加了水分的用量。

冷霜由于其包装容器不同，配方和操作也有很大区别，可分为瓶装冷霜、铁盒装冷霜、气雾型冷霜等类型。

2. 配方实例

冷霜要在 35℃条件下不发生油水分层现象，乳化体较软，油润性好等。瓶装冷霜不存在瓶子生锈问题，膏体既可制成 W/O 型，也可制成 O/W 型，而且 O/W 型的冷霜越来越受消费者欢迎。传统冷霜配方实例如表 2-20 所示。

表 2-20 传统冷霜配方实例

组分	物质名称	质量分数/%	作用
油相	蜂蜡	10.00	润肤作用，部分与硼砂反应生成皂作乳化剂
	单甘酯	1.00	润肤、助乳化
	羊毛脂	1.00	润肤
	白油	25.00	润肤
	地蜡	4.00	润肤
	羟苯甲酯	0.15	防腐剂
	羟苯丙酯	0.10	防腐剂
水相	丙二醇	6.00	保湿剂
	硼砂	0.90	与部分蜂蜡反应生成皂作乳化剂
	去离子水	余量	溶解
香精		0.20	赋香

（三）润肤霜和乳液

润肤霜和乳液的主要作用是恢复和维持皮肤的滋润、柔软和弹性，保持皮肤的健康和美观，颇受消费者欢迎，在当今我国护肤品市场占有相当的份额。

水是保持表皮角质层的滋润、柔软和弹性所必不可少的物质。正常情况下，角质层中水分保持量在10%～20%时，皮肤张紧，富有弹性，是最理想的状态；水分在10%以下时，皮肤干燥，呈粗糙状态；水分再少则发生龟裂现象。干燥皮肤按其成因有两种基本类型：一种是由于低温和空气相对湿度较低，使角质层正常的水合状态改变，经常使用肥皂和洗涤剂过分脱脂也会使皮肤干燥；另一种是随着年龄增加的自然老化，或长期暴露在紫外线下造成的损伤而引起的皮肤干燥。前者可通过使用一般润肤霜或乳液使其恢复正常状态，后者是较难恢复原来状态的，只能使用药物或活性护肤品（见抗衰老化妆品和乳液）延缓或减轻皮肤的老化现象。

皮肤干燥的主要原因是由于角质层水分含量的减少，因此如何保持皮肤适宜的水分含量是保持皮肤滋润、柔软和弹性，防止皮肤老化的关键。恢复干燥皮肤水分的正常平衡（即皮肤保湿）的主要途径是赋予皮肤滋润性油膜，通过在皮肤上形成一层油膜，防止皮肤水分过快挥发，促进角质层的水合作用。油脂和蜡等润肤物质是表皮水分有效的封闭剂，可减少或阻止水分从它的薄膜通过，促使角质层再水合，且对皮肤有润滑作用。因此润肤物质是润肤霜和乳液的主要成分。皮肤保湿的第二条途径是保湿剂，当含有保湿剂的产品涂擦在皮肤上时，保湿剂与油脂共同组成皮肤表层的薄膜，保湿剂可以吸附空气中水分，从而达到保湿目的。

润肤霜和乳液对儿童和成人的皮肤具有保护作用，并对皮肤开裂有一定的愈合作用。产品的外观、结构、色泽和香气都是重要的感观质量。在使用时应该涂敷容易，既不黏滞又不过分顺滑，似乎有逐渐被皮肤吸收的感觉，有滋润感但并不油腻。当涂敷于干裂疼痛的皮肤时有立即润滑和解除干燥的感觉。经常使用能保持皮肤的滋润。

1. 组成

润肤霜和乳液的功能是在皮肤上形成一层润而不腻的油膜，达到皮肤保湿的功能。为了实现这种功能，润肤霜和乳液主要原料还是采用传统的油脂和蜡类、保湿剂、乳化剂等。除了突出保湿功能外，润肤霜和乳液一般不突出其他，所以润肤霜和乳液一般不含或少含特殊功能的添加剂，成本较低。

对于乳化剂来说，阴离子型、非离子型表面活性剂都可作为润肤霜和乳液的乳化剂。润肤霜和乳液可以配制成O/W型或W/O型乳化体，一般有O/W型膏霜和乳液，W/O型膏霜和W/O型乳液。每种霜和乳液中可以只含阴离子型、非离子型乳化剂，也可用阴离子型与非离子型混合乳化剂。

2. 配方实例

表2-21为含有阴离子乳化剂鲸蜡醇醚磷酸酯钾盐CPK的O/W型润肤霜实例；表2-22为含有非离子乳化剂A-165的O/W型润肤乳配方实例；表2-23为含有非离子乳化剂Winsier的W/O型润肤霜配方实例；表2-24为W/Si型润肤霜配方实例；表2-25为企业实际生产的润肤乳配方。

表2-21 O/W型润肤霜配方实例

组分	物质名称	质量分数/%	作用
油相	白油	7.0	润肤
	十六十八醇	2.5	润肤、助乳化

续表

组分	物质名称	质量分数/%	作用
油相	单甘酯	2.0	润肤、助乳化
	IPP	6.0	润肤
	新戊二醇二庚酯(NGD)	4.0	清爽润肤
	二甲基硅油 DC-200	2.0	润肤
水相	鲸蜡醇醚磷酸酯钾盐	2.0	乳化
	丙二醇	6.0	保湿
	汉生胶	0.2	增稠
	1,2-己二醇	0.8	防腐
	去离子水	余量	溶解
其他	生物糖胶-1	2.0	保湿
	苯氧乙醇	0.4	防腐
	香精	0.2	赋香

表 2-22 O/W 型润肤乳配方实例

组分	物质名称	质量分数/%	作用
A	蔗糖硬脂酸酯 SUE	2.0	乳化
	硬脂酸甘油酯/PEG-100 硬脂酸酯 A-165	1.0	乳化
	十六十八醇	0.5	润肤
	硅油 DC-345	3.0	润肤
	硅油 DC-200	1.5	润肤
	IPP	3.0	润肤
	新戊二醇二庚酯(NGD)	5.0	清爽润肤
B	去离子水	余量	溶解
	卡波 941	0.2	增稠
	甘油	3.0	保湿
	透明质酸	0.04	保湿
	NMF 50	2.0	保湿
C	三乙醇胺(TEA)	0.2	中和卡波 941
D	1,3-丁二醇	3.0	保湿
	1,2-己二醇	0.4	防腐
	对羟基苯乙酮	0.3	防腐
	苯氧乙醇	0.3	防腐
E	香精	0.1	赋香

制备工艺：将 A、B 组分分别搅拌加热至 80℃，将 A 组分加入 B 组分中乳化均质 8min 后开始降温，冷却至 40℃加入 C 组分、预先分散溶解的 D 组分和 E 组分，搅拌均匀，过滤出料即可。

表 2-23 W/O 型润肤霜配方实例

组分	物质名称	质量分数/%	作用
油相	地蜡	1.0	润肤、助乳化
	小烛树蜡	1.0	润肤
	白油	8.0	润肤
	IPP	6.0	润肤
	辛酸/癸酸甘油三酯(GTCC)	6.0	润肤

续表

组分	物质名称	质量分数/%	作用
油相	二甲基硅油	6.0	润肤
	羟苯甲酯	0.15	防腐
	羟苯丙酯	0.05	防腐
	Winsier	5.0	乳化
水相	1,3-丁二醇	5.0	保湿
	苯氧乙醇	0.5	防腐
	黄原胶	0.2	增稠
	氯化钠	1.0	稳定
	去离子水	余量	溶解
其他	德敏舒	0.5	抗敏
	生物糖胶-1	1.5	保湿
	燕麦葡聚糖	1.5	润肤
	香精	0.2	赋香

【疑问】 为什么在O/W型乳化体配方中一般不加入电解质成分？而在W/O型乳化体配方中则需要加入电解质成分？

【回答】 电解质对乳化体稳定性是有影响的，特别是O/W型乳化体中含有电解质的话，由于O/W乳状液带负电，加入电解质会压缩双电层，使界面厚度变薄，稳定性降低，从而导致破乳分层。但在W/O型乳化体中，加入电解质可起到如下作用，从而使乳化体稳定：

① 起到类似“盐析”作用，降低乳化剂在水中的溶解，使界面膜上的乳化剂分子更持久地在界面上，增强界面强度，提高稳定性；

② 在界面上形成双电层，更好地固定界面膜；

③ 增加水相的渗透压，缓解油相及乳化界面上的极性基团向水相迁移；

④ 降低水的冰点，增强低温稳定性。

表 2-24 W/Si 型润肤霜配方实例

组分	物质名称	质量分数/%	作用
油相	地蜡	1.0	润肤、助乳化
	小烛树蜡	1.0	润肤
	苯基硅油	2.0	润肤
	鲸蜡基二甲基硅油	2.0	润肤
	辛基甲基硅油	6.0	润肤
	环状硅油(D345)	15.0	润肤
	硅弹性体	3.0	润肤
	二甲基硅油	1.0	润肤
	羟苯甲酯	0.2	防腐
	羟苯丙酯	0.1	防腐
	Winsier	2.0	乳化
	EM-97 乳化剂	1.2	乳化
水相	1,3-丁二醇	5.0	保湿
	甘油	5.0	保湿
	苯氧乙醇	0.4	防腐
	黄原胶	0.2	增稠
	氯化钠	1.0	稳定
	去离子水	余量	溶解
其他	红石榴提取物	0.5	润肤
	香精	0.2	赋香

表 2-25 企业实际生产的润肤乳配方

组分	物质名称	质量分数/%	作用
油相	鲸蜡硬脂醇聚醚-5	1.20	乳化
	乳化剂 A-165	0.80	乳化
	鲸蜡硬脂醇	1.00	润肤、增稠
	白矿油	4.00	润肤
	新戊二醇二庚酯(NGD)	4.00	清爽润肤
	IPP	3.00	润肤
	辛酸/癸酸甘油三酯(GTCC)	4.00	润肤
	聚二甲基硅氧烷(PMX-200/100CS)	2.00	润肤
	羟苯丙酯	0.10	防腐
	维生素 E	0.50	抗氧化
水相	去离子水	余量	溶解
	EDTA-2Na	0.05	螯合
	羟苯甲酯	0.15	防腐
	尿囊素	0.20	软化角质层
	卡波姆	0.18	增稠
	甘油	5.00	保湿
	汉生胶	0.18	增稠
	海藻提取液	2.00	保湿
	鲸蜡醇磷酸酯钾	0.60	乳化
其他	氨甲基丙醇	0.108	中和
	丙烯酸钠/丙烯酰二甲基牛磺酸钠共聚物(SIMULGEL EG)	0.80	低温增稠乳化
	苯氧乙醇	0.35	防腐
	香精	0.15	赋香

制备工艺步骤如下。

① 将油溶性物质混合搅拌加热至 85℃，保温 20min，为油相。

② 将水相中聚合物与多元醇分散后加入水中，混合搅拌溶解，加热至 85℃，保温 20min，为水相。

③ 将油相加入水相中，搅拌 2min，再剧烈均质搅拌 3min，搅拌冷却至 50℃以下时加入香精，混合搅拌冷却至 38℃即可。

(四)保湿霜和乳液

保湿是通过防止皮肤水分的丢失和吸收外界环境的水分，达到皮肤内含有一定水分的目的。实现皮肤保湿的功能一般有三个途径。

① 在皮肤表面形成封闭膜，防止皮肤水分蒸发到空气中去。这类保湿剂又称为皮肤封闭剂，例如白油、凡士林、高级脂肪醇、高级脂肪酸、芦荟油等油脂和蜡。

② 在皮肤表面上涂保湿剂，吸收空气中的水分，同时也可以阻止皮肤水分的散失。这类保湿剂又称为吸湿剂，例如甘油、丁二醇、1,2-戊二醇、丙二醇、聚甘油-10 等多元醇。特别是聚甘油-10，是一种粉感保湿剂，不仅保湿效果好，而且克服了多元醇的黏腻感，能提供粉质肤感，使皮肤滑爽但不黏腻。

③ 在皮肤上涂保湿剂，被皮肤吸收后，与皮肤中的游离水结合，使之不容易挥发而达到保湿目的。这类保湿剂一般不影响皮肤的透气性，又称为仿生保湿剂，例如透明质酸、燕

麦葡聚糖、甘草保湿液、吡咯烷酮羧酸、乳酸等。

保湿霜和乳液就是为了实现皮肤高效保湿而设计的乳化化妆品，有良好的润肤作用和调湿效果，能让肌肤保持滋润。

1. 组成

与润肤霜和乳液相比，保湿霜和乳液除了保持润肤霜的功效外，还特别强调保湿效果。所以保湿霜和乳液的配方是在润肤霜和乳液配方基础上加大了保湿剂的用量。

保湿霜和乳液可以配制成O/W型或W/O型乳化体。

2. 配方实例

表2-26为保湿霜的配方实例；表2-27为保湿乳液配方实例；表2-28为企业实际生产保湿霜配方实例。

表2-26　保湿霜的配方实例

组分	物质名称	质量分数/%	作用
油相	新戊二醇二庚酯(NGD)	4.0	清爽润肤
	乳木果油	1.0	润肤
	十六十八醇	1.5	润肤、助乳化
	单甘酯	1.0	润肤、助乳化
	IPP	4.0	润肤
	凡士林	1.5	润肤
	辛酸/癸酸甘油三酯(GTCC)	4.0	润肤
	二甲基硅油	1.5	润肤
	环状二甲基硅油	2.4	润肤
	羟苯甲酯	0.15	防腐
	羟苯丙酯	0.05	防腐
水相	去离子水	余量	溶解
	EDTA-2Na	0.02	净水
	1,2-戊二醇	1.0	保湿
	Dracorin GOC	3.0	乳化
	甜菜碱	1.0	保湿
	聚甘油-10	4.0	保湿
	1,3-丁二醇	2.0	保湿
	卡波姆(Polygel CA)	0.25	增稠
其他	氨甲基丙醇	0.15	中和
	燕麦葡聚糖	1.0	保湿
	生物糖胶-1	2.0	保湿
	甘草保湿液	2.0	保湿
	苯氧乙醇	0.3	防腐
	香精	0.15	赋香

表2-27　保湿乳液配方实例

组分	物质名称	质量分数/%	作用
油相	氢化聚异丁烯	4.0	润肤
	乳木果油	0.5	润肤
	单甘酯	0.8	润肤、助乳化
	芦荟油	3.0	润肤
	辛酸/癸酸甘油三酯(GTCC)	3.0	润肤
	DC200	3.2	润肤
	DC345	2.3	润肤
	羟苯甲酯	0.15	防腐
	羟苯丙酯	0.05	防腐

续表

组分	物质名称	质量分数/%	作用
水相	去离子水	余量	溶解
	EDTA-2Na	0.02	净水
	1,2-戊二醇	1.0	保湿
	Dracorin GOC	2.8	乳化
	甜菜碱	1.2	保湿
	甘油	5.1	保湿
	1,3-丁二醇	3.0	保湿
	汉生胶	0.05	增稠
	卡波姆(Polygel CB)	0.1	增稠
其他	氨甲基丙醇	0.06	中和
	燕麦葡聚糖	2.0	保湿
	生物糖胶-1	1.0	保湿
	苯氧乙醇	0.3	防腐
	香精	0.1	赋香

表 2-28 企业实际生产保湿霜配方实例

组分	物质名称	质量分数/%	作用
A	去离子水	余量	溶解
	EDTA-2Na	0.05	螯合
	1,2-戊二醇	1.00	保湿、防腐
	甘油和甘油聚丙烯酸酯(Hispagel 200)	2.00	增稠
	聚甘油-10(粉感保湿剂 BL-210)	5.00	保湿、肤感
B	丙烯酸(酯)类/$C_{10\sim30}$烷醇丙烯酸酯交联聚合物(Pemulen TR-1)	0.40	增稠
	卡波姆(Polygel CA)	0.22	增稠
C	1,3-丁二醇	4.00	保湿
	羟苯甲酯	0.08	防腐
	羟苯丙酯	0.05	防腐
D	1,2-丙二醇	2.00	保湿
	透明质酸钠	0.03	保湿
E	聚季铵盐-51	0.50	保湿
F	Tween 20	0.60	乳化
	鲸蜡醇乙基己酸酯	1.00	乳化
	硅油 DC 200/350cst	0.50	润肤
G	硅油 DC 345	5.00	润肤
	硅油 DC 1403	0.50	润肤
H	生育酚乙酸酯(VE)	0.10	抗氧化
I	氨甲基丙醇	0.35	中和
J	乳化剂(Sepigel 305)	0.40	乳化、增稠
K	苯氧乙醇	0.50	防腐
	PPG-26-丁醇聚醚-26/PEG-40 氢化蓖麻油(LRI 50)	0.20	增溶
	香精	0.15	赋香
L	麦芽寡糖葡糖苷、氢化淀粉水解物 SH-88	2.00	保湿
	甘草保湿液	2.00	保湿

制备工艺如下。

① 将原料 A 组分投入到乳化锅里，搅拌分散溶解，然后加入 B 组分，浸泡分散完全，搅拌均匀并均质至溶解完全，开始加热至 75℃。然后加入 C 组分的溶液，搅拌均匀；加入

D组分的分散液，搅拌均匀，乳化前加入E组分，搅拌均匀。

② 将原料F组分加入油相锅中，加热到75℃，乳化前加入G组分的分散液和H组分，搅拌分散溶解完全。油相加热时间不宜过长。

③ 将油相缓慢抽入乳化锅进行乳化，搅拌均匀，并高速均质10min，保温10min后开始降温。

④ 降温至50℃，加入I组分，搅拌均匀，并均质3min。

⑤ 降温至50℃，加入J组分，搅拌均匀，并均质3min。

⑥ 降温至45℃，加入K组分的分散液和L组分，充分搅拌均匀。

⑦ 抽真空脱泡，降温至37℃出料。

(五)护手霜和乳液

皮肤的护理一般比较重视面部皮肤的护理。而在日常生活中，手要和自然界中各种物质接触，所以手上的皮肤最易受到损伤。而且手经常和水及洗涤剂接触，特别是在严寒的天气，皮肤往往会变得粗糙、干燥和开裂。为了防止这些缺陷的发生，应使用滋润或保护性膏霜和乳液，这类膏霜和乳液称为护手霜和乳液，其主要功能是保持皮肤水分和舒缓干燥皮肤的症状，降低水分透过皮肤的速度，使其柔软润滑；其机理是通过形成驻留性保护膜（如硅油、油脂、蜡类、聚合物等）而起护肤作用。

护手霜和乳液一般是白色或粉红色，略有香味，应具适宜的稠度，要便于使用。特别是乳液的黏度要便于从瓶中倒出，贮存及气温变动时不受影响。在使用时不产生白沫，无湿黏感。涂敷后使手感到柔软、润滑而不油腻。在拿玻璃皿和纸等时，不能留下手印。不影响正常手汗的挥发，有消毒作用，且具有舒适的气味。

市售的护手霜几乎都是O/W型乳化体，主要是为了使用后没有黏腻的感觉，油相浓度较低，但熔点应高于37℃。护手霜的油相比例为10%～40%，包括乳化剂在内；而乳液的油相比例只有5%～15%。

1. 组成

护手霜和乳液的基本组成与润肤霜和乳液基本一致。只是为了使表皮粗糙开裂的手较快地愈合，在护手霜和乳液中加入了皮肤愈合促进剂。皮肤愈合促进剂的作用是促进健康肉芽组织的生长。目前常用的皮肤愈合促进剂主要有如下两种。

(1) 尿囊素

尿囊素是尿酸的衍生物，对皮肤的愈合作用可归纳为下面五点：

① 尿囊素能促使组织产生天然的清创作用，清除坏死物质，并有一定的消炎作用；

② 明显促进细胞增殖，迅速使肉芽组织生长，缩短愈合时间；

③ 软化角质层，促进其他营养物质的吸收；

④ 具有良好的保湿作用；

⑤ 可制成溶液、乳化体或油膏形式，单独或和其他药剂配合使用。

尿囊素纯品是一种无毒、无味、无刺激性、无过敏性的白色晶体，水中结晶为单棱柱体或无色结晶性粉末；能溶于热水、热醇溶液，微溶于常温的水和醇，难溶于乙醚和氯仿等有机溶剂；其饱和水溶液（浓度为0.6%）呈微酸性，pH值为5.5，在pH值为4～9的水溶液中稳定。使用时，应将尿囊素加入热水中溶解，但要注意的是当水冷却下来后，尿囊素会析出，所以配方中尿囊素的用量不宜超过0.3%。

(2) 尿素

尿素也是一种皮肤愈合促进剂，也可用于手用产品。用尿素制作的膏霜和乳液对轻度湿疹和皮肤开裂同样有效。从它的有效性、无毒性和对皮肤感染的作用来说，尿素是护手霜的一种有益成分。尿素在配方中的用量为3%～5%。虽然它和护手霜的各种成分的相容性良好，但是用尿素制成的产品容易产生变色等问题，使用时应慎重。

2. 配方实例

护手霜和乳液配方实例见表2-29、表2-30。表2-31为企业生产护手霜配方实例。

表2-29　护手霜配方实例

组分	物质名称	质量分数/%	作用
油相	新戊二醇二庚酯(NGD)	4.0	清爽润肤
	十六十八醇	2.5	润肤、助乳化
	单甘酯	2.0	润肤、助乳化
	碳酸二辛酯	4.0	润肤
	二甲基硅油	5.0	润肤
	辛酸/癸酸甘油三酯(GTCC)	4.0	润肤
	羟苯甲酯	0.15	防腐
	羟苯丙酯	0.05	防腐
	SS20	2.0	乳化
	SSE20	2.0	乳化
水相	1,3-丁二醇	4.0	保湿
	异戊二醇	1.0	保湿
	苯氧乙醇	0.5	防腐
	尿囊素	0.3	促进皮肤愈合
	卡波姆(Polygel CA)	0.15	增稠
	去离子水	余量	溶解
其他	燕麦葡聚糖	1.0	保湿
	红景天提取物	0.5	保湿
	氨甲基丙醇	0.09	中和
	香精	0.2	赋香

表2-30　护手乳液配方实例

组分	物质名称	质量分数/%	作用
油相	乳木果油	3.00	润肤
	十六十八醇	0.50	润肤、助乳化
	单甘酯	0.80	润肤、助乳化
	$C_{12\sim13}$烷基乳酸酯(COSMACOL EMI)	3.00	润肤
	二甲基硅油	3.00	润肤
	新戊二醇二庚酯(NGD)	4.00	清爽润肤
	辛酸/癸酸甘油三酯(GTCC)	3.00	润肤
	羟苯甲酯	0.15	防腐
	羟苯丙酯	0.05	防腐
	蔗糖硬脂酸酯(SUE)	2.00	乳化
	PEG-100 硬脂酸酯	1.00	乳化
水相	1,3-丁二醇	5.00	保湿
	苯氧乙醇	0.50	防腐
	尿囊素	0.30	促进皮肤愈合
	卡波姆(Polygel CB)	0.10	增稠
	去离子水	余量	溶解
其他	燕麦葡聚糖	1.00	保湿
	氨甲基丙醇	0.06	中和
	香精	0.20	赋香

表 2-31 企业生产护手霜配方实例

组分	物质名称	质量分数/%	作用
A	Arlacel 165	2.50	乳化
	硬脂酸	1.80	润肤
	鲸蜡硬脂醇	1.80	润肤
	羟苯甲酯	0.20	防腐
	羟苯丙酯	0.10	防腐
	生育酚乙酸酯	0.20	抗自由基、美白
	乳木果油	6.00	润肤
	白矿油	6.00	润肤
	新戊二醇二庚酯(NGD)	4.00	清爽润肤
	氢化聚癸烯	1.00	润肤
	氢化棕榈油甘油酯	4.00	润肤
	凡士林	2.00	润肤
	硅油(DC200/100cst)	2.00	润肤
B	去离子水	余量	溶解
	EDTA-2Na	0.02	金属螯合
	泛醇	0.50	保湿
	尿囊素	0.20	保湿
	聚甘油-10(粉感保湿剂 BL-210)	4.00	保湿、肤感
	1,3-丁二醇	2.00	保湿
	异戊二醇	0.80	保湿、防腐
	透明质酸钠	0.02	保湿
	黄原胶	0.25	增稠
	羟丙基淀粉磷酸酯	1.50	增稠
C	赛比克 305	0.40	乳化
D	苯氧乙醇	0.30	防腐
	HT-热感剂	0.05	肤感
	香精	0.10	增香

制备工艺如下。

① 将 A 组分加入乳化锅，加热至 80℃，搅拌溶解均匀，为水相。

② 将 B 组分加入油相锅，加热至 80℃，搅拌溶解均匀，为油相。

③ 将油相抽入水相中（边抽油边搅拌，1000r/min），高速均质乳化 10～15min，并搅拌均匀；保温 10min 后降温（带真空），降温到 60℃以下时加入 C 组分（赛比克 305），慢速均质 3～5min，搅拌均匀。

④ 降温至 50℃，加 D 组分，搅拌均匀（加大真空力度，脱泡）。

⑤ 搅拌至膏体细腻无疙瘩，降温至 40℃出料，即可。

（六）粉底霜和乳

粉底霜和乳本来是供化妆时敷粉前打底用的，其作用是使香粉能更好地附着在皮肤上。但随着化妆品的发展，粉底霜和乳已经不仅仅是作为敷粉前打底用，而是作为一种遮瑕和调整肤色产品来使用，目前非常流行的 BB 霜其实就是粉底霜的升级版，除了强调遮盖效果外，还赋予了护肤效果。

BB 霜是 Blemish Balm 的缩写，20 世纪 60 年代起源于德国，是用在医学美容上的，用专业术语来讲就是“伤痕保养霜”，当初的研发就是为了提供给激光治疗的人来使用的。因为一般人激光辐射后会出现剥皮和脱皮的情况，涂上它之后，会让皮再生，不只修饰伤疤，更有保养的功能。后来，韩国将这个概念应用到美容化妆品中，并结合东方女性的皮肤特点，研制了结合保养品和粉底的 BB Cream，性能得到大幅度的提升，同时加上韩国女性不遗余力的宣传，使其迅速风靡，一举奠定了在护肤品中的位置。

和其他膏霜相似，粉底霜也应具有细致的外表，敷涂时分布均匀，不阻曳或起白条；应具触变的流动特性，以利于均匀分布；留下的膜应略具黏性，使香粉容易黏附；稍有光泽并对皮脂略有吸附性而不流动；有较好的透气性以便汗液突破覆盖层；不能引起皮肤过分的干燥，如同在清洁、干燥的皮肤敷上香粉时的感觉；涂敷以后应保持原始的色彩和光泽，可以再次敷粉。这些都是理想的特性要求，一种产品当然不可能适应各种皮肤的要求。

1. 组成

为了达到遮盖瑕疵的效果，粉底霜和乳中需要加入钛白粉、云母、滑石粉及二氧化锌等粉质原料。这几种粉质原料有较好的遮盖力，能掩盖面部皮肤表面的某些缺陷。为了达到粉底霜使用后与皮肤一致的颜色效果，在粉底霜中还可以适当地加入一些色素或颜料，如铁红、铁黄、铁黑等，使其色泽更接近于皮肤的自然颜色。

含粉质的粉底霜，根据遮盖力的需要，粉的加入量为 5%～20%。颜料和粉不会溶于水中，而是分散在水相中，颜料和粉有沉降和结块的趋势，属于不稳定体系。选择合适的乳化剂和设计科学配方以稳定体系，是粉底霜制造的关键，这点应引起配方工程师的重视。例如，为了防止结块，可添加 HDI/三羟甲基己基内酯交联聚合物（丝滑绒感粉 P-800）来达到抗结块目的。

另外，消费者越来越喜欢肤感轻柔而又哑光质感的粉底液，HDI/三羟甲基己基内酯交联聚合物刚好满足这一独特的肤感，拥有独特的轻柔绵软的哑光触感，极强的铺展性和对产品的贴肤性改善等特点。P-800 丝滑绒感粉相对常见的硅粉、尼龙粉、PMMA 等，能表现出不一样的轻柔质感和提高服帖效果。

2. 配方实例

粉底霜和乳均可制成 O/W 型和 W/O 型制品。表 2-32 为 W/O 型粉底霜的配方实例；表 2-33 为 W/O 型 BB 霜的配方实例；表 2-34 为 O/W 型粉底乳的配方实例；表 2-35 为企业实际生产的气垫 BB 霜配方实例，表 2-36 为企业实际生产的 BB 霜配方实例。

表 2-32 W/O 型粉底霜配方实例

组分	物质名称	质量分数/%	作用
油相	蒙脱土	0.8	增稠、悬浮
	地蜡	0.5	增稠
	蜂蜡	0.5	增稠
	$C_{12\sim13}$烷基乳酸酯(COSMACOL EMI)	5.0	润肤
	辛酸/癸酸甘油三酯(GTCC)	2.0	润肤
	二甲基硅油	2.0	润肤
	羟苯甲酯	0.20	防腐
	羟苯丙酯	0.15	防腐
	Winsier	3.0	乳化
	KF-6038	1.0	乳化
	Arlacel 83	0.5	助乳化
水相	1,3-丁二醇	4.0	保湿
	异戊二醇	0.8	保湿
	苯氧乙醇	0.4	防腐
	氯化钠	1.0	降低结冰点
	去离子水	余量	溶解

续表

组分	物质名称	质量分数/%	作用
粉相	钛白粉	8.0	遮盖
	铁红	0.1	调色
	铁黄	0.3	调色
	丝滑绒感粉 P-800	0.5	帮助分散、悬浮色粉
	白油	6.0	润肤
	$C_{12\sim13}$烷基乳酸酯(COSMACOL EMI)	2.0	润肤
其他	芦荟提取物	2.0	保湿、舒缓
	甘草保湿液	2.5	舒缓、保湿
	香精	0.2	赋香

表 2-33 W/O 型 BB 霜的配方实例

组分	物质名称	质量分数/%	作用
油相	蒙脱土	0.8	增稠、悬浮
	地蜡	0.5	增稠
	蜂蜡	0.5	增稠
	$C_{12\sim13}$烷基乳酸酯(COSMACOL EMI)	4.0	润肤
	异构十六烷	4.0	润肤
	二甲基硅油	2.0	润肤
	环状硅油(D5)	6.0	润肤
	硅弹性体	2.0	润肤、改善肤感
	羟苯甲酯	0.20	防腐
	羟苯丙酯	0.15	防腐
	Winsier	3.0	乳化
	KF-6038	1.0	乳化
	Arlacel 83	0.5	助乳化
水相	1,3-丁二醇	5.0	保湿
	苯氧乙醇	0.4	防腐
	氯化钠	1.0	稳定剂
	去离子水	余量	溶解
粉相	钛白粉	8.0	遮盖
	铁红	0.1	调色
	铁黄	0.5	调色
	铁黑	0.05	调色
	硬脂酸镁	0.5	帮助分散、悬浮色粉
	白油	6.0	润肤
	$C_{12\sim13}$烷基乳酸酯(COSMACOL EMI)	2.0	润肤
其他	芦荟提取物	2.0	保湿、舒缓
	β-葡聚糖	2.0	保湿、抗皱
	香精	0.2	赋香

表 2-34 O/W 型粉底乳的配方实例

组分	物质名称	质量分数/%	作用
油相	十六十八醇	0.8	增稠
	蜂蜡	0.5	增稠
	硬脂酸	0.5	增稠
	Novel A	1.5	乳化
	辛酸/癸酸甘油三酯(GTCC)	4.0	润肤
	异构十六烷	4.0	润肤
	二甲基硅油	2.0	润肤
	环状硅油(D5)	6.0	润肤

续表

组分	物质名称	质量分数/%	作用
油相	硅弹性体 羟苯甲酯 羟苯丙酯 Arlacel 165	2.0 0.15 0.05 2.5	润肤、改善肤感 防腐 防腐 乳化
水相	硅酸铝镁 苯氧乙醇 Dracorin GOC 去离子水	0.5 0.4 2.0 余量	增稠、悬浮 防腐 乳化 溶解
粉相	钛白粉 铁红 铁黄 铁黑 1,2-戊二醇 甘油	6.0 0.1 0.5 0.05 3 5	遮盖 调色 调色 调色 保湿 保湿
其他	芦荟提取物 β-葡聚糖 香精	2.0 3.0 0.2	保湿、舒缓 保湿、舒缓 赋香

表 2-35 企业实际生产的气垫 BB 霜配方实例

组分	物质名称	质量分数/%	作用
水相	去离子水	45.08	溶解
	EDTA-2Na	0.02	螯合
	聚甘油-10(粉感保湿剂 BL-210)	4.00	保湿
	1,3-丁二醇	4.00	保湿
	辛甘醇	1.20	防腐
	氯化钠	1.20	降低冰点
油相	月桂醇 PEG-9 聚二甲基硅氧乙基聚二甲基硅氧烷	2.50	乳化
	PEG-9 聚二甲基硅氧乙基聚二甲基硅氧烷	1.50	乳化
	PEG-10 聚二甲基硅氧烷	0.80	乳化
	二硬脂二甲铵锂蒙脱石	0.80	增稠
	钛白粉(TiO_2 407 DSG)	6.00	颜料
	钛白粉(Emsphere SD-Titan 200L)	2.00	颜料
	二氧化硅(Emsphere P-130)	1.00	滑爽
	铁黄	0.90	颜料
	铁红	0.35	颜料
	铁黑	0.10	颜料
	异壬酸异壬酯	8.00	润肤
	羟基硬脂酸乙基己酯	6.00	润肤
	硅油(祺富 QF-656)	3.00	润肤
	超细钛白粉分散浆	2.00	润肤
	硅油(祺富 QF-656)	3.00	润肤
	环五聚二甲基硅氧烷	6.00	润肤
其他	苯氧乙醇	0.30	防腐
	香精	0.15	赋香

表 2-36 企业实际生产的 BB 霜配方实例

组分	物质名称	质量分数/%	作用
A	月桂基 PEG-9 聚二甲基硅氧乙基聚二甲基硅氧烷	1.20	润肤
	环五聚二甲基硅氧烷/碳酸丙二醇酯/二硬脂二甲铵锂蒙脱石	2.00	增稠
	HDI/三羟甲基己基内酯交联聚合物	3.00	丝滑绒肤感
	鲸蜡醇乙基己酸酯	4.00	润肤
	氢化聚癸烯	5.00	润肤
	硅油 DC 345	4.00	润肤
	硅油 GRANSIL GCM-5	2.00	润肤
B	粉底基料 FD34#	4.00	颜料
	粉底基料 BB04#	4.00	颜料
	甲基丙烯酸甲酯交联聚合物	1.00	增稠
C	去离子水	余量	溶解
	氯化钠	1.00	降低冰点
	DL-泛醇	1.00	保湿
	1,3-丁二醇	5.00	保湿
	1,2-戊二醇	0.50	防腐
	馨鲜酮	0.60	防腐
	甘油	12.00	保湿
	透明质酸钠	0.03	保湿
D	苯氧乙醇	0.30	防腐
E	甘草保湿液	3.00	保湿
	麦芽寡糖葡糖苷、氢化淀粉水解物 SH-88	2.00	保湿
	香精	0.15	赋香

制备工艺如下。

① 将组分 C 加入水相锅中，搅拌加热至 70℃，待所有原料完全溶解后，降温至 45℃以下，然后加入组分 D，搅拌均匀，为水相。

② 常温下将组分 A 原料预先分散，获得的分散液与组分 B 一起加入油相锅中搅拌均匀，并高速均质 10min，确保原料分散均匀，为油相。

③ 将水相在快速搅拌状态下缓慢地抽入真空乳化锅中，边加水边快速搅拌，整个加水过程控制在 30min 左右。

④ 抽完水后，先高速均质 4min，然后再搅拌 10min 后，再高速均质 4min。

⑤ 快速搅拌情况下，将组分 E 加入，搅拌均匀。

⑥ 搅拌至膏体光滑细腻，出料。

（七）素颜霜

素颜霜的英文产品名是 Toning Cream，或是 Tone-up Cream，即调色霜、调亮霜的意思。虽然中文目前对素颜霜并没有定义，但“素颜”这个词确实是充满了无穷的想象力。

素颜霜里面最有效的成分就是二氧化钛和乳液。二氧化钛在配方中起到美白作用，它会让皮肤变得更有光泽，更白皙，而且二氧化钛是一种物理美白和物理防晒剂，有美白遮盖的作用。搽上素颜霜后皮肤呈现出来的透亮白皙，并不是真正的白，而是“二氧化钛”的反光作用，把照射在面部的光线反射出去，使皮肤看起来变白。和 BB 霜、粉底液中加入各种着色剂修饰肤色是一个道理，只是素颜霜中钛白粉加入量比较少，更多的是让皮肤变白，兼具护肤的功效。

表 2-37 为企业素颜霜生产配方实例。

表 2-37　企业素颜霜生产配方实例

组分	物质名称	质量分数/%	作用
水相	去离子水	余量	溶解
	EDTA-2Na	0.01	螯合
	尿囊素	0.20	软化角质层
	聚丙烯酸钠(COSMEDIA SP)	0.20	增稠
	甘油	8.50	保湿
	1,3-丁二醇	4.50	保湿
	对羟基苯乙酮	0.50	防腐
	透明质酸钠	0.05	保湿
	1,2-己二醇	0.50	防腐
	鲸蜡醇磷酸酯钾	0.50	乳化
	DL-泛醇	0.50	保湿
油相	硬脂酸	0.50	润肤
	鲸蜡醇乙基己酸酯	4.00	润肤
	硅油(DC 345)	4.00	润肤
	硅油(DC200/5 cst)	2.00	润肤
	硅油(DC 1401)	1.00	润肤
	二氧化钛(NT 200B)	1.00	颜料
	硅处理钛白粉(TiO_2 CR50 3AS)	1.50	颜料
	丙烯酸钠/丙烯酰二甲基牛磺酸钠共聚物,异十六碳烷,聚山梨醇酯-80(SIMULGEL EG)	4.00	低温增稠乳化
其他	苯氧乙醇	0.30	防腐
	去离子水	1.00	溶剂
	烟酰胺(VB_3)	0.50	美白
	抗坏血酸磷酸酯钠	0.10	美白
	β-葡聚糖	1.00	保湿、抗敏
	香精	0.10	赋香

制备工艺如下。

① 将水相原料加入乳化锅里，加热到 80℃，搅拌至原料完全分散溶解，为水相。

② 将油相原料加入油相锅中，加热到 80℃，搅拌分散溶解完全，为油相。

③ 将油相缓慢抽入乳化锅中进行乳化，高速 3000r/min 均质 15～20min，保温 10min 后开始降温。

④ 降温至 45℃，加入其他原料，搅拌均匀。

⑤ 抽真空脱泡，降温至 37℃出料。

(八)抗衰老营养霜和乳液

人体皮肤老化的机理，概括起来就是内因和外因相互作用，内因暂时还无法改变，外因主要是人体自由基作用和皮脂成分的改变等。目前，化妆品界对于抗衰老方面的研究主要集中在外因的研究，并提出和采用了如下方法达到抗衰老目的：

① 抗自由基作用；

② 修复皮肤组织；

③ 保持和补充水分营养；

④ 防紫外线（见防晒化妆品部分）。

抗衰老营养霜和乳液是为使人体皮肤直接获得或补充所需要的氨基酸、脂肪酸、维生素、乳酸等营养物质，从而使人体皮肤得以进行正常的新陈代谢，使皮肤中的各类营养成分、油分、水分保持平衡而设计、制作的化妆品，是目前非常流行的化妆品之一。

1. 组成

抗衰老营养霜和乳液是以润肤霜和乳液为基础配方，在润肤霜和乳液配方中加入各种营养成分。要使营养用化妆品对皮肤有效，最好使营养用化妆品的成分与皮脂膜组成相近或相同，选用高级脂肪酸、酯、醇、羊毛脂及植物油、动物油、蜡、甘油酯、山梨醇及其衍生物为主体原料，再配入燕麦葡聚糖、α-甘露聚糖、燕麦紧肤蛋白、水解蚕丝、多肽、维生素、尿素、氨基酸、吡咯烷酮羧酸等，使之易被皮肤吸收，从而达到延缓以及阻止人体皮肤的老化及病变，而且能进一步使人体皮肤变得光亮、润泽、白嫩。

人体皮肤的pH值为4.5～6.5，所以在配制营养用化妆品时，一个重要因素是调节膏体的pH值在4～6，使之与人体皮肤的pH值相近，以利于皮肤的吸收，避免碱或酸的刺激。

2. 配方实例

抗衰老营养霜和乳液均可制成O/W型和W/O型制品。表2-38为O/W型抗衰老营养霜的配方实例；表2-39为O/W型抗衰老乳液的配方实例；表2-40为企业实际生产的抗衰老眼霜配方实例。

表2-38 O/W型抗衰老营养霜配方实例

组分	物质名称	质量分数/%	作用
油相	IPP	6.0	润肤
	十六十八醇	2.0	润肤、助乳化
	单甘酯	2.0	润肤、助乳化
	白矿油	5.0	润肤
	辛酸/癸酸甘油三酯(GTCC)	4.0	润肤
	二甲基硅油	5.0	润肤
	羟苯甲酯	0.15	防腐
	羟苯丙酯	0.05	防腐
	Dracorin CE	2.0	乳化
	维生素E乙酸酯	1.5	抗自由基
水相	1,3-丁二醇	5.0	保湿
	苯氧乙醇	0.5	防腐
	尿囊素	0.3	促进皮肤愈合
	1,2-戊二醇	2.0	保湿,促进活性物吸收
	透明质酸钠	0.08	保湿
	去离子水	余量	溶解
其他	燕麦葡聚糖	2.0	抗衰老
	蚕丝提取物	0.5	抗衰老
	红石榴提取物	0.5	抗衰老
	香精	0.2	赋香

表2-39 O/W型抗衰老乳液配方实例

组分	物质名称	质量分数/%	作用
油相	异构十六烷	6.0	润肤
	十六十八醇	0.8	润肤、助乳化
	单甘酯	0.5	润肤、助乳化
	$C_{12\sim13}$烷基乳酸酯(COSMACOL EMI)	4.0	润肤
	辛酸/癸酸甘油三酯(GTCC)	4.0	润肤
	二甲基硅油	1.2	润肤
	环状二甲基硅油	3.5	润肤
	Dracorin CE	1.8	乳化剂
	维生素E乙酸酯	2.5	抗自由基
	二棕榈酰羟脯氨酸	0.5	抗衰老

续表

组分	物质名称	质量分数/%	作用
水相	去离子水	余量	溶解
	EDTA-2Na	0.02	净水
	甘油	4.0	保湿
	1,3-丁二醇	4.0	保湿
	1,2-戊二醇	2.0	保湿,促进活性物吸收
	馨鲜酮	0.4	防腐
	汉生胶	0.1	增稠
	尿囊素	0.3	软化角质层,促进皮肤愈合
其他	苯氧乙醇	0.4	防腐
	1%透明质酸溶液	5.0	保湿
	燕麦葡聚糖	2.0	抗衰老
	蚕丝提取物	0.5	抗衰老
	沙棘提取物	0.5	抗衰老
	香精	0.2	赋香

表 2-40 企业实际生产的抗衰老眼霜配方实例

组分	物质名称	质量分数/%	作用
A	鲸蜡硬脂醇	1.50	乳化
	鲸蜡硬脂醇/鲸蜡硬脂基葡糖苷	1.70	乳化
	$C_{14\sim22}$醇/$C_{12\sim20}$烷基葡糖苷	1.00	乳化
	聚甘油-10五硬脂酸酯/山嵛醇/硬脂酰乳酰乳酸钠	0.80	乳化
	芒果果油	1.00	润肤
	乳木果油	1.00	润肤
	羟苯甲酯	0.20	防腐
	羟苯丙酯	0.10	防腐
	氢化聚异丁烯	2.00	润肤
	凡士林	2.00	润肤
	氢化聚癸烯	5.00	润肤
	橄榄油	2.00	润肤
	生育酚乙酸酯(VE)	1.00	抗氧化、抗衰老
	辛酸/癸酸甘油三酯(GTCC)	2.00	润肤
	香兰基丁基醚	0.50	热感
	硅油 DC 345	3.00	润肤
B	去离子水	余量	溶解
	EDTA-2Na	0.02	螯合
	聚甘油-10	5.00	保湿
	透明质酸钠	0.03	保湿
	β-葡聚糖	4.00	保湿、抗敏
	海藻糖	2.00	保湿
C	馨鲜酮	0.20	防腐
	去离子水	2.00	溶解
	1,3-丁二醇	3.00	保湿
D	Sepigel 305	1.00	低温增稠乳化
E	香精	0.05	赋香
	银杏提取液	1.00	抗衰老
	人参提取液	1.00	抗衰老
	麦芽寡糖葡糖苷、氢化淀粉水解物 SH-88	2.00	保湿
	甘草保湿液	2.50	保湿
	德敏舒	0.50	抗敏

制备工艺如下。

① 将组分 A 加入油相锅，加热至 80℃，搅拌溶解均匀，为油相。

② 把组分 B 中聚甘油-10 与透明质酸钠预先混合分散，然后与 B 组分其他成分一起加入乳化锅，搅拌均匀，搅拌加热至 80℃，为水相。

③ 将油相在没有搅拌均质的情况下抽入水相乳化，均质乳化 10min 并搅拌均匀，保温 10min，搅拌均匀后降温（带真空），降温到 55℃加入已经分散溶解的组分 C 和 D，慢速均质 3min，搅拌均匀。

④ 降温至 45℃，加入组分 E，搅拌均匀（加大真空力度脱泡）。

⑤ 搅拌至膏体光滑无疙瘩，降温至 38℃，200 目过滤，出料。

（九）按摩霜和乳

按摩皮肤能够促进皮肤新陈代谢和血液循环，使皮肤呼吸顺畅，健康红润。按摩霜和乳就是按摩时使用的产品，主要用于面部按摩作润滑剂，也可用于身体其他部位。早期按摩霜和乳主要是为了减少按摩时引起的不舒适感，它的成分简单，目的单纯。近年来，随着化妆品学和美容技术的发展，发现按摩有助美容后，按摩霜和乳逐渐发展成兼备滋润、调理、清洁、去角质等功能的按摩霜和乳。

1. 组成

按摩霜的形态随使用目的而异，有乳化型的和非乳化型的产品，其基质与润肤霜相近，采用流动点低、黏度低的油脂、矿物油和蜡类为原料，常加入营养功效成分，做成具有一定功效的按摩产品。

2. 配方实例

按摩霜和乳一般制成 O/W 型乳化体，很少制成 W/O 乳化体。表 2-41 为按摩霜配方实例；表 2-42 为按摩乳配方实例。表 2-43 为企业实际生产的按摩霜配方实例。

表 2-41　按摩霜配方实例

组分	物质名称	质量分数/%	作用
油相	白油	45.0	润肤
	十六十八醇	2.5	润肤、助乳化
	单甘酯	1.5	润肤、助乳化
	氢化聚异丁烯	4.0	润肤
	$C_{12\sim13}$烷基乳酸酯(COSMACOL EMI)	4.0	润肤
	二甲基硅油	1.0	润肤
	羟苯甲酯	0.2	防腐
	羟苯丙酯	0.1	防腐
	Novel A	2.0	乳化
	EC-Fix SE	1.0	乳化
	维生素 E 乙酸酯	0.5	抗氧化
水相	去离子水	余量	溶解
	EDTA-2Na	0.02	净水
	甘油	4.0	保湿
	1,3-丁二醇	4.0	保湿
	汉生胶	0.2	增稠
	卡波姆(Polygel CA)	0.2	增稠
	尿囊素	0.3	促进皮肤愈合
其他	氨甲基丙醇	0.12	中和
	苯氧乙醇	0.5	防腐
	芦荟提取物	1.0	保湿
	香精	0.2	赋香

表 2-42　按摩乳配方实例

组分	物质名称	质量分数/%	作用
油相	白油	30.0	润肤
	十六十八醇	1.5	润肤、助乳化
	单甘酯	1.0	润肤、助乳化
	$C_{12\sim13}$烷基乳酸酯(COSMACOL EMI)	4.0	润肤
	辛酸/癸酸甘油三酯(GTCC)	4.0	润肤
	香兰基丁基醚	0.2	热感
	羟苯甲酯	0.2	防腐
	羟苯丙酯	0.1	防腐
	Novel A	2.0	乳化
	EC-Fix SE	1.0	乳化
	维生素E乙酸酯	0.5	抗氧化
水相	去离子水	余量	溶解
	EDTA-2Na	0.02	净水
	甘油	4.0	保湿
	1,3-丁二醇	4.0	保湿
	汉生胶	0.2	增稠
	卡波姆(Polygel CB)	0.15	增稠
	尿囊素	0.3	促进皮肤愈合
其他	氨甲基丙醇	0.09	中和
	苯氧乙醇	0.5	防腐
	甘露聚糖	2.0	保湿
	甘草保湿液	1.0	保湿
	香精	0.2	赋香

表 2-43　企业实际生产的按摩霜配方实例

组分	物质名称	质量分数/%	作用
A	蔗糖硬脂酸酯(SUE)	1.60	乳化
	山梨坦倍半油酸酯	0.80	乳化
	Arlace 165	1.50	乳化
	硬脂酸	1.80	增稠、润肤剂
	十六十八醇	2.00	增稠、润肤
	白矿油	30.00	润肤
	橄榄油	1.00	润肤
	白池花籽油	0.10	润肤
	氢化聚异丁烯	1.00	润肤
	单甘酯	0.80	润肤乳化
B	生育酚乙酸酯VE	0.50	抗氧化
	环五聚二甲基硅氧烷	3.00	润肤
C	去离子水	余量	溶解
	EDTA-2Na	0.02	螯合
	1,3-丁二醇	5.00	保湿
	1,2-己二醇	0.60	防腐
	馨鲜酮	0.50	防腐
	甘油	10.00	保湿
	透明质酸钠	0.01	保湿
	汉生胶	0.20	增稠
D	氨甲基丙醇	0.20	中和卡波姆
E	去离子水	15.00	溶解
	卡波姆(2020)	0.30	增稠

续表

组分	物质名称	质量分数/%	作用
F	甘草保湿液	1.00	保湿
	麦芽寡糖葡糖苷、氢化淀粉水解物 SH-88	2.00	保湿
	姜根提取物	0.20	活血
	苯氧乙醇	0.30	防腐
	香精	0.15	赋香

制备工艺如下。

① 将 A 组分原料加入油相锅，加热至 80℃，搅拌分散均匀备用，将预先分散好的 B 组分原料乳化之前加入，为油相。

② 将 C 组分原料加入乳化锅中，搅拌加热至 80℃，搅拌均匀，待所有原料完全溶解，为水相。

③ 将油相抽入水相中均质乳化，均质 10min，均质速度为 3000r/min。

④ 乳化结束后加入组分 D，搅拌均匀。

⑤ 将预先分散好的 E 组分在 50℃时加入乳化锅中，均质 3min，搅拌均匀。

⑥ 降温至 45℃，依次加入 F 组分，搅拌均匀，搅拌至膏体光滑无疙瘩，降温至 37℃左右，出料。

（十）清洁霜和乳液

清洁霜和乳液是具有清除面部污垢和护肤功效的洁肤化妆品。它不仅能够清除脸部皮肤上一般性污垢，而且可以有效清除皮肤毛孔内聚积的油脂、皮屑以及浓厚化妆油彩等。

清洁霜和乳液的洁肤机理是利用产品中的油性成分（白油、凡士林等）为溶剂，对皮肤上的污垢、彩妆以及色素等进行浸透和溶解，特别是可以通过油性成分的渗透，清除毛孔深处的油污；利用配方中的水分溶解皮肤上的水溶性污垢。水是一种优良的清洁剂，能从皮肤表面移除水溶性污垢。另外，清洁霜和乳液对皮肤的清洁作用还来自其配方中的表面活性剂所具有的润湿、渗透和洗涤作用。清洁霜和乳液对皮肤的清洁作用尤其是对油垢的清洁效果要优于香皂，因此，清洁霜更多被使用在卸妆方面。

1. 组成

清洁霜和乳液含有水分、油性物质和乳化剂三种基础原料，其中油性物质主要以白油、凡士林等矿物油为主，特别是异构烷烃含量高的白油可提高清洁皮肤的能力，其他油脂具有润肤作用，并具有溶解的作用。另外，为了提高深度清洁能力，有的清洁霜中还加入一些细微颗粒作磨砂剂，如球状聚乙烯、尼龙、纤维素、二氧化硅、方解石和研细种子皮壳的粉末，通过使用时的摩擦作用将皮肤表面的疏松角质层鳞片除去，使皮肤外表洁净、光滑。含磨砂剂的清洁霜又称为磨面膏和乳，其清洁功能是通过磨料机械摩擦作用和洗面奶本身的洗涤作用共同实现的。

2. 配方实例

清洁霜可制成 W/O 型和 O/W 型的乳化体，清洁乳液一般制成 O/W 型的乳化体。表 2-44 为 W/O 型清洁霜配方实例；表 2-45 为 O/W 型洗面奶配方实例；表 2-46 为 O/W 型磨面膏配方实例。

表 2-44 W/O 型清洁霜配方实例

组分	物质名称	质量分数/%	作用
油相	白油	35.0	润肤
	地蜡	2.5	增稠
	蜂蜡	1.5	增稠
	氢化聚异丁烯	4.0	润肤
	辛酸/癸酸甘油三酯(GTCC)	4.0	润肤
	二甲基硅油	1.0	润肤
	羟苯甲酯	0.2	防腐
	羟苯丙酯	0.1	防腐
	Span-83	0.3	乳化
	Winsier	3.0	乳化
	维生素 E 乙酸酯	0.5	抗氧化
水相	去离子水	余量	溶解
	EDTA-2Na	0.02	净水
	甘油	4.0	保湿
	1,3-丁二醇	4.0	保湿
	氯化钠	1.0	防冻,低温稳定
其他	苯氧乙醇	0.5	防腐
	姜根提取物	0.2	舒缓、抗过敏
	香精	0.2	赋香

表 2-45 O/W 型洗面奶配方实例

组分	物质名称	质量分数/%	作用
油相	白油	30.0	润肤
	十六十八醇	1.5	润肤、助乳化
	单甘酯	1.0	润肤、助乳化
	氢化聚异丁烯	4.0	润肤
	辛酸/癸酸甘油三酯(GTCC)	4.0	润肤
	二甲基硅油	1.0	润肤
	羟苯甲酯	0.2	防腐
	羟苯丙酯	0.1	防腐
	Novel A	1.5	乳化
	维生素 E 乙酸酯	0.5	抗氧化
水相	去离子水	余量	溶解
	EDTA-2Na	0.02	净水
	甘油	4.0	保湿
	1,3-丁二醇	4.0	保湿
	汉生胶	0.2	增稠
	卡波姆(Polygel CB)	0.15	增稠
	Dracorin GOC	1.0	增稠
	尿囊素	0.3	促进皮肤愈合
其他	氨甲基丙醇	0.09	中和
	椰油酰胺丙基甜菜碱	2.0	表面活性
	甲基椰油酰基硫磺酸钠	3.0	表面活性
	苯氧乙醇	0.5	防腐
	香精	0.2	赋香

表 2-46 O/W 型磨面膏配方实例

组分	物质名称	质量分数/%	作用
油相	白油	45.0	润肤
	十六十八醇	2.5	润肤、助乳化
	单甘酯	1.5	润肤、助乳化
	氢化聚异丁烯	4.0	润肤

续表

组分	物质名称	质量分数/%	作用
油相	C_{12}～C_{13}烷基乳酸酯(COSMACOL EMI)	4.0	润肤
	二甲基硅油	1.0	润肤
	羟苯甲酯	0.2	防腐
	羟苯丙酯	0.1	防腐
	Novel A	3.0	乳化
	维生素E乙酸酯	0.5	抗氧化
水相	去离子水	余量	溶解
	EDTA-2Na	0.02	净水
	甘油	4.0	保湿
	1,3-丁二醇	4.0	保湿
	汉生胶	0.2	增稠
	卡波姆(Polygel CA)	0.2	增稠
	尿囊素	0.3	促进皮肤愈合
其他	氨甲基丙醇	0.12	中和
	聚氧乙烯粒子	0.5	磨砂
	10-羟基癸酸	1.0	抑脂
	苯氧乙醇	0.5	防腐
	香精	0.2	赋香

（十一）祛痘霜和乳液

粉刺，俗称痘痘，又称痤疮（Acne），是一种毛囊皮脂腺的慢性炎症。由于青春期雄性激素的分泌量增多，导致皮脂分泌量增多，同时使毛囊、皮脂腺导管角质化过度，角质层脱落的扁平的死细胞落于毛囊漏斗部，与皮脂结合产生混合物，如果这些皮脂混合物不能自由地排出至皮肤表面，而淤积于毛囊内便形成脂栓，再经继发性感染引起慢性化脓性毛囊炎。长期以来，人们虽然已逐步掌握了粉刺的生成原因，对粉刺的治疗方法也进行过多方面的研究，但到目前为止还没有一种完美速效的治疗方法。

粉刺的治疗主要包括：减少皮脂排出，减轻毛囊潴留性角质化过度，减少痤疮丙酸菌数量等。非药物处理方面，主要是油性皮肤的处理，应尽量避免使用封闭性化妆品和油脂，每天对患处清洁处理2～3次，以使表面油脂减少，也可在医生指导下进行局部治疗或冷疗或将粉刺挤出。粉刺的药物治疗是根据毛囊化程度、封闭度和发炎情况决定的，以非处方制剂如硫、间苯二酚、水杨酸、乳酸和乳酸乙酯等单独或复配应用。

防粉刺化妆品对生有粉刺的人是一种较为理想的化妆品，它是根据青少年发育的生理特点及粉刺形成的病理原因而配制的，主要有霜剂和水剂两类：霜剂配方结构是在膏霜的基础上添加治疗粉刺的药物而制成的产品，即粉刺霜；水剂则以水为基质，添加乙醇、甘油和治疗粉刺的药物等配制而成，因不含油分，对油性皮肤较为适宜。

表2-47为企业实际生产的一种粉刺霜配方，该配方设计的思路是：

① 用复合氨基酸 Amino M-10 清除肌肤表层的红血丝，防止沉积生成粉刺源；

② 用神经酰胺3、山茶花籽油和氢化卵磷脂修复巩固肌底屏障层，防止粉刺聚集生成；

③ 采用寡肽冻干粉，促进肌肤细胞生长，加速粉刺的排出；

④ 添加茶树油，有效杀灭细菌，防止二次感染。

表 2-47　企业实际生产的粉刺霜配方

组分	物质名称	质量分数/%	作用
A	去离子水	余量	溶解
	复合氨基酸 Amino M-10	20.00	修复红血丝
	甘油	6.00	溶剂
	神经酰胺 3	2.00	肌底层修复
	丙烯酸酯/C_{10}～C_{30}烷基丙烯酸酯交联共聚物	0.35	悬浮稳定
	氢化卵磷脂	1.20	乳化
B	辛酸/癸酸甘油三酯(GTCC)	12.00	润肤
	山茶花籽油	8.00	肌底层修复
	氢化聚异丁烯	2.00	润肤
C	三乙醇胺	0.35	中和
D	对羟基苯乙酮	0.50	防腐
	1,2-己二醇	0.70	抗菌
E	茶树油	0.30	杀菌
F	寡肽-1	30 万单位活性	促进粉刺排出

制备工艺如下。

① 将 A 组分和 B 组分分别加热至 75～85℃，搅拌分散均匀，备用；

② 搅拌下慢慢将 B 组分加入 A 组分中，搅拌均质均匀并保温消泡；

③ 在 70℃左右搅拌下加入 C 组分，搅拌均质分散均匀；

④ 降温至 45℃以下，加入预先混合好的 D 组分、E 组分和 F 组分，搅拌均匀即可。

第四节　生产工艺和质量控制

一、乳化工艺

（一）生产流程

膏霜和乳液的种类很多，其制造方法略有区别，一般制备流程如图 2-9 所示。

1. 油相的调制

先将粉相组分混合在一起，并用研磨机（如胶体磨）研磨到规定粒度后加入油相成分中。

将油相成分和研磨好的粉相成分加入夹套溶解锅内，开启加热（可用蒸汽加热，也可用电加热），在不断搅拌条件下加热至 80～85℃，使其充分熔化或溶解均匀，待用。要注意的是，避免过度加热和长时间加热，以防止原料成分氧化变质。容易氧化的油分、防腐剂和乳化剂等可在乳化之前加入油相。溶解均匀，即可进行乳化。

2. 水相的调制

先将部分去离子水、多元醇与水溶性聚合物混合，缓慢搅拌，进行水溶性聚合物预分散和溶胀。因预分散和溶胀速度慢，所以这一步往往提前一个晚上进行水溶性聚合物预分散操作，或者用均质机进行高速分散。

将其余去离子水和预分散后的水溶性聚合物加入夹套溶解锅中，加入水相其他成分，搅拌下加热至 90～95℃，维持 30min 灭菌，待用。为补充加热和乳化时挥发掉的水分，可按配方多加 3%～5%的水，精确数量可在第一批制成后分析成品水分而求得。

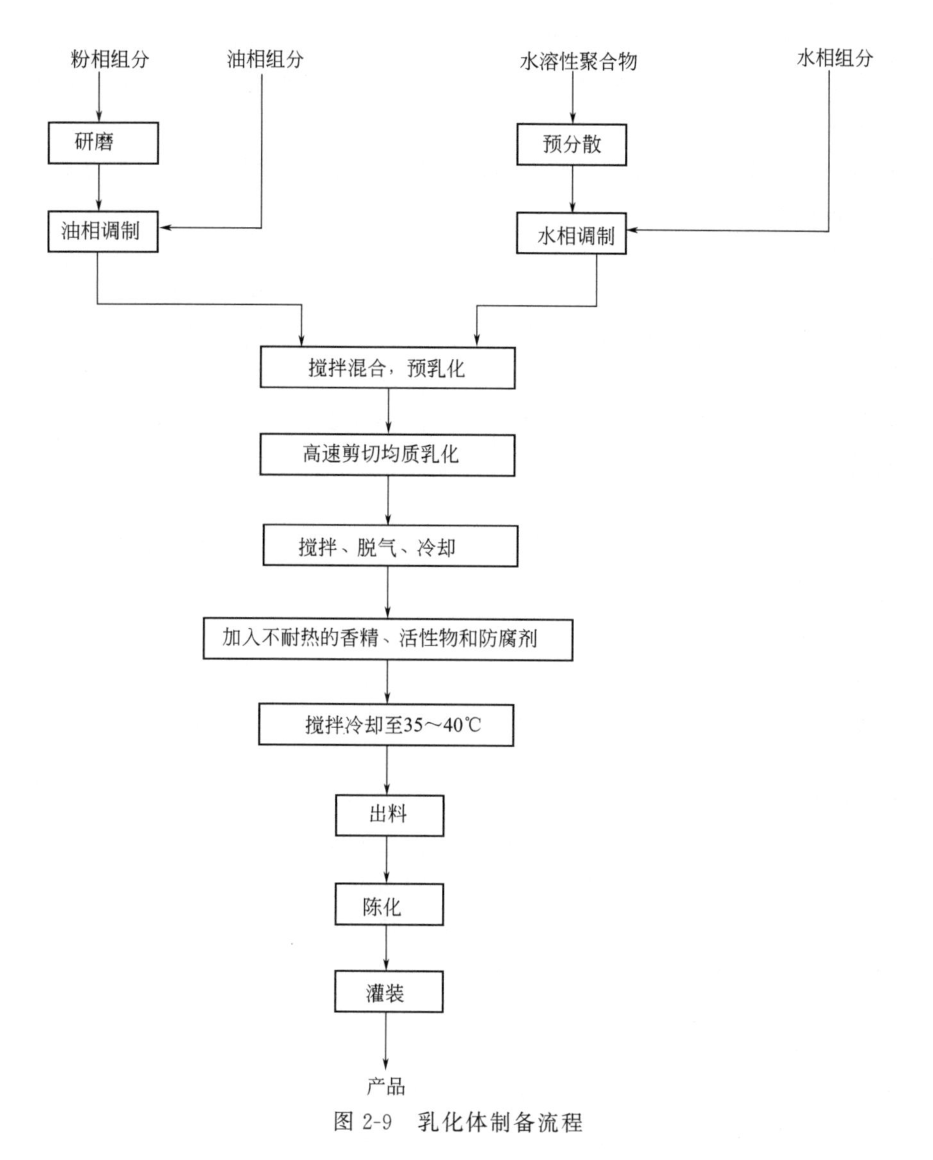

图 2-9　乳化体制备流程

值得注意的是，有的水溶性聚合物不耐热，长时间加热会使其增稠失效或出现黏度不可逆现象，因而不能加入水相中与水相一起长时间加热，而是应该在乳化前一刻或乳化后才加入乳化体系中。

另外，用卡波增稠的乳化体在水相调制时，不能将卡波与碱（常用的有三乙醇胺、二异丙醇胺等）一起加到水相中，只能将其中一种加入水相，另一种在乳化完成后才加入乳化体中。

3. 乳化

预热乳化锅后，将调制好的油相和水相原料通过过滤器，按照一定的顺序加入乳化锅内，在一定的温度（如 70～85℃）条件下，进行一定时间的搅拌和均质乳化。

乳化过程中，油相和水相的添加方法（油相加入水相或水相加入油相）、添加的速度、搅拌条件、乳化温度和时间、乳化器的结构和种类等对乳化体粒子的形状及其分布状态都有很大影响。

均质的速度和时间应随不同的乳化体系而异。含有水溶性聚合物的体系，均质的速度和时间应严格控制，以免过度剪切，破坏聚合物的结构，造成不可逆的变化，改变体系的流变性质。如配方中含有维生素或热敏的添加剂，则在乳化后较低温时加入，以确保其活性，但应注意其溶解性能，要确保在乳化体中溶解均匀。

乳化是乳化体制备最为关键的步骤，所以生产中一定要控制好乳化工艺条件，确保每一批产品按照相同的乳化工艺进行。

4. 冷却

乳化后，乳化体系要冷却到接近室温。卸料温度取决于乳化体系的软化温度，一般应使其借助自身的重力，能从乳化锅内流出为宜。当然也可用泵抽出或用加压空气压出。冷却方式一般是将冷却水通入乳化锅的夹套内，边搅拌边冷却。冷却速度、冷却时的剪切应力、终点温度等对乳化体系的粒子大小和分布都有影响，必须根据不同乳化体系，选择最优条件。特别是从实验室小试转入大规模工业化生产时尤为重要。

5. 陈化和灌装

一般是贮存陈化一天或几天后再用灌装机灌装。灌装前需对产品进行质量评定，质量合格后方可进行灌装。

（二）工艺条件控制

在实际生产过程中，有时虽然采用同样的配方，但是由于操作时温度、乳化时间、混合速度和搅拌条件等不同，制得的产品的稳定度及其他物理性能也会不同，有时相差悬殊。因此根据不同的配方和不同的要求，采用合适的配制方法，才能得到较高质量的产品。

1. 搅拌速度

乳化时搅拌越强烈，乳化剂用量可以越低。乳化体颗粒大小与搅拌强度和乳化剂用量均有关系，过分的强烈搅拌对降低颗粒大小并不一定有效，而容易将空气混入。一般情况是，在开始乳化时采用较高速搅拌对乳化有利，在乳化结束而进入冷却阶段后，则以中等速度或慢速搅拌有利，这样可减少混入气泡。如果是膏状产品，则搅拌到固化温度为止。如果是液状产品，则一直搅拌至室温。

2. 混合方式和速度

分散相加入的速度和机械搅拌的快慢对乳化效果十分重要，可以形成内相完全分散的良好乳化体系，也可形成乳化不好的混合乳化体系，后者主要是内相加得太快和搅拌效力差所造成的。乳化操作的条件影响乳化体的稠度、黏度和乳化稳定性。

在制备 O/W 型乳化体时，最好的方法是在激烈的持续搅拌下将水相加入油相中，且高温混合较低温混合好。

在制备 W/O 型乳化体时，建议在不断搅拌下，将水相慢慢地加到油相中去，可制得内相粒子均匀、稳定性和光泽性好的乳化体。

对内相浓度较高的乳化体系，内相加入的流速应该比内相浓度较低的乳化体系慢。采用高效的乳化设备比搅拌差的设备在乳化时流速可以快一些。

但必须指出的是，由于化妆品组成的复杂性，配方与配方之间有时差异很大，对于任何一个配方，都应进行加料速度试验，以求最佳的混合速度，制得稳定的乳化体。

【疑问】 乳化过程中，为什么水相加到油相打均质会使体系变稠？

【回答】 均质使乳化粒径变小，产品黏度增大，但过度均质会降低产品稳定性。

3. 温度控制

制备乳化体时，除了控制搅拌条件外，还要控制温度，包括乳化时与乳化后的温度。

由于温度对乳化剂溶解性和固态油、脂、蜡的熔化等的影响，乳化时温度控制对乳化效果的影响很大。一般来说，乳化的温度取决于配方中高熔点物质的熔点温度，同时还要考虑乳化剂在油水两相的溶解度等因素。如果温度太低，乳化剂溶解度低，且固态油脂、蜡未熔化，乳化效果差；温度太高，加热时间长，冷却时间也长，浪费能源，加长生产周期。一般常使油相温度控制高于其熔点10～15℃，而水相温度则稍高于或等于油相温度。通常膏霜类在75～85℃条件下进行乳化。

水相最好加热至90～95℃，维持20min灭菌，然后再冷却到75～85℃进行乳化。在制备W/O型乳化体时，水相温度高一些，此时水相体积较大，水相分散形成乳化体后，随着温度的降低，水珠体积变小，有利于形成均匀、细小的颗粒。如果水相温度低于油相温度，两相混合后可能使油相固化（油相熔点较高时），影响乳化效果。

冷却速度的影响也很大，通常较快的冷却能够获得较细的颗粒。当温度较高时，由于布朗运动比较强烈，小的颗粒会发生相互碰撞而合并成较大的颗粒；反之，当乳化操作结束后，对膏体立刻进行快速冷却，从而使小的颗粒"冻结"，使小颗粒的碰撞合并作用减少到最低程度。但冷却速度太快，高熔点的蜡会产生结晶，导致乳化剂所生成的保护胶体的破坏，因此冷却的速度最好通过试验来决定。

4. 乳化时间

乳化时间显然对乳状液的质量有影响，而乳化时间是要根据油相水相的容积比、两相的黏度及生成乳状液的黏度、乳化剂的类型及用量、乳化温度等来确定的。乳化时间的长短，是与乳化设备的效率紧密相连的，可根据经验和试验来确定乳化时间，确保体系乳化充分。如用均质器（3000r/min）进行乳化，仅需用3～10min，而现在生产企业的均质机的转速已经非常之高，有的已经达到10000r/min。

5. 香精和防腐剂的加入

香精是易挥发性物质，并且其组成十分复杂，在温度较高时，不但容易损失掉，而且会发生一些化学反应，使香味变化，也可能引起颜色变深。因此一般化妆品中香精的加入都是在后期进行，一般在50℃以下时加入香精。

微生物的生存是离不开水的，因此水相中防腐剂的浓度是影响微生物生长的关键。乳液类化妆品含有水相、油相和表面活性剂，而常用的防腐剂往往是油溶性的，在水中溶解度较低。有的化妆品制造者常把防腐剂先加入油相中然后再乳化，这样防腐剂在油相中的分配浓度就较大，而水相中的浓度就小；更主要的是非离子表面活性剂往往也加在油相中，使得有更大的机会增溶防腐剂，而溶解在油相中和被表面活性剂胶束增溶的防腐剂对微生物是没有作用的。因此加入防腐剂的最好时机是待油水相混合乳化完毕后（O/W）加入，这时可获得水中最大的防腐剂浓度。当然温度不能过低，不然分布不均匀，有些固体状的防腐剂最好先用溶剂溶解后再加入。例如羟苯酯类就可先用温热的乙醇溶解，这样加到乳液中能保证分布均匀，如果配方中没有乙醇，则应将羟苯酯类加到其他醇类，如丁二醇、丙二醇或油相中。

二、生产设备

（一）真空乳化搅拌机

目前，制备乳化体的设备一般采用真空乳化搅拌机组，主要由乳化锅、油相锅、水相锅、真空系统、控制系统和控制面板组成，如图2-10所示。

真空乳化搅拌机组的核心部分是真空乳化搅拌锅，其有效容积一般为50～1000L为宜，

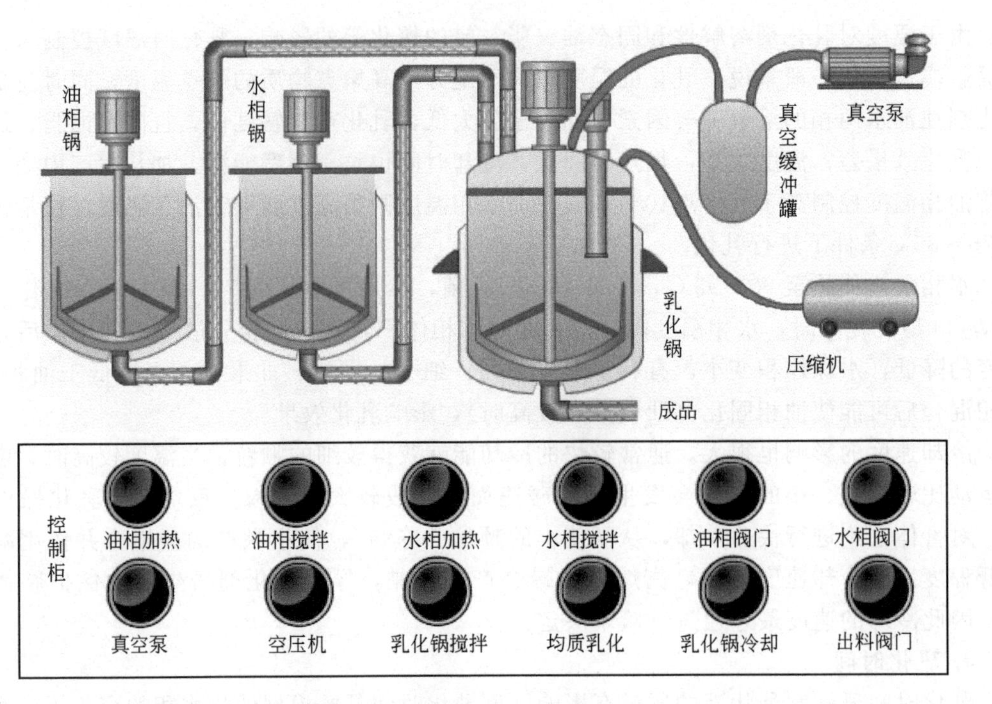

图 2-10　真空乳化搅拌机组结构图

也有最大做到 5000L 的，最小做到 5L 的。乳化搅拌锅一般配置有高剪切均质器和带刮板的框式搅拌桨，其核心器件主要是高剪切均质器。高剪切均质器由转子和定子两部分组成，转子与定子之间的缝隙很小，转子的转速最高可达 10000r/min，一般采用变频调速方式调节转速，其结构如图 2-11 所示。

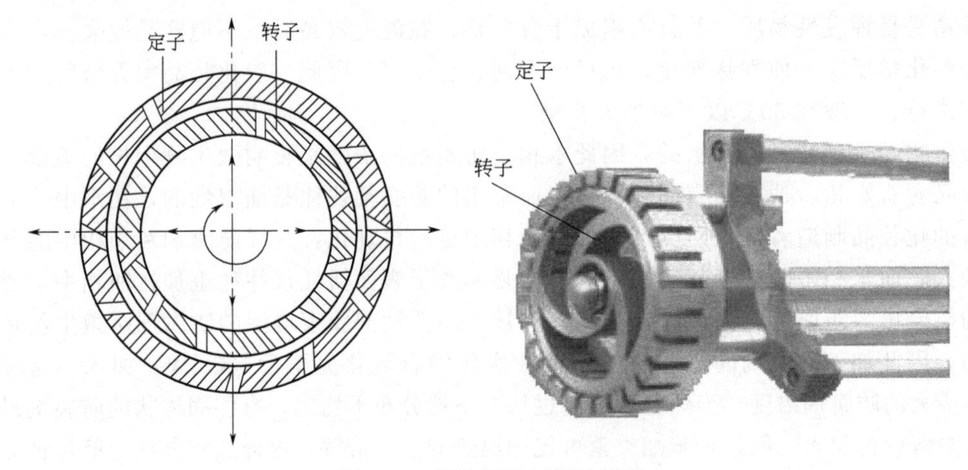

图 2-11　高剪切均质器结构图

高剪切均质器的工作原理可分解为如图 2-12 所示的几步：(a) 转子转动产生真空吸力，将经预乳化的颗粒粒径较大的分散相和连续相混合物料吸入转子中；(b) 转子高速转动产生离心力，带动混合物离心旋转，并与定子产生剪切、摩擦作用；(c) 物料在离心力作用下，从定子的缝隙甩出，同时受到很强的剪切和摩擦作用，分散相颗粒粒径变得很小；(d) 以上三步连续进行，直到所有物料都经过剪切乳化，达到乳化目的。

真空乳化搅拌机由于是在真空条件下操作，可使膏霜和乳液的气泡减少到最低程度，增加膏

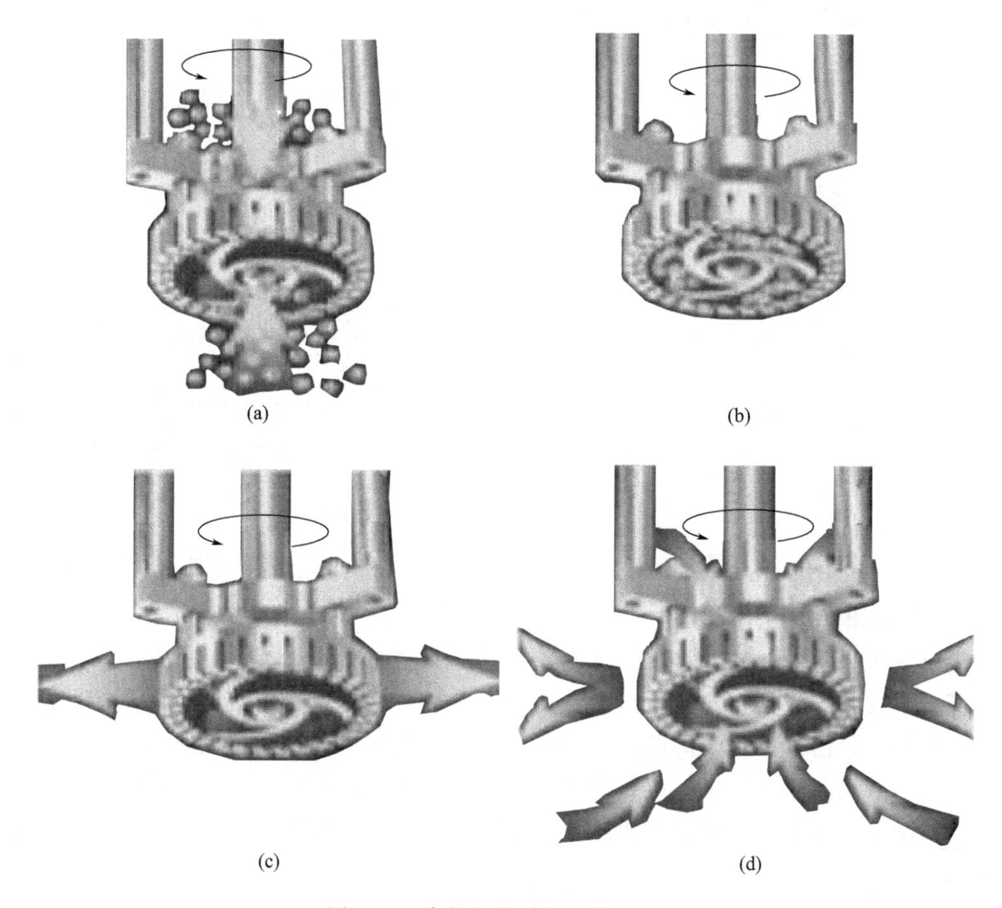

图 2-12 高剪切均质器工作原理图

霜表面光洁度；膏霜和乳液避免了和空气接触，因此减少了膏体放置过程中的氧化变质问题。

真空乳化搅拌机组制备乳化体的操作步骤是：水和水溶性原料在一个原料溶解锅内加热至 95℃，维持 20min 灭菌。油在另一个原料溶解锅内加热，经灭菌的原料冷却至所需的反应温度。在制造 O/W 型乳化体时，一般先将油经过滤后放入真空乳化搅拌锅内，先开动均质器高速搅拌，再将水经过滤后放入搅拌锅内，开动均质器的时间为 3～15min，维持真空度 39.2～78.4N，同时用冷却水夹套回流冷却，停止均质器搅拌后，开动框式搅拌器，同时夹套冷却水回流，冷却到预定温度时加香精，一直搅拌到 35～45℃为止。化验合格后即可用经灭菌的压缩空气将产品从乳化锅压出。

（二）胶体磨

胶体磨是一种剪切力很大的乳化设备（见图 2-13），但一般不直接用于膏体和乳液的乳化，而用于颜料浆的研磨，其主要部件是转子和定子，转子转速可达 1000～20000r/min。它可以迅速地将液体、固体或胶体粉碎成微粒，并且混合均匀，其工作原理见图 2-14，电机带动转子高速转动，液体从定子和转子之间的间隙中通过（间隙的宽窄可以调节，最小可调到 25μm）。由于转子的高速旋转，在极短的时间内产生了巨大的剪切、摩擦、冲击和离心等力，使得流体能很好地微粒化，转子和定子的表面可以是平滑的，也可以有斜纹。而由于切变应力高，在乳化过程中可使温度自 0℃升高到 55℃，因此必须采用外部冷却。由于转子和定子的间距小，所得的颗粒大小极为均匀，颗粒细度可达 0.01～5μm。胶体磨的效率与所制乳化体的黏度有关，黏度越大，出料越慢。

图 2-13　胶体磨

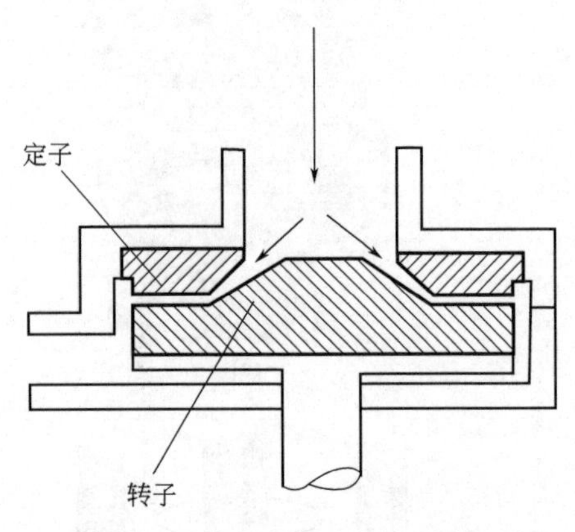

图 2-14　胶体磨的工作原理图

(三) 三辊研磨机

三辊研磨机也是常用的颜料浆研磨设备，有三个滚筒安装在铁制的机架上，中心在一直线上，可水平安装，或稍有倾斜，如图 2-15 所示，其工作原理如图 2-16 所示。物料在中辊和加料辊间加入，由于三个滚筒的旋转方向不同（转速从后向前顺次增大），滚筒滚动时物料间、物料与滚筒间相互挤压，产生很好的研磨作用。刮料辊上的物料经研磨后被装在前辊前面的刮刀刮下。如果一次研磨不能达到目标要求的细度，可进行多次反复研磨，直至达到目标要求。

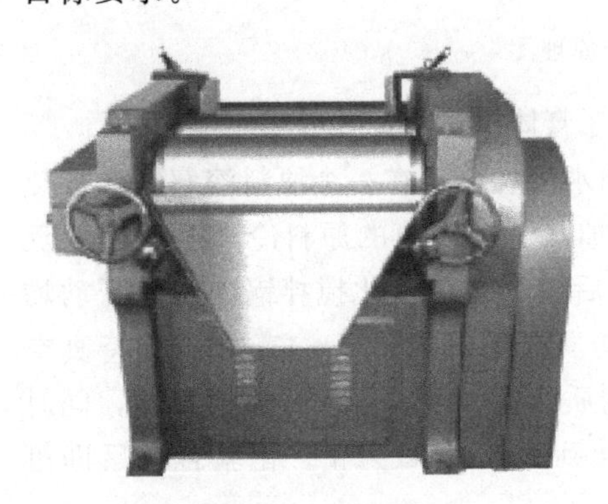

图 2-15　三辊研磨机

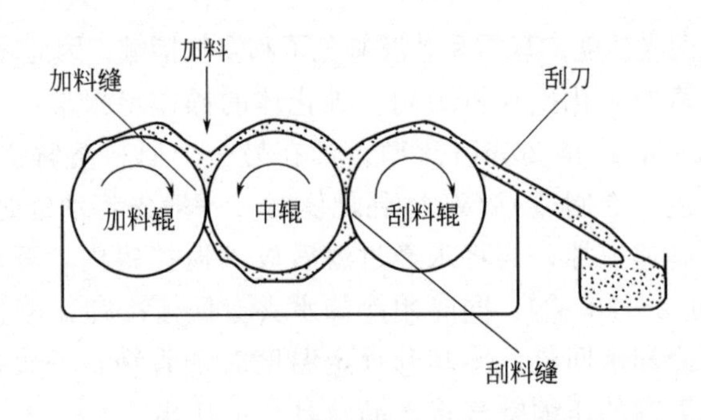

图 2-16　三辊研磨机工作原理图

三、质量控制

(一) 膏霜的质量控制

在此介绍膏霜类产品的主要质量问题。膏霜在制造及贮存和使用过程中，较易发生如下变质现象。

1. 失水干缩

膏霜一般为 O/W 型乳化体，在包装时容器或包装瓶密封不好，长时间放置或存放在温度高的地区是造成膏体失水干缩的主要原因，这是膏霜常见的变质现象。另外，膏霜中缺少保湿剂时，也会出现失水干缩。

2. 起白条

用硬脂酸皂作乳化剂时，硬脂酸用量过多，或单独选用硬脂酸与碱类中和，保湿剂用量较少或产品在高温、水冷条件下，乳化体被破坏是造成雪花膏在皮肤上涂敷后起白条的主要原因。水过多也会出现这种现象。一般加入适量保湿剂、聚二甲基硅氧烷等，可避免此现象。

3. 膏体粗糙

造成膏体粗糙的可能原因如下。

① 乳化剂的用量不够，膏体未完全乳化好而出现泛粗现象。

② 生产工艺未控制好，出现乳化颗粒较粗的情况。

③ 一些含粉的产品，由于粉的分散性不好而导致的絮凝。

④ 脂肪酸、十六醇、十八醇等用量过高时，膏体也会出现粗糙的情况，特别是在低温的情况下更为严重。

解决膏体粗糙的方法是二次乳化。

4. 分层

分层是乳化体严重破坏的现象，对于 O/W 型膏体来说，多数是由于配方中乳化剂或者增稠剂选择不当所致。如有的乳化剂不耐离子，当膏霜中含有电解质时，乳化剂会被盐析，乳化体必然被破坏；而对于 W/O 型的膏霜，乳化剂的类型和用量、油水比例的控制、油脂和增稠剂的选择等对乳化体的分层有很大的影响。另外，加料方法和顺序、乳化温度、搅拌时间、冷却速度等不同也会引起膏霜不稳定，所以每批产品的生产应严格按照同样的操作工艺进行。

5. 霉变及发胀

微生物的存在是造成该现象的主要因素。如水质差，煮沸时间短，反应容器及盛料、装瓶容器不清洁，原料被污染，包装放置于环境潮湿、尘多的地方，以及敞开过的膏体容易发生该现象。另外，未经紫外线灯消毒杀菌，致使微生物较多地聚集在产品中，在室温（30～35℃）条件下长期贮放，微生物大量繁殖，产生 CO_2 气体，使膏体发胀，溢出瓶外，搽用后对人体皮肤造成危害。故严格控制环境卫生、原料规格，注意消毒杀菌，是保证产品质量的重要环节。

6. 变色、变味

主要是一些功效原料，特别是美白淡斑成分，如维生素 C、熊果苷等容易氧化变色的原料，用其制作的膏霜放置一段时间后就会变色。香精中醛类、酚类等不稳定成分用量过多，时间长或日光照射后色泽也会变黄。硬脂酸、植物油脂的碘值过高，不饱和脂肪酸被氧化使色泽变深，同时，产生酸败臭味。在配方中加入适量抗氧化剂可缓解以上问题。

7. 刺激皮肤

选用原料不纯，一些功效较强的原料，如防腐剂或者香精用量较大，含有过量乙醇等对皮肤有害的物质或铅、砷、汞等重金属，都可能会刺激皮肤，产生不良影响。因此用料要慎重。乳化体中如使用了过量乙醇和刺激性较大的乳化剂等，对皮肤也会产生刺激，造成红、痛、发痒等现象。同时，产品酸败变质、微生物污染也必然增加刺激性。膏霜生产时应避免此类现象，以保证产品质量，提高竞争力。

8. 膏霜中混有细小气泡

在剧烈均质时会产生气泡，如果均质后冷却速度过快或搅拌速度过快，气泡尚未来得及浮到表面破裂，膏霜就凝结而将气泡包入膏霜中。解决这类问题的办法就是在保持真空的状态下进行均质，在均质后适当调低搅拌速度，并保持温度再真空搅拌一段时间，使混合体中气泡浮上消失，再搅拌冷却。

（二）乳液的质量控制

除了具有膏霜相同的质量问题外，乳液还存在以下质量问题。

1. 乳液稳定性差

稳定性差的乳液在显微镜下观察，内相的颗粒是分散度不够的丛毛状油珠，当丛毛状油珠相互联结扩展为较大的颗粒时，产生的凝聚油相上浮成稠厚浆状，在考验产品耐热的恒温箱中常易见到。解决办法是适当增加乳化剂用量或加入聚乙二醇 600 硬脂酸酯、聚氧乙烯胆固醇醚等，提高界面膜的强度，改进颗粒的分散程度。

乳液稳定性差的其他原因，可能是产品黏度低，两相密度差较大所致。解决办法是增加连续相的黏度（加入胶质如 Carbopol 941 等），但需保持乳液在瓶中适当的流动性；选择和调整油水两相的相对密度使之比较接近。

2. 在贮存过程中，黏度逐渐增加

主要原因是产品中使用了较多的硬脂酸、脂肪醇、汉生胶等增稠赋型成分，如单硬脂酸甘油酯、脂肪醇等容易在贮存过程中增加黏度，经过低温贮存，黏度增加更为显著。解决办法是避免采用过多硬脂酸、多元醇脂肪酸酯类和高碳脂肪醇以及高熔点的蜡、脂肪酸酯类等，适量增加低黏度白油或低熔点的异构脂肪酸酯类等。

第五节　新型乳化技术

一、多重乳化技术

（一）类型与结构

通常的乳化体有 O/W、W/O 型，另外还有 W/O/W、O/W/O 型等两种多重乳化体类型。多重乳化体是分散相液滴中又包含另外一种更小液滴的复杂多重乳化体系。多重乳化体具有“两膜三相”结构，以 W/O/W 型为例，见图 2-17。该结构具有内水相（W_1）、油相、外水相（W_2）三相，并在相界面处有外油/水界面膜和内水/油界面膜，分别叫作第一相界面膜和第二相界面膜，相对应的乳化剂分别称为乳化剂Ⅰ和乳化剂Ⅱ。

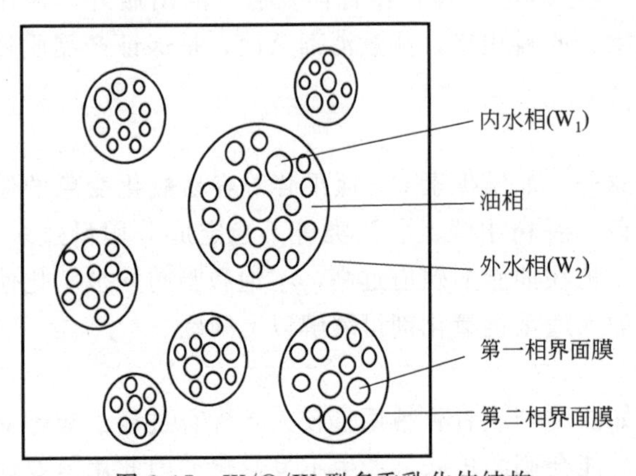

图 2-17　W/O/W 型多重乳化体结构

（二）制备方法

多重乳化体的制备一般仍是采用传统的均质方法，也有研究新型的乳化方式，如超声波乳化法以及膜乳化法、微通道乳化法等，这些新型的方法可得到分散均一的乳化体，但是它们对设备要求高，还不能大规模工业化应用。传统方法制备多重乳化体的工艺可以分为一步乳化法和两步乳化法两种。

1. 一步乳化法

一步乳化法是先在油相中加入少量的水相，制备得到 W/O 型乳化体，然后再继续加水使它变成 W/O/W 型乳化体。在一步乳化法制备多重乳化体的过程中，为了使乳化体从 W/O 型转变为 W/O/W 型的过程容易且顺利地进行，需要外界提供较强的剪切力，一般要求搅拌速度大于 5000r/min。

2. 两步乳化法

两步乳化法相对一步乳化法来说是比较可靠的方法。第一步，形成 W/O 型乳化体；第二步，将得到的 W/O 型乳化体在水溶液中进一步乳化形成 W/O/W 型乳化体。第一次乳化过程中，乳化温度一般 60～80℃为宜，乳化速度大于 3000r/min 以保证初乳的稳定性。第二次乳化过程，乳化温度比第一次乳化温度较低，一般保持室温即可；乳化速度比第一次乳化速度要低，一般小于 1000r/min；乳化时间不宜过长。否则，多重乳化体最终变成单重乳化体。

（三）影响多重乳化体形成的因素

衡量多重乳化体的性质有稳定性和生成率两个指标。多重乳化体本质上是热力学不稳定体系，贮存和使用过程中极易发生絮凝、聚结和分层及包埋物质的非控制释放；多重乳化体的生成率是衡量多重乳化体制备好坏的一个重要指标，是指多重乳化体的实际内水（油）相量和设计的内水（油）相量之比。影响多重乳化体稳定性及生成率的因素有很多，主要有如下几个方面。

1. 乳化剂

多重乳化体的乳化剂包括存在于初乳中的乳化剂Ⅰ和存在于次乳中的乳化剂Ⅱ。乳化剂尽可能使用聚合物乳化剂，以提高界面膜的强度与稳定性，其用量尽可能少，以减少其在相反界面上的吸附。以 W/O/W 型多重乳化体制备为例，乳化剂Ⅰ的 HLB 值应控制在 4.5～6.5；乳化剂Ⅰ的用量要比较大，其浓度越高，乳滴破裂的速度越慢，多重乳化体的生成率就越高，但是太高则会对乳化剂Ⅱ也有增溶作用，使多重乳化体的稳定性降低，其用量一般为 4%～12%；乳化剂Ⅱ的选择要考虑其与构成界面膜的相互作用，如果选择不当，多重乳化体极易形成 O/W；其 HLB 值应大于 15，并且最好选择非离子乳化剂，这样有利于提高多重乳化体的稳定性及生成率，其用量要很低，一般认为乳化剂Ⅰ与乳化剂Ⅱ的比例应该大于 10。而 O/W/O 型乳化体则相反。

2. 油相

油相的极性、组成与比例是影响多重乳化体稳定性的重要因素。油相的极性影响水在油膜中传输的速度，油的极性越大，水在其中的传输速度越快，多重乳化体越不稳定。油相的比例表现在相体积比，在 W/O/W 多重乳化体中，油相与内水相体积比称为第一相体积比，外水相与初乳的体积比称为第二相体积比。第一相体积比越大，油层越厚，内水相难以与外水相接触，多重乳化体稳定性就越好，反之则油层变薄易破，稳定性下降。但是随着第一相体积比增大，初乳的黏度变小，降低了初乳的稳定性。一般初乳的第一相体积比在 1.5～4.0。第二相体积比与第一相体积比相似，不能太高，否则黏度降低，不稳定；但也不能太低，否则水膜太薄不稳定。适合多重乳化体稳定的第二相体积比一般在0.2～4.0。

3. 水相

水相包括内水相和外水相。水经过油膜在 W/O/W 型多重乳化体中传递，会导致乳珠缩小或是溶胀，最终使多重乳化体转变为单重乳化体而失去稳定性，因此水传递成为影响多重乳化体稳定性的一个重要因素。多重乳化体中水传递的推动力有两个，Laplace 压力和油膜两侧间的渗透压差。因此控制好内相中盐的浓度，可以使水传递的两个推动力达到平衡，从而实现对水传递的控制，维持 W/O/W 型多重乳化体的稳定。在内外水相中加入高分子聚合物使水相产生凝胶化，可有效提高多重乳化体的稳定性，这是因为内水相的凝胶化可阻止内水相的泄漏，外水相的凝胶化可减少初乳的聚并。

4. W/O 和 O/W 型乳化体相体积

配制 W/O/W 型多重乳化体时，第一次乳化后的 W/O 型乳化体所占的相体积对生成率有很大的影响。一般来说，随着 W/O 型乳化体相体积比的增加，生成率增加，当相体积占比较大时（70%～80%），则有较高的生成率（可高达 90%生成率）。

配制 O/W/O 型多重乳化体时，第一次乳化后的 O/W 型的相体积对生成率也有很大的影响。当 O/W 型的相体积超过 30%时，生成率急剧增加；相体积达到 40%以上时，生成率可达 80%；但当相体积占到 68%左右时，多重乳化体转变为 O/W 型乳化体。

另外，多重乳化体的生成率还与制备工艺条件，如搅拌速度、搅拌时间和温度等因素有关。

(四)配方实例和制备工艺

1. 配方实例

配方实例如表 2-48 所示。

表 2-48　W/O/W 型乳化体配方实例

组分	物质名称	质量分数/%	作用
W/O 初乳部分			
油相	氢化聚异丁烯	10.0	润肤
	碳酸二辛酯	10.0	润肤
	环聚二甲基硅氧烷	8.0	润肤
	鲸蜡基 PEG/PPG -10/1 聚二甲基硅氧烷	2.5	乳化
	PEG -10 聚二甲基硅氧烷	1.0	乳化
水相	去离子水	加至 100	溶剂
	氯化钠	0.4	稳定
	1,3-丁二醇	2.0	保湿
	丙二醇	2.0	保湿
其他	防腐剂	适量	防腐
W/O/W 部分			
水相	去离子水	余量	溶解
	EDTA-2Na	0.02	螯合
	丁二醇	4.0	保湿
	丙二醇	4.0	保湿
	卡波姆	0.4	增稠
	鲸蜡醇磷酸酯钾	3.0	乳化
其他	W/O 初乳部分	40.0	润肤
	氨甲基丙醇	0.24	中和
	防腐剂	适量	防腐
	香精	适量	调香

2. 制备工艺

(1) W/O 初乳的制备

① 将油相和水相分别加热到 75℃，搅拌均匀。

② 将水相慢慢倒进油相，搅拌，均质均匀。

③ 降温到 45℃加入防腐剂，搅拌均匀。

④ 抽真空，降温到 40℃，备用。

(2) W/O/W 部分

① 将水相加热到 75℃，卡波分散均匀，搅拌均匀，降温到 50℃。

② 取 W/O 初乳部分慢慢倒入水相，适当均质，搅拌均匀。

③ 加入氨甲基丙醇中和。

④ 加入防腐剂和香精，搅拌均匀。

⑤ 抽真空出料。

二、微乳化技术

微乳化技术是区别于普通乳化技术的一种全新的技术。1943 年 Hoar 和 Schulman 首先发现了水和油与大量表面活性剂和助表面活性剂混合自发形成透明或半透明体系，并于 1959 年将其正式命名为"微乳液"。微乳液是由水、油、表面活性剂和助表面活性剂在适当的比例下形成的透明或半透明、各向同性的热力学稳定体系。

(一) 微乳液与普通乳液的区别

微乳液也是一种分散体系，类似于普通乳状液，可分为 W/O 和 O/W 两种类型，但微乳液与乳状液具有根本的区别，主要表现为：普通乳状液是热力学不稳定体系，分散相质点大 (0.1～10μm)，不均匀，外观不透明，存放过程中将发生聚结而最终分离成油、水两相，需要表面活性剂或其他乳化剂维持动态稳定；而微乳液是热力学稳定体系，分散相质点很小 (0.01～0.1μm)，外观透明或微蓝，高速离心分离不发生分层现象，在超离心场作用下的分层也是一种暂时的现象，离心场取消，分层现象自动消失。

由于可见光的波长在 0.4～0.8μm，这正好在普通乳液液滴大小范围内，因而产生漫反射，所以不透明；而微乳液液滴粒径比可见光波长短得多，故呈透明或近乎透明。如果普通乳液中加入更大量的表面活性剂，并加入适量的辅助剂，提高其分散度，就能使其转变为微乳液。

(二) 微乳液制备方法

① 乳化剂在水中法。乳化剂溶于水中，在剧烈搅拌下将油相加入，可得 O/W 型乳液。

② 乳化剂在油中法。乳化剂溶于油相，再加水，直接制得 W/O 型乳液；继续加水至变型，可得 O/W 型乳液。这样制得的 O/W 型乳液粒度小，稳定性高。

③ 轮流加液法。将油和水轮流加入乳化剂中，每次少量。

④ 瞬间成皂法。制备用皂稳定的乳液，可将脂肪酸溶于油相，将碱溶于水相。在剧烈搅拌下将两相混合，在界面上瞬间形成脂肪酸皂，从而得到稳定的乳液。

⑤ 界面复合物生成法。采用复合乳化剂时，将亲油性强的乳化剂溶于油相，将亲水性强的乳化剂溶于水相。两相混合时，界面上两种乳化剂形成复合物，从而使乳状液稳定。

⑥ 自发乳化法。不需要机械搅拌，把油、水和乳化剂加在一起自发地形成乳状液。

(三) 配方实例和制备工艺

1. 配方实例

配方实例如表 2-49 所示。

2. 制备工艺

① 将油相部分搅拌均匀。

表 2-49 微乳液配方实例

组分	物质名称	质量分数/%	作用
油相	聚乙二醇-6 辛酸/癸酸甘油酯类	10	乳化
	聚甘油-3 癸酸酯	2	乳化
	碳酸二辛酯	2	润肤
	辛酸/癸酸甘油三酯(GTCC)	2	润肤
水相	去离子水	余量	溶解
	EDTA-2Na	0.02	螯合
	1,3-丁二醇	4	保湿
	甘油	4	保湿
	卡波姆(940)	0.1	增稠
其他	氨甲基丙醇	0.06	中和
	防腐剂	适量	防腐

② 将水相的卡波均质分散均匀，搅拌均匀。

③ 将油相慢速加入水相中，搅拌均匀。

④ 加入氨甲基丙醇中和，搅拌均匀。

⑤ 加入防腐剂，搅拌均匀。

⑥ 取样检测，合格后过滤、出料贮存、灌装。

三、液晶乳化技术

液晶，顾名思义是与物质三态“气、液、固”都不相同的物态。它既具有液体的流动性，也具有固体分子排列的规则性。液晶是介于固态与液态间的中间相，常称为介晶状态。

$$\text{固体结晶} \underset{\text{冷却}}{\overset{\text{加热}}{\rightleftharpoons}} \text{液晶} \underset{\text{冷却}}{\overset{\text{加热}}{\rightleftharpoons}} \text{无向性液体}$$

液晶结构乳状液是一种不同于普通乳状液的新型乳化体系，该类乳状液是乳化剂分子在油水界面形成液晶结构的有序分子排列（见图 2-18），这种有序排列使得液晶乳状液具有比普通乳状液更好的稳定性、缓释性与保湿性等优良性能。

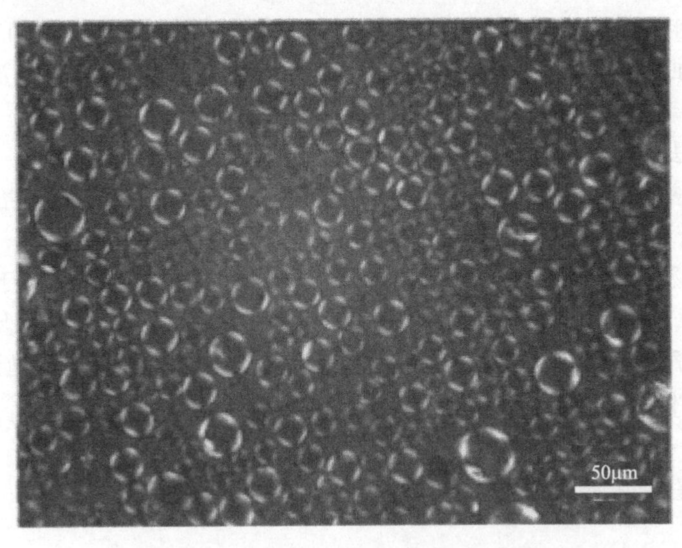

图 2-18 液晶结构乳状液的偏振光显微镜照片

(一)液晶类型

液晶分热敏感性液晶和感胶易溶液晶。热敏感性液晶由加热单一组分形成，而感胶易溶液晶则由多组分与溶剂以一定比例在一定温度下形成。低敏感性液晶主要有层列状和向列状两种，感胶易溶液晶可分为胶束溶液、六方晶系、立方晶系和胶网液晶等。

在护理品工业中应用的液晶多属胶网液晶，当亲水亲油两亲脂肪分散在高 HLB 值的表面活性剂水中时，便可能形成层状，在浊点温度表面活性剂渗透到两亲脂肪层并膨胀，当一定量的水结合入层间时，层状液晶便形成，当温度降低便会形成胶网液晶。胶网液晶不同于一般乳化结构，其油滴分布在油/水乳化体中，在大多数情况下，液晶层在乳化体系冷却时要转变成胶网液晶，也就是说在冷却过程中，两亲脂肪在油滴中溶解度降低，油滴周围的多层结构形成了流变学屏障，使油滴间的范德华吸引力相当弱，从而阻止其聚结，故胶网液晶结构是稳定的，但其对温度是相当敏感的，温度升高便会使胶网液晶脱水转相成层状液晶，使用一定的亲水胶体能形成对液晶相具增强及保护作用的水合体系，增进体系的稳定性。

液晶结构酷似皮肤颗粒层的板层结构，能起到屏障作用，抵御外来危害对皮肤的侵袭，能防止皮肤水分挥发，以维持皮肤的水分，保持皮肤富有弹性，从而使皮肤延缓衰老。同时，液晶结构还是活性小分子很好的载体，能起到均匀释放作用，由于其结构似皮肤表层结构，所以使用时感觉舒适优雅，油腻感轻，对皮肤的刺激性及致敏性低、安全性高。

(二)液晶乳化剂的类型

目前应用形成液晶化妆品的乳化剂大致可以分为下面几种类型。

① 脂肪醇聚醚类，典型的产品如禾大公司的 Brij72 和 Brij721，乳化能力强，可形成油相液晶体系，肤感滋润。

② 聚甘油酯、糖苷类，典型的产品如赛比克公司的 MONTANOV 系列乳化剂，可以形成性质温和、肤感清爽的液晶化妆品。

③ 磷脂类，如氢化卵磷脂，形成的液晶结构跟皮肤间质比较类似，更容易吸收，且液晶结构稳定，肤感滋润，特别适合干燥肌肤使用。

④ 氨基酸衍生物类，如巴斯夫公司的硬脂酰谷氨酸钠，具有很强的乳化能力，且有很好的耐电解质能力。

(三)液晶乳化体的组成

① 乳化剂：单一乳化剂或多或少存在一定的缺陷，通过选择两种及以上的结构类似的乳化剂复配，达到互补、增强乳化能力的目的。

② 助乳化剂：选择合适的助乳化剂，增强乳滴界面强度。

③ 油脂：选择极性的油脂，更有利于形成液晶结构。

④ 增稠剂：合适的增稠剂可以起到稳定乳化体的作用。

(四)液晶形成的影响因素

① 乳化剂：选择合适的乳化剂，并根据所乳化油相的总量，适当增加乳化剂的用量，有利于液晶乳化体的形成。

② 助乳化剂：添加甘油硬脂酸酯、鲸蜡硬脂醇或者丙烯酸(酯)类/$C_{10\sim30}$烷醇丙烯酸酯交联聚合物等聚合物，有利于液晶乳化体的形成。

③ 油相：采用极性油脂有利于液晶的形成，如辛酸/癸酸甘油三酯等。

④ 工艺条件：采用 O/W 直接乳化法，快速将油相加入水相，快速均质，慢速搅拌降温

有利于液晶的形成。

⑤ 活性物：一些活性物含有电解质，会破坏乳化体的稳定，在选择时需要测试后再决定是否添加和确定使用量。

（五）配方实例与制备工艺

1. 配方实例

配方实例如表 2-50 所示。

表 2-50 液晶乳化体配方实例

组分	物质名称	质量分数/%	作用
油相	辛酸/癸酸甘油三酯(GTCC)	10.0	润肤
	碳酸二辛酯	10.0	润肤
	鲸蜡硬脂基葡糖苷	4.0	乳化
	甘油硬脂酸酯	1.0	助乳化
	鲸蜡硬脂醇	2.0	助乳化
水相	去离子水	余量	溶解
	EDTA-2Na	0.0	螯合
	1,3-丁二醇	4.0	保湿
	甘油	4.0	保湿
	卡波姆(940)	0.2	增稠
其他	氨甲基丙醇	0.12	中和
	防腐剂	适量	防腐
	香精	适量	调香

2. 制备工艺

① 将油相部分加热到 80℃，完全溶解，搅拌均匀。

② 将水相的卡波均质分散均匀，将其余水相部分加热到 80℃，搅拌均匀。

③ 将油相快速加入水相，快速均质 3min，慢速搅拌均匀。

④ 加入氨甲基丙醇中和，搅拌均匀。

⑤ 保持慢速搅拌降温到 45℃，加入防腐剂和香精，抽真空、搅拌均匀。

⑥ 取样检测，合格后过滤、出料贮存、灌装。

案例分析

【案例分析 2-1】

事件过程：2012 年广州某公司生产了一款润肤乳，投放到市场后一个月发现出现了油水分层的现象。

原因分析：该产品配方在小试试验时经过了耐热、耐寒等稳定性试验测试，但测试的时间较短，只有一个星期。经再次稳定性试验，发现耐热试验 2 个星期时出现了油水分离现象。

处理方法：投放市场的产品全部召回。继续改进配方，并进行稳定性试验 2 个月。

【案例分析 2-2】

事件过程：某公司在生产乳液时，配制好后检验发现太稀，黏度不达标。

原因分析：①不同批次的原料对产品的黏度有影响；②生产时均质力度过强或者均质时间过长。经排查，工厂发现出现这类问题一般都是均质时间过长导致的。

处理方法：为了让黏度达标，补加一点增稠剂，然后再搅拌均匀即可。

【案例分析 2-3】

事件过程：广州某化妆品企业 2006 年 12 月生产的一批润肤霜，发到市场 3 个月后发现膏体的表面出现一点一点的黄色斑点。

原因分析：初步判断可能是霉菌超标。品管部挑取有黄色斑点的膏体进行霉菌和酵母菌总数测定，发现霉菌和酵母菌总数达到 500 个/g，属于严重超标。查看生产记录单发现这批次膏体生产中只加了杰马 A 防腐剂，而配方中规定加入的羟苯甲酯和羟苯丙酯没有加。杰马 A 防腐剂对细菌具有较强的抑制作用，但对霉菌的抑制效果稍差，需要羟苯酯来加强，而配方中漏加了羟苯酯，导致了此次事件。

处理方法：将所有市场上在售的产品追回销毁。

【案例分析 2-4】

事件过程：某公司生产乳液黏度出现不稳定现象，有时生产出来产品的黏度偏低。

原因分析：该乳液配方中使用了卡波和 Seppic305 作为增稠剂。如果生产工艺是把卡波在乳化前投入乳化锅均质分散后再乳化，卡波会被过度均质，导致卡波分子链出现断裂，做出来的产品就容易黏度偏低；另外，由于原料 Seppic305 放置容易分层（油层漂在上面，聚合物沉底），而在称料时没有预先将其搅匀再称，影响了对产品的增稠。

处理方法：根据分析，由于乳液黏度偶尔出现不稳定，不是长期的，如果是卡波被过度均质而断裂的话应该是每批都一致，所以排除这个原因。那就应该是 Seppic305 的问题。经过与配料员沟通，发现配料员有时在计量 Seppic305 前并不搅拌均匀就称料了，上面这层 305 含聚合物含量少，而下层的聚合物含量多，导致乳液产品黏度不稳定。为此，公司针对 Seppic305 配料制订一项规定，即要搅拌均匀才能进行计量。此后，该种乳液的黏度不再出现不稳定现象。

实训 2-1 润肤乳的制备

一、实训目的

① 通过实训，进一步学习乳化原理；

② 掌握乳化操作工艺过程和乳化设备的使用方法；

③ 学习如何在实训中不断改进配方的方法；

④ 通过实训，提高动手能力和操作水平。

二、实训内容

1. 操作原理

乳化原理。可用 SS、SSE 作乳化剂，也可用其他乳化剂。

2. 实训配方

如表 2-51 所示。

表 2-51 润肤乳的实训配方

组分	物质名称	质量分数/%	作用
油相	白油 十六十八醇	4.0 1.0	润肤 润肤、助乳化

续表

组分	物质名称	质量分数/%	作用
油相	单甘酯	1.0	润肤、助乳化
	IPP	4.0	润肤
	辛酸/癸酸甘油三酯(GTCC)	4.0	润肤
	硅油 DC-200	2.0	润肤
	羟苯甲酯	0.15	防腐
	羟苯丙酯	0.05	防腐
	SS 20	2.0	乳化
	SSE 20	2.0	乳化
水相	1,2-丙二醇	4.0	保湿
	1,3 丁二醇	4.0	保湿
	卡波姆(940)	0.20	增稠
	透明质酸钠	0.05	保湿
	去离子水	余量	溶解
其他	芦荟提取物	1.0	保湿
	β-葡聚糖	1.0	保湿
	苯氧乙醇	0.3	防腐
	氨甲基丙醇	0.12	中和卡波姆(940)
	香精	0.2	赋香

3. 操作步骤

① 将油溶性物质混合搅拌加热至85℃，保温20min，为油相。

② 将水相中聚合物与多元醇分散后加入水中，混合搅拌溶解，加热至85℃，保温20min，为水相。

③ 将油相加入水相中，搅拌2min，再剧烈均质搅拌3min，搅拌冷却至50℃以下时加入其他物质，混合搅拌冷却至38℃即可。

三、实训结果

请根据实训情况填写表2-52。

表2-52 制备润肤乳的实训结果

使用效果描述	
使用效果不佳的原因分析	
配方建议	

实训2-2 粉底霜的制备

一、实训目的

① 通过实训，进一步学习乳化原理；

② 掌握乳化操作工艺过程和乳化设备的使用方法；

③ 学习如何在实训中不断改进配方的方法；

④ 通过实训，提高动手能力和操作水平。

二、实训内容

1. 实训原理

乳化原理。

2. 实训配方

如表 2-53 所示。

表 2-53 粉底霜的实训配方

组分	物质名称	质量分数/%	作用
油相	十六十八醇	2.0	润肤、助乳化
	地蜡	1.0	润肤、助乳化
	单甘酯	2.0	润肤
	芦荟油	3.0	润肤
	辛酸/癸酸甘油三酯(GTCC)	5.0	润肤
	二甲基硅油	5.0	润肤
	羟苯甲酯	0.15	防腐
	羟苯丙酯	0.05	防腐
	EM-90	3.0	乳化
	钛白粉	8.0	遮盖
	铁红	0.1	调色
	铁黄	0.3	调色
	白油	6.0	润肤
	IPP	2.0	润肤
水相	1,3-丁二醇	4.0	保湿
	甘油	3.0	防腐
	尿囊素	0.2	软化角质
	氯化钠	1.0	降低结冰点,防止低温时水相膨胀
	去离子水	余量	溶解
其他	苯氧乙醇	0.5	防腐
	β-葡聚糖	1.0	保湿
	香精	0.2	赋香

3. 操作步骤

① 将油溶性物质混合搅拌加热至 85℃，保温 20min，为油相。

② 将水和水溶性物质混合溶解，加热至 85℃，保温 20min，为水相。

③ 将水相加入油相中，边加边剧烈均质搅拌 3min，搅拌冷却至 50℃以下时加入其他成分，混合搅拌冷却至 38℃即可。

三、实训结果

请根据实训情况填写表 2-54。

表 2-54 制备粉底霜的实训结果

使用效果描述	
使用效果不佳的原因分析	
配方建议	

实训 2-3 素颜霜的制备

一、实训目的

① 通过实训，进一步学习乳化原理；

② 掌握乳化操作工艺过程和乳化设备的使用方法；

③ 学习如何在实训中不断改进配方的方法；

④ 通过实训，提高动手能力和操作水平。

二、实训内容

1. 实训原理

乳化原理。

2. 实训配方

如表 2-55 所示。

表 2-55　素颜霜的实训配方

组分	物质名称	质量分数/%	作用
油相	硅油	4.0	润肤
	角鲨烷	5.0	润肤
	十六十八醇	0.5	润肤、助乳化
	钛白粉(108b)	3.0	遮盖
	ME 乳化剂	2.0	乳化
	SENSANOV WR	1.0	乳化
	羟苯甲酯	0.15	防腐
	羟苯丙酯	0.05	防腐
	棕榈酸异辛酯(EHP)	3.0	润肤
水相	丙二醇	3.0	保湿
	甘油	5.0	保湿
	NMF-50	2.0	保湿
	苯氧乙醇	0.2	防腐
	去离子水	余量	溶解
其他	SIMULGEL™ EG	0.5	乳化
	β-葡聚糖	2.0	保湿
	芦荟提取物	0.2	保湿,舒缓

3. 操作步骤

① 将油溶性物质混合搅拌加热至 75℃，分散均质 1min，为油相。

② 将水和水溶性物质混合溶解，加热至 85℃，保温 20min，为水相。

③ 边搅拌边将水相加入油相中，再均质 1～2min。

④ 加入 SIMULGEL™ EG，再均质 1min。

⑤ 搅拌冷却至 50℃以下时加入其他成分，混合均匀后，搅拌冷却至常温即可。

三、实训结果

请根据实训情况填写表 2-56。

表 2-56 制备素颜霜的实训结果

使用效果描述	
使用效果不佳的原因分析	
配方建议	

习题与思考题

1. 乳化体是个相对稳定的体系，请说明影响乳化体稳定的因素有哪些？

2. 乳化体不稳定容易导致哪些现象？

3. 保湿的途径有哪些？常用的保湿剂有哪些？

4. 常用的乳化剂有哪些？

5. 用硬脂酸皂作乳化剂制备的膏霜和乳液在放置的过程中有不断变稠的趋势，可采取什么措施防止这种现象发生？

6. 膏霜的黏稠度与哪些因素有关？常用的膏霜增稠剂有哪些？

7. 要配制 1000kg 雪花膏，需要硬脂酸（酸价 208）120kg，硬脂酸中和成皂百分率为 10%，则配方中需要纯度为 98%的 KOH 为多少千克？

8. 化妆品常用卡波姆作增稠剂，但一般需要用碱中和才能发挥好的增稠效果，请解释其原理？

9. 常用的抗衰老营养物质有哪些？各有什么作用？

10. 简述清洁霜和洗面奶的洁面原理。

11. 简述乳化体的生产过程，并说明搅拌速度、温度控制对乳化体的影响。

第三章
水剂类化妆品

Chapter 03

【知识点】 化妆水；啫喱水；水剂类化妆品生产工艺；水剂类化妆品质量标准。

【技能点】 化妆水配方设计；啫喱水配方设计；水剂化妆品生产工艺；水剂类化妆品生产质量关键控制点。

【重点】 化妆水的配方组成与常用原料；啫喱水的配方组成与常用原料；化妆水的配方；啫喱水的配方；生产工艺；生产质量控制。

【难点】 化妆水的配方设计；啫喱水的配方设计；生产质量控制。

【学习目标】 掌握水剂类化妆品的生产原理；掌握水剂类化妆品生产工艺过程和工艺参数控制；掌握主要水剂类化妆品常用原料的性能和作用；掌握主要水剂类化妆品的配方技术；能正确地确定水剂类化妆品生产过程中的工艺技术条件；能根据生产需要自行制定水剂类化妆品配方，并能将配方用于生产。

水剂类化妆品是以水为基质的化妆品，主要有香水、爽肤水和发用水等产品，本章主要介绍护肤用水剂化妆品、香水和护发用水剂化妆品。

第一节　护肤用水剂化妆品

护肤用水剂化妆品，通常是在用洁面用品洗净黏附于皮肤上的污垢后，为皮肤的角质层补充水分、保湿成分和营养成分，使皮肤柔软，以调整皮肤生理功能为目的的化妆品。护肤用水剂化妆品和乳化化妆品相比，油分少，有舒爽的使用感，且使用范围广，功能也在不断扩展，如皮肤表面清洁、杀菌、消毒、收敛、防晒、抑制粉刺生长、滋润皮肤等多种功能。护肤用水剂化妆品要求符合皮肤生理功能，保持皮肤健康，使用时有清爽感，并具有优异的保湿效果及透明的美好外观。目前护肤用水剂化妆品按其使用目的和功能可分为如下几类。

① 柔软性爽肤水——保持皮肤柔软、湿润；

② 收敛性爽肤水——抑制皮肤油脂分泌，收敛并调整皮肤；

③ 洁肤用化妆水——卸除淡妆且具有一定程度的清洁皮肤作用；

④ 须后水——缓解剃须所造成的皮肤刺激，使胡须部位产生清凉的感觉；

⑤ 营养水——为皮肤提供营养，滋润皮肤；

⑥ 水乳——为皮肤提供营养，滋润皮肤，在营养水基础上加入少量的油分；

⑦ 护肤啫喱——在上述水剂产品基础上加入增稠成分，制成啫喱状；

⑧ 面贴膜——在上述水剂产品基础上加入适量增稠成分，并配合布基材制成。

一、组成与常用原料

护肤用水剂化妆品的基本功能是保湿、柔软、清洁、杀菌、消毒、收敛等，所用原料大多与功能有关，因此不同使用目的的护肤用水剂化妆品，其所用原料和用量也有差异，其组成和常用原料如下所述。

1. 水分

水是护肤用水剂化妆品的主要原料，其主要作用是溶解、稀释其他原料，补充皮肤水分，软化角质层等。这类产品对水质要求较高，一般采用蒸馏水或去离子水。

2. 乙醇和异丙醇

乙醇也是护肤用水剂化妆品的主要原料，用量较大，其主要作用是溶解其他水不溶性成分，且具有杀菌、消毒功能。乙醇容易挥发，含乙醇的产品用于皮肤后清凉感强。另外，异丙醇也可用作实现上述功效的原料。值得一提的是，乙醇和异丙醇都对皮肤具有刺激性，敏感性肌肤使用含乙醇和异丙醇的产品容易出现过敏反应，因此不建议使用。

3. 保湿剂

保湿剂的主要作用是保持皮肤角质层适宜的水分含量，降低制品的冻点，同时也是溶解其他原料的溶剂，改善制品的使用感。常用的保湿剂与第二章介绍的保湿剂一致。

4. 润肤剂

润肤剂用于滋润皮肤，对皮肤具有软化和保湿作用，常用润肤剂见第二章。

5. 增溶剂

护肤用水剂化妆品中，非水溶性的香料、油类和某些活性成分等不能很好地溶解，影响制品的外观和性能，因此需添加表面活性剂作为增溶剂，保持制品的清澈透明。作为增溶剂，一般使用的是亲水性强的非离子表面活性剂，如聚氧乙烯氢化蓖麻油、聚氧乙烯油醇醚、聚氧乙烯失水山梨醇脂肪酸酯等。另外，值得注意的是，表面活性剂具有去污和起泡作用，应避免选用脱脂力强、刺激性大的表面活性剂。

6. 黏度调节剂

黏度调节剂用于调节产品黏度，增加产品的稳定性，一般使用水溶性聚合物，如羟乙基纤维素（HHR250、HEC）、聚丙烯酰基二甲基牛磺酸铵、丙烯酰二甲基牛磺酸铵/VP共聚物、透明汉生胶、海藻酸钠、卡波姆等，高档产品用透明质酸钠。

7. 活性成分

应用于护肤用水剂化妆品的活性成分主要有收敛剂、杀菌剂、营养剂等。

（1）收敛剂

能使皮肤毛孔收缩的物质，常用的收敛剂有金属盐类收敛剂，如苯酚磺酸锌、硫酸锌、氯化锌、明矾、碱式氯化铝、硫酸铝、苯酚磺酸铝等；有机酸类收敛剂，如苯甲酸、乳酸、单宁酸、柠檬酸、酒石酸、琥珀酸、乙酸等。其中，铝盐的收敛作用最强；具有二价金属离子的锌盐的收敛作用较三价金属离子的铝盐温和；酸类中苯甲酸使用很普遍，而乳酸和乙酸则采用得较少，其原因是pH值比较低，刺激性大。

（2）杀菌剂

具有杀灭微生物作用的物质，常用的杀菌剂是三氯生和季铵盐类，如新洁尔灭、洁尔灭、水杨酸等，但这些物质都是属于化妆品限用物质。另外，乙醇、乳酸、硼酸等也都具有一定杀菌作用。值得注意的是，大部分的杀菌剂都是属于化妆品限用物质，一般都有刺激性，使用时要注意。

目前使用较多的是戊二醇、己二醇、辛二醇、对羟基苯乙酮、乙基己基甘油等，代替了传统防腐杀菌剂，使产品更温和。

(3) 营养剂

给予皮肤营养，促进皮肤生长，如肌肽、α-甘露聚糖、燕麦葡聚糖、维生素类、氨基酸衍生物、植物提取液、谷物发酵液等。如 YOUKE 大米发酵滤液是利用干酪乳杆菌发酵大米制得的包含菌体、大米本身含有的多种有效成分及在发酵过程中合成的活性物质，强效补充肌肤所缺失的水分和营养，使肌肤水润透亮；大米发酵液中含有丰富的多酚类和有机酸等益生元可有效抗敏舒缓，对抗环境污染，淡化红血丝；特别适合用于膏霜、精华、面膜、凝胶、化妆水等产品的活性成分。

(4) 皮肤角质软化剂

使皮肤角质层软化的物质，一般常用碱性物质，如微量的氢氧化钾、碳酸钾等。另外，尿囊素对皮肤角质层也有很好的软化效果。

8. 其他

护肤用水剂化妆品中除上述原料外，还需要加入防腐剂；为赋予制品令人愉快舒适的香气而加有香精；为赋予制品用后清凉的感觉而加入薄荷脑等；为防止金属离子的催化氧化作用而加入金属离子螯合剂如 EDTA-2Na 等；为赋予制品艳丽的外观而加入色素；为防止制品褪色或赋予制品防晒功能而加入紫外线吸收剂等。

二、护肤用水剂化妆品的配方

1. 柔软性爽肤水

柔软性爽肤水又称为柔肤水，是给皮肤角质层补充适度的水分，使皮肤柔软、保持皮肤光滑润湿的制品。因此，保湿效果和柔软效果是配方的关键。各种水溶性的高分子化合物也可加入，以提高制品的稳定性，不仅具有保湿性能，而且能改善产品的使用性能。水剂产品易受微生物污染，配方中应加入适当的防腐剂。金属离子会使胶质的黏度发生变化，除采用去离子水外，还应适量加入螯合剂。作为柔软剂的油分则采用易溶解的高级脂肪醇及其酯类。

pH 值对皮肤的柔软性也有影响。一般认为弱酸性护肤水剂对角质层的柔软效果好，可适用于干性皮肤者和皮脂分泌较少的中老年人，还可于秋冬寒冷季节使用。因此，柔软性护肤用水剂化妆品可制成接近皮肤 pH 值的弱酸性直至弱碱性，近年来则多倾向于调整至接近皮肤的 pH 值 5.5 左右。

表 3-1 为柔软性爽肤水配方实例；表 3-2 为企业实际生产的柔软性保湿爽肤水配方实例。

表 3-1 柔软性爽肤水配方实例

物质名称	质量分数/%	作用
去离子水	余量	溶解
EDTA-2Na	0.02	螯合
泛醇	0.5	保湿
双-PEG-18 甲基醚二甲基硅烷	1.0	柔滑肌肤、降低黏腻感
甘油	3.0	保湿
1,3-丁二醇	2.0	保湿
脱乙酰壳多糖单琥珀酰胺	3.0	带来滑爽触感
YOUKE 大米发酵滤液	0.5	保湿、抗敏
β-葡聚糖	1.0	保湿
生物糖胶-1(MG-1)	2.0	保湿

续表

物质名称	质量分数/%	作用
1,2-戊二醇 1,2-辛二醇 1,2-己二醇	2.0 0.2 0.2	保湿、防腐增效 防腐 防腐
香精 氢化蓖麻油(CO40)	0.05 0.15	赋香 增溶香精

表 3-2 企业实际生产的柔软性保湿爽肤水配方实例

物质名称	质量分数/%	作用
去离子水	余量	溶解
甘油	5.00	保湿
1,3-丁二醇	7.00	保湿
尿囊素	0.20	软化角质层
德敏舒	0.30	抗敏
生物糖胶-1(MG-1)	1.00	保湿
透明质酸钠	0.04	保湿
黄原胶	0.10	调节黏度
羟乙基纤维素	0.10	调节黏度
海藻糖	2.00	保湿
甜菜碱	1.00	保湿
1,2-己二醇	0.50	防腐
对羟基苯乙酮	0.50	防腐
香精	0.05	赋香
氢化蓖麻油(CO40)	0.15	增溶香精

制备工艺如下。

① 将黄原胶、生物糖胶和透明质酸钠在甘油中预先分散，然后与尿囊素、海藻糖、甜菜碱和羟乙基纤维素一起投入去离子水中，加热至 80℃，搅拌溶解至均匀透明，降温。

② 预先将德敏舒、对羟基苯乙酮在 1,3-丁二醇和 1,2-己二醇中加热溶解至透明，在体系降温至 55℃时投入，搅拌溶解均匀。

③ 降温至 45℃时，加入预先增溶好的香精与氢化蓖麻油的混合物，继续搅拌冷却至 38℃，过滤出料。

2. 收敛性控油爽肤水

收敛性控油爽肤水又称紧肤水，主要作用是能使皮肤蛋白作暂时的收敛，使皮肤上的毛孔和汗孔收缩，从而抑制过多脂质及汗液的分泌，使皮肤显得细腻，防止粉刺形成。从作用特征看适用于油性皮肤者，可作夏季化妆使用。使用前最好先用温和的洁面产品去污，用毛巾擦干后使用收敛性控油爽肤水。

收敛性控油爽肤水的配方中含有收敛剂、水、保湿剂、增溶剂和香精等，其配方的关键是达到皮肤收敛的效果。锌盐及铝盐等较强烈的收敛剂可用于需要较好收敛效果的配方中；而在收敛效果要求不高的配方中，应选用其他较温和的收敛剂，如乳酸等。另外，尿囊素也有一定的收敛皮肤作用，冷水及乙醇的蒸发能导致皮肤暂时降温，也有一定的收敛作用。

酸性条件下，皮肤收敛效果好，所以大部分的收敛性控油爽肤水呈弱酸性。

表 3-3 为收敛性控油爽肤水配方实例；表 3-4 为企业实际生产的控油保湿爽肤水配方。

表 3-3　收敛性控油爽肤水配方实例

物质名称	质量分数/%	作用
去离子水	余量	溶解
EDTA-2Na	0.02	螯合
泛醇	0.5	保湿
甜菜碱(NMF50)	2.0	保湿、柔软肌肤
聚甘油-10(粉感保湿剂 BL-210)	3.0	保湿
1,3-丁二醇	2.0	保湿
透明质酸钠	0.05	保湿
金缕梅提取物	0.5	舒缓和修复肌肤
薰衣草花提取物	0.5	控油收敛
馨敏舒	0.5	抗敏止痒
硫酸锌	0.4	收敛
1,2-辛二醇	0.2	防腐
1,2-己二醇	0.2	防腐
香精	0.05	赋香
氢化蓖麻油(CO40)	0.15	增溶香精

表 3-4　企业实际生产的控油保湿爽肤水配方

组分	物质名称	质量分数/%	作用
A	去离子水	余量	溶解
	尿囊素	0.10	软化角质层
	YOUKE 大米发酵滤液	2.00	润肤保湿、抗敏
	透明质酸钠	0.03	保湿
	1,3-丙二醇	4.00	保湿
	乳酸	0.10	皮肤收敛
	丙烯酰二甲基牛磺酸铵/山嵛醇聚醚-25 甲基丙烯酸酯交联聚合物(Aristoflex BLV)	0.25	增稠
B	甘油聚醚-26	3.00	保湿润肤
	麦芽寡糖葡糖苷、氢化淀粉水解物 SH-88	2.00	保湿
C	对羟基苯乙酮	0.50	防腐
	1,3-丁二醇	2.00	保湿
	1,2-己二醇	0.40	保湿、防腐
D	香精	0.10	赋香
	氢化蓖麻油(CO40)	0.50	增溶香精

制备工艺如下。

① 将透明质酸钠在丙二醇中预先分散，然后与其他成分一起投入去离子水中，加热至80℃，搅拌加入 B 组分，继续溶解至均匀透明，降温。

② 预先将 C 组分稍加热溶解至透明，在 A 组分降温至 55℃时投入，搅拌溶解均匀。

③ 降温至 45℃时，加入预先增溶好的香精与氢化蓖麻油的混合物。继续搅拌冷却至38℃，过滤出料。

表 3-5 为企业实际生产的一种控油祛痘爽肤水的配方实例，该配方设计原理为：

① 抗敏消炎提取液和复合植物提取液为功效成分，可有效消除脸部的各种粉刺；

② 复配水溶 FMC-3311 神经酰胺 3，巩固肌肤肌底层屏障，防止粉刺复发；

③ 添加高分子量的透明质酸，达到保湿和提升使用肤感的目的。

表 3-5　企业实际生产的控油祛痘爽肤水配方实例

组分	物质名称	质量分数/%	作用
A	去离子水	余量	溶解
	双丙甘醇(DPG)	3.0	溶解
	透明质酸钠	0.05	润肤
	生物糖胶-1(MG-1)	1.00	保湿
	羟苯甲酯	0.15	防腐
B	神经酰胺(MC-3311)	3.0	肌底屏障修复
C	抗敏消炎提取液	25.0	消炎
	复合植物提取液	25.0	杀菌
	杰马 BP	0.2	防腐

制备工艺如下。

① 将 A 组分混合均匀，加入适量 80℃热水，均质搅拌分散均匀；

② 降温至 45℃以下，加入 B 组分和余量的水，搅拌分散均匀；

③ 加入组分 C，搅拌分散均匀，即可。

3. 洁肤用化妆水

洁肤用化妆水又称为洁肤水，是以卸除淡妆和清洁皮肤为目的的化妆用品，不仅具有洁肤作用，而且具有柔软保湿之功效。为了达到清洁皮肤的功效，配方中一般会加入温和的表面活性剂；为了达到柔软保湿的功效，配方中需要加入保湿剂，如多元醇保湿剂，既有保湿作用，又有洁肤和防腐抑菌作用，又如异戊二醇等兼具洁肤、保湿、防腐功能，而且比 1,3-丁二醇具有更好的油溶性，用在卸妆水里使肤感、卸妆力增加；增溶剂本身就是表面活性剂，也有较强的洁肤作用。为了改善外观，还可以加入增稠剂，有的甚至制成凝胶状。制品的 pH 值可以呈弱碱性或弱酸性，但很多倾向于呈弱碱性。

表 3-6 为洁肤用化妆水配方实例。

表 3-6　洁肤用化妆水配方实例

物质名称	质量分数/%	作用
去离子水	余量	溶解
EDTA-2Na	0.02	螯合
泛醇	0.3	保湿
甜菜碱(NMF50)	2.0	保湿、柔软肌肤
甘油	3.0	保湿
PEG-400	10.0	保湿、卸妆
PEG-7 甘油椰油酸酯	10.0	卸妆
野菊花提取物	3.0	抗氧化
忍冬花提取物	0.1	舒缓和修复肌肤
芦荟提取物	0.5	保湿,洁净肌肤
1,3-丁二醇	3.0	溶解、保湿、洁肤
1,2-辛二醇	0.3	防腐、保湿、洁肤
异戊二醇	0.5	防腐、保湿、洁肤
香精	0.05	赋香
氢化蓖麻油(CO40)	0.15	增溶香精

4. 须后水

须后水是男用护肤水剂化妆品，具有滋润、保湿、清凉、杀菌、消毒等作用，用以消除剃须后面部紧绷及不舒服之感，防止细菌感染，同时散发出令人愉快舒适的香味。为了达到滋润效果，可适当加入油脂等皮肤滋润剂；为了达到保湿效果，可加入适量保湿剂；加入适量的乙醇能产生缓和的收敛作用及提神的凉爽感觉；为了达到清凉效果，常加入少量薄荷脑（0.05%～0.2%）；为了达到杀菌消毒效果，可加入少量的季铵盐类杀菌剂，用以预防剃须出血后引起发炎；为了增溶香精，可将香精用增溶剂增溶后再加入体系中。有的配方还会加入一些表面皮肤麻醉剂如对氨基苯甲酸乙酯（0.025%～0.05%）等，以减少刺痛感。香精一般采用馥奇香型、薰衣草香型、古龙香型等。

表 3-7 为须后水配方实例。

表 3-7 须后水配方实例

物质名称	质量分数/%	作用
去离子水	余量	溶解
EDTA-2Na	0.02	螯合
泛醇	0.3	保湿
甜菜碱(NMF50)	2.0	保湿、柔软肌肤
甘油	3.0	保湿
甘草保湿液	2.0	舒缓、抗刺激
忍冬花提取物	0.1	舒缓和修复肌肤
芦荟提取物	0.5	舒缓和修复肌肤
辣薄荷叶水	0.05	清凉
除味乙醇	30.0	溶解、清凉、舒缓
香精	0.05	赋香
氢化蓖麻油(CO40)	0.15	增溶香精
1,3-丁二醇	3.0	溶解、保湿、洁肤
1,2-辛二醇	0.3	防腐、保湿、洁肤
异戊二醇	0.5	防腐、保湿、洁肤

5. 皮肤营养水

皮肤营养水用于给皮肤提供营养和保持湿润，对皮肤有滋润和活化作用。皮肤营养水的组成为保湿剂、活性物质和增稠剂等。活性物质多为天然提取物和一些生化物质，如胎盘提取液、人参提取液、当归提取液、透明质酸、壳聚糖、燕麦葡聚糖、水解蛋白等具有活肤、抗皱和滋润作用的原料，而甘草提取液、车前草提取液等则具有消炎和修复作用；保湿剂可用多元醇、聚乙烯吡咯烷酮羧酸钠、氨基酸保湿剂等；增稠剂一般采用羟乙基纤维素和汉生胶等水溶性高分子物质。当然，还可以加入一些美白成分制成美白营养水，加入抗衰老成分制成抗皱营养水，加大保湿剂用量制成保湿营养水等。

表 3-8 为皮肤营养水配方实例，表 3-9 为企业实际生产的营养保湿爽肤水配方。

表 3-8 皮肤营养水配方实例

物质名称	质量分数/%	作用
去离子水	余量	溶解
EDTA-2Na	0.02	螯合
汉生胶	0.15	增稠
泛醇	0.3	保湿
甜菜碱(NMF50)	2.0	保湿、柔软肌肤
聚甘油-10(粉感保湿剂 BL-210)	3.0	保湿
透明质酸钠	0.05	保湿
辣蓼提取物	0.1	舒缓、抗刺激
忍冬花提取物	0.5	舒缓和修复肌肤
人参根提取物	0.1	清凉
β-葡聚糖	0.5	保湿

续表

物质名称	质量分数/%	作用
1,3-丁二醇	3.0	溶解、保湿
1,2-辛二醇	0.3	防腐、保湿
1,2-己二醇	0.4	防腐、保湿
鲜橙花提取物	0.2	营养肌肤、赋香
红石榴提取物	0.2	营养肌肤

表 3-9　企业实际生产的营养保湿爽肤水配方

组分	物质名称	质量分数/%	作用
A	去离子水	余量	溶解
	尿囊素	0.10	软化角质层
	透明质酸钠	0.05	保湿
	小分子透明质酸钠	0.03	保湿
	甘油聚醚-26	4.00	保湿
	PEG-400	3.00	保湿
	黄原胶	0.15	增稠
	羟乙基纤维素	0.20	增稠
B	海藻提取物	2.00	营养
	水溶性神经酰胺	0.20	营养
	银杏提取物	0.50	营养
C	对羟基苯乙酮	0.50	抗氧化
	1,3-丁二醇	2.00	保湿
	1,2-已二醇	0.50	保湿
D	香精	0.10	赋香
	氢化蓖麻油(CO40)	0.50	增溶香精

制备工艺如下。

① 将透明质酸钠在 PEG-400 中预先分散，然后与 A 组分中其他成分一起投入到去离子水中，加热至 80℃，搅拌加入 B 组分，继续溶解至均匀透明，降温。

② 预先将 C 组分稍加热溶解至透明，在 A 组分降温至 55℃时投入，搅拌溶解均匀。

③ 降温至 45℃时，加入预先增溶好的香精，继续搅拌冷却至 38℃，过滤出料。

6. 护肤啫喱

护肤啫喱是在爽肤水基础上发展起来的一种护肤产品，其主要功效也是给予皮肤滋润、保湿作用。所以护肤啫喱的成分与爽肤水、营养水的成分类似，只是加入了能形成啫喱状态的增稠剂，如卡波 940、丙烯酰二甲基牛磺酸铵/VP 共聚物等聚合物。

表 3-10 为护肤啫喱配方实例；表 3-11、表 3-12、表 3-13 为企业实际生产的护肤啫喱配方实例。

表 3-10　护肤啫喱配方实例

物质名称	质量分数/%	作用
去离子水	余量	溶解
EDTA-2Na	0.02	螯合
泛醇	0.3	保湿
甜菜碱(NMF50)	2.0	保湿、柔软肌肤
双-PEG-18 甲基醚二甲基硅烷	2.0	柔滑肌肤、降低黏感
甘油	3.0	保湿
卡波姆(940)	0.6	增稠
氨甲基丙醇	0.6	中和
辣蓼提取物	0.5	舒缓、抗刺激

续表

物质名称	质量分数/%	作用
忍冬花提取物	0.2	舒缓和修复肌肤
芦荟提取物	1.0	舒缓和美白肌肤
1,3-丁二醇	3.0	溶解、保湿
1,2-辛二醇	0.15	防腐
1,2-己二醇	0.1	防腐
香精	0.05	赋香
氢化蓖麻油(CO40)	0.15	增溶香精

表 3-11　企业实际生产的护肤啫喱配方实例

物质名称	质量分数/%	作用
卡波姆(U21)	0.6	增稠
1,3-丁二醇	6.0	保湿
1,2-丙二醇	4.0	保湿
HEC-250	0.3	增稠
1,2-辛二醇	0.1	防腐
1,2-己二醇	0.15	防腐
β-葡聚糖	0.5	保湿
生物糖胶-1(MG-1)	1.0	保湿
氨甲基丙醇	0.5	中和 U21
去离子水	余量	溶解

表 3-12　企业实际生产的清爽润肤啫喱配方实例

组分	物质名称	质量分数/%	作用
A	去离子水	余量	溶解
	EDTA-2Na	0.02	螯合
	尿囊素	0.10	皮肤调理
	DL-泛醇	0.50	皮肤调理
	天然甜菜碱	1.00	保湿
	PEG-26 甘油醚	5.00	保湿
	甘油(和)甘油聚丙烯酸酯	2.00	增稠
	甘油	6.00	保湿
	透明质酸钠	0.10	保湿
	卡波姆(U21)	0.30	增稠
	丙烯酰胺二甲基牛磺酸铵/VP 共聚物(AVC)	0.25	增稠
B	1,3-丁二醇	3.00	保湿
	去离子水	2.00	溶解
	馨鲜酮	0.30	防腐
	1,2-己二醇	0.50	防腐
	苯氧乙醇	0.20	防腐
C	EXTRAPONE COOLING COMPLEX(清凉剂)	0.50	肤感
	β-葡聚糖	1.00	保湿
	麦芽寡糖葡糖苷/氢化淀粉水解物 SH-88	2.00	保湿
	乙醇	5.00	溶解
	氢化蓖麻油(CO40)	0.30	增溶
	香精	0.03	赋香
	氨甲基丙醇	0.18	中和 U21

制备工艺。将组分 A 原料投入制造锅，加热升温至 70℃，开启搅拌并 3000r/min 均质 10min，至分散均匀。降温至 45℃后，加入已经预先混合溶解均匀的组分 B 和已经预先混合溶解均匀的组分 C，搅拌溶解完全，真空脱气，过滤出料。

表 3-13　企业实际生产的具有粉质感的保湿啫喱配方实例

组分	物质名称	质量分数/%	作用
A	去离子水	余量	溶解
	EDTA-2Na	0.02	螯合
	甜菜碱(NMF50)	1.0	保湿
	丙烯酸(酯)类/$C_{10\sim30}$烷醇丙烯酸酯交联聚合物	0.20	增稠
	甘油	2.00	保湿
	1,3-丁二醇	2.00	保湿
	羟苯甲酯	0.20	防腐
	甘油聚醚-26	2.00	保湿
	透明质酸钠	0.05	保湿
	泛醇	0.60	保湿
	海藻糖	0.80	保湿
B	氨甲基丙醇	0.11	中和
C	1,3-丁二醇	4.00	保湿
	聚丙烯酸钠	2.00	增稠
D	氢化蓖麻油(CO40)	0.40	增溶
	香精	0.10	赋香
E	生物糖胶-1	1.50	保湿
	生物糖胶-2	0.80	保湿
	苯氧乙醇	0.20	防腐
	辣蓼提取物	0.60	舒缓、抗刺激

制备工艺如下。

① 将 A 组分物料投入真空乳化锅中，升温 80℃，均质 3min，搅拌溶解完全，降温至 45℃。

② 将 B 组分物料投入真空乳化锅中中和，搅拌均匀。

③ 将 C 组分物料预先分散均匀，投入乳化锅中，搅拌均匀。

④ 将 D 组分物料预先混合均匀，投入乳化锅中，搅拌均匀。

⑤ 将 E 组分物料投入乳化锅中，搅拌均匀，检测后出料。

7. 水乳

水乳是综合了爽肤水和乳液性能的一种产品，其滋润皮肤的效果介于爽肤水和乳液之间，比乳液更清爽，配方中油脂含量比乳液少；比爽肤水更滋润，配方中油脂含量比爽肤水要多。水乳的黏度比乳液黏度低，所以一般不添加增稠剂和固体油脂。配方中含有油脂和水，要制成乳状就需要加入适量的乳化剂。

目前，水乳有两种产品：分层水乳和不分层水乳。分层水乳在放置时出现清晰的分层，下层为透明的水层，上层为乳状的乳化层或油层，摇动后即可形成均匀的乳状液，放置一段时间后又出现清晰的分层。不分层水乳是一直保持乳液状态，不出现分层现象。

表 3-14 为分层水乳配方实例，表 3-15 为不分层水乳配方实例。

表 3-14　分层水乳配方实例

物质名称	质量分数/%	作用
去离子水	余量	溶解

续表

物质名称	质量分数/%	作用
EDTA-2Na	0.02	螯合
泛醇	0.3	保湿
尿囊素	0.2	保湿、柔软肌肤
双-PEG-18 甲基醚二甲基硅烷	0.5	柔滑肌肤、降低黏感
甘油	4.0	保湿
透明质酸钠	0.02	保湿
汉生胶	0.05	增稠
PEG-20 甲基葡糖倍半硬脂酸酯	0.2	乳化
二甲基硅氧烷	15.0	润肤
辣蓼提取物	0.5	舒缓、抗刺激
忍冬花提取物	0.1	舒缓和修复肌肤
甘露聚糖	2.0	保湿
1,2-戊二醇	1.0	溶解、保湿
辛甘醇	0.15	防腐
1,2-己二醇	0.30	防腐
香精	0.05	赋香

表 3-15　不分层水乳配方实例

物质名称	质量分数/%	作用
去离子水	余量	溶解
EDTA-2Na	0.02	螯合
泛醇	0.3	保湿
尿囊素	0.2	保湿、柔软肌肤
甘油	3.0	柔滑肌肤、降低黏感
甘油硬脂酸酯/鲸蜡硬脂醇聚醚-20/鲸蜡硬脂醇聚醚-12/鲸蜡硬脂醇/鲸蜡醇棕榈酸酯	3.5	乳化
鲸蜡硬脂醇聚醚-12	1.2	乳化
碳酸二辛酯	3.0	润肤
$C_{12\sim13}$烷基乳酸酯(COSMACOL EMI)	2.0	润肤
生育酚乙酸酯	0.3	抗氧化
香精	0.03	赋香
辣蓼提取物	0.5	舒缓、抗刺激
忍冬花提取物	0.5	舒缓和修复肌肤
1,3-丁二醇	3.0	溶解、保湿
1,2-辛二醇	0.25	防腐
1,2-己二醇	0.15	防腐

第二节　护发用水剂化妆品

发用水剂化妆品主要有定型啫喱、护发营养水等，主要用于头发造型和保湿、营养、顺滑等。

一、定型啫喱

定型啫喱也称发用定型凝胶或发用啫喱定型液，是近年来流行的一种新型的定型、护发产品，是发用凝胶（gel 或 jelly）的一种，按其谐音译成啫喱。市场上常见的有啫喱膏和啫喱水。

理想的发用啫喱膏或啫喱水应具有如下特点。

① 应具有良好的稳定性，外观透明。啫喱膏不应出现凝块、变稀，黏度应稳定，啫喱

水不应有絮状物。

② 啫喱膏呈一定的凝胶状，但不应黏腻，应易于均匀涂抹在湿发或干发的表面。

③ 形成的薄膜不黏，易于梳理，保持自然清爽的定型效果。

④ 喷雾啫喱水的喷雾效果好，雾状均匀施于头发上。

⑤ 对头发有良好的调理性和一定的定型作用，并赋予头发自然亮泽。

⑥ 容易用香波清洗。对于不含乙醇的发用啫喱，如在标识上加以标注，则产品必须做到乙醇不可检出。

(一) 啫喱水

1. 组成

啫喱水不能像发胶或者摩丝一样那么强劲定型，除了有适当的定型作用外，还有一定的头发保湿和护理作用。啫喱水主要由成膜剂、调理剂、增溶剂、稀释剂及其他添加剂等组成。

(1) 成膜剂

成膜剂是啫喱水实现定型的最关键成分，主要是一些可溶于水或稀乙醇的高分子聚合物，如聚乙烯吡咯烷酮（PVP）、乙酸乙烯酯聚合物、丙烯酸酯类聚合物等。聚合物的定型效果与聚合物的聚合度有很大关系，对于同一种聚合物来说，聚合度越大，定型效果越好。用于啫喱水的聚合物因一般在水中能电离出离子而称为离子型聚合物。为了方便化妆品企业使用，成膜剂的生产企业一般将这些聚合物溶于水中制成了胶浆，目前常用的胶浆有如表 3-16所示的几种类型。

表 3-16 啫喱水常用胶浆

名称	应用特点	产品属性
VP/丙烯酸酯类/乙胺氧化物甲基丙烯酸盐共聚物	保湿光亮，定型后发质柔软自然（中度定型）	两性离子啫喱水胶浆
丙烯酸/丙烯酸酯共聚物	清爽型，不油腻感，对油性发质极佳（中高度定型）	非离子啫喱水胶浆
VP/丙烯酸酯类/甲基丙烯酸二甲氨基乙酯共聚物	有光泽，定型持久，可湿水再造型（高度定型）	阳离子啫喱水胶浆

(2) 调理剂

常用的头发调理剂为季铵盐、聚二甲基硅氧烷、水解胶原蛋白、植物提取物等。聚二甲基硅氧烷多采用水溶性硅油，既能保持头发光亮，又有一定的增塑作用，使聚合物成膜后有一定的韧性而不发脆。

(3) 增溶剂

油类的物质（如香精等）加入凝胶中会使凝胶变得浑浊，透明度下降，这是由于油类不溶于水的缘故，此时应加入增溶剂。常用的增溶剂有壬基酚聚氧乙烯醚-9、十六十八醇醚-25，Tween-20、PEG-40 氢化蓖麻油、PEG-60 氢化蓖麻油等。

(4) 稀释剂

啫喱水主要稀释剂是水，也有的啫喱水中加入一定量的乙醇。稀释剂一方面可促进其他成分的溶解；另一方面可促进水分蒸发，加快啫喱水变干速度。

(5) 其他添加剂

加入保湿剂，达到头发保湿目的；加入 EDTA 等螯合剂，消除钙、镁等金属离子的影响；加入酸碱，调节 pH 值；加入防晒剂，对头发具有防晒作用，同时可防止产品变色；加入去屑剂，达到去除头屑的目的；另外，还应加入适量香精和防腐剂。

2. 配方实例

表 3-17 为啫喱水配方实例，表 3-18 为企业实际生产的啫喱水配方实例。

表 3-17　啫喱水配方实例

物质名称	质量分数/%	作用
VP/丙烯酸酯类/乙胺氧化物甲基丙烯酸盐共聚物	8.0	定型
泛醇	0.3	保湿
PEG-12 聚二甲基硅氧烷(DC 193)	1.0	增亮
PEG-400	2.0	保湿，增塑
防腐剂	适量	防腐
香精	0.15	赋香
专用增溶剂	0.45	增溶香精
去离子水	余量	溶解

表 3-18　企业实际生产的啫喱水配方实例

组分	物质名称	质量分数/%	作用
A	去离子水	余量	溶解
	羟苯甲酯	0.15	防腐
	丙二醇	2.00	保湿
B	丙烯酸(酯)类共聚物(PA58)	9.00	定型
C	壬基酚聚醚-10(TX-10)	0.55	香精增溶
	香精	0.20	赋香
D	DMDMH 乙内酰脲	0.30	防腐

制备工艺。将组分 A 加热至 80℃，搅拌溶解均匀后，加入组分 B，继续搅拌溶解均匀后，降温到 50℃以下时，加入增溶好的 C 组分和 D 组分，搅拌均匀，即可出料。

(二) 啫喱膏

啫喱膏也叫定型凝胶，外观为透明非流动性或半流动性凝胶体。使用时，直接涂抹在湿发或干发上，在头发上形成一层透明胶膜，直接梳理成型或用电吹风辅助梳理成型，具有一定的定型固发作用，使头发湿润、有光泽。

1. 组成

啫喱膏的功效与啫喱水是一致的，主要目的是头发定型，其他目的是头发保湿和护理。两者的区别主要在于外观和使用的方法。啫喱水一般没有什么黏度，采用泵头喷雾在头发上的方式使用，而啫喱膏呈啫喱状，有较大黏度，一般采用压泵式包装，使用时压出涂抹在头发上，然后用梳子梳理。所以二者组成区别在于：啫喱膏要添加增稠剂增稠；所用的成膜剂不同，啫喱水一般使用离子型胶浆，而啫喱膏大多采用非离子胶浆。

(1) 增稠剂

卡波树脂（Carbomer 树脂）是一种常用的发用凝胶增稠剂，使用时先将树脂用水浸泡溶胀后加入混合体系，再用碱中和就可得到美观透明的凝胶。卡波树脂的黏度与 pH 值有很大关系，卡波树脂的水溶液为酸性，其分子呈放松状态，溶液黏度不高，呈浑浊状。但当用碱中和后，羧基被离子化，基团之间相同离子之间的斥力使高聚物分子伸直变成张开结构，溶液的黏度大增，因此在中和过程中黏度不断增大，溶解度也大增，呈透明状。所以，在制备凝胶过程中，应先将其他物质全部混合好后再加入 Carbomer 树脂，并真空脱泡或静置排泡后，再进行中和。另外，中和过程中应避免强烈搅拌，以免带入过多泡沫。中和剂可用氢氧化钠、氢氧化钾、氨水和有机胺，氨水中和的凝胶很硬，胺类中和的凝胶较软，最广泛应用的中和剂是氨甲基丙醇。

其他的增稠剂有丙烯酰二甲基牛磺酸铵/VP共聚物、羟乙基纤维素、羟丙基甲基纤维素等。

（2）成膜剂

啫喱水一般使用离子型胶浆作成膜剂，而啫喱膏大多采用非离子胶浆作成膜剂，其他离子型胶浆的应用较少，如表3-19所示。

表3-19　啫喱膏常用胶浆

名称	应用特点	产品属性
乙烯基单体共聚物	膏体透明度极好，无白屑（高度定型）	非离子啫喱膏胶浆
丙烯酸/丙烯酸酯类共聚物	保湿光亮型，膏体透明度极好（中度定型）	非离子啫喱膏胶浆
VP/乙烯基己内酰胺/DMAPA丙烯酸（酯）类共聚物	保湿光亮型，膏体透明度极好（中高度定型）	非离子啫喱膏胶浆

（3）其他成分

其他成分与啫喱水成分基本一致。

2. 配方实例

表3-20为啫喱膏配方实例，表3-21、表3-22为企业实际生产的啫喱膏配方实例。

表3-20　啫喱膏配方实例

物质名称	质量分数/%	作用
卡波姆（940）	0.3	增稠
VP/VA共聚物（W-735）	8.0	定型
聚乙烯吡咯烷酮（PVP K90）	2.0	定型
氨甲基丙醇	0.4	中和
丙二醇	2.0	保湿
防腐剂	适量	防腐
香精	0.2	赋香
专用增溶剂	0.8	增溶香精
去离子水	余量	溶解

表3-21　企业实际生产的啫喱膏配方实例（一）

组分	物质名称	质量分数/%	作用
A	去离子水	余量	溶剂
	丙烯酸（酯）类/鲸蜡醇聚醚-20衣康酸酯共聚物	10.0	增稠
B	氨甲基丙醇	1.0	中和
	去离子水	5.0	溶解
C	丙二醇	0.6	保湿
	泛醇	0.3	保湿
	聚乙烯吡咯烷酮PVP K-90	1.0	定型
	苯氧乙醇	0.3	防腐
	DMDM乙内酰脲	0.1	防腐
	VP/VA共聚物（W-735）	18.0	定型
D	香精	0.03	赋香
	氢化蓖麻油（CO40）	0.1	增溶香精

制备工艺如下。

① 将A组分溶解分散好，搅拌下滴加B组分，搅拌分散均匀，直至透明。

② 加入C组分，搅拌分散均匀；C组分的K-90可用部分水泡散后再加入体系中。

③ 加入预先混合溶解分散均匀的D组分，搅拌分散均匀即可。

表3-22 企业实际生产的啫喱膏配方实例（二）

组分	物质名称	质量分数/%	作用
A	去离子水	余量	溶解
	甘油	5.0	保湿
	EDTA-2Na	0.05	螯合
	卡波姆(940)	0.4	增稠
B	三乙醇胺	0.36	中和卡波姆
C	羟丙基甲基纤维素(2×10^5 cps)	0.2	增稠
	去离子水	10.0	溶解
D	聚乙烯吡咯烷酮	3.0	定型
	去离子水	10.0	溶剂
E	DMDM乙内酰脲	0.2	防腐
	D-泛醇	0.4	保湿
	VP/VA共聚物(W-735)	5.0	定型
F	乙醇	11.0	溶剂
	苯氧乙醇	0.3	防腐
G	氢化蓖麻油(CO40)	0.06	增溶
	香精	0.02	赋香
H	去离子水	2.0	溶解
	二苯酮-4	0.02	防晒

生产工艺如下。

① 保证工具和容器洁净。

② 将A组分分散好，消泡后加入B组分，搅拌分散均匀。

③ 搅拌下加入C组分和D组分的预分散液，搅拌分散均匀。

④ 加入E组分，搅拌分散均匀。

⑤ 加入F、G和H组分，搅拌分散均匀即可。

二、护发用营养水

护发用营养水就像护肤用营养水一样，主要是补充水分、水解蛋白质等营养成分，有平衡pH值、收紧毛鳞片、抗紫外线和补充营养的作用。有时也可作烫前护理液使用。随着人们生活水平的提高，染发和烫发已经成为日常时尚，而染发和烫发对头发伤害很大（头发毛鳞片变得粗糙，蛋白质流失），护发用营养水就成了染烫修复的必备品，受到消费者的青睐。

1. 组成

为了达到修护头发的目的，护发用营养水需要加入调理剂、保湿剂和营养成分等。

（1）调理剂

常用的头发调理剂为季铵盐、端氨基硅氧烷等。季铵盐可增加头发的柔软度，可采用1831、1631等；端氨基硅氧烷可增加头发滑度，一般先制成透明的微乳液后才加到产品中，以保持产品的透明度。

（2）营养成分

常用的营养成分有水解蛋白、氨基酸、神经酰胺和中草药提取物等。用水解蛋白来补充头发由于受损流失的蛋白质，将髓质层和皮质层受损后留下的孔洞填充好，提升头发的致密性和饱满度；用神经酰胺修护角质蛋白间的离子键、氢键，提升头发的强度；用氨基酸提升头发的保湿度；用中草药来赋活毛囊细胞。

（3）其他成分

加入保湿剂，达到头发保湿目的；加入 EDTA 等螯合剂，消除钙、镁等金属离子的影响；加入酸或碱，调节 pH 值；加入防晒剂，对头发具有防晒作用，同时可防止产品变色；加入去屑剂，达到去除头屑的目的；另外，还应加入适量香精和防腐剂。

2. 配方实例

表 3-23 为护发用营养水配方实例，表 3-24 为企业实际生产的护发用营养水配方实例。

表 3-23 护发用营养水配方实例

物质名称	质量分数/%	作用
硬脂基三甲基氯化铵	0.5	柔软、顺滑
氨端聚二甲基硅氧烷	1.0	柔软、增亮
泛醇	0.3	保湿
甘油	5.0	保湿
水解小麦蛋白	0.1	修复、保湿
燕麦紧肤蛋白	0.5	修复、保湿
防腐剂	适量	防腐
香精	0.1	赋香
氢化蓖麻油(CO40)	0.4	增溶香精
去离子水	余量	溶解

表 3-24 企业实际生产的护发用营养水配方实例

组分	物质名称	质量分数/%	作用
A	去离子水	余量	溶解
	山嵛基三甲基氯化铵	1.2	柔软
	羟苯甲酯	0.15	防腐
	环五聚二甲基硅氧烷/聚二甲基硅氧烷(SF1214)	0.5	亮发
B	白矿油(26# 白油)	0.5	润发
	鲸蜡醇	0.12	润发
	甘油硬脂酸酯/PEG-100 硬脂酸酯(A165)	0.1	润发
C	硅油 DC949	2.0	润发
	DMDMH 乙内酰脲	0.3	防腐
D	香精	0.5	赋香
	氢化蓖麻油(CO40)	0.5	增溶香精

第三节 香水

香精溶解于乙醇即为香水，能散发浓郁、持久、悦人的香气，可增加使用者的美感和吸引力。按照气味来分，香水有单花香型、百花香型、现代香型、清香型、果香型等多种香型；按产品形态可分为乙醇液香水、乳化香水和固体香水等。这里主要介绍乙醇液香水。

乙醇液香水包括香水（perfume）、花露水（toilet water）和古龙水（cologne）三种。香水具有芳香浓郁持久的香气，一般为女士使用，主要作用是喷洒于衣襟、手帕及发饰等处，散发出悦人的香气，是重要的化妆用品之一。古龙水通常用于手帕、床巾、毛巾、浴室、理发室等处，散发出令人清新愉快的香气，一般为男士所用。花露水是一种沐浴后用于祛除汗臭及在公共场所解除一些秽气的夏令卫生用品，具有杀菌消毒作用，涂于蚊叮、虫咬之处有止痒消肿的功效，涂抹于患痱子的皮肤上，亦能止痒，而且有凉爽舒适之感。

一、组成

1. 香料或香精

香水的主要作用是散发出浓郁、持久、芬芳的香气，是香水类中含香料或香精量最高的，一般为15%～25%。所用香料也较名贵，往往采用天然的植物净油如茉莉净油、玫瑰净油等，以及天然动物性香料如麝香、灵猫香、龙涎香等。

古龙水和花露水内香料或香精含量较低，一般为2%～8%，香气不如香水浓郁。一般古龙水的香精中含有香柠檬油、柠檬油、薰衣草油、橙花油、迷迭香等。习惯上花露水的香精以清香的薰衣草油为主。

香水类所用香精的香型是多种多样的，有单花香型、多花香型、非花香型等。应用于香水的香精，当加入介质中制成产品后，从香气性能上说，总的要求应是：香气幽雅，细致而协调，既要有好的扩散性使香气四溢，又要在肌肤或织物上有一定的留香能力，香气要对人有吸引力，香感华丽，格调新颖，富有感情，能引起人们的好感与喜爱。

2. 乙醇

乙醇是配制香水类产品的主要原料之一，所用乙醇的浓度根据产品中香精用量的多少而不同。香水内乙醇含量较高，乙醇的浓度就需要高一些，否则香精不易溶解，溶液就会混浊，通常乙醇的浓度为95%。古龙水和花露水中香精的含量较香水低一些，因此乙醇的浓度亦可低一些。古龙水的乙醇浓度为75%～90%，如果香精用量为2%～5%，则乙醇浓度可为75%～80%。花露水香精用量一般在2%～5%，乙醇浓度为70%～75%，该浓度的乙醇液最易渗入细菌的细胞膜，使细菌蛋白质凝固变性，达到杀菌目的。

由于在香水类制品中大量使用乙醇，因此，乙醇质量的好坏对产品质量的影响很大。用于香水类制品的乙醇应不含低沸点的乙醛、丙醛及较高沸点的戊醇、杂醇油等杂质。乙醇的质量与生产乙醇的原料有关：用葡萄为原料经发酵制得的乙醇，质量最好，无杂味，但成本高，适合于制造高档香水；采用甜菜糖和谷物等经发酵制得的乙醇，适合于制造中高档香水；而用山芋、土豆等经发酵制得的乙醇中含有一定量的杂醇油，气味不及前两种乙醇，不能直接使用，必须经过加工精制，才能使用。

香水用乙醇处理的方法是：在乙醇中加入1%的氢氧化钠，煮沸回流数小时后，再经过一次或多次分馏，收集其气味较纯正的部分，用于配制中低档香水。如要配制高级香水，除按上述方法对乙醇进行处理外，往往还在乙醇内预先加入少量香料，经过较长时间（一般应放在地下室里陈化一个月左右）的陈化后，再进行配制，效果更好。所用香料有秘鲁香脂、吐鲁香脂和安息香树脂等，加入量为0.1%左右。橡苔浸膏、鸢尾草净油、防风根油等加入量为0.05%左右。最高级的香水是采用天然动物性香料经陈化处理而得的乙醇来配制。

用于古龙水和花露水的乙醇也需处理，但比香水用乙醇的处理方法简单，常用的方法有：

① 乙醇中加入0.01%～0.05%的高锰酸钾，充分搅拌，同时通入空气，待产生棕色二氧化锰沉淀后，静置一夜，然后过滤得无色澄清液；

② 每升乙醇中加1～2滴30%浓度的过氧化氢，在25～30℃下贮存几天；

③ 在乙醇中加入1%活性炭，多次搅拌，一周后过滤待用。

3. 去离子水

不同产品的含水量有所不同。香水因含香精较多，水分只能少量加入或不加，否则香精不易溶解，溶液会产生混浊现象。古龙水和花露水中香精含量较低，可适量加入部分水代替乙醇，以降低成本。配制香水、古龙水和花露水的水质要求采用新鲜蒸馏水或经灭菌处理的去离子水，不允许有微生物存在，也不允许铁、铜及其他金属离子存在。水中的微生物虽然会被加入的乙醇杀灭而沉淀，但它会产生令人不愉快的气息而损害产品的香气。铁、铜等金属离子会与不饱和芳香物质发生催化氧化作用，所以除进行上述处理外，还需加入柠檬酸钠或EDTA等螯合剂，以稳定产品的色泽和香气。

4. 其他

为保证香水类产品的质量，一般需加入0.02%的抗氧化剂，如二叔丁基对甲酚等。有时根据特殊的需要也可加入一些添加剂如色素等，但应注意，所加色素不应污染衣物，所以香水通常都不加色素。

二、配方举例

香水的制作可以直接用乙醇稀释香精来制备，但有实力的香水企业基本还是从香料开始来自主研发香水配方。

1. 香水

表3-25为香水配方实例。

表3-25 香水配方实例

紫罗兰香型香水		康乃馨香型香水	
物质名称	质量分数/%	物质名称	质量分数/%
紫罗兰花净油	14	依兰油	0.1
金合欢净油	0.5	豆蔻油	0.2
玫瑰油	0.1	康乃馨净油	0.2
灵猫香净油	0.1	香兰素	0.2
麝香酮	0.1	丁香酚	0.1
檀香油	0.2	玫瑰香精	3.0
龙涎香酊剂(3%)	3	乙醇	余量
麝香酊剂(3%)	2		
95%乙醇	余量		

2. 古龙水

表3-26为古龙水配方实例。

表3-26 古龙水配方实例

物质名称	质量分数/%		物质名称	质量分数/%		物质名称	质量分数/%	
	1	2		1	2		1	2
香柠檬油	2.0	0.8	甜橙油	0.2		苯甲酸丁酯	0.2	
迷迭香油	0.5	0.6	橙花油		0.8	甘油	1.0	0.4
熏衣草油	0.2		柠檬油		1.4	乙醇(95%)	75	80.0
苦橙花油	0.2		乙酸乙酯	0.1		去离子水	余量	余量

3. 花露水

表 3-27 为花露水配方实例。

表 3-27　花露水配方实例

物质名称	质量分数/%	物质名称	质量分数/%	物质名称	质量分数/%
橙花油	2.0	香柠檬油	1.0	乙醇(95%)	75.0
玫瑰香叶油	0.1	安息香	0.2	去离子水	余量

第四节　生产工艺和质量控制

一、生产工艺

水剂化妆品一般在不锈钢设备内进行。由于水剂化妆品的黏度低，较易混合，因此各种形式的搅拌桨均可采用，但如果是生产啫喱，则应用带刮板的框式搅拌桨。另外，某些种类的水剂化妆品乙醇含量较高，应采取防火防爆措施。

护肤用水剂化妆品的生产工艺流程如图 3-1 所示，其生产过程包括溶解、混合、调色、贮存陈化、过滤及灌装等。

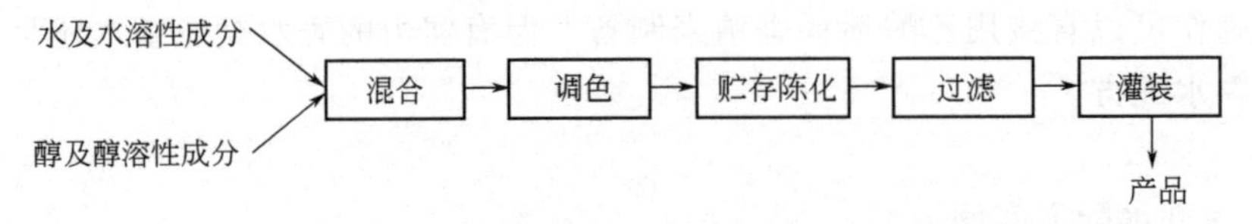

图 3-1　护肤用水剂化妆品生产工艺流程

1. 混合

在一不锈钢容器中加入去离子水，并依次加入水溶性成分，搅拌使其充分溶解；在另一不锈钢设备中加入乙醇或异丙醇，再加入醇溶性成分，搅拌使其溶解均匀。将醇体系和水体系在室温下搅拌，使其充分混合均匀；然后加入增溶后的香精（香精与增溶剂预先混合均匀），再用色素调色。

上述过程中，如果配方中乙醇或异丙醇用量较大，可将香精加在乙醇溶液中；若配方中乙醇或异丙醇的含量较少，则应将香精先加入专用增溶剂中混合均匀，最后再缓缓地加入制品中，不断地搅拌，直至成为均匀透明的溶液。

为了加速溶解，水溶液可略加热，但温度切勿太高，以免有些成分变色或变质。

2. 贮存陈化

贮存陈化是水剂类化妆品配制的重要操作之一。陈化的主要作用是观察料体是否有变化，出料时要和陈化后一致。另外，陈化对香味的匀和成熟，减少粗糙的气味是有利的。

关于贮存陈化时间，根据企业标准而定，不同的产品、不同的配方以及所用原料的性能不同，所需陈化时间的长短也不同，陈贮期从一天到两个星期不等。总之，不溶性成分含量越多，陈贮时间越长；否则陈贮时间可短一些，按现在轻工业标准至少需陈化 5 天。

3. 过滤

过滤是制造水剂化妆品等液体状化妆品的一个重要环节。陈化期间，溶液内所含少量不溶物质会沉淀下来，可采用过滤的方法使溶液澄清透明。为了保证产品在低温时也不至出现混浊，有条件的企业过滤前最好经过冷冻使不溶成分析出，以便滤除。冷冻可在固定的冷冻槽内进行，也可在冷冻管内进行。过滤机的种类和式样很多，其中板框式过滤机在化妆品生产中应用最多。

采用压滤机过滤时，需加入硅藻土或碳酸镁等助滤剂以吸附沉淀微粒，否则这些胶态的沉淀物会阻塞滤布孔道，增加过滤难度；或穿过滤布，使滤液混浊。

但是，陈化和过滤这两个重要步骤被很多化妆品企业所忽视了，可能会导致产品质量问题，如出现絮状物。

二、质量问题和控制

水剂类制品的主要质量问题是混浊和沉淀、变色、变味等，有时在生产过程中即可发觉，但有时需经过一段时间或不同条件下贮存后才能发现，必须注意。

1. 混浊和沉淀

香水、护肤用水剂化妆品类制品通常为清晰透明的液体，即使在低温（5℃左右）也不应产生混浊和沉淀现象。引起制品混浊和沉淀的主要原因可归纳为如下两个方面。

（1）配方不合理或所用原料不合要求

为了提高水剂化妆品的护肤效果，有的配方中加入了适量的不溶于水的油脂和活性物，所有产品中都含有香精（不溶于水），为了溶解这些水不溶性物质，除加入部分乙醇用来溶解上述原料外，还需加入增溶剂（表面活性剂）。但是，如果配方中加入水不溶性成分过多、增溶剂选择不当或用量不足，也会导致混浊和沉淀现象发生，最典型的就是产品中出现絮状物。因此，应选择合理配方，生产中严格按配方配料，同时应严格原料要求。

（2）生产工艺和生产设备的影响

为除去制品中的不溶性成分，生产中一般采用静置陈化和冷冻过滤等措施。如静置陈化时间不够，冷冻温度偏高，过滤温度偏高或压滤机失效等，都会使部分不溶解的沉淀物不能析出，在贮存过程中产生混浊和沉淀现象。生产中应适当延长静置陈化时间；检查冷冻温度和过滤温度是否控制在规定温度下；检查压滤机滤布或滤纸是否平整，有无破损等。但是从目前情况看，很多企业不重视陈化和过滤工艺，基本上不过滤，所以导致水剂类产品经常出现浑浊和絮状物的质量问题。

2. 变色、变味

（1）水质处理不好

水剂化妆品含有大量的水，要求采用新鲜蒸馏水或经灭菌处理的去离子水，不允许有微生物和铜、铁等金属离子存在。因为铜、铁等金属离子对不饱和芳香物质有催化氧化作用，导致产品变色、变味；微生物虽会被乙醇杀灭而沉淀，但会产生令人不愉快的气息而损害制品的气味，因此应严格控制水质，避免上述不良现象的发生。

（2）香精不稳定

由于水剂化妆品一般采用透明或半透明的玻璃瓶或塑料瓶来包装，这些包装对光没有隔离效果。香精成分中如果含有易变色的不饱和键，如葵子麝香、洋茉莉醛、醛类、酚类等，在空气、光和热的作用下会使色泽变深，甚至变味。因此在配方时应注意香精的选用或加入适量抗氧化剂、紫外线吸收剂；其次，应注意包装容器的选择，避免产品与空气接触；再次，应将配制好的产品存放在阴凉处，尽量避免光线的照射。另外，在选用水剂化妆品香精时，要做耐热、耐光稳定性试验，只有对热、光稳定的香精才能采用。

（3）酸碱性的影响

水剂化妆品一般调整为中性至弱酸性，酸碱性过大均可能使配方中的有些成分发生化学反应，如香精中的醛类等发生聚合作用而造成分层或混浊，致使产品变色、变味。

3. 刺激皮肤

化妆品的刺激性一般来源于以下几个方面：

① 香精有一定的刺激性，用量越大对皮肤的刺激性就越大，不宜用得过多；

② 防腐剂有较大的刺激性，护肤用产品应选用刺激性相对小的防腐剂；

③ 有的功效性成分有刺激性，特别是一些化妆品限用的物质添加时要注意用量，例如果酸类物质对皮肤的刺激性就很大；

④ 原材料中含有的一些杂质对皮肤有刺激性；

⑤ 配方中成分间发生化学反应，生成一些刺激性的成分，配方试验时应充分考虑组分间是否会出现化学反应；

⑥ 微生物污染时，微生物会排泄出一些刺激性的成分，生产过程中要控制好卫生。

引起化妆品刺激性的原因是多样的，应从原料的选用到配方的设计，再到生产过程全程的监控，必须加强质量检验。对新原料的选用，更要慎重，要事先做各种安全性、稳定性试验。

4. 微生物污染

水剂化妆品的微生物污染出现的频率往往比其他类型的化妆品出现的频率要高很多，这是由于水剂化妆品中水分含量大，容易滋生微生物。水剂化妆品微生物污染的一个典型特征就是出现絮状物和变色。为了控制微生物污染，首先应该从配方的防腐体系设计着手，好的防腐体系应该是刺激性小、防腐效果好的防腐剂组合；其次要控制好生产各环节的卫生，确保生产过程中不染菌。

5. 干缩甚至香精析出分离

由于水剂化妆品类制品含有大量水和少量乙醇，易于挥发，如包装容器密封不好，经过一定时间的贮存，就有可能发生因水分和乙醇挥发而严重干缩甚至香精或者其他成分析出分离问题，应加强管理，严格检测瓶、盖以及内衬密封垫的密封程度。包装时要盖紧瓶盖。

另外，由于香精不溶于水，如果香精没有经过增溶剂预先混合均匀，或者增溶剂量不够，香精容易析出而漂浮在产品表面。

案例分析

【案例分析 3-1】

事件过程：某公司在做一款分层水乳时出现了这样的问题：实验室打样时样本，放一段时间会自动分成水层（水、多元醇等水溶性物质）和油层（油、表面活性剂），每层都比较透明。但是大生产出来的样本出现浑浊，且分层不明显。

原因分析：大生产时，没按照工艺操作，在生产过程中开了均质。因为含有表面活性剂和油脂，均质会产生乳化，使产品出现水层、油层和乳化层，使产品变浑。

【案例分析 3-2】

事件过程：某企业生产了一款面贴膜精华液，产品耐寒检验时发现－10℃出现白色细小晶体析出。

原因分析：经过分析是尿囊素的使用量过大，低温发生析出。尿囊素溶于热水、微溶于常温的水，低温时在水中的溶解度进一步降低。设计配方时需考虑到温度对原料溶解度的影响。另外，透明产品中一般不建议加入尿囊素，因为它会析出而且与部分防腐剂发生反应，使防腐剂失效。

处理方法：在透明产品中尽量避免使用尿囊素，乳液、膏霜控制在0.30%以下。由于该产品市场需求量较大，通过等比例增加该料体中其他成分含量，来降低尿囊素的含量，从而未造成料体的浪费。

【案例分析 3-3】

事件过程：广州某化妆品企业在2011年5月份生产的精华液和收缩水，出现了多批次霉菌和酵母菌总数超标的现象。

原因分析：经与品质管理部沟通和查阅相关检测记录单，发现每年到春季的时候都会出现霉菌和酵母菌总数超标的现象，其他季节则很少出现超标的现象。经过查阅生产部的生产记录单，发现出现超标的产品有的是采用热配方式生产的，有的是采用冷配方式生产的。经过以上分析可知，出现霉菌和酵母菌总数超标现象与季节有关，与配制方法关系不大。为了进一步查找原因，对生产车间环境（包括地板、桌面和空间）进行了微生物测试，发现多处地板、桌面出现霉菌和酵母菌总数超标。因为春季温度在25℃左右，是霉菌适宜生长的温度。

处理方法：将不合格品报废处理。对生产车间进行彻底的消毒处理。生产车间采取防霉措施。

【案例分析 3-4】

事件过程：东莞某企业生产了一批保湿水，放在静置间，品管部检验时发现产品出现絮状悬浮物。

原因分析：该配方中含有羟乙基纤维素 HHR250。工艺规定在溶解 HHR250 的时候，要在80～85℃的水中保温搅拌30min。但查生产记录单发现乳化工作人员只是搅拌10min，看起来透明了，就开始降温和加入其他物料，没有按照工艺要求操作。其实看起来透明只是一种“假溶解”，HHR250 并没有溶解完全。

处理方法：如果配方不含热敏性物质，可将产品重新加热，直到 HHR250 溶解完全；如果含热敏性物质，则需补加这些成分，并做稳定性试验。

【案例分析 3-5】

事件过程：广州黄埔开发区某化妆品企业在生产一批爽肤水时，出料后发现爽肤水不够清透。

原因分析：该配方已经生产过多批，不存在配方问题。检查生产记录单发现配料员在进行香精增溶时没有按配方要求加够增溶剂，导致香精没有增溶好。

处理方法：补加增溶剂，增溶剂先用一部分去离子水预溶分散，再加入主锅中搅拌，爽肤水变得清透。

【案例分析 3-6】

事件过程：2009年5月23日，广州某化妆品公司生产了100kg 透明啫喱，质检部在灌装前的例行检查中发现有白色片状物。

原因分析：据查，是盛料桶在灌装后未清洗干净，料体附在桶壁并被风干，此次盛放啫喱时脱落下来所致。

处理方法：报废处理。

实训 3-1 收敛性爽肤水的制备

一、实训目的

① 通过实训，进一步学习水剂类化妆品的制备原理；

② 掌握收敛性爽肤水配制操作工艺过程；

③ 学习如何在实验中不断改进配方的方法；

④ 通过实训，提高动手能力和操作水平。

二、实训内容

1. 制备原理

将收敛性物质和护肤成分溶于水和乙醇体系中制得。

2. 制备配方

如表 3-28 所示。

表 3-28 收敛性爽肤水实训配方

物质名称	质量分数/%	作用
去离子水	余量	溶解
EDTA-2Na	0.02	螯合
泛醇	0.5	保湿
甜菜碱(NMF50)	2.0	保湿、柔软肌肤
甘油	3.0	保湿
1,3-丁二醇	3.0	保湿
尿囊素	0.2	柔软皮肤
柠檬酸	0.05	皮肤收敛
薰衣草花提取物	0.5	舒缓和修复肌肤
芦荟提取物	0.5	舒缓和修复肌肤
硫酸锌	0.3	皮肤收敛
乙醇	4.0	溶解、防腐、清凉
1,2-辛二醇	0.1	防腐
1,2-己二醇	0.1	防腐
香精	0.05	赋香
氢化蓖麻油(CO40)	0.15	增溶香精

3. 制备步骤

① 用 50mL 烧杯将 1,2-辛二醇、1,2-己二醇、乙醇混合，预先分散均匀，备用。

② 用 50mL 烧杯将香精和增溶剂混合，用玻璃棒快速搅拌至透明，备用。

③ 依次称取水、EDTA-2Na、泛醇、甜菜碱（NMF50）、甘油、1,3-丁二醇、尿囊素、硫酸锌，放入 300mL 烧杯中，搅拌至完全溶解。

④ 加入柠檬酸、薰衣草花提取物、芦荟提取物，搅拌均匀。

⑤ 加入 1,2-辛二醇、1,2-己二醇、乙醇混合液，搅拌均匀。

⑥ 加入香精和增溶剂混合物，搅拌均匀。

三、实训结果

请根据实训情况填写表 3-29。

表 3-29　实训结果评价表

使用效果描述	
使用效果不佳的原因分析	
配方建议	

实训 3-2 护肤啫喱的制备

一、实训目的

① 通过实训，进一步学习水剂类化妆品的制备原理；

② 掌握卡波树脂增稠护肤啫喱操作工艺过程；

③ 学习如何在实验中不断改进配方的方法；

④ 通过实训，提高动手能力和操作水平。

二、实训内容

1. 制备原理

将活性物质和护肤成分溶于水中，然后用卡波与碱反应生产黏稠、透明的啫喱体系。

2. 制备配方

如表 3-30 所示。

表 3-30　护肤啫喱实训配方

物质名称	质量分数/%	作用
去离子水	余量	溶解
EDTA-2Na	0.02	螯合
泛醇	0.3	保湿
甜菜碱(NMF50)	2.0	保湿、柔软肌肤
甘油	3.0	保湿
卡波姆(934)	0.5	增稠
氨甲基丙醇	0.6	中和卡波姆
辣蓼提取物	0.5	舒缓、抗刺激
忍冬花提取物	0.5	舒缓和修复肌肤
甘露聚糖	1.0	保湿
丙二醇	5.0	溶解、防腐、改善肤感
羟苯甲酯	0.15	防腐
苯氧乙醇	0.3	防腐
香精	0.05	赋香
氢化蓖麻油(CO40)	0.15	增溶香精

3. 制备步骤

① 用 50mL 烧杯将丙二醇、羟苯甲酯混合，加热，预先溶解均匀，冷却至常温，加入苯氧乙醇，搅拌均匀，备用。

② 用 50mL 烧杯将香精和增溶剂混合，用玻璃棒快速搅拌至透明，备用。

③ 依次称取水、EDTA-2Na、泛醇、甜菜碱（NMF50）、甘油放入 300mL 烧杯中，开均质，慢慢投入卡波 934，均质分散均匀，搅拌消去气泡。

④ 停止均质，开搅拌慢慢加入氨甲基丙醇，搅拌均匀。

⑤ 加入辣蓼提取物、忍冬花提取物、甘露聚糖，搅拌均匀。

⑥ 加入丙二醇、羟苯甲酯、苯氧乙醇混合液，搅拌均匀。

⑦ 加入香精和增溶剂混合物，搅拌均匀。

三、实训结果

请根据实训情况填写表 3-31。

表 3-31　实训结果评价表

使用效果描述	
使用效果不佳的原因分析	
配方建议	

实训 3-3 啫喱水的制备

一、实训目的

① 通过实训，进一步学习水剂类化妆品的制备原理；

② 掌握啫喱水配制操作工艺过程；

③ 学习如何在实验中不断改进配方的方法；

④ 通过实训，提高动手能力和操作水平。

二、实训内容

1. 制备原理

将头发定型成分和护发成分溶于水中制得。

2. 制备配方

如表 3-32 所示。

表 3-32　啫喱水实训配方

物质名称	质量分数/%	作用
EDTA-2Na	0.05	螯合
泛醇	0.5	修护头发
甘油	3.0	保湿
VP/VA 共聚物	2.0	定型、成膜

续表

物质名称	质量分数/%	作用
聚乙烯吡咯烷酮(PVP K-90) 汉生胶 DC193 香精 氢化蓖麻油(CO40) 乙醇	3.0 0.2 0.2 0.1 0.3 5.0	定型、成膜 定型、成膜 亮发 赋香 增溶香精 促进挥发
丙二醇/双(羟甲基)咪唑烷基脲/碘丙炔醇丁基氨甲酸酯(杰马 BP)	0.3	防腐
去离子水	余量	溶解

3. 制备步骤

① 按配方量向烧杯中加入适量的水（经煮沸冷却的去离子水）。

② 按配方称取原料，EDTA-2Na 用少量水溶解；泛醇用少量水溶解；香精加入增溶剂中，搅拌均匀后（温度不能超过 50℃），加入乙醇，搅拌混合。

③ 开搅拌，加入汉生胶、聚乙烯吡咯烷酮，搅拌溶解，如加快溶解速度，可开均质 5min。

④ 待聚乙烯吡咯烷酮溶解消泡后，加入 VP/VA 共聚物，搅拌分散。

⑤ 将其他原料按次序加入烧杯中，搅拌均匀。

⑥ 装入容器中，密封。

三、实训结果

请根据实训情况填写表 3-33。

表 3-33　实训结果评价表

使用效果描述	
使用效果不佳的原因分析	
配方建议	

实训 3-4 花露水的制备

一、实训目的

① 了解花露水用乙醇的处理方法和过程；

② 掌握花露水的调配方法和过程；

③ 掌握花露水的评价方法。

二、实训内容

1. 实训材料

乙醇（脱醛）、花露水用香精、EDTA-2Na、二丁基羟基甲苯（抗氧化剂 BHT）、柠檬黄色素。

2. 实训配方

实训配方如表 3-34 所示。

表 3-34　花露水实训配方

原料	质量分数/%	作用
香精	4	赋香
去离子水	25	稀释
EDTA-2Na	0.1	螯合金属离子
二丁基羟基甲苯(抗氧化剂 BHT)	0.1	抗氧化
柠檬黄色素	适量	赋色
乙醇(脱醛)	余量	溶解

3. 实验步骤

① 乙醇预处理：每升脱醛乙醇中加 2 滴 30%浓度的过氧化氢，在 25～30℃下贮存 5 天。

② 用处理好的乙醇将柠檬黄色素配成质量分数为 0.1%的溶液。

③ 将 EDTA-2Na 溶于水中，加入处理好的脱醛乙醇，加入花露水用香精和 BHT，溶解完全后，加入 1 滴柠檬黄色素溶液调色，即可。

三、实训结果

请根据实训情况填写表 3-35。

表 3-35　实训结果评价表

使用效果描述	
使用效果不佳的原因分析	
配方建议	

习题与思考题

1. 常用的皮肤收敛剂有哪些？

2. 皮肤在酸性条件下是收敛的，那么在碱性条件下呢？

3. 查阅资料，对比乙醇和异丙醇的刺激性？

4. 啫喱水和啫喱膏的配方有何区别？

5. 卡波树脂为什么要中和之后才能表现出巨大的增稠效果和透明度？

6. 透明质酸钠和一些高分子增稠剂一般要与多元醇混合后才加入体系中，其目的是什么？

7. 香精为什么要先与增溶剂混合均匀后才加入产品体系中？

第四章
面　膜

Chapter 04

【知识点】 面膜；面膜材质；面膜配方；面膜制备工艺；面膜质量问题与控制。

【技能点】 面膜配方设计；面膜制备工艺；面膜生产质量关键控制点。

【重点】 面膜的配方组成与常用原料；面膜生产质量控制。

【难点】 面膜的配方设计；生产质量问题控制与解决方案。

【学习目标】 掌握面膜的配方原理，能根据要求设计基本配方；掌握面膜生产工艺过程和工艺参数控制，能按照配方设计相应的制备工艺及参数。

第一节　概述

一、面膜的定义

面膜，顾名思义，是一种通过涂抹或者贴敷在面部，能起到护理皮肤作用的膜状美容护肤品。面膜与其他护肤品在具体形态上的差别就是它的成膜状态。一般面膜在脸上的停留时间比洁面长，但比乳液和膏霜短，除睡眠面膜外，一般在30min内需要揭除或者清洗。

将面膜涂敷或贴敷在面部，皮肤中的毛孔会被迫缓慢张开，水分和精华物质会缓缓渗透入表皮角质层，角质层细胞在湿润的环境中吸收水分和营养。在肌肤被密封的同时，面膜如同为肌肤盖上了“棉被”，令毛细血管慢慢扩张，加快血液循环，使皮肤细胞获氧量增加。肌肤与面膜在长时间湿润封闭的环境中紧密贴合，有利于把毛孔中沾染的灰尘、污染物和微生物清除掉，同时也有利于排出表皮细胞新陈代谢的废物和积累的油脂。面膜在脸上干燥的过程会缓缓地把皮肤收紧，使肌肤毛孔收细，浅的皱纹沟壑被填平，使肌肤达到平滑饱满状态。

二、面膜的分类

面膜的分类非常广，根据其使用方法主要分为涂抹式面膜和贴敷式面膜。

根据材质上的不同，涂抹式面膜又分为分剂型、泥膏型、撕剥型、乳霜型、凝胶/啫喱型（水洗型）面膜和睡眠面膜（免洗型）、泡泡面膜等。

贴片面膜根据材质可分为化纤面膜、纯棉面膜、果纤面膜、水晶面膜、概念隐形蚕丝面膜、天丝面膜、生物纤维面膜、黑面膜、纯蚕丝面膜等。

根据功效不同，又分为清洁面膜、补水面膜、美白面膜、控油面膜、修复面膜、滋养面膜、舒缓面膜、紧致面膜等。

1. 涂抹式面膜

涂抹式面膜是一种装在容器里的膏体、凝胶、乳霜状的凝胶或乳霜状的膏体面膜，可以根据需要涂抹于整个面部或局部，质地具有黏性，能通过涂抹自行附着在面部。常见的涂抹面膜有以下几种类型。

（1）膜粉型面膜

膜粉型面膜是一种粉末状面膜产品，用水或其他液体调和后涂敷在皮肤上，15～30min后揭掉或者清洗干净，以达到美容护肤效果。通常分为硬膜粉、软膜粉和水洗膜粉。

膜粉型面膜中较少或没有添加色素、香精和防腐剂，性质温和，对皮肤刺激较小，有较强的清洁效果，对皮肤可以进行深层清洁。产品由于没有水分，所以保质期比较长，常温密封通常可保存3～6年。但使用较复杂，也易弄脏衣物。

（2）泥膏型面膜

泥膏型面膜的主要成分为基体粉剂、表面活性剂、高分子聚合物和水。基体粉剂主要为云母、高岭土和膨润土等；表面活性剂在配方中具有分散基体粉剂作用；高分子聚合物如纤维素和汉生胶起悬浮稳定作用，二者形成的胶束对泥面膜的黏度和稳定性起到协同增效的作用。

泥膏型面膜可以使皮肤与外界完全阻隔，清洁力强，能有效吸附油脂，去除角质，具有一定的清除粉刺、黑头和收缩毛孔的作用。粉剂中含有丰富的矿物质和微量元素，还能为肌肤补充营养，达到养护肌肤的目的。由于基体粉剂对防腐剂有一定的吸附作用，所以配方中需要加入较高浓度的防腐剂才能达到防腐效果，因而敏感肌肤者应谨慎使用泥膏型面膜产品。在配方工艺上，分散固体粉末时应尽量避免混入大量空气，空气的混入会降低膏体的稳定性，所以需加入亲水性聚合物以减缓泥面膜中固体粉末的水合过程，避免膏体变硬。

（3）撕剥型面膜

撕剥型面膜是一种敷到脸上变干后结成一层膜的面膜，它能使脸部皮肤温度升高，从而促进血液循环和新陈代谢。面膜干燥后，通过撕拉的方式将毛孔中的污物带出来，达到清洁功效。

撕剥型面膜有很强的黏吸力，特别适合粉刺专用T区面膜。产品使用方便，不像泥膏型面膜在使用后有较多的清洁工作要做。但撕剥型面膜通常乙醇的含量较高，因此过敏性皮肤或有化脓性伤口的皮肤不适宜使用。使用时要注意顺着汗毛生长的方向自上而下揭除，每周使用不能超过两次。

人们对撕拉类面膜的争议较多，因为“撕拉”过程本身对皮肤的损伤很大，容易引起毛孔粗大、皮肤过敏等症状，同时这种类型的面膜补水能力和滋养能力也较差，消费者更关注不损伤皮肤和补水能力更强的面膜。

（4）乳霜型面膜

乳霜型面膜配方与面霜体系相近，通常采用一些高吸水性的成分，配合具有锁水功能的油脂和活性物，调制成乳霜状，使用时涂抹于面膜，以达到立即水润的效果，为肌肤提供高强度的补水和丰富的营养。乳霜型面膜有免洗式和水洗式两种，免洗的就是乳霜型睡眠面膜。

乳霜型面膜使用方便，质地温和。一般乳霜型面膜按照面霜的配方来设计，通常会加入高吸水的成分，配合高含量的油脂来达到保湿滋养效果，所以更适合干性肌肤和成熟肌肤使用，建议使用时涂抹薄薄一层更助于吸收。

（5）凝胶/啫喱型面膜

凝胶/啫喱型面膜是将精华成分凝固成凝胶或者啫喱状态，再通过暂时性的密闭隔离方式，使精华成分更好地被皮肤吸收。这种面膜又分为水洗式和免洗式，大多数睡眠面膜属于免洗式。

凝胶/啫喱型面膜外观透明，有良好的视觉效果，质地触感清凉，水润轻盈，能有效软化角质，使肌肤更柔软，更适合夏季使用，通常晒后舒缓修复、清爽补水会使用这种面膜。形成啫喱的高分子成分如卡波姆等，透明度好，安全性高，但其对高油度及高盐类的耐受性不好，所以凝胶/啫喱面膜产品活性成分不高，仅能做角质层的保湿，无法长效保湿。

2. 贴敷式面膜

贴敷式面膜，常为单片式独立包装，拆开包装就可直接敷用，满足了消费者追求方便的需求，不受道具配备、地点等的限制，因而成为当下最为流行的一种面膜形式。贴敷式面膜包含面膜布和精华液，面膜布作为载体，吸附精华液，可以固定在脸部特定位置，形成封闭层，促进精华液的吸收。贴敷式面膜拥有即刻保湿、提亮肤色和改善皮肤纹理的效果，是面膜类产品中销量最大、增长速度最快的一个品类。贴敷式面膜精华液的主要成分为增稠剂、保湿剂和皮肤调理剂等。

第二节　面膜材质

贴敷式面膜的精华液通常为水性液体，缺乏附着力，所以常需要不同材质的膜布作为载体。常见的面膜材质有以下几种类型。

一、化纤面膜

化纤面膜是贴敷式面膜的一种，是以无纺布为精华液载体，早期的贴敷式面膜大多以此为载体。化纤布是一种非织造布，它是直接利用高聚物切片、短纤维或长丝，通过各种纤网成形方法和固结技术形成柔软、透气和平面结构的新型纤维制品。

化纤基材蓬松柔软，均匀性好，不产生纤维屑，强韧耐用，成本相对较低。但化纤与皮肤亲和力不佳，仅仅作为精华液的载体，厚重不服帖，透气性一般。使用时如同白色面具，视觉感差，且行动不便。此外，化纤生产过程中会消耗大量的石油资源，不属于环境友好型产品。

二、概念隐形蚕丝面膜

概念隐形蚕丝面膜的材质是铜氨纤维，它是将100%天然棉籽绒（包在棉花种子外层的绒毛状短纤维）为原材料溶解在氢氧化铜或碱性铜盐的浓氨溶液内，配成纺丝液，在凝固浴中铜氨纤维素分子分解再生出纤维素，生成的水合纤维素经后加工制得。因其薄如蚕翼，拉伸如丝，所以被称为“蚕丝面膜”，但它的成分却与蚕丝无关。

一片未灌装的概念隐形蚕丝面膜质量为1～1.4g，厚度仅0.1mm，却能承托25倍的精华液，所以敷在面部几乎感觉不到膜的存在，轻薄无负担。蚕丝面膜吸附大量精华液后可以紧密吸附在皮肤表面达到透明隐形的效果。蚕丝面膜还可以根据不同脸型拉伸调节，使之覆盖到肌肤的每个角落，完美贴合肌肤轮廓。敷膜时可以自由行动，无需躺定，比传统无纺布面膜更服帖、更舒适、更有弹性，是良好的无纺布面膜升级品，是目前非常受消费者喜爱的面膜材质之一。

三、天丝面膜

天丝（tencel纤维）是纯天然再生性纤维，是以针叶树为主的木浆、水和溶剂氧化胺混合，加热至完全溶解，在溶解过程中不会产生任何衍生物，不发生化学作用，经除杂而直接纺丝，其分子结构是简单的碳水化合物。天丝纤维在泥土中能完全分解，对环境无污染，对人体完全无害，几乎能完全回收，可反复使用，无副产物，无废弃物，是绿色环保的天然纤维。

天丝纤维的横截面为圆形或椭圆形，光泽优美，手感柔软，无论在干或湿的状态下，均极具韧性。它具有棉的“舒适性”、涤纶的“强度”、真丝的“独特触感”及“柔软垂坠”，其丝滑柔软的触感、良好的吸水性、优美的垂坠性、天然的透气性和抗静电等优异功能，让肌肤享受丝般柔滑细腻的敷膜感受，是目前市场占有率非常高的面膜材质。

四、纯棉面膜

纯棉面膜由100%纯棉纤维制成，交叉铺网法制成水刺不织布结构。纯棉面膜洁白柔软，贴肤性好，亲肤温和，吸水能力强，可吸附高浓度的营养物质，并可有效防止营养成分蒸发和流失。但纯棉面膜纸韧性较差，在拉扯中易破损。

五、果纤面膜

果纤面膜实际上是一种无尘纸（airlaid paper），也叫干法造纸非织造布（airlaid pulp nonwovens），以100%木浆纤维（绒毛浆）为原料制成。果纤面膜原料天然，触肤柔软、垂感极佳，具有极高的吸水性和良好的保水性能。但该材质使用透明度不佳，固结度差，在敷用时容易因拉扯而破裂，并且易受潮发霉，已逐渐被其他材质所取代。

六、水凝胶面膜

水凝胶面膜是用硅胶、琼脂等凝胶作为基底材质，再将各种营养成分凝结在内，形成的一种透明水晶状面膜。水凝胶面膜与皮肤接触后在体温的作用下会逐渐溶解并渗透。

水凝胶面膜触感柔滑舒适，外观晶莹、剔透、美观，使用方便且无黏液，不沾手。水凝胶面膜克服了化纤面膜贴肤性差和纹理粗糙感强的先天不足，与肌肤的密闭性好，特别适合用于眼贴膜。但由于水凝胶面膜成膜性的约束，对添加的护肤成分有限，而且材质不透气，可能会造成不适感。

七、生物纤维面膜

生物纤维面膜是由植物性原料经严格挑选天然菌种，经发酵产生的微生物纤维素，简称生物纤维，其成分99.9%以上为纤维素。国际医学界广泛应用于人工血管及人工真皮产品，具有优异的服帖保水能力，百分之百生物相容，亲肤无刺激。生物纤维面膜是专业医疗美容级材料面膜。

生物纤维的直径为2～100nm，约为头发的1/1000，是传统无纺布的1/133，具有卓越的吸附性，能深入皮沟，紧紧抓住肌肤细胞，产生向上提拉作用，迫使肌肤吸收大量精华；贮水功能强，让肌肤更好吸收；具有高弹性和适应性，是食品级的绿色环保面膜。

生物纤维面膜生产工艺复杂，生产周期长，所以生产成本高，对生产要求非常严格，易发生霉变。

八、蚕丝面膜

百分之百纯蚕丝面膜，约15个蚕茧织成一片面膜。与普通无纺布面膜或植物纤维面膜最大区别是，纯蚕丝面膜本身就具有天然护肤功效。蚕丝是天然的蛋白质纤维，含有70%左右的丝素，丝素中蛋白质丰富，含有18种氨基酸，与人体的化学组成十分相似，有很好的相容性。蚕丝面膜可加速细胞新陈代谢，有助于伤口愈合，还可延缓皮肤老化。

但蚕丝面膜成本高昂，非大众消费品。同时市场上蚕丝概念的面膜太多，易混淆。

九、黑面膜

市场上常见的黑面膜膜材主打优异清洁力和平衡控油等功效。黑面膜材质主要分为三类。

1. 染色黑面膜

将无纺布或者棉布染色，只是外观上具备一定差异性，并无特别清洁能力，也不够贴肤，且染色色料可能会释放到精华液中，影响产品的品质稳定性。

2. 竹炭纤维黑面膜

竹炭纤维黑面膜是以竹炭纤维混合其他吸水性植物纤维制造成的无纺布，具有一定的吸污能力，干膜一般呈铁灰色。由于竹炭本身孔隙结构呈规则方格状，质地轻脆，制成纤维后多孔性降低，也降低了吸附脏污能力。

3. 备长炭纤维黑面膜

备长炭是以日本高硬度木材如山毛榉为原料，经高温1200～1400℃煅烧炭化而成。将优质备长炭制成纤维、纺织而成的无纺布，具有优异的吸附清洁能力。

备长炭能深层吸附皮沟内的脏污，将堆积在毛孔、皮纹中的老废角质吸附清洁。备长炭优异的多孔性，紧密贴合肌肤，能够促进精华液的吸收。

十、超细纤维面膜

超细纤维面膜是采用单丝密度小于0.1dtex的化学纤维制成的非织造布，其极小的纤维直径带来“微气室”效应和特殊的毛细现象，使得膜布具有优秀的吸水性能和保湿性，其比表面积比普通纤维大，使得膜布具有优秀的贴肤性和舒适感，而且其独特的结构使其具有较低伸长性，因而超细纤维膜布会带来微微的紧致感；其缺点是膜纸整体而言偏厚，透气性稍差。

第三节　面膜的配方与制备工艺

一、面膜的配方组成与常用原料

面膜的组成成分对面膜的品质有决定性的影响。一款合格的面膜应包含保湿体系、增稠体系、防腐体系、肌肤调理体系和功效体系。

1. 保湿体系

保湿成分是所有面膜种类中不可缺少的一个成分，是其他各种功效发挥的前提。面膜中常用的保湿成分一般为甘油、丙二醇、1,3-丁二醇等醇类保湿剂，或透明质酸、海藻糖等生化保湿剂，保湿剂是保持皮肤中的水分、使肌肤柔软嫩滑的关键原料。在产品中为起到良好的保湿效果而又兼顾成本因素，常用几种保湿剂搭配使用。

2. 增稠体系

如果没有增稠成分的存在，面膜基布就无法承载精华，导致使用时滴液，难以带来优异的使用体验；膏霜和啫喱体系也无法成型、挑起和涂抹。面膜中常用的增稠剂一般为黄原胶、阿拉伯树胶、小核菌胶、海藻酸钠等天然水溶性高分子，也有羟乙基纤维素等半合成水溶性高分子化合物，也有聚乙烯醇、聚乙烯吡咯烷酮、丙烯酸聚合物等水溶性合成高分子化合物。每种原料的黏度和肤感都有一定差异，经常为几种原料搭配使用。

3. 防腐体系

防腐剂是长时间维持化妆品品质的保护剂，是稳定化妆品配方的关键之一，现有化妆品的防腐体系越来越趋向安全和温和。传统防腐剂一般为羟苯甲酯和羟苯丙酯、咪唑烷基脲和苯氧乙醇等，现在的面膜中常使用对羟基苯乙酮、1,2-己二醇、乙基己基甘油、辛甘醇等这些“无防腐”概念的防腐替代剂。

4. 肌肤调理体系

针对面膜产品中的常见过敏源及皮肤过敏机理，需要添加一定的抗敏止痒剂和刺激抑制因子，以预防皮肤过敏现象的出现，提供产品的安全性。面膜中常用的调理原料为尿囊素、甘草酸二钾、红没药醇等。

5. 功效体系

为使面膜达到某种具体的功效，例如：美白祛斑、抗皱、祛痘、清洁、紧致毛孔等，而添加的功效活性成分，一般多为活性物或植物提取物，是贴敷式面膜的核心。

常用的美白成分为熊果苷、抗坏血酸磷酸酯钠、甘草黄酮等；祛皱抗衰成分为人参提取物、多肽类、胶原蛋白等；祛痘成分为蒲公英提取物、芦荟提取物、积雪草提取物等；修复成分一般为茶树精油、薰衣草提取物、洋甘菊提取物等。

二、贴敷式面膜的配方和工艺实例

1. 水剂型面膜精华液

表 4-1、表 4-2 为企业实际生产的贴敷式水剂型面膜精华液和大米精华养肤面膜精华液配方。

表 4-1 企业实际生产的贴敷式水剂型面膜精华液配方

组分	物质名称	质量分数/%	作用
A	去离子水	余量	溶解
	甘油	8.00	保湿
	EDTA-2Na	0.02	螯合
	透明质酸钠	0.10	保湿
	黄原胶	0.10	增稠
	羟乙基纤维素	0.12	增稠
B	对羟基苯乙酮	0.40	防腐
	1,3-丁二醇	7.00	保湿
C	苯氧乙醇	0.20	防腐
	芦荟提取物	2.00	祛痘功效成分
	银耳提取物	2.00	皮肤调理
	甘草酸二钾	0.10	皮肤调理
	洋甘菊提取物	2.00	舒缓功效成分
	PEG-60 氢化蓖麻油	0.20	增溶香精
	香精	0.005	芳香

制备工艺如下。

① 将 A 组分在乳化锅中分散均匀，加热至 80℃，搅拌溶解完全。

② 预先将B组分加热溶解至透明，待A组分降温至60℃时加入，搅拌至溶解完全。

③ 降温至45℃，将C组分投入，混合均匀。

④ 检测各项指标合格后，38℃以下出料。

配方中以羟乙基纤维素和黄原胶作为增稠剂，肤感清爽柔滑不黏腻；以甘油、丁二醇等作为基础保湿剂，同时大量的透明质酸钠搭配芦荟和银耳提取物，能够充分补充肌肤所需水分；配方中采用新型防腐剂对羟基苯乙酮复配苯氧乙醇，降低了防腐剂给皮肤带来的潜在刺激性，此外，配方中还添加具有消炎镇静功效的甘草酸二钾和舒缓的洋甘菊，因此该配方适合缺水、需要舒缓的肌肤使用。

表4-2 企业实际生产的大米精华养肤面膜精华液配方

组分	物质名称	质量分数/%	作用
A	甘油	2.00	保湿
	聚甘油-10	2.00	保湿
	1,3-丁二醇	3.00	保湿
	黄原胶	0.20	增稠
	卡波姆	0.10	增稠
	去离子水	余量	溶解
B	三乙醇胺	0.095	pH调节
C	透明质酸钠(分子量为175万)	0.10	保湿
	氯苯甘醚	0.20	防腐
D	YOUKE大米发酵滤液	5.00	皮肤调理
	睡莲(*Nymphaea tetragona*)提取物	0.20	皮肤调理
	麦冬(*Ophiopogon japonica*)提取物	0.20	皮肤调理
	苯氧乙醇	0.25	防腐

制备工艺如下。

① 将A组分倒入搅拌锅，25r/min中速搅拌，加热到85℃。

② 将B组分倒入搅拌锅，25r/min中速搅拌，30～45r/s中高速均质均匀，约300s。

③ 将C组分倒入搅拌锅，25r/min中速搅拌，25r/s中速均质均匀，约180s。

④ 25r/min中速搅拌，冷却到45℃，将D组分倒入乳化锅，25r/min中速搅匀。继续搅拌冷却到42℃以下，卸料。

2. 乳液型面膜精华液

表4-3为贴敷式乳液型面膜精华液配方。

表4-3 贴敷式乳液型面膜精华液配方

组分	物质名称	质量分数/%	作用
A	去离子水	余量	溶解
	甘油	5.00	保湿
	透明质酸钠	0.10	保湿
	汉生胶	0.10	增稠
	卡波姆	0.10	增稠
	EDTA-2Na	0.01	螯合
	鲸蜡硬脂醇橄榄油酸酯	0.30	乳化
	山梨坦橄榄油酸酯	0.15	乳化
	泛醇	0.50	皮肤调理
	尿囊素	0.50	皮肤调理

续表

组分	物质名称	质量分数/%	作用
B	乳木果油	0.50	润肤
	环聚二甲基硅氧烷	1.00	润肤
	生育酚乙酸酯	0.50	润肤
C	1,3-丁二醇	5.00	保湿
	对羟基苯乙酮	0.50	抗氧化
D	YOUKE 大米发酵滤液	2.00	润肤、保湿、抗敏
	β-葡聚糖	2.00	修护功效成分
	1,2-己二醇	0.50	保湿

制备工艺如下。

① 将 A 组分投入乳化锅中，分散均匀，加热搅拌至 75～80℃，充分溶解。

② 缓慢加入 B 组分，均质 10～15min。

③ 降温至 50℃，将 C 组分依次投入乳化锅中，充分搅拌，溶解均匀。

④ 降温至 40℃，将 D 组分依次投入乳化锅中，充分搅拌，溶解均匀。

⑤ 检测各项指标合格后，冷却至 38℃以下，抽真空脱泡，过滤出料。

该配方为乳液型精华液体系，采用卡波姆和汉生胶作为增稠剂，以鲸蜡硬脂醇橄榄油酸酯和山梨坦橄榄油酸酯为乳化剂。此外，油脂中以环聚二甲基硅氧烷为主，肤感清爽不黏腻，搭配甘油、丁二醇等作为保湿剂，以透明质酸钠、海藻提取物、生育酚乙酸酯、β-葡聚糖为功效性成分，具有良好的柔滑贴合感，能在为肌肤补水的同时，提供肌肤所需营养。

3. 硅乳液型面膜精华液

表 4-4 为贴敷式硅乳液型面膜精华液配方。

表 4-4　贴敷式硅乳液型面膜精华液配方

组分	物质名称	质量分数/%	作用
A	去离子水	余量	溶解
	尿囊素	0.20	皮肤调理
	甜菜碱	0.50	保湿
	黄原胶	0.10	增稠
	EDTA-2Na	0.02	螯合
	透明质酸钠	0.10	保湿
	海藻糖	1.00	保湿
	甘油	3.00	保湿
	甘油丙烯酸酯/丙烯酸共聚物	2.00	保湿
	羟乙基纤维素	0.10	增稠
	甘草酸二钾	0.05	皮肤调理
B	1,2-丙二醇	4.00	保湿
	羟苯甲酯	0.10	防腐
	羟苯丙酯	0.05	防腐
C	木糖醇、脱水木糖醇、木糖醇基葡糖苷	1.00	保湿
	鲸蜡硬脂基聚甲基硅氧烷/PEG-40 硬脂酸酯/硬脂醇聚醚-21/聚甲基硅倍半氧烷/硬脂醇聚醚-2/异十六烷/聚二甲基硅氧烷	0.50	润肤
	乙基己基甘油/苯氧乙醇	0.30	防腐
	氢化蓖麻油(CO40)	0.30	增溶香精
	香精	0.01	芳香

制备工艺如下。

① 将A组分投入乳化锅中，分散均匀，加热搅拌至75～80℃，充分溶解。

② 缓慢加入B组分，均质10～15min。

③ 降温至50℃，将C组分依次投入乳化锅中，充分搅拌溶解均匀。

④ 检测各项指标合格后，冷却至38℃以下，抽真空脱泡，过滤出料。

该配方为硅乳液型精华液体系，配方采用已配制好的有机硅乳液直接添加于常规的水剂型配方中，可有效提高产品的柔滑触感，制备方便。硅乳液配方的肤感比单纯的水剂配方滋润，但又比乳液型配方清爽，适用性比较强，是市面上较常用的配方之一。

三、剥离型面膜配方结构及制备工艺

剥离型面膜的配方除包含布基面膜配方结构的体系外，一般还包括以下成分。

① 成膜剂，它是剥离型面膜的关键成分，多选用水溶性高分子聚合物，因其具有良好的成膜性，具有增稠和提高乳化性及分散性的作用，对含有无机粉末的基质具有稳定作用，还具有一定的保湿作用。

② 吸附剂，具有吸附过量皮脂、缩小毛孔的作用。

此外，剥离型面膜的防腐问题比布基面膜要困难，主要是由于大量无机粉质基质的存在会吸附防腐剂，影响防腐剂的分布，而且粉末本身也容易存在微生物和霉菌，因此除防腐剂量要适当增加外，粉体也必须保持无菌。

1. 胶状剥离型面膜

胶状剥离型面膜配方见表4-5。

表4-5 胶状剥离型面膜配方

组分	物质名称	质量分数/%	作用
A	去离子水	余量	溶解
	黄原胶	0.30	增稠
	聚乙烯醇	15.00	成膜
	丙烯酰二甲基牛磺酸铵/VP共聚物	1.20	增稠剂
	膨润土	0.50	赋形、吸附
B	乙醇	10.00	溶解
	PEG-60氢化蓖麻油	0.20	增溶香精
	香精	0.01	芳香
	羟苯甲酯	0.10	防腐
	羟苯丙酯	0.05	防腐
	苯氧乙醇	0.20	防腐
	红没药醇	0.50	皮肤调理

制备工艺如下。

① 将A组分投入乳化锅中，分散均匀，加热搅拌至75～80℃，至充分溶解均匀。

② 将B组分预先分散溶解，待A组分降温至40℃以下后，投入乳化锅中，充分搅拌，溶解均匀。

③ 检测各项指标合格后，冷却至38℃以下，抽真空脱泡，过滤出料。

该产品为半透明凝胶状，采用聚乙烯醇作为成膜剂，黄原胶和丙烯酰二甲基牛磺酸铵/VP共聚物作为增稠剂，膨润土为吸附剂，吸附皮肤过量油脂，以乙醇为溶剂，加快成膜的速度，并起到收敛的作用，添加红没药醇预防过敏现象，膏体涂敷干燥后形成可剥离皮膜，有保湿、促进血液循环、柔软和清洁的作用。

2. 粉末状剥离型面膜

粉末状剥离型面膜配方见表 4-6。

表 4-6 粉末状剥离型面膜配方

物质名称	质量分数/%	作用
高岭土	30.0	填充
硅石	20.0	填充
海藻酸钠	12.0	成膜
硫酸钙	35.0	稳定
碳酸钠	3.0	稳定
防腐剂	适量	防腐

制备工艺：将 A 组分原料依次加入混料斗，充分混合均匀（此类型是将海藻酸钠溶解于水作为凝胶化剂，形成薄膜）。

该配方以海藻酸钠作为凝胶化剂，硫酸钙作为凝胶化反应剂，高岭土和硅石作为吸附剂；使用时用水调制成均匀浆状涂敷，在凝胶化剂和凝胶化反应剂的共同作用下形成薄膜，水分蒸发带走热量而有清凉感，有较强的收缩感。

3. 膏状剥离型面膜

膏状剥离型面膜配方见表 4-7。

表 4-7 膏状剥离型面膜配方

组分	物质名称	质量分数/%	作用
A	聚乙烯醇	15.0	成膜
	聚乙烯吡咯烷酮	1.0	增稠
	1,3-丁二醇	8.0	保湿
	EDTA-2Na	0.02	螯合
	甘油硬脂酸酯	2.0	乳化
	甘油	5.0	保湿
	二氧化钛	5.0	着色
	高岭土	10.0	赋形、吸附
	去离子水	余量	溶解
B	角鲨烷	1.0	润肤
	霍霍巴油	2.0	润肤
	橄榄油	1.0	润肤
C	乙醇	5.0	溶解
	羟苯甲酯	0.2	防腐
	羟苯丙酯	0.1	防腐
	香精	0.01	芳香
	红没药醇	1.0	皮肤调理

制备工艺：

① 将 A 组分原料投入乳化锅中，分散均匀，加热至 75～80℃，搅拌溶解完全；

② 将 B 组分缓慢加入乳化锅中，均质 2～3min；

③ 冷却至 40℃左右时，加入预先分散均匀的 C 组分，充分搅拌，混合均匀；

④ 检测各项指标合格后，冷却至 38℃以下，抽真空脱泡，过滤出料。

该配方为乳化型体系，以甘油、丁二醇等为保湿剂，甘油硬脂酸酯作为乳化剂，油相选择轻质油脂，以高岭土作为吸附剂吸附油脂并降低配方油腻感，添加聚乙烯醇和聚乙烯吡咯烷酮作成膜剂，干燥后形成皮膜，剥离后有很强的湿润和柔软感。

4. 泥状剥离型面膜

泥状剥离型面膜配方见表4-8。

表4-8　泥状剥离型面膜配方

组分	物质名称	质量分数/%	作用
A	高岭土	15.0	填充、吸附
	改性玉米淀粉	10.0	填充、吸附
	硅石	5.0	填充、吸附
	甘油	5.0	保湿
	去离子水	余量	溶解
B	1,3-丁二醇	7.0	保湿
	羟苯甲酯	0.2	防腐
	羟苯丙酯	0.1	防腐
	香精	0.02	芳香
	PEG-60氢化蓖麻油	0.3	增溶香精
	红没药醇	1.0	皮肤调理

制备工艺如下。

① 将A组分投入乳化锅中，分散均匀，加热搅拌至75～80℃，充分溶解。

② 降温至40～50℃，将B组分预先分散溶解后投入乳化锅中，充分搅拌，溶解均匀。

③ 检测各项指标合格后，冷却至38℃以下，抽真空脱泡，过滤出料。

膏体为泥状，以高岭土、硅石和改性玉米淀粉作为油脂吸附剂吸附皮肤多余皮脂，以甘油、丁二醇作为保湿剂，红没药醇作为安全保障成分。该配方脱脂效果较好，适用于易生粉刺肌肤，但是干燥后不易擦去或剥离，需用清水洗掉除去。

四、睡眠面膜配方结构及制备工艺

睡眠面膜为近年来流行的一种面膜，它不强调有好的成膜性，而是在护肤晚霜的基础上加了少许有成膜性的高分子化合物，使产品不单具有晚霜的营养滋润功能，还有一定的成膜“封闭”性，可以让营养或其他有效成分更易进入皮肤，是一种更方便让皮肤吸收有效成分的面膜。睡眠面膜与皮肤接触时间长，因此膜的封闭性不宜太强，以免影响皮肤的呼吸和新陈代谢。表4-9、表4-10为几种睡眠面膜的配方实例。

1. 乳霜型睡眠面膜

表4-9　乳霜型睡眠面膜

组分	物质名称	质量分数/%	作用
A	去离子水	余量	溶解
	EDTA-2Na	0.01	螯合
	甘油	7.0	保湿
	聚丙烯酰基二甲基牛磺酸铵	0.6	增稠
	黄原胶	0.2	增稠
	透明质酸钠	0.1	保湿
	泊洛沙姆338	1.0	乳化

续表

组分	物质名称	质量分数/%	作用
B	聚二甲基硅氧烷	1.0	润肤
	辛酸/癸酸甘油三酯(GTCC)	1.5	润肤
	角鲨烷	2.0	润肤
	聚二甲基硅氧烷醇	0.5	润肤
C	辛甘醇	0.5	保湿
	柠檬酸	0.01	pH 调节
	生物糖胶-1	2.0	皮肤调理
	苯氧乙醇	0.8	防腐
	寡肽-1	3.0	抗衰功效成分
	香精	0.02	芳香
	CI42090	0.005	着色

制备工艺如下。

① 将 A 组分投入乳化锅中，分散均匀，加热搅拌至 75～80℃，充分溶解。

② 缓慢加入 B 组分，均质 3～5min。

③ 降温至 40～50℃，将 C 组分依次投入乳化锅中，充分搅拌溶解均匀。

④ 检测各项指标合格后，冷却至 38℃以下，抽真空脱泡，过滤出料。

该配方为乳化型体系，以甘油、透明质酸钠等为保湿剂，黄原胶和聚丙烯酰基二甲基牛磺酸铵复配作为增稠剂使用，泊洛沙姆 338 作为乳化剂，油相中都是轻质油脂，比普通的霜更轻薄，肤感清爽，吸收较快，有良好的锁水保湿功效，功效成分以寡肽-1 为主，搭配生物糖胶-1，具有较好的修护保湿功效。

2. 啫喱型睡眠面膜

表 4-10 啫喱型睡眠面膜

组分	物质名称	质量分数/%	作用
A	去离子水	余量	溶解
	EDTA-2Na	0.01	螯合
	甘油	7.00	保湿
	卡波姆	0.40	增稠
	尿囊素	0.20	皮肤调理
	透明质酸钠	0.10	保湿
	丙烯酰二甲基牛磺酸铵/VP 共聚物	0.20	增稠
B	1,2-丙二醇	1.00	保湿
	羟苯甲酯	0.20	防腐
	羟苯丙酯	0.10	防腐
C	氨甲基丙醇	0.20	pH 调节
	黄瓜提取物	5.00	舒缓功效成分
	洋甘菊提取物	2.00	舒缓功效成分
	芦荟提取物	2.00	舒缓功效成分

制备工艺如下。

① 将 A 组分投入乳化锅中，分散均匀，加热搅拌至 75～80℃，充分溶解。

② 缓慢加入 B 组分，均质 3～5min。

③ 降温至 40～50℃，将 C 组分依次投入乳化锅中，充分搅拌，溶解均匀。

④ 检测各项指标合格后，冷却至 38℃以下，抽真空脱泡，过滤出料。

该配方为透明无油啫喱体系，以甘油、透明质酸钠等为保湿剂，卡波姆和丙烯酰二甲基牛磺酸铵/VP共聚物复配作为增稠剂使用，产品水感强，触感清凉，有较好的补水效果；添加尿囊素、芦荟、黄瓜和洋甘菊起到镇静舒缓的功效，是一款适合夏天使用的晒后舒缓、补水保湿的面膜。

第四节　主要质量问题与控制

近几年，人们对美容保养需求的不断增长，促进了中国面膜行业的快速发展。相关研究显示2012年以来，国内面膜市场规模和品牌呈现出了快速发展趋势，市面上的品牌数至少300个，市场规模已经突破百亿元，呈现出快速生长态势。面膜市场的良莠不齐导致了其质量安全问题广受关注。

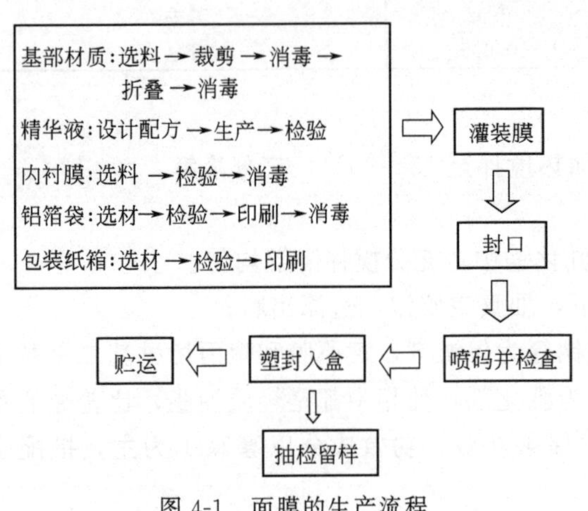

图4-1　面膜的生产流程

一、面膜的生产环节

面膜的质量与面膜的生产环节息息相关，鉴于市场中的质量问题面膜基本都集中于贴敷式面膜，所以以贴敷式面膜为例讲解面膜的生产流程，如图4-1所示。

通过以上环节可以看出，问题面膜的成因主要为三个方面：

① 选材不合格，包括基部材质、精华液、内衬膜、铝箔袋和包装纸箱；

② 贮存条件与生产硬件不过关；

③ 生产环节不严谨。

二、面膜的质量关键点

1. 面膜基布

面膜和其他护肤产品最大的差别就是多了一层面膜纸作为介质辅助精华的吸收。所以面膜纸的质量优劣直接影响消费者的使用体验，影响精华液的吸收效果。质量差的膜纸不仅会影响服帖性，可能还会引起产品变质，甚至会导致皮肤瘙痒、过敏等问题。所以面膜布是决定面膜品质的关键之一。

（1）材质

常见的面膜纤维有以石油产品为原料的化学纤维（PP、PES等）以及天然来源的植物纤维如棉纤维、木浆纤维、天丝纤维等两大分类。

化学纤维制成的无纺布，布面纤维分布平均、厚薄稳定、价格低廉。但化学纤维作为面膜材质与皮肤接触时，除了不透气、不亲肤以外，还容易与皮肤产生静电，有瘙痒刺激感。

植物纤维制成的无纺布则相对亲肤安全。但面膜纤维的粗细长短是影响最终膜材是否贴肤、能否承载精华液的关键。面膜的纤维越细，服帖性就越好，也越能深入肌肤，有效传输精华。

（2）制备工艺

水刺法是以高压水流作为纺织的针，以物理方法将纤维反复缠绕而织成无纺布，适用于天然纤维的纺织，不使用化学黏合纤维、过程环保，能织出手感柔软、强度高的无纺布，是较为理想的面膜膜材制备工艺。无纺布的质量参数与水压稳定性、方向、强度等密切相关。

2. 精华液

面膜液的功效主要取决于面膜的精华液成分，而问题面膜常因涉及微生物、重金属超标或添加激素、荧光剂、抗生素等出现质量安全问题。一般面膜的质量安全问题常集中在如下几点。

（1）糖皮质激素检出

糖皮质激素外用可降低毛细血管的通透性，减少渗出和细胞浸润，具有抗炎、抗过敏和免疫抑制等多种作用。糖皮质激素对皮肤有一定的嫩白作用，但长期使用会通过皮肤的吸收而引起全身的副作用，导致面部皮肤变薄、发红、发痒、血糖升高、高血压、骨质疏松、胎儿畸形、生产发育迟缓、免疫功能下降，从而诱发或加重感染和消化性溃疡、代谢紊乱、情绪异常等各种不良反应。

我国《化妆品安全技术规范（2015 年版）》（以下简称《技术规范》）明确规定，糖皮质激素为化妆品禁用成分。氯倍他索丙酸酯、倍他米松、曲安奈德、曲安奈德醋酸酯、倍他米松双丙酸酯、倍氯米松双丙酸酯、倍他米松戊酸酯、氢化可的松均为糖皮质激素。目前，糖皮质激素的违法添加是面膜产品最为严重的质量安全问题。

（2）苯酚检出

苯酚具有一定的美白效果，但对人体皮肤及黏膜有腐蚀性，严重的可以致癌致畸。我国《技术规范》明确规定，苯酚为化妆品禁用成分。

（3）丙烯酰胺检出

丙烯酰胺作为常见工业原料聚丙烯酰胺的分解残留物存在于化妆品当中，丙烯酰胺在人体中可转化为环丙酰胺，并与谷胱甘肽、血红蛋白和 DNA 结合，各种代谢产物经尿液排出。丙烯酰胺对啮齿类动物具有神经毒性、生殖毒性和致癌作用；对接触丙烯酰胺的职业人群和因事故偶然暴露于丙烯酰胺的人群可引起人体神经毒性。我国《技术规范》明确规定，丙烯酰胺为化妆品禁用成分。

（4）甲硝唑检出

甲硝唑为临床常用的硝基咪唑类抗微生物药物，具有抗菌和消炎的作用。化妆品中加入甲硝唑类物质虽然一时能起到除螨、祛痘的作用，但长期使用会刺激皮肤，引起接触性皮炎，更为严重的是会导致对甲硝唑的耐药性，造成健康隐患。我国《技术规范》明确规定，甲硝唑为化妆品禁用成分。

（5）微生物超标

面膜中含有一定的水分，在潮湿的环境中霉菌和酵母菌最容易繁殖，同时面膜中又有一些营养成分，这些营养成分可能有利于霉菌和酵母菌的生长、繁殖。如果面膜在生产过程中灭菌不彻底，而防腐剂又使用不恰当，包装密封不严，都可能造成面膜中出现霉菌和酵母菌。微生物超标说明该产品的卫生状况达不到基本的卫生要求，会影响面膜贴的感官形态，可能造成皮肤感染，并对人体健康和安全造成危害。

（6）重金属超标

重金属元素主要是指面膜中含有的铅、砷和汞等元素。有些是为达到某些特定功效刻意添加的，例如添加汞以起到美白的效果。这是由于汞化合物会破坏表皮层的细胞，使黑色素无法形成。铅的氧化物具有一定遮盖作用，也可用于美白。有些重金属是由于生产原料成分不纯，将不该有的金属成分残留在化妆品中。如果化妆品中添加了铅、砷、汞，长期使用会被皮肤吸收而对人体造成损害。因此，我国《技术规范》中规定了这些物质在化妆品中的限量。

（7）标签不符合

化妆品标签是指用以表示化妆品名称、品质、功效、使用方法、生产和销售者信息等有关文字、符号、数字、图案以及其他说明的总称。化妆品标签标注内容主要包括：化妆品的名称、生产者的名称和地址、实际生产加工地、净含量、保质期、化妆品成分表、生产许可证、卫生许可证、产品执行标准、检验合格证明、特殊用途化妆品批准文号以及必要的安全警告用语等。有些企业对产品标签的重要性缺乏认识，未能认真理解国家标准 GB 5296.3—2008《消费品使用说明　化妆品通用标签》和国家食品药品监督局发布的《化妆品命名规定》的要求，造成企业未能正确规范地标注产品的标签内容。

3. 内衬膜

（1）化纤膜

化纤膜是包裹面膜，使之形状固定的材料，其成分主要是化纤，类似一次性无纺布的口罩、帽子的材质，属于工业级原料，一般为蓝色、绿色、白色或黑色等。在生产过程中，为了增强其韧性，在制作过程中可能会加入碳酸钙和丙烯酰胺。当膜材浸泡在面膜液中，蓝膜中的碳酸钙释放到精华液中会使精华液浑浊；若丙烯酰胺释放到精华液中，会对皮肤产生致癌性，所以在使用化纤膜时要经过严格的测试流程。

（2）珠光膜

珠光膜的质量不稳定也会影响精华液的稳定性。食品级的珠光膜是用在糖果食品等塑料包装内膜的材质，安全性高，在面膜液中稳定，而工业级的材质会释放塑化剂等有害物质。食品级珠光膜柔韧度较好，工业级材质偏薄、易破裂。

4. 铝箔袋

质量好的铝箔袋能更好地保证产品质量，劣质包材易造成产品质量不稳定，甚至运输中破裂渗漏等问题。使用时应注意以下几点。

（1）构成

铝箔袋一般都是三层复合，贴近面膜内层是一层 PE 膜，以食品级最为安全，工业级易释放塑化剂等有毒物质。中间为镀铝或者纯铝，纯铝的密封性更好。

（2）厚度

铝箔袋的厚度如果比较软薄，密封性和保护性就会减弱，保存、运输和摩擦时易造成漏液、破裂。一般建议厚度为 0.12～0.13mm。

（3）印刷油墨

铝箔袋外层印刷油墨最好为环保型油墨，利于袋内面膜品质的稳定。

5. 纸箱

面膜出厂的包装纸箱，要选用厚度和硬度合适的材料，其承重力更好，面膜不易被挤压破袋，也是保证面膜质量的关键。

三、我国面膜产品主要相关标准

1. 产品标准

目前，面膜涉及的产品标准为 QB/T 2872—2017《面膜》。

2. 安全标准

目前，面膜产品涉及的相关安全标准主要是《化妆品安全技术规范（2015 年版）》。

化妆品中有关重金属、安全性风险物质和微生物的风险评估指标见表4-11和表4-12。

表4-11 重金属、安全性风险物质风险评估指标

检测项目	指标要求	检测项目	指标要求
汞	≤1mg/kg	氢醌	不得检出
铅(以铅计)	≤10mg/kg	苯酚	不得检出
砷(以砷计)	≤2mg/kg	二噁烷	≤30mg/kg
镉	≤5mg/kg	石棉	不得检出
甲醇	≤2000mg/kg	pH值	4.0～8.0

表4-12 微生物风险评估指标

检测项目	指标要求	检测项目	指标要求
菌落总数	≤1000CFU/g	铜绿假单胞菌	不得检出
霉菌和酵母菌总数	≤100CFU/g	金黄色葡萄球菌	不得检出
耐热大肠菌群	不得检出		

四、解决质量安全问题的措施和建议

1. 企业依据相关规范和标准，加强原料与禁用品控制

加强企业质量管理体系建设，有效控制原辅材料的使用安全，并督促企业加强自律，完善内部管理。首先，选择的原辅材料应依据标准，严把进货验收关。企业应及时了解相关标准和政策，调整产品配方和工艺，以符合新标准要求。

2. 企业加强生产环境的卫生清洁工作

生产环境容易受到细菌污染，在生产中应注意保持环境的通风和干燥，并定期对生产环境进行消毒灭菌；成品库房要注意防尘、防潮、防虫、防鼠等；生产环境和灌装间需要配制紫外灯等环境消毒装置；工作人员应遵守卫生管理条例，防止不洁物污染产品，并带入生产车间；生产设备与产品接口处，如进水口和放料口等，要定期清洗和消毒灭菌；盛装容器应确保洁净和无污染后再使用。

3. 行业加强标准体系建设

我国化妆品标准已初步形成以国家标准、行业标准为主，部门规范配套协调的框架体系，且正在逐步完善，但还存在原料标准少、禁用物质检测方法标准严重缺失、安全性和功效性评价标准较少、法规标准滞后等问题，行业、相关监管部门和企业应进一步加强和积极参与相关标准体系建设。

4. 监督部门加强监管

我国面膜行业生产门槛相对较低，生产设施及场地要求不高，因此，生产企业良莠不齐。对涉嫌造假、制造伪劣产品的企业，质监部门应认真进行清理整顿，从严、从重、从快处罚，并督导企业限期整改。

案例分析

【案例分析4-1】

事件过程：某一公司在4月生产的面膜，发到市场半年后陆续收到消费者投诉，消费者撕开面膜后发现面膜纸上分布有大小不一的多种颜色的斑点，而且伴随有不正常的气味。

原因分析：这是典型的霉菌超标现象。4月是梅雨季节，很适合霉菌生长。如果面膜纸没有辐照或生产环境控制不好的话，这个季节生产的产品非常容易引起霉菌超标。

处理方法：召回所有涉及的产品。

【案例分析 4-2】

事件过程：某企业工程师设计一款面贴膜精华液时，产品耐寒检验时发现－10℃出现白色细小晶体析出。

原因分析：经过分析是尿囊素的使用量过大，低温发生析出。尿囊素溶于热水，常温下微溶，低温时在水中的溶解度进一步降低。设计配方时需考虑到温度对原料溶解度的影响。

处理方法：降低尿囊素在膏体中的比例，透明膏体控制在0.20%以下。由于该产品市场需求量较大，通过等比例增加该膏体中其他成分含量，来降低尿囊素的含量。

【案例分析 4-3】

事件过程：某企业生产的一批面膜粉，经检验，细菌超标。

原因分析：经过排查之后，不存在配错料和防腐剂漏加的问题，也不存在生产时人员、设备、工器具、包装材料卫生条件差的问题，因而可以确定就是面膜粉灭菌不彻底。经调查生产过程发现：面膜粉灭菌时采用的是紫外线杀毒灭菌，而不是采用环氧乙烷或钴60射线灭菌。因紫外线只是对物体表面有杀菌作用，而穿透杀菌性作用不强，导致灭菌不彻底。

处理方法：在工艺操作中改用环氧乙烷或钴60射线灭菌，保证足够的时间和浓度（剂量）即可。

实训 4-1 贴片式面膜精华液的制备

一、实训目的

① 通过实训，进一步学习贴片式面膜精华液（水剂）的制备原理；

② 掌握贴片式面膜精华液的配制操作工艺过程；

③ 学习如何在实验中不断改进配方的方法；

④ 通过实训，提高动手能力和操作水平。

二、实训内容

1. 制备原理

将保湿剂、增稠剂、防腐剂、功效成分等合理地在水中溶解混合均匀，形成透明、半透至不透的水剂或乳液料体。

2. 制备配方

如表4-13所示。

表 4-13 贴片式面膜精华液制备实训配方

编号	物质名称	质量分数/%	作用
1	去离子水	余量	溶解
2	甘油	8.00	保湿

续表

编号	物质名称	质量分数/%	作用
3	EDTA-2Na	0.02	螯合
4	透明质酸钠	0.10	保湿
5	黄原胶	0.10	增稠
6	羟乙基纤维素(HEC)	0.12	增稠
7	对羟基苯乙酮	0.40	防腐
8	1,3-丁二醇	7.00	保湿
9	苯氧乙醇	0.30	防腐
10	芦荟提取物	2.00	皮肤调理
11	银耳提取物	2.00	保湿
12	甘草酸二钾	0.10	皮肤调理
13	洋甘菊提取物	2.00	皮肤调理
14	PEG-60 氢化蓖麻油	0.20	增溶香精
15	香精	0.005	赋香

3. 实训步骤

① 取一 300mL 烧杯，将透明质酸钠、黄原胶、羟乙基纤维素加入甘油中，均匀分散，加入 EDTA-2Na 和适量水，加热搅拌至 75℃，保温 10～20min；

② 取一 100mL 烧杯，加入 1,3-丁二醇和对羟基苯乙酮，在加热条件下溶解至透明状态；

③ 将①所得混合溶液降温，并将②所得溶液在搅拌条件下加入，搅拌至混合均匀；

④ 在③所得混合溶液降温至 40℃左右时，加入芦荟提取物、银耳提取物、甘草酸二钾、洋甘菊提取物、苯氧乙醇等功效成分，搅拌溶解均匀，继续降温；

⑤ 将香精在 PEG-60 氢化蓖麻油中预先溶解均匀，然后加入④所得混合溶液中，搅拌溶解均匀，加余量水即可。

三、实训结果

请根据实训情况填写表 4-14。

表 4-14　实训结果评价表

使用效果描述	
使用效果不佳的原因分析	
配方建议	

实训4-2 面膜粉的制备

一、实训目的

① 通过实训，进一步学习粉类化妆品的制备原理；

② 掌握面膜粉的配制操作工艺过程；

③ 学习如何在实验中不断改进配方的方法；

④ 通过实训，提高动手能力和操作水平。

二、实训内容

1. 制备原理

将具有吸收性、黏附性的粉体混合均匀制备。

2. 制备配方

如表4-15所示。

表4-15 面膜粉制备实训配方

物质名称	质量分数/%	作用
玉米淀粉	余量	滑爽
滑石粉	20	吸收污垢,清洁
膜材	8	黏合,使面膜粉成膜
薄荷脑	0.02	清凉
羟苯甲酯	0.05	防腐
羟苯丙酯	0.05	防腐
香精	0.1	赋香

3. 实训步骤

① 取一500mL烧杯，加入滑石粉、玉米淀粉和膜材等粉状物质，混合均匀，加入羟苯甲酯、羟苯丙酯，混合均匀，再喷入适量香精和薄荷脑混合物，混合均匀，即为面膜粉。

② 取适量面膜粉，加入适量水，调成面膜浆，涂于脸部，20min后取下，感受面膜美容的舒服感觉。

三、实训结果

请根据实训情况填写表4-16。

表4-16 实训结果评价表

使用效果描述	
使用效果不佳的原因分析	
配方建议	

实训4-3 泥面膜的制备

一、实训目的

① 通过实训，进一步学习泥面膜的制备原理；

② 掌握泥面膜的配制操作工艺过程；

③ 学习如何在实验中不断改进配方的方法；

④ 通过实训，提高动手能力和操作水平。

二、实训内容

1. 制备原理

泥面膜是以各种细粒或微粒固体为基质，将其与保湿剂、防腐剂、赋香剂等共同分散于去离子水中或混合均匀，形成泥状、膏状或粉状的料体。

2. 制备配方

如表4-17所示。

表4-17 泥面膜制备实训配方

编号	物质名称	质量分数/%	作用
1	膨润土	10.00	填充
2	高岭土	20.00	填充
3	二氧化钛	2.00	填充
4	鲸蜡醇聚醚-20	1.00	表面活性
5	甘油	8.00	保湿
6	1,3-丁二醇	7.00	保湿
7	羟苯甲酯	0.12	防腐
8	羟苯丙酯	0.08	防腐
9	香精	0.03	赋香
10	聚乙烯醇	1.00	成膜
11	去离子水	余量	溶解

3. 实训步骤

① 取一300mL烧杯，加入膨润土、高岭土、二氧化钛、鲸蜡醇聚醚-20、甘油、聚乙烯醇及适量去离子水，加热搅拌，混合均匀；

② 将羟苯甲酯、羟苯丙酯在1,3-丁二醇中预先加热溶解至透明，将其加入①所得混合物中，搅拌混合均匀，冷却降温至40℃左右，加入香精，搅拌溶解均匀，脱泡、过滤、降温，即为泥面膜。

三、实训结果

请根据实训情况填写表4-18。

表4-18 实训结果评价表

使用效果描述	
使用效果不佳的原因分析	

续表

配方建议	

习题与思考题

1. 面贴膜用面膜纸的材质有哪些？各有什么优缺点？
2. 面贴膜的过敏率往往比相同配方的精华液高，请分析原因。
3. 面贴膜用面膜纸在装精华液前需要灭菌吗？常用什么方法灭菌？

第五章
手工皂

Chapter 05

【知识点】 制造用油脂；皂化反应；皂基；肥皂；香皂；透明香皂；香皂质量问题。

【技能点】 配制皂基；配制肥皂；配制香皂；设计肥皂配方；设计香皂配方；解决香皂质量问题。

【重点】 皂基的制备方法；肥皂的制备工艺；香皂的制备工艺；皂生产常见质量问题。

【难点】 手工皂配方的设计；质量问题的解决。

【学习目标】 掌握皂基的制备方法；掌握皂基的选用方法；能正确地确定手工皂生产过程中的工艺技术条件；能根据生产需要自行制定手工皂配方，并能将配方用于生产；能初步解决皂生产中遇到的质量问题。

手工皂早已成为消费者的时尚品，不仅用于沐浴、洗手，而且用于洁面；手工皂不仅可以根据个人的喜好，制作出富有特色的香型、颜色、形状的艺术作品，还可以制作出符合自己肌肤特性的特效香皂。

手工皂的功能是清洁洗涤，用在皮肤上以清除泥土污垢、皮肤分泌物、排泄物、化学物质或细菌等，在讲求美容效果的今日，清除皮肤表面的化妆品、保养品或药物也是其主要用途之一。

鉴于手工皂的主要功能是清洁去污，所以手工皂的主要成分是表面活性剂，目前主要有脂肪酸手工皂和氨基酸手工皂两大类。

第一节 脂肪酸手工皂

脂肪酸皂是一种生活中不可缺乏的日用洗涤品，其主要成分都是高级脂肪酸或混合脂肪酸的碱性盐类，简称为皂，化学通式可表示为 RCOOM，R 代表长碳链烷基，M 代表某种金属离子。具有洗涤、去污、清洁等作用的皂类主要是脂肪酸钠盐、钾盐和铵盐，用于制造肥皂和香皂的主要是脂肪酸钠盐。另外，还有脂肪酸的碱土金属盐（钙、镁）及重金属盐（铁、锰）等金属皂，这些金属皂均不溶于水，不具备洗涤能力，不能用作肥皂和香皂，主要用作为农药乳化剂、金属润滑剂等。

近几十年来，虽然合成洗涤剂（洗衣粉、洗衣液、洗洁精等）的产量不断增加，但是由于肥皂耐用、去污力强等特点，仍是国内洗涤市场的主要用品之一；香皂则因其使用方便、去污效果好、价格便宜、刺激性低、花样品种多等特点，在国内外仍然是重要的皮肤清洁用品。特别是肥皂和香皂用的主要原料是天然油脂，是源于天然的日用化学品，因而深受崇尚自然的人群喜爱。

一、脂肪酸皂的基本性质

皂属于阴离子表面活性剂，它同样具备离子型表面活性剂的物理化学性能。为了加深对脂肪酸皂的了解，下面介绍一些有关皂的知识。

【疑问】 有的方言将香皂称为“香碱”。这说明脂肪酸皂呈碱性，为什么？

【回答】 因为脂肪酸皂的主要成分为脂肪酸钠（或脂肪酸钾），属于强碱弱酸盐，在水溶液中发生水解而使溶液呈弱碱性。

$$RCOONa \longrightarrow RCOO^- + Na^+$$

$$RCOO^- + H_2O \rightleftharpoons RCOOH + OH^-$$

影响脂肪酸皂水解的主要因素有：皂液浓度、脂肪酸的分子量和温度。通常皂液浓度越高，水解度越低；脂肪酸的碳链越长，水解度越高；温度越高，水解度越高。

【疑问】 用脂肪酸皂洗完衣物后的水是浑浊的，为什么？

【回答】 这是由于脂肪酸皂中脂肪酸盐水解生成的脂肪酸与未水解的脂肪酸盐结合，形成了不溶于水的酸性皂，使肥皂水溶液呈现浑浊。

$$RCOOH + RCOONa = RCOOH \cdot RCOONa$$

乙醇等强极性有机溶剂能抑制脂肪酸皂的水解。所以，脂肪酸皂水中加入乙醇，可得到透明的皂水溶液。

【疑问】 使用完香皂洗手或洗澡后，皮肤有涩感，为什么？

【回答】 因为水中含有的钙、镁离子，会与肥皂反应生成不溶于水的钙皂和镁皂，黏附在皮肤上而产生涩感。

$$Ca^{2+} + 2RCOONa \longrightarrow (RCOO)_2Ca \downarrow + 2Na^+$$

$$Mg^{2+} + 2RCOONa \longrightarrow (RCOO)_2Mg \downarrow + 2Na^+$$

二、脂肪酸皂基的制备

皂基也叫皂粒，是一种制作手工皂的基础原料。随着制造业分工越来越细，生产香皂的企业往往不生产皂基，而是外购皂基。皂基可以按制作材料（油脂）区分如下。

① 动物性皂基：采用动物性油脂，例如牛、猪的油脂制造而成，优点是成本比较低，缺点是动物性油脂会阻塞毛细孔呼吸，不利于细胞组织再生，因此多使用在工业用途上。

② 植物性皂基：采用植物性油脂，例如椰子油、棕榈油等制造而成，优点是洗后洁净，渗透性佳，缺点是成本较高，大多为高级香皂所采用。

（一）制皂用油脂

油脂是制造肥皂的主要原料，它的主要化学组成是脂肪酸甘油酯。油脂的质量直接影响用其生产肥皂的质量。油脂中脂肪酸碳链的长短及饱和程度对肥皂的影响在于：饱和脂肪酸含量高的油脂比较好；饱和度低的油脂因碳链中含有双键易发生氧化、聚合等反应，致使油脂酸败和色泽加深，不适合制皂。

（二）皂基的制备方法

皂基一般有直接皂化法和脂肪酸中和法两种，其工艺流程如图 5-1 所示。

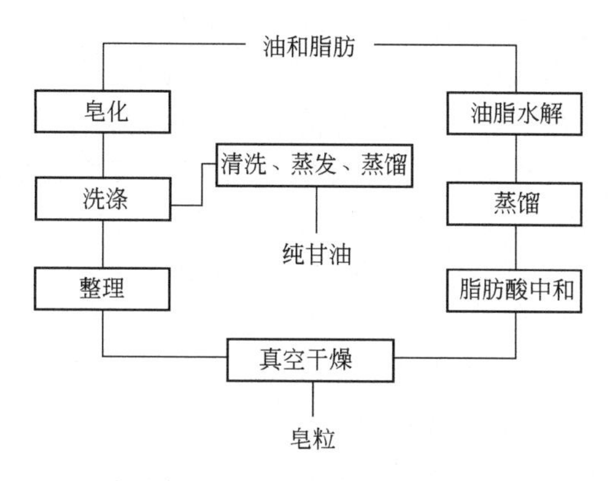

图 5-1　皂基生产工艺流程

1. 直接皂化法制备皂基

（1）皂基制备的基本原理

皂化法是将油脂与碱直接进行皂化反应而制取皂基，可用以下化学反应式表示：

$$\begin{array}{l} CH_2OOCR^1 \\ | \\ CHOOCR^2 \\ | \\ CH_2OOCR^3 \end{array} + 3NaOH \longrightarrow \begin{array}{l} CH_2OH \\ | \\ CHOH \\ | \\ CH_2OH \end{array} + \begin{array}{l} R^1COONa \\ | \\ R^2COONa \\ | \\ R^3COONa \end{array}$$

皂化法可分为间歇式和连续式两种生产工艺。间歇式生产是在有搅拌装置的开口皂化锅中完成，因此又称大锅皂化法。这种方法设备投资少，目前仍广泛使用，但生产周期长、效率低。连续皂化法是现代化的生产方式，连续化的设备能使油脂与碱充分接触，在短时间内完成皂化反应，不仅生产效率高，而且产品质量稳定。

（2）皂基制备的步骤

皂基的制备步骤如下。

① 皂化。皂化过程是将油脂与碱液放在皂化锅中用蒸汽加热，使之充分发生皂化反应。开始时先在空锅中加入配方中易皂化的油脂（如椰子油），首先被皂化的油脂可起到乳化剂的作用，使油、水两相充分接触而加速整个皂化过程。NaOH 溶液要分段加入，浓度也要由稀到浓逐步增加。若碱加入得过快、过多，会破坏乳化，使皂基离析，且废液中碱含量过高，不易分离甘油；反之，碱加入过慢，则增加皂基的稠度，易结瘤成胶体。通常，开始时只加入 5%～7%的稀碱液，使尚未皂化的油脂分散成乳液；第二阶段加浓度为 15%的碱液，在此阶段皂化反应速率较快，主要的皂化过程在此时完成；第三阶段可加入 24%左右的浓碱液，促使皂化反应完全，此阶段需要较长的时间。当皂化率达到 95%～98%，游离碱小于 0.5%时皂化反应即完成。皂化后的产物称为皂胶。皂化反应中还应注意加热蒸汽的量，皂化开始蒸汽量要大，充分加热，但由于皂化是放热反应，当反应进入急速反应期时，应及时调整蒸汽，或通入少量冷水，否则大量热会造成溢锅。

② 盐析。皂化后的皂胶中除了肥皂外，还有大量的水分和甘油，以及色素、磷脂等原来油脂中的杂质。为此，需在皂胶中加入电解质，使肥皂与水、甘油、杂质分离，这个过程就是盐析。一般用 NaCl 盐析，由于 NaCl 的同离子作用，使肥皂（脂肪酸钠）溶解度降低而析出。盐析时，皂胶中可能析出皂基（净皂）、粒皂（含电解质较多的肥皂）、皂脚（浓度低于 40%的皂液，其中含有较多杂质）、废液（主要是甘油和水）等相。在实际操作中，究竟析出哪些相，将取决于温度、肥皂浓度及食盐浓度等相分离的条件。加盐过多，皂胶中皂

粒粗，皂胶夹水量大，废液含皂量大，故盐析时需控制食盐的投入量，旨在获得较多的净皂。为使肥皂与甘油、杂质分离干净，可以多次进行盐析。

③ 碱析。也称补充皂化，是加入过量碱液进一步皂化处理盐析皂的过程。将盐析皂加水煮沸后，再加入过量氢氧化钠碱液处理，使第一次皂化反应后剩下的少量油脂完全皂化，同时进一步除去色素及杂质。静置分层后，上层送去整理工序；下层称为碱析水，碱析水含碱量高，可以用于下一锅的油脂皂化。碱析脱色的效果比盐析强，并能降低皂胶中 NaCl 的含量。

④ 整理。整理工序是对皂基进行最后一步净化的过程，即调整皂基中肥皂、水和电解质三者之间的比例，使之达到最佳比例。在此状态下能使皂基和皂脚充分分离，尽量增加皂基的得率。经过整理工序后，皂基的组成应该如表 5-1 所示。

整理工序的操作也在大锅中进行。根据需要向锅中补充 NaCl 溶液、碱液或水，使最终的皂基组成达到表 5-1 的标准。有经验的操作者能根据皂胶的流动性确定整理的终点。整理好的皂胶在大锅中静置 24～40h，皂胶分成两层：上层为皂基，下层为皂脚，皂脚色泽深，含杂质多。在整理静置时温度应保持在 85～95℃，温度过高，皂基与皂脚分层快，但皂基的脂肪酸含量降低；温度过低，肥皂黏度过大，难以分离皂基与皂脚。

⑤ 皂基的组成。目前皂基一般有不透明皂基和透明皂基两种。

不透明皂基就是按照上述工序获得的皂基，其组成如表 5-1 所示。

表 5-1 皂基的组成

组分	含量/%	组分	含量/%	组分	含量/%
脂肪酸皂	60～63	甘油	约 0.2	不皂化物	约 0.5
食盐	0.3～0.7	游离碱	0.1～0.3	水分	约 35

净脂肪酸在皂基和皂脚中的质量比可在（5～8）∶1 的范围，这个变化范围很大，可见整理操作的好坏对皂基得率的影响很大。

热的皂基是熔化状态的肥皂，呈半透明的高黏度流体，可直接输送到下一工序。如温度低于 50℃，则肥皂结晶为固相，呈现不透明状。

透明皂基的制备与上述工序不同，在生产过程中不仅不将甘油与皂基分离，而且还加入其他多元醇来溶解皂基，制成透明皂基。

2. 脂肪酸中和法制备皂基

中和法制备皂基比油脂皂化法简单，它是先将油脂水解为脂肪酸和甘油，然后再用碱将脂肪酸中和成肥皂，包括油脂脱胶、油脂水解、脂肪酸蒸馏及脂肪酸中和四个工序。油脂脱胶工艺在前面已经介绍过，下面介绍水解、蒸馏、中和三个工序。

（1）油脂水解

油脂水解后生成甘油和脂肪酸，其基本原理可用以下化学反应式表达：

$$\begin{array}{l} CH_2OOCR \\ | \\ CHOOCR \\ | \\ CH_2OOCR \end{array} + 3H_2O \rightleftharpoons \begin{array}{l} CH_2OH \\ | \\ CHOH \\ | \\ CH_2OH \end{array} + 3RCOOH$$

油脂的水解方法分催化剂法和无催化剂高温水解法两大类。现代油脂工业多采用无催化剂的热压釜法和高温连续法，前者适用于 20000 吨/年以下的规模装置，后者则适于 20000 吨/年以上的装置。

(2) 脂肪酸蒸馏

水解所得的粗脂肪酸中含水分小于0.1%、游离脂肪酸97%～98%、油脂2%～3%，色泽差，必须经过蒸馏，使之脱色、脱臭，才能得到精制脂肪酸。

(3) 脂肪酸中和

脂肪酸中和反应式如下：

$$RCOOH + NaOH \longrightarrow RCOONa + H_2O$$

中和反应在反应塔内连续进行。由于无甘油的存在，不需盐析、碱析等洗涤工序。如果中和时加入50%的浓碱液，可得到脂肪酸含量为78%～80%的皂基，冷却后可直接用于制造香皂。若需生产含脂肪酸63%的皂基，中和时只需加入30%的碱液即可。

三、香皂的制备

(一) 普通香皂

1. 配方实例

香皂 (toilet soap) 是常用的人体清洁用品，一般应具备以下基本性能。

① 含游离碱少，不刺激皮肤。

② 外形轮廓分明，贮存后不收缩、不开裂。

③ 在水中溶解能力适度，在温水中不溶化崩解。

④ 能产生细密而稳定的泡沫。

⑤ 洗净力适当，使用后皮肤感觉良好，洗后留幽香。

人们对香皂性能、外观等要求随着生活水平的提高而不断增加，香皂中除了含有脂肪酸盐外，还添加了诸如填料、香料、赋脂剂等添加剂，以改善香皂的性能，满足市场需要。表5-2是香皂配方实例。

表 5-2 香皂配方实例

物质名称	质量分数/%	作用
钛白粉	0.1	增加香皂白色
硬脂酸	1.0	赋脂
三氯卡班	0.3	杀菌
丁羟甲苯(BHT)	0.1	抗氧化
香精	0.5	赋香
EDTA	0.1	螯合
香皂皂基	余量	活性成分,去污

2. 组成与常用原料

香皂的主要成分是皂基，除了皂基外，一般还含有如下成分。

(1) 填料

填料 (stuffing) 是为了改善香皂的透明度、掩盖原料的颜色所加入的添加剂，对香皂产品的质量影响较大。常有的填料如下。

① 钛白粉。钛白粉的主要作用是增加香皂白色，降低透明度，特别使用在白色香皂中，也有的配方中以氧化锌代替钛白粉，但氧化锌的效果略差一些，一般加入量为0.025%～0.20%。

② 染料与颜料。香皂赏心悦目的色彩是受到人们喜爱的主要原因之一。着色剂的加入可以调整香皂的色彩。通常用染料为香皂整体着色或局部着色。常用的有：皂黄、曙色红、

锡利翠蓝等染料，酞菁系颜料和它们的配色色料。对这些着色剂的要求是：不与碱反应、耐光、水溶性好、色泽艳丽。

（2）赋脂剂

香皂中皂基的碱含量较高，对皮肤有脱脂性，刺激性较大，为了减少这些副作用，常加入赋脂剂以中和香皂的碱性，洗后可留在皮肤表层，使皮肤滋润光滑。常用的赋脂剂有：硬脂酸、椰子油酸、磷脂、羊毛脂、石蜡等，可单独使用，也可混合使用，加入量一般为1.0%～5.0%。

（3）杀菌剂

香皂的碱性特质能抑制细菌生长，间接地起到了消毒杀菌的作用。有的香皂为了突出杀菌功能，需在香皂中加入杀菌剂（bactericide），例如氯酚、混合甲酚、三氯卡班（TCC）、三氯生（Irgasan DP300）、硫黄等。目前也有选择杀菌祛臭的中草药代替杀菌剂。

（4）香精

香精既可以掩盖皂基原料的气味，又可以使香皂散发清新怡人的香味，受到人们的欢迎。香皂根据不同的使用对象采用不同类型的香精，常用的香型有：花香型、果香型、清香型、檀香型、力士型等，加入量为1.0%～2.5%。但需注意香皂配方中应选择留香时间长、耐碱、遇光不变色、与香皂颜色一致的香精。

（5）抗氧化剂

为了阻止香皂原料中含有的不饱和脂肪酸被氧、光、微生物等氧化，产生酸败等现象，需加入一定的抗氧化剂（antioxidants）。一般要求抗氧化剂应溶解性较好，对皮肤无刺激，不夹杂其他气味等。常用的抗氧化剂有：泡花碱，用量为1.0%～1.5%；2,6-二叔丁基对甲基酚，用量为0.05%～0.1%。

（6）螯合剂

为了阻止香皂皂基中带入的微量金属，如铜、铁等对皂体的自动催化氧化，常加入金属螯合剂EDTA（乙二胺四乙酸），一般添加量为0.1%～0.2%。

3. 生产工艺

由皂基生产香皂的工艺流程示意图如图5-2所示，图5-3是香皂成型生产线设备图。

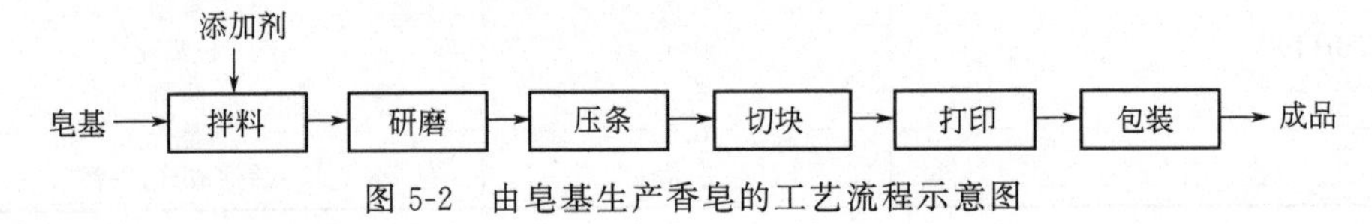

图5-2　由皂基生产香皂的工艺流程示意图

（1）拌料

拌料工序是将制造香皂的各种原料按配方混合均匀。因各种添加剂状态不同，为使它们与皂片均匀分散，需在搅拌机中进行混合，搅拌机是螺带式的，可将物料前后翻动使之混合均匀，混合以后的原料再进行均化处理。

（2）研磨

研磨处理就是借研磨或挤压等机械作用，将皂片与其他组分混合得更加均匀，使香皂的晶型发生转变，并将大部分转变为β相，从而改善了香皂的应用性能，呈现质地偏硬、泡沫丰富的特点。研磨设备主要采用辊筒研磨机。辊筒研磨机是借辊筒的研磨作用使香皂的晶型转变。

（3）压条成型、切块、打印

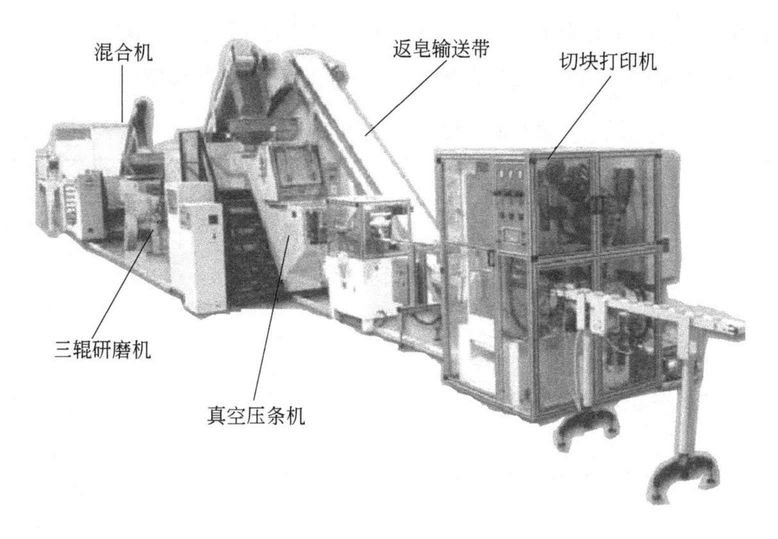

图 5-3　香皂成型生产线设备图

压条成型是将经研磨的皂粒经真空压条机压制成一定截面积的条形。压条机带有真空室，皂片进入后由真空室抽去皂条中的气泡，然后挤压成型。皂条的截面积可以调节，以便控制皂块的重量。

切块机具有可回转的链条圈，切割皂条的刀片安装在链条上，链条转动时可带动刀片连续切皂。

打印是将切割后的皂块在印模中压成规定的形状，并压出花纹或商标符号。打印要求印迹清晰、丰满，皂块不能粘模。现代打印机可采用冷冻印模，将印模的温度降低，从而防止粘模现象。

(二)透明香皂

透明香皂（transparent soap）呈透明状，具有晶莹剔透的外观。据 McBain 的研究，透明皂的结晶非常微细，其微细程度小于可见光的波长，因此光线能透过。

透明香皂的制备方法有两种。

第一种，采用椰子油、橄榄油、蓖麻油等含不饱和脂肪酸较多的油脂为原料，混合油脂凝固点应在 35～38℃，不经过盐析，生成的甘油留在肥皂中有助于透明。此外，添加多元醇、蔗糖、乙醇等作透明剂，还可加入结晶阻化剂提高透明度。透明皂所用原料必须高度纯净，否则会引起浑浊。而且为了获得微细的肥皂结晶，结晶过程需非常缓慢。但这类“加入”式透明皂，因脂肪酸含量低，好看不耐用。表 5-3 是该种透明香皂的配方实例。

表 5-3　透明香皂配方实例（一）

物质名称	质量分数/%	作用
精制牛油	15	与碱皂化成皂
椰子油	15	与碱皂化成皂
蓖麻油	20	与碱皂化成皂
30%碱液	30	与油脂皂化成皂
蔗糖	8	溶解皂,透明
香精、色素	适量	赋色、赋香
乙醇	余量	溶解皂,透明

第二种，采用脂肪酸与碱中和成皂，然后加入多元醇，将皂溶解在多元醇中而透明。表5-4是该种透明香皂的配方实例，表5-5是企业生产的透明香皂配方实例。

表5-4 透明香皂配方实例（二）

组分	物质名称	质量分数/%	作用
A	十二酸	4	与NaOH反应生成皂
	十八酸	14	与NaOH反应生成皂
	甘油	25	透明，溶解皂
	山梨醇	5	透明，溶解皂
	1,3-丁二醇	10	透明，溶解皂
	乙醇	13	透明，溶解皂
B	NaOH	3	与脂肪酸反应成皂
	水	9	溶解氢氧化钠
C	月桂醇聚醚硫酸酯钠(AES)	5	增加泡沫和去污力
D	蔗糖	12	透明剂，溶解皂

制备工艺：将A组分加热到80℃，然后将氢氧化钠与水混合搅拌也加热到80℃，用水浴加热的方式将氢氧化钠混合液慢慢滴加到A组分中，然后搅拌半个小时，使之完全皂化，再加入C组分，最后加入蔗糖慢慢溶化，调节蔗糖溶化完全后，出料。

需要注意的是，整个操作过程温度控制在80℃以下，否则产品会变黄。

表5-5 企业生产的透明香皂配方实例

组分	物质名称	质量分数/%	作用
A	十二酸	6.0	与NaOH反应生成皂
	十八酸	11.0	与NaOH反应生成皂
	$C_{12\sim13}$烷基硫酸钠(K12)	3.0	增加泡沫和去污力
	月桂醇聚醚硫酸酯钠(AES)	9.0	增加泡沫和去污力
	山梨醇	44.0	透明，溶解皂
	1,2-丙二醇	8.0	透明，溶解皂
	乙醇	7.0	透明，溶解皂
	保险粉	0.3	抗氧化
	稳定剂	6.0	稳定
B	NaOH	2.7	与脂肪酸反应成皂
	水	5.0	溶解氢氧化钠
C	蔗糖	10.0	透明剂，溶解皂

制备工艺：称好组分A的所有原料，加热至80℃溶解后，不断保温搅拌，缓慢加入组分B，不断搅拌下再加入组分C，待完全溶解，出料。

需要注意的是，整个操作过程温度控制在80℃以下，否则产品会变黄。

（三）其他香皂

目前香皂的品种趋向于多样化、专用化，如老年人专用的、婴儿专用的、护肤的、杀菌的香皂和液体香皂等，在此简单介绍几种比较常见的品种。

1. 药皂

药皂（medicated soap）也称为祛臭皂，是在皂中添加杀菌消毒剂，可洗去附在皮肤上的污垢和细菌，并利用抗菌剂阻止本身无菌的汗液被细菌分解成有气味的物质，在西方国家尤为盛行。这些药物必须具备能长期祛臭、广谱杀菌、易与皂类的其他添加剂良好相容、对皮肤低刺激等功能。早期生产的药皂以甲酚等作为杀菌剂，有不愉快的气味，对皮肤有刺激性。目前药皂中都用无臭味、刺激性低的双酚类杀菌剂，如六氯二苯酚基甲烷（六氯酚）、二氯二苯酚基甲烷、三氯羟基二苯醚等，它们对革兰氏阳性菌有很好的杀菌功能，一般用量为0.1%～1.5%。表5-6是一种药皂的参考配方。

表5-6　一种药皂参考配方

物质名称	质量分数/%	作用
羊毛脂	2.0	赋脂
钛白粉	2.0	增白
硬脂酸	1.0	赋脂
EDTA	0.1	螯合
六氯二苯酚基甲烷	0.5	杀菌
香精、色素	适量	赋色、赋香
皂基	余量	去污活性物质

2. 大理石花纹皂和条纹皂

大理石花纹皂（marbleized soap）和条纹皂（striped soap）是一种外观很像大理石或彩色条纹的香皂，它改进了传统单色香皂的视觉效果，给人耳目一新的感觉，因此在市场上也占有一席之地。这种皂的生产主要借助于固-固混合技术和固-液混合技术，前者是将两种以上含不同染料，但黏度相同的皂基按比例缓缓挤入挤压机挤压形成不同条纹的成品；后者则是将皂基引入压条机，而将配好的液体染料从压条机的其他固定入口定位导入，着色后获得预期效果。一般染料含量为1.0%～5.0%，染料附着在染料载体和表面活性剂的混合液中，具有良好的分散性和黏度。常用的染料载体为可溶性纤维素衍生物，如纤维素醚、羧甲基纤维素或聚乙烯醇等。

3. 液体皂

液体皂（liquid soap）中脂肪酸含量为30%～35%，是以脂肪酸钾皂与其他表面活性剂复配后，加入一定的增溶剂、稳泡剂、护肤剂、螯合剂、香精等添加剂，形成介于皂类与合成洗涤剂产品之间的洗涤产品，俗称皂基沐浴液。它与复合皂一样兼具皂类和合成洗涤剂的优点，且生产工艺、设备简单，对皮肤刺激性低，很受市场欢迎。

4. 冷制皂

冷制，是相对于前述皂化过程需要加热而言的，即直接将油脂、氢氧化钠溶液混合，发生皂化反应，就是整个皂化过程不用加热。反应完成后，皂液倒入模具使其自然干燥，待3～5周后脱模，便可直接使用。由于冷制皂（cold process soap）在成皂的过程中不需要高温加热，所以可以减少天然维生素和营养成分损失。

表5-7是企业生产冷制皂的配方。

表5-7　企业生产冷制皂的配方

组分	物质名称	质量分数/%	作用
A	葵花籽油	37.5	与 NaOH 反应生成皂
	橄榄油	25.0	与 NaOH 反应生成皂
	棕榈油	10.0	与 NaOH 反应生成皂
	椰子油	5.0	与 NaOH 反应生成皂
B	NaOH	10.5	与脂肪酸反应成皂
	水	余量	溶解氢氧化钠

制备工艺如下。

① 按配方用量先称好 NaOH 与水的用量，完全溶解均匀，放在通风处冷却至 40℃。

② 按配方用量称好油脂的用量，搅拌均匀，视情况使油脂的温度也要达到 40℃（可稍加热）。

③ 在不停搅拌下，将 NaOH 溶液缓慢倒入油脂中，继续搅拌至黏稠状，倒入模具，待一个星期皂基变硬后，即可。

第二节　氨基酸手工皂

氨基酸手工皂就是用氨基酸表面活性剂替代了脂肪酸皂。由于氨基酸表面活性剂比脂肪酸皂更温和，而且氨基酸成分具有锁水保湿作用，所以近年来氨基酸手工皂很受消费者欢迎。

氨基酸手工皂除了使用氨基酸表面活性剂作为主要活性成分外，其他成分与脂肪酸手工皂类似。一般可做成透明型和非透明型两种，其中非透明型的配方就是在透明型配方基础上加入钛白粉等粉类来隔绝光线，从而达到不透明效果，根据加入粉的用量，可做成半透明至不透明的皂。

常用的氨基酸表面活性剂有椰油酰基和月桂酰基的谷氨酸盐、肌氨酸盐。

表 5-8 为企业生产的氨基酸透明皂配方实例。

表 5-8　企业生产的氨基酸透明皂配方实例

组分	物质名称	质量分数/%	作用
A	椰油酰谷氨酸	32.5	与三乙醇胺反应生成皂
	甘油	8.0	保湿、溶解
	95%乙醇	8.0	透明、溶解
B	三乙醇胺	27.5	与脂肪酸反应生成皂
	95%乙醇	3.0	溶解
	去离子水	余量	溶解

制备工艺如下。

① 将 A 组分、B 组分按比例称好。

② 将 A 组分放置于水浴锅中，水浴加热至 70～75℃搅拌溶解，待 A 组分加热溶解后保温。

③ 将 B 组分放置于水浴锅中，搅拌加热至 70℃，然后保温。

④ 将 B 组分倒入 A 组分，搅拌至 A、B 混合均匀后，停止搅拌，要控好加热温度 75℃，静置，待泡消后快速出料。

第三节　肥皂和香皂质量问题与控制

皂类在生产、使用中常会因为配方或生产工艺的不适，导致外观出现：冒霜、出汗、酸败、表面白点等不正常现象，直接影响了皂类产品的质量，因此在配制、加工中应特别注意。

一、冒霜和出汗

冒霜是指皂类较长时间放置后，其体内的固体添加剂渗出体外，使表面呈现白霜的现象。产生该现象的主要原因是：皂内水分蒸发后，含有的固体填料、游离碱、自动氧化生成的低碳脂肪酸等与皂基的相容性发生变化，从而迁移出皂体。因此，一般应控制皂基中游离碱≤0.3%、NaCl≤0.2%、泡花碱≤3.5%；并加入抗氧化剂、螯合剂等防止皂基中自动氧化的生成物——不饱和脂肪酸酸败产生的低碳脂肪酸发生迁移。

出汗是指皂，特别是透明皂由于含有大量多元醇，在潮湿空气中极易吸潮，而水分无法在皂体表面和内部正常分布，使皂体表面呈现液滴的现象，应注意皂类的合理贮存。

二、酸败

酸败是指皂类放置中出现变味、黑点等现象。酸败产生的原因主要是皂类油脂原料中含有皂化不完全的不饱和酸，或未分离完的甘油等物质，在光、热、氧环境中，自动氧化产生低碳脂肪酸、醛、酮等臭味物质。因此，要严格控制皂料的自动氧化进程，可加入适量的泡花碱，在皂体外面形成致密保护层，防止氧气进入皂内；加入抗氧化剂和螯合剂，阻止自动氧化的进行；在皂中加一定量的自身具有不饱和键，可以先与空气氧化，起抗氧化作用的物质，如松香或抗氧化剂 BHT，来防止皂类的酸败。

三、白点、花纹

白点、花纹是指皂体表面或内部出现的米粒大小白点或色度深浅不一的花纹的现象。造成这种现象的原因很多，主要是在工艺生产中对皂片的碾压程度不够所产生的花色不匀；或送料泵速度不稳定产生了小气泡，但碾压压力不够，未能及时消除气泡；或真空压条机真空度不够，未排出皂片内留有的小气泡等产生的白点；或者配方中能与食盐、碳酸钠等电解质良好相容的月桂酸含量不足，导致电解质渗出，产生白点。因此，要严格控制生产工艺参数和设备使用参数，并在配方中提高月桂酸的含量，尽可能减少白点、花纹的产生；当然，还可适当提高配方中钛白粉的量，以掩盖白点。

四、砂粒感

砂粒感是指触摸皂体时感觉不光滑细腻，有砂粒的感觉。形成砂粒感的主要原因是：皂基干燥时，皂片薄厚不一，水分蒸发不均匀，局部过干；或加入了大量的过干返工皂；或加入的皂体的固体添加剂研磨细度不够，产生局部粗粒。因此，应尽可能选择良好的干燥工艺，如真空干燥工艺比热空气干燥和闪急蒸发干燥工艺好；控制好干燥温度；控制返工皂的量≤5%；将固体添加剂研磨到 100 目以下等。

案例分析

事件过程：广州某公司在生产香皂出条过程中，出现了粘模现象，导致连续出条出现故障。

原因分析：生产中导致出条粘模的主要原因是皂中含水量过高或真空压条机真空度不够所致。经检测真空度，不存在真空度不够的问题。应该是皂基含水量过高。经过对该批皂基的水分含量测定，发现该批皂基含水量超出标准要求。

处理方法：将该批皂基分批与其他批次皂基（含水量低）混用。混用后，出条不再粘模。同时，供应部要求供应商赔偿损失。

实训 5-1 脂肪酸透明皂的制备

一、实训目的

① 了解脂肪酸透明皂的性能、特点和用途；

② 熟悉配方中各原料的作用；

③ 掌握脂肪酸透明皂的配制操作技巧。

二、实训内容

1. 制备原理

$$RCOOH + NaOH \longrightarrow RCOONa + H_2O$$

2. 配方

实训配方如表 5-9 所示。

表 5-9 脂肪酸透明皂实训配方

组分	物质名称	质量分数/%	作用
A	十二酸	6.0	与 NaOH 反应生成皂
	十八酸	11.0	与 NaOH 反应生成皂
	$C_{12\sim13}$烷基硫酸钠(K12)	4.0	增加泡沫和去污力
	月桂醇聚醚硫酸酯钠(AES)	6.0	增加泡沫和去污力
	山梨醇	余量	透明，溶解皂
	1,2-丙二醇	5.0	透明，溶解皂
	甘油	3.0	透明，溶解皂
	乙醇	7.0	透明，溶解皂
	保险粉	0.3	抗氧化
	稳定剂	6.0	稳定
B	NaOH	2.7	与脂肪酸反应成皂
	水	5.0	溶解氢氧化钠
C	蔗糖	10.0	透明，溶解皂

3. 制备步骤

称好组分 A 的所有原料，加热至 80℃溶解后，不停保温搅拌，缓慢加入组分 B，不停保温搅拌，充分反应（约需 30min）后，搅拌下再加入组分 C，继续保温搅拌，待完全溶解后，出料。

需要注意的是，整个操作过程温度控制在 80℃以下，否则产品会变黄；如突然变稠，补加少量乙醇。

三、实训结果

请根据实训情况填写表 5-10。

表 5-10 实训结果评价表

使用效果描述	

续表

使用效果不佳的原因分析	
配方建议	

实训 5-2 氨基酸透明皂的制备

一、实训目的

① 了解氨基酸透明皂的性能、特点和用途；

② 熟悉配方中各原料的作用；

③ 掌握氨基酸透明皂的配制操作技巧。

二、实训内容

1. 制备原理

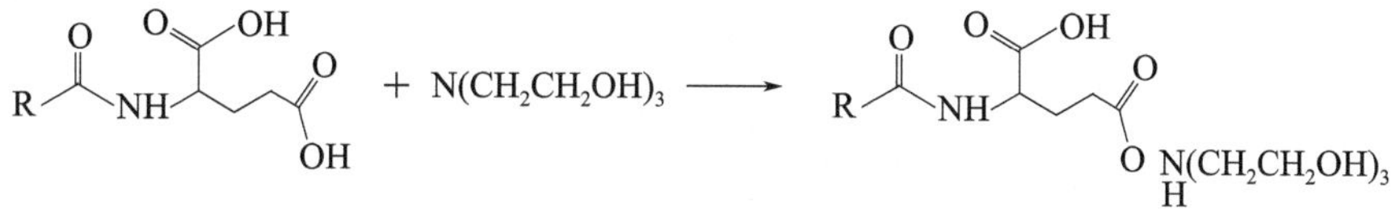

$$R-CO-NH-CH(COOH)-CH_2CH_2-COOH + N(CH_2CH_2OH)_3 \longrightarrow R-CO-NH-CH(COOH)-CH_2CH_2-COO^{-}\ HN^{+}(CH_2CH_2OH)_3$$

2. 配方与实训步骤

实训配方如表 5-8 所示。

实训步骤与表 5-8 的工艺一致。

值得注意的是，整个操作过程温度控制在 80℃以下，否则产品会变黄。将 B 组分倒入 A 组分搅拌均匀后，要快速倒入模具，否则会变得非常黏稠而无法倒出。

三、实训结果

请根据实训情况填写表 5-11。

表 5-11　实训结果评价表

使用效果描述	
使用效果不佳的原因分析	
配方建议	

习题与思考题

1. 皂基制备过程中盐析的目的是什么?

2. 香皂的生产工艺有哪几步重要步骤? 各步骤设置的目的是什么?

3. 为什么制备透明皂不用盐析,反而加入甘油等多元醇?

4. 为什么透明皂非常容易吸潮而在表面“出汗”?

5. 在脂肪酸一致的前提下,钠皂、钾皂、铵皂的软硬度顺序是怎样的?

6. 在试验中,同一个配方加热时间、温度不一致,做出产品的颜色深浅不一,请分析原因。

第六章 洗护类化妆品

Chapter 06

【知识点】 香波；护发素；沐浴液；皂基沐浴液；泡沫洁面乳；洗手液；泡沫剃须膏。

【技能点】 设计香波、护发素、沐浴液、泡沫洁面乳、洗手液配方；配制洗护类化妆品；解决洗护类化妆品生产质量问题。

【重点】 洗护类化妆品的组成与常用原料；洗护类化妆品的配方设计；洗护类化妆品的制备工艺；洗护类化妆品的质量控制。

【难点】 洗护类化妆品的配方设计；洗护类化妆品的质量控制。

【学习目标】 掌握洗护类化妆品的生产原理；掌握洗护类化妆品生产工艺过程和工艺参数控制；掌握主要洗护类化妆品常用原料的性能和作用；掌握主要洗护类化妆品的配方技术；能正确地确定洗护类化妆品生产过程中的工艺技术条件；能根据生产需要自行制定洗护类化妆品配方，并能将配方用于生产。

洗护类化妆品主要包括香波、护发素、沐浴用品和洁面用品等。人体头发和皮肤上的油脂、脂肪酸和蜡类是洗涤类化妆品的洗涤对象，但不同的人具有不同的发质和皮肤类型（有油性、中性和干性三种类型），为满足不同类型发质和皮肤的洗涤和护理需要，应调整配方，配制不同类型的液洗类化妆品。

第一节　洗发香波

香波是为清洁人的头皮和头发，并保持头发美观而使用的化妆品，它是以各种表面活性剂和添加剂复配而成的。人们之所以喜欢用香波取代肥皂洗发，是因为香波不单是一种清洁剂，而且有良好的护发和美发效果，洗后能使头发光亮、美观和柔顺。随着人们生活水平的提高，对香波性能的要求也越来越高，一种性能理想的香波，应具有如下性能特点：

① 具有良好的发泡性能，在头发上能形成细密、丰富且有一定稳定性的泡沫；

② 去污力适中，可除去头发上的污物，但又不会过度脱脂和造成头发干涩；

③ 使用方便，容易清洗；

④ 性能温和，对皮肤和眼睛无刺激性；

⑤ 洗后头发滑爽，柔软而有光泽，不产生静电，易于梳理；

⑥ 能赋予头发自然感和保持头发良好的发型；

⑦ 洗后头发留有芳香。

近几年来，人们特别重视洗发香波对眼睛和皮肤的刺激性，以及洗发香波是否会损伤头皮和头发。由于洗头次数的增多和对头发保护意识的增强，对香波不要求脱脂力过强，而要求性能温和。同时具有洗发、护发功能的调理香波，以及集洗发、护发、去屑、止痒等多功能于一体的香波成为市场流行的主要品种。许多香波选用有疗效的中草药或植物的提取液作为添加剂，或采用天然油脂加工而成的表面活性剂作为洗涤发泡剂等，以提高产品的性能，顺应“回归大自然”的潮流。

一、香波的组成

香波的主要功能是洗净黏附于头发和头皮上的污垢和头屑等，以保持清洁。在香波中起主要作用的是表面活性剂。除此之外，为改善香波的性能，配方中还加入了各种特殊添加剂。因此，香波的组成大致可分为两大类：表面活性剂和调理剂。

(一)表面活性剂

表面活性剂是香波的主要成分，为香波提供了良好的去污力和丰富的泡沫。香波用表面活性剂是以阴离子表面活性剂为主，其他表面活性剂为辅的体系。目前企业一般采用如下方案来设计整个香波配方的表面活性剂体系。

1. 主表面活性剂有两大类

① 采用AES钠盐或AES铵盐体系（有效物均为70%）为主活性成分，用量为15%～25%；

② 采用氨基酸表面活性剂为主活性成分，例如月桂酰肌氨酸钠、椰油酰谷氨酸二钠、甲基椰油酰牛磺酸钠（Clariant公司）等，用量为15%～25%。

2. 辅助表面活性剂

两性表面活性剂可降低产品刺激性，如甜菜碱CAB等，用量5%左右。烷醇酰胺（6501或CMEA）作为增稠、稳泡剂，用量2%左右，其中6501使用方便，但有亚硝胺残留风险，在低温时容易出现果冻现象；而CMEA含游离胺少，需高温溶解于表面活性剂中，新型液态CMEA（Clariant公司）不仅使用方便，而且低温无果冻现象，目前大多数企业采用CMEA。

除了以上表面活性剂之外，有的企业也使用其他表面活性剂，如咪唑啉型两性表面活性剂、烷基糖苷、AOS、MES等。一般不使用皂基，由于皂类会和水中的钙镁离子作用，使用以皂类为基料的洗发用品时，会生成难溶于水的钙皂和镁皂（一种黏稠状的絮状物），黏附在头发上使头发发黏、发脆、不易梳理。

(二)调理剂

香波中表面活性剂能达到去污功效，但在去除头发污垢的同时，也会过度地去除头皮自然分泌的皮脂成分，会对头发造成损伤；另外，表面活性剂会在头发上吸附，使头发缠结而难以梳理。为了克服以上问题，香波中需要加入具有头发调理功能的调理剂。调理剂的主要作用是改善洗后头发的手感，使头发光滑、柔软、易于梳理。

调理作用是基于功能性组分在头发表面的吸附，也就是说调理剂要发挥调理作用，首先要能在头发上具有良好的吸附效果，通过化学吸附、物理吸附作用附着于头发上。

常用的调理剂有如下几种。

1. 阳离子表面活性剂

阳离子表面活性剂的去污力和发泡力比阴离子表面活性剂差得多，但具有很强的抗静电作用和柔软作用，是一种很好的头发调理剂。阳离子表面活性剂易在头发表面吸附形成保护膜，能赋予头发光滑、光泽和柔软性，使头发易梳理，抗静电。阳离子表面活性剂不仅具有抗静电性，而且有润滑和杀菌作用。将阳离子表面活性剂与富脂剂（如高级醇、羊毛脂及其衍生物、蓖麻油等）复配，能增强皮肤和头发的弹性，降低皮肤在水中的溶胀，能防止头皮干燥、皲裂。

阳离子表面活性剂在水中离解成带碳链的阳离子，能被头发蛋白结构中带负电荷部分吸引（离子静电吸力），而吸留在头发表面，发挥调理作用。

阳离子表面活性剂作为主调理剂，难用于以 AES 等为主要表面活性剂的香波，这是因为阴离子与阳离子表面活性剂的配伍相容性问题，两者在水溶液中能相互作用产生沉淀，从而使两者都失去表面活性，导致产品不稳定。

由于阳离子表面活性剂与氨基酸表面活性剂的配伍相容性好，氨基酸表面活性剂与阳离子表面活性剂搭配具有非常好的应用前景。

另外，阳离子表面活性剂在护发素和发膜等不含阴离子表面活性剂的产品中作为调理剂，大量使用。

2. 阳离子聚合物

阳离子聚合物是目前最广泛使用的香波调理剂。阳离子聚合物是由季铵化的脂肪烷基接枝在改性天然聚合物或合成聚合物上制成的，其部分结构与季铵盐相似，每个分子中有很多阳离子，这些阳离子能被头发蛋白结构中带负电荷的部分吸引（离子静电吸力），而吸留在头发表面，发挥调理作用，使头发柔软、润滑、易于梳理，增加头发美感。阳离子聚合物的阳离子含量高，用量很少就能发挥很强的调理作用。但阳离子也有一个很大的缺点，即重复使用时会在头发上积聚，使头发加重下垂，手感和外观变差。

常用于头发调理的阳离子聚合物有聚季铵盐、阳离子纤维素聚合物、阳离子瓜尔胶、高分子阳离子蛋白肽等，如表 6-1 所示。

表 6-1　常用阳离子聚合物香波调理剂

物质名称	性能和用途
阳离子纤维素聚合物(PQ-10)	在头发表面具有很强的吸附力,因此对头发的调理作用非常明显,与阴离子、非离子和两性表面活性剂有很好的配伍性,可用在透明的多功能香波中,同时对香波还有一定的增稠作用。但若长期使用含 PQ-10 的香波洗发,由于它的积聚现象会使头发发黏且无光泽,因此使用时最好与其他调理剂复配以减少用量。正常用量为 0.2%～1.0%
阳离子瓜尔胶	有较耐久的柔软性和抗静电性,可赋予头发光泽、蓬松感,与其他表面活性剂有很好的配伍性,同时还是一种很好的增稠剂、悬浮剂和稳定剂。用量一般在 0.1%～1.0%
聚季铵盐	有聚季铵盐-4、聚季铵盐-7(M550)、聚季铵盐-11、聚季铵盐-22、聚季铵盐-26、聚季铵盐-39、聚季铵盐-43、聚季铵盐-47(M2002)、聚季铵盐-70 等产品。与头发亲和性好,具有调理和丰满的效果,在头发上的积聚较少,能改善头发的干湿梳理性。可增加光泽,使头发柔顺服帖,抗缠结,刺激性小,对皮肤有滋润柔滑性,广泛用作香波和护发素的调理剂
高分子阳离子蛋白肽	采用天然蛋白质经改性制得,对头发有很好的附着性,能赋予头发良好的柔软性和梳理性,保持头发光泽,改善头发的发质,并对受损伤的头发有修复功能。香波中用量在 2.0%左右

3. 润滑剂

与阳离子表面活性剂和阳离子聚合物依靠静电作用吸附于头发上不同，润滑剂主要依靠物理作用，留于头发上而改善头发的润滑感。常用的润滑剂有如下几种。

（1）有机硅

有机硅能显著改善头发的湿梳理性和干梳理性，赋予头发抗静电性、润滑性、柔软性、光泽性等，对受损头发有修复作用，防止头发开叉，长期使用也不会在头发上造成永久性积聚，并且能降低阴离子表面活性剂对眼睛的刺激性。常用的有机硅调理剂有聚二甲基硅氧烷、硅脂、氨基改性硅油和乳化硅油等，用量一般为0.5%～5%。表6-2中列出了常用的几种硅油及其性能。

表 6-2 香波常用的硅油及其性能

种类	性能
高分子量聚二甲基硅氧烷（硅脂）	具有优异的成膜性、润滑性、柔软性及丝质感，在头发上可形成一层透气薄膜，既使头发亮泽，又能保护发质，同时使头发在干或湿的情况下都具有良好的梳理性，避免硬脆或干枯分叉，与阳离子调理剂同时使用效果更佳，但它的缺点也较明显，就是有较重的油腻感，容易吸附灰尘而使头发易脏，用量大时积聚严重，而且容易从香波中析出，使用时应注意或加入硅油稳定剂
氨基硅油	特殊的柔软性、滑爽性和更持久的光亮性和保留性，但与阴离子表面活性剂的复配性差，如果添加量过多，香波放久了有可能变稀，且会消泡，使用时应注意
双氨封端硅油	由于分子两端具有氨基，与头发的亲和力比其他硅油的亲和力要强，使其具有优异的调理性和长效性，使头发保持持久柔软、丝绒般滑爽，易于梳理
聚二甲基硅氧烷共聚多元醇（水溶性硅油）	水性硅油能降低刺激性，改善泡沫质感，去除黏腻感，护发、润发，增加凝胶的透明度，具乳化功效，轻度调理，保湿不油腻，在香波中多用作降黏剂和保湿剂
聚季铵化硅氧烷（阳离子硅油）	它的优良调理作用来自有机硅单元和聚季铵盐基的协同作用，而它的聚醚单元使它在香波体系中具有良好的配伍性和稳定性，是一种十分优良的调理剂。具有较强的柔软感和丝绸感，超低干湿梳理阻力，高亮度，配伍性好，不消泡，无气味，积聚少，可常温加入香波体系中，使用方便
乳化硅油	乳化硅油是硅油的乳液，如单独的硅脂、单独的氨基硅油或多种硅油复配在一起做成的乳液，如氨基硅油与硅脂的复配，高黏度与低黏度的二甲基硅氧烷复配，阳离子硅油与硅脂复配，以此来克服各自的缺点，达到更好的调理效果。乳化硅油比未乳化的硅油使用更方便

（2）植物类油脂及其衍生物

山茶花籽油、甜杏仁油、霍霍巴油、橄榄油、脂肪醇等可作香波类赋脂剂和滋润感改善剂，在头发上形成油性薄膜，并可作为香波体系的成膜层的熔点调节剂。因有些植物油脂含有不饱和键或游离酸，在使用时注意对其作抗氧化处理。

（3）动物类油脂及其衍生物

羊毛脂、羊毛醇及其衍生物等各种动物性油脂也可为头发加脂及改善润滑感，但因其对体系的稳定性、安全性有不可预知的影响，现在较少使用。

（4）合成油脂及改性油脂

氢化聚癸烯、季戊四醇四异硬脂酸酯、氨基酸改性油脂等近年来也常用作香波类调理剂，对头发有很强的亲和力，赋予头发出色的滋润感、爽滑感和自然的光泽，使用时特别要关注产品稳定性及测试对头皮的影响。另如C_{12}～C_{13}醇乳酸酯具有替代烷醇酰胺的作用，能增加产品黏度，加强珠光效果等。

4. 保湿剂

保湿剂的作用是保持头发适当的水分含量，使头发湿度适中，可避免头发由于干燥而变脆。常用的润湿剂有燕麦β-葡聚糖、甘油、丙二醇、山梨醇、聚乙二醇和吡咯烷酮羧酸钠等。值得注意的是多元醇有消泡和降低黏度作用，配方时应特别注意。更有效的保湿剂是能够渗入毛鳞片，起到保持水分作用的物质（如泛醇、羟乙基尿素等），并能够有效吸附在头发表面而起到保护膜作用的物质。如燕麦β-葡聚糖能在头发和头皮表面形成一层保护膜，达到滋养头部皮肤、提高毛发含水量的作用，同时具有抗敏、消炎、抑菌、增强柔顺度、抗毛躁功效；异戊二醇具有修复烫染受损头发、减少毛糙的功效。

5. 头发营养添加剂

为使香波具有护发、养发功能，通常加入各种头发营养添加剂，主要品种如下。

① 维生素类。如维生素 E、维生素 B_5（泛酸）、维生素原 B_5（泛醇）等，能通过香波基质渗入毛发，赋予头发光泽，保持长久润湿感，修复头发损伤和减少头发末端的分裂开叉，润滑角质层而不使头发缠结，并能在头发中累积，长期重复使用可增加吸收力。

② 蛋白和氨基酸类。头发是氨基酸多肽角蛋白质的网状长链高分子集合体，从化学性质来说，与同系物及其衍生物有着较强的亲和性，因此各种氨基酸、水解蛋白肽等都对头发有一定的调理作用。常用的氨基酸类物质有丝肽、水解丝蛋白、水解小麦蛋白、水解大豆蛋白、水解角蛋白、水解胶原蛋白等。

③ 中草药提取液。常用的提取物有人参、芦荟、皂角、首乌、何首乌、当归、玫瑰、甘菊、茉莉、向日葵、薰衣草、柑橘、薄荷、绿茶、黑芝麻、银杏、核桃、珍珠、海藻、橄榄油等。将它们的提取液加入香波中除具营养作用外，有的还有促进皮肤血液循环、促进毛发生长，使毛发光泽而柔软的功效，如生姜等；有的有益血乌发和防治脱发的功效，洗后头发乌黑发亮、柔顺、滑爽，如何首乌等；有的则具有杀菌、消炎等作用，加入香波中起到杀菌止痒的作用，同时还有抗菌防腐作用，如啤酒花、茶皂素等。

（三）其他添加剂

1. 增稠剂

增稠剂的作用是增加香波的稠度，获得理想的使用性能，提高香波的稳定性等。常用的增稠剂有无机增稠剂和有机增稠剂两大类。

（1）无机增稠剂

无机增稠剂如氯化钠、氯化铵、硫酸钠等，最常用的是氯化钠和氯化铵，能增加阴离子表面活性剂为主的香波稠度，特别是对以 AES 为主的香波增稠效果显著。达到相同黏度时，在酸性条件下优于在碱性条件下的增稠效果，在酸性条件下时，氯化钠的加入量较少。采用无机盐作增稠剂不能多加，否则会产生盐析分层，且刺激性增大；但氯化铵不会像氯化钠那样出现浑浊现象，香波中用量一般不超过 3%，否则发生盐析反而使黏度降低。硅酸镁铝也是有效的增调剂，特别是和少量纤维素混合使用，增稠效果明显且稳定，适宜配制不透明香波，用量为 0.5%～2.0%。

（2）有机增稠剂

有机增稠剂品种很多，如烷醇酰胺、氧化胺和两性表面活性剂等，不仅具有增泡、稳泡等性能，而且也有很好的增稠作用。

用作调理剂的阳离子聚合物也具有良好的增稠作用。

聚乙二醇酯类，如聚乙二醇（6000）二硬脂酸酯以及聚乙二醇（6000）二月桂酸酯等也是常用的增稠剂，但用这类增稠剂增稠的香波在放置一段时间后会出现变稀的现象。

高分子聚合物也是常用的香波增稠剂。卡波树脂是交联的丙烯酸聚合物，可用作香波增调剂，尤其是用来稳定乳液香波时效果显著；聚乙烯吡咯烷酮不仅有增稠作用，而且有调理和抗敏作用。

另外，一些油脂和蜡，如十六十八醇、二十二醇等也有一定的增稠效果。

2. 降黏剂

当配方体系黏度过高时，要加入降黏剂。常用的降黏剂有如下几种。

① 二甲苯磺酸钠和二甲苯磺酸铵是比较常用的降黏剂。

② 多元醇，如甘油、丙二醇、聚乙二醇等均对香波具有降黏作用。

③ 聚丙二醇-28 丁醚-35，低添加量即有良好的降黏效果。

④ 水溶性硅油，低添加量即有良好的降黏效果，但该类原料消泡比较严重。

3. 去屑止痒剂

头皮屑是新陈代谢的产物，头皮表层细胞的不完全角化和马拉色菌的寄生是头屑增多的主要原因。头屑的产生为微生物的生长和繁殖创造了有利条件，以致刺激头皮，引起瘙痒，加速表皮细胞的异常增殖。因此抑制细胞角化速度，降低表皮新陈代谢和杀菌是防治头屑的主要途径。去屑止痒剂品种很多，如水杨酸或其盐、十一碳烯酸衍生物、硫化硒、六氯化苯羟基喹啉、聚乙烯吡咯烷酮-碘络合物以及某些季铵化合物等都具有杀菌止痒等功能。目前常用的去屑止痒剂的名称、性能和用途见表 6-3。

表 6-3　常用去屑止痒剂的名称、性能和用途

物质名称	性能和用途
吡啶硫酮锌(ZPT)	是公认的高效安全的去屑止痒剂和高效广谱杀菌剂，而且可以延缓头发衰老，减少脱发和产生白发，是一种理想的医疗性洗发、护发添加剂。但是 ZPT 难以单独加入香波基质中，加入后易形成沉淀，产生分离现象，必须配加一定的悬浮剂或稳定剂才能形成稳定体系，不能用于透明产品，且对眼睛刺激性较大。香波中用量一般为 0.2%～1.0%
十一烯酸单乙醇酰胺琥珀酸酯磺酸钠	是一种阴离子表面活性剂，具有良好的去污性、泡沫性、分散性等，与皮肤黏膜等有良好的相容性，刺激性小，和其他表面活性剂配伍性好，是一种强有力的去屑、杀菌、止痒剂，用后还会减少脂溢性皮肤病的产生。其治疗皮屑的机理在于抑制表皮细胞的分离，延长细胞变换率，减少老化细胞产生和积存现象，达到去屑止痒目的。用量为 2%(有效物)时效果比较明显
吡罗克酮乙醇胺盐(octopirox)	是一种被证实的安全高效去屑止痒剂，可溶解在表面活性剂中，不会产生沉淀和分层现象，也无需额外加入悬浮剂和稳定剂就可形成稳定的体系，可配制透明的去屑香波。另外，因其对水质和其他原料要求高，需要金属离子残留量小，否则容易变色；长期的光照也会对稳定性有影响。其机理是通过杀菌、抗氧化作用和分解过氧化物等途径，从根本上切断头屑产生的外部渠道，从而有效地根治头皮发痒和头屑的产生，适用 pH 值范围为 5～8，加入量为 0.3%～0.5%
水杨酸	有一定的杀菌效果，但该物质刺激性较大，会引起头皮过敏而发痒，用量0.2%～1.0%
己脒定二(羟乙基磺酸)盐	是一种水溶性的具有广谱抑制和杀灭各种革兰阳性菌和阴性菌，以及各种霉菌和酵母菌的阳离子性物质，其皮肤及头皮耐受性极佳，甚至对眼睛都无刺激影响。用于护理头皮，可杀菌、消炎、止痒、去屑、控油、平衡油脂分泌，能促进皮脂质成分的合成基因表达，提高头皮屏障功能。用量 0.02%～0.1%

4. 螯合剂

螯合剂的作用是防止在硬水中洗发时生成钙、镁皂而黏附在头发上，影响去污力和洗后头发的光泽。常加入柠檬酸、酒石酸、EDTA 或非离子表面活性剂如烷醇酰胺、聚氧乙烯失水山梨醇油酸酯等。常加入 EDTA 对钙、镁等离子起螯合作用，柠檬酸、酒石酸对常致变色的铁离子有螯合作用。

5. 珠光剂

珠光剂是能使香波产生珠光的物质。不论是普通香波，还是多功能香波，在其中添加适量的珠光剂，就会产生悦目的珍珠光泽，使产品显得高雅华贵，深受消费者喜爱，从而提高了产品的附加价值。珠光效果是由具有高折光指数的平行排列的细微薄片产生的。这些细微薄片是半透明的，仅能反射部分入射光，传导和透射剩余光线至细微薄片的下面，如此平行排列的细微薄片同时对光线进行反射，就产生了珠光。珠光效果取决于晶片大小、形式、分布和乳白晶片的反射作用。

可用于香波的珠光剂有硬脂酸金属盐（镁、钙、锌盐）、鲸蜡醇、十六十八醇、鱼鳞粉、铋氯化物、乙二醇单硬脂酸酯和乙二醇双硬脂酸酯等。目前，普遍采用的珠光剂是单硬脂酸单乙二醇酯和单硬脂酸二乙二醇酯。后者比前者产生的珠光更美丽、更乳白，但前者产生的珠光闪光效果更好。

市售珠光剂有珠光片、珠光浆等。珠光片呈片状或粒状，包装和运输方便，使用时要在75℃以上加入配方体系中，再冷却至室温即可产生珠光。但由于受加热温度、冷却速度等影响，难以产生理想的珠光。珠光浆呈浆状，包装和运输没有珠光片方便，但使用起来更方便，香波中易分散，只需45℃以下加入香波体系中搅匀即可产生漂亮的珠光，简化了珠光香波的配制方法，且能保证每批产品珠光效果一致，其珠光效果不受配制工艺的影响。

有的香波生产企业也自己制备珠光浆，表6-4为企业常用的珠光浆生产典型配方。

表 6-4　企业常用的珠光浆生产典型配方

物质名称	质量分数/%	物质名称	质量分数/%
单硬脂酸二乙二醇酯	20	氯化钠	适量
CMEA	5	去离子水	余量
月桂醇聚醚硫酸酯钠(AES)	10	凯松	0.1

如果生产过程中采用高速剪切混合，所制得的珠光浆呈高度乳白状，闪光低；若采用低速剪切混合，则相反。快速冷却有利于乳白状形成；慢速冷却有利于闪光形成，因为慢速冷却有利于大晶体生长而增加闪光。使用CMEA可增强闪光效果，而用6501则产生较弱的闪光效果。

6. 澄清剂

在配制透明香波时，加入香精及油类调理剂可能使香波产生混浊现象，影响产品外观。可加入少量非离子表面活性剂如壬基酚聚氧乙烯醚和多元醇如甘油、丙二醇、丁二醇或山梨醇等澄清剂（clarifying agents），以保持或提高透明香波的透明度。

7. 酸化剂

微酸性香波对头发护理、减少刺激是有利的，但有时由于某些碱性原料（如烷醇酰胺等）的加入会提高产品的pH值；用铵盐配制香波，为防止氨挥发，pH值必须调整到7以下；用NaCl、NH_4Cl等无机盐作增稠剂时，在微酸性条件下，增稠效果显著，达到相同黏度所需无机盐的量少于碱性条件下的需要量等。上述情况都需加入酸化剂（Acidifying agents）来调整香波的pH值。常用的酸化剂有柠檬酸、酒石酸、磷酸以及硼酸、乳酸等。

8. 防腐剂

为防止香波受霉菌或细菌侵袭导致腐败，需加入防腐剂。常用的防腐剂有羟苯酯类、凯松、DMDM乙内酰脲等。选用防腐剂必须考虑防腐剂适宜的pH值范围以及和添加剂的相容性。

另外，对羟基苯乙酮、茴香酸等与二醇类物质（如1,2-己二醇、辛甘醇、1,2-戊二醇、山梨坦辛酸酯）复配常作为无防腐剂的防腐体系使用。

9. 色素和香精

色素（Pigment）能赋予产品鲜艳、明快的色彩，但必须选用法定色素。香精可掩盖不愉快的气味，赋予制品愉快的香味，且洗后使头发留有芳香。香精加入产品后应进行有关温度、阳光、酸碱性等综合因素对其稳定性影响的试验，而且应注意香精在香波中的溶解度以及对香波黏度、色泽等的影响。配制婴儿香波时要特别注意刺激性。

二、香波配方设计

香波的种类很多，其配方结构也多种多样。按形态分类有液状、膏状、粉状等；按功效分有普通香波、调理香波、去屑止痒香波、香氛香波、控油香波、头皮护理香波、儿童香波以及洗染香波等；按照发质不同，香波的品种有供油性、中性、干性头发使用的类型。目前，洗护二合一的调理香波仍占据着市场主导地位，但是现在也出现了洗护分开的潮流。

(一)香波配方设计技术

1. 洗涤力和发泡力

香波需要一定的去污力，但去污力和脱脂性是具有相关性，过高的去污力不但浪费原料，而且对皮肤和头发都没有好处。所以越高档的香波越要选择低刺激性的表面活性剂。通常香波中活性剂含量为15%～20%，婴儿香波可酌减。

香波必须具有一定类型和一定量的稳定泡沫，因此需要加入起泡剂和稳泡剂。非离子表面活性剂由于泡沫少，一般很少用于香波中。

2. 黏度

香波制作中需将香波调整到一定黏度，可使用前述的增稠剂。但并不是黏度越大越好，黏度太大时会使香波呈果冻状。如果需要降低黏度，可使用降黏剂，如丙二醇、乙二醇等。

3. 润发和保湿

香波和其他洗涤剂不同，香波对头发有更好的修饰效果，因此需加入润发剂。但值得注意的是，油性物质是引起香波分层的主要原因，必须经过试验确定配方稳定性。

欲使头发柔软，除了加入油脂外，水分也很重要，可以防止头发变脆。甘油等保湿剂具有保留水分和减少水分挥发的特性，加入香波中能使头发保持水分而柔软顺服。

另外，香波应具有一定的抗硬水性能，因此需加入金属离子螯合剂。为保持香波的 pH 值在 7 左右，应加入适量 pH 值调节剂等。

整个配方就是一个矛盾体的组合，所以配方设计时应以满足产品的主要功能为主线，兼顾产品的其他性能来设计。

(二)香波配方实例

1. 透明液状香波

透明液状香波（clear shampoo）具有外观透明、泡沫丰富、易于清洗等特点，在整个香波市场上占有一定比例。但由于要保持香波的透明度，在原料的选用上受到很大限制，通常以选用浊点较低的原料为原则，以便产品即使在低温时仍能保持透明清澈，不出现沉淀、分层等现象。常用的表面活性剂是溶解性好的 AES 的钠盐、氨基酸表面活性剂、醇醚琥珀酸酯磺酸盐、烷醇酰胺等。

甜菜碱等表面活性剂可代替烷醇酰胺，用于配制透明液状香波，能显著提高产品的黏度和泡沫稳定性，且具有调理和降低刺激性等作用。磷酸盐类表面活性剂具有良好的吸附性和调理性，也可用于透明香波。近年来，新开发的琥珀酸单酯磺酸盐类温和型表面活性剂，如醇醚琥珀酸酯磺酸盐和椰油酰胺基琥珀酸酯磺酸盐，具有降低其他表面活性剂刺激性的效果，且溶解性好，可用来配制透明香波，特别是椰油酰胺基琥珀酸酯磺酸盐具有优良的低刺激性、调理性和增稠性，是较为理想的配制透明香波的原料。

为改进透明香波的调理性能，可加入阳离子纤维素聚合物、水溶性硅油等调理剂。透明液状香波的配方实例如表 6-5、表 6-6 所示，表 6-7、表 6-8、表 6-9 为企业生产的透明液状香波配方实例。

表 6-5 透明液状香波配方实例

物质名称	质量分数/%	作用
AES	18.0	起泡、清洁
聚季铵盐-10(JR-400)	0.2	顺滑、柔软
阳离子瓜尔胶	0.3	顺滑、柔软
CMEA	1.0	增稠、稳泡
CAB	7.0	增稠、丰富泡沫
改性硅油(祺富 QF-8138)	1.0	柔软、光泽
β-葡聚糖	1.5	保湿、抗敏
柠檬酸	0.2	pH 调节
柠檬酸钠	0.4	pH 调节
氯化钠	适量	黏度调节
防腐剂	适量	防腐
香精	适量	赋香
去离子水	余量	溶解

表 6-6 透明液状香波配方实例（无硅油）

物质名称	质量分数/%	作用
月桂醇聚醚硫酸酯钠(AES)	8.0	主要活性物质
聚季铵盐-10	0.2	柔软
PCA 钠	2.0	保湿
PEG-7 椰油酰基甘油	3.2	保湿、润发
椰油酰胺丙基甜菜碱(CAB-35)	10.0	辅助活性物质
椰油酰基甲基牛磺酸钠	20.0	主要活性物质，刺激性小
PEG-8 山梨坦月桂酸酯	3.1	润发，降低刺激性
对羟基苯乙酮	0.5	防腐
异戊二醇	1.0	防腐、修复受损发质
香精	0.8	赋香
去离子水	余量	溶解

表 6-7 企业生产的透明液状香波配方实例（无硅油）

物质名称	质量分数/%	作用
去离子水	余量	溶解
瓜儿胶羟丙基三甲基氯化铵	0.3	柔软
聚季铵盐-10	0.1	柔软
EDTA-2Na	0.10	螯合
柠檬酸	0.20	pH 调节
柠檬酸钠	0.40	pH 调节
β-葡聚糖	0.50	保湿、抗敏
月桂醇聚醚硫酸酯钠(AES)	18.0	主要活性物质
CAB	12.0	辅助活性物质
椰油酰胺 CMEA	1.0	增稠、稳泡
吡罗克酮乙醇胺盐	0.20	去屑
山梨坦辛酸酯	1.0	保湿、辅助防腐
茴香酸	1.1	防腐
香精	0.50	赋香

表 6-8　企业生产的润滑柔软透明洗发水配方实例（一）

组分	物质名称	质量分数/%	作用
A	去离子水	余量	溶解
	月桂醇聚醚硫酸酯钠(AES)	18.0	表面活性
	月桂醇硫酸酯铵	4.0	表面活性
	EDTA-2Na	0.1	螯合
B	瓜儿胶羟丙基三甲基氯化铵	0.25	发用调理
	去离子水	5.0	溶解
C	聚季铵盐-10	0.1	发用调理
	去离子水	2.0	溶解
D	尿囊素	0.3	发用功效
	山嵛酰胺丙基二甲胺	0.5	发用调理
E	去离子水、蚕丝胶蛋白、PCA 钠	2.0	发用功效
	椰油基葡糖苷、甘油油酸酯	2.0	发用调理
	C_{12}～C_{13}醇乳酸酯	0.5	发用调理
	羟基亚乙基二膦酸	0.1	配方助剂
	聚硅氧烷季铵盐-16、十三烷醇聚醚-12	1.0	发用调理
F	椰油酰胺(DEA)	1.0	增稠增黏
	椰油酰胺丙基甜菜碱	2.0	增稠增黏
G	氯化钠	0.3	增稠增黏
	去离子水	2.0	溶解
H	2-溴-2-硝基丙烷-1,3-二醇、甲基异噻唑啉酮	0.1	防腐
	香精	0.8	赋香
I	柠檬酸	0.1	pH 调节

制备工艺如下。

① 把去离子水加热至 85℃，按比例先加入 A 组分，均质分散均匀，再加入 B 组分，均质完全后继续加入 C、D 组分，待 A 组分所有成分混合分散均匀时，搅拌保温 20min。

② 将温度降至 45℃，加入 E 组分，搅拌分散均匀。

③ 待温度降至 40℃之后，将 F、H 组分按配方比例依次加入，待完全混合分散均匀后，加入 I 组分，调整 pH 达标，加入 G 组分至黏稠度达标。

④ 抽样检测，合格后用 200 目滤布过滤出料。

表 6-9　企业生产的润滑柔软透明洗发水配方实例（二）

组分	物质名称	质量分数/%	作用
A	去离子水	余量	溶解
	月桂醇聚醚硫酸酯钠(AES)	16.0	表面活性
	月桂醇硫酸酯铵	8.0	表面活性
	EDTA -2Na	0.1	螯合
B	山嵛酰胺丙基二甲胺	0.5	发用调理
	椰油酰胺(MEA)	2.0	表面活性
	季铵盐-91、西曲铵甲基硫酸盐、鲸蜡硬脂醇	0.3	发用调理
	尿囊素	0.3	发用功效
	己脒定二(羟乙基磺酸)盐	0.03	发用功效
C	瓜儿胶羟丙基三甲基氯化铵	0.25	发用调理
	聚季铵盐-10	0.1	发用调理
	去离子水	7.0	溶解
D	油醇聚醚-5 磷酸酯、椰油酰胺丙基-PG-二甲基氯化铵磷酸酯、月桂酸异戊酯	0.5	发用功效
	椰油基葡糖苷，甘油油酸酯	3.0	发用功效
	去离子水、蚕丝胶蛋白、PCA 钠	2.0	发用功效

续表

组分	物质名称	质量分数/%	作用
E	椰油酰胺(DEA)	1.0	增稠增黏
	椰油酰胺丙基甜菜碱	3.0	增稠增黏
F	氯化钠	0.2	增稠增黏
	去离子水	2.0	溶解
G	凯松(CG)	0.1	防腐
	香精	0.8	赋香

制备工艺如下。

① 往锅中加入去离子水，升温至85℃左右，先加入A组分，均质分散，然后再加入B、C组分，均质搅拌均匀，搅拌保温20min；

② 将温度降至45℃时，加入D组分，搅拌分散均匀；

③ 将温度降至40℃，加入E、G组分，充分混合均匀；

④ 加入F组分，调整黏稠度达标，抽样检测，合格后用200目滤布过滤出料。

2. 不透明香波

不透明香波由于外观呈不透明状，具有遮盖性，原料的选择范围较广，可加入多种对头发、头皮有益的物质，其配方结构可在透明液体香波配方的基础上加入珠光剂配制而成，对香波的洗涤性和泡沫性稍有影响，但可改善香波的调理性和润滑性。

当不透明香波加入硅油等调理剂时，则构成调理香波；当加入维生素类、氨基酸类及天然动植物提取液时，构成护发、养发香波；当加入去屑止痒剂时，可构成去屑止痒香波等；如同时加入调理、营养、去屑止痒等成分，则构成多功能香波。不透明香波配方实例如表6-10、表6-11所示，表6-12、表6-13、表6-14为企业实际生产的不透明香波生产配方。

表6-10 不透明香波配方实例（滋润型）

物质名称	质量分数/%	作用
月桂醇聚醚硫酸酯钠(AES)	18.0	起泡、清洁
珠光片	1.5	珠光
EDTA-2Na	0.05	螯合
阳离子瓜尔胶	0.25	顺滑
CMEA	0.8	增稠、稳泡
卡波姆(2020)	0.20	增稠、稳泡
乳化硅油(祺富 QF-1289)	3.0	柔软、光泽
硅油乳液(祺富 QF-8138)	0.5	顺滑、柔软
CAB	7.0	增稠、丰富泡沫
氢氧化钠	适量	调节 pH
氯化钠	适量	调节黏度
防腐剂	适量	防腐
香精	适量	赋香
去离子水	余量	溶解

表6-11 不透明香波配方实例（去屑型）

物质名称	质量分数/%	作用
月桂醇聚醚硫酸酯钠(AES)	22.0	起泡、清洁
珠光片	1.5	珠光
十六醇	0.5	调理
阳离子瓜尔胶	0.3	顺滑

续表

物质名称	质量分数/%	作用
CMEA	1.0	增稠、稳泡
吡罗克酮乙醇胺盐(OCT)	0.3	去屑止痒
HP 100(祺富)	0.08	控油、去屑、止痒
乳化硅油(祺富)	3.0	柔软、光泽
氢氧化钠	适量	pH 调节
氯化钠	适量	调节黏度
防腐剂	适量	防腐
香精	适量	赋香
去离子水	余量	溶解

表 6-12　企业实际生产的氨基酸型不透明香波配方实例（无硅油）

物质名称	质量分数/%	作用
去离子水	余量	溶解
瓜儿胶羟丙基三甲基氯化铵	0.4	头发柔软
聚季铵盐-5	0.1	头发柔软
EDTA-2Na	0.13	螯合
柠檬酸	0.2	pH 调节
柠檬酸钠	0.4	pH 调节
月桂酰肌氨酸钠	18.0	主表面活性
CAB	12.0	辅助表面活性
丁二醇月桂酸酯	3.0	发用调理
异戊二醇	0.8	防腐、头发调理
水解玉米淀粉	0.5	增稠
β-葡聚糖	2.0	保湿、抗敏
乙二醇二硬脂酸酯	1.0	珠光
苯甲酸钠	0.3	防腐
苯氧乙醇	0.4	防腐
香精	0.5	赋香

表 6-13　企业实际生产的滋养润滑型不透明香波配方实例（含硅油）

组分	物质名称	质量分数/%	作用
A	去离子水	余量	溶解
	月桂醇聚醚硫酸酯钠(AES)	15.0	表面活性
	月桂醇硫酸酯铵	4.0	表面活性
B	尿囊素	0.3	发用调理
	乙二醇二硬脂酸酯	2.0	珠光
	山嵛酰胺丙基二甲胺	0.5	发用调理
	丙烯酸(酯)类/C_{10}～C_{30}烷醇丙烯酸酯交联聚合物	0.4	悬浮稳定
C	氢氧化钠	0.4	酸碱度调节
	椰油酰胺(MEA)	1.0	增稠增黏
D	羟基亚乙基二膦酸	0.1	配方助剂
	氨端聚二甲基硅氧烷/聚二甲基硅氧烷	2.0	发用调理
	聚季铵盐-7	3.0	发用调理
E	椰油酰胺丙基甜菜碱	4.0	增稠增黏
F	氯化钠	0.5	增稠增黏
	去离子水	5.0	溶解
G	凯松(CG)	0.1	防腐
	香精	0.5	赋香

制备工艺如下。

① 将 A 组分加热至 85℃，搅拌均匀至溶解完全；

② 保温消泡半小时，分别依次加入 B、C 组分各料，搅拌溶解完全；

③ 搅拌保温半小时，开始循环冷却，冷却至 55℃，搅拌保温半小时；

④ 冷却至 45℃时，加入 D 组分，搅拌均匀；

⑤ 加入 E 组分，搅拌均匀；

⑥ 用氢氧化钠调整 pH 值达标。过量时用柠檬酸回调 pH 值；

⑦ 加 G 组分各料，搅拌均匀；

⑧ F 组分中的盐用水溶解后（调整洗发水稠度）加入锅内，适当降低转速，搅拌均匀，检测合格后，用 200 目滤布过滤出料。

表 6-14　企业实际生产的蛋白滋养去屑型洗发乳配方实例（含硅油）

组分	物质名称	质量分数/%	作用
A	去离子水	余量	溶解
	月桂醇聚醚硫酸酯钠(AES)	14.0	表面活性
	月桂醇硫酸酯铵	6.0	表面活性
	2-磺基月桂酸甲酯钠	5.0	表面活性
B	瓜尔胶羟丙基三甲基氯化铵	0.3	发用调理
	去离子水	5.0	溶解
C	聚季铵盐-10	0.1	发用调理
	去离子水	2.0	溶解
D	尿囊素	0.3	发用功效
	乙二醇二硬脂酸酯	2.0	珠光
D	山嵛酰胺丙基二甲胺	0.5	发用调理
	丙烯酸(酯)类/C_{10}～C_{30}烷醇丙烯酸酯交联聚合物	0.4	悬浮稳定
E	氢氧化钠	0.4	pH 调节
	椰油酰胺(MEA)	1.0	增稠增黏
F	C_{12}～C_{13}醇乳酸酯	0.5	发用调理
	橄榄油 PEG-6 聚甘油-6 酯类	0.3	发用调理
	羟基亚乙基二膦酸	0.1	配方助剂
	泛醇	0.5	发用功效
	蚕丝胶蛋白	1.5	发用功效
G	氨端聚二甲基硅氧烷聚二甲基硅氧烷	2.0	发用调理
H	己脒定二(羟乙基磺酸)盐	0.03	发用功效
I	椰油酰胺丙基甜菜碱	4.0	增稠增黏
J	氯化钠	0.2	增稠增黏
	去离子水	2.0	溶解
K	凯松(CG)	0.1	防腐
	香精	0.5	赋香

制备工艺如下。

① 将 A 组分加热至 85℃，搅拌均匀至溶解完全。

② 保温消泡半小时，分别依次加入 B（先用水分散均匀）、C（先用水分散均匀）、D、E 组分各料，搅拌溶解完全。

③ 搅拌保温半小时，开始循环冷却，冷却至 55℃，慢速搅拌保温半小时。

④ 继续冷却至 45℃，加入 F 组分，搅拌均匀。

⑤ 冷却至43℃时，加入G组分，搅拌均匀。

⑥ 加入H组分，搅拌均匀。

⑦ 加入I组分，搅拌均匀。

⑧ 加K组分各料，搅拌均匀，用氢氧化钠调整pH值达标。过量时用柠檬酸回调pH值。

⑨ J组分中的盐用水分散后（调整黏稠度）加入锅内，适当降低转速，搅拌均匀，检测合格后，用200目滤布过滤出料。

三、均匀、低积聚、低刺激性香波的配制

1. 目前国内香波市场的现状

目前，由于生活习惯，国内还是洗护二合一香波占据主要市场。其中又分含硅香波和无硅香波。

（1）含硅香波

由于香波中含有大粒径的乳化硅油，所以即使体验感好，但多次使用后，头发会出现变粗、变硬、泛油、头痒、头屑多等现象。

（2）无硅香波

由于香波中不含有硅油，即使体验感不好，长发不好梳理，需要配合护发素使用，且长期使用，也会使头发变得毛糙。

2. 消费者对洗发水的需求

① 能够洗净头发和头皮：客观上洗干净，并主观上感觉洗干净，易冲水。

② 良好的干湿梳理性：好冲水，不缠绕，有光泽，头发软滑。

③ 洗一次和洗多次（10次以上）体验感一样，头发无明显沉积。

④ 洗完头后，尽可能久地保持头发和头皮舒适，不油不腻、不痒、无头屑。

3. 如何设计一款即时效果好，多次使用还能保持一致体验感的洗发水？

香波要达到调理效果，必须要有残留，否则，只有清洁，没有调理。那么，如何控制残留，成为设计一款均匀、低积聚、低刺激性香波的关键。

① 洗发水中常用的乳化硅油粒径在800nm～30μm，如果用硅脂自己乳化，粒径可能更大。

a. 粒径越大，乳化硅油越不稳定，加入香波中需要配合一些稳定悬浮剂使用，而这些稳定剂的加入，会对整体效果有一定的不利影响，增加配方的复杂性。

b. 粒径越大，硅油的分布越不均匀，在头发上的吸附也不均匀。

c. 粒径越大，在头发上形成的硅油膜越厚，多次使用后，头发越粗。

② 最新开发的乳化粒径100nm（Hony 101）和200nm（Hony 102）的纳米聚合乳化硅油，由于工艺特殊，这两款乳化硅油更加稳定，可以与水混溶形成均一的牛奶状液体，添加于香波中无需添加其他稳定剂。另外，由于粒径更小，比表面积更大，硅油分布更均匀，在头发上可以形成一层均匀的、极薄的保护膜，即使长期使用也不会使头发变粗、变硬。

③ 在大分子阳离子的选择上，如阳离子瓜尔胶，要选择取代度均匀的阳离子，这样可以减轻大分子阳离子的过度和不均匀积聚。另外，还可以选择一些能自动饱和的阳离子（在头发上吸附几次之后，达到饱和，不会再增加），如Hony 515（丙烯酰胺丙基三甲基氯化铵/丙烯酰胺共聚物/聚甘油-10月桂酸酯）。

④ 配方中用CMMEA（椰油酰胺甲基MEA）代替6501和CMEA，更加温和，不易形成果冻。

⑤ 添加一些抗敏止痒剂，保持头发、头皮舒适。

4. 配方实例

根据上述理论，设计了一款低积聚、低刺激性的香波配方，如表6-15所示。

表6-15　一款低积聚、低刺激性的香波配方

商品名	物质名称	质量分数/%	作用
AES	月桂醇聚醚硫酸酯钠	18.0	主表面活性
咪唑啉(BASF)	十七烷基咪唑啉	6.0	辅助表面活性
Hony CMMEA	椰油酰胺甲基MEA	2.0	增稠、稳泡
Hony EGDS	乙二醇双硬脂酸酯	1.2	作为珠光剂
十六十八醇	十六十八醇	0.5	使头发顺滑
EDTA-2Na	EDTA-2Na	0.05	螯合
JK-140	瓜尔胶羟丙基三甲基氯化铵	0.4	使头发柔软
Hony 515	丙烯酰胺丙基三甲基氯化铵/丙烯酰胺共聚物/聚甘油-10月桂酸酯/水	0.4	调理头发
Rheolab Q7P	聚季铵盐-7	0.5	使头发柔软
LS30	月桂酰肌氨酸钠	3.0	辅助表面活性
Hony 101	聚二甲基硅氧烷，十二烷基苯磺酸三乙醇胺	2.0	使头发顺滑
Hony 102	聚二甲基硅氧烷，十二烷基苯磺酸三乙醇胺	2.0	使头发顺滑
甘油	甘油	1.0	保湿
D-Panthenol	D-泛醇	0.2	保湿
柠檬酸	柠檬酸	0.5	调节pH
凯松	甲基氯异噻唑啉酮/甲基异噻唑啉酮	0.07	防腐
Hony 604	复合天然产物，抗敏止痒提取液	0.5	抗敏止痒
β-葡聚糖	β-葡聚糖	2.0	保湿、抗敏
香精	香精	0.6	赋香
苯氧乙醇	苯氧乙醇	0.3	防腐
去离子水	去离子水	余量	溶解

第二节　护发用品与弹力素

现今，虽然使用的调理香波较温和，但不免也会造成过度脱脂和某些调理剂的积聚；另外，随着头发漂白、烫发、染发、定型发胶、摩丝的使用，洗头频度的增加，日晒和环境的污染，也会使头发受到不同程度的损伤。这在一定程度上提高了对头发调理剂和护发制品的要求。

护发用品是香波的姐妹产品，一般与香波配合使用，在使用香波洗发之后将其涂抹在头发上轻揉片刻，再用水冲洗干净，能使头发恢复柔软性和光泽度，对头发具有极好的调理和保养作用，是继洗发香波之后出现的发品新秀，主要功能有：能改善干梳和湿梳性能，使头发不会缠绕；具有抗静电作用，使头发不会飞散；能赋予头发光泽；能保护头发表面，增加头发的体感。有的护发用品还具有提升卷曲头发的保持能力（定型作用），修复受损伤的头发，润湿头发和抑制头屑或皮脂分泌等。

目前，常用的护发用品有护发素、发膜、焗油膏等类型，和传统的发油和发蜡相比，这些护发用品有如下优点：

① 没有油腻感，不会使头发显得不自然或肮脏；

② 能有效并均匀地附着在头发上，护发效果好；

③ 易清洗。

一、护发用品

（一）组成与常用原料

与香波中含有阴离子表面活性剂相反，护发用品一般以阳离子表面活性剂为主要成分，掺和油脂、蜡和其他添加剂构成，如表 6-16 所示。

表 6-16　护发用品配方组成及代表性物质

组成	主要功能	代表性物质
阳离子表面活性剂	抗静电、抑菌	1631、1831、2231、山嵛酰胺丙基二甲胺(BMPA)等
阳离子调理聚合物	调理、抗静电、流变性调节、头发定型	季铵化羟乙基纤维素、阳离子瓜尔胶、阳离子壳多糖等
油脂和蜡	形成稠厚基质、赋脂剂	脂肪醇、蜡类、脂肪酸酯类、动植物油脂
增稠剂	调节黏度，改善流变性能	盐类、羟乙基纤维素、聚丙烯酸酯
其他成分	螯合剂、抗氧化剂、香精、防腐剂、着色剂、珠光剂、酸碱度调节剂、溶剂、去头屑剂、定型剂、保湿剂等	

1. 阳离子表面活性剂

阳离子表面活性剂是其分子溶于水发生电离后，亲水基带正电荷的表面活性剂，其亲油基则一般是长碳链烃基。阳离子表面活性剂的亲水基绝大多数为含氮原子的阳离子基团，少数为含硫或磷原子的阳离子基团；分子中的阴离子不具有表面活性，通常是单个离子或小基团，如氯、溴、乙酸根离子等。阳离子表面活性剂带有正电荷，与阴离子表面活性剂所带的电荷相反，两者配合使用一般会形成沉淀，丧失表面活性。它能和非离子表面活性剂配合使用，多用作织物柔软剂、油漆油墨印刷助剂、抗静电剂、杀菌剂、沥青乳化剂、护发素、焗油膏。因为一般基质的表面带有负离子，当带正电的阳离子表面活性剂与基质接触时就会与其表面的污物结合，而不会溶解污物，所以一般不作洗涤剂。

另外，不带电荷的高级脂肪胺也是常用的柔软剂，如山嵛酰胺丙基二甲胺（BMPA），具有优异的柔软、保湿、抗缠结、抗静电性，用后有丝绒般滑爽感，可增加头发丰盈度和光泽感，对皮肤及眼睛无刺激，应用于高档发膜、发乳和护发素等产品中，建议添加 0.3%～2.5%。

2. 阳离子调理聚合物（季铵盐）

阳离子调理聚合物能提供头发优良的润滑感及干湿梳理性，具有卓越的消缠结性。一般情况下，季铵盐的链长越长、数目越多，抗缠绕性、湿梳性能和干梳性能越好，但水溶性就越差，而且很容易造成积聚或过分调理。常用的季铵盐有：十六烷基三甲基氯化铵、双十六烷基二甲基氯化铵、十八烷基三甲基氯化铵、双十八烷基二甲基氯化铵、二十二烷基三甲基氯化铵、聚季铵盐等。另外，研究发现季铵盐及其复配物对头发发挥调理作用时，不同的季铵盐复配有协同作用，并能有效克服容易积聚的缺点，可增强其调理功能，所以常混配使用。

另外，季铵化改性的有机硅也是一种优良的护发调理剂，如有机硅季铵盐微乳液 QF-

6030是一种具有季铵功能的有机硅，能有效改善发质，调节发量和卷曲定型，深层修复受损的头发，具有优异的护发调理功能。

3. 油脂和蜡

用于赋予头发柔软、润滑、光泽；防止外部有害物质的侵入和防御来自自然界因素的侵蚀；抑制水分的蒸发，防止头发干燥；具有较强的渗透性；能够作为特殊成分的溶剂，促进药物或有效成分的吸收；赋予头发营养。常用成分有矿物油脂、动植物油脂、合成油脂和有机硅化合物等油性物质，其中有机硅具有优越的性能，是最常用的成分。

有机硅化合物的作用与优点：润滑性能好，而且没有任何的黏性和油腻的感觉，光泽性好；用后能在毛发上形成一层均匀的具有防止水分散失的保护膜；赋予头发柔软、滑爽和丝绒般感觉；它在紫外线下不会氧化变质而引起对皮肤的刺激作用；具有抗氧化作用；抗静电性能好；透气性能优异；低表面张力；卓越的亲和性；生物相容性好；稳定性高；无毒、无臭、无味、安全性高、无环境污染。常用的有机硅化合物有：聚二甲基硅氧烷、聚甲基苯基硅氧烷、环状甲基硅氧烷、聚醚聚二甲基硅氧烷共聚物（水溶性硅油）、聚氨基甲基硅氧烷、阳离子改性硅氧烷、有机硅弹性体，如双氨丙基聚二甲基硅氧烷（QF-868），是在聚二甲基硅氧烷的基础上接上氨丙基基团的聚合物，氨丙基基团的特性使有机硅聚合体对头发具有亲和力，能够在头发上形成一层牢固的膜，深层修护受损的头发，具有优异的护发调理作用，改善头发的干、湿梳理性和降低静电；它还有助于固色，可用于染发产品中。

4. 水溶性聚合物

用于头发调理作用的水溶性聚合物，具有优良的滋润、保湿、修复、丰满等作用。常用的有：水解胶原蛋白、角蛋白、小麦蛋白、瓜尔胶、聚乙二醇等。

5. 天然、活性、疗效的特殊成分

目前，用于护发用品配方中，使用量较大、较有效、安全和稳定的常用物质有：维生素类（如维生素E、维生素B_5）、脂质体（如卵磷脂脂质体）、天然植物提取物（如啤酒花、首乌、皂角、黑芝麻、人参等植物提取物）、生物工程制剂（如神经酰胺、酶的复合物）、去屑剂（如ZPT、OCT、QFHP100）等。

（二）配方实例

1. 冲洗型护发素

表6-17为冲洗型护发素配方实例，表6-18为企业实际生产的清爽润发修复护发素配方。

表6-17 冲洗型护发素配方实例

物质名称	质量分数/%	作用
鲸蜡醇	2.0	赋脂
硬脂醇	3.0	赋脂
二十二烷基三甲基氯化铵	2.5	乳化，抗静电，柔软
单甘酯	0.5	乳化
苯氧乙醇	0.30	防腐
聚二甲基硅氧烷	2.5	光滑头发
氨基硅油乳液(QF-6030)	3.0	光滑头发
香精	0.4	赋香
凯松	0.08	防腐
去离子水	余量	溶解

表 6-18　企业实际生产的清爽润发修复护发素配方

组分	物质名称	质量分数/%	作用
A	去离子水	余量	溶解
	硬脂基三甲基氯化铵	3.00	发用调理、乳化
	山嵛酰胺丙基二甲胺	1.00	发用调理
	十六十八醇	6.00	增稠增黏
	羟苯甲酯	0.20	防腐
	羟苯丙酯	0.10	防腐
B	羟乙基纤维素	1.15	增稠增黏
	β-葡聚糖	2.00	保湿、抗敏
	去离子水	10.00	溶解
C	聚二甲基硅氧烷和聚二甲基硅氧烷醇	2.00	发用调理
	氨端聚二甲基硅氧烷,硬脂基三甲基氯化铵,异月桂醇聚醚-6	8.00	发用调理
	DMDM 乙内酰脲	0.30	防腐
	香精	0.50	赋香
D	柠檬酸	0.15	pH 调节

制备工艺如下。

① 将 A 组分加入乳化缸中，升温至 80～85℃，均质至料体完全分散均匀。

② 将 B 组分用 10 倍冷纯水分散后加入乳化缸中，均质至料体完全分散均匀，保温 30min。

③ 降温至 40～45℃，加入 C 组分，搅拌至料体完全分散均匀。

④ 用 D 组分调节 pH 值至 4.5～5.5（1∶9）。

⑤ 检测合格后，过滤出料。

2. 免冲洗型护发素

表 6-19 为免冲洗型护发素配方实例，表 6-20 为企业生产的顺滑滋养修复护发素配方。

表 6-19　免冲洗型护发素配方实例

物质名称	质量分数/%	作用
鲸蜡醇	2.0	赋脂
硬脂醇	3.0	赋脂
聚季铵盐-37	1.0	乳化,抗静电,柔软
单甘酯	0.5	乳化
苯氧乙醇	0.3	防腐
羟苯甲酯	0.2	防腐
聚二甲基硅氧烷	2.0	光滑头发
超爽滑硅油(QF-868)	2.0	光滑头发
香精	0.4	赋香
去离子水	余量	溶解

【疑问】 冲洗型护发素与免冲洗型护发素的配方有何主要区别？

【回答】 主要区别在于冲洗型护发素应用吸附力强的阳离子表面活性剂和氨基硅油（如 QF 8235），而免冲洗型护发素则应用吸附力稍差的阳离子聚合物（如聚季铵盐-37 等）和爽滑硅油。另外，用量也有区别，冲洗型护发素阳离子性物质用量要比免冲洗型护发素要大。

表 6-20 企业生产的顺滑滋养修复护发素配方

组分	物质名称	质量分数/%	作用
A	去离子水	余量	溶解
	十六十八醇	5.00	增稠增黏
	聚季铵盐-37	1.50	发用调理
	单甘酯	2.00	乳化
	羟苯甲酯	0.10	防腐
	羟苯丙酯	0.05	防腐
	尿囊素	0.20	发用功效
B	羟乙基纤维素	1.00	增稠增黏
	去离子水	10.0	溶解
	β-葡聚糖	2.00	保湿、抗敏
	氨端聚二甲基硅氧烷	2.00	发用调理
	蚕丝胶蛋白、PCA 钠	2.00	发用功效
C	香精	0.80	赋香
D	乳酸	0.65	pH 调节

制备工艺如下。

① 往乳化锅中按配方加入去离子水，升温至 85℃，加入 A 组分，均质搅拌；在搅拌下将 B 组分倒入 A 组分中乳化，并不断搅拌，真空均质，搅拌均匀，保温 20min。

② 温度降至 45℃，加入 C 组分，搅拌分散均匀。

③ 温度降至 40℃，加入 D 组分，调节 pH 值至 5 左右，用 200 目滤布过滤出料。

3. 冲洗型发膜

表 6-21 为冲洗型发膜配方实例，表 6-22 为企业实际生产的深层滋养修护发膜配方。

表 6-21 冲洗型发膜配方实例

物质名称	质量分数/%	作用
鲸蜡醇	2.5	赋脂
硬脂醇	3.5	赋脂
二十二烷基三甲基氯化铵	2.5	乳化剂，抗静电，柔软
单甘酯	1.0	乳化
苯氧乙醇	0.3	防腐
羟苯甲酯	0.2	防腐
聚二甲基硅氧烷	2.5	光滑头发
氨基硅油乳液(QF8235)	5.0	光滑头发
香精	0.4	赋香
去离子水	余量	溶解

表 6-22 企业实际生产的深层滋养修护发膜配方

组分	物质名称	质量分数/%	作用
A	去离子水	余量	溶解
	鲸蜡硬脂醇	8.5	增稠增黏
	硬脂基三甲基氯化铵	2.0	发用调理
	十六烷基三甲基氯化铵	1.5	发用调理
	山嵛酰胺丙基二甲胺	2.5	发用调理
	乳酸	0.7	pH 调节
	尿囊素	0.3	发用功效
	鲸蜡硬脂醇、PEG-20 硬脂酸酯	1.0	发用调理、乳化

续表

组分	物质名称	质量分数/%	作用
B	羟乙基纤维素	1.25	增稠增黏
	1,3-丁二醇	13.00	溶解
C	聚二甲基硅氧烷	2.00	发用调理
	氨端聚二甲基硅氧烷	1.00	发用调理
	聚二甲基硅氧烷,聚二甲基硅氧烷醇	3.00	发用调理
	辛基聚甲基硅氧烷	1.00	发用调理
	氨端聚二甲基硅氧烷,西曲氯铵,十三烷醇聚醚-12	3.00	发用调理
	水解小麦蛋白 PG-丙基硅烷三醇	0.50	发用功效
	氨端聚二甲基硅氧烷,硬脂基三甲基氯化铵,异月桂醇聚醚-6	6.00	发用调理
	季铵盐-82,甘油油酸酯,椰油酰胺 DEA,氢化卵磷脂	1.00	发用调理
D	蚕丝胶蛋白、PCA 钠	2.00	发用功效
	羟丙基三甲铵水解小麦蛋白	0.50	发用功效
E	柠檬酸	0.06	pH 调节
F	凯松	0.10	防腐
	香精	0.80	赋香
G	聚季铵盐-37、$C_{13\sim16}$异链烷烃、十三烷醇聚醚-6	0.50	增稠增黏

制备工艺如下。

① 往乳化锅中按配方加入去离子水，加入 A 组分，升温至 85℃，开启搅拌；在搅拌下将 B 组分倒入 A 组分中乳化，并不断搅拌，真空均质，搅拌均匀，保温 20min。

② 温度降至 45℃，加入 C、D 组分，搅拌分散均匀。

③ 温度降至 40℃，加入 F 组分，搅拌分散均匀。

④ 加入 E 组分，调节 pH 值至 5。

⑤ 加入 G 组分，调节黏度达标，抽样检测，合格后用 200 目滤布过滤出料。

4. 免冲洗型发膜

表 6-23 为免冲洗型发膜配方实例，表 6-24 为企业实际生产的柔软顺滑修护发膜配方。

表 6-23 免冲洗型发膜配方实例

物质名称	质量分数/%	作用
鲸蜡醇	2.50	赋脂
硬脂醇	3.50	赋脂
聚季铵盐-37	1.50	乳化,抗静电,柔软
单甘酯	0.50	乳化
苯氧乙醇	0.30	防腐
羟苯甲酯	0.08	防腐
羟苯丙酯	0.05	防腐
聚二甲基硅氧烷	2.50	光滑头发
超爽滑硅油(QF-868)	5.00	光滑头发
香精	0.40	赋香
去离子水	余量	溶解

【疑问】 发膜配方与护发素配方有何主要区别？

【回答】 发膜的调理剂用量更多，更加滋润养护头发。另外，发膜在外观上一般比护发素要黏稠些。

表 6-24　企业实际生产的柔软顺滑修护发膜配方

组分	物质名称	质量分数/%	作用
A	去离子水	余量	溶解
	单甘酯	2.50	乳化
	聚季铵盐-37	2.00	发用调理
	硬脂酰胺丙基二甲胺	0.50	发用调理
	十六十八醇	3.00	增稠增黏
	羟苯甲酯	0.10	防腐
	羟苯丙酯	0.05	防腐
B	羟乙基纤维素	1.50	增稠增黏
C	聚二甲基硅氧烷和聚二甲基硅氧烷醇	2.00	发用调理
	氨端聚二甲基硅氧烷，硬脂基三甲基氯化铵，异月桂醇聚醚-6	3.00	发用调理
	D-泛醇	0.50	发用功效
	苯氧乙醇	0.30	防腐
	香精	1.00	赋香
D	柠檬酸	0.21	pH 调节

制备工艺如下。

① 将 A 组分加入乳化缸中，升温至 80～85℃，均质至料体完全分散均匀。

② 将 B 组分用 10 倍冷纯水分散后加入乳化缸中，均质至料体完全分散均匀，保温 30min。

③ 降温至 40～45℃，加入 C 组分，搅拌至料体完全分散均匀。

④ 用 D 组分调节 pH 至 4.5～5.5，用 200 目滤布过滤出料。

5. 焗油膏

焗油膏与发膜的配方基本上一致。表 6-25 为焗油膏配方实例。

表 6-25　焗油膏配方实例

物质名称	质量分数/%	作用
鲸蜡醇	2.5	赋脂
硬脂醇	3.5	赋脂
二十二烷基三甲基氯化铵	2.5	乳化，抗静电，柔软
单甘酯	1.0	乳化
苯氧乙醇	0.3	防腐
羟苯甲酯	0.2	防腐
聚二甲基硅氧烷	2.5	光滑头发
香精	0.4	赋香
去离子水	余量	溶解

6. 不含硅油的护发素和发膜

随着无硅油洗发水的兴起，不含硅油的护发素和发膜也日益受到消费者的重视。表 6-26 和表 6-27 为两个企业实际生产的不含硅油的护发素和发膜配方实例。

表 6-26　企业实际生产的不含硅油的护发素配方实例（清爽型）

组分	物质名称	质量分数/%	作用
A	去离子水	余量	溶解
	山嵛酰胺丙基二甲胺山嵛酸盐	2.00	发用调理(柔软)
	十六醇	5.00	发用调理(顺滑)
	1631	1.50	发用调理(柔软)

续表

组分	物质名称	质量分数/%	作用
A	柠檬酸	0.56	pH 调节
	油溶羊毛脂	2.60	发用调理(顺滑)
	神经酰胺 3	0.30	头发营养
	羟苯甲酯	0.08	防腐
	羟苯丙酯	0.05	防腐
	羟乙基纤维素(HEC)	0.70	增稠增黏
	阳离子瓜尔胶	0.30	发用调理(柔软)
	聚季铵盐-6	3.00	发用调理(柔软)
B	山茶籽油(衡拓 HT-1128)	0.80	发用调理(顺滑)
	角鲨烷	1.00	发用调理(顺滑)
	凯松	0.04	防腐
	复合氨基酸	1.00	发用调理

制备工艺如下。

① 将 A 组分和适量的水加热至 80℃，搅拌均质分散均匀。

② 降温至 50℃以下，加入 B 组分，均质 5min，搅拌均匀后出料。

表 6-27 企业实际生产的不含硅油的发膜配方实例（重度修复）

组分	物质名称	质量分数/%	作用
A	山梨(糖)醇	3.00	保湿
	阳离子瓜尔胶	0.30	头发柔软
	羟乙基纤维素	1.00	增稠
B	去离子水	余量	溶解
	神经酰胺 3	0.02	头发营养
	柠檬酸	0.56	pH 调节
C	山嵛酰胺丙基二甲胺	2.00	乳化
	鲸蜡硬脂醇	4.00	头发柔软
	鲸蜡醇	4.00	头发顺滑
	山嵛基三甲基氯化铵	2.00	头发柔软
	羟苯甲酯	0.10	防腐
	羟苯丙酯	0.08	防腐
D	氢化聚异丁烯	1.00	头发顺滑
	山茶(*Camellia japonica*)籽油	3.00	头发顺滑
E	丙烯酰胺丙基三甲基氯化铵/丙烯酰胺共聚物	3.00	头发柔软
	水	5.00	溶解
F	苯氧乙醇	0.30	防腐
	香精	0.60	赋香
	PPG-3 辛基醚	2.00	改善头发的蓬松度和光泽度
	复合氨基酸	0.05	头发营养
	茶树油	0.10	杀菌

制备工艺如下。

① 将 A 相物料称量在一起，搅拌均匀后。

② 加入 B 相，加热搅拌均质分散均匀。

③ 将 C 相物料加热溶解均匀，加入主锅中，均质乳化，搅拌均匀。

④ 降温至 55℃，加入 D 相物料，搅拌均匀。

⑤ 降温至 50℃，加入预先混合均匀的 E 相物料，搅拌均匀。

⑥ 降温至45℃，加入F相物料，搅拌均匀。

二、弹力素

弹力素是综合了护发素和啫喱水性能的一种产品，兼具定型和护发双重功效，主要用于卷发定型，增加头发的弹性。弹力素始于发廊，随着女性对卷发自然的需求以及修复烫染后发质的需求，之前功能单一的啫喱水难以满足要求，弹力素就应运而生。使用弹力素时头发可免洗，还可当护发品，不像发蜡、发胶需清洗。每天可打理在烫过的头发上保持卷曲，以免卷发还型。

（一）组成与常用原料

因弹力素兼具定型和护发双重功效的特点，所以其组成中除了含有护发素的成分外，还含有定型的成分，即高分子成膜剂，详见第三章第二节介绍。

（二）配方实例

表6-28为弹力素配方实例。

表6-28　弹力素配方实例

组分	物质名称	质量分数/%	作用
A	鲸蜡硬脂醇	2.00	滋润，顺滑
	鲸蜡硬脂醇/PEG-20硬脂酸酯	0.50	滋润，顺滑，乳化
	甘油硬脂酸酯	0.50	滋润，顺滑，乳化
	羟苯甲酯	0.20	防腐
	羟苯丙酯	0.10	防腐
	异构十六烷	0.50	滋润，顺滑
	氢化蓖麻油	1.00	滋润，顺滑
B	二十二烷基三甲基氯化铵	0.22	柔软，顺滑
	去离子水	余量	溶解
	羟乙基纤维素	0.50	增稠
	聚季铵盐-37	0.60	柔软，顺滑
	丙二醇	0.50	保湿
C	环聚二甲基硅氧烷，聚二甲基硅氧烷（QF-1601）	7.50	滋润，顺滑
D	乙烯基吡咯烷酮/乙酸乙基酯共聚物	5.00	定型
E	苯氧乙醇	0.30	防腐
F	香精	0.30	赋香

制备工艺如下。

① 将B组分物料称量在一起，加热至85℃，搅拌均匀后，保温30min，加入D组分。

② 将A组分物料称量在一起，加热至85℃，搅拌均匀后，加入C组分，搅拌均匀后加入B组分和D组分的混合物，均质5min，搅拌冷却。

③ 搅拌冷却至50℃以下时，加入E组分和F组分，继续搅拌冷却至40℃以下时，出料。

第三节　沐浴用品

沐浴用品是兼具清洁和护肤作用的化妆品，其主要作用是清洁皮肤，另外还有一定的保湿、护肤和治疗皮肤疾患的效果。目前使用较多的沐浴用品主要有沐浴液、浴盐、浴油、香皂等。

一、沐浴液

沐浴液能产生丰富的泡沫，并具有宜人香气，是国内外沐浴用品市场上销售量最大的产品。沐浴液是由多种表面活性剂为主体成分调配而成的液态洁身护肤品，与香波有许多相似之处，外观均为黏稠状液体，不过香波除了强调清洗功能外，还强调对头发的护理，所以配方中含有较多的油脂和阳离子聚合物；而沐浴液主要强调对皮肤的清洗功能，虽有皮肤护理作用，但并不是非常强调，所以沐浴液中常添加对皮肤有滋润、保湿和清凉止痒作用的成分，但油脂成分的含量不如香波含量高。理想的沐浴液应该具备如下特点：

① 易搓开，具有丰富泡沫和适当的清洁力；

② 性能温和，对皮肤刺激性小；

③ 具有良好的流动性，有适合方便使用的黏度；

④ 香气浓郁、清新；

⑤ 易于清洗，在皮肤上不残留；

⑥ 使用时肤感润滑，但不黏腻；

⑦ 沐浴后皮肤无不适感；

⑧ 质量稳定，色泽鲜美。

(一)沐浴液分类

按用途分类，可分为淋浴用沐浴液、浴盆用沐浴液。

按主表面活性剂的不同，可分为皂基型、半皂基型、非皂基型和氨基酸皂型沐浴液。皂基型沐浴液洗完后皮肤清爽，与香皂洗后的感觉相似，但该类产品 pH 值较高，刺激性较大，不耐硬水，对干性皮肤的人来说，就可能会出现皮肤发痒的情况；非皂基型沐浴液含有较多的 AES，冲水过程中没有像皂基的那样爽洁，洗后皮肤会有黏腻感，不够清爽，但 pH 值一般为弱酸性，刺激性小；半皂基型沐浴液则介于两者之间，结合了两者的优点，既有丰富的泡沫，冲水后清爽，刺激性也相对较小，干后的肤感也不错。氨基酸皂型沐浴液具有皂基型沐浴液洗完后皮肤清爽的优点，而且 pH 值为 7 左右，刺激性低，但成本稍高。

(二)沐浴液组成

沐浴液的主要组分有表面活性剂、保湿剂、调节剂和营养添加剂等；辅助成分常添加珠光剂、防腐剂、香精和色素等。

1. 表面活性剂

沐浴液的主要表面活性剂是阴离子表面活性剂，有起泡和清洁作用，如 AES、AESA、K12、K12A、AOS、皂基、烷基糖苷、氨基酸表面活性剂等。如果是皂基型沐浴液，就以皂基作为主表面活性剂；如果是半皂基型沐浴液，就以皂基和 AES 等复配作为主表面活性剂；如果是非皂基型沐浴液，则以 AES、AOS 作为主表面活性剂；如果是氨基酸型沐浴液，则以氨基酸表面活性剂为主表面活性剂。除了主表面活性剂外，还可以添加两性离子表面活性剂（如 CAB 等）、MAPK 和烷醇酰胺（如 CMEA、6501 等）作为辅助表面活性剂，烷醇酰胺起增泡、稳泡和增稠作用，MAPK 可降低 AES 等表面活性剂的黏腻感和刺激性，CAB 等两性离子表面活性剂可降低阴离子表面活性剂的刺激性。

2. pH 值调节剂

表面活性剂型沐浴液的 pH 值范围为 5.5～7，此 pH 值与人体皮肤 pH 值相近，而且在此 pH 值范围内甜菜碱和防腐剂可发挥最佳功效，可用 pH 值调节剂（如柠檬酸、乳酸等）

调节 pH 值。但皂基型沐浴液的 pH 值较高，需 pH 值在 8.5 以上才能使皂基型沐浴液稳定。

3. 黏度调节剂

黏度调节剂有如下几类。

① 水溶性聚合物：如乙二醇双硬脂酸（6000）酯、卡波姆、纤维素。例如，SF-1 悬浮剂［阴离子轻微交联的丙烯酸（酯）共聚物］，在碱性条件下对产品具有极好的增稠作用。在洗涤类化妆品和膏霜、乳液等护肤品中（包括透明配方）均可使用，主要起增稠悬浮作用，如对彩色粒子就具有极强的悬浮能力，主要生产厂家有佛山市科誉新材料有限公司等。

② 有机增稠剂：如烷醇酰胺、甜菜碱型两性表面活性剂、氧化胺等。

③ 无机盐：如氯化钠、氯化铵和硫酸钠等对含有 AES 盐的体系有很好的增稠效果。

4. 其他

为了避免表面活性剂的过分脱脂造成皮肤干燥，除了应加入温和型的表面活性剂之外，还应当加入一定的油脂或蜡作为润肤剂，有的沐浴液中还加入天然提取物（如芦荟提取物、丝蛋白提取物、海藻提取物、葡萄籽提取物等）、杀菌剂、清凉剂、抗氧化剂、保湿剂等制成调理型沐浴液。

（三）配方实例

1. 非皂基型沐浴液

表 6-29 为非皂基型沐浴液配方实例，表 6-30～表 6-32 为企业生产的以 AES 为主活性成分的沐浴液配方。

表 6-29 非皂基型沐浴液配方实例

物质名称	质量分数/%	作用
月桂醇聚醚硫酸酯钠[AES(70%)]	15	主表面活性，清洁功能
K12A	5	主表面活性，清洁功能
CAB-35	5	辅助表面活性，降低刺激性
椰子油脂肪酸单乙醇胺(CMEA)	2	辅助表面活性，增稠、稳泡
MAPK	6	辅助表面活性，降低黏腻感
珠光片	1.5	珠光效果
氯化钠	0.5	增稠
柠檬酸	0.05	pH 调节
香精	0.5	赋香
凯松	0.1	防腐
EDTA-2Na	0.05	螯合
色素	适量	赋色
芦荟提取液	0.5	护肤
去离子水	余量	溶解、稀释

表 6-30 企业生产的沐浴液配方（一）（非皂基型）

组分	物质名称	质量分数/%	作用
A	去离子水	余量	溶解
	柠檬酸	0.06	pH 调节
	月桂醇聚醚硫酸酯钠(AES)	13.0	主表面活性
	C_8～C_{14}烷基聚葡萄糖	6.0	主表面活性
	PEG-26 甘油醚	0.8	保湿润滑
	K12	2.0	主表面活性
	椰子油脂肪酸单乙醇胺(CMEA)	1.5	增稠稳泡
	珠光片	0.1	珠光

续表

组分	物质名称	质量分数/%	作用
B	椰油酰胺丙基甜菜碱(CAB)	5.0	辅助表面活性
	M550	1.0	滋润皮肤
	氯化钠	0.5	增稠
	香精	0.8	赋香
	凯松(CG)	0.1	防腐
	DMDMH 乙内酰脲	0.2	防腐
C	苯乙烯/丙烯酸(酯)类共聚物(OP303)	0.8	增稠
	去离子水	10.0	溶解
D	神经酰胺 3	0.01	皮肤营养

制备工艺如下。

① 将A组分加热至80℃，搅拌均质，分散均匀。

② 消泡后降温至45℃以下，搅拌下加入B组分。

③ 将C组分混合搅拌，分散均匀，有条件可以均质一下，过200目滤布，加入主锅。

④ 将D组分预先用适量80℃水溶解分散均匀，加入主锅。

⑤ 搅拌均质，分散均匀，调节pH和黏度，合格后出料。

表 6-31 企业生产的沐浴液配方（二）（非皂基型）

组分	物质名称	质量分数/%	作用
A	去离子水	余量	溶解
	月桂醇聚醚硫酸酯钠(AES)	8.0	主表面活性
	PEG-75 羊毛脂	1.0	润肤
	山嵛酰胺丙基二甲胺	0.05	润肤
B	辛基/癸基葡糖苷	8.0	去污、起泡
	椰油酰胺 DEA	0.8	增稠、稳泡
	椰油酰胺丙基甜菜碱(CAB)	10.0	辅助表面活性
	复合氨基酸	0.15	保湿
	凯松(CG)	0.08	防腐
	DMDM 乙内酰脲	0.3	防腐
	香精	0.6	赋香
	柠檬酸	0.1	pH 调节
	氯化钠	1.8	增稠
	椰油酰甘氨酸钠	10.0	表面活性
	聚季铵盐-7	0.6	护肤
	尿素	2.0	保湿

制备工艺如下。

① 将A组分和适量的水加热至80℃，搅拌均质，分散均匀。

② 降温至45℃以下，加入B组分和余量的水，搅拌分散均匀，检测pH值和黏度，合格后出料。

表 6-32 企业生产的舒缓滋润香氛沐浴露配方（非皂基型）

组分	物质名称	质量分数/%	作用
A	去离子水	余量	溶解
	月桂醇聚醚硫酸酯钠(AES)	14.0	表面活性
	EDTA-2Na	0.1	螯合
	月桂醇硫酸酯铵	6.0	表面活性
	尿囊素	0.3	抗过敏

续表

组分	物质名称	质量分数/%	作用
B	胆甾醇澳洲坚果油酸酯、橄榄油 PEG-6 聚甘油-6 酯类、三-C_{12}～C_{13}烷醇柠檬酸酯、二聚季戊四醇四异硬脂酸酯、磷脂	0.2	润肤
	C_{12}～C_{13}醇乳酸酯	0.2	润肤
C	椰油酰胺甲基 MEA(CMMEA)	2.0	增泡
	椰油酰胺丙基甜菜碱(CAB)	5.0	增稠
	氯化钠	0.3	增稠
D	苯氧乙醇	0.6	防腐
	香精	0.5	赋香
E	柠檬酸	0.05	pH 调节

制备工艺如下。

① 往乳化锅中加入纯水，升温至 85℃，加入 A 组分成分，均质分散，搅拌均匀。

② 将温度降至 45℃，加入 B 组分成分，搅拌均匀。

③ 加入 C 组分成分中的 CMMEA、CAB，搅拌均匀。

④ 加入 D 组分成分，搅拌至透明状态。

⑤ 加入 E 组分成分，调节 pH 值至 5.5～6。

⑥ 加入氯化钠，调节黏度达标，抽样检测，合格后用 200 目滤布过滤出料。

2. 半皂基型沐浴液

表 6-33 为半皂基型沐浴液配方实例，表 6-34 为企业生产的半皂基型男士醒肤控油沐浴露配方。

表 6-33　半皂基型沐浴液配方实例

物质名称	质量分数/%	作用
AES(70%)	10.0	主表面活性，清洁功能
十二酸	6.0	与 KOH 反应成皂，清洁功能
十四酸	4.0	与 KOH 反应成皂，清洁功能
十六酸	1.0	与 KOH 反应成皂，清洁功能
KOH	2.8	与脂肪酸反应成皂，清洁功能
CAB-35	8.0	辅助表面活性，降低刺激性
CMEA	1.5	辅助表面活性，增稠、稳泡
珠光片	1.5	珠光效果
氯化钠	0.5	增稠
柠檬酸	0.05	pH 调节
香精	0.5	赋香
EDTA-2Na	0.05	螯合
色素	适量	赋色
芦荟提取液	0.5	护肤作用
去离子水	余量	溶解、稀释作用

表 6-34　企业生产的男士醒肤控油沐浴露配方（半皂基型）

组分	物质名称	质量分数/%	作用
A	去离子水	余量	溶解
	丙二醇	4.0	保湿
	氢氧化钾	3.06	酸碱中和

续表

组分	物质名称	质量分数/%	作用
A	EDTA-2Na	0.1	螯合
	月桂醇硫酸酯钠	4.0	表面活性
	椰油酰胺甲基 MEA	2.0	表面活性
B	羟苯丙酯	0.05	防腐
	乙二醇二硬脂酸酯	1.5	珠光
	羟苯甲酯	0.1	防腐
	月桂酸	6.0	清洁
	肉豆蔻酸	3.0	清洁
	棕榈酸	2.0	清洁
C	羟丙基甲基纤维素	0.6	增稠
	去离子水	6.0	溶解
D	氯化钠	1.2	增稠
	去离子水	1.5	溶解
E	椰油基葡糖苷,甘油油酸酯	1.0	润肤
	月桂酰两性基乙酸钠	2.5	表面活性
	C_{12}～C_{13}醇乳酸酯	0.4	润肤
	聚季铵盐-39	0.8	润肤
	聚季铵盐-7	2.0	润肤
	聚谷氨酸钠,甜菜碱	1.0	保湿
F	DMDM 乙内酰脲	0.35	防腐
G	椰油酰胺丙基甜菜碱	3.0	增稠
H	香精	0.3	赋香

制备工艺如下。

① 往乳化锅中加入纯水，升温至85℃，加入A组分原料，分散均匀。

② 依次加入B组分原料，加完后保温45min，待酸碱皂化完全。

③ 加入已经预溶好的C、D组分原料，搅拌均匀后开始降温。

④ 降至45℃后，依次加入E组分原料，搅拌均匀。

⑤ 加入F、G、H组分原料，搅拌均匀。

⑥ 抽样检测，合格出料。

3. 皂基型沐浴液

表6-35为皂基型沐浴液配方实例，表6-36为企业实际生产的水润沐浴液配方。

表6-35 皂基型沐浴液配方实例

物质名称	质量分数/%	作用
十二酸	9.0	与KOH反应成皂,清洁功能
十四酸	6.0	与KOH反应成皂,清洁功能
KOH	3.8	与脂肪酸反应成皂,清洁功能
CAB-35	12.0	辅助表面活性,降低刺激性
CMEA	1.0	辅助表面活性,增稠、稳泡
珠光片	1.0	珠光效果
氯化钠	1.0	增稠
甘油	3.0	保湿
香精	0.5	赋香

续表

物质名称	质量分数/%	作用
BHT	0.05	抗氧化
EDTA-2Na	0.05	螯合
色素	适量	赋色
茶树油提取液	适量	护肤
蜂胶提取物	适量	护肤
去离子水	余量	溶解、稀释

表 6-36　企业实际生产的水润沐浴液配方（皂基型）

组分	物质名称	质量分数/%	作用
A	去离子水	余量	溶解
	EDTA-2Na	0.05	螯合
	1,3-丙二醇	5.00	保湿
	氢氧化钾	3.50	与脂肪酸反应成皂
B	月桂酸	8.00	与 KOH 反应成皂
	肉豆蔻酸	3.00	与 KOH 反应成皂
	硬脂酸	12.00	与 KOH 反应成皂
	乙二醇二硬脂酸酯	2.00	珠光
C	去离子水	3.00	溶解
	丙烯酸(酯)类共聚物(SF-1 聚合物)	4.00	增稠
D	甲基椰油酰基牛磺酸钠	5.00	去污
	椰油酰两性基二乙酸二钠	4.00	去污
	吡咯烷酮羧酸钠(PCA 钠)	1.00	保湿
E	库拉索芦荟叶提取物	0.50	润肤
	香精	0.30	赋香

制备工艺如下。

① 将 A 组分依次加入，溶解完全，升温至 80℃。

② 将 B 组分完全加入，升温 80℃溶解完全透明备用。

③ 把 B 组分缓慢加入 A 组分中，边加入边开动搅拌皂化，加完后，保温 80℃，皂化 1h，膏体无皂团，均匀细腻后，降温。

④ 降温到 70℃，加入 C 组分，搅拌均匀，继续搅拌降温。

⑤ 降温到 60℃，加入 D 组分，搅拌均匀。

⑥ 降温到 45℃，加入 E 组分，搅拌均匀，继续降温到 38℃，得细腻膏体，出料。

4. 氨基酸皂型沐浴液

表 6-37 为某企业生产的氨基酸皂型沐浴液配方，表 6-38 为企业生产的氨基酸滋养沐浴泡泡配方。

表 6-37　企业生产的氨基酸皂型沐浴液配方

组分	物质名称	质量分数/%	作用
A	去离子水	余量	溶解
	乙二胺四乙酸四钠	0.1	螯合
	椰油酰谷氨酸二钠	35.0	氨基酸表面活性
	甘油	6.0	保湿
	椰油酰甘氨酸钠	3.0	氨基酸表面活性
B	椰油酰胺丙基甜菜碱	5.0	增泡

续表

组分	物质名称	质量分数/%	作用
C	C_{12}～C_{13}醇乳酸酯	0.3	润肤
	水、蚕丝胶蛋白、PCA钠	0.5	配方功效
	吡咯烷酮羧酸钠(PCA钠)	1.0	保湿
D	苯氧乙醇	0.6	防腐
	香精	0.3	赋香

制备工艺如下。

① 依次将A组分加入反应釜，常温下搅拌均匀。

② 加入B组分，搅拌均匀。

③ 依次加入C组分，搅拌均匀。

④ 加入D组分，搅拌均匀。

表6-38 企业生产的氨基酸滋养沐浴泡泡配方

组分	物质名称	质量分数/%	作用
A	去离子水	余量	溶解
	EDTA-2Na	0.05	螯合
	甘油	2.00	保湿
	甲基椰油酰基牛磺酸钠	5.00	氨基酸表面活性
	椰油酰羟乙磺酸酯钠	2.00	氨基酸表面活性
B	月桂酸	1.00	增稠
	肉豆蔻酸	2.00	增稠
	硬脂酸	2.00	增稠
	乙二醇二硬脂酸酯	2.00	珠光
C	椰油酰甘氨酸钠	20.00	氨基酸表面活性
D	油橄榄果油	2.00	润肤
	沙棘果油	2.00	润肤
E	香精	0.30	赋香
	苯氧乙醇	0.60	防腐

制备工艺如下。

① 将A组分依次加入，溶解完全，升温至80℃。

② 将B组分完全加入，升温80℃溶解完全透明备用。

③ 把B组分缓慢加入A组分中，边加入边开动搅拌皂化，加完后，保温80℃，搅拌30min，膏体均匀细腻后，降温。

④ 降温到65℃，加入C组分，保温60℃，加入D组分，搅拌均匀20min。

⑤ 降温到45℃，加入E组分，搅拌均匀，继续降温到38℃，得细腻膏体，出料。

二、其他浴用品

(一)浴盐

浴盐是一种粉状或颗粒状沐浴洁肤品，放入浴盆或浴池用热水溶解，使其具有保温、杀菌功效，沐浴后具有清洁皮肤、软化角质、促进血液循环，并对身体有一定理疗作用。浴盐的主体成分是无机矿盐，如氯化钠、氯化钾、硫酸钠、硫酸镁，有保温、促进血液循环作用；碳酸钠、碳酸钾、碳酸氢钠和倍半碳酸钠具有清洁皮肤作用；磷酸盐具有软化硬水、降低表面张力和增强清洁作用，但碱性大、皮肤敏感者应慎用。此外，香精和色素也是浴盐不可少的成分。配方实例如表6-39所示。

表 6-39　浴盐配方实例

物质名称	质量分数/%	作用
硫酸钠	余量	保温、促进血液循环
白油	1.50	润肤
碳酸氢钠	21.00	清洁皮肤
EDTA-2Na	0.05	螯合，软化硬水
1631	0.10	杀菌
色素、香精	适量	赋色、赋香

（二）浴油

浴油是一种油状沐浴洁肤品，分散于洗澡水中，沐浴后皮肤表面残留一层类似皮脂膜一样的油膜，可防止水分蒸发和干燥，使皮肤柔软、光滑、健美。浴油的主体成分是液态的动植物油脂、碳氢化合物、高级醇及乳化剂和分散剂，油性组分不宜太多，否则会有油腻感。配方实例如表 6-40 所示。

表 6-40　浴油配方实例

物质名称	质量分数/%	作用	物质名称	质量分数/%	作用
玉米油	7.5	润肤	肉豆蔻酸异丙酯（IPM）	7.0	润肤
PEG1534 双硬脂酸酯	7.5	乳化分散	香料	适量	赋香
吐温-20	1.0	乳化分散	矿物油	余量	润肤
棕榈酸异丙酯（IPP）	8.0	润肤			

第四节　泡沫型洁面化妆品

人体面部在正常的生理状态下，会分泌一层极薄的皮脂，以保持肌肤光腻、润滑。为了保持面部皮肤健康和良好的外观，需要经常清除皮肤上的污垢、皮脂、其他分泌物、剥离脱落的表皮角质和死亡细胞残骸，以及美容化妆品的残留物。

根据物理性质、化学组成和功能分类，洁面用化妆品可分成乳化型和泡沫型。乳化型已在乳化类化妆品中阐述，在此主要讨论泡沫型洁面产品。

泡沫型洁面化妆品清洁的对象是面部皮肤，而消费者对面部皮肤是非常重视的。因此，与通常的洗涤、清洗不同，洁面用化妆品要求脱脂力不能太强，即必须考虑到人体皮肤的生理作用，应在尽可能不影响皮肤生理作用的前提下有效地清除皮肤上的脏污物，兼顾安全和效率。近年来，洁面用化妆品更加注重温和与安全性，把洁面和护理相结合。理想的泡沫型洁面化妆品应具有如下特点：

① 具有适当去污能力，但不能过度地脱脂；

② 具有丰富的泡沫；

③ 性能温和，不刺激皮肤；

④ 具有良好的肤感；

⑤ 易于冲洗干净。

一、组成与常用原料

1. 表面活性剂

要满足产品具有适度去污能力和丰富泡沫的需求，就必选阴离子表面活性剂和两性离子表面活性剂。早期的泡沫型洁面化妆品以 AES 和 K12 为主表面活性剂，但由于这两种阴离子表面活性剂具有难冲洗干净而具有滑腻感的缺点，加上这两种表面活性剂脱脂能力强、刺激性大的缺点，现在的泡沫型洁面化妆品已经很少以这两种表面活性剂作为主表面活性剂了。现在的泡沫型洁面化妆品主要使用温和的表面活性剂作为主要成分，如氨基酸型表面活性剂、烷基磷酸酯及其盐类等。另外，很多企业也采用皂基作为主要成分配制泡沫型洁面化妆品，这是由于皂基容易冲洗而受到年轻人青睐。

2. 增稠剂

常用增稠剂与香波、沐浴液的增稠剂基本一致。增稠剂的使用类型有羟丙基甲基纤维素类、丙烯酸聚合物类、卡波姆、瓜尔胶及淀粉等，根据表面活性剂有不同性质与肤感，选择不同类型的增稠剂与其搭配使用，可使泡沫持久，且容易清洗，肤感良好。比如，对于皂基洁面产品，可加入淀粉以增加高温稳定性，同时带来持久的柔滑泡沫，冲洗时能减少皂基过度清洁引起的干燥。同时，根据产品外观需求（如外观是否透明）来选择不同需求的增稠剂。

3. pH 值调节剂

pH 值调节剂可分酸性和碱性两种，酸性调节剂常用柠檬酸，碱性调节剂常用的有氢氧化钠、氢氧化钾、三乙醇胺等。对于皂基体系，用不同碱性调节剂做出来的膏体硬度不一样，比如氢氧化钠、氢氧化钾、三乙醇胺这三种调节剂做出来的皂基的泡沫型洁面产品，硬度依次减少。氢氧化钾中和的膏体硬度适中，所以目前皂基的泡沫型洁面产品常用氢氧化钾作 pH 值调节剂。皂基的泡沫型化妆品的 pH 值较高，需 pH 值为 8.5 以上才能使皂基型产品稳定。其他的一般调整到弱酸性。

4. 其他添加剂

为了避免表面活性剂的过分脱脂造成皮肤干燥，除了应加入温和型的表面活性剂之外，还应当加入一定的油脂或蜡作为润肤剂，有的泡沫型洁面化妆品也加入天然提取物（如芦荟提取物、丝蛋白提取物、海藻提取物、葡萄籽提取物等）、杀菌剂、清凉剂、抗氧化剂、保湿剂等制成活肤型泡沫型洁面化妆品。

二、配方实例

1. 以氨基酸表面活性剂为主成分的洁面产品配方实例

氨基酸类表面活性剂是性能非常温和的表面活性剂，具有良好的洗涤能力和发泡稳泡能力，对皮肤和毛发有很好的亲和作用及修复、保护作用，性能稳定，其中甲基椰油酰基牛磺酸钠是极其温和的阴离子表面活性剂，对眼睛和皮肤无刺激，具有良好洗涤性能和发泡能力，在硬水中也可得到丰富、细腻和稳定的泡沫，洗后皮肤具有柔软、光滑、湿润的感觉，能保持皮肤水分，经常使用可使粗糙、干燥的皮肤得到改善，是高档洁面产品和婴儿用品的良好原料。常用的有椰油酰基和月桂酰基的谷氨酸盐、肌氨酸盐等。表 6-41、表 6-42 是以氨基酸表面活性剂为主成分的洁面化妆品配方实例，表 6-43 为企业实际生产的氨基酸洁面摩丝配方。

表 6-41　洁面剂配方实例（含月桂酰基肌氨酸钠）

物质名称	质量分数/%	作用
月桂酰基肌氨酸钠	20.0	主表面活性，清洁
CAB-35	4.0	辅助表面活性，清洁

续表

物质名称	质量分数/%	作用
CMEA	4.0	辅助表面活性，增稠、稳泡
丙烯酸(酯)类共聚物 SF-1	5.0	增稠剂，提高稳定性
氨甲基丙醇	0.3	pH 调节
乙二醇二硬脂酸酯	2.0	产生珠光
氯化钠	1.0	增稠
杰马 BP	适量	防腐
香精	适量	赋香
活性提取物	适量	皮肤调理
去离子水	余量	溶解

表 6-42　洁面啫喱配方实例（含甲基椰油酰基牛磺酸钠）

物质名称	质量分数/%	作用
甲基椰油酰基牛磺酸钠	15.0	主表面活性，清洁
CAB-35	8.0	辅助表面活性，清洁
甘油	5.0	保湿
丙烯酸(酯)类共聚物 SF-1	7.0	增稠，提高稳定性
氨甲基丙醇	0.4	pH 调节
杰马 BP	适量	防腐
活性提取物	适量	皮肤调理剂
香精	适量	赋香
去离子水	余量	溶解

表 6-43　企业实际生产的氨基酸洁面摩丝配方

组分	物质名称	质量分数/%	作用
A	去离子水	余量	溶解
	EDTA-2Na	0.05	螯合
	PEG-75 牛油树脂甘油酯类	0.50	乳化
	甘油	2.00	保湿
B	椰油酰甘氨酸钾	9.00	氨基酸表面活性
	椰油酰谷氨酸二钠	7.00	氨基酸表面活性
	椰油酰两性基二乙酸二钠	3.00	辅助表面活性
C	甘油聚醚-26	0.50	保湿、增稠
	PCA 钠	1.00	保湿、增稠
D	橄榄油 PEG-7 酯类	0.50	乳化
	香精	适量	赋香

制备工艺如下。

① 将 A 组分依次加入，溶解完全，升温至 80℃。

② 降温到 70℃，将 B 组分全部加入，搅拌透明。

③ 降温到 60℃，加入 C 组分，搅拌均匀，继续搅拌降温。

④ 降温到 45℃，加入 D 组分，搅拌均匀，继续降温到 38℃，得透明膏体，出料。

2. 以皂基为主成分的洁面产品配方实例

皂基型洁面产品具有易冲洗，洗后皮肤感觉清爽的特点，因而很受消费者的欢迎。其配方与皂基型沐浴液基本一致，但黏度要求大些。表 6-44 为皂基型洁面膏配方实例，表 6-45 为半皂基型洁面膏配方实例，表 6-46、表 6-47 为企业生产的洁面膏配方。

表 6-44 皂基型洁面膏配方实例

物质名称	质量分数/%	作用
十二酸	3.00	与碱中和成皂基,清洁
十四酸	9.00	与碱中和成皂基,清洁
十六酸	8.00	与碱中和成皂基,清洁
十八酸	10.00	与碱中和成皂基,清洁
甘油	25.00	分散皂粒,防起泡,保湿
丁二醇	5.00	分散皂粒,防起泡,保湿
单甘酯	1.00	乳化未中和的皂基
KOH(85%)	5.90	中和皂基
CAB-35	2.00	增泡,减少刺激
活性提取物	适量	皮肤调理
杰马 BP	适量	防腐
香精	适量	赋香
去离子水	余量	溶解

表 6-45 半皂基型洁面膏配方实例

物质名称	物质分数/%	作用
十二酸	6.00	与碱中和成皂基,清洁
十四酸	4.00	与碱中和成皂基,清洁
十六酸	2.00	与碱中和成皂基,清洁
甲基椰油酰基牛磺酸钠	8.00	去污清洁,降低刺激性
甘油	2.00	分散皂粒,防起泡,保湿
丙二醇	6.00	分散皂粒,防起泡,保湿
KOH(85%)	3.30	与脂肪酸中和成皂,清洁
椰油酰胺 MEA	3.00	稳泡、发泡
CAB-35	2.00	增泡,减少刺激
羟丙基甲基纤维素	0.15	增稠,提高稳定性
活性提取物	适量	皮肤调理
杰马 BP	适量	防腐
香精	适量	赋香
去离子水	余量	溶解

表 6-46 企业生产的保湿洁面膏配方

组分	物质名称	质量分数/%	作用
A	去离子水	余量	溶解
	EDTA-2Na	0.05	螯合
	1,3-丙二醇	5.00	保湿
	甘油	15.00	保湿
	聚乙二醇-32	5.00	保湿
	氢氧化钾	4.80	与脂肪酸反应成皂
B	月桂酸	3.00	与氢氧化钾反应成皂
	肉豆蔻酸	3.00	与氢氧化钾反应成皂
	硬脂酸	18.00	与氢氧化钾反应成皂
	PEG-80 氢化蓖麻油	0.50	乳化
	甘油单硬脂酸酯	2.00	乳化
	乙二醇二硬脂酸酯	2.00	珠光
C	月桂基甘醇羧酸钠	3.00	辅助表面活性
	椰油酰胺丙基甜菜碱	3.00	辅助表面活性
	PCA 钠	1.00	增稠、保湿
D	香精	适量	赋香

制备工艺如下。

① 将 A 组分依次加入，溶解完全，升温至 80℃。

② 将 B 组分完全加入，升温至 80℃，溶解完全透明备用。

③ 把 B 组分缓慢加入 A 组分中，边加入边开动搅拌皂化，加完后，保温 80℃，皂化 1h，膏体无皂团，均匀细腻后，降温。

④ 降温到 70℃，加入 C 组分，搅拌均匀，继续搅拌降温。

⑤ 降温到 45℃，加入 D 组分，搅拌均匀，继续降温到 38℃，得细腻膏体，出料。

表 6-47　企业生产的清爽型洁面膏配方

组分	物质名称	质量分数/%	作用
A	去离子水	余量	溶解
	EDTA-2Na	0.05	螯合
	1,3-丙二醇	5.00	保湿
	甘油	15.00	保湿
	氢氧化钾	4.80	与脂肪酸反应成皂
B	月桂酸	9.00	与氢氧化钾反应成皂
	肉豆蔻酸	5.00	与氢氧化钾反应成皂
	硬脂酸	18.00	与氢氧化钾反应成皂
	PEG-80 氢化蓖麻油	1.50	乳化
	甘油硬脂酸酯、PEG-100 硬脂酸酯	2.00	乳化
	乙二醇二硬脂酸酯	2.00	乳化
C	月桂基甘醇羧酸钠	3.00	辅助表面活性
	植物甾醇/辛基十二醇月桂酰谷氨酸酯	1.00	辅助表面活性
	PCA 钠	1.00	辅助表面活性
	羟丙基淀粉磷酸酯	2.00	增稠、保湿
D	香精	适量	赋香

制备工艺如下。

① 将 A 组分依次加入，溶解完全，升温至 80℃。

② 将 B 组分完全加入，升温至 80℃，溶解完全透明备用。

③ 把 B 组分缓慢加入 A 组分中，边加入边开动搅拌皂化，加完后，保温 80℃，皂化 1h，膏体无皂团，均匀细腻后，降温。

④ 降温到 70℃，加入 C 组分，搅拌均匀，继续搅拌降温。

⑤ 降温到 45℃，加入 D 组分，搅拌均匀，继续降温到 38℃，得细腻膏体，出料。

3. 以其他温和表面活性剂为主成分的洁面产品配方实例

月桂酰羟乙基磺酸钠（代号 SCI）是一种非常温和的阴离子表面活性剂，具有丰富的泡沫，用于洗涤类产品时自身能产生珠光。在较大的 pH 值范围内（偏酸至偏碱）均可使用。用其为主成分制成的洁面产品能形成条状珠光细腻的膏体，膏体黏度随温度变化小，易于冲水，能产生细腻而丰富的泡沫，很受消费者的欢迎。表 6-48 为以月桂酰羟乙基磺酸钠为主成分的洁面膏配方实例。

表 6-48　以月桂酰羟乙基磺酸钠为主成分的洁面膏配方实例

物质名称	质量分数/%	作用
甘油	5.0	保湿
SCI-80	22.0	主表面活性，清洁、起泡

续表

物质名称	质量分数/%	作用
乙二醇双硬脂酸酯	6.0	珠光,进一步增强珠光
SF-1悬浮剂	4.0	悬浮增稠
氢氧化钾	0.9	中和
CAB-35	6.0	增泡和稳泡
DMDMH乙内酰脲	0.3	防腐
香精	适量	赋香
去离子水	余量	溶解

月桂基磺基琥珀酸二钠也是一种温和的阴离子表面活性剂，也常用于作为主活性成分配制洁面产品，表6-49为某企业以月桂基磺基琥珀酸二钠和支链醇AES为主成分的洁面膏生产配方，充分利用支链醇AES超清爽肤感、渗透力强的特点来达到深度洁面目的。

表6-49　企业生产的洁面膏配方实例

组分	物质名称	质量分数/%	作用
A	月桂基磺基琥珀酸二钠	16.0	主表面活性
	双月桂酰胺丙基丙二醇-二甲基氯化铵磷酸酯钠	4.0	辅助表面活性
	羟苯甲酯	0.2	防腐
	羟苯丙酯	0.1	防腐
	支链醇AES(崃克保4388)	8.0	主表面活性
	EDTA-2Na	0.1	螯合
	甘油	8.0	润肤
	聚乙二醇-200氢化棕榈酸甘油酯,聚乙二醇-7椰油甘油酯	4.0	润肤
	羟丙基甲基纤维素	0.3	增稠
	去离子水	余量	溶解
B	氯化钠	1.5	增稠
C	乳酸	0.15	pH调节
D	DMDM乙内酰脲	0.3	防腐
	香精	0.1	赋香

制备工艺如下。

① 将A组分原料加入乳化锅中，混合加热至80～85℃。

② 将B组分原料缓慢加入乳化锅中，慢速搅拌冷却至45℃。

③ 在缓慢搅拌下将D组分原料加入，混合分散。

④ 加入C组分原料，调节pH值至6.5左右后出料。

烷基聚氧乙烯醚磷酸单酯（MAPL）及其钾盐（MAPK）是一种低刺激性阴离子表面活性剂，性能极为温和，具有适度的去污洗涤性和坚实、丰富和细腻的奶状泡沫。在清洁肌肤时能赋予肌肤柔软润滑而清爽的感觉，容易冲洗，使用后皮肤不紧绷。表6-50是以烷基磷酸酯及其盐类为主成分的洁面乳配方实例。

表6-50　以烷基磷酸酯及其盐类为主成分的洁面乳配方实例

物质名称	质量分数/%	作用
MAPK	20.00	主表面活性,清洁
支链醇AES(崃克保4388)	4.00	主表面活性,深层清洁
CAB-35	4.00	辅助表面活性,清洁
卡波姆(U20)	0.20	增稠,提高稳定性

续表

物质名称	质量分数/%	作用
氨甲基丙醇	0.25	与卡波姆(U20)中和,增稠
甘油	4.00	保湿
杰马 BP	适量	防腐
香精	适量	赋香
氯化钠	适量	增稠
去离子水	余量	溶解

第五节　其他液洗类化妆品

一、洗手液

人的多数活动都需要手来完成，手接触的物体十分繁杂，因此也决定了手上污垢的复杂性。这就要求手部洁肤品去污力要强，杀灭细菌要有广谱性，对皮肤无刺激、无毒，护肤性要强。洗手用品包括洗手剂、洗手液、洗手膏、干洗洁手剂和洗手皂等。目前市场上比较流行的是洗手液。

(一)组成与常用原料

洗手液主要的功能是清洁护肤，有些特定的成分可以起到消毒、杀菌（如大肠杆菌）的作用。其主体成分是表面活性剂、去离子水和少量的赋脂剂，辅助成分有保湿剂、杀菌剂、防腐剂、香精和色素等。

洗手液是直接面对皮肤的，它要直接涂在皮肤上，所以 pH 有更高要求，一般制成弱酸性产品。所以，一般不使用皂基作为主表面活性剂。另外，它的洗涤成分比较温和，最重要的就是避免脱脂。所以，洗手液中表面活性剂含量不能过高。目前，常用的主表面活性剂还是采用 AES、AESA 等，也有的使用更温和的蔗糖酯类表面活性剂。

与沐浴液相比，洗手液的表面活性剂含量要稍低些。

目前，市场上也流行免洗洗手液，洗完后迅速挥发，使得洗手液也发展到了不用水的阶段，其主要成分是酒精，能有效杀菌。

(二)配方实例

1. 透明型洗手液

透明型洗手液配方实例如表 6-51 所示。如果想制成具有杀菌功能的透明洗手液，可在配方中加入 0.5%左右的洗必泰等消毒杀菌剂。表 6-52 为企业生产的轻柔洗手啫喱配方。

表 6-51　透明型洗手液配方实例

物质名称	质量分数/%	作用
AES	12.0	主表面活性,去污
6501	2.0	辅助表面活性,增稠稳泡
CAB-30	6.0	辅助表面活性,去污、降低刺激性
EDTA-2Na	0.1	螯合
柠檬酸	0.1	pH 调节
氯化钠	1.0	增稠
甘油	1.0	保湿
凯松	0.1	防腐
香精	0.3	赋香
去离子水	余量	溶解

表 6-52 企业生产的轻柔洗手啫喱配方

组分	物质名称	质量分数/%	作用
A	去离子水	余量	溶解
	月桂醇醚硫酸钠(AES)	8.0	表面活性
	EDTA-2Na	0.1	螯合
	甘油	7.0	润肤
	椰油两性乙酸钠	10.0	表面活性
	椰油酰胺丙基甜菜碱	8.0	表面活性
B	棕榈酰胺丙基三甲基氯化铵	0.8	增稠
	香精	0.1	赋香
C	DMDM 乙内酰脲	0.3	防腐
	柠檬酸	0.1	pH 调节

制备工艺如下。

① 往乳化锅中按配方比例加去离子水，升温至 85℃，加入 AES，搅拌至完全溶解。

② 一次加入 A 组分中的其他原料，搅拌分散混合，保温 20min。

③ 将温度降至 50℃，加入已经与水预溶好的柠檬酸，搅拌均匀。

④ 待温度降至 40℃时，加入已经预溶好的 B 组分和 DMDMH，搅拌至完全透明均匀，抽样检测，合格出料。

2. 珠光型洗手液

珠光型洗手液配方实例如表 6-53 所示。如果想制成具有杀菌功能的透明洗手液，也可在配方中加入 0.5%左右的洗必泰等消毒杀菌剂。

表 6-53 珠光型洗手液配方实例

物质名称	质量分数/%	作用	物质名称	质量分数/%	作用
AESA	12.0	主表面活性,去污	氯化铵	1.0	增稠
6501	2.0	辅助表面活性	甘油	1.0	保湿
CAB-30	6.0	辅助表面活性	凯松	0.1	防腐
珠光片	0.3	珠光	香精	0.3	赋香
EDTA-2Na	0.1	螯合	去离子水	余量	溶解
柠檬酸	0.1	pH 调节			

3. 免洗洗手凝胶

免洗洗手凝胶配方实例如表 6-54 所示。

表 6-54 免洗洗手凝胶配方实例

物质名称	质量分数/%	作用	物质名称	质量分数/%	作用
甘油	10.0	保湿	苯氧乙醇	0.6	防腐
卡波姆	0.5	增稠	苯扎溴铵	0.1	消毒
三乙醇胺	0.5	中和	去离子水	余量	溶解

二、泡沫剃须膏

剃须用品是男用化妆品，主要在剃除面部胡须时使用，其作用是使须毛柔软，便于剃除，减轻皮肤和剃须刀之间的机械摩擦，使表皮免受损伤；或消除剃须后面部绷紧及不舒服感，防止细菌感染，同时散发出令人愉快舒适的香气。因此剃须用品有剃须前用化妆品和剃须后用化妆品两类。

泡沫剃须膏应具备如下特点：在使用时能产生丰富、细腻、稳定的泡沫，具有良好的润湿、润滑作用，附着在皮肤上不易干皮，剃须后易于清洗，对皮肤无刺激性，不致引起过敏反应，膏体质地柔滑细腻，并有一定稠度和清新香气。

（一）组成与常用原料

泡沫剃须膏的主要成分是皂基，主要是硬脂酸的钾皂和钠皂的混合物，但硬脂酸皂的泡沫性不够好，所以配方中还应加入一些椰子油酸、肉豆蔻酸、棕榈酸等脂肪酸。椰子油脂肪酸皂有良好的起泡性，但对皮肤有较大的刺激性，用量要适当。中和脂肪酸可用氢氧化钠和氢氧化钾，钾皂制成的膏体稀软，钠皂则较硬，所以一般采用两者的混合物，建议氢氧化钠和氢氧化钾质量之比为 1∶5。另外，现代剃须膏也常加入一些合成表面活性剂，如十二醇硫酸钠、羊毛脂聚氧乙烯醚等，来改善泡沫性能和对胡须的润湿、柔软效果。

为减轻肥皂的碱性对皮肤的刺激，泡沫剃须膏中含有过量的硬脂酸，即所加硬脂酸只是部分被碱中和，其余仍呈游离状态。另外还加有少量羊毛脂、鲸蜡醇、单硬脂酸甘油酯等脂肪性物质，用以增加产品的滋润性，并增加膏体的稠度和稳定性。

泡沫剃须膏中加入甘油、丙二醇、山梨醇等保湿剂，不仅可以防止剃须膏在使用过程中变干，而且有助于对胡须的滋润柔软效能，同时对膏体的稠度和光泽也有影响。

泡沫剃须膏所用香精常选用薄荷脑，可直接在配方中加入，不仅可以赋予清凉的感觉，减轻剃须时所引起的刺激，而且还有收敛、麻醉和杀菌作用，能防止剃须时可能引起的表皮及毛囊等损伤而引起的细菌感染。另外，也可在剃须膏中加入各种杀菌剂，以防止损伤，引起细菌感染。

（二）配方实例

表 6-55 为剃须膏配方实例。

表 6-55　剃须膏配方实例

物质名称	质量分数/%	作用
十二酸	3.00	与碱中和成皂基，清洁
十四酸	5.00	与碱中和成皂基，清洁
十八酸	18.00	与碱中和成皂基，清洁
甘油	20.00	分散皂粒，防起泡，保湿
单甘酯	1.00	乳化未中和的皂基
KOH	5.00	与脂肪酸中和成皂基
NaOH	1.00	与脂肪酸中和成皂基
薄荷脑	0.05	清凉
DMDMH	0.10	防腐
香精	适量	赋香
去离子水	余量	溶解

第六节　制备工艺和质量控制

一、制备工艺

液洗类化妆品生产一般采用间歇式批量化生产工艺，而不宜采用管道化连续生产工艺，这主要是因为该类产品生产工艺简单，产品品种繁多，没有必要采用投资多、控制难的连续化生产线。

液洗类化妆品生产工艺所涉及的化工单元生产工艺和设备，主要是带搅拌的混合罐、高效乳化或均质设备、物料输送泵和真空泵、计量泵、物料贮罐和计量罐、加热和冷却设备、过滤设备、包装和灌装设备。把这些设备用管道串联在一起，配以恰当的能源动力，即组成液洗类化妆品的生产工艺流程。图 6-1 为液洗类化妆品的制备工艺流程图。

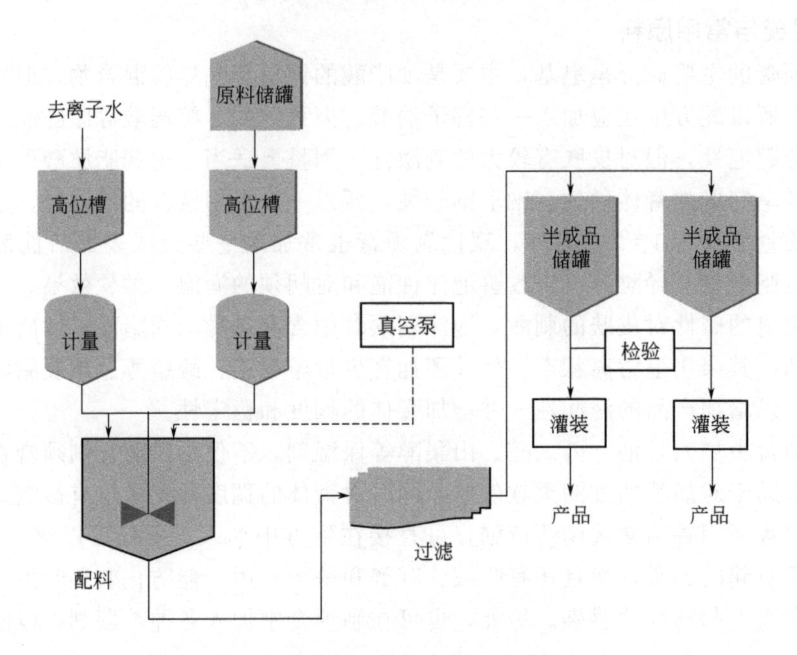

图 6-1　液洗类化妆品制备工艺流程图

(一)原料计量和预处理

液洗类化妆品实际上是多种原料的混合物。因此，熟悉所使用的各种原料的物理化学特性，确定合适的物料配比及加料顺序是至关重要的。

1. 原料计量

所有物料的计量都是十分重要的。工艺规程中应按加料量确定称量物料的准确度和计量方式、计量单位，然后才能选择工艺设备。如用高位槽计量那些用量较多的液体物料；用定量泵输送并计量水等原料；用天平或秤称固体物料；用量筒计量少量的液体物料。值得注意的是计量单位。

2. 原料预处理

生产过程都是从原料开始的，按照工艺要求选择适当原料，还应做好原料的预处理。例如，生产用水应进行去离子处理，阳离子聚合物（如阳离子瓜尔胶等）需要预先溶胀后才可加入搅拌罐中。另外，为保证每批产品质量一致，所用原料应经化验合格后方可投入使用。

(二)配料方法

液洗类化妆品其实就是多种原料按照一定比例混合而成的混合体，混合离不开搅拌，只有通过搅拌操作才能使多种物料互相混合成为一体。为了达到使物料均匀混合的目的，液洗类化妆品的生产设备一般为带有加热装置、高速剪切均质装置和搅拌装置的多功能混合锅。液洗类化妆品的主要原料是极易产生泡沫的表面活性剂，因此加料的液面必须没过搅拌桨叶，避免过多的空气混入。

1. 配制方法

根据配制过程中是否加热，液洗类化妆品配制方法一般有两种：一是冷配法，二是热配法。

（1）冷配法

首先将去离子水加入混合锅中，然后将表面活性剂溶解于水中，再加入其他助洗剂，待形成均匀溶液后，才可加入其他成分，如香料、色素、防腐剂、配位剂等。最后用柠檬酸或其他酸类调节至所需的 pH 值，黏度用无机盐（氯化钠或氯化铵）来调整。用于冷配的主表面活性剂一般采用 25%含量的 AES 等，而不采用 70%含量的 AES。

冷配法适用于配方不含蜡状固体或难溶物质的产品的制备。冷配法最大的优点是节能环保；最大的缺点是没有灭菌过程，配制的产品容易出现微生物超标的现象。

（2）热配法

当配方中含有蜡状固体或难溶物质，如珠光片、十六十八醇等原料时，一般采用热配法。首先将表面活性剂溶解于热水或冷水中，在不断搅拌下加热到 75℃，然后加入要溶解的固体原料，继续搅拌，直到溶液呈透明状为止，然后保温脱泡一定时间后，通入冷却水冷却；当温度下降至 50℃以下时，添加不耐热的活性剂、色素、香料和防腐剂等。pH 的调节和黏度的调节一般都应在较低的温度下进行。采用热配法，温度不宜过高（一般不超过 80℃），以免配方中的某些成分遭到破坏。

热配法适用于所有配方产品的制备。热配法最大的优点是有灭菌环节，配制的产品出现微生物超标的概率较小；最大的缺点是不节能环保，能耗大。

2. 配制注意事项

在各种液洗类化妆品制备过程中，除上述一般工艺外，还应注意如下问题。

① 高浓度表面活性剂的溶解，如含量为 70%的 AES、AESA、K12A 等，必须将其慢慢加入水中，而不是把水加入表面活性剂中，否则会形成黏性极大的团状物，导致溶解困难。适当加热可加速溶解。另外，用于液洗类化妆品配制的搅拌锅中一般安装有高速剪切均质器，在溶解这些表面活性剂时可开均质机将其打碎，加速溶解。但开均质机会产生大量细密的泡沫，此时应该打开真空泵进行脱泡处理。如果没有连接真空装置，则应在 60～70℃保温一段时间，使泡沫上浮破裂。

② 水溶性高分子物质如调理剂 JR-400、阳离子瓜尔胶等，大都是固体粉末或颗粒，它们虽然溶于水，但溶解速度很慢，传统的制备工艺是长期浸泡或加热浸泡，造成能量消耗大、效率低、设备利用率低，某些天然产品还会在此期间变质。新的制备工艺是在高分子粉料中加入适量甘油，它能快速渗透使粉料溶解，在甘油存在下，将高分子物质加入水相，室温搅拌 15min，即可彻底溶解；如若加热，则溶解更快。当然，加入其他助溶剂也可收到相同的效果。如果配方中没有多元醇，则可将部分水与这些高分子物质预先混合，浸泡一夜进行溶胀后再加入配料锅中。

③ 珠光剂的使用。液洗类化妆品中，制成外观非常漂亮的珠光产品是高档产品的象征。现在一般是加入单硬脂酸乙二醇酯和双硬脂酸乙二醇酯。珠光效果的好坏，不仅与珠光剂用量有关，而且与搅拌速度和冷却速度快慢（采用片状珠光剂时）有很大关系。快速冷却和快速搅拌，会使体系暗淡无光。珠光片通常是在 75℃左右加入，待溶解后控制一定的冷却速度，可使珠光剂结晶增大，获得闪烁晶莹的珍珠光泽。若采用珠光浆，则在常温下加入搅匀即可。

④ 加香。液洗类化妆品的加香除考虑香料与其他原料的配伍性、刺激性、毒性、稳定性、留香性、香型、用量等问题外，加香过程中，温度控制也非常重要。在较高温度下加香

不仅会使易挥发香料挥发，造成香精流失，同时也会因高温产生化学变化，使香精变质，香气变坏。所以一般在较低温度下（<50℃）加入。

⑤ 加色。对于大多数液洗类化妆品，色素的用量都应在千分之几的范围甚至更少。因为这种加色只是使产品更加美观，而不是洗涤后使被洗物着色。因此，不应将液洗类化妆品的色调调配得太浓太深。尤其是透明产品，必须保持产品应有的透明度。切忌加色液体洗涤剂使被洗物着色。

应选择对液洗类化妆品中某些成分有较好溶解性的色素，这样就可以将选定的色素预先与这种成分混溶在一起，然后再进行液体洗涤剂的复配。如果这种色素能溶于水，加色工艺更简单。譬如色素易溶于乙醇，即可在配方设计时加乙醇，将色素溶解后再加入水中。

有些色素在脂肪酸存在下有较好溶解性，此时可将色素、脂肪酸同时混溶后配料。

实际上，液洗类化妆品中有各种表面活性剂成分，用它来分散微量色素是很容易的。尤其是乳化产品，在乳化过程中，微量色素通过乳化就能很容易地分散在产品中。

⑥ 黏度的调整。液洗类化妆品的黏度是成品的主要物理指标之一，按国内消费者的习惯，多数喜欢黏度高的产品。产品的黏度取决于配方中表面活性剂、助洗剂和无机盐的用量。表面活性剂、助洗剂（如烷醇酰胺、氧化胺等）用量高，产品黏度也相应提高。为提高产品黏度，通常还加入增稠剂如水溶性高分子化合物、无机盐等。水溶性高分子化合物通常在前期加入，而无机盐（氯化铵、氯化钠等）则在后期加入，其加入量视实验结果而定，一般不超过3%。过多的盐不仅会影响产品的低温稳定性，增加制品的刺激性，而且黏度达到一定值，再增加盐的用量反而会使体系黏度降低，必须引起注意。

⑦ pH值的调整。pH值调节剂（如柠檬酸、酒石酸、磷酸和磷酸二氢钠等）通常在配制后期加入。当体系降温至35℃左右，加完香精、香料和防腐剂后，即可进行pH值的调节。首先测定其pH值，估算缓冲剂加入量后投入，搅拌均匀，再测pH值。未达到要求时再补加，就这样逐步调整，直到满意为止。对于一定容量的设备或加料量，测定pH值后可以凭经验估算缓冲剂用量，制成表格指导生产。但对于一种操作已经很熟练的产品，可将pH值调节剂预先加入体系中，因为pH值调节剂对于珠光的显现具有一定的辅助作用。

另外，产品配制后立即测定pH值并不完全真实，长期贮存后产品pH值将发生明显变化，这些在控制生产时都应考虑到。

(三) 后处理工序

无论是生产透明溶液还是珠光香波，在包装前还要经过一些后处理，以保证产品质量或提高产品稳定性。这些处理可包括以下内容。

1. 过滤

在混合操作过程中，要加入各种物料，难免带入或残留一些机械杂质，这些都直接影响产品外观，所以物料灌装前的过滤是必要的。

2. 排气

在搅拌的作用下，各种物料可以充分混合，但不可避免地将大量气体带入产品中。由于搅拌和产品中表面活性剂等的作用，有大量的微小气泡混合在成品中。气泡有不断冲向液面的作用力，会造成溶液稳定性差，灌装时计量不准等问题。一般可采用抽真空排气工艺，快速将液体中的气泡排出。

3. 陈放

也可称为老化。将物料在老化罐中静置贮存几个小时，待其性能稳定后再进行包装。

（四）灌装和包装

对于绝大部分液洗类化妆品，都使用塑料瓶小包装。作为生产过程的最后一道工序，包装质量的掌控是非常重要的，否则将前功尽弃。灌装时要注意卫生，应在洁净区内进行灌装操作。大批量生产可选用自动化灌装机，小批量生产可用高位槽手工灌装。严格控制灌装量，做好封盖、贴标签、装箱和记载批号、合格证等工作。袋装产品通常应使用灌装机灌装封口。值得一提的是，包装质量与产品内在质量同等重要。

二、主要质量问题和控制

洗发液在生产、贮存和使用过程中，也会和其他产品一样，由于原料、生产操作、环境、温度、湿度等的影响而出现一些质量问题，这里就较常见的质量问题及其对策进行讨论。

1. 黏度变化

虽然液洗类化妆品的产品标准中都没有黏度指标，但黏度是该类产品一项非常重要的质量指标，生产中应控制每批产品黏度基本一致。在实际生产过程中，往往会出现同一个配方，有时制品黏度偏高，而有时制品黏度偏低的现象。造成黏度波动的原因有许多，主要有如下几个方面：

① 配料员配料失误，如出现加错物料、漏加物料、投料顺序错误等误操作；

② 某种原料规格的变动，如活性物含量、无机盐含量波动等，特别是在更换原料供应商时会出现这种问题；

③ 部分表面活性剂在高温下容易水解，高温的时间长短会影响到产品黏度。

生产中出现黏度波动质量问题时，应采取下列措施：

① 查看生产记录单，检查是否存在配料失误的问题；

② 对制品进行分析，包括活性剂含量、无机盐含量等，不足时应补充用量；

③ 如果黏度偏低，可加入增稠剂提高黏度；如果黏度偏高，可加入减黏剂如丙二醇、丁二醇等或减少增黏剂用量。但必须注意不论需提高或降低黏度，都必须先做小试，然后才可批量生产，否则会导致不合格品出现。

有时液洗类化妆品刚配制出来时黏度正常。但经一段时间放置后黏度会发生波动，其主要原因有：

① 制品 pH 值过高或过低，导致某些原料（如琥珀酸酯磺酸盐类）水解，影响制品黏度，应调整至适宜 pH 值，加入 pH 缓冲剂；

② 单用无机盐作增稠剂或用皂类作增稠剂，体系黏度会随温度变化而变化，可加入适量水溶性高分子化合物作增稠剂，以避免此类现象的发生。

2. 珠光效果不良或消失

珠光产品中珠光效果的好坏，与珠光剂的用量、加入温度、冷却速度、配方中原料组成等均有关系，在采用珠光块或珠光片时，造成珠光效果不好的因素有如下几个方面：

① 体系缺少成核剂（如氯化钠、柠檬酸）；

② 珠光剂用量过少；

③ 表面活性剂增溶效果好；

④ 体系油性成分过多，形成乳化体；

⑤ 加入温度过低，溶解不好；

⑥ 加入温度过高或制品 pH 值过低，导致珠光剂水解；

⑦ 冷却速度过快，或搅拌速度过快，未形成良好结晶。

为保证制品珠光效果一致，可采用珠光浆（可自制，也可外购），只要控制好加入量，在较低温度下加入搅匀，一般来说珠光效果不会有大的变化。

3. 浑浊、分层

透明产品刚生产出来时，各项指标均良好，但经一段时间放置，出现浑浊甚至分层现象，有如下几方面原因：

① 体系中不溶性成分分散不好；

② 体系中高熔点原料含量过高，低温下放置结晶析出；

③ 体系中原料之间发生化学反应，破坏了表面活性剂胶体结构；

④ 微生物污染，微生物生长过程中排泄出不溶性物质；

⑤ 制品 pH 值过低或过高，使某些原料发生水解反应，产生不溶性物质；

⑥ 无机盐含量过高，低温下使某些成分出现盐析而浑浊。

4. 变色、变味

导致变色和变味的原因比较复杂，应从如下几个方面查找：

① 所用原料中含有氧化剂或还原剂，使有色制品变色；

② 某些色素在日光照射下发生褪色反应；

③ 防腐剂用量少，防腐效果不好，使制品霉变；

④ 香精与配方中其他原料发生化学反应，使制品变味；

⑤ 所加原料本身气味过浓，香精无法遮盖；

⑥ 制品中铜、铁等金属离子含量高，与配方中某些原料如 ZPT 等发生变色反应。

5. 刺激性大，产生头皮屑，皮肤发痒

造成液洗化妆品刺激性大，产生头皮屑和皮肤发痒的原因可能有以下几个方面：

① 表面活性剂用量过多，脱脂力过强，一般以 12%～25%为宜；另外，有的表面活性剂刺激性较大。

② 防腐剂、去屑剂均有刺激作用，用量过多或品种不好，均会刺激头皮。

③ 防腐效果差，出现微生物污染，微生物生长过程中排泄出刺激性成分。

④ 产品 pH 值过高，刺激头皮。

⑤ 阳离子聚合物和硅油等在头发上沉积过度，造成头皮负担过重，会刺激头皮。

⑥ 无机盐含量过高，也会对头皮有刺激作用。

上述现象往往同时发生，因此必须严格控制。除上述质量问题外，直接关系液洗产品内在质量的其他问题在配方研究时也必须引起足够的重视。

另外，操作规程控制不严，称量不准等都会造成严重的质量事故，因此，必须加强全面质量管理，以确保产品质量稳定。

案例分析

【案例分析 6-1】

问题：某公司在生产含铵盐的洗发水时，发现生产过程中飘出刺激性气味。

分析：在含铵盐（AESA、K12A）的洗发水的配方中，一般会含有 6501、CMEA、咪唑啉、APG 等辅助表面活性剂，而这些物质属于碱性物质，能与铵盐反应释放出氨，而使生产过程中飘出刺激性气味。

处理： 在加铵盐之前要确保体系的 pH 值在弱酸性（如 6.3）以下，一般先加入柠檬酸等酸性物质，再加铵盐来避免这种事故的发生。

【案例分析 6-2】

问题： 某公司生产的一批香波在放置一段时间后出现了 pH 值下降的问题。

分析： 查生产记录单发现，配料时没有加柠檬酸和柠檬酸钠这两种物质。而配方中用的是 AESA、K12A 这两种表面活性剂是强酸弱碱盐，会水解释放出氢离子，使 pH 值下降。

香波常用的缓冲体系有柠檬酸-柠檬酸钠、碳酸氢钠、磷酸二氢钠-磷酸氢二钠等 pH 值缓冲体系。缓冲体系不仅可以稳定 pH 值，还对防腐起到一定的正面作用。

处理： 对这批产品进行回锅处理，加入柠檬酸-柠檬酸钠缓冲剂，并补加适量的 AESA。

【案例分析 6-3】

问题： 某公司生产一批香波，配制已经完成，但包装前检验发现香波中有一些白色小颗粒。

分析： 查看生产记录单发现，配制该批洗发水时在温度升到 75℃ 后马上就加入了 CMEA、EGDS 等固体，然后让其自然搅拌冷却。而 CMEA、珠光片等固体的熔点一般在 65℃左右，所以当配方中含有这些固体时，应在 75～80℃保持 10min 以上，使其充分熔化后而溶解或分散，时间太短则会有残留的固体颗粒不能正常溶解或分散。

处理： 对这批产品进行回锅处理，加热到 75～80℃，让所有的白色小颗粒全部熔完，并补加适量的 AESA。

【案例分析 6-4】

问题： 某公司生产一批护发素，配制已经完成，但包装前检验发现黏度过低，达不到要求。

分析： 查看生产记录单发现，配制该批护发素时正好处于吃饭时间，配制人员见冷却温度已经接近 40℃，就让其自然搅拌，到外面去吃饭了，大概一个半小时后才回来卸料。而护发素一般存在这样的特点：成型后不宜搅拌太久，因为阳离子体系越搅拌越稀，而且变稀后很难恢复为原来的稠度。

处理： 对这批产品进行回锅处理，加入适当的增稠剂调整黏度。

【案例分析 6-5】

问题： 某公司生产的泡沫洁面膏在北方市场有客户投诉反映，冬天的时候，打开产品管口有水流出。而留样产品检测却正常，耐寒试验－20℃，72h 也正常。同时，监测市场中该问题产品，发现其在温度升高后又恢复正常，即不再有水析出。

分析： ① 生产工艺：查找当时的生产记录，原料加入的顺序、温度、搅拌速度与以前对比，没有异常。

② 核对原料：查找此批次生产所用到的原料没有出错；再次确认原料使用量没有出错，而且原料都经过品管部检测合格，没有过期原料。

③ 产品检测标准对比：产品的常规检测列出，最关键的是 pH 值 6.5 左右（范围是

6.1～6.7)，黏度都与原来的批次相同。

④ 配方体系分析：进行原料分析与原料筛选实验，以及稳定性观察，最终发现配方体系里的柠檬酸在MAP表活体系会使体系变稀。

处理：按原来的生产工艺，把配方体系里的柠檬酸添加量降为0，最终产品的pH值为7.2左右（设计范围是6.7～7.5)，黏度7500～10000mPa·s。

【案例分析6-6】

问题：某公司生产一批泡沫洗面奶，在对最终的产品进行出料前检测时发现，其黏度超出标准值2倍。

分析：查看生产记录单和采购单，发现主表面活性剂MAP已经更换厂家，MAP表面活性剂的活性成分含量比原厂家的高，所以生产出来的产品黏度高。

处理：重新用新厂家的MAP做配方试验，降低MAP用量。按调整后的配方进行生产，黏度指标和其他指标都正常。

【案例分析6-7】

问题：某公司生产一批皂化洁面膏，配制已经完成，但包装前检验发现硬度达不到要求。

分析：查看生产记录单发现，产品出料温度为36℃。而皂化体系的洁面膏的结膏点一般在40～45℃，如果在低于结膏点的温度下继续搅拌，将会破坏体系中高分子的缠绕结构，使黏度因剪切变稀而下降；可以通过升温到50℃搅拌均匀，再缓慢降温到结膏点的处理方法使其硬度恢复。

处理：对这批产品进行回锅处理，将膏体升温到50℃缓慢搅拌均匀，降温到结膏点后及时出料即可。

【案例分析6-8】

问题：某公司生产的一批含有ZPT的去屑香波，出料时发现膏体出现了变色现象。

分析：ZPT遇到铁等金属离子时会发生反应生成黑色物质。经过设备检测，发现设备用的不锈钢型号达不到要求，会释放出铁等金属离子。

处理：报废处理。

【案例分析6-9】

问题：某公司生产的一批香波，灌装时发现膏体有大量细密泡沫。

分析：生产过程中为了溶解AES，长时间开均质机，AES溶解完后快速冷却，虽然开了真空脱泡，但没有脱除干净。

处理：回锅处理，将膏体加热至50℃，真空脱泡10h，泡沫基本脱除。

实训6-1 珠光浆的制备

一、实训目的

① 通过实训，进一步学习珠光浆的制备原理；

② 掌握珠光浆的制备方法；

③ 通过实训，提高动手能力和操作水平。

二、实训内容

1. 实训原理

珠光效果是由具有高折光指数的平行排列的细微薄片产生的。这些细微薄片是半透明的，仅能反射部分入射光，传导和透射剩余光线，如此平行排列的细微薄片同时对光线进行反射，就产生了珠光。化妆品厂一般采用珠光片来生产珠光浆。

2. 实训配方

如表6-56所示。

表6-56 珠光浆实训配方

物质名称	质量分数/%	物质名称	质量分数/%
单硬脂酸二乙二醇酯	20	氯化钠	适量
CMEA	5	去离子水	余量
AES	10	凯松	0.1

3. 实训步骤

① 首先确定配制量，根据配制量来选择烧杯大小，例如配制300mL，可选择500mL，烧杯来配制。

② 取一500mL烧杯，加入去离子水、AES，慢速搅拌溶解后，加热至80℃，加入珠光片、CMEA、适量盐，保温搅拌20min，脱泡。搅拌冷却至50℃以下时，加入凯松，再继续搅拌至40℃，静置24h，即可。

三、实训结果

请根据实训情况填写表6-57。

表6-57 实训结果评价表

珠光效果描述	
珠光效果不佳的原因分析	
配方建议	

实训6-2 香波的制备

一、实训目的

① 通过实训，进一步学习香波的制备原理；

② 掌握香波的制备方法；

③ 通过实训，提高动手能力和操作水平。

二、实训内容

1. 实训原理

将具有洗涤作用的表面活性剂与具有护发作用的调理剂和添加剂按一定比例混合复配在一起，加入香精与防腐剂，即为洗发香波。

2. 实训配方

如表 6-58 所示。

表 6-58 香波实训配方

物质名称	质量分数/%	作用	物质名称	质量分数/%	作用
AES	20.0	起泡、清洁	乳化硅油	3.0	柔软、光泽
CAB-35	4.0	辅助清洁，降低刺激	EDTA-2Na	0.1	螯合
珠光片	1.5	珠光	柠檬酸	0.05	pH 调节
十六十八醇	0.8	调理	柠檬酸钠	0.05	pH 调节
阳离子瓜尔胶	0.7	顺滑	氯化钠	0.8	黏度调节
CMEA	1.0	增稠、稳泡	凯松	0.1	防腐
D-泛醇	0.2	护发	香精	0.2	赋香
β-葡聚糖	2.0	保湿、护发	去离子水	余量	溶解

3. 实训步骤

① 首先确定配制量，根据配制量来选择烧杯大小，例如配制 300mL 可选择 500mL 烧杯来配制。

② 取一 500mL 烧杯，加入去离子水，加入柠檬酸、柠檬酸钠、阳离子瓜尔胶（也可先用少量水分散后加入），搅拌分散，加热至 80℃，在缓慢搅拌条件下，缓慢加入 AES，搅拌溶解后，加入十六十八醇、珠光片、EDTA-2Na、CMEA（要求在 75℃以上加入），保温搅拌 20min，脱泡。搅拌冷却至 60℃，加入 CAB-35，继续冷却至 50℃以下时，加入乳化硅油、香精、凯松、氯化钠等，再继续搅拌至 40℃，静置 24h，脱除泡沫，即为洗发香波。

三、实训结果

请根据实训情况填写表 6-59。

表 6-59 实验结果评价表

使用效果描述	
使用效果不佳的原因分析	
配方建议	

实训 6-3 皂基沐浴液的制备

一、实训目的

① 通过实训，进一步学习皂基沐浴液的制备原理；

② 掌握皂基沐浴液的制备方法；

③ 通过实训，提高动手能力和操作水平。

二、实训内容

1. 实训原理

脂肪酸与氢氧化钾发生中和反应生成皂基，再加入增稠剂增稠皂基，即可制得皂基型清爽沐浴液。加入珠光片使制得的沐浴液呈现珠光。

2. 实训配方

如表 6-60 所示。

表 6-60　皂基沐浴液实训配方

物质名称	质量分数/%	作用
十二酸	9	与 KOH 反应成皂，清洁
十四酸	6	与 KOH 反应成皂，清洁
KOH	3.8	与脂肪酸反应成皂，清洁
CAB-35	12	辅助表面活性，降低刺激性
CMEA	1	辅助表面活性，增稠、稳泡
珠光片	1	珠光效果
氯化钠	1	增稠
甘油	3	保湿
香精	0.5	赋香
BHT	0.05	抗氧化
EDTA-2Na	0.05	螯合
去离子水	余量	溶解、稀释

3. 实训步骤

① 取一 200mL 烧杯，加入水、KOH、EDTA-2Na、氯化钠，搅拌溶解，加热到 85℃，为组分 B。

② 取一 50mL 烧杯，加入十二酸、十四酸，加热至 85℃，为组分 A。

③ 将组分 A 加入组分 B 中，不断搅拌，直至混合液变得澄清透明后，加入珠光片、CMEA、BHT、甘油。搅拌冷却至 60℃，加入 CAB-35。当冷却至 50℃以下时，加入香精，搅拌冷却至 40℃，出料，即为皂基型清爽沐浴液。

三、实训结果

请根据实训情况填写表 6-61。

表 6-61　实训结果评价表

使用效果描述	
使用效果不佳的原因分析	
配方建议	

实训 6-4 发膜的制备

一、实训目的

① 通过实训，进一步学习发膜的制备原理；

② 掌握发膜的制备方法；

③ 通过实训，提高动手能力和操作水平。

二、实训内容

1. 实训原理

将具有头发调理功能的阳离子化合物、油脂和保湿剂混合均匀，即可制得。

2. 实训配方

如表 6-62 所示。

表 6-62　发膜实训配方

物质名称	质量分数/%	作用
鲸蜡醇	2.5	赋脂
硬脂醇	3.5	赋脂
二十二烷基三甲基氯化铵	2.5	乳化,抗静电,柔软
单甘酯	1.0	乳化
苯氧乙醇	0.3	防腐
羟苯甲酯	0.2	防腐
超爽滑硅油	2.5	光滑头发
香精	0.4	赋香
去离子水	余量	溶解

3. 实训步骤

① 将二十二烷基三甲基氯化铵加入水中，搅拌升温至 75～80℃使其完全溶解均匀。

② 将鲸蜡醇、硬脂醇、超爽滑硅油、羟苯甲酯、单甘酯加入，保温搅拌 30min，使其完全溶解均匀。

③ 边搅拌边降温至 45℃左右，依次加入苯氧乙醇和香精，继续边搅拌边降温至 38～40℃，即可出料。

三、实训结果

请根据实验情况填写表 6-63。

表 6-63　实训结果评价表

使用效果描述	
使用效果不佳的原因分析	
配方建议	

实训 6-5 洁面膏的制备

一、实训目的

① 通过实训，进一步学习洁面膏的制备原理；

② 掌握洁面膏的制备方法；

③ 通过实训，提高动手能力和操作水平。

二、实训内容

1. 实训原理

以月桂酰羟乙基磺酸钠为主成分，添加悬浮增稠剂、碱、防腐剂等制得。

2. 实训配方

如表 6-64 所示。

表 6-64 洁面膏实训配方

物质名称	质量分数/%	作用
甘油	5	保湿
SCI-80	22	主表面活性，清洁、起泡
乙二醇双硬脂酸酯	6	珠光，进一步增强珠光
SF-1 悬浮剂	4	悬浮增稠
氢氧化钾	0.9	中和
CAB-35	6	增泡和稳泡
DMDMH 乙内酰脲	0.3	防腐
香精	适量	赋香
去离子水	余量	溶解

3. 实训步骤

① 取一个烧杯，将 SF-1 悬浮剂用等量水分散均匀，为 A 组分。

② 取另一个烧杯，将氢氧化钾用少量水溶解均匀，为 B 组分。

③ 取另一个烧杯，加入剩余的水和甘油，加热至 85℃，加入 SCI-80，搅拌溶解，加入溶化的乙二醇双硬脂酸酯，搅拌均匀，为 C 组分。

④ 将 A 组分加入至 C 组分中，搅拌均匀后再加入 B 组分，搅拌均匀，缓慢降温。约 45℃时，加入 CAB-35、DMDMH 防腐剂和香精，搅拌至 38～40℃即可出料。

三、实训结果

请根据实训情况填写表 6-65。

表 6-65 实训结果评价表

使用效果描述	
使用效果不佳的原因分析	
配方建议	

习题与思考题

1. 常用于香波的表面活性剂有哪些?
2. 为什么香波配方中一般不用皂基?
3. 生产中，一般应将香波的 pH 值调节到什么范围? 常用哪些酸度剂调节 pH 值?
4. 珠光片和珠光浆的使用温度有何不同?
5. 护发素的核心成分是什么?
6. 沐浴液有哪些类型? 配方上有何区别?
7. 常用于制备泡沫型洁面产品的表面活性剂有哪些?
8. 皂基型产品的 pH 值为什么要调成碱性?
9. 皂基型产品为什么一般不用添加防腐剂?
10. AES 溶解缓慢，应采取什么措施来加快 AES 溶解?
11. 氯化钠常用于液体洗涤类产品的增稠，能用于护发素、发膜和膏霜、乳液增稠吗?

第七章
彩妆类化妆品

Chapter 07

【知识点】 香粉；粉体原料性能；眼影；面膜；胭脂；粉饼；唇彩；唇膏；粉和粉块化妆品生产工艺；唇膏质量问题与控制；唇膏生产工艺；粉体类产品的质量控制；粉饼生产工艺；指甲油；指甲油去除剂。

【技能点】 解决粉和粉块类化妆品生产质量问题；设计粉和粉块化妆品配方；生产粉和粉块类化妆品；设计唇膏配方；生产唇膏；解决唇膏生产质量问题；设计指甲油配方；解决指甲油生产质量问题。

【重点】 配方组成与常用原料；配方设计；生产工艺；生产质量控制。

【难点】 配方设计；生产质量问题控制与解决。

【学习目标】 掌握彩妆类化妆品常用原料的性能和作用；掌握主要彩妆类化妆品的配方技术；能正确地确定彩妆类化妆品生产过程中的工艺技术条件；能根据生产需要自行制定彩妆类化妆品配方并能将配方用于生产。

彩妆类化妆品主要是指用于面部、眼部、唇及指甲等部位，以达到掩盖缺陷、赋予色彩或增加立体感、美化容貌目的的一类化妆品。虽然彩妆化妆品不可能从根本上改变人们的脸型和五官，但化妆确实能使人容光焕发、美丽动人、富有感情、充满自信，化妆又能使皮肤获得充分的保护和营养的补充。

“形象”对于女性来说，绝对是重要的。随着人民生活水平的提高，人们对美容化妆日益感兴趣，美容化妆已成为许多女性、甚至男性日常生活中不可缺少的一部分。

彩妆化妆品品种繁多，涉及的面较广。根据使用部位的不同，美容类化妆品可分为脸面用品（粉底霜、香粉、粉饼、胭脂、剃须用品等），眼部用品（眼影粉、眼影膏、眼线笔、眼线膏、睫毛膏、眉笔等），唇部用品（唇膏、唇线笔等），指甲用品（指甲油、指甲白、指甲油脱除剂等）等。

第一节　面部用彩妆品

用于面部的彩妆品主要包括打底粉类（散粉/蜜粉、粉饼、香粉蜜等）、胭脂类（胭脂、胭脂膏、胭脂水等）、粉底类（粉底液、BB 霜、CC 霜、气垫等）。

一、组成与常用原料

1. 遮盖性物质

粉体涂敷在皮肤上，应能遮盖住皮肤的本色、疤痕、黄褐斑等，也就是说粉体应具备良好的遮盖力，这一功能主要是由具有良好遮盖力的遮盖剂所赋予的。常用的遮盖剂有钛白粉、氧化锌等。

钛白粉的遮盖力最强，比氧化锌高2～3倍，但需分散到一定目数。如果先将钛白粉或氧化锌预先处理分散好，再拌入其他粉料中，可克服上述缺点。另外，钛白粉对某些香料的氧化变质有催化作用，选用时应注意。氧化锌对皮肤有缓和干燥和杀菌作用，配方中采用15%～25%的氧化锌，可使粉有足够的遮盖力，而又不致皮肤干燥。目前化妆品使用的钛白粉与氧化锌多数为筛选过目数的或粉体表面经过处理，更方便应用于配方中的。

化妆品用的钛白粉和氧化锌要求色泽白、颗粒细、质轻、无臭，铅、砷、汞等杂质含量少。工业用的钛白粉不宜用于化妆品制作。

2. 滑爽性物质

粉体应具有滑爽易流动的性能，才能涂敷均匀，所以粉类制品的滑爽性极为重要；助滑的同时带来柔软效果，让使用者使用舒服。

为了提高滑爽性，现粉类化妆品中常常使用粒径为5～15μm范围的球状粉体，如氮化硼、二氧化硅和氧化铝球状粉体以及尼龙、聚乙烯、聚苯乙烯、硅粉、PMMA等球状高分子粉体。二氧化硅是新型的粉体原料，除了具有吸收作用外，还具有良好的滑爽效果，在新型的香粉和粉饼配方中经常使用。

新型滑爽性物质方面，广州市某化工有限公司等企业提供的HDI/三羟甲基己基内酯交联聚合物（丝滑绒感粉P-800）拥有独特的轻柔绵软触感，在产品配方中表现出硅粉、尼龙粉、PMMA等无法达到的质感。

3. 吸收性物质与黏附剂

妆效的好坏一定程度上由妆容的持久性决定，所以配方中一般会添加易吸附于皮肤又安全的化妆品原料。吸附剂一般有粉体吸附剂与油脂黏合剂二大类。粉体吸附剂主要是指对油脂和汗液吸收的同时贴合于皮肤不掉妆，如果是粉块产品吸附剂也起到助压成型作用，同时也包括对香精的吸收。用以吸收香精、油脂和汗液的原料有沉淀碳酸钙、碳酸镁、胶态高岭土、淀粉、硅藻土和二氧化硅等。旧配方体系一般多采用碳酸钙与碳酸镁，但因其易让皮肤干涩，所以近现代配方多采用硬脂酸镁、肉豆蔻酸镁等。

碳酸钙的缺点是它在水溶液中呈碱性反应，遇酸会分解，如果在香粉中用量过多，热天敷用时，吸汗后会在皮肤上形成条纹，因此粉中碳酸钙的用量不宜过多，近代配方一般不超过5%（且碳酸钙是经过后续处理的）。碳酸镁的吸收性较碳酸钙大3～4倍，由于吸收性强，用量多，敷用后会吸收皮脂，造成皮肤干燥，一般也不宜超过5%。

碳酸镁对香精有优良的混合特性，是一种很好的香精吸收剂。在配制粉类产品时，往往先将香精和碳酸镁混合均匀后，再加入其他粉料中。

胶态高岭土有很好的吸收汗液的能力，遮盖力也较好，对皮肤的黏着性优于滑石粉，与滑石粉复配使用，有助于减少皮肤油光。其缺点是不够滑爽、略感粗糙，用量一般不宜超过30%。

黏合剂对粉块产品的压制成型有很大关系，它能增强粉块的强度和使用时的润滑性，但用量过多时会造成粉块粘模，而且制成的粉块不易涂敷，因此要慎重选择。黏合剂的种类大体上有水溶性、脂肪性、乳化型和粉类等几种。

（1）水溶性黏合剂

包括天然和合成两类。天然的黏合剂有黄蓍树胶、阿拉伯树胶、刺梧桐树胶等。但天然的由于受产地及自然条件的影响，规格较不稳定，且常含有杂质，并易被细菌所污染，所以多采用合成的黏合剂，如甲基纤维素、羧甲基纤维素、聚乙烯吡咯烷酮等。各种黏合剂的用量一般在0.1%～3.0%。但无论天然的还是合成的黏合剂都有一个缺点，就是需要用水作溶剂，因此压制之前的粉质还需要烘干除去水，且粉块遇水会产生水迹，另外最关键一点是对防腐要求比较高，所以水溶性黏合剂使用越来越少。

（2）脂肪性黏合剂

有液体石蜡、矿脂、脂肪酸酯类、羊毛脂及其衍生物等，这类抗水性的黏合剂有液体的、半固体的和固体的，它们在熔化状态时和胭脂粉料混合，可单独或混合使用。采用这类物质作黏合剂还有润滑作用，但单独采用脂肪性黏合剂有时黏结力不够强，压制前可再加一定的水分或水溶性黏合剂以增加其黏结力。脂肪性黏合剂的用量一般为5%以上。

（3）乳化型黏合剂

由脂肪性黏合剂的升级而来，由于少量脂肪物很难均匀混入粉料中，采用乳化型黏合剂就能使油脂和水在压制过程中均匀分布于粉料中，并可防止由于粉体中含有脂肪物而出现小油团的现象。乳化型黏合剂通常是由硬脂酸、三乙醇胺、水和液体石蜡或单硬脂酸甘油酯、水和液体石蜡配合使用，也可采用失水山梨醇的酯类作乳化剂。这类黏合剂也含有水，使用的企业不多。

（4）粉类黏合剂

除上述几种黏合剂外，也可采用粉状的金属皂类如硬脂酸锌、硬脂酸镁等作黏合剂，制成的粉体组织细致光滑，对皮肤的附着力好，但需要较大的压力才能压制成型，且对金属皂的碱性敏感的皮肤有刺激。这些硬脂酸的金属盐类是轻质的白色细粉，加入粉类制品后就包覆在其他粉粒外面，使香粉不易透水，用量一般在5%～15%。硬脂酸铝盐比较粗糙，硬脂酸钙盐则缺少滑爽性，普遍采用的是硬脂酸镁盐和锌盐，也可采用硬脂酸、棕榈酸与豆蔻酸的锌盐和镁盐的混合物。

目前使用最多的是粉类黏合剂和脂肪性黏合剂。

4. 填充剂

粉体填充剂的选择依据是成本低，可大量使用，对粉体配方的主要特性滑、黏、遮均具有一定辅助效果。现配方体系多用的两大填充剂为：滑石粉与云母粉。

滑石粉的主要成分是硅酸镁。高质量的滑石粉具有薄层结构，它的定向分裂的性质和云母很相似，这种结构使滑石粉具有发光和滑爽的特性。滑石粉在粉中的用量往往在30%以上。滑石粉种类很多，有的柔软滑爽，有的硬而粗糙，所以对滑石粉品质的选择是制造粉类产品成功的关键。适用于化妆品的滑石粉必须色泽白、无臭，对手指的触觉柔软光滑。滑石粉的颗粒应细小均匀，目前使用多是1250目、2500目以及更细的目数，若颗粒太粗会影响对皮肤的黏附性；但太细则使薄层结构破坏而失去某些特性，所以多使用处理过的滑石粉。2015版化妆品卫生规范中要求滑石粉严禁检测出石棉。

云母粉多为片层结构，加于配方中具有吸附皮肤的作用。云母是很多处理粉体的基材，特别是珠光粉颜料等。云母粉在粉中的用量往往也在30%以上，且其种类很多，有的柔软滑爽，有的硬而粗糙，所以选用云母时要根据配方需达到的目的进行。

5. 颜料

抹粉是为了调和皮肤的颜色，所以粉体一般都带有颜色，并要求接近皮肤的本色。因此在粉体生产中，颜料的选择是十分重要的。适用于粉类化妆品的颜料必须有良好的质感，能耐光、耐热、长时间光照不变色，使用时遇水或油以及 pH 值略有变化时不致溶化或变色。因此一般选用无机颜料如赭石、褐土、铁红、铁黄、群青、炭黑等，为改善色泽，可加入红色或橘黄色的有机色淀，使色彩显得鲜艳和谐。

为了方便企业使用，很多的色粉生产企业将色粉做成色浆，如将炭黑做成炭黑分散液。

6. 香精

粉体的香味不可过分浓郁，以免掩盖了香水的香味。粉体用香精在粉的贮存及使用过程中应该保持稳定，不酸败变味，不使香粉变色，不刺激皮肤等。香粉用香精的香韵以花香或百花香型较为理想，使香粉具有甜润、高雅、花香生动而持久的香气感觉。

7. 其他

除了以上成分外，为了提高使用效果，有的还加入油脂类物质作赋脂剂，增加对皮肤的滋润效果。另外，还需加入防腐剂和抗氧化剂等成分。

二、配方实例

(一) 蜜粉/散粉

过去叫香粉，现代叫蜜粉/散粉。蜜粉是用于面部化妆的制品，可掩盖面部皮肤表面的缺陷，改变面部皮肤的颜色，柔和脸部曲线，形成满脸光滑柔软的自然感觉，且可预防紫外线的辐射。好的香粉应该很易涂敷，并能均匀分布；可去除脸上油光，遮盖面部某些缺陷；对皮肤无损害刺激，敷用后无不舒适的感觉；色泽应接近于自然肤色，不能显现出粉拌的感觉；香气适宜，不要过分强烈。由于粉底液、气垫类的发展，蜜粉一个很关键的作用就是用于定妆。

1. 配方实例

表 7-1 为传统香粉配方实例。表 7-2 为新型蜜粉配方实例。

表 7-1　传统香粉配方实例

物质名称	质量分数/%					作用
	配方 1	配方 2	配方 3	配方 4	配方 5	
滑石粉	余量	余量	余量	余量	余量	滑爽
高岭土	8	16	10	10	16	吸收
轻质碳酸钙	8	5	5		14	吸收
碳酸镁	15	10	10	5	5	吸收
钛白粉		5	10			遮盖
氧化锌	10	10	15	10	15	遮盖
硬脂酸锌	10		3	3	6	黏附
硬脂酸镁		4	2		4	黏附
白矿油				3		赋脂、黏附
颜料	适量	适量	适量	适量	适量	着色
香精	适量	适量	适量	适量	适量	赋香
羟苯甲酯	0.05	0.05	0.05	0.05	0.05	防腐
羟苯丙酯	0.05	0.05	0.05	0.05	0.05	防腐
苯氧乙醇	0.3	0.3	0.3	0.3	0.3	防腐

香粉的品种除了有不同的香气和色泽外，还可以根据使用要求的不同分轻度遮盖力、中等遮盖力、重度遮盖力以及不同吸收性、黏附性等规格。

配方 1 属于轻度遮盖力及很好的黏附性和适宜吸收性的产品；

配方 2 属于中等遮盖力及强吸收性的产品；

配方 3 属于重度遮盖力及强吸收性的产品；

配方 4 属于轻度遮盖力及轻吸收性的产品；

配方 5 属于轻度遮盖力及很好的黏附性和适宜吸收性的产品。

表 7-2　新型蜜粉配方实例

物质名称	质量分数/%				作用
	配方 1	配方 2	配方 3	配方 4	
滑石粉	余量	余量	余量	余量	滑爽
云母粉	20	25	30	35	吸收
尼龙	5	5	5	5	吸收
硅石	5	5	5	5	吸收
氧化锌	6	6	6	6	遮盖
硬脂酸锌	5	1	3	3	黏附
硬脂酸镁		4	2	2	黏附
聚二甲基硅氧烷				2	赋脂、黏附
颜料	适量	适量	适量	适量	着色
香精	适量	适量	适量	适量	赋香
羟苯甲酯	0.05	0.05	0.05	0.05	防腐
羟苯丙酯	0.05	0.05	0.05	0.05	防腐
苯氧乙醇	0.3	0.3	0.3	0.3	防腐

【思考】*传统香粉的配方与新型配方有什么区别？为什么会有这样的调整？作为填充剂，云母与滑石粉在使用上有何差异？硬脂酸锌与硬脂酸镁的肤感差异在哪里？*

2. 产品选择

不同类型的蜜粉适用于不同类型的皮肤和不同的气候条件。多油型皮肤应采用吸收性较好的蜜粉，而干燥型皮肤应采用吸收性较差的蜜粉。炎热潮湿的地区或季节，皮肤容易出汗，宜选用吸收性和干燥性较好的蜜粉，而寒冷干燥的地区或季节，皮肤容易干燥开裂，宜选用吸收性和干燥性较差的蜜粉。

3. 配方设计

蜜粉配方设计应根据产品需求来进行。例如要设计遮盖力强的蜜粉，配方中钛白粉和氧化锌的用量就要增大；再如要设计吸收性强的香粉，则要增加吸收性物质的用量。

关于配制吸收性较差的蜜粉，一方面可减少碳酸镁或碳酸钙的用量，或增加硬脂酸盐的用量，使蜜粉不易透水；另一方面可在制品中加入适量油脂和蜡，这种蜜粉称之为加脂蜜粉，如新型蜜粉配方 4 中加有聚二甲基硅氧烷。油性物质的加入使粉料颗粒外面均匀地涂布了油性物质，降低了吸收性能，粉质的碱性不会影响到皮肤的 pH 值，而且粉质有柔软、滑爽、黏附性好等优点。油性物质的加入量与产品配制要求以及蜜粉中其他原料的吸收性有关，一般最高不超过 5%，否则会导致蜜粉结块。加脂蜜粉应该注意酸败问题，当油性物质均匀分布在粉粒表面时，和空气接触的面积很大，因而氧化酸败的可能性增加，除选用质量好的油脂和蜡外，必要时应考虑加入抗氧化剂。目前一些企业在生产蜜粉的过程中，充分利用硅氧烷（硅油）的耐高低温、抗氧化、闪点高、挥发性小、表面张力小、无毒、不易氧化、透气性佳、防水性好的优良特性，添加在蜜粉产品中作为黏合剂和润肤剂来使用。

现代用于定妆的蜜粉遮盖上的要求低于粉饼，偏向控油要求与肤感要求。所以碳酸盐类的原料多为一些云母粉取代，以及一些助滑性能好的粉体取代。为上妆更好地铺展，油分的使用也显著降低，甚至于不添加。

表 7-3 为企业实际生产的一款裸妆定妆蜜粉配方。

表 7-3 企业实际生产的一款裸妆定妆蜜粉配方

组分	物质名称	质量分数/%	作用
A	滑石粉/三乙氧基辛基硅烷	余量	滑爽
	聚甲基丙烯酸甲酯	4.500	黏结/填充
	聚甲基硅倍半氧烷	3.800	顺滑
	锦纶-12	4.500	滑爽
B	异壬酸异壬酯	2.700	润肤、黏结
	聚二甲基硅氧烷	3.600	润肤、黏结
	乙基己基甘油	0.100	润肤、黏结
	甘油辛酸酯	0.050	润肤、黏结
C	铁红(CI 77491)	0.123	赋色
	铁黄(CI 77492)	0.080	赋色
	铁黑(CI 77499)	0.027	赋色

制备工艺如下。

① 将 C 组分色粉与部分滑石混合，先用小粉碎机预先粉碎待用。

② 将 B 组分的油先在 50℃左右溶解。

③ 将 A 组分与预先混好的 C 组分一起用混合器混合两次，每次 30s，刮壁处理。

④ 最后将 B 组分均匀喷到 A、C 组分全相，用混合器混合两次，每次 30s，刮壁处理。

⑤ 对样正确后，过筛出料。

(二)粉饼

粉饼和蜜粉的使用目的相同，将蜜粉压制成粉饼的形式，主要是便于携带，使用时不易飞扬，其使用效果应和蜜粉相同。

粉饼的配方与蜜粉主要组成接近，但由于剂型不同，在产品使用性能、配方组成和制造工艺上还是有差别的。除要求粉饼具有良好遮盖力、吸收性、滑爽性、附着性和组成均匀外，还要求粉饼具有适宜的机械强度，使用时不会破碎或崩裂，并且用粉扑从粉饼蘸取粉体时，应较容易附着在粉扑上，然后可均匀地涂抹在脸上，不会结团，不感到油腻。与蜜粉相比，粉饼中一般会添加较大量的胶态高岭土、氧化锌和硬脂酸金属盐等，以改善其压制性能。另外，还可加入其他的黏合剂，常用的黏合剂有水溶性聚合物（如黄蓍树胶粉、阿拉伯树胶、羧甲基纤维素等）和油溶性黏合剂（如单甘酯、十六十八醇、羊毛脂及其衍生物、石蜡、地蜡、白矿油等）。甘油、山梨醇、葡萄糖等以及其他滋润剂的加入能使粉饼保持一定水分而不致干裂。除此之外，为防止氧化酸败现象的发生，最好加些防腐剂和抗氧化剂。黏合剂的用量视粉饼的组成和黏合剂的性质而定。表 7-4 为传统粉饼配方实例，表 7-5～表 7-7 为彩妆企业生产的新型粉饼配方实例。

表 7-4 传统粉饼配方实例

物质名称	质量分数/%			作用
	配方 1	配方 2	配方 3	
滑石粉	余量	余量	余量	滑爽
高岭土	12	10	13	吸收
碳酸镁	5		7	吸收

续表

物质名称	质量分数/%			作用
	配方 1	配方 2	配方 3	
钛白粉		5		遮盖
氧化锌	15		10	遮盖
硬脂酸锌	5			黏附
淀粉			10	黏附
黄蓍树胶	0.1		0.1	黏附
羊毛脂		2		赋脂、黏附
液体石蜡		4	4	赋脂、黏附
单甘酯			0.3	赋脂、黏附
山梨醇		2		保湿
丙二醇			2	保湿
香精	适量	适量	适量	赋香
颜料	适量	适量	适量	着色
去离子水	2.5			溶解胶
羟苯甲酯	0.05	0.05	0.05	防腐
羟苯丙酯	0.05	0.05	0.05	防腐
苯氧乙醇	0.3	0.3	0.3	防腐

【思考】 粉饼的配方与蜜粉配方有什么区别？

表 7-5 企业生产的新型粉饼配方实例

物质名称	质量分数/%			作用
	配方 1	配方 2	配方 3	
氮化硼	1.00	1.00	1.00	滑爽、分散
月桂酰赖氨酸	1.00	1.00	1.00	滑爽、分散
二氧化硅	5.00	5.00	5.00	滑爽、吸收
HDI/三羟甲基己基内酯交联聚合物	3.00	3.00	3.00	滑爽、分散
聚四氟乙烯微粉	2.10	2.10	5.10	黏结、填充
云母粉	25.00	25.00	25.00	滑爽、填充
羟苯甲酯	0.20	0.20	0.20	防腐
羟苯乙酯	0.20	0.20	0.20	防腐
二氧化钛	10.00	10.00	11.50	遮盖
处理铁红	0.22	0.30	0.45	着色
处理铁黄	0.68	0.70	1.76	着色
处理铁黑	0.06	0.03	0.12	着色
滑石粉	余量	余量	余量	滑爽/填充
羟苯丙酯	0.10	0.10	0.10	防腐
生育酚乙酸酯	0.10	0.10	0.10	抗氧化
辛基十二烷基十八酰硬脂酸酯	2.00	2.00	2.00	赋脂、黏合
植物性羊毛脂	0.50	0.50	0.50	赋脂、黏合
辛酸/癸酸甘油三酯	2.00	2.00	2.00	赋脂、黏合
聚二甲基硅氧烷	2.00	2.00	2.00	赋脂、黏合

【思考】 传统粉饼的配方与新型配方有什么区别？为什么会有这样的调整？请注意原料的选择上，特别是油性黏合剂的使用量，这么高的使用量如何让粉块没有油印？

表 7-6　企业生产的丝缎粉饼配方实例

组分	物质名称	质量分数/%	作用
A	云母/CI 77891/三乙氧基辛基硅烷	8.00	赋色
	氧化锌/三乙氧基辛基硅烷	4.00	赋色、遮盖
	云母/三乙氧基辛基硅烷	22.00	吸收、珠光效果
	云母/聚二甲基硅氧烷	10.00	吸收、珠光效果
	聚甲基硅倍半氧烷	1.50	润肤
	聚甲基丙烯酸甲酯	2.00	黏结/填充
	硅石	7.00	滑爽
	三乙氧基辛基硅烷/CI 77492	0.41	顺滑、赋色
	三乙氧基辛基硅烷/CI 77491	0.18	顺滑、赋色
	三乙氧基辛基硅烷/CI 77499	0.01	顺滑、赋色
	滑石粉/三乙氧基辛基硅烷	余量	滑爽
	硬脂酸锌	2.00	黏附
B	甘油辛酸酯	0.20	润肤、黏附
	乙基己基甘油	0.30	润肤、黏附
	苯基聚三甲基硅氧烷	2.00	润肤、黏附
	鲸蜡醇乙基己酸酯	2.00	润肤、黏附
	棕榈酸异丙酯	1.00	润肤、黏附
	辛酸/癸酸甘油三酯	3.20	润肤、黏附
	牛油果树果脂	0.70	润肤、黏附
C	香精	0.05	赋香

制备工艺如下。

① 将 A 组分原料置于搅粉机中，每次搅拌 1min，搅拌 2 次，对色。

② 将 B 组分原料混合，加热搅拌溶解。

③ 先将 A 组分 70%物料与 B 组分搅拌混合，对色后以 5%～10%幅度继续搅拌调色，搅拌均匀，加入香精，继续搅拌均匀。

④ 将所有物料转移至粉碎机中，打粉两次，对色完成后，出料。

表 7-7　企业生产的雾感粉饼配方实例

组分	物质名称	质量分数/%	作用
A	二氧化钛/氢氧化铝/三乙氧基辛基硅烷	5.00	赋色、遮盖
	氧化锌/三乙氧基辛基硅烷	2.50	赋色、遮盖
	云母/三乙氧基辛基硅烷	20.00	吸收、珠光效果
	聚甲基硅倍半氧烷	2.00	顺滑
	云母/聚二甲基硅氧烷	15.00	吸收、珠光效果
	聚甲基丙烯酸甲酯	1.00	黏结/填充
	硬脂酸镁	1.50	黏合
	硅石	7.00	顺滑
	三乙氧基辛基硅烷/CI 77492	0.34	顺滑、赋色
	CI 77491/三乙氧基辛基硅烷	0.142	顺滑、赋色
	CI 77499/三乙氧基辛基硅烷	0.02	顺滑、赋色
	滑石粉/三乙氧基辛基硅烷	34.968	顺滑
	聚甘油-2 三异硬脂酸酯	3.00	润肤、黏附
B	甘油辛酸酯	0.20	润肤、黏附
	乙基己基甘油	0.30	润肤、黏附
	苯基聚三甲基硅氧烷	2.50	润肤、黏附
	鲸蜡醇乙基己酸酯	1.00	润肤、黏附
	聚二甲基硅氧烷	3.00	润肤、黏附
	牛油果树果脂	0.50	润肤、黏附
C	香精	0.03	赋香

制备工艺如下。

① 将 A 组分原料置于搅粉机中，每次搅拌 1min，搅拌 2 次，对色。

② 将 A 组分原料混合，加热搅拌溶解后。

③ 先将 A 组分 70%物料与 B 组分搅拌混合，对色后以 5%～10%幅度继续搅拌调色，搅拌均匀，加入香精，继续搅拌均匀。

④ 将所有物料转移至粉碎机中，打粉两次，对色完成后，出料。

（三）香粉蜜

香粉蜜又名液体香粉，是将粉悬浮在水和甘油内，制成能流动的浆状物质，使用方便，既有蜜粉一定的遮盖力，又有保护滋润皮肤的功效。这种产品也可在涂敷香粉之前作为粉底使用，能增强蜜粉的遮盖力，但不能达到粉底的全部作用。

与蜜粉相比，香粉蜜的配方中也含有粉类原料，只不过香粉蜜是液体，所以除了含有粉体以外，还要加入多元醇、水、胶质等。多元醇具有保湿效果，同时具有一定的悬浮作用。胶质主要起粉体悬浮作用，常用的胶质有黄蓍树胶粉、羧甲基纤维素和胶性黏土等。实验证明，胶性黏土是一种悬浮能力很强的胶体。表 7-8 为香粉蜜配方实例。

表 7-8 香粉蜜配方实例

物质名称	质量分数/%			作用
	配方 1	配方 2	配方 3	
碳酸钙	2			吸收
碳酸镁		4.5	2	吸收
氧化锌	9	2.5	7	遮盖
滑石粉	3	7	5	滑爽
甘油	4	5	5	保湿
高黏度羧甲基纤维素		1.5	1.5	悬浮
乙醇		2	1.5	快干
胶性黏土	4			悬浮
香精	适量	适量	适量	赋香
颜料	适量	适量	适量	赋色
羟苯甲酯	0.20	0.20	0.20	防腐
羟苯丙酯	0.05	0.05	0.05	防腐
苯氧乙醇	0.50	0.50	0.50	防腐
去离子水	余量	余量	余量	稀释

【思考】 香粉蜜的配方与蜜粉配方有什么区别？

（四）胭脂

胭脂是用来涂敷于面颊腮红以塑造立体感，使面色显得红润、艳丽、明快、健康的化妆品。可制成各种形态：与粉饼相似的粉质胭脂粉饼，习惯上称为胭脂；制成膏状的称为胭脂膏；另外还有液状胭脂等。

1. 胭脂粉饼

胭脂又称为腮红，是由颜料、粉料、黏合剂、香精等混合后，经压制而成的饼状粉块，载于金属底盘，然后以金属、塑料或纸盒盛装，是市场上最受欢迎的一种，非常适合于油性皮肤使用。优质的胭脂应该柔软细腻，不易破碎；色泽鲜明，颜色均匀一致，表面无白点或黑点；容易涂敷，使用粉底霜后敷用胭脂，易混合协调；遮盖力好，易黏附于皮肤；对皮肤无刺激性；香味纯正、清淡；容易卸妆，在皮肤上不留斑痕等。

胭脂的配方原料大致和蜜粉粉饼相同，只是色料用量比香粉多，香精用量比蜜粉少，使用蘸取量比蜜粉少。另外，色泽方面也与蜜粉粉饼稍有差别，蜜粉粉饼色泽与皮肤一致，而胭脂则以红系（粉红、桃红等）为主，目前棕系（浅棕、深棕）的胭脂也常见。表 7-9 为胭脂配方实例。

表 7-9 胭脂配方实例

物质名称	质量分数/%				作用
	配方 1	配方 2	配方 3	配方 4	
滑石粉	50	65	45	53	滑爽
高岭土	8	9		5	吸收
碳酸钙	4			4	吸收
碳酸镁	6		18	4	吸收
氧化锌		10	15	5	遮盖
钛白粉	9.5			5	遮盖
硬脂酸锌	4	6		5	粉状黏合
硬脂酸镁			10		粉状黏合
液体石蜡	2				油性黏合
甘油		3			保湿、黏合
凡士林				2	油性黏合
羊毛脂			2		油性黏合
颜料	12	6	9.5	3	着色
云母钛珍珠剂				6	珠光着色
香精	适量	适量	适量	适量	赋香
羟苯甲酯	0.05	0.05	0.05	0.05	防腐
羟苯丙酯	0.05	0.05	0.05	0.05	防腐
苯氧乙醇	0.3	0.3	0.3	0.3	防腐

【思考】 传统胭脂的配方与传统的粉饼配方相近，那新型的胭脂配方是否可以与新型粉饼配方相类似？试设计一个新型的胭脂配方。

2. 胭脂膏

胭脂膏又称为腮红膏，用油脂和颜料为主要原料调制而成，具有组织柔软、外表美观、敷用方便的优点，且具有滋润性，也可兼作唇膏使用，因此很受消费者欢迎，非常适合干性皮肤的人使用。胭脂膏一般是装于塑料或金属盒内。胭脂膏有两种类型：一类是用油脂、蜡和颜料所制成的油质膏状，称之为油膏型；另一类是用油脂、蜡、颜料、乳化剂和水制成的乳化体，称为膏霜型。目前胭脂膏主要以油膏型为主，膏霜型胭脂膏已经少见。在此主要介绍油膏型胭脂膏。

油膏型胭脂膏以油、脂、蜡类为基料，加上适量颜料和香精配制而成，因此油脂、蜡类原料的性能直接影响着产品的稳定性和敷用性能。起初主要是用矿物油和蜡类配制而成，价格便宜，能在 40℃以上保持稳定，但敷用时会感到油腻。新式的产品则以脂肪酸的低碳酸酯类如棕榈酸异丙酯等为主，在滑石粉、碳酸钙、高岭土和颜料的存在下，用巴西棕榈蜡提高稠度。由于采用的酯类都是低黏度的油状液体，因此能在皮肤上形成舒适的薄膜。如果配方合理，能在 50℃条件下保持稳定。但油膏型胭脂膏有渗小油珠的倾向，特别是当温度变化时，因此配方中适量加入蜂蜡、地蜡、羊毛脂以及植物油等可抑制渗油。

除上述原料外，为防止油脂酸败，还需加入抗氧化剂，并加入香精以赋予制品良好的香味。表 7-10 为油膏型胭脂膏配方实例。

表 7-10 油膏型胭脂膏配方实例

物质名称	质量分数/%			作用
	配方 1	配方 2	配方 3	
白矿油	23	22	22	滋润
凡士林	20		30	滋润
地蜡	15	9	8	成型
蜂蜡		8	9	成型
植物羊毛脂		2	5	滋润
巴西棕榈蜡		4	2	成型
IPP		26		滋润
IPM	9			滋润
棕榈酸乙基己酯	7			滋润
云母粉	20	10	15	吸收
滑石粉		10		滑爽
钛白粉	4.2	6.5		遮盖
铁红	0.5			赋色
铁黄	0.3			赋色
颜料		1.5	8	赋色
香精	适量	适量	适量	赋香
羟苯甲酯	0.2	0.2	0.2	防腐
羟苯丙酯	0.05	0.05	0.05	防腐
苯氧乙醇	0.3	0.3	0.3	防腐

3. 胭脂水

胭脂水又称为液体胭红，是一种流动性液体。胭脂水是将颜料悬浮于水、甘油和其他液体中，它的优点是价格低廉，缺点是缺乏化妆品的美观，易发生沉淀，使用前常需摇匀。单纯将颜料分散于溶液中易沉淀，为降低沉淀的速度，提高分散体的稳定性，还需加入各种悬浮剂，如羧甲基纤维素、聚乙烯吡咯烷酮和聚乙烯醇等。也可在液相中加入适当易悬浮的物质，这样也能阻滞颜料等的沉淀，如单硬脂酸甘油酯或单硬脂酸丙二醇酯。表 7-11 为胭脂水配方实例。

表 7-11 胭脂水配方实例

物质名称	质量分数/%	作用	物质名称	质量分数/%	作用
甘油	7	保湿	颜料	2	赋色
去离子水	余量	增溶	香精	适量	赋香
聚山梨醇酯-20	0.5	乳化	羟苯甲酯	0.2	防腐
羟乙基纤维素	0.2	增稠	羟苯丙酯	0.05	防腐
水杨酸苄酯	0.2	防晒、固色	苯氧乙醇	0.3	防腐

（五）爽身粉

爽身粉并不用于化妆，主要用于浴后在全身敷施，能滑爽肌肤，吸收汗液，减少痱子的滋生，给人以舒适芳香之感，是男女老幼都适用的夏令卫生用品。

爽身粉的原料和生产方法与蜜粉基本相同，爽身粉对滑爽性要求最突出，对遮盖力并无要求。它的主要成分是滑石粉，其他还有碳酸钙、碳酸镁、高岭土、氧化锌、硬脂酸镁、硬脂酸锌等。其中，氧化锌具有收敛性和一定的杀菌力。除此之外，爽身粉还有一些蜜粉所没有的成分，如硼酸，它有轻微的杀菌消毒作用，用后使皮肤有舒适的感觉，同时又是一种缓冲剂，使爽身粉在水中的 pH 值不致太高。

爽身粉所用香精偏重于清凉，常选用一些薄荷脑等有清凉感觉的香料。婴儿用的爽身粉，最好不要香精，因为婴儿的皮肤较成人娇嫩得多，对外来刺激敏感。如果希望在婴儿爽身粉中加入一些香精的话，最高限量不得超过0.4%，一般是在0.1%以下。表7-12为爽身粉配方实例。

表 7-12 爽身粉配方实例

物质名称	质量分数/%				作用
	配方1	配方2	配方3	配方4	
滑石粉	余量	余量	余量	余量	滑爽
碳酸钙				5	吸收汗液
碳酸镁	18.5	23	7.5		吸收汗液
高岭土			8	10	吸收汗液
硬脂酸镁	4		2		黏附
硬脂酸锌		3		4	黏附
氧化锌		3	3		收敛、杀菌
硼酸	4.5	2	3.5	5.8	杀菌
薄荷香精	0.1	0.1	0.1	0.1	清凉感、赋香

【思考】 爽身粉的配方与蜜粉配方有什么区别？

第二节 唇部用彩妆品

唇部用品是在唇部涂上色彩、赋予光泽、防止干裂、增加魅力的化妆品。由于其直接涂于唇部易进入口中，因此对安全性的要求很高，如对人体无毒性，对黏膜无刺激性等。唇部用化妆品根据其形态可分为棒状唇膏、唇线笔以及液态唇膏等。其中，应用最为普遍的是棒状唇膏（通常称之为唇膏）；唇线笔在配方结构和制作工艺上类同眉笔，只是色料以红色为主，选料上要求无毒等。与唇膏相比，两者的成分类似，只不过唇线笔的硬度比唇膏稍大点。

一、组成与常用原料

（一）基质原料

唇部用品的基质是由油脂、蜡类原料组成的，是唇部用品的骨架。理想的基质除对染料有一定的溶解性外，还必须具有一定的柔软性，能轻易地涂于唇部并形成均匀的薄膜，能使嘴唇润滑而有光泽，无过分油腻的感觉，亦无干燥不适的感觉，不会向外化开。同时成膜应经得起温度的变化，即夏天不软、不熔、不出油，冬天不干、不硬、不脱裂。为达此要求，必须选用适宜的油脂、蜡类原料，常用的油脂、蜡类如表7-13所示。

表 7-13 唇部用品常用基质原料的性能和用途

物质名称	性能和用途
蓖麻油	蓖麻油是唇膏中常用的油脂原料，它的作用主要是赋予唇膏一定的黏度，分散色粉
巴西棕榈蜡	熔点约在83℃，有利于保持唇膏膏体有较高熔点而不致影响其触变性能。但用量过多会使成品的组织有粒子，一般以不超过5%为宜
地蜡	有普通的熔点（61～78℃），也有高熔点（95～105℃），且在浇模时会使膏体收缩而与模型分离，能吸收液体石蜡而不使其外析，但用量多时会影响膏体表面光泽，常与巴西棕榈蜡配合使用。现代唇膏中高熔点的地蜡成主流

续表

物质名称	性能和用途
微晶蜡	与白蜡复配使用，可防止白蜡结晶变化，改善基质的流变性，改善膏体的韧性
液体石蜡	能使唇膏增加光泽，但对色素无溶解力，且与蓖麻油相溶性不好，不宜多用
可可脂	是优良的润滑剂和光泽剂，熔点(30～35℃)接近体温，很易在唇上涂开，但用量不宜超过8%，否则日久会使表面凹凸不平，暗淡无光
凡士林	用于调节基质的稠度，并具有润滑作用，可改善产品的铺展性。大量使用会增加黏着性，但与极性较大的组分如蓖麻油混溶较困难
低度氢化的植物油	熔点38℃左右，是唇膏中采用的较理想的油脂原料，性质稳定，能增加唇膏的涂抹性能
无水羊毛脂	光泽好，与其他油脂、蜡有很好的相溶性，耐寒冷和炎热，并能减少唇膏“出汗”的现象，但有臭味，易吸水，用量不宜多
鲸蜡和鲸蜡醇	都有较好的润滑作用。鲸蜡能增加触变性能，但熔点较低，易脆裂。鲸蜡醇对溴酸红有一定溶解能力，但对涂膜的光泽有不良影响，所以二者的用量均不宜太多
有机硅	使产品着妆持久，感觉轻质、不油腻、色彩不迁移，并具有很好的光泽度，使用方便
其他	常用的还有小烛树蜡、卵磷脂、蜡状二甲基硅氧烷、脂肪酸乙二醇酯、高分子甘油酯、二丙二醇二苯甲酸酯和其他合成油脂等

对于唇膏等油蜡基产品用油脂的选择，需注意以下几点：

① 极性强的油脂少用。

② 液体醇容易出汗，固体醇或酸容易起白霜。例如，辛基十二烷醇，硬脂酸等。

③ 高聚烷烃相溶性不太理想。

④ 有机硅也需要考虑相溶性问题，特别是分子量高的少用，辛基硅油可以用。

⑤ 发生相变的油脂少用（霍霍巴油，EHP，IPP等），用些抗冻油脂，例如二丙二醇二苯甲酸酯，凝固点－40℃，可有效降低高低温给油基产品带来的硬度影响。

（二）着色剂

着色剂是唇部用品中极重要的成分，唇部用品用的着色剂有两类：一类是溶解性染料，染料依靠渗入唇部的外表面，使唇部着色；另一类是不溶性颜料，颜料通过遮盖唇纹而在表面形成着色层而着色，使唇部表面平滑光亮，色彩艳丽。这两类着色剂可单独使用，但大多数是两者合用。

1. 染料和染料溶剂

最常用的溶解性染料是曙红和荧光素染料（包括二溴荧光素、四氯荧光素等）。

曙红又名溶剂红43，是一种不溶于水的橙色化合物，在pH值为4以上时变为深红色盐。当以酸的形式存在用于嘴唇上时由于唇组织的中和作用，产生持久的紫红色染色。

荧光素染料又名溴酸红染料，不溶于水，能溶解于油脂，能染红嘴唇并使色泽持久牢固。涂在嘴唇上，由于pH值的改变，就会变成鲜红色，这就是变色唇膏，溴酸红虽能溶解于油脂、蜡，但溶解性很差，一般需借助于溶剂。

通常采用的染料溶剂有：蓖麻油、C_{12}～C_{18}脂肪醇、酯类、乙二醇、聚乙二醇、单乙醇酰胺等，因为它们含有羟基，对溴酸红有较好的溶解性。最理想的溶剂是乙酸四氢呋喃酯，但有一些特殊臭味，不宜多用。

2. 颜料

颜料是极细的固体粉粒，不溶解，经搅拌和研磨后混入油脂、蜡基体中，制成的唇膏敷在嘴唇上能留下一层艳丽的色彩，且有较好的遮盖力，用量一般为8%～10%。

常用的颜料有：铝、钡、钙、钠、锶等的色淀，氧化铁的各种色调，炭黑、云母、铝粉、氯氧化铋、胡萝卜素、鸟嘌呤等，其他颜料还有二氧化钛、硬脂酸锌、硬脂酸镁、苯甲基铝等。

为了提高唇膏的闪光效果，一般需加入珠光颜料，主要有：合成珠光颜料（云母-二氧化钛）、氯氧化铋等。目前普遍采用的是云母-二氧化钛，其价格较低。使用时可以将珠光颜料直接加入唇膏基料中，也可以先用油脂分散珠光颜料预制备成珠光浆后再加入唇膏基料中，加珠光颜料的唇膏基质不能在三辊机中多次研磨，否则会失去珠光色调，这是因为多次研磨颗粒变细的缘故。

另外，有的粉体也具有变色效果，常用的变色色粉为CI45380、CI45410、CI45370等。

(三)香精

唇部用品用香精以芳香、甜美、适口为主。消费者对唇部用品的喜爱与否，气味的好坏是一重要因素。因此，唇部用品用香精必须慎重选择，要能完全掩盖油脂、蜡的气味，且具有令人愉快舒适的口味。唇膏的香味一般比较清雅，常选用玫瑰、茉莉、紫罗兰、橙花以及水果香型等。因在唇部敷用，要求无刺激性、无毒性，所以要选用可食用的香精，另外易结晶析出的固体香精原料也不宜使用。

二、配方实例

(一)唇膏

唇膏又名口红，是涂抹于嘴唇，使其具有红润健康的色彩，并对嘴唇起滋润保护作用的产品，是将色素溶解或悬浮在油脂蜡基内制成的。优质唇膏应具有下列特性：

① 组织结构好，表面细腻光亮，软硬适度，涂敷方便，无油腻感觉，涂敷于嘴唇边不会向外化开；

② 不受气候条件变化的影响，夏天不熔不软，冬天不干不硬，不易渗油，不易断裂；

③ 色泽鲜艳，均匀一致，附着性好，不易褪色；

④ 有舒适的香气；

⑤ 常温放置不变形、不变质、不酸败、不发霉；

⑥ 对唇部皮肤有滋润、柔软和保护作用；

⑦ 对唇部皮肤无刺激性，对人体无毒害。

一般来说，唇膏大致分为三种类型，即原色唇膏、变色唇膏和无色唇膏。原色唇膏是最普遍的一种类型，有各种不同的颜色，常见的有大红、桃红、橙红、玫红、朱红等，由色淀等颜料制成；变色唇膏使用溴酸红染料而不加其他不溶性颜料，当这种唇膏涂用时，其颜色会由原来的浅橙色变为玫瑰红色，故而得名；无色唇膏则不加任何色素，其主要作用是滋润柔软嘴唇、防裂、增加光泽。表7-14为唇膏配方实例，表7-15～表7-17为企业生产的口红配方，表7-18为企业生产的润唇膏配方。

表7-14 唇膏配方实例

物质名称	质量分数/%			作用
	配方1	配方2	配方3	
蓖麻油	20	35	10	润肤,赋予唇膏一定的黏度
凡士林	5	10	30	润肤
环状二甲基硅氧烷	5	3	3	润滑

续表

物质名称	质量分数/%			作用
	配方 1	配方 2	配方 3	
巴西棕榈蜡	2	4	4	塑型,光泽
地蜡	5	6	5	塑型
聚乙烯蜡	6	5	8	塑性,光泽
角鲨烷		10	14	润肤
蜂蜡	5	4		塑型润肤,光泽
维生素 E	0.2	0.2	0.2	抗氧化
棕榈酸乙基己酯	20	13	20	润滑
羊毛脂	8	9	4.7	润肤,光泽
溴酸红		0.2		着色
色浆	23			着色
尿囊素			0.1	保湿,软化角质层
香精	适量	适量	适量	赋香
羟苯甲酯	0.1	0.1	0.1	防腐
羟苯丙酯	0.1	0.1	0.1	防腐

表 7-14 中配方 1 为原色唇膏，配方 2 为变色唇膏，配方 3 为无色润唇膏。

【思考】 国标要求的理化检测指标中的耐热是 45℃，随着全球气温变化实际市场需求的耐热指数超过了 50℃，我们应怎么去适应这一变化?

表 7-15 企业生产的玫红色滋润口红配方（一）

组分	物质名称	质量分数/%	作用
A	地蜡	10.00	润肤,光泽
	蜂蜡	3.00	润肤,光泽
	微晶蜡	2.00	润肤,光泽
	聚乙烯	4.00	润肤,光泽
	二聚季戊四醇三-聚羟基硬脂酸酯	8.00	润肤,光泽
B	氢化松脂酸甲酯	16.00	润肤,光泽
	聚甘油-2 三异硬脂酸酯	4.00	润肤,光泽
C	异壬酸异壬酯	5.00	润肤,光泽
	角鲨烷	4.00	润肤,光泽
	辛基十二醇	10.00	润肤,光泽
	双甘油(癸二酸/异棕榈酸)酯	1.00	润肤,光泽
	十三烷醇偏苯三酸酯	16.80	润肤,光泽
	聚丁烯	2.00	润肤,光泽
	二异硬脂醇苹果酸酯	2.00	润肤,光泽
	聚甲基丙烯酸甲酯	1.00	润肤,光泽
	CI 77492	3.06	赋色
	CI 77491	1.49	赋色
	CI 15850	2.06	赋色
	CI 77891	4.39	赋色
	羟苯甲酯	0.05	防腐
	羟苯丙酯	0.05	防腐
D	香精	0.10	赋香

制备工艺如下。

① 将C组分原料混合浸泡8～24h后碾磨均匀，对色合格后，待用。

② 将A组分原料混合，加热至105℃溶解均匀至透明，降温到90℃，加入B组分，待用。

③ 将C组分加入主锅，加热至85℃，溶解均匀后，加入B、C组分，混合后升温至105℃保温熔解20min后降温至85℃，取样对色、检测至合格，降温至50℃，加入香精，搅拌混合均匀，即可出料。

表7-16　企业生产的玫红色滋润口红配方（二）

组分	物质名称	质量分数/%	作用
A	地蜡	8.00	润肤,光泽
	蜂蜡	3.00	润肤,光泽
	微晶蜡	2.00	润肤,光泽
	聚乙烯	4.00	润肤,光泽
	聚丁烯	2.80	润肤,光泽
B	芒果(*Mangifera indica*)籽脂	2.70	润肤,光泽
	油橄榄(*Olea europaea*)果油	10.00	润肤,光泽
C	二聚季戊四醇三-聚羟基硬脂酸酯	8.00	润肤,光泽
	氢化松脂酸甲酯	11.00	润肤,光泽
	聚甘油-2三异硬脂酸酯	4.00	润肤,光泽
	十三烷醇偏苯三酸酯	5.50	润肤,光泽
	异壬酸异壬酯	8.00	润肤,光泽
	角鲨烷	4.50	润肤,光泽
	聚甲基丙烯酸甲酯	13.50	润肤,光泽
	硅石/矿油/聚二甲基硅氧烷	4.90	润肤,光泽
	颜料红CI 15850	8.00	赋色
D	香精	0.10	赋香

制备工艺如下。

① 将C组分原料混合浸泡8～24h后碾磨均匀，对色合格后，待用。

② 将A组分原料混合，加热至105℃溶解均匀至透明，降温到90℃，加入B组分，待用。

③ 将C组分加入主锅，加热至85℃，溶解均匀后，加入B、C组分，混合后升温至105℃保温熔解20min后降温至85℃，取样对色、检测至合格，降温至50℃，加入香精，搅拌混合均匀，即可出料。

表7-17　企业生产的幻境莹亮高保湿口红配方

组分	物质名称	质量分数/%	作用
A	白蜂蜡	1.10	润肤,光泽
	微晶蜡	1.90	润肤,光泽
	地蜡	余量	润肤,光泽
	氢化聚癸烯	28.00	润肤,光泽
	氢化聚异丁烯	7.50	润肤,光泽
	异壬酸异壬酯	6.50	润肤,光泽
	十三烷醇偏苯三酸酯	2.30	润肤,光泽
	二异硬脂醇苹果酸酯	1.80	润肤,光泽
	季戊四醇四异硬脂酸酯	10.30	润肤,光泽
	双-二甘油多酰基己二酸酯-2	14.00	润肤,光泽

续表

组分	物质名称	质量分数/%	作用
B	CI 19140	6.11	赋色
	CI 15850	3.50	赋色
	CI 77891	0.66	赋色
C	霍霍巴籽油	1.20	润肤,光泽
	牛油果树(*Butyrospermum parkii*)果脂	0.01	润肤,光泽
	甜杏仁油	0.01	润肤,光泽
	油橄榄果油	0.01	润肤,光泽
	苯氧乙醇	0.30	防腐
	生育酚乙酸酯	0.30	抗氧化

制备工艺如下。

① 将A组分倒入乳化锅，10r/min低速搅拌，加热至90～95℃，搅拌至溶解完全，保温。

② 取适量溶好搅匀的A组分，加入B组分，预搅匀，经过三辊研磨机分散均匀后倒入乳化锅。保温80℃，25r/min中速搅拌，35～45r/s中高速均质360～600s，然后取样对色。

③ 颜色核对好后，将C组分倒入乳化锅，10r/min低速搅拌均匀，然后脱泡，冷却到55～60℃，即可卸料。

表7-18 企业生产的植物角鲨烷修护润唇膏配方

组分	物质名称	质量分数/%	作用
A	白蜂蜡	17.50	润肤,光泽
	蜂蜡(Kahlwax 8044)	5.24	润肤,光泽
	甜扁桃油	5.00	润肤,光泽
	山茶籽油	5.00	润肤,光泽
	油橄榄果油	余量	润肤,光泽
	澳洲坚果籽油	19.80	润肤,光泽
	牛油果树果脂	9.37	润肤,光泽
	双-二甘油多酰基己二酸酯-2	10.50	润肤,光泽
	角鲨烷	2.00	润肤,光泽
	霍霍巴籽油	1.82	润肤,光泽
B	生育酚(维生素E)	0.20	抗氧化
	生育酚乙酸酯	0.50	抗氧化
	苯氧乙醇	0.30	防腐
	香精	0.08	赋香

制备工艺：将A组分所有原料倒入乳化锅，10r/min低速搅拌，加热至90～95℃，搅拌至溶解完全，然后加入B组分，搅拌均匀后脱泡，冷却到55～60℃，即可卸料。

(二)液态唇膏

与唇膏相比，液态唇膏具有如下特征。

① 液态唇膏膏体柔软而富质感，呈黏稠液状或薄膏体状；而唇膏呈固体状。

② 液态唇膏含色彩颜料少，适合淡妆；而唇膏含色彩颜料多，适合浓妆。

③ 唇膏含固体油脂和蜡多；而液态唇膏含固体油脂和蜡少或基本不用。

④ 液态唇膏晶亮剔透，滋润轻薄，用后使双唇湿润，立体感强，尤其在追求特殊装扮效果时表现突出，但较易脱妆；而唇膏油亮，透明度和滋润保湿性不及液态唇膏，但在唇部

的附着力较高，比液态唇膏持久性好。

1. 组成与常用原料

早期的液体唇膏是一种乙醇溶液，当乙醇挥发后，留下一层光亮鲜艳的薄膜，但现在的液体唇膏已经不再使用乙醇，而是使用聚异丁烯作为基质。其主要成分是液态油脂、聚异丁烯、颜料、营养成分及香精。

(1) 油脂

油脂在液态唇膏中的比例很高，占80%以上，主要有蓖麻油、液体石蜡（白油）、凡士林、IPM、IPP、2EHP、GTCC、E-G（辛基十二醇）、二异硬脂醇苹果酸酯、十三烷醇偏苯三酸酯、氢化聚异丁烯、聚丁烯等极性和非极性油脂。聚异丁烯是无色、有特殊性气味、无毒的高纯度的液体异构直链烷烃，和白油、凡士林相比，聚异丁烯能给产品以极好而高贵的手感和质感，在液态唇膏配方中作为最基本的基质成分，起到增黏、增稠、滋润作用。

(2) 蜡类

蜡类在液态唇膏中的比例比较低，主要用来增加配方的稠度，一般不超过5%，在很多配方中甚至不加蜡类原料。主要蜡类有植物性蜡（巴西棕榈蜡、小烛树蜡等）、矿物性蜡（白蜡、地蜡、微晶蜡等）及蜜蜡等。

(3) 色浆

主要用来调节颜色，其比例根据所开发产品需求而定，一般为0.20%～10%。

(4) 增稠剂/悬浮剂

主要有蜡类、二氧化硅及聚合物类。其中聚异丁烯作为液态唇膏的基质成分，起到增黏、增稠、滋润作用。

(5) 其他

可添加维生素E、尿囊素、胶原蛋白等作为功效成分；也可添加羟苯甲酯、羟苯丙酯等作为防腐剂；还可加入BHT、BHA、VE等作为抗氧化剂。

珠光粉/珠光剂：氯氧化铋、云母-二氧化钛。

2. 配方实例

液态唇膏有唇彩和唇釉等多种形式。唇彩的颜色相对于唇釉比较厚，遮盖力较强，色彩比较丰富；唇釉颜色都很淡，属于啫喱型，看起来晶莹剔透，但是遮盖力比较差，其优点是亮泽度好，适合淡妆、透明妆或者裸妆。

(1) 唇彩配方实例

唇彩配方实例如表7-19所示。

表7-19 唇彩配方实例

组分	物质名称	质量分数/%	作用
基料	辛基十二醇	10.00	润肤,分散颜料
	二异硬脂醇苹果酸酯	10.00	润肤,增亮
	十三烷醇偏苯三酸酯	8.00	润肤,分散颜料
	辛酸/癸酸甘油三酯	5.00	润肤
	聚异丁烯	50.00	增黏,增稠
	甲硅烷基化硅石	4.30	悬浮,增稠
	维生素E	0.50	抗自由基
	羟苯丙酯	0.20	防腐
	70# 白油	余量	润肤

续表

组分	物质名称	质量分数/%	作用
色浆	钛白粉浆 红色色浆	1.5 0.5	调色 调色
香精	香精	0.2	赋香

(2) 唇釉配方实例

表 7-20 为企业实际生产的唇釉配方实例。

表 7-20 企业实际生产的光舞沁红纯色唇釉配方实例

组分	物质名称	质量分数/%	作用
A	棕榈酸乙基己酯 氢化聚癸烯 氢化(苯乙烯/异戊二烯)共聚物 辛基十二醇 聚异丁烯	8.5 余量 2.65 7.4 47	润肤 润肤 润肤 润肤 润肤
B	二甲基甲硅烷基化硅石	3.2	润肤
C	颜料 CI 15850 颜料 CI 42090	0.0148 0.0233	赋色 赋色
D	玻璃、二氧化钛、氧化锡(钻石金珠光粉) 硼硅酸铝钙、二氧化钛、氧化锡(钻石闪珠光粉)	0.157 0.368	赋色、光泽 赋色、光泽
E	生育酚(维生素 E) 苯氧乙醇 薄荷(mentha haplocalyx)油 植物甾醇/辛基十二醇月桂酰谷氨酸酯 山茶籽油 甜扁桃油 油橄榄果油 香精	0.1 0.3 0.4 0.5 0.01 0.01 0.01 适量	抗氧化 防腐 肤感 润肤 润肤 润肤 润肤 赋香

制备工艺如下。

① 将 A 组分倒入乳化锅，10～15r/min 低速搅拌，加热至 85℃，保温，溶解完全。自然降温，温度设定在 85℃。

② 将 B 组分倒入乳化锅，25r/min 中速搅拌，35～45r/s 中高速均质 360～600s，取样观察是否分散无结团。如果有结团，则再高速均质，直至分散均匀为止。

③ 取乳化锅里适量料体，与 C 组分预混合，过三辊机三遍，研磨均匀，重新倒回乳化锅。将 D 组分倒入乳化锅，在 80℃保温。25r/min 中速搅拌，35～45r/s 中高速均质 360～600s。取样对色。

④ 对色完毕。将 E 组分倒入乳化锅，在 80℃保温。25r/min 中速搅拌至溶解完全。然后 10～15r/min 低速搅拌，脱泡，冷却到 55～60℃，卸料。

(三) 唇线笔

唇线笔是为使唇形轮廓更为清晰饱满，给人以富有感情、美观细致的感觉而使用的唇部美容用品。它是将油脂、蜡和颜料混合好后，经研磨后在压条机内压注出来制成笔芯，然后黏合在木杆中，可用刀片把笔头削尖使用。笔芯要求软硬适度、画敷容易、色彩自然、使用时不断裂。

唇线笔的配方成分与唇膏类似，但质地比唇膏要稍硬，所以高熔点油脂和蜡的含量比唇膏要稍大。配方实例如表 7-21 所示。

表 7-21 唇线笔配方实例

物质名称	质量分数/%	作用	物质名称	质量分数/%	作用
蓖麻油	56	润肤	蜂蜡	4	润肤
巴西棕榈蜡	4	润肤	氢化羊毛脂	6	润肤
油醇	5	润肤	颜料浆	10	赋色
微晶蜡	4	润肤	香精	0.1	赋香
纯地蜡	11	润肤	羟苯丙酯	0.1	防腐

第三节 眼部用彩妆品

眼部用彩妆品用于对眼睛（包括睫毛）的美容化妆，可弥补和修饰缺陷，突出优点部分，使眼睛更加传神、活泼美丽、富有感情、明艳照人，在整体美中给人留下难忘的印象。眼部彩妆品的主要品种有眼影粉饼、眼影膏、眼影液、睫毛膏、睫毛液、眉笔、眼线笔、眼线液等。

一、眼影制品

眼影是用来涂敷于眼窝周围的上下眼皮形成阴影，塑造人的眼睛轮廓，强化眼神的彩妆品，有眼影粉饼、眼影膏和眼影液等。眼影粉饼适合中性至油性皮肤的肤质使用，而眼影膏则适合干性至中性皮肤的肤质使用，眼影液适合各种肤质使用。

（一）眼影粉饼

1. 组成和原料

眼影粉饼的组成、原料和块状胭脂基本相同，主要有滑石粉、硬脂酸锌、高岭土、碳酸钙、无机颜料、珠光颜料、防腐剂、黏合剂等，只是眼影粉饼的色彩比胭脂的丰富，除了红色之外，还可制成其他各种颜色。

滑石粉应选择滑爽及半透明状的，由于眼影粉饼中含有氯氧化铋珠光剂，故滑石粉的颗粒不能过细，否则会减少粉质的透明度，影响珠光效果，如果采用透明片状滑石粉，则珠光效果更佳。

由于碳酸钙的不透明性，因而适用于无珠光的眼影粉饼。

颜料采用无机颜料如氧化铁棕、氧化铁红、氧化铁黄、群青、氧化铁黑等，可根据需要制成各种不同的颜色，通常有棕色、绿色、蓝色、灰色、珍珠光泽等，各种颜色的颜料可参考以下配方：

① 蓝色：群青 65%，钛白粉 35%；

② 绿色：铬绿 40%，钛白粉 60%；

③ 棕色：氧化铁 85%，钛白粉 15%。

如需要紫色，可在蓝色颜料内加入适量洋红。色泽深浅可用增减钛白粉比例来调节。当颜料中含有铬绿时，由于铬绿中所含盐类能使蓖麻油氧化和聚合而使眼影制品变硬，使用不方便，此时应选用液体石蜡或棕榈酸异丙酯代替蓖麻油。

由于颜料的品种和配比不同，所用黏合剂的量也各不相同。加入颜料的配比较高时，也要适当提高黏合剂的用量，才能压制成粉饼。黏合剂多采用棕榈酸异丙酯、高碳脂肪醇、羊毛脂、白油等，以加强对眼部皮肤的滋润效果。

2. 配方实例

眼影粉饼的配方实例如表7-22所示，表7-23、表7-24为企业实际生产的眼影配方。

表7-22 眼影粉饼配方实例

物质名称	质量分数/%		作用
	配方1	配方2	
滑石粉	余量	余量	滑爽
硬脂酸锌	6	7	黏合
棕榈酸异丙酯	7	8	润肤、黏合
高岭土	6		吸收汗液和油脂
碳酸钙		7	吸收汗液和油脂
群青蓝		5.4	颜料(着色)
氧化铁黑		0.1	颜料(着色)
氢氧化铬绿		2	颜料(着色)
氧化铁黄	2		颜料(着色)
二氧化钛-云母	39.6		珠光颜料(着色)
羟苯甲酯	0.05	0.05	防腐
羟苯丙酯	0.05	0.05	防腐
苯氧乙醇	0.3	0.3	防腐

表中所列配方中，配方1为珠光眼影粉饼，其中含有二氧化钛-云母珠光颜料；配方2为消光眼影粉饼。

表7-23 企业实际生产的珠光眼影配方

组分	物质名称	质量分数/%	作用
A	HDI/三羟甲基己基内酯交联聚合物/硅石	4.00	抗结块、肤感调节
	硬脂酸镁	2.00	黏合
	锦纶-12	2.00	滑爽
	滑石粉/三乙氧基辛基硅烷	10.00	滑爽
	云母	14.00	吸收
B	石蜡	5.00	润肤、黏合
	异壬酸异壬酯	6.63	润肤
	苯基聚三甲基硅氧烷	3.00	润肤
	二聚季戊四醇三-聚羟基硬脂酸酯	1.00	润肤
	蜂蜡	0.10	润肤
	聚甘油-2三异硬脂酸酯	2.50	润肤
	乙基己基甘油	0.10	润肤
	甘油辛酸酯	0.10	润肤
C	CI 77492	0.57	赋色
D	CI 77891/云母	49.00	赋色

制备工艺如下。

① 将B组分的油先加热溶解均匀后，降温至室温待用。

② 将A组分放入主锅，高速搅拌两次，每次各10min，刮壁处理。

③ 将C组分加入A组分主锅，高速搅拌两次，每次各10min，刮壁处理。

④ 将B组分高速搅拌加入A、C混合物中，高速搅拌两次，每次各10min，刮壁处理。

⑤ 加入D组分，高速搅拌两次，每次5min，刮壁处理。取样对色，检测合格后，卸料。

表 7-24 企业实际生产的美丽中轴线莹幻眼影配方

组分	物质名称	质量分数/%	作用
A	滑石粉、三乙氧基辛基硅烷(硅处理3000目滑石粉)	21.5	滑爽
	硬脂酸镁	6.2	黏合
	硅石、聚甲基硅氧烷(硅处理硅石粉)	5.1	滑爽
	硼硅酸铝钙	5	抗结块
	高岭土、聚二甲基硅氧烷(硅处理高岭土)	2.5	吸收
B	云母、二氧化钛(珠光粉)	余量	吸收
	硼硅酸钠钙、二氧化钛、氧化锡(珠光粉)	15.38	珠光、赋色
	云母、二氧化钛、氧化铁类(珠光粉)	6.15	珠光、赋色
	云母、二氧化钛和颜料红57：1(珠光粉)	8.21	珠光、赋色
C	矿脂	5.1	润肤、黏合
	聚二甲基硅氧烷	1.2	润肤、黏合
	棕榈酸乙基己酯	1.9	润肤、黏合
	氢化聚癸烯	8.2	润肤、黏合
	苯氧乙醇	0.5	防腐

制备工艺如下。

① 将A、B组分分别倒入展色机，2900r/min高速搅拌30s。

② 将C组分倒入展色机上的喷雾装置，设定喷油时间为60s，一边喷雾一边500r/min低速搅拌。喷雾完毕，2900r/min高速搅拌30s进行对色。送检合格后即可出锅。不合格，则调色至合格为止。

(二)眼影膏

1. 组成

眼影膏的成分与胭脂膏基本一致，是用油脂、蜡和颜料制成的产品，只是色彩比胭脂要丰富一些。与眼影粉饼相比，遮盖效果不如眼影粉饼，而且易脱妆，但滋润效果比眼影粉饼好。

2. 配方实例

眼影膏的配方实例如表7-25所示，表7-26为企业实际生产的棕色哑光眼影膏配方。

表 7-25 眼影膏配方实例

物质名称	质量分数/%	作用	物质名称	质量分数/%	作用
凡士林	20	滋润	白油	20	增稠
异十六烷	20	滋润	云母	10	珠光
羊毛脂	5	滋润、赋型	颜料	适量	赋色
蜂蜡	10	滋润、赋型	羟苯甲酯	0.1	防腐
地蜡	8	滋润	羟苯丙酯	0.05	防腐

眼影膏膏状物作眼影粉饼的功效使用，在设计配方时要考虑其清爽性和起渣问题。所以油脂的选择很重要。

表 7-26　企业实际生产的棕色哑光眼影膏配方

组分	物质名称	质量分数/%	作用
A	锦纶-12	1.00	滑爽
	硬脂酸镁	1.00	黏合
	HDI/三羟甲基己基内酯交联聚合物/硅石	1.00	抗结块、调节肤感
	氯氧化铋	5.00	珠光
	云母	20.70	吸收
	滑石粉/三乙氧基辛基硅烷	6.00	滑爽
	聚甲基硅倍半氧烷	2.00	滑爽
B	石蜡	2.50	润肤
	异壬酸异壬酯	24.00	润肤
	苯基聚三甲基硅氧烷	9.40	润肤
	聚甘油-2 三异硬脂酸酯	8.50	润肤
	二聚季戊四醇三-聚羟基硬脂酸酯	4.00	润肤
	蜂蜡	0.30	润肤
	乙基己基甘油	1.20	润肤
	甘油辛酸酯	0.60	润肤
C	丁二醇	6.50	保湿
D	CI 77491	1.78	赋色
	CI 77492	3.32	赋色
	CI 77499	1.20	赋色

制备工艺如下。

① 将 B 组分的油先加热溶解均匀后，降温至室温待用。

② 将 A 组分放入主锅，高速搅拌两次，每次各 10min，刮壁处理。

③ 将 C 组分加入 A 组分主锅，高速搅拌两次，每次各 10min，刮壁处理。

④ 将 B 组分高速搅拌加入 A、C 混合物中，高速搅拌两次，每次各 10min，刮壁处理。

⑤ 加入 D 组分，高速搅拌两次，每次 5min，刮壁处理。取样对色，检测合格后，卸料。

(三) 眼影液

1. 组成

眼影液是以水为介质，将颜料分散于水中制成的液状产品，具有价格低廉、涂敷方便等特点。制作该产品的关键是使颜料均匀、稳定地悬浮于水中，通常需加入硅酸铝镁、聚乙烯吡咯烷酮等增稠稳定剂，以避免固体颜料沉淀。另外，聚乙烯吡咯烷酮能在皮肤表面形成薄膜，对颜料有黏附作用，使其不易脱落。

2. 配方实例

眼影液的配方实例如表 7-27 所示。

表 7-27　眼影液配方实例

物质名称	质量分数/%	作用	物质名称	质量分数/%	作用
硅酸铝镁	2.5	增稠、悬浮	羟苯丙酯	0.05	防腐
聚乙烯吡咯烷酮	10	增稠、悬浮	苯氧乙醇	0.4	防腐
颜料	10	赋色	去离子水	余量	溶解、稀释
羟苯甲酯	0.1	防腐			

二、睫毛制品

睫毛用彩妆品是用于睫毛着色，使眼睫毛有变长和浓密的感觉，以增强眼睛的魅力，可以制成睫毛膏、睫毛饼和睫毛液。睫毛饼已不流行，目前主要流行睫毛膏和睫毛液。

睫毛膏和睫毛液的颜色以黑色、棕色和青色为主，一般采用炭黑和氧化铁棕。睫毛膏有乳化型和油膏型两种。乳化型目前主要以雪花膏体系最为成熟，为了追求温和，有的也采用烷基糖苷来作乳化剂。睫毛膏的配方实例如表 7-28 所示。

表 7-28 睫毛膏配方实例

物质名称	质量分数/%	作用
甘油硬脂酸酯、PEG-100 硬脂酸酯	2.0	增稠、乳化
聚甘油-3 甲基葡糖二硬脂酸酯	2.0	增稠、乳化
蜂蜡	6.0	润肤、增稠
小烛树蜡	6.0	成膜、增稠
硬脂酸	4.0	增稠
异构十二烷	5.0	保湿
甘油	4.0	保湿
1,3-丁二醇	6.0	保湿
黄原胶	0.3	增稠
三乙醇胺	1.2	中和
水性炭黑分散液(Realmia 40 black)	15.0	色素
尼龙纤维	2.0	增长
防腐剂	适量	防腐
去离子水	余量	溶解

制作工艺。将油相加热熔化至 75℃，再将水相加热至 75℃，然后将水相倒入油相中，并不断搅拌乳化后均质，最后加入颜料，搅拌均匀，冷却至室温灌装。

睫毛液的制作是将聚乙烯醇、甘油和水混合溶解，加入颜料，搅拌均匀，用胶体磨研磨，加入聚丙烯酸混合均匀，用三乙醇胺中和，搅拌混合均匀即可。睫毛液的配方实例如表 7-29 所示。

表 7-29 睫毛液配方实例

物质名称	质量分数/%	作用	物质名称	质量分数/%	作用
聚丙烯酸	0.5	增稠、悬浮	炭黑染色的尼龙纤维	2	着色、增长
聚乙烯醇	5	成膜	防腐剂	0.1	防腐
三乙醇胺	0.5	中和	去离子水	余量	溶解
甘油	4	保湿			

三、眉笔

眉笔又称为眉墨，主要用于眉毛的修饰化妆，可增浓眉毛的颜色，画出和脸型、肤色、眼睛协调一致，甚至与气质、言谈相融合的动人的眉毛。

眉笔是采用油脂和蜡加上炭黑制成细长的圆条。有的像铅笔，把圆条装在木杆里作笔芯制成铅笔式眉笔，使用时也像铅笔那样把笔头削尖；有的把圆条装在细长的金属或塑料管内制成推管式眉笔，使用时可用手指将芯条推出来。眉笔以黑、棕二色为主，要软硬适度，容易涂敷、使用时不断裂、贮藏日久笔芯不起白霜、色彩自然。眉笔的硬度是由所加入蜡的量和熔点调节的。眉笔配方实例如表 7-30 所示。

表 7-30　眉笔配方实例

物质名称	质量分数/%		作用
	铅笔式眉笔	推管式眉笔	
石蜡	20	30	成型、滋润
凡士林	18	10	滋润
巴西棕榈蜡	5		成型、滋润
蜂蜡	22	18	成型、滋润
虫蜡		12	成型、滋润
十六醇	8		成型、滋润
羊毛脂	9	11	成型、滋润
白矿油		7	滋润
炭黑+色粉	8	12	着色
珠光颜料	10		珠光

四、眼线制品

眼线制品用于眼皮下边缘，使眼睛轮廓扩大、清晰、层次分明、更富感染力，用来强调眼睛轮廓，衬托睫毛，加强眼影所形成的阴影效果。市售眼线制品有固态（眼线笔）和液态（眼线液）两种。

铅笔型眼线笔是目前很流行的产品，其包装与唇膏相似。由于眼线笔用于眼睛的周围，因此其笔芯要有一定的柔软性，且当汗液和泪水流下时不致化开，使眼圈发黑。眼线笔的配方与眉笔相似，主要由各种油脂、蜡类加上颜料配制而成，经研磨压条制成笔芯，黏合在木杆中，使用时用刀片将笔头削尖。其硬度是由加入蜡的量和熔点来调节的。

眼线液也是较流行的产品，一般装在小瓶内，并以纤细绒毛状的笔附于瓶盖。取出瓶盖，毛笔即沾上眼线液，沿睫毛生长的边缘，可描画一道细细的线。与眼线笔相比，眼线液有两个很明显的特点：第一是不容易晕妆，持久性好；第二是妆效线条流畅、突出、逼真，比较适合强调眼线、时尚感强的妆容。

眼线液一般用炭黑作颜料，目前多采用炭黑分散液，如广州市某化工有限公司提供的 Realmia 40 black 就是一款优异的水性炭黑分散液，具有非常好的流动性和抗冻性，很受配方工程师欢迎，广泛应用于眼线液、睫毛膏配方中。

眼线笔的配方实例如表 7-31 所示，眼线液的配方实例如表 7-32 所示。表 7-33 为企业实际生产的眼线液配方。

表 7-31　眼线笔配方实例

物质名称	质量分数/%	作用
巴西棕榈蜡	2	成型、滋润
地蜡	10	成型、滋润
微晶蜡	4	成型、滋润
羊毛脂	5	滋润
十六十八醇	5	成型、滋润
2EHP	8	润肤
IPP	4	润肤
二异硬脂醇苹果酸酯	5	润肤、光泽
白矿油	余量	润肤
二氧化钛-云母	25	着色、光泽
颜料	10	着色
生育酚	0.20	滋润、抗氧化、修复
羟苯甲酯	0.20	防腐
羟苯丙酯	0.10	防腐
BHT	0.05	抗氧化

此为眼线笔的传统配方，是根据唇膏配方改良的。新型配方中添加了成膜剂及快速挥发的溶剂，使用时快干成固态，这样不会有晕妆现象。

眼线笔制作方法：将油脂、蜡混合，加热熔化后加入粉体、颜料和防腐剂，搅拌混合均匀，研磨、分散均匀，注入模型制成笔芯。

表 7-32　眼线液配方实例

物质名称	质量分数/%	作用
硬脂酸	2.4	增稠、乳化、滋润
硬脂酸单甘酯	0.6	乳化
肉豆蔻酸异丙酯	2.0	润肤
羊毛脂	2.0	滋润
三乙醇胺	5.0	中和
聚乙烯吡咯烷酮(PVP)	10.0	成膜
丙二醇	6.0	保湿
炭黑分散液(Realmia 40 black)	30.0	着色
生育酚	0.20	滋润、抗氧化、修复
防腐剂	适量	防腐
去离子水	余量	溶解

眼线液制作方法：将肉豆蔻酸异丙酯与炭黑用辊筒加以分散后加到油相中，然后加入水相进行乳化，冷却后加入防腐剂即可。

表 7-33　企业实际生产的眼线液配方

物质名称	质量分数/%	作用
去离子水	余量	溶解
丙烯酸(酯)类/丙烯酸乙基己酯共聚物(和)丙烯酸(酯)类/甲基丙烯酸二甲基氨乙酯共聚物 (SYNTRAN PC5778)	20.0	水性成膜
Realmia 50 black(水/炭黑/丙烯酸铵共聚物)	30.0	经表面处理的炭黑分散液
1,3-丁二醇	6.0	保湿，抗冻
苯氧乙醇	0.3	防腐
辛二醇	0.1	防腐
乙基己基甘油	0.1	保湿

制备工艺：先用1,3-丁二醇和苯氧乙醇溶好，然后再按顺序加入其他原料，搅拌相溶即可。此配方具有抗水性好、抗晕染、持久性强、抗冻性良好、出水流畅等优点。

第四节　指甲用化妆品

指甲用化妆品是通过对指甲的修饰、涂布来美化、保护和清洁指甲，主要有指甲油、指甲白、指甲油去除剂、指甲漂白剂、去表皮剂、指甲抛光剂和指甲保养剂等，但使用最多的是指甲油和指甲油去除剂。

一、指甲油

指甲油是用来修饰和美观指甲的化妆品，它能在指甲表面上形成一层耐摩擦的薄膜，起到保护、美化指甲的作用，是目前销量最大的指甲用化妆品。

理想指甲油的质量应达到如下要求：

① 涂敷容易，具有合适的黏度，一般控制在0.3～0.4Pa·s范围内；

② 有较快的干燥速度，3～5min干燥；

③ 形成的膜要均匀，无小孔；

④ 涂膜色调鲜艳，光亮度好，光泽和色调能保持长久不变色；

⑤ 涂膜附着力要好，耐摩擦，不开裂，不脱落；

⑥ 安全性高，不会损伤指甲；

⑦ 涂膜容易被指甲油去除剂去除。

(一)组成与常用原料

根据挥发性，指甲油成分分为成膜成分和挥发性成分，成膜成分有：成膜剂、黏合剂、增塑剂、着色剂等；挥发性成分主要是一些挥发性溶剂。

1. 成膜剂

成膜剂是指甲油的关键成分，主要有硝酸纤维素、乙酸纤维素、丁酸纤维素、聚乙烯以及丙烯酸甲酯聚合物等，其中最常用的是硝酸纤维素。

硝酸纤维素在硬度、附着力、耐磨性等方面均极优良。不同规格的硝酸纤维素对指甲油的性能会产生不同的影响，适合于指甲油的是含氮量为11.2%～12.8%的硝酸纤维素。

硝酸纤维素的缺点是容易收缩变脆，光泽较差，附着力也不够强，因此需加入树脂以改善光泽和附着力，加入增塑剂以增加韧性和减少收缩，使涂膜柔软、持久。另外，硝酸纤维素是易燃易爆的危险品，要注意防火和防爆。

2. 黏合剂

由于成膜剂的附着力不够强，指甲油中一般需要添加黏合剂，以克服硝酸纤维素等成膜剂的缺点，提高硝酸纤维素薄膜的亮度和附着力。指甲油用的黏合剂有天然树脂（如虫胶）和合成树脂。由于天然树脂质量不稳定，所以近年来已被合成树脂代替，常用的合成树脂有醇酸树脂、氨基树脂、丙烯酸树脂、聚乙酸乙烯酯树脂和对甲苯磺酰胺甲醛树脂等。其中，对甲苯磺酰胺甲醛树脂对膜的厚度、光亮度、流动性、附着力和抗水性等均有较好的效果，是最常用的辅助成膜树脂。

3. 增塑剂

硝酸纤维素膜很脆，尽管加入黏合剂改进了其性能，但还是不能达到指甲油所要求的柔韧性。使用增塑剂就是为了使涂膜柔软、持久、减少膜层的收缩和开裂现象。指甲油用的增塑剂有两类，一类是溶剂型增塑剂，如磷酸三甲苯酯、苯甲酸苄酯、磷酸三丁酯、柠檬酸三乙酯、邻苯二甲酸二辛酯等，这类增塑剂既是硝酸纤维素的溶剂，也是增塑剂。过去常用的是邻苯二甲酸酯类，但随着近年来的塑化剂风波，邻苯二甲酸酯类物质在化妆品中已经很少用。另一类是非溶剂型增塑剂，如樟脑和蓖麻油等，这类着色剂与硝酸纤维素配伍性不好，一般与溶剂型增塑剂一起使用。增塑剂用量一般为硝酸纤维素干基质量分数的25%～50%，用量过多，会影响成膜附着力。

4. 溶剂

指甲油用溶剂的作用是溶解成膜剂、树脂、增塑剂等，调节指甲油的黏度，获得适宜的使用感觉，并要求具有适宜的挥发速度。挥发太快，会影响指甲油的流动性，产生气孔、残留痕迹，影响涂层外观；挥发太慢，会使流动性太大，成膜太薄，干燥时间太长。能够满足这些要求的单一溶剂是不存在的，一般使用混合溶剂。

按照溶剂的溶解能力不同，溶剂可分为真溶剂、助溶剂和稀释剂三种。

（1）真溶剂

真溶剂单独使用时能溶解硝酸纤维素等成膜剂，包括以下三类。

① 低沸点溶剂：沸点在100℃以下，如丙酮、乙酸乙酯和丁酮等。这类溶剂蒸发速度快，其硝化纤维素溶液黏度较低。成膜干燥后，容易“发霜”变浊。

② 中沸点溶剂：沸点在100～150℃，如乙酸丁酯、二甘醇单甲醚和二甘醇单乙醚等。这类溶剂流展性好，其硝化纤维素溶液黏度较高，能抑制“发霜”变浊现象。乙酸丁酯是常用溶剂。

③ 高沸点溶剂：沸点在150℃以上，如乙二醇-乙醚（溶纤剂）、乙酸溶纤剂、乙二醇二丁醚（丁基溶纤剂）和一些溶剂型增塑剂。这类溶剂配制的硝化纤维溶液黏度高、不易干，流展性较差，涂膜光泽好，密着性高，不会引起“发霜”变浊。

使用时一般将三类溶剂复配使用。

（2）助溶剂

助溶剂单独使用时对成膜剂无溶解性，与真溶剂合用能大大增加溶解性，并能改善指甲油的流动性，常用乙醇和丁醇。如乙酸乙酯溶解硝化纤维时，溶解速度缓慢，加入乙醇可促进其溶解，但乙醇本身不能溶解硝化纤维。

（3）稀释剂

稀释剂对成膜剂无溶解能力和促进溶解的能力，但与真溶剂合用能增加树脂的溶解能力，并能调整产品的黏度，降低指甲油的成本，常用甲苯和二甲苯等。

5. 着色剂

着色剂能赋予指甲油以鲜艳的色彩，并起不透明的作用。一般采用不溶性的颜料和色淀，以产生不透明的美丽色调。另外，还常添加二氧化钛以增加乳白感，添加珠光颜料（如鸟嘌呤、氯氧化铋、二氧化钛-云母）增强光泽。

6. 悬浮剂

为了防止颜料沉淀，需要添加悬浮剂以增加指甲油的稳定性和调节其触变性。最常用的悬浮剂是季铵化的黏土类，如苄基双甲基氢化牛油脂基季铵化蒙脱土、双甲基双十八烷基季铵化膨润土和双甲基双十八烷基季铵化水辉石等。悬浮剂用量为0.5%～2%。

7. 其他成分

根据需要可添加防晒剂、抗氧化剂、油脂等。

（二）配方实例

表7-34为指甲油配方实例，其中配方1为珠光型指甲油，配方2为不透明型指甲油，配方3为透明型指甲油。

表7-34　指甲油配方实例

物质名称	质量分数/%			作用
	配方1	配方2	配方3	
硝酸纤维素	12	12	13	成膜
醇酸树脂		7	8	黏合
对甲苯磺酰胺甲醛树脂	5			黏合
乙酰柠檬酸三丁酯	2	5	2	增塑
樟脑	3			增塑
蓖麻油			3	增塑

续表

物质名称	质量分数/%			作用
	配方 1	配方 2	配方 3	
丙酮	4			低沸点溶解
乙酸乙酯	7	23	9	低沸点溶解
乙酸丁酯	30	11	26	中沸点溶解
乙基溶纤剂	3	4	4	高沸点溶解
乙醇		5	7	助溶
季铵化水辉石	1	1		悬浮
二氧化钛-云母	4			珠光
BHT	0.1	0.1	0.1	抗氧化
着色剂	适量	适量	适量	着色
香料	适量	适量	适量	赋香
甲苯	适量	适量	适量	稀释

另外，目前有一些颜料生产企业把颜料、硝酸纤维素、树脂和增塑剂等预制成干片或浓缩浆液出售，一些溶剂混合物也配套出售。指甲油生产企业可成套购买，进行稀释混合，甚至可购买到现成指甲油桶装原料，进行灌装即可出售，较少厂家自己从原料开始制造指甲油。

（三）环保型指甲油——溶剂型指甲油的替代者

这里所指的就是水性指甲油，德国某公司最新推出一种突破性技术——一种具有长期耐久性的水性指甲油。该技术基于 Syntran PC5620（苯乙烯/丙烯酸酯/氨甲基丙烯酸酯共聚物），是一款具有超高光泽和很好的附着力、耐水性和硬度，被称为安全的、先进技术的丙烯酸酯成膜乳液。

该技术能提供较快的干燥速度，并容易用乙醇去除，所配制成的具有护甲功能的产品，同水性活性成分可兼容。这解决了目前含硝化纤维的油性指甲油所遇到的含有毒和挥发性物质等安全隐患，从而可生产出无毒、无味，不含乙酸、丙酮、邻苯二甲酸盐或者苯类的不安全物质的产品。

表 7-35 为水性指甲油配方实例。

表 7-35 水性指甲油配方实例

组分	物质名称	质量分数/%	作用
A	PC562085	余量	水性成膜剂
B	CI 15850	7.0	着色
	双丙甘醇二苯甲酸酯	2.4	增塑
	二丙二醇正丁醚	4.4	增塑
	KL-219(氨基丙酸酯共聚物)	1.2	成膜、色料分散
	防腐剂	适量	防腐

二、指甲油去除剂

指甲油去除剂是用来去除涂在指甲上的指甲油膜的产品，其主要组成是硝酸纤维素溶剂，可以用单一溶剂，也可用混合溶剂。为了减少溶剂对指甲的脱脂而引起的干燥感觉，可适量加入油脂、蜡及其他类似物质。表 7-36 为指甲油去除剂配方实例。

表 7-36　指甲油去除剂配方实例

物质名称	质量分数/%	作用
乙酸乙酯	40	低沸点溶解
乙酸丁酯	30	中沸点溶解
丙酮	13	低沸点溶解
乙基乙二醇醚	10	高沸点溶解
肉豆蔻酸异丙酯	5	滋润
单甘酯	2	滋润

三、其他指甲用品

(一)指甲白

指甲白又称为指甲增白剂，用于在指甲尖里面修出一条平整的白色边缘，使之变白、美化而用的糊状或膏状化妆品。配方实例如表 7-37 所示。

表 7-37　指甲白配方实例

物质名称	质量分数/%	作用
氧化锌	20	遮盖
钛白粉	10	遮盖
高岭土	25	吸收、遮盖
羧甲基纤维素	2	增稠、悬浮
去离子水	余量	溶解、稀释

(二)指甲漂白剂

指甲漂白剂用于漂洗掉指甲上的污垢，如墨水、烟渍或食物污迹等，使指甲变白，一般采用氧化剂或还原剂为原料，可制成溶液或膏霜状。配方实例如表 7-38 所示。

表 7-38　指甲漂白剂配方实例

物质名称	质量分数/%	作用
2%过氧化氢	50	漂白
甘油	10	保湿
苯甲酸	0.1	防腐
去离子水	余量	溶解、稀释

(三)去表皮剂

去表皮剂是修甲术中必备用品，用于指甲剪好后修饰指甲根部。当皮肤接近指甲处就开始角质化，而死去的细胞和脂肪一起形成一层不规则的附加物，这层附加物随时间变得越长、越厚、越粗糙，可用去表皮剂将其软化除去。去表皮剂一般以碱性物质为主要原料，再配入保湿剂降低刺激性，可制成液状或膏状。配方实例如表 7-39 所示。

表 7-39　去表皮剂配方实例

物质名称	质量分数/%	作用
三乙醇胺	8	软化皮肤
甘油	15	保湿
丙二醇	5	保湿
乙醇	25	角质溶解
去离子水	余量	溶解、稀释

第五节　卸妆化妆品

化妆，一方面可以增加女性的美丽，另一方面在社交礼仪上也是对别人尊重。因此，现在不论任何场合都不提倡“素面朝天”，虽不要求浓妆艳抹，但化上淡淡的妆，不但是种基本的礼节，也可提升自己的自信心。随着化妆的流行，卸妆化妆品也日益受到消费者青睐。

常用的卸妆化妆品主要有卸妆油、卸妆水、卸妆乳、卸妆膏。

一、卸妆油

卸妆油是一种加了乳化剂的油脂（通常用植物油、矿物油、合成脂作基底），可以轻易与脸上的彩妆油污融合，再通过水乳化的方式，冲洗时将脸上的污垢统统带走。因为它清洁力强，同时对皮肤角质层摩擦小，所以基本大部分肤质都很适合用卸妆油。

表 7-40 为企业生产的一款普通遇水乳化卸妆油配方；表 7-41 为一款企业生产的干湿两用防水型卸妆油配方，该配方产品属于耐水型卸妆油，润湿的手都可以使用，遇水不降低卸妆力；表 7-42 为一款企业生产的双连续相卸妆油配方，该卸妆油基于双连续相结构，水油一体，透明澄清，洗净力出色。

表 7-40　普通遇水乳化卸妆油配方

物质名称	质量分数/%	作用
白矿油	余量	清洁、润肤
碳酸二辛酯(CETIOL CC)	20	清洁、润肤
鲸蜡醇乙基己酸酯(CETIOL SN-1)	35	清洁、润肤
油橄榄果油	5	清洁、润肤
PEG-20 甘油三异硬脂酸酯	15	清洁、乳化

表 7-41　企业生产的干湿两用防水型卸妆油配方

物质名称	质量分数/%	作用
白矿油	44	清洁、润肤
碳酸二辛酯(CETIOL CC)	5	清洁、润肤
棕榈酸乙基己酯 2EHP	20	清洁、润肤
霍霍巴籽油	5	清洁、润肤
PEG-8 甘油异硬脂酸酯	25	清洁、乳化
去离子水	0.5	清洁
甘油	0.5	保湿、清洁

表 7-42　企业生产的双连续相卸妆油配方

物质名称	质量分数/%	作用
PEG-20 甘油三异硬脂酸酯	12	清洁、润肤
PEG-7 甘油椰油酸酯	6	清洁、润肤
PEG-8 辛酸/癸酸甘油酯类	12	清洁、润肤
甘油	15	清洁、润肤
1,3-丁二醇	15	保湿、清洁
棕榈酸乙基己酯(2EHP)	15	清洁、乳化
去离子水	余量	溶解

二、卸妆水

与卸妆油相比，卸妆水卸妆能力不强，主要用于卸除淡妆的水剂化妆用品，通常配方中含有较多的表面活性剂、保湿剂和乙醇，以增加对皮肤的清洁作用。

表 7-43 为企业生产的一款舒缓卸妆水配方，该款产品配方中加入了 PEG-8 辛酸/癸酸甘油酯、PEG-20 甘油异硬脂酸酯，能有效清除脸上污垢，卸除彩妆。加入 SH-88 可有效缓解 PEG-8 辛酸/癸酸三甘油酯、PEG-20 甘油异硬脂酸酯的刺激性，改善用后肤感和保湿度，且配方性价比高。

表 7-43 企业生产的舒缓卸妆水配方

组分	物质名称	质量分数/%	作用
A	去离子水	余量	溶解
	EDTA-2Na	0.05	螯合
	1,3-丙二醇	5.00	保湿、清洁
	聚季铵盐-10	0.10	调理
B	PEG-8 辛酸/癸酸甘油酯	4.00	清洁
	麦芽寡糖葡糖苷、氢化淀粉水解物 SH-88	2.00	润肤，降低刺激性
	PEG-20 甘油异硬脂酸酯	0.30	清洁
C	洋甘菊提取物	1.00	舒缓

制备工艺如下。

① 将 A 组分依次加入，溶解完全，升温至 80℃。

② 把 B 组分加入 A 组分中，搅拌均匀透明，降温。

③ 降温到 45℃，加入 C 组分，搅拌均匀。

④ 降温到 38℃，得透明料体，出料。

表 7-44 为企业生产的泡沫型卸妆水配方，以支链醇 AES 为主活性成分，充分利用支链醇 AES 超清爽肤感、渗透力强的特点，来达到卸妆目的。

表 7-44 企业生产的泡沫型卸妆水配方

组分	物质名称	质量分数/%	作用
A	去离子水	余量	溶解
	EDTA-2Na	0.05	螯合
	支链醇 AES(崃克保 4388)	5.50	洁肤
	1,2-己二醇	0.80	防腐、洁肤、保湿
	异戊二醇	0.50	防腐、洁肤、保湿
	PEG-8 辛酸/癸酸甘油酯	3.00	清洁
B	氯化钠	0.80	增稠
	柠檬酸钠	0.12	pH 调节
C	香精	0.15	赋香

制备工艺。先将 A 组分中去离子水加热至 80℃，依次加入其他成分，溶解完全；将 B 组分加入 A 组分中，搅拌均匀透明，降温到 45℃；加入 C 组分，搅拌均匀，降温到 38℃，出料。

三、卸妆膏和乳

卸妆膏和乳是介于卸妆油与卸妆水之间的一种卸妆化妆品，在本书第二章阐述的清洁霜、乳液和本书第三章中阐述的水乳，均可作为卸妆膏和乳来使用。所以，卸妆膏和乳的原料组成与本书第二章阐述的膏霜、乳液是一致的。

表 7-45 为一款企业生产的水润卸妆乳配方，表 7-46 为一款企业生产的保湿卸妆膏配方。

表 7-45 企业生产的水润卸妆乳配方

组分	物质名称	质量分数/%	作用
A	去离子水	余量	溶解
	EDTA-2Na	0.05	螯合
	双丙甘醇	3.00	保湿
	聚乙二醇-8	2.00	保湿
	丙烯酸酯/C_{10}～C_{30}烷基丙烯酸酯交联聚合物	0.20	增稠
B	异硬脂醇/丁二醇椰油酯/乙基纤维素	3.50	乳化
	白矿油	5.00	润肤
	氢化聚异丁烯	8.00	润肤
	油橄榄果油	0.50	润肤
	沙棘果油	0.50	润肤
C	环五聚二甲基硅氧烷	3.00	润肤
D	1,2-己二醇	1.00	防腐
	对羟基苯乙酮	0.50	防腐
E	氨甲基丙醇	0.15	pH 调节
	PCA 钠	0.50	保湿
	香精	0.20	赋香

制备工艺如下。

① 将 A 组分依次加入，溶解完全，升温至 80℃。

② 将 B 组分完全加入，升温至 80℃，溶解完全透明备用。

③ 把 C 组分加入 B 组分中，混合均匀后，马上真空状态加入 A 组分，边加入边开动均质机 3000r/min，乳化 10min，膏体均匀细腻后，降温。

④ 降温到 45℃，加入 D 组分（提前 80℃加热溶解透明）和 E 组分，搅拌均匀，膏体有变稠现象。

⑤ 降温到 38℃，得膏体细腻，出料。

表 7-46 企业生产的保湿卸妆膏配方

组分	物质名称	质量分数/%	作用
A	去离子水	7.00	溶解
	聚甘油-10 山嵛酸酯/二十烷二酸酯	8.00	乳化
	聚甘油-10 油酸酯	1.00	乳化
	甘油	28.00	保湿
	1,3-丙二醇	5.00	保湿
	双丙甘醇	5.00	保湿
B	甘油山嵛酸酯/二十酸酯	3.00	润肤
	氢化卵磷脂	1.50	乳化
	异壬酸异壬酯	6.00	润肤
	白池花籽油	5.00	润肤
	棕榈酸乙基己酯	30.40	润肤
C	香精	0.10	赋香

制备工艺如下。

① 将A组分依次加入，升温至80℃，搅拌均匀。

② 保温80℃，把B组分加入A组分中，搅拌均匀。

③ 降温到60℃，加入C组分，搅拌均匀至透明出料，热灌装，冷却。

第六节 生产工艺与质量控制

一、粉类化妆品的生产工艺和质量控制

(一) 生产工艺

粉类产品，如香粉、爽身粉和痱子粉等的生产过程基本一致，其工艺流程如图7-1所示。

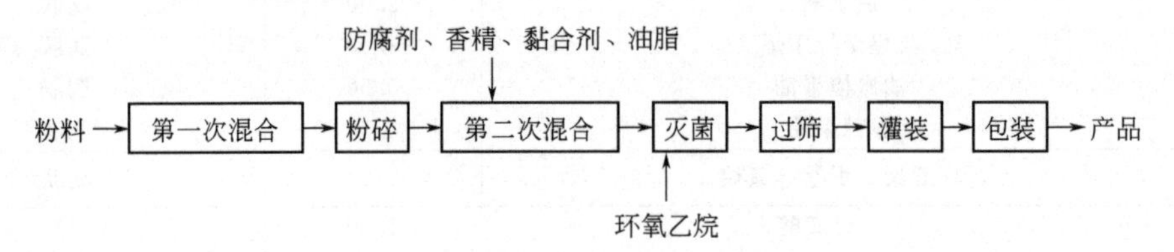

图7-1 粉类化妆品的生产工艺流程图

1. 混合

混合的目的是将各种粉料用机械的方法使其拌和均匀，是香粉生产的主要工序。第一次混合属于粉料初步混合，将各种粉料拌合在一起即可，有的生产企业也省略这一步。第二次混合属于精细混合，将粉碎后的粉料均匀地混合起来。混合设备的种类很多，早期一般采用带式混合机、立式螺旋混合机、V形混合机，现在生产企业则一般采用高速混合机。目前所用的高速混合机一般含有喷油装置，即在粉料混合过程中可将液体油性混合物（由防腐剂、香精、黏合剂、油脂等混溶而成的混合物）呈雾状喷入粉料中，易分散均匀，克服了传统混合机易出现结团和粉尘飘扬的缺陷。

2. 粉碎

粉碎的目的是将颗粒较粗的粉料进行粉碎，并使加入的颜料分布得更均匀，显出应有的色泽。经粉碎后的粉料色泽应均匀一致，颗粒应均匀细小。目前，粉碎设备一般多采用高速粉碎机。

3. 粉料灭菌

滑石粉、高岭土、钛白粉等粉末原料具有吸附性，会吸附细菌、霉菌等微生物，而这类制品是用于美化面部等皮肤表面的，为保证制品的安全性，通常要求香粉、爽身粉、粉饼等制品的菌落总数＜1000CFU/g，而眼部化妆品如眼影粉要求菌落总数＜500CFU/g，所以必须对粉料进行灭菌。粉料灭菌方法有环氧乙烷气体灭菌法、钴-60放射性源灭菌法等。放射性射线穿透性强、对粉类灭菌有效，但投资费用高。现在，大部分企业采用预防控制方法，即控制原料来源和生产过程卫生，确保产品卫生标准。

4. 过筛

通过粉碎后的粉料或多或少会存在极少部分较大的颗粒，为保证产品质量，要经过筛处理。常用的是振动筛粉机。由于筛粉机内的筛孔较细，一般附装有不同形式的刷子，过筛时

不断在筛孔上刷动，使粉料易于过筛。过筛后粉料颗粒度应能通过 120 目标准筛网。

5. 灌装

灌装是粉类产品生产的最后一道工序，一般采用的有容积法和称量法。灌装机要有较高的定量精度和速度，结构简单，并可根据定量要求进行手动调节或自动调节。

（二）质量控制

（1）香粉的黏附性差

这主要是因为硬脂酸镁或硬脂酸锌用量不够或质量差，含有其他杂质，此外粉料颗粒粗也会使黏附性差。应适当调整硬脂酸镁或硬脂酸锌的用量，选用色泽洁白、质量较纯的硬脂酸镁或硬脂酸锌；如果采用微黄色的硬脂酸镁或锌，容易酸败，而且有油脂气味；另外，将香粉尽可能磨得细一些，可改善香粉的黏附性能。

（2）香粉吸收性差

这主要是由于碳酸镁或碳酸钙等具有吸收性能的原料用量不足所致，应适当增加其用量。但用量过多，会使香粉 pH 值上升，因而可采用陶土粉或天然丝粉代替碳酸镁或钙，降低香粉的 pH 值。

（3）加脂香粉成团结块

这主要是由于香粉中加入的黏合剂（油脂）用量过多或烘干程度不够，使香粉内残留少量水分所致，应适当降低黏合剂中油脂量，并将粉中水分尽量烘干。

（4）有色香粉色泽不均匀

这主要是由于在混合、磨细过程中，采用设备的效能不好，或混合、磨细时间不够。应采用较先进的设备，如高速混合机、超微粉碎机等，或适当延长混合、磨细时间，使之混合均匀。

（5）杂菌数超过规定范围

原料含菌多，灭菌不彻底，生产过程中不注意环境卫生等，从而导致杂菌数超过规定范围，应加以注意。

二、粉块类化妆品的生产工艺和质量控制

（一）生产工艺

粉块类化妆品包括粉饼、胭脂、眼影粉饼等块状的化妆品。

粉块类化妆品与粉类化妆品的生产工艺基本类同，即要经过粉碎、混合、灭菌与过筛等，其不同点主要是粉饼要压制成型。粉块类化妆品工艺流程参见图 7-2。

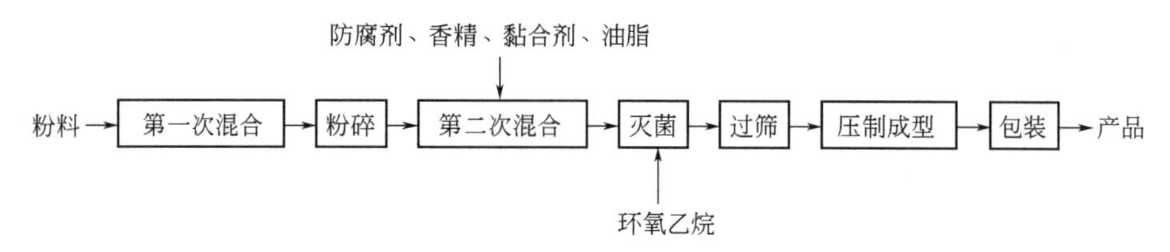

图 7-2　粉块类化妆品的生产工艺流程图

粉料经混合、过筛后，应根据配方适当调整压力，按规定质量将粉料加入模具内压制，压制时要做到平、稳，不要过快，防止漏粉、压碎。压制粉饼通常采用冲压机，冲压压力大小与冲压机的形式、产品外形、配方组成等有关。

压制粉块时，要注意压力适度，避免压力过大或过小造成胭脂过硬或过软。此外，粉料黏合剂（油脂）过多，会粘模具；黏合剂过少，黏合力就差，胭脂块容易碎。因此在整个压制粉块过程中，应保持粉料中有合适的黏合剂。

关于包装盒子，最重要的一点是不能弯曲，如果当粉饼压入盒中，压力去除时，盒子的底板回复原状而弯曲，由于粉饼没有弹性，因此容易使粉饼破裂。同样的原因，冲压不能碰着盒子的边缘，至于盒子的直径和粉饼厚度之间的关系，必须经过试验确定，如果比例不适当，在移动及运输过程中容易破碎。

（二）质量控制

（1）粉饼过于坚实、涂抹不开

黏合剂品种选择不当、黏合剂用量过多或压制粉饼时压力过高都会造成粉饼过于坚实而难以涂抹开。应在选用适宜黏合剂的前提下，调整用量，并降低压制粉饼的压力。

（2）粉饼过于疏松、易碎裂

黏合剂用量过少、滑石粉用量过多以及压制粉饼时压力过低等，都会使粉饼过于疏松、易碎。应调整粉饼配方，减少滑石粉用量，增加黏合剂用量，并适当增加压制粉饼时的压力。另外，运输时因包装不当震碎，或震动过于强烈也会导致碎裂，应改进包装，同时装卸、运输过程中，尽量减少过度震动。

（3）压制时粘模和涂抹时起油块

其主要原因是配方中油脂成分过多所致，应适当减少配方中的油脂含量，并尽量烘干。另外，黏合剂用量过大也会导致压制时粘模现象，应注意调整黏合剂的加入量。

三、唇膏的生产工艺与质量控制

（一）生产工艺

唇膏的生产工艺可分为四个阶段：颜料的研磨，颜料相与基质的混合、脱气和调色，铸模成型和脱模，火焰表面上光等。传统工艺流程如图 7-3 所示。

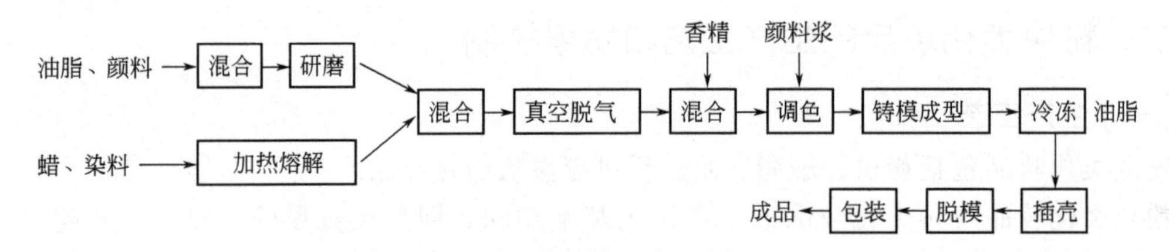

图 7-3　唇膏生产工艺流程

1. 颜料研磨

颜料研磨的作用是破坏颜料粉体结块成团，而不是减小颜料颗粒粒径。首先将部分油脂与颜料粉体在搅拌混合锅内搅拌均匀，其中颜料粉体与油脂质量比约为 1∶2，由于物料黏度高，需要使用高剪切力的搅拌器。制得的浆料通过三辊研磨机（或用球磨机、砂磨机、胶体磨、均质器研磨），使颜料粉体分散均匀。用研磨细度规测量，颗粒直径约为 20μm 时可认为分散均匀，一般需要经过多次研磨才能达到所要求的细度，即为颜料相。

2. 颜料相与基质的混合、脱气和调色

将油脂和蜡类及其他组分在蒸汽夹套锅内熔化后，即为基质相。

将颜料相和基质相通过 250 目不锈钢筛网滤入不断搅拌的混合锅中。搅拌几小时后，取样观察浆料均匀度，混合均匀后，通过200目不锈钢筛网滤入真空脱气锅中进行脱气。

在生产过程中，首先应尽可能减少空气混入料浆，料浆和粉体表面吸附的气体是很难除去的。脱气不良，会造成唇膏“针孔”，减慢生产速度，增加废品率。其次，在混料终结时应取样观察产品的色调是否均匀，与标准样是否一致，然后才进行调色。

3. 铸模成型和脱模

唇膏模具是最常用的对开式直模，如图7-4所示。开口经过每支唇膏的中心。大多数唇膏配方的熔点范围为75～80℃。模具需预热到35℃，避免冷却太快，造成“冷痕”。在倒模时，常将模具稍稍倾斜，避免或减少可能混入空气。浆液不应直接倒入模具底部，以免混入气泡。浆液倒入后，急冷是很重要的，这样可获得较细、均匀的结晶结构，有利于获得较稳定和光亮的产品。冷却后，立刻将模具打开，取出，放入专用托盘上，准备火焰表面上光。

图7-4　唇膏模具图

4. 表面上光

脱模后的唇膏，表面平整度和光亮度不够，一般将已插入唇膏包装底座的产品通过火焰加热，使唇膏表面熔化，形成光亮平滑的表面。

目前，彩妆国际品牌采用的是自动化灌装、硅胶脱模技术。这种技术制得的唇膏外观光滑、平整，不需要再进行表面上光处理。

（二）质量问题与控制

（1）冒汗

唇膏表面冒出小油滴的现象，俗称“冒汗”。造成“冒汗”的原因主要有：

① 油脂、蜡混溶时，蜡结晶形成骨架，油脂存在于晶格中间，如果晶体结构不当，过多液体油脂用量时，容易扩散渗出，出现冒汗。所以，配方设计时要注意油脂、蜡的性质和配比及互溶性，以获得具有良好晶体结构的产品。另外，加入油溶性表面活性剂，可改善唇膏配方，使冒汗现象明显减弱。

② 白油与蓖麻油等多种油脂相溶性较差，白油用量过多会加重“冒汗”。配方中加入地蜡或微晶蜡可以防止白油渗出。

③ 如果浇模后冷却速度缓慢，得到粗而大的结晶，贮存若干时间后就会出现冒汗现象。所以，生产中浇模后应快速冷却。

④ 如果颜料色淀颗粒聚结或与油脂之间存有空气，就可能因毛细管现象渗出油脂。因

此，生产时真空脱气要彻底。

（2）起白霜

唇膏表面出现霜状物的现象，俗称“起白霜”。造成“起白霜”的主要原因与“冒汗”类似，只不过冒汗是由液体油脂引起的，而“起白霜”主要是由固体油脂引起的。在高温高湿环境下贮存唇膏时，唇膏中极性分子在气相高湿度水分子的强力吸引下向油基表面迁移（如图7-5所示）；当降温和湿度下降后，强极性水分子的吸引力被去除，被吸引到表面极性强的油脂部分返回进入油基；液体的极性油脂留下汗迹；固体的极性油脂由于温度和熔点关系，则在表面留下“白霜”。

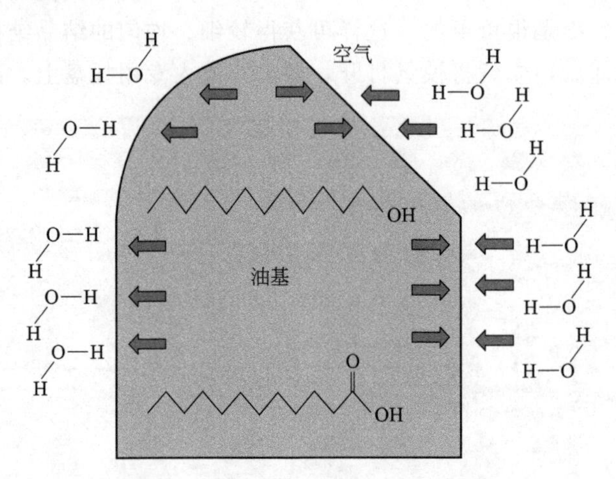

图7-5 极性油脂向唇膏表面迁移

所以，要避免出现冒汗和起白霜的现象，最重要的是配方设计时要注意油脂和蜡间的相溶性，将配方做稳定；其次要注意保存环境，避免高温高湿环境。

（3）冬天太硬，夏天易断

这是由于有些油脂冬天和夏天会发生相变，夏天是液体，冬天结冻，带来了硬度和涂抹感差异导致的。所以配方设计时，要注意少用易发生相变的油脂（霍霍巴油，EHP，IPP等），选用些抗冻油脂，例如，二丙二醇二苯甲酸酯，凝固点－40℃，可有效降低高低温给油基产品带来的硬度影响。

（4）表面光亮度差

唇膏表面光亮度差主要与下面因素有关。

① 与所用模具粗糙度有关，表面不光滑、清洁不干净都会导致表面光亮度差。所以，唇膏模具要光滑、平整、清洁。

② 冷却速度过慢也会导致表面光亮度差。所以，生产时浇模后应快速冷却。

③ 配方中油脂和蜡的组成也对亮度有影响。白油、油醇等液体油脂可提高光亮度，但用量过多会出现冒汗现象，应通过反复试验筛选配方。

（5）膏体有气孔

导致唇膏膏体有气孔的原因如下。

① 脱气不彻底，导致膏体中有气泡。

② 浇模过程中未按工艺标准操作，导致模具表面与膏体间留有空隙或产生气泡。

（6）冷痕和粘模

导致唇膏出现冷痕和粘模的原因如下。

① 模具未预热到35℃左右，导致出现冷痕。

② 脱模之前冷冻过度，也会出现冷痕。

③ 液体油脂含量过高、膏体过软而出现粘模现象。

(7) 涂抹性差

唇膏的涂抹性取决于唇膏的硬度和触变特性。唇膏是棒状结构，需要有一定的骨架，同时也要求有一种弹性的效果，即触变特性。触变特性对唇膏的稳定性和抵抗运输中震动以及温度变化是很重要的。涂抹性好的唇膏能轻易地点涂于嘴唇上成均匀的膜，使嘴唇润滑而有光泽，并且不过分地油腻，亦无干燥不适的感觉，不会向外化开。配方中液态油脂含量高，制得的膏体就会很软，好像没有骨架一样，不成型。配方中固态蜡分含量高，制得的膏体就会很硬，没有足够的弹性，在冷冻过程中容易脆裂，制得的唇膏涂抹性差。因此，唇膏具有适当硬度和触变特性的关键在配方上，如果唇膏中蜡分含量为20%左右，各种蜡的熔点分布范围宽，就会使唇膏具有适当的硬度和良好的触变特性，使制品具有良好的涂抹性能。

四、笔状化妆品的生产工艺与质量控制

(一) 生产工艺

笔状化妆品主要有眉笔、唇线笔和眼线笔等。其生产工艺与唇膏类似，只是在成型方面与唇膏不同，具体工艺流程如图7-6所示。

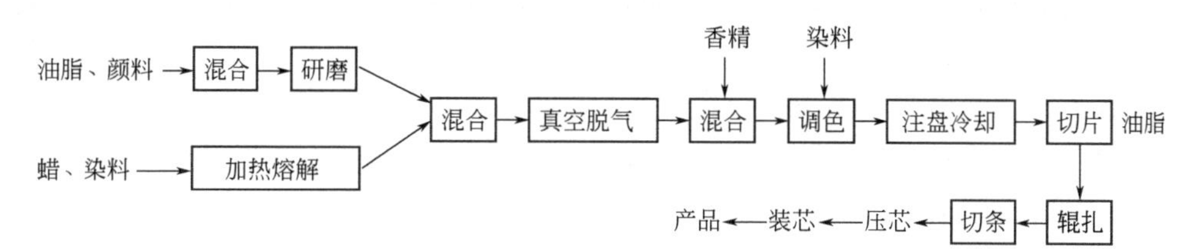

图7-6 笔状化妆品生产工艺流程

(二) 质量问题与控制

(1) 膏体“冒汗”

膏体表面冒出小油滴的现象，俗称“冒汗”。造成“冒汗”的原因主要如下。

① 油脂、蜡混溶时，蜡结晶形成骨架，油脂存在于晶格中间，如果晶体结构不当，晶格中的液体油脂容易扩散渗出，出现“冒汗”。所以，配方设计时要注意油脂、蜡的性质和配比及互溶性，以获得具有良好晶体结构的产品。

② 各种液体油脂相互间及与蜡类相容性较差，易出现“冒汗”；配方中加入微晶蜡可以防止液体油脂析出，尤其是液体石蜡（白油）渗出。

③ 如果浇模后冷却速度缓慢，得到粗而大的结晶，贮存若干时间后就会出现“冒汗”现象。所以，生产中浇模后应快速冷却。

④ 如果颜料色淀颗粒聚结或与油脂之间存有空气，就可能因毛细管现象渗出油脂。因此，生产时真空脱气要彻底。

(2) 膏体有气孔

导致笔类膏体有气孔的原因有：

① 脱气不彻底导致膏体中有气泡。

② 浇模过程中未按工艺标准操作，导致膏体表面有气泡。

(3) 涂抹性差

与唇膏质量问题与控制中"涂抹性差"阐述内容一致。

(4) 易晕染

造成眼线笔易晕染的主要原因是配方中缺少足够的成膜剂，或所成的膜韧性不够或防水抗汗效果不够。通过配方试验调整膏体配方中成膜剂的种类和配比，可克服以上不良现象的发生。

五、指甲油的生产工艺和质量控制

(一)生产工艺

指甲油的生产工艺流程如图 7-7 所示。

指甲油中含有大量的溶剂，所以在指甲油制备过程中，应特别注意以下几个方面。

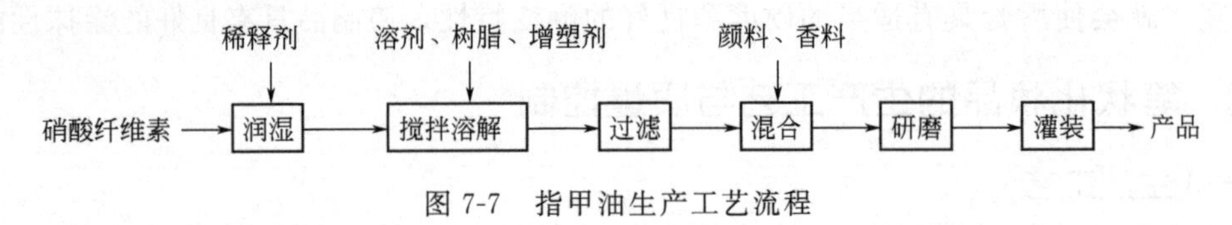

图 7-7 指甲油生产工艺流程

① 指甲油含有大量溶剂，属于易燃液体，容易在空气中积聚，易发生燃烧爆炸。

② 生产过程中，物料输送速度过快也可产生静电并积聚，可能放电，产生电火花，引发火灾爆炸。

③ 硝酸纤维素在空气中易发生自燃，在运输、贮存、使用过程中要注意。

④ 有机溶剂对人体危害大，应避免吸入。

(二)质量问题与控制

(1) 黏度失当，过厚或过薄

① 各类溶剂配比失当，引起硝酸纤维素黏度变化。针对这种现象，配方设计时应优化各类溶剂的比例，使混合溶剂在挥发过程中保持一定的平衡。

② 硝酸纤维素的黏度与含氮量和聚合度有关，含氮量和聚合度大，黏度也大。如果不同批次的硝酸纤维素的含氮量和聚合度有波动，将引起指甲油黏度变化。针对这种现象，应控制每批硝酸纤维素的含氮量和聚合度一致，如果不一致，则应根据每批硝酸纤维素调整配方。

(2) 附着力差

① 涂指甲油前未清洗指甲，指甲上留有油污，导致附着力差。针对这种现象，在产品说明中应写清每次涂用指甲油前要清洗指甲。

② 配方不够合理，特别是硝酸纤维素与树脂搭配不合理，也会导致附着力差。针对这种现象，应通过试验不断优化配方，适当增加树脂的用量。

(3) 光亮度差

① 指甲油黏度过大，流动性差，涂抹时涂抹不均匀，表面粗糙，导致光泽差。针对这种现象，应调整指甲油配方，适当增加溶剂用量，或减少硝酸纤维素用量，使产品黏度在合适的范围。

② 指甲油黏度太低，造成颜料沉淀，色泽不均匀，涂抹太薄，光泽差。针对这种现象，

应调整指甲油配方，适当减少溶剂用量，或增加硝酸纤维素用量，使产品黏度在合适的范围。

③ 颜料细度不够，也会导致光泽度差。针对这种现象，应控制好研磨工艺，达到细度要求。

（三）指甲油的危害

（1）指甲颜色发黄、暗淡

指甲油拥有各种漂亮的颜色是因为添加了大量的色素成分，包括各种矿物色素、人工合成色素等。这些色素慢慢附着在指甲上，导致指甲越来越暗黄、无光泽。越是深色系的指甲油，色素沉淀的现象越明显。

（2）指缘干燥、发炎、倒刺

美甲工具消毒不彻底，会间接造成指甲间的真菌感染。另外，指甲油中的化学溶剂成分会刺激指甲周围皮肤，使指缘肌肤角质硬化，接触到修甲过程中的轻微破损，容易导致发炎、干燥或倒刺，严重的甚至导致甲沟炎。

（3）指甲油的味道让人头晕

有些指甲油加入了大量的丙酮、乙酸乙酯成分，这两种成分的特点是极易挥发，产生令人眩晕的刺激性气味（挥发后它们的体积将膨胀1000倍），对黏膜、神经系统都有较强的刺激性。

（4）指甲变脆、分层断裂、生长缓慢

连续性地涂抹指甲油，会阻碍指甲的“正常呼吸”，破坏指甲的角质细胞，因为呼吸不畅造成的缺氧和指甲油的慢性腐蚀，指甲会变得越来越薄、容易断裂、生长缓慢。

（5）光疗甲越坚固，伤害越大

光疗甲又称凝胶指甲，在树脂甲粉中溶入一定比例的光敏引发剂与甲液混合，在紫外线灯的照射下，凝胶在指甲上产生固化反应。因此光疗甲对指甲的附着力度比普通指甲油更大，需要使用专业的卸甲液才能卸除，之后还需要打磨，对指甲和指缘的伤害更甚于普通指甲油。

（6）腐蚀甲质

长期使用容易慢性腐蚀甲质。

案例分析

【案例分析 7-1】

问题：某企业生产的眼影粉饼，在实验室做好的样板，其粉块牢固度好且易于上色，但大生产的眼影粉饼却易碎。

分析：配方中添加了油脂类黏合剂，因实验室的搅拌机的转速是1000r/min，粉类和油脂黏合剂分散均匀；大生产时，直接把油脂黏合剂投入粉料中，而大生产的机器设备转速慢，粉类及油脂黏合剂分散不均匀，导致压制的半成品粉块黏合不紧密、不结实，在使用或运输过程中易出现眼影粉块碎裂的现象。

处理：在大生产时把油脂黏合剂加入“雾化”料桶中，以“喷雾”状加入粉中，再搅拌分散，即可。

【案例分析 7-2】

问题：某企业生产的一批面膜粉，经检验，细菌超标。

分析：经过排查之后，不存在配错料和防腐剂漏加的问题；也不存在生产时人员、设备、工器具、包装材料卫生条件差的问题，因而可以确定就是面膜粉灭菌不彻底。经调查生产过程发现：面膜粉灭菌时采用的是紫外线杀毒灭菌，而不是采用环氧乙烷或钴 60 射线灭菌。因紫外线只是对物体表面有杀菌作用，而穿透杀菌性作用不强，导致灭菌不彻底。

处理：在工艺操作中改用环氧乙烷或钴 60 射线灭菌，保证足够的时间和浓度（剂量）即可。

【案例分析 7-3】

问题：某企业生产的一批唇膏在使用过程中易断裂。

分析：导致唇膏易断裂的原因可能存在以下几个方面：

① 配料不正确；

② 唇膏成型模具与灌装包材尺寸不配套；

③ 工艺操作不正确。

经过排查，不存在配错料和成型模具与包材不配套的问题；应该是工艺操作中存在的问题，即蜡基未完全熔好或膏体没有搅拌分散均匀，导致膏体中蜡分散不均匀。

处理：将膏体重新升温加热到 95℃，再中等匀速搅动 30min，解决了蜡基未分散均匀的问题，同时也解决了唇膏在使用过程中易断裂的问题。

【案例分析 7-4】

问题：某企业生产的唇彩出现涂抹时有色浆颗粒现象，有时生产出来的产品在涂抹时含有未分散好的色浆颗粒。

分析：配方中使用了各类颜料作为着色剂。导致出现这种事故的原因有两个方面：一是生产中没有采用把颜料在混合搅拌前先浸泡、再研磨的方式，由于颜料未被油脂充分润湿，导致颜料在研磨中未充分研磨均匀，做出来的产品就容易出现色浆聚集、有颗粒；二是色浆投入唇彩膏体基料时，基料温度过高（如基料温度高于 90℃）时投入色浆，色浆因未及时分散突然升温导致聚集，因而造成产品在涂抹时有颗粒现象。

经分析公司的生产工艺过程，发现是第一种原因导致的质量问题。

处理：采用颜料在混合搅拌前先浸泡、再研磨的工艺。

实训 7-1 粉饼的制备

一、实训目的

① 通过实训，进一步学习粉块类化妆品的制备原理；

② 掌握粉饼的配制操作工艺过程；

③ 学习如何在实验中不断改进配方的方法；

④ 通过实训，提高动手能力和操作水平。

二、实训内容

1. 制备原理

将具有遮盖性、吸收性、黏附性的粉体和黏合剂混合均匀，并用压粉机压制成块。

2. 制备配方

如表 7-47 所示。

表 7-47 粉饼制备实训配方

物质名称	质量分数/%	作用
氮化硼	1.000	滑爽/分散
月桂酰赖氨酸	1.000	滑爽/分散
二氧化硅	5.000	滑爽/吸收
尼龙	3.000	滑爽/分散
聚四氟乙烯微粉	2.100	黏结/填充
云母粉	25.000	滑爽/填充
羟苯甲酯	0.200	防腐
羟苯乙酯	0.200	防腐
二氧化钛	10.000	遮盖
处理铁红	0.220	着色
处理铁黄	0.676	着色
处理铁黑	0.060	着色
滑石粉	余量	滑爽/填充
羟苯甲酯	0.100	防腐
生育酚乙酸酯	0.100	抗氧化
辛基十二烷基十八酰硬脂酸酯	2.000	赋脂/黏合
植物性羊毛脂	0.500	赋脂/黏合
辛酸/癸酸甘油三酯	2.000	赋脂/黏合
聚二甲基硅氧烷	2.000	赋脂/黏合

3. 制备步骤

① 将羟丙甲酯、羟丙乙酯与油脂一起溶解均匀，装入带喷头的瓶中，为组分 A。

② 将色料与二氧化钛另外称量好，为组分 B。

③ 将粉类其他物质按配方量混合均匀，用粉碎机粉碎；加入组分 B，高速粉碎，过 80 目筛，粗粒再粉碎和过筛，然后混合均匀，喷入组分 A，再混合均匀，为组分 C。

④ 将组分 C 装入粉饼模具中，用压粉机将粉压成块状，即为粉饼。

三、实训结果

请根据实训情况填写表 7-48。

表 7-48 实训结果评价表

使用效果描述	
使用效果不佳的原因分析	
配方建议	

实训 7-2 润唇膏的制备

一、实训目的

① 通过实训，进一步学习唇膏类化妆品的制备原理；

② 掌握唇膏的配制操作工艺过程；

③ 学习如何在实验中不断改进配方的方法；

④ 通过实训，提高动手能力和操作水平。

二、实训内容

1. 制备原理

将油脂、蜡类物质混合熔解均匀，浇铸到模具中成型。

2. 制备配方

如表 7-49 所示。

表 7-49 润唇膏制备实训配方

物质名称	质量分数/%	作用
小烛树蜡	4	润肤,成型
地蜡	12	润肤,成型
蜂蜡	5	润肤,成型,改善冒汗
羊毛脂	7	润肤
棕榈酸乙基己酯	26.9	润肤
白油	15	润肤
白凡士林	30	润肤
薄荷脑	0.1	清凉

3. 制备步骤

按配方将各种油混合加热至 80℃，搅拌熔解均匀后，注入唇膏模具中，放置冰箱中急冷 10min 左右，凝固后从模具中取出即可。

三、实训结果

请根据实训情况填写表 7-50。

表 7-50 实训结果评价表

使用效果描述	
使用效果不佳的原因分析	
配方建议	

实训 7-3 原色唇膏的制备

一、实训目的

① 通过实训，进一步学习原色唇膏类化妆品的制备原理；

② 掌握原色唇膏的配制操作工艺过程；

③ 学习如何在实验中不断改进配方的方法；

④ 通过实训，提高动手能力和操作水平。

二、实训内容

1. 制备原理

将油脂、蜡类物质混合熔解均匀，浇铸到模具中成型。

2. 制备配方

如表 7-51 所示。

表 7-51 原色唇膏制备实训配方

物质名称	质量分数/%	作用
小烛树蜡	3.0	润肤,成型
地蜡	11.0	润肤,成型
蜂蜡	5.0	润肤,成型,改善冒汗
羊毛脂	7.0	润肤
氢化聚丁烯	10.0	润肤
棕榈酸乙基己酯	12.4	润肤
白油	15.0	润肤
二异硬脂醇苹果酸酯	6.0	润肤
辛基十二醇	10.0	润肤
生育酚乙酸酯	0.3	抗氧化
甘油辛酸酯	0.3	润肤
钛白色浆	10.0	着色
红色色浆	10.0	着色

3. 制备步骤

按配方将各种油混合加热至 80℃，搅拌熔解均匀后，冷却降温后加入色浆，搅拌研磨均匀，升温到 85℃溶解均匀后，注入唇膏模具中，放置冰箱中急冷 10min 左右，凝固后从模具中取出即可。

三、实训结果

请根据实训情况填写表 7-52。

表 7-52 实训结果评价表

使用效果描述	
使用效果不佳的原因分析	
配方建议	

实训 7-4 变色唇膏的制备

一、实训目的

① 通过实训，进一步学习变色唇膏类化妆品的制备原理；
② 掌握变色唇膏的配制操作工艺过程；
③ 学习如何在实验中不断改进配方的方法；
④ 通过实训，提高动手能力和操作水平。

二、实训内容

1. 制备原理

将油脂、蜡类物质混合熔解均匀，浇铸到模具中成型。

2. 制备配方

如表 7-53 所示。

表 7-53 变色唇膏制备实训配方

物质名称	质量分数/%	作用
小烛树蜡	4	润肤，成型
地蜡	12	润肤，成型
微晶蜡	5	润肤，成型
羊毛脂	7	润肤
棕榈酸乙基己酯	21.25	润肤
蓖麻油	15	润肤
辛基十二醇	10	润肤
二异硬脂酸苹果酸酯	10	润肤
氢化聚丁烯	15	润肤
维生素 E	0.3	抗氧化
甘油辛酸酯	0.3	润肤
溴酸红	0.15	着色

3. 制备步骤

预先将溴酸红和蓖麻油加热溶解后备用；按配方将各种油、蜡混合加热至 90℃，搅拌溶解均匀后加入预先溶解好的溴酸红与蓖麻油；搅拌溶解均匀，注入唇膏模具中，放置冰箱中急冷 10min 左右，凝固后从模具中取出即可。

三、实训结果

请根据实训情况填写表 7-54。

表 7-54 实训结果评价表

使用效果描述	
使用效果不佳的原因分析	
配方建议	

实训 7-5 指甲油的制备

一、实训目的

① 通过实训，进一步学习指甲油的制备原理；

② 掌握指甲油的配制操作工艺过程；

③ 学习如何在实验中不断改进配方的方法；

④ 通过实训，提高动手能力和操作水平。

二、实训内容

1. 制备原理

以硝酸纤维素为成膜剂，用溶剂将成膜剂和增塑剂溶解，与着色剂混合均匀即可。

2. 制备配方

如表 7-55 所示。

表 7-55 指甲油制备实训配方

物质名称	质量分数/%	作用	物质名称	质量分数/%	作用
硝酸纤维素	13	成膜	丙酮	4	低沸点溶剂
醇酸树脂	7	黏合	甲苯	余量	稀释
磷酸三甲苯酯	1.5	增塑	珠光颜料	3	珠光
乙酸乙酯	16	低沸点溶剂	红色色淀	2	着色
乙酸丁酯	36	中沸点溶剂			

3. 制备步骤

按配方将各种物质混合搅拌均匀，加入颜料，调成色浆，然后用研磨机研磨到一定细度即可。

三、实训结果

请根据实训情况填写表 7-56。

表 7-56 实训结果评价表

使用效果描述	
使用效果不佳的原因分析	
配方建议	

习题与思考题

1. 常用的用于遮盖皮肤瑕疵的物质有哪些？

2. 在粉类产品中用作吸收汗液和油脂的物质有哪些？

3. 粉饼与香粉在配方上有什么不同？

4. 粉饼与香粉在生产工艺上有什么不同？

5. 香粉和粉饼类化妆品容易出现哪些质量问题？应如何克服？

6. 唇膏用油脂和蜡分别有什么特点？

7. 唇膏的生产工艺是怎样的？

8. 与唇膏生产工艺相比，睫毛膏的生产工艺有何不同？

9. 指甲油中含有哪些成分？分别有什么作用？

10. 指甲油产品容易出现哪些质量问题？应如何控制？

第八章

特殊用途化妆品

Chapter 08

【知识点】 特殊用途化妆品；育发化妆品；染发化妆品；烫发化妆品；脱毛化妆品；美乳化妆品；健美化妆品；除臭化妆品；祛斑化妆品；防晒化妆品。

【技能点】 设计育发化妆品的配方；设计染发化妆品的配方；设计烫发化妆品的配方；设计脱毛化妆品的配方；设计美乳化妆品的配方；设计健美化妆品的配方；设计除臭化妆品的配方；设计祛斑化妆品的配方；设计防晒化妆品的配方。

【重点】 各种特殊用途化妆品活性原料；各种特殊用途化妆品的配方设计。

【难点】 各种特殊用途化妆品的配方设计。

【学习目标】 掌握各种特殊用途化妆品活性原料的性能和作用；掌握各种特殊用途化妆品的配方设计方法。

《化妆品卫生监督条例实施细则》第五十六条的规定，特殊用途化妆品的含义是指具有特殊用途和效果，含有特殊成分的化妆品的总称。例如：育发化妆品是指有助于毛发生长、减少脱发和断发的化妆品；染发化妆品是指具有改变头发颜色作用的化妆品；烫发化妆品是指具有改变头发弯曲度，并维持相对稳定的化妆品；脱毛化妆品是指具有减少、消除体毛作用的化妆品；防晒化妆品是指具有吸收紫外线作用、减轻因日晒引起皮肤损伤功能的化妆品；祛斑化妆品是指用于减轻皮肤表皮色素沉着的化妆品；除臭化妆品是指有助于消除腋臭的化妆品；健美化妆品是指有助于使体形健美的化妆品；美乳化妆品是指有助于乳房健美的化妆品。

第一节　育发化妆品

一、脱发与防治

头发是有一定寿命的，短的几个月，长的几年。人类每根头发的周期都不同，但在正常情况下，头发的脱落和生长是保持一定平衡的，但如果脱落的多于新生的，就应引起重视。

引起脱发的原因很多，生理上引起脱发的直接原因如下。

① 雄性激素分泌旺盛，皮脂分泌过多，使毛囊萎缩引起脱发，毛囊、毛球新陈代谢功能低下。

② 头皮生理机能低下，血液循环不好，毛乳头供血不足引起脱发。

③ 受到细菌感染，刺激头皮瘙痒、发炎，头屑过剩而堵塞毛孔口，变为秕糠性脱发症。

所以杀菌、改善血液循环和抑制皮脂过多分泌等是促进头发生长的主要措施。

具有代表性的育发化妆品是在乙醇溶液中加入各种杀菌消毒剂、养发剂和生发成分而制成的液状制品，具有促进头皮的血液循环，提高头皮的生理功能，营养发根，防止脱发，去除头皮和头发上的污垢，去屑止痒，杀菌、消毒等作用，能保护头皮和头发免遭细菌侵害，有助于保持头皮的正常机能，促进头发的再生，且具有幽雅清香的气味。

二、常用原料及作用

育发化妆品（Hair tonic）的主要原料有乙醇、水和添加剂（表 8-1）。

1. 乙醇

常见的育发化妆品是一种乙醇溶液。乙醇具有杀菌、消毒作用，若浓度太低，会导致制品混浊，有沉淀析出，因而影响制品的外观、使用性能和使用效果；但太浓的乙醇有脱水作用，会吸收头发和头皮的水分，使头发干燥发脆、易断。如将乙醇以水冲淡，则脱水作用就会随加入水量的增加而下降，因此适度的含水乙醇是较为理想的。

乙醇还有从皮肤和头发中溶出油脂的作用，即脱脂作用，因此在乙醇内溶入一些脂肪性物质如神经酰胺 3（FMC-3355）、蓖麻油、油醇、乙酸化羊毛脂、胆固醇、氢化卵磷脂（FMC-1070）和山茶花籽油（HT-1128）等就会减少脱脂作用，使皮肤和头发不产生干燥的感觉。同时，上述油性物质也是头皮和头发的营养滋润剂，能赋予头发柔软、光泽的外观。保湿剂如甘油、丙二醇等的加入具有缓和头皮炎症效果及赋予头皮和头发的保湿功能。另外，乙醇可溶性多肽能防止头皮干燥，保持毛发的水分与柔软性，亦可适量加入。

2. 添加剂

常用添加剂如表 8-1 所示。

表 8-1 育发化妆品常用添加剂

组分	育发添加剂	
	合成型	天然型
局部刺激剂	蚁酸酊、奎宁及其盐类、烟酸苄酯、新药 920、水合氯醛、壬酸香草酰胺	生姜酊、辣椒酊、斑蝥酊、薄荷脑、大蒜、金鸡纳碱、香兰基丁基醚
抗炎杀菌剂	4-异丙基环庚二烯酚酮、水杨酸、季铵盐、六氯酚、间苯二酚、感光素、薄荷醇、己脒定二(羟乙基磺酸)盐	樟脑、春黄菊、当归、甘草、茶树油
皮脂分泌抑制剂	10-羟基癸酸、半胱胺、氨基硫醇	谷胱甘肽、神经酰胺 3(FMC-3355)
保湿剂	透明质酸、甘油、丙二醇、山梨醇	冬虫夏草提取液、神经酰胺 3(FMC-3355)、甜菜碱 AC-20
营养剂	胱氨酸、维生素 B_6、维生素 H、维生素 A_2 酸盐、氢化卵磷脂(FMC-1070)	水解蛋白、人参、丹参、黄芪、当归、神经酰胺 3(FMC-3355)、山茶花籽油(HT-1128)、灵芝孢子粉
细胞赋活剂	泛酰乙基醚、长压锭可乐定、谷维素	芍药、当归、苦参、银杏、红花、桃仁、海狗肉萃取物
毛根赋活剂	尿囊素、泛酸及其衍生物、胆固醇	胎盘提取液、茜草科生物碱、神经酰胺 3(FMC-3355)、氢化卵磷脂(FMC-1070)
毛发生长促进剂	鞣质、二氧化锗、十五烷酸甘油酯、泛酸、复合氨基酸(Amino M-10)	脑肽素、首乌、女贞子、白藓皮、白及、高丽参
促渗剂	氮酮、乙醇、PEG/PPG/聚丁二醇-8/5/3 甘油(FMC-6060)	甘草提取液

刺激剂具有刺激头皮、改善血液循环、止痒、增进组织细胞活力、防止脱发、促进毛发

再生等作用。常用的有金鸡纳酊（0.1%～1.0%）、水合三氯乙醚（2%～4%）、斑蝥酊（1%～5%）、辣椒酊（1%～5%）、间苯二酚、水杨酸等。这些物质的稀溶液大部分敷用后会使皮肤发红、发热，促进局部皮肤的血液循环；而较浓的溶液对皮肤有强烈的刺激性。有些人对某些物质有过敏反应，因此应选择适宜的加入量，并复配添加屏障保护剂神经酰胺3（FMC-3355）、氢化卵磷脂（FMC-1070）和山茶花籽油（HT-1128），同时做过敏性试验，以确保制品的安全性。

杀菌剂除金鸡纳酊、盐酸奎宁（驻留≤0.2%，洗去≤0.5%，以奎宁计）、水杨酸（驻留≤2.0%，洗去≤3.0%）、乙醇外，还有苯酚衍生物，如对氯间甲酚（≤0.2%）、对氯间二甲酚、邻苯基酚、邻氯邻苯基酚、对戊基苯酚、氯麝香草酚、间苯二酚（用量<0.5%）和β-萘酚等，另外甘草酸、乳酸、季铵盐等也是常用的杀菌剂。季铵盐除具有杀菌作用外，还能吸附于毛发纤维表面，起到柔软、抗静电等作用。己脒定二（羟乙基磺酸）盐和茶树油是最安全高效的。

激素类如卵胞激素、肾上腺激素等，具有抑制表皮的生长而减少皮脂腺分泌，防止脱发，促进生发的作用。但激素在化妆品中是禁用的。

维生素如维生素E、维生素B_2、维生素B_6、维生素H、肌醇、泛酸及泛醇等，具有扩张末梢血管，促进血液循环，提高皮肤的生理机能，防止脱发，促进生发的作用。

现代育发化妆品，大多由多种成分复配而成，PEG/PPG/聚丁二醇-8/5/3甘油（FMC-6060）是高效的促渗保湿调理剂，有利于发挥各类功效物的协同渗透吸收效应，大幅提高其药理效果。

由于育发化妆品是头发用化妆品，因此对它的芳香性必须特别慎重考虑。神经酰胺3（FMC-3355）和山茶花籽油（HT-1128）等均为天然无味原料，涂于发上无令人不愉快的气味，是目前新兴的育发原料。

三、参考配方

育发类化妆品根据其原料组成和性能，可分为发水、奎宁头水和营养性润发水（养发水）三种。发水中含有杀菌消毒剂，其作用是杀菌、消毒、止痒、保护头皮和使头发免遭细菌的侵害；以盐酸奎宁作为消毒止痒剂时习惯上称作奎宁头水，其作用与头水相同；营养性润发水不仅具有头水的作用，而且由于加有营养性物质和治疗性药物，可去除头皮屑和防止脱发。表8-2～表8-4为企业实际生产的育发化妆品配方实例。

表8-2 企业实际生产的去屑育发液配方实例

物质名称	质量分数/%	作用
去离子水	余量	溶解
木糖醇	1.2	抑菌、保湿
乳糖醇	1.8	抑菌、保湿
甘草黄酮(30%)	0.3	营养
中药洁肤剂	3	温和清洁
丹皮酚	0.15	促进头发生长
氢化蓖麻油	0.8	增溶
香兰丁基醚	0.05	促进血液循环
氢化蓖麻油	0.2	增溶
己脒定二(羟乙基磺酸)盐	0.1	杀菌

木糖醇、乳糖醇和己脒定二（羟乙基磺酸）盐可以长期和瞬时杀灭有害细菌，维持头皮清洁；甘草黄酮为头发的生长提供各种养分；香兰丁基醚可以促进头皮毛细血管血液的微循环，使各成分可以到达其作用点，使育发功效得以实现。

表 8-3　企业实际生产的育发剂配方实例

物质名称	质量分数/%	作用
去离子水	余量	溶解
薄荷脑	0.15	清凉、刺激头皮
PEG-80 失水山梨醇月桂酸酯	1.5	增溶
复合氨基酸(Amino M-10)	10.0	为头皮提供氨基酸,使头发健康生长
中药洁肤剂	3.0	温和清洁
二丙二醇	2.0	溶解、分散
日本獐牙菜提取物	0.3	滋润头皮,使头发健康生长
人参提取物	0.3	滋润头皮,使头发健康生长
苦参提取物	0.3	滋润头皮,使头发健康生长
甘草酸二钾	0.15	抗炎
香茶菜叶柄	0.3	滋润头皮,使头发健康生长
柠檬酸	0.05	pH 调节
柠檬酸钠	0.15	pH 调节
防腐剂	适量	抗菌防腐
香精	适量	赋香
乙醇	3	溶解

本配方以复合氨基酸（Amino M-10）为主要功效活性成分，为头皮提供十种氨基酸：丝氨酸、丙氨酸、天冬氨酸、谷氨酸、脯氨酸、异亮氨酸、精氨酸、亮氨酸、甘氨酸、缬氨酸；搭配日本獐牙菜提取物、人参提取物、苦参提取物、香茶菜叶柄，促使头发生长；为使体系稳定，添加柠檬酸-柠檬酸钠缓冲溶液，有效防止功效活性物失活；添加薄荷脑、二丙二醇以及乙醇，使头皮体验清爽。

表 8-4　神经酰胺和氨基酸组合固发液配方实例

组分	物质名称	质量分数/%	作用
A	去离子水	余量	溶解
	丙二醇	2.0	保湿
	羟苯甲酯(MP)	0.08	防腐
	羟苯丙酯(PG)	0.03	防腐
	甜菜碱	0.6	氨基酸活性成分
	FMC-3311 透明水溶液(神经酰胺 3)	3.0	肌肤屏障和毛囊巩固因子
B	复合氨基酸(Amino M-10)	3.0	人体必备氨基酸组合物
	PEG/PPG/聚丁二醇-8/5/3 甘油(FMC-6060)	1.0	促渗透因子
	碘丙炔醇丁基氨甲酸酯	0.3	抗菌、防腐

制备工艺如下。

① 保证工具和容器干燥无水。

② 将 PG 和 MP 先加热溶解均匀，再加入 A 组分其余原料，加热到 80～85℃至溶解均匀，搅拌降温。

③ 降温至 45℃以下，加入 B 组分，搅拌均匀即可。

本配方以占比人体肌底层屏障成分 22%以上的神经酰胺 3 为主要活性成分，修复头皮肌底层，巩固毛囊；再以十种氨基酸组合物 AminoM-10 为毛囊提供充足养分；在 FMC-

6060 的促渗作用下，使毛囊保持健康状态，发根得到巩固，有效防止脱发和促进生发。

育发化妆品的使用方法是先用香波洗发，然后敷以头水，如能结合局部按摩，可促进头皮血液循环和增进皮脂腺的活力，对恢复头皮正常功能是有一定帮助的。因为脱发、生发的生理机能与多种因素有关，为保持健康、秀丽的头发，除使用育发化妆品外，还需注意日常的食物营养和身心健康。

第二节　染发化妆品

染发化妆品（hair colorants）是用来改变头发的颜色，达到美化毛发之目的的一类化妆品，按染发的功能不同可分为以下几种。

① 染发剂。以增加色素来改变头发色彩，如把白色或黄色的头发染成黑色，把黑色的头发染成彩色。

② 头发漂白剂。以减少头发的天然黑色素来改变头发的色彩，如将黑色头发漂成黄色。

③ 头发脱染剂。将染成彩色头发的色彩去除，如将染红的头发脱染成黄色，将染黑的头发脱染成黄色。

按染后色彩的持久时间长短，染发剂可分为暂时性、半永久性和持久性三类。暂时性、半永久性染发剂色彩牢固性差，不耐洗，多为临时性的头发表面修饰之用。永久性染发剂的染料中间体能有效地渗入头发毛髓内部，发生化学反应使其着色，染色后耐洗涤，耐日晒，色彩持久，是普遍使用的一类染发剂。

理想的染发剂应具备如下特性：

① 色彩准确、饱和；

② 色彩稳定持久、耐冲洗、耐日晒；

③ 氨味低、气味清香、对皮肤刺激性小；

④ 对头发损伤少；

⑤ 染后头发柔顺有光泽；

⑥ 染料中间体环保、对人体副作用低；

⑦ 质量稳定、使用方便、沾污皮肤时易冲洗。

一、毛发与染发

毛发的结构如“甘蔗”那样，从外到内由“毛表皮”（毛鳞片）、“毛皮质”和“毛髓质”三个部分组成，如图 8-1 所示，健康头发的形态如图 8-2 所示。

首先，最外层的皮——“毛表皮”，像鱼鳞那样质硬透明，由发根向发梢延伸，如同笋壳般由若干枚（4～8 枚）毛鳞片包围叠在一起。毛表皮能防止梳子梳理时等外来的刺激，保护毛发内部。健康的毛表皮有防水功能，可阻碍水或药剂（烫发剂和染发剂等）对毛发内部的渗透，所以毛发原本是呈难以损伤的构造。但是毛发若过度烫发或反复染发，有铠甲作用能保护毛发内部的毛表皮也会变得容易剥离，且在此状态下毛发再强行受力（梳理等），毛表皮则会发生错乱。如这种情况持续发生，使毛发内部的毛皮质外露，则会引起毛发干燥无光泽，最终毛发受损。

其次，头发中的“毛皮质”相当于甘蔗的肉，为毛发中体积最多的部分。毛发呈纵向开裂的性质，正是毛皮质的构造呈纵向结构之故。毛皮质中含有决定着毛发颜色的黑色素，染

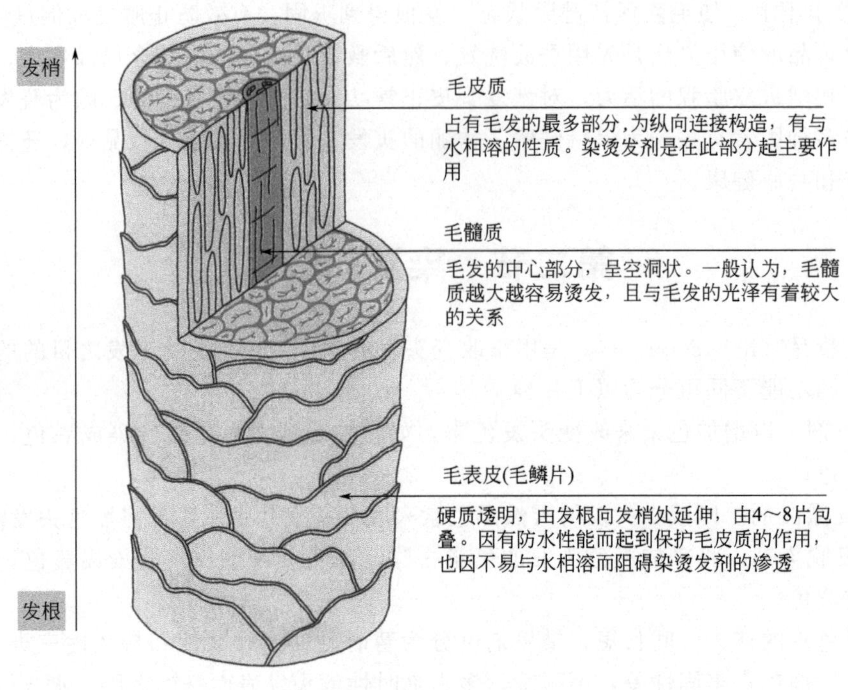

图 8-1　毛发结构

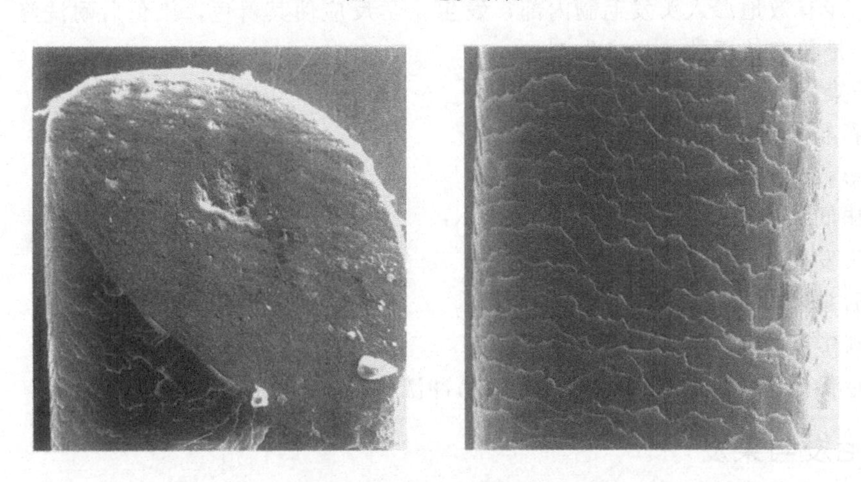

图 8-2　健康头发的形态

发后发色发生变化，是毛皮质受到了药剂的作用所致。烫发可使毛发改变形状（曲发或直发），也正是烫发剂对毛皮质起了作用，发挥了效果。与毛表皮不同，毛皮质有亲水性，过度的烫发或反复的染发等均会对作为毛皮质的构造物——蛋白质造成破坏，引起变性和流失，导致水分保持能力下降，造成毛发干燥，染烫作用部位——毛皮质的蛋白质流失得越多，当然体现药剂的效果和持效所受到的影响也就越大。

最后，头发中相当于甘蔗的芯的部位——“毛髓质”，即指毛发的中心部分。毛髓质并非必须存在，在细小或新生的毛发中也有无毛髓质的现象存在。毛髓质呈空洞状，且有优良的保温性，因此被认为有保持体温功能。事实上，在其他动物中有较大的毛髓质保持体温效果优良的例子。通常认为毛髓质较大相对较容易烫发，并且认为毛髓质的大小，与毛发的光泽度有着较大的关联。

二、持久性染发剂

持久性染发剂是目前市场上最为流行的染发用品。这类染发剂所用的是低分子量的染料中间体，如对苯二胺、对氨基苯酚、间氨基苯酚等，这些染料中间体本身是无色的，在氧化剂的氧化作用下偶合成有色大分子化合物，如红、黄、蓝；多种染料中间体根据一定的比例混合在一起就会得出混合色，如绿色、棕色、黑色。它们色调范围广，染后耐光、耐汗、耐洗，一般能保持 40 天以上，即使用发油、喷发胶等化妆品也不会导致变色或溶出，且具有使用方便、作用迅速、色泽自然、不损伤头发等特点。

(一)作用机理

持久性染发剂的染发机理如图 8-3 所示，但其过程可简单概括为：染发剂用于头发上后，在碱性条件下，头发表皮层毛鳞片膨胀；小分子的染料中间体和氧化剂渗入头发内部，氧化剂将头发中的黑色素氧化而脱色；然后染料中间体被氧化剂氧化偶合成大分子不溶色素，锁闭在头发内部而达到染发目的。根据所用染料中间体的种类和组合不同，染发剂的颜色众多，可有灰色、黄色、蓝色、绿色、红色、紫色、铜色、橙色、棕色和黑色等。

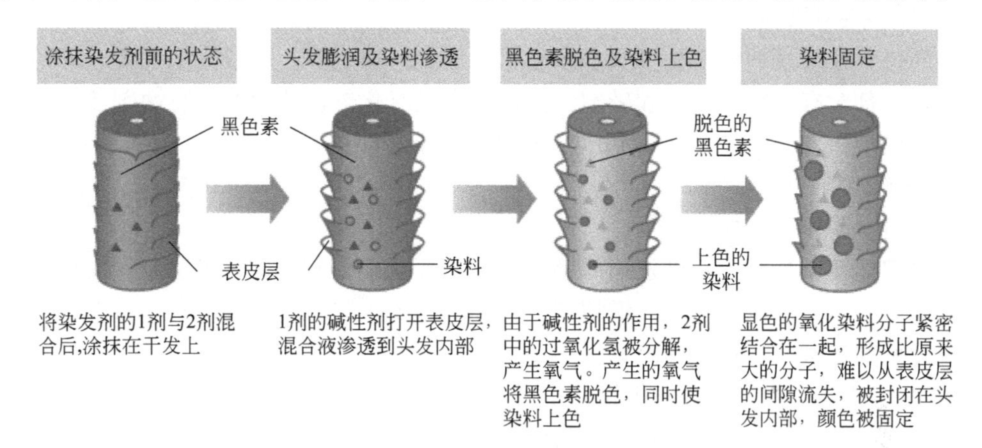

图 8-3　持久性染发剂的染发机理

对苯二胺是目前最广泛使用的染料中间体，被氧化后能将头发染成黑色，其氧化过程如下：

对苯二胺 → 对苯二亚胺 → 缩合物

一般采用过氧化氢氧化，此反应过程进行得不是很快，室温时需 10～15min。因此有足够时间使部分氧化染料小分子渗透到头发内部，然后氧化成锁闭在头发上的黑色大分子。采用对苯二胺能使染后头发有良好的光泽和自然的色彩。研究和试验表明对苯二胺是目前最稳定的染料中间体。

有许多因素影响染发的色调和染色力，如染料中间体的品种、染料中间体的浓度、表面活性剂的种类、pH 值、作用时间长短、头发的状态等。按等摩尔比制成 1%的染发剂，各种染料中间体复配的显色如表 8-5 所示。

表 8-5 各种染料中间体复配的显色

染料中间体	间苯二酚	间氨基苯酚	4-羟基-2-氨基甲苯	2,4-二氨基苯氧乙醇盐酸盐
对苯二胺	淡绿色	棕褐色	紫红色	蓝黑色
对氨基苯酚	亚麻色	淡黄色	橙红色	淡蓝色

实际上，单独采用某种染料中间体是不能达到所要色彩的，通常是采用几种染料中间体混合使用，使之搭配显现出所需要的颜色。如对苯二胺与间氨基苯酚搭配，偶合反应出棕褐色；对苯二胺与2,4-二氨基苯氧乙醇盐酸盐搭配，偶合反应出蓝黑色；对苯二胺与间苯二酚搭配，偶合反应出淡绿色；对苯二胺+间苯二酚+间氨基苯酚+2,4-二氨基苯氧乙醇盐酸盐，就能显现出东方人棕黑色的发色。因此染料中间体的选择至关重要，选用不同的染料中间体配伍，就能得到不同的色彩。

另外，设计染料中间体的搭配时还应考虑头发的底色对色彩的影响。头发漂白后，会显现出橙黄到亚麻黄色调，此头发色调与染料中间体偶合反应出的色彩混合后会显现另外的色调来。如染料中间体偶合反应出红色，与头发的黄色混合后就会显出橙红色调。

（二）组成与配方实例

市售的持久性染发剂有多种形式，如粉状、液状、膏状等。一般为双剂型，即两瓶分装的染发剂，一剂含有染料中间体和碱剂，二剂含有过氧化氢。使用时，将两剂等量混合，然后均匀地涂敷于头发上，过30～40min后用水冲洗干净即可。

1. 染发剂的组成

(1) 染料中间体基质的组成

染料中间体基质是持久性染发剂的第一剂，主要功能是提供染料中间体和起护发作用，主要由染料中间体、表面活性剂、增稠剂、溶剂、抗氧化剂、氧化减缓剂、螯合剂、头发护理剂、抗过敏剂、碱剂、香精等组成。

① 表面活性剂。持久性染发化妆品中可采用非离子、阴离子或阳性离子表面活性剂或者它们的复配组合。表面活性剂在染发剂中具有渗透、分散、偶合、发泡的功能，在染发香波中还具有清洁作用。常用的表面活性剂有：氨基酸表活CN-30、烷基糖苷（APG100、APG200和APG301）、脂肪醇硫酸酯钠、脂肪醇聚氧乙烯醚、甘油硬脂酸酯等，其中最常用的是脂肪醇聚氧乙烯醚。为达到理想的膏体状态和匀染效果，实际上是非离子与阴离子或非离子与阳离子复配使用。

② 增稠剂。为使染发剂有一定的黏度，易于黏附在头发表面上，不易粘染头皮，可加入增稠剂。常用的增稠剂有高级脂肪醇、聚丙烯酸、羟乙基纤维素等。

③ 溶剂。去离子水是最主要的溶剂。为了提高染料中间体和水不溶性物质的溶解性，一般还需要加入其他溶剂，如乙醇、甘油、丙二醇、甘油聚醚-26等。但如用量过多，对头发染色效果会有所减弱。其中，甘油、甘油聚醚-26、丙二醇是保湿剂，可避免染发时因水分蒸发过快而使染料干燥，影响染色的效果。这些保湿性物质能使染料中间体均匀分散在毛发上，并被均匀吸收，具有匀染作用。

④ 抗氧化剂。持久性染发化妆品所用染料中间体在空气中易发生氧化反应，即使是部分染料被氧化，也将影响染发的效果。为防止氧化反应发生，除在制造及贮存过程中尽量减少与空气接触的机会（如制造和灌装时填充惰性气体，灌装制品时应尽量装满容器等）外，通常是在染发基质中加入一些抗氧化剂。广泛使用的抗氧化剂是亚硫酸钠、连二亚硫酸钠、

L-半胱氨酸盐。最常使用的是亚硫酸钠，一般用量为0.3%～0.5%。市场新兴抗氧化剂为天然来源的虾青素，其抗氧化功效为传统的6000倍。

⑤ 氧化减缓剂。如果氧化作用太快，染料中间体还未充分渗入到毛皮质之内，就被氧化成大分子色素，会造成染色不均匀而降低染色效果。因此，为了有足够的时间使小分子的染料中间体渗透到头发内部，然后再发生氧化反应而形成锁闭在头发上的大分子色素而显色，在染发剂的配方中，通常加入氧化减缓剂，以减慢氧化速度。常用的氧化减缓剂是异抗坏血酸钠。另外抗氧化剂也有一定的减缓氧化的作用。

⑥ 螯合剂。由于染料中间体及其基质中含有微量金属，会加速染料中间体的自动氧化，影响染发的效果。通常是加入金属离子螯合剂来控制上述影响，常用乙二胺四乙酸四钠和四羟丙基乙二胺，建议用量为0.1%～0.2%。

⑦ 碱剂。碱性条件能使头发柔软和膨胀，有利于染料中间体渗入毛皮质层中，并且能提高氧化剂的氧化力。因此，持久性染发剂的碱性，其pH值可达8～10.5。最常用的碱剂是氨水，一些有机胺如乙醇胺等也可代替或部分代替氨水。新型温和高效碱剂有：氨甲基丙醇和四羟丙基乙二胺。

⑧ 头发护理剂。前述的很多原料如脂肪醇、表面活性剂、多元醇等对头发有一定的护理作用。另外，一般还添加有十八烯醇、D-泛醇、水解蛋白质、双端氨基硅油HT-8199和HT-8288、羊毛醇、角鲨烷、聚季铵盐HC200和H40W等头发护理剂。油脂类不仅能赋予头发顺滑感及光泽，还能在头皮上形成保护膜，降低碱剂和氧化剂对头皮的刺激。

⑨ 抗过敏剂。为了防止染料、碱剂等在染发时产生过敏危害，配方中建议添加抗过敏剂：山茶花籽油（HT-1128）、神经酰胺3（FMC-3355）、水溶辅酶LIPISQ-10、甘草酸二钾和海藻糖等，它们可以很好地起到抗过敏的作用。

⑩ 其他。除了以上成分，为了在使用染发剂时降低碱剂的不愉快味道，会在基质中添加香精，由于基质是碱性的，在选择香精时要充分考虑香精的稳定性。

（2）染料基质配方实例

表8-6为染料基质配方实例，表8-7～表8-9为企业实际生产的染膏配方。

表8-6 染料基质配方实例

物质名称	质量分数/%				作用
	配方1	配方2	配方3	配方4	
去离子水	余量	余量	余量	余量	溶解
对苯二胺	2.1	0.1	—	—	染料中间体
间苯二酚	0.7	—	—	—	染料中间体
间氨基苯酚	0.5	0.1	—	—	染料中间体
对氨基苯酚	—	—	—	0.5	染料中间体
4-羟基-2-氨基甲苯	—	0.5	0.59	0.6	染料中间体
2,4-二氨基苯氧乙醇盐酸盐	0.2	—	—	—	染料中间体
4-氨基间甲酚	—	0.6	—	—	染料中间体
2,5-二氨基甲苯硫酸盐	—	—	0.71	—	染料中间体
EDTA	0.2	0.2	0.2	0.2	螯合
亚硫酸钠	0.4	0.3	0.3	0.3	抗氧化
异抗坏血酸钠	0.4	0.3	0.3	0.3	抗氧化
甘油聚醚-26	3	3	3	3	保湿
十六十八醇	7.5	6	6	6	增稠
鲸蜡硬脂醇醚-20	2.5	2.5	2.5	2.5	乳化

续表

物质名称	质量分数/%				作用
	配方1	配方2	配方3	配方4	
氢化卵磷脂 FMC-1070	1	1	1	1	乳化、抗敏
角鲨烷	2	2	2	2	头发护理
神经酰胺3(FMC-3355)	1	1	1	1	护理和抗敏
25%氨水	4	7	7	7	提供碱性
香精	0.5	0.5	0.5	0.5	赋香

注：配方1为黑色，配方2为棕红色，配方3为紫色，配方4为橙色。

制备工艺：将增稠剂、表面活性剂、头发护理剂放油相锅内，加热到80～85℃溶解；另外将染料中间体、螯合剂、抗氧化剂、保湿剂投入80～85℃的热水中，搅拌溶解。然后将油相和水相分别投入到乳化搅拌锅内乳化搅拌，冷却至45℃时加入抗氧化剂、碱剂和香精，搅拌均匀即可。由于抗氧化剂是固体，可先用少量的去离子水溶解后再加入基质中，以保证分散均匀。

本配方在保证颜色基调不变的情况下，加强了护理的功效及亮泽度。氢化卵磷脂FMC-1070和神经酰胺3（FMC-3355）能够对头发起到很好的强保护作用，防止受损和过敏的现象，其中氢化卵磷脂FMC-1070还作为脂质体乳化剂助剂，可提升料体的分散性和色粉的稳定均一性。天然亲肤油脂角鲨烷的添加，使染后的头发色泽更加鲜艳。

表8-7 企业实际生产的染膏配方（红色）

组分	物质名称	质量分数/%	作用
A	去离子水	余量	溶剂
	羟乙基纤维素(QP-100)	0.2	增稠
	丙二醇	2.0	保湿
	EDTA-4Na	0.2	螯合
	D-异抗坏血酸钠(EVC)	0.3	抗氧化
	十六烷基三甲基氯化铵	1.0	软发、乳化
B	甲苯-2,5-二胺硫酸盐	0.1	染料中间体
	2,4-二氨基苯氧乙醇(HCl)	0.2	染料中间体
	4-氨基-2-羟基甲苯	0.7	染料中间体
	1-羟乙基-4,5-二氨基吡唑硫酸盐	1.2	染料中间体
C	十六十八醇	10.0	增稠
	平平加	3.0	乳化
	凡士林	2.0	润发
	羊毛脂	1.0	润发
D	乙醇胺	2.0	提供碱性
	10%亚硫酸钠溶液	3.0	抗氧化
	氨水	8.0	提供碱性
	香精	0.4	赋香

表8-8 企业实际生产的染膏配方（棕色）

组分	物质名称	质量分数/%	作用
A	去离子水	余量	溶剂
	羟乙基纤维素(QP-100)	0.2	增稠
	丙二醇	2.0	保湿
	EDTA-4Na	0.2	螯合
	D-异抗坏血酸钠(EVC)	0.3	抗氧化
	十六烷基三甲基氯化铵	1.0	软发、乳化

续表

组分	物质名称	质量分数/%	作用
B	甲苯-2,5-二胺硫酸盐	0.4	作染料中间体
	间苯二酚	0.16	作染料中间体
	4-氨基-2-羟基甲苯	0.03	作染料中间体
	2-甲基间苯二酚	0.16	作染料中间体
	6-氨基间甲酚	0.02	作染料中间体
C	十六十八醇	10.0	增稠
	平平加	3.0	乳化
	凡士林	2.0	润发
	羊毛脂	1.0	润发
D	乙醇胺	2.0	提供碱性
	10%亚硫酸钠溶液	3.0	抗氧化
	氨水	8.0	提供碱性
	香精	0.4	赋香

表 8-9　企业实际生产的染膏配方（紫色）

组分	物质名称	质量分数/%	作用
A	去离子水	余量	溶解
	羟乙基纤维素(QP-100)	0.2	增稠
	丙二醇	2.0	保湿
	EDTA-4Na	0.2	螯合
	D-异抗坏血酸钠(EVC)	0.3	抗氧化
	十六烷基三甲基氯化铵	1.0	软发、乳化
B	甲苯-2,5-二胺硫酸盐	0.16	染料中间体
	间苯二酚	0.13	染料中间体
	对氨基苯酚	0.5	染料中间体
	4-氨基-2-羟基甲苯	0.16	染料中间体
	4-氨基间甲酚	0.24	染料中间体
C	十六十八醇	10.0	增稠
	平平加	3.0	乳化
	凡士林	2.0	润发
	羊毛脂	1.0	润发
D	乙醇胺	2.0	提供碱性
	10%亚硫酸钠溶液	3.0	抗氧化
	氨水	8.0	提供碱性
	木瓜香精	0.4	赋香

制备工艺如下。

① 将 A 组分原料加入水锅，搅拌升温至 80℃，真空抽入乳化锅；加入 B 组分原料，搅拌溶解。

② 将 C 组分原料加入油锅，搅拌升温至 85℃，完全溶解后抽入乳化锅，启动乳化锅搅拌、均质，均质 15min 后开始冷却；冷却到 45℃后加入 D 组分原料，搅拌 20min，出料。

2. 氧化剂基质

(1) 氧化剂基质组成

氧化剂基质是持久性染发剂的第二剂，也叫双氧乳，主要功能是提供氧化剂，将头发的天然黑色素漂白以及将染料中间体氧化偶合生成大分子色素，可以配成水溶液，也可配成膏状基质。

① 氧化剂：双剂型持久性染发剂最常用的氧化剂成分是过氧化氢，它在高温和碱性条件下易分解，而在酸性条件下则比较稳定。故在配制过氧化氢溶液时应适当控制氧化剂的pH值。一般控制其pH值在3～4。但如果pH值过低，与染料基质混合后会减低了染发剂的游离碱含量，影响染发的效果。

② 过氧化氢稳定剂：过氧化氢易分解，光靠控制pH值来稳定氧化剂是不够的；温度也是影响过氧化氢稳定性的重要因素，因此，还需加入稳定剂，常用的稳定剂是8-羟基喹啉、非那西汀。

③ 酸度调节剂：酸度调节剂就是调节产品pH值，常用的酸度调节剂有磷酸、磷酸氢二钠、磷酸二氢钠和四羟丙基乙二胺等。

④ 赋形剂：如果要配成膏状产品，则需要加入十六十八醇等作为赋形剂基质，这些成分同时也具有润滑头发的作用。另外用卡波姆类或纤维素类高分子增稠剂可以配制出透明的膏体。

⑤ 乳化剂：如果要配成膏状产品，则需要加入乳化剂，常用的是一些非离子乳化剂，如脂肪醇聚氧乙烯醚、甘油硬脂酸酯、海美氯铵、氢化卵磷脂（FMC-1070）等。

⑥ 螯合剂：水中和原料中含有的一些微量金属离子，对过氧化氢稳定性影响非常大，所以配方中需要加入羟基磷酸、水杨酸、锡酸钠、四羟丙基乙二胺等铁和铜离子的螯合剂。

⑦ 赋香剂：为了掩盖原料的味道，可以添加适量的香精。由于氧化剂基质是酸性的，选择香精应考虑耐酸性类的赋香原料。

（2）氧化剂基质配方实例

表8-10为氧化剂基质配方实例，表8-11为企业实际生产的氧化剂基质配方。

表8-10　氧化剂基质配方实例

物质名称	质量分数/%		作用
	配方1	配方2	
去离子水	余量	余量	溶解
十六十八醇	3.5	—	增稠
氢化卵磷脂 FMC-1070	0.6	—	乳化
羟乙基纤维素	0.8	—	增稠
复合氨基酸 Amino M-10	1	2	调理
卡波姆	—	1.2	增稠
羟基亚乙基二膦酸(VCD)	0.3	0.3	螯合
磷酸氢二钠	0.3	—	pH调节
50%过氧化氢	12	12	氧化
香精	适量	适量	赋香
氢化蓖麻油	—	0.5	增溶香精

注：配方1为乳白型膏体基质，配方2为透明型膏体基质。

配方1的制备工艺：在油相中放入增稠剂和乳化剂，加热至80～85℃；然后把85℃的去离子水和油相放入乳化搅拌锅中乳化搅拌；冷却搅拌至45℃时，再加入螯合剂、pH调节剂、调理剂，搅拌均匀，最后加入氧化剂和香精，搅拌均匀即可。为了便于生产，螯合剂、pH调节剂先用少量的去离子水溶解后再加入基质中。

氧化剂的配方主要考虑其中原料过氧化氢的货架期稳定性问题，所以配方中不能过多地添加影响体系稳定的原料，在满足基本增稠乳化的框架下，尽可能地简化配方成分。

对于添加功效的产品，在尽量符合头发需求前提下，用复合氨基酸Amino M-10代替多种成分，可大大提升配方的安全性和产品货架期的稳定性。

表 8-11　企业实际生产的氧化剂基质配方

组分	物质名称	质量分数/%	作用
A	去离子水	余量	溶解
	磷酸氢二钠	0.6	提供酸性
	羟基亚乙基二膦酸(VCD)	0.5	稳定
B	十六十八醇	3	增稠
	单甘酯	0.5	乳化
	平平加	1.5	乳化
C	过氧化氢水溶液(50%)	12	氧化
	香精	0.1	赋香

制备工艺如下。

① 将 A 组分原料加入水锅，搅拌升温至 80℃，真空抽入乳化锅。

② 将 B 组分原料加入油锅，搅拌升温至 85℃，完全溶解后抽入乳化锅；启动乳化锅搅拌，均质 15min 后，开始冷却；冷却到 45℃后加入 C 组分，搅拌 20min，出料。

(三) 安全性

持久性染发剂中的染料中间体的安全性一直备受质疑，生产操作人员要特别引起重视，在生产制备时应注意防护，皮肤有破损者应尽量避免接触染料中间体的粉末和蒸气，平时操作制备时应注意避免从呼吸道吸入染料中间体的粉末和蒸气。

一些使用者对持久性染发剂过敏，因此初次使用持久性染发剂的人，使用之前应做皮肤接触试验，其方法是：按照调配染发剂的方法调配好少量染发剂溶液，在耳后的皮肤上涂上小块染发剂（注意不能被擦掉），经过 24h 后仔细观察，如发现被涂部分有红肿、水泡、疹块等症状，表明此人对这种染发剂有过敏反应，不能使用。另外头皮有破损或有皮炎者，不可使用此类持久性染发剂。

另外，持久性染发剂对头发有损伤，在设计配方时要尽量控制染料基质的 pH 值以及添加对头发有利的复合氨基酸 Amino M-10、神经酰胺 3（FMC-3355）和山茶花籽油（HT-1128）等护理剂，降低染发剂对头发的伤害。

三、半持久性染发剂

染发剂分为物理性染发和化学性染发。在相关化妆品的执行标准中，物理性染发被归为一般化妆品类，而化学性染发被定为特殊化妆品类。

属于一般化妆品类的染发剂中，有用香波一次性即可将染色洗去的“临时性染发剂”(彩色喷雾发胶、彩色发膜等)，和染后色能维持一段时间的“半持久性染发剂”。

半持久性染发剂和属于特殊化妆品的将 1、2 剂混合后再使用的染发剂相比，它一般是单剂型的状态。因为是单剂使用的，所以其染色结构是以色素渗透为手段。经常可看到用彩妆型染发剂染发的同时进行加温，这是为了提高温度，使毛发膨胀，促进色素的渗透。

(一) 作用机理

酸性染料在水中溶解后呈现带负电子性质，毛发本身的 pH 呈酸性。毛皮的酸性对染色的构成非常重要。若将酸性液涂抹在毛发上，毛发上的正电子就利用了带电性质。

将酸性染发剂涂抹于毛发上，在酸性的作用下，毛发带有正电子。在此情况下，带有负电子的酸性染料被吸附在毛鳞片表面。因酸性染料的分子量较大，如含有帮助渗透的溶剂，一部分可渗透至毛皮质的浅表部分。这正如磁铁的 N 极和 S 极相吸引那样，酸性染料的负极和毛发的正极形成电子性的结合（也称离子结合），酸性染料被吸留在毛发内形成染色效果。

由于是靠电子吸力而染发，所以可维持比较长（3 星期左右）的染色时间。但和皮肤的亲和力也较好，容易染在皮肤上。此外，如使用含有阳离子表面活性剂等带有强正电荷的焗油剂，会导致阳离子表面活性剂的正电荷和酸性染料的负电荷相结合，从而使酸性染料从毛发中被吸出，加速褪色。

另外，使用直接染料的染发剂与使用酸性染料的染发剂比，直接染料的分子量较小且易与非离子结合，可渗透至毛发内部染色。但也因为可以简单地进入毛发内部染色，故染后维持染色时间也较短（1 星期左右）。然而直接染料的染发剂不需要与离子结合，也无 pH 值限制，可与阳离子表面活性剂共存，配制成有高护理性的染发剂。

（二）组成与原料

市场上，半持久性染发化妆品的剂型一般为凝胶形态。使用时将染发化妆品涂于头发上并适当加温，让产品在头发上停留一段时间，使染料分子有足够时间渗入头发，然后用水冲洗干净即可。

半持久性染发化妆品主要成分是对毛发角质亲和性好的酸性染料和低分子量染料，主要有：酸性紫 2 号，酸性蓝 2 号，橙色 205 等。

为促进染料分子渗入发髓，提高染发效果，还可加入一些增效剂，例如，加入表面活性剂以增加渗透能力；加入苯氧乙醇、苯甲醇、PEG/PPG/聚丁二醇-8/5/3 甘油（FMC-6060）等帮助染料的渗透。半持久性染发化妆品的组成见表 8-12。

表 8-12 半持久性染发化妆品的组成

组成	物质名称	质量分数/%	作用
着色剂	酸性染料或直接染料	0.1～3	功能着色
表面活性剂	烷基糖苷(APG100、APG200、APG301)	3～8	温和洗涤
	甲基椰油酰基牛磺酸钠(CN-30)	10～20	温和洗涤
促渗剂	PEG/PPG/聚丁二醇-8/5/3 甘油(FMC-6060)	1～2	增加渗透
溶剂	乙醇/水	10～30	载体溶剂
增稠剂	羟乙基纤维素	0.2～2	增加体系黏度
pH 缓冲剂	柠檬酸	适量	调节 pH 值
	柠檬酸钠	适量	稳定 pH 值
稀释剂	去离子水	余量	稀释

（三）配方实例

表 8-13 为半持久性泡沫染发膏化妆品配方实例。

表 8-13 半持久性泡沫染发膏化妆品配方实例

物质名称	质量分数/%		作用
	配方 1(红色)	配方 2(棕色)	
去离子水	余量	余量	溶解
月桂醇聚醚硫酸酯钠	13.5	13.5	表面活性
甜菜碱(AC-20)	5.0	5.0	保湿、调理
柠檬酸	适量	适量	酸碱调节
神经酰胺 3(FMC-3355)	0.7	0.8	抗敏

续表

物质名称	质量分数/%		作用
	配方 1(红色)	配方 2(棕色)	
PEG-120 甲基葡糖三异硬脂酸酯(MG-120TIS)	0.15	0.15	增稠
HC-200 聚季铵盐-10	0.3	0.3	调理
PEG-7 甘油椰油酸酯	1.0	1.0	调理
三羟甲基丙烷三辛酸酯/三癸酸酯	0.3	0.3	调理
月桂基两性乙酸钠	10.0	10.0	表面活性
甲基椰油酰基牛磺酸钠(CN-30)	10.0	10.0	氨基酸表面活性
山茶花籽油(HT-1128)	0.6	0.6	抗敏
PEG/PPG/聚丁二醇-8/5/3 甘油(FMC-6060)	1.0	1.0	促渗
香精	适量	适量	赋香
防腐剂	适量	适量	抗菌防腐
红色	0.2	—	染料
黄色	0.01	—	染料
棕色	—	0.3	染料
蓝色	—	0.04	染料

制备工艺：按顺序往水中添加各个物料，搅拌分散均匀即可。

本配方在不影响染色效果的前提下，添加了屏障防护因子神经酰胺 3（FMC-3355）和天然油脂山茶花籽油（HT-1128），有效防止过敏现象；避免了传统硅油护理导致的影响染色效果，添加了甜菜碱 AC-20 这一新型调理剂，使染色效果更突出；此外，大量添加氨基酸表面活性剂，在达到洗涤效果的同时减弱洗脱性能，让更多的染料附着在头发上，有效减少染料的用量。

四、暂时性染发剂

(一) 作用机理

暂时性染发剂作用机理是使用分子量较大的染料，通过其他载体（如油脂、高分子聚合物等），黏附在头发表面，不能渗入头发内部，染色的牢固度很差，一次洗涤即脱色，是一种使头发暂时着色的染发剂，适用于染发后新生头发的修饰或供演员化妆用等。

(二) 组成与原料

1. 染料

暂时性染发剂的主要成分是一些大分子的涂料或焦油色素等。

2. 其他成分

用水或水-乙醇溶液作溶剂，将染料溶解于溶剂中制成液状产品，为了提高染发效果，可配入有机酸如酒石酸、柠檬酸等；用油脂、蜡作为基质成分，混合后可制成棒状、条状或膏状等，可直接涂敷于发上，或者用湿的刷子涂敷于发上；还可加入聚合物增加产品稠度。

(三) 参考配方

表 8-14、表 8-15 为暂时性染发剂的配方实例。

表 8-14　暂时性染发液配方实例

物质名称	质量分数/%	作用	物质名称	质量分数/%	作用
炭黑	1.5	染发	甘油聚醚-26	2.5	保湿
丙烯酸吡咯烷酮	2.0	染料固色	去离子水	余量	溶解
乙醇	5.0	增溶			

表 8-15　暂时性染发膏配方实例

物质名称	质量分数/%	作用	物质名称	质量分数/%	作用
去离子水	余量	溶解	柠檬酸	3.0	pH 调节
色粉	1.0	染料	色浆	10.0	染料
羟乙基纤维素(HEC)	1.5	增稠	乙醇	20.0	溶解
聚乙二醇	0.01	拉丝	苯甲醇	10.0	促渗
丙二醇	0.5	溶解	香精	适量	赋香

受影视市场的影响，很多场合需要短暂地改变发色，这样就催生了暂时性染发产品。本配方框架简单实用，直接以色粉和色浆为标的物，用羟乙基纤维素为增稠剂，以乙醇、苯甲醇为溶剂和促渗剂，令色粉、色浆有效附着在头发上，在不需要时可以轻易洗脱。

五、其他类型的染发剂

1. 植物性染发剂

这类染料是从植物中提取出来的，因为它毒性低、安全，尽管染发效果较差，但仍普遍受到重视。天然染料主要是指甲花、春黄菊和苏木等的提取物。指甲花的叶萃取物为橘红色染料，在酸性条件下显色最好，与槐蓝配合使用，根据比例不同可将头发染成红褐色到蓝黑色；若与春黄菊提取物配合，可将头发染成金黄、褐或栗色；指甲花液与苏枋、尖叶香泻树、鼠尾草、儿茶等提取物合用，可制成各种颜色的染发剂。此外，它也可与丹宁酸、铜、铁等金属染料并用，将头发染成各种颜色。苏木精天然染料，可将头发染成黑色，效果持久。

另外，也有应用天然成分，如焦性没食子酸、茶多酚来配制持久性的染发化妆品，发明专利 ZL201010153805.1 就报道了一种采用焦性没食子酸和硫酸亚铁为主要成分的两剂型黑色染发剂，克服了对苯二胺等染料中间体和过氧化氢对人体的危害。

2. 金属染发剂

矿物性染发剂也是较早被采用的染发剂，这类染发剂其实也是一类半持久性的染发剂。这类染发原料为银、铁等金属的盐类或氧化物，如硝酸银、硫酸铜、氧化铁黑和硫酸亚铁等。这些金属染料可在特定条件下反应而显色，如硝酸银在太阳光（紫外线）的照射下可还原变成黑色。因为金属染发剂操作不方便，质量不稳定，成本又高，基本上已被持久性染发剂和半永久染发剂所代替了。

第三节　烫发化妆品

烫发化妆品是改变头发弯曲度、美化发型的一类化妆品。美化头发是一种重要的化妆艺术，有的人希望将直发改变形状使之成为波浪形的卷发；而有的人头发本来是卷曲的，则希望改变发型成飘逸的直发。所以烫发化妆品的完善概念应包括卷发和直发两大类型。

烫发是改变头发形态的一种手段，应用机械能、热能、化学方法使头发的结构发生变化而达到相对持久的卷曲或垂直。过去常利用加热的方法使头发卷曲，如把铁棒烧热后缠绕头发形成卷发，故称为烫发。由于传统的烫发技术不能长时间维持卷度，后来就发明了以还原剂为主成分的二剂式化学烫发剂。

一、烫发的原理

采用Ⅰ、Ⅱ剂组合的烫发剂，可使毛发形成持久性的波浪。首先烫发剂的第Ⅰ剂将毛发中处于连接状态的二硫键还原、断开，然后烫发剂第Ⅱ剂将被断开的二硫键通过氧化反应再连接起来。

毛发的主要成分为角朊蛋白质。构成角朊蛋白质的是多肽。而多肽则是由无数的氨基酸同类间相互聚合而成的，氨基酸同类间呈键状连接，沿着毛发的纵向排列成多肽链，并且多肽链上的键又和相邻多肽链上的键进行侧向连接（二硫键连接、离子键连接、氢键连接）形成网状结构。毛发内部正因有此连接，才富有了强度和弹性，有被弯曲后能恢复原状的回复力。

过去人们就期望能将毛发弄成卷曲状，为此曾尝试了使毛发失去恢复力来保持半永久性波浪等的各种方法。后来明白了若将毛发内部的侧向连接键断开，就有可能使毛发形成波浪。

烫发剂的第Ⅰ剂由还原剂、碱剂以及其他添加剂和水配制而成。首先，Ⅰ剂中的水和碱剂从毛发的毛鳞片间隙中渗透至毛发内部，水将毛发中侧向连接的氢键断开，碱剂则将毛发中侧向连接的离子键断开。由此毛发变得柔软膨胀，毛鳞片被打开，使还原剂容易渗透至毛发内部。渗透至毛发内部的还原剂（巯基乙酸，半胱氨酸等）与毛发中侧向连接的二硫键（胱氨酸键）发生化学反应被断开，还原成半胱氨酸。二硫键被断开后，毛发就更加柔软膨胀，毛鳞片的间隙就更大，进一步提高了还原剂的渗透。二硫键的还原反应以如下顺序进行：

侧向连接键被断开后──→毛发柔软膨胀、毛鳞片打开──→使还原剂等药剂容易渗透至毛发内部──→进一步将侧向连接键断开──→……

毛发的还原反应由此不断反复进行。第Ⅰ剂在适当的反应时间内，将形成波浪所需要的侧向连接键充分断开。

第Ⅱ剂由氧化剂、pH 调整剂以及其他添加剂和水配制成。pH 调整剂将因Ⅰ剂而呈碱性倾向的毛发中和、进行离子键再连接，同时渗透至毛发内部的氧化剂（溴酸钠或过氧化氢等）将被断开的二硫键氧化、再连接。毛发内部的侧键被再连接后，毛发原本网状的构造也再形成，恢复了弹性和强度，收缩后恢复原状。但是，被断开的氢键则需要毛发干燥后才能再连接上。

(一) 头发的软化过程

对头发形状起决定作用的是多肽链间的三种键力，当这三种键力发生改变后，头发就能软化、拉伸、弯曲，并可被整成各种形状。

1. 水对头发软化的作用

头发在水中可被软化、拉伸或弯曲，这主要是由于水切断了头发中的氢键。因此，当头发由于某种物理作用而暂时变形时，可通过润湿或热敷使之回复原状。同理，烫发时，如单用水，则只能起到暂时的卷发作用，当润湿后，头发会自动回到原来的形状。

2. pH 值改变对头发软化的作用

强酸或碱可以切断头发中的离子键，使头发变得柔软，易于弯曲或拉直，但当中和或用水冲洗使头发恢复原有的 pH 值（pH＝4～7）后，头发即可恢复原状，因此单纯改变 pH 值还不能有效地形成耐久性卷发或直发。

3. 还原剂对头发软化的作用

由胱氨酸形成的二硫键比较稳定，常温下不受水或碱的影响，因此是形成耐久性卷发或直发的关键。还原剂如亚硫酸钠、硫代硫酸钠等可和头发中的二硫键发生反应，切断二硫键，使头发变得柔软易于弯曲，其反应式如下：

$$R—S—S—R'+Na_2SO_3 \longrightarrow R—S—SO_3Na+R'—S—Na$$

但此反应在室温时进行得很慢，在碱性介质和在加热（大于 65℃）条件下，可加快反应速率，缩短烫发时间。

含巯基的化合物可在较低的温度下和二硫键反应，其反应式如下：

$$R—S—S—R'+R''—SH \longrightarrow R—SH+R'—SH+R''—S—S—R''$$

在碱性条件下，可加快反应速率，因此是较为理想的切断二硫键的方法。目前的冷烫剂主要是采用此类化合物作为烫发的成分。

水可使氢键断裂，碱可使离子键断裂，而含巯基化合物、亚硫酸钠等还原剂可使二硫键断裂并在碱的存在下而加快，所以这三者是烫发剂不可缺少的成分。

(二)头发的卷曲和拉直过程

由于上述作用使头发中的氢键、离子键、二硫键均发生破坏，使头发变得柔软易于弯曲或拉直成型。此时可用卷发器将头发卷曲成各种需要的形状或用直发器将头发拉直。

(三)头发的定型过程

当卷曲或拉直成型后，这些键如不修复，发型就难以固定下来。同时由于键的断裂，头发的强度降低，易断。因此在卷曲或拉直成型后，还必须修复被破坏的键，使卷曲或拉直后的发型固定下来，形成持久的卷发或直发。

在卷发或直发的全过程中，干燥可使氢键复原；调整 pH 值 4～7 可使离子键复原；二硫键的修复则是通过氧化反应来完成的，其反应式如下：

$$R—SH+R'—SH \xrightarrow{[O]} R—S—S—R'$$

此氧化反应是在过氧化氢、溴酸钠或其他化学氧化剂的作用下完成的，单硫键在新的位置与另一个单硫键组成一个新的二硫键。但事实上这一过程比较复杂，除了两个巯基被氧化成二硫键外，巯基也可能被氧化成磺酸基—RSO_3，这种产物不能再还原成巯基，因而磺酸基的形成会相应地减弱头发的强度。鉴于这一原因，不宜选用过强的氧化剂，同时氧化剂的浓度也不宜过高，避免磺酸基的生成，使之有利于形成二硫键。

综上所述，烫发的基本过程可概述为：首先用烫发剂将头发中的二硫键切断，此时头发即变得柔软易弯曲成各种形状；当头发弯曲或拉直成型后，再涂上氧化剂（固定液），将已打开的二硫键在新的位置上重新接上，变成了另外一个二硫键，使已经弯曲或拉直的发型固定下来，形成持久的卷发或直发，此即化学烫发的基本原理，可用图 8-4 表示。

二、组成和配方

现今，市售的烫发化妆品一般为两剂型：第一剂是碱性的软化剂，第二剂是酸性或中性的定型剂。

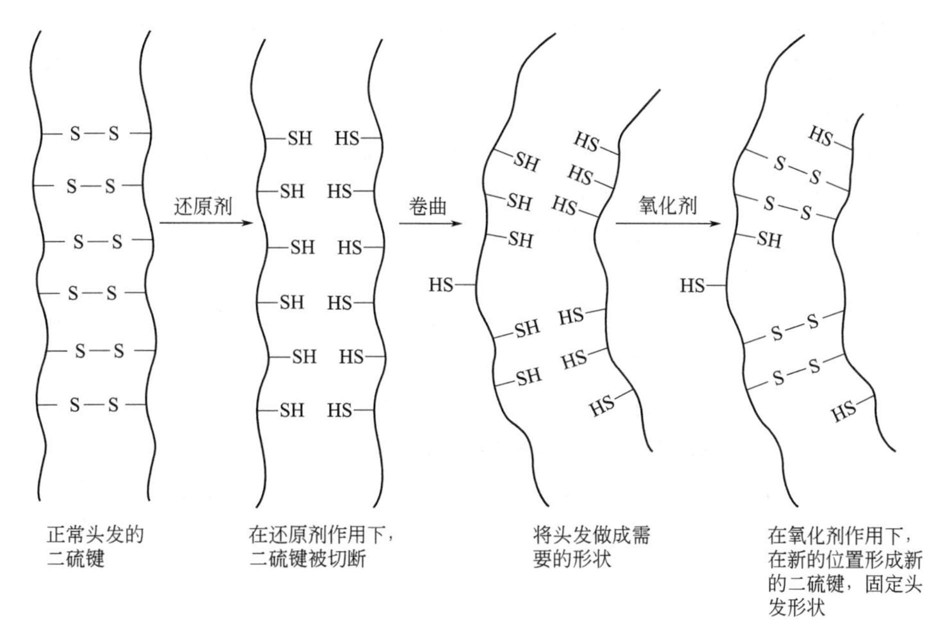

图 8-4　化学烫发的基本原理

(一) 软化剂

1. 原料及作用

软化剂的作用是使头发软化，以能切断毛发中胱氨酸二硫键的还原剂为主成分，通常为使其发挥效果更佳，还含有碱剂、稳定剂、表面活性剂、润湿剂、油分等。

(1) 还原剂

前几年，应用比较广泛的还原剂是巯基乙酸、巯基乙酸盐（如铵盐或有机胺盐）、巯基乙酸甘油酯。巯基乙酸，在日化行业简称“硫代”，其还原作用比较强，在实验室中将头发浸入过量的碱性冷烫液中 5min，头发中约有 85%的胱氨酸（二硫键）被还原。但在实际烫发时，在烫发剂浓度下，10min 内约有 25%的二硫键被还原。还原剂的用量将直接影响卷烫发的效果，还原剂的含量越高，烫发速度和效果越好，但为了人体安全和头发的健康，还原剂的用量为 5%～11%。巯基乙酸及其盐不稳定、易氧化，所以要求容器密封；制成的烫发剂在贮存过程中，常常会产生变色、pH 值下降和还原剂浓度降低等情况，影响其使用效果，设计配方和选用容器时要考虑这些因素。巯基乙酸的还原能力强，配成的烫发剂的味道比较重，但因其综合性能好，仍是目前使用最广的还原剂。

半胱氨酸和半胱胺还原力较弱，但由于分子结构与头发的胱氨酸相似，对头发有保湿及修复功能，而且配成的烫发剂没有刺激性气味，一般用于受损发质的配方，可以与巯基乙酸复配使用，起到协同作用。

亚硫酸盐是一种早期用于热烫的还原剂，但由于其还原力非常弱，且烫发效果不持久，近年来已经被巯基乙酸类还原剂代替。

(2) 碱剂

在常温下，常用的还原剂只有在碱性条件下，才能起到烫发作用，这主要是由于碱剂的存在使头发角蛋白膨胀，有利于还原剂的渗透，从而发挥断开二硫键的作用，缩短了烫发的操作时间。在相同还原剂含量的情况下，如果溶液的 pH 值及游离氨含量不同，其卷发效果也不一样。pH 值和游离氨含量越高，软化速度越快，但是烫发的效果不能完全依靠无限地增加 pH 值和游离氨的含量来达到，当 pH 值高于 9.5，而没有挥发性碱存在时，烫发剂可能发生脱除毛发的危险。因此以巯基乙酸为还原剂的冷烫液，其 pH 值一般控制在 9.5 以下，游离氨含量控制在 0.02%以下。

可用于烫发剂的碱剂有氨水、一乙醇胺、碳酸氢铵、NaOH、KOH、四羟丙基乙二胺等。氨水的分子量小，易于渗透，其碱性比较温和，而且易挥发、无残留，在烫发时，由于氨的挥发而降低药剂的 pH 值，相对减少了碱性对头发的过度损伤，因而在烫发剂中得以广泛应用，但具有刺激性气味的缺点。

单乙醇胺没有氨水那样的刺激性气味，而且碱性强，对头发的膨胀快，可配制成较强力度的烫发剂，但是它不挥发，容易残留在头发上，造成软化过度，对头发损伤较大。

碳酸氢铵与前两者相比，碱性较弱，pH 值呈中性，它对头发的膨润度较低，不必担忧其会造成头发软化过度和残留的问题，一般用碳酸氢铵配制成中性或弱碱性烫发剂。

四羟丙基乙二胺最温和，碱的刺激性弱，同时具备一定的调理螯合功效。

实际中也可采用两种或两种以上的碱混合使用，以克服各自的缺点，产生更好的烫发效果。

(3) 渗透剂

表面活性剂的加入有助于烫发剂在头发表面的铺展，促进头发软化膨胀，有利于还原剂渗透到头发内，提高软发速度和烫发效果。同时，加入表面活性剂可起到乳化和分散作用，有助于水不溶性物质在水中分散或将制品制成乳状液。此外，加入表面活性剂还能改善卷发持久性和梳理性，使烫后头发柔软、光泽。可采用的表面活性剂有阴离子型、阳离子型和非离子型，它们可单独使用，也可复配使用。常用有低 EO 数的 PEG/PPG/聚丁二醇-8/5/3 甘油（FMC-6060）聚醚类和低碳链的季铵盐等。

(4) 增稠剂

为了提高烫发剂与头发的黏附性，避免在烫发操作时滴落、沾染皮肤和衣服，可加入羧甲基纤维素、高分子量的聚乙二醇和脂肪醇等来赋予药剂一定的黏稠度。

(5) 护发调理剂

为减轻头发由于化学处理所引起的损伤以及增强头发的质感，可添加一些油脂类、润湿剂和阳离子纤维等，如复合氨基酸（Amino M-10）、甘油聚醚-26、角鲨烷、山茶花籽油（HT-1128）、神经酰胺 3（FMC-3355）等。值得注意的是，传统配方由于添加了油脂，油脂会在头发表面形成一层保护膜，而降低了药剂的渗透，因此在设计配方时要进行平衡点的测试，但是天然亲肤的角鲨烷和山茶花籽油（HT-1128）以及神经酰胺 3（FMC-3355）则不存在类似情况。

(6) 金属螯合剂

含巯基化合物还原能力强，因而容易与铁、铜等金属离子发生氧化还原反应而使烫发剂变色，同时降低烫发效果。所以要选用金属含量低的原料，并在生产过程中避免与含铁的容器接触。另外，也可加入配位剂如 EDTA、羟基磷酸、四羟丙基乙二胺等金属配位剂。

另外，在以巯基乙酸为主药剂的烫发剂中添加少量的双巯基乙酸，可以缓冲还原剂的作用，防止头发因软化时间过长而断发。

2. 配方实例

表 8-16～表 8-18 为烫发剂的配方实例。

表 8-16　烫发液配方实例

组分		物质名称	质量分数/%	作用
A	1	去离子水	余量	溶解
		甘油	2.0	分散、保湿
		复合氨基酸(Amino M-10)	1.0	氨基酸保护
		烷基糖苷(APG-100)	3.0	温和促渗
		羟基亚乙基二膦酸	0.1	稳定
		防腐剂	适量	抗菌防腐
	2	氢化蓖麻油	适量	增溶
		香精	适量	赋香
B		巯基乙酸甘油酯	16.0	还原

制备工艺如下。

① 将 A1 组分加入水中，搅拌均匀。

② 将 A2 组分混合均匀（冬季需共热混匀）后加入，搅拌均匀，检测 pH 合格后即可出锅。

③ 将 A 和 B 组分按比例分别灌装。

注意：B 组分灌装时不能遇水。

传统的烫发液配方采用巯基乙酸，其不愉快气味大，毒副作用强，令部分消费者产生抗拒心理，导致烫发市场的萎缩。

本配方采用新型烫发原料巯基乙酸甘油酯，其基本无味，无毒副作用，操作便利，可以单剂操作。

复合氨基酸（Amino M-10）作为功效保护剂，可有效补充烫发过程中损失的氨基酸因子；温和促渗剂烷基糖苷（APG-100）的添加，使得整个产品更加温和无刺激。这些亮点将使烫发市场得以扩大发展。

表 8-17　烫发膏配方实例

组分		物质名称	质量分数/%	作用
A	1	水	余量	溶解
		羟乙基纤维素	0.8	增稠
	2	鲸蜡硬脂醇	6.0	增稠
		山嵛酰胺丙基二甲胺(BMPA)	2.5	阳离子乳化、调理
		柠檬酸	0.8	酸碱调节、中和
		神经酰胺 3(FMC-3355)	1.0	屏障保护因子
		山茶花籽油(HT-1128)	0.6	抗敏
	3	羟基亚乙基二膦酸	0.15	稳定
		100%半胱胺	5.0	还原
	4	香精	适量	赋香
B		巯基乙酸甘油酯	16.0	还原

制备工艺如下。

① 将 A2 组分与适量的水加热至 85℃，均质分散均匀。

② 加入 A1 组分水溶液，搅拌均匀后，均质 10min。

③ 降温至 30℃ 以下，加入 A3 的水溶液和 A4 组分，搅拌均匀，检测 pH 值合格后出锅。

④ B组分在灌装时单独灌装，使用前与基料混均匀后立即使用。(B组分绝对禁止接触到水)

本配方为乳白膏体型烫发产品。配方中神经酰胺3（FMC-3355）的添加，确保消费者使用过程无次生危害；抗敏剂山茶花籽油（HT-1128）除可有效防止过敏现象外，还可以提升烫发后的光泽度。山嵛酰胺丙基二甲胺（BMPA）在此配方中起两个作用：

① 乳化剂，使料体稳定；

② 调理剂，头发在烫后无需二次护理，可以直接达到光彩亮人的效果。

表 8-18 企业实际生产的烫发膏配方实例

组分	物质名称	质量分数/%	作用
A	水	余量	溶解
	甘油	2.0	保湿
B	十六烷基三甲基氯化铵	0.5	阳离子乳化、调理
	十六十八醇	4.5	润发、增稠
	平平加	1.0	乳化
	单甘酯	0.5	乳化
	凡士林	2.0	润发
C	VCD	0.2	稳定
	单乙醇胺	8.0	提供碱性
	半胱胺盐(粉)	1.0	还原
	氢氧化钠	0.8	提供碱性
D	去离子水	24.0	溶剂
	巯基乙酸	7.0	还原
E	香精	0.3	赋香

制备工艺如下。

① 将A组分原料加入水锅，搅拌升温至80℃，真空抽入乳化锅。

② 将B组分原料加入油锅，搅拌升温至85℃，完全溶解后抽入乳化锅；启动乳化锅搅拌、均质；均质15min后开始冷却，搅拌冷却到45℃后加入C组分；混合均匀后，加入预先溶解好的D组分和E组分，搅拌均匀，冷却至38℃，即可出料。

(二)定型剂

经过卷发或直发处理以后，需用中和剂使头发的化学结构（主要是二硫键）回复到原有状态（生成新的二硫键），从而使卷发或直发形状能够固定下来。在烫发过程中，软化剂起的是还原作用，而定型剂则是起的氧化作用，所以又称为氧化剂。

1. 原料和作用

烫发第Ⅱ剂（定型剂）的作用，是将被第Ⅰ剂还原断开的二硫键氧化再连接。在第Ⅱ剂的有效成分中，分有“溴酸钠”和“过氧化氢”。

过氧化氢如同脱染剂的第Ⅱ剂，在酸性条件下虽然呈稳定的状态，但在碱性条件下过氧化氢可达到将黑色素分解的强氧化力度。因此，烫发第Ⅱ剂中使用过氧化氢，氧化力要比使用溴酸钠强，有缩短氧化（定型）时间的优点。但因其氧化力度较强，如氧化时间过长，则会导致氧化过量，毛发受损的可能性非常高。故使用了碱性烫发第Ⅰ剂后，若中间冲洗不充分，毛发中残留有第Ⅰ剂的碱剂，残留碱会引发过氧化氢分解而脱色，将黑的发色变成褐色。不过，过氧化氢在毛发中经反应后所形成的残留物仅为水，无任何其他残存物，毛发可获得接近原本状态的柔软效果。

溴酸钠无过氧化氢那样的强氧化力，用于第Ⅱ剂时，需要获得充分的定型时间。不过即使在碱性的情况下，溴酸钠几乎不会对毛发形成脱色力。溴酸钠经反应后会生成盐性物并存留在毛发中，形成僵硬的质感。

那么，能否将溴酸钠和过氧化氢复配使用呢？能否体现出双方各自的长处呢？答案是"否"。若将溴酸钠与过氧化氢混合，过氧化氢会使溴酸钠分解，产生有害气体。不仅得不到想象中的效果，而且还有危险，不可以复配使用。

配方中加入表面活性剂，可改善氧化剂在头发上的铺展性能，改进其氧化性能。为了使烫后头发光亮和柔软，可加入阳离子表面活性剂等。

2. 参考配方

表 8-19、表 8-20 为定型剂配方实例。

表 8-19　定型剂配方实例

组分	物质名称	质量分数/%		作用
		配方 1	配方 2	
A	去离子水	余量	余量	溶解
	EDTA-2Na	0.05	0.05	螯合
	羟基亚乙基二膦酸	0.3	0.3	稳定
	甘油	2.0	2.0	分散
B	氢化蓖麻油	适量	适量	增溶
	香精	适量	适量	赋香
C	复合氨基酸(Amino M-10)	2.0	1.0	氨基酸保护
	溴酸钠	8.0	—	氧化
	50%过氧化氢	—	12.0	氧化

注：配方 1 为溴酸钠体系的定型剂，配方 2 为过氧化氢体系的定型剂。

制备工艺：依次将原料加入去离子水中，搅拌均匀，即可。

烫发定型产品主要强调溴酸钠和过氧化氢的稳定性，所以不宜添加过多干扰成分，尽量选用简洁明了的配方。

传统的烫发定型Ⅱ剂无调理防护功效，刺激性大。本配方采用安全可靠的氨基酸保护剂 AminoM-10，有效防止因氧化剂过量而给头发带来的损伤。

表 8-20　企业实际生产的定型剂配方实例

组分	物质名称	质量分数/%	作用
A	去离子水	余量	溶解
	丙二醇	4.0	保湿
	聚山梨醇酯-20	0.8	增溶
	羟基亚乙基二膦酸	0.2	提供酸性环境
	磷酸氢二钠	0.1	提供酸性环境
	锡酸钠	0.02	稳定
B	50%过氧化氢水溶液	2.5	氧化
C	香精	0.2	赋香

制备工艺：依次将原料加入去离子水中，搅拌均匀，即可。

三、烫发化妆品的安全性

烫发用的巯基乙酸等还原剂对人体皮肤具有刺激性和过敏性。所以消费者在使用该类产品时，要注意以下几个方面。

① 初次烫发者建议先做皮肤试验，避免过敏反应。

② 高血压、心脏病患者，怀孕、分娩期妇女慎用。

③ 烫发剂尽量不要接触皮肤。

④ 头皮有破伤、疮疖及皮炎患者不宜烫发。

⑤ 烫发剂对头发损伤很大，不宜在头发上停留过长时间。

⑥ 不要过于频繁烫发。

⑦ 烫发后也不宜马上染发。

⑧ 后期护理头发尽量选用天然亲肤性产品，如神经酰胺 3（FMC-3355）、山茶花籽油（HT-1128）和氢化卵磷脂（FMC-1070）等，确保秀发健康。

第四节 脱毛化妆品

脱毛剂是一种不需要利用剃刀或电动脱毛器而能除去皮肤上绒毛的化妆品，主要用于将面部、手臂、小腿及腋下毛发的去除，主要为妇女所用。常用的除毛方法包括剃毛、拔毛和脱毛剂除毛。剃毛、拔毛是物理过程，下面主要介绍化学脱毛剂。

一、化学脱毛的原理

1. 脱毛剂的作用原理

毛发结构的稳定性主要是由二硫键来保证的，二硫键的数目越大，纤维的刚性越强，如果毛发肽键特别是二硫键被破坏，那么毛发的机械强度将变低，容易被折断除去。脱毛剂就是使毛发角质蛋白胱氨酸中的二硫键受到破坏，使毛发的渗透压力增加，膨胀并变得柔软，从而切断毛发纤维，使毛发脱除。这种脱毛方法是从毛孔中除去毛发，因此不仅可以减缓新生毛发生长，而且脱毛后的皮肤光滑，肤感舒适。为此，脱毛化妆品的研究与生产迅猛发展，颇受爱美女性的青睐。

2. 脱毛剂与烫发剂的区别

脱毛剂与烫发剂均要将毛发的二硫键破坏，那么两者有何区别？二者的主要不同点是 pH 值不同。烫发用的卷发剂的 pH 值一般约为 9，而脱毛剂一般要达到 11。在越高 pH 值下，二硫键的破坏速度越快，破坏程度越高。

二、常用脱毛剂

脱毛剂是指添加在脱毛化妆品中具有脱除毛发作用的物质。脱毛剂的目的是破坏二硫键，使毛发分解。好的脱毛剂必须具备下列条件：

① 涂敷 5～15min 即可使毛发完全柔软脱除；

② 对皮肤无刺激性和毒性，无致敏性；

③ 敷用方便，不会沾污皮肤和衣服，有舒适的气味，质量稳定。

脱毛剂主要是指化学脱毛剂，可分为以下四类。

1. 硫化物

可用碱金属和碱土金属的硫化物，如硫化钠、硫化镁、硫化铝、硫化钙、硫化钡等。这些硫化物是最早使用的脱毛剂，具有较好的脱毛效果，价格低廉。其缺点是易氧化变色，并产生令人不快的臭味，不稳定，易产生硫化氢逸出而降低其脱毛效果。在配制时必须加入稳定剂，以确保产品质量。

2. 巯基乙酸盐

巯基乙酸盐类是目前使用最多的脱毛剂，它具有脱毛速度快，对皮肤刺激性小，几乎无臭的优点，最常用的有巯基乙酸钙。

巯基乙酸盐类在脱毛化妆品中的建议使用量为2.5%～4%，低于2%时作用缓慢，高于4%时效果提高不显著，但会加大刺激性和提高成本。

3. 天然脱毛剂

20世纪80年代初，天然脱毛剂问世并日趋活跃，这更能满足人们崇尚天然的需求。天然脱毛剂有生姜粉、姜油酮、腊菊类和金盏花属提取物等。

4. 脱毛增效剂

为了促进脱毛剂的效果，在配方中常常添加适量的增效辅助剂，如：尿素、碳酸胍等有机氨，使毛发角质蛋白溶胀变性，从而使胱氨酸分子中的二硫键与脱毛剂得以充分接触，促进二硫键的切断，使毛发容易脱除。

三、配方实例

市售脱毛化妆品有脱毛露、脱毛霜、脱毛蜜、脱毛摩丝、脱毛凝胶、脱毛膏、脱毛胶纸等。表8-21为脱毛膏配方实例。

表8-21 脱毛膏配方实例

组分	物质名称	质量分数/%	作用
A	鲸蜡硬脂醇	8.0	增稠
	硬脂酸	4.0	增稠
	甘油硬脂酸酯	3.5	乳化
	氢化卵磷脂(FMC-1070)	0.8	乳化、脂质体
	山茶花籽油(HT-1128)	1.0	抗敏、丝滑调理
	神经酰胺3(FMC-3355)	1.5	抗敏
	羟苯甲酯	0.2	防腐抗菌
	羟苯丙酯	0.1	防腐抗菌
B	羟乙基纤维素(HEC)	0.3	增稠
	巯基乙酸钙	6.5	脱毛
	去离子水	余量	溶解
C	氢氧化钾	2.3	酸碱调节
	去离子水	10.0	溶解
D	耐碱香精	适量	赋香

制备工艺如下。

① 将A组分加热至75℃，溶解备用。

② 将B组分加热至75℃，均质溶解均匀备用。

③ 将A加入B中，均质均匀。

④ 温度降至60～70℃时加入C组分，均质搅拌均匀。

⑤ 温度降至50℃左右时加入D组分，搅拌均质均匀后，检测pH合格，即可出锅。

注意：避光存放，否则变色！

脱毛膏的主要功效物是巯基乙酸钙，让毛发、毛囊软化，从而轻易祛除。但是巯基乙酸钙具有氧化性能，易过敏，有巯基化合物的特殊气味，遇铁、铜等金属离子显红色，所以在设计配方时要充分考虑这些干扰因素。

为降低过敏现象和提升脱毛效果，配方中采用脂质体形成剂氢化卵磷脂（FMC-1070），使得巯基乙酸钙可以均匀释放，不会引起局部不均匀而带来的伤害；添加了丝滑剂、抗敏剂山茶花籽油（HT-1128）和神经酰胺3来提升脱毛的丝滑感和抗敏作用；同时选用耐碱香精来遮盖其特殊不愉快气味。

四、脱毛剂化妆品的安全性

脱毛用还原剂都具有一定的刺激性，都是一些限用物质，所以脱毛化妆品在生产中要严格控制有效成分含量。脱毛化妆品的pH值很高，非常容易造成皮肤灼伤。在使用时应严格控制使用时间，产品不能用于面部脱毛。初次使用，需先在局部少量试用，确认无过敏反应和副作用后再扩大使用。使用后应加强皮肤护理，脱毛部位用清水洗净，涂抹微酸性的护肤品，及时补充皮肤所需要的油分和营养。

第五节　防晒用化妆品

一、紫外线的危害和作用

阳光中的紫外线能杀死或抑制皮肤表面的细菌，能促进皮肤中的脱氢胆固醇转化为维生素D，还能增强人体的抗病能力，促进人体的新陈代谢，对人体的生长发育具有重要作用。

但并不是说日晒时间越长对身体越有好处，相反，过度的日晒对人体是有害的。因为阳光中的一部分紫外线（波长290～400nm）可使皮肤干燥缺水，使真皮层逐渐变硬，令肌肤失去弹性、加快衰老和出现皱纹，还能使皮肤表面出现鲜红色斑，有灼痛感或肿胀，甚至起泡、脱皮，以至成为皮肤癌的致病因素之一。另外面部的雀斑、黄褐斑等也会因日晒过度而加重。患粉刺的人在阳光的照射下会加快粉刺顶端的氧化作用，变成黑头留下疤痕。故保护皮肤、防止皮肤衰老、预防皮肤癌的关键是防止阳光中紫外线对皮肤的损伤。

所谓紫外线（ultravioletray），是指波长为200～400nm的射线，属太阳光线中波长最短的一种，约占太阳光线中总能量的6%。紫外线分为如下三个区段。

① 200～290nm范围称为UVC段，又称杀菌段，透射能力只到皮肤的角质层，且绝大部分被大气层阻留，不会对人体皮肤产生危害，不会引起晒黑作用，但会引起红斑；

② 290～320nm范围为UVB段，又称晒红段，可穿透臭氧层进入地球表面，透射能力可达表皮层，对皮肤的作用能力最强，能使皮肤表皮细胞内的核酸或蛋白质变性，发生急性皮肤炎症（红斑或灼伤），是人们防止晒伤的主要波段；

③ 320～400nm范围为UVA段（其中320～340nm为UVAⅡ波段，340～400nm为UVAⅠ波段），这一区段紫外线一般不会晒红，但可晒黑，是喜欢晒黑的人们主要利用的波段。UVA的穿透能力强，可到达真皮，作用缓慢、持久，并具有累积性，日久会引起皮肤光老化。

研究表明：

① UVB是导致皮肤晒伤的根源，轻者可使皮肤红肿，产生痛感，严重的则会产生红斑及水泡，并有脱皮现象。红斑反应是迅速的，一般在阳光下直晒几个小时内即可出现，在12～24h内发展到高潮，数天后逐渐消退，皮肤反应的剧烈程度视皮肤对日光的敏感性及其

吸收能量的高低而有所不同。

② UVA 引起皮肤红斑的可能性仅为 UVB 的千分之一，从表面看，一般不引起皮肤急性炎症。但由于其对玻璃、衣物、水及人体表皮具有很强的穿透能力，其到达人体皮肤的能量高达紫外线总能量的 98%，直接作用深达真皮。虽然 UVA 对人体皮肤的作用较 UVB 缓慢，但其作用具有累积性，且这种累积性可能是不可逆的，它可以引起难以控制的损伤，增加 UVB 对皮肤的损害作用，甚至引起癌变。因此 UVA 对人体的危害已引起人们广泛关注。

③ 人体除皮肤外，其他组织（如头发、唇部）也会受到紫外线辐射的影响，头发表现为褪色或变黄，毛发脱水失去弹性及发质变硬、变粗、干枯、易分叉断裂；嘴唇由黏膜组成，比表皮角质层薄得多，本身不会产生黑色素自我保护，所以极易晒伤。

二、常用防晒剂

理想的防晒剂应具备如下性能：

① 颜色浅，气味小，安全性高，对皮肤无刺激，无毒性，无过敏性和光敏性；

② 在阳光下不分解，本身稳定性好；

③ 防晒效果好，成本较低；

④ 配伍性好，与化妆品中的其他组分不起化学反应；

⑤不与生物成分结合。

常用的防晒剂主要有以下几类。

1. 物理防晒剂（无机防晒剂）

如钛白粉、氧化锌（在欧盟未被认定为防晒剂）等，这类防晒剂主要是通过散射作用减少紫外线与皮肤的接触，从而防止紫外线对皮肤的侵害，一般采用超细钛白粉等。使用时通常将超细钛白粉用 $C_{12\sim15}$ 烷基苯甲酸酯先分散。

2. 化学防晒剂（有机防晒剂）

对紫外线有吸收作用的物质，一般由具有羰基共轭的芳香族有机化合物组成，如水杨酸薄荷酯、苯甲酸薄荷酯、水杨酸苄酯、对氨基苯甲酸乙酯等（见表 8-22）。这些紫外线吸收剂的分子能够吸收紫外线的能量，然后再以热能或无害的可见光效应释放出来，从而保护人体皮肤免受紫外线的伤害，现代防晒化妆品所加防晒剂主要以此类物质为主。

表 8-22 常用化学和物理防晒剂名称、性能和用途

化学名称(英文名称)	防护波段	性能和用途
双-乙基己氧苯酚甲氧苯基三嗪 bis-ethylhexyloxyphenol methoxyphenyl triazine	UVA	油溶性晶体粉末，需用甲氧基肉桂酸乙基己酯等帮助溶解，用于高 SPF 值和高 PA 值产品，具有良好的光稳定性。目前在中国最高添加量为 10%
丁基甲氧基二苯甲酰基甲烷 butyl methoxydibenzoylmethane	UVA	油溶性晶体粉末，需用甲氧基肉桂酸乙基己酯等帮助溶解，用于高 PA 值产品，但光稳定性差，配方中需添加奥克立林、4-甲基苄亚基樟脑等提高稳定性。目前在中国最高添加量为 5%
二乙氨基羟苯甲酰基苯甲酸己酯 diethylamino hydroxybenzoyl hexyl benzoate	UVA	油溶性晶体粉末，需用甲氧基肉桂酸乙基己酯等帮助溶解，用于高 SPF 值和高 PA 值产品，具有良好的光稳定性。目前在中国最高添加量为 10%
亚甲基双-苯并三唑基四甲基丁基酚 methylene bis-benzotriazolyl tetramethylbutylphenol	UVA	一般预先配制为水分散液，用于高 SPF 值和高 PA 值产品，具有良好的光稳定性。目前在中国最高添加量为 10%
氧化锌 zinc oxide	UVA	粉末状，可预先配制为油分散液或水分散液，一般采用表面处理过的纳米级氧化锌，该原料目前在欧盟还未被认定为防晒剂。目前在中国最高添加量为 20%

续表

化学名称(英文名称)	防护波段	性能和用途
4-甲基苄亚基樟脑 4-methylbenzylidene camphor	UVB/UVA	油溶性晶体粉末,需用甲氧基肉桂酸乙基己酯等帮助溶解,用于辅助提高SPF值和PA值,具有良好的光稳定性。目前在中国最高添加量为5%
二苯酮-3 benzophenone-3	UVB/UVA	油溶性晶体粉末,需用甲氧基肉桂酸乙基己酯等帮助溶解,用于辅助提高SPF值和PA值,具有良好的光稳定性。但含有该原料的产品包装必须另外注明含有该成分。目前在中国最高添加量为5%
甲氧基肉桂酸乙基己酯 ethylhexyl methoxycinnamate	UVB	油溶性液体,性价比高的UVB防晒剂,结晶型防晒剂的良好溶剂。经过光照会有小部分降解。目前在中国最高添加量为10%
水杨酸乙基己酯 ethylhexyl salicylate	UVB	油溶性液体,用于辅助提高SPF值,光稳定性良好,结晶型防晒剂的良好溶剂。目前在中国最高添加量为5%
乙基己基三嗪酮 ethylhexyl triazone	UVB	油溶性晶体粉末,需用甲氧基肉桂酸乙基己酯等帮助溶解,用于辅助提高SPF值和PA值,具有良好的光稳定性。目前在中国最高添加量为5%
胡莫柳酯 homosalate	UVB	油溶性液体,用于高SPF配方,辅助提高SPF值,光稳定性良好。目前在中国最高添加量为10%
p-甲氧基肉桂酸异戊酯 isoamyl *p*-methoxycinnamate	UVB	油溶性液体,用于高SPF配方,辅助提高SPF值,光稳定性良好,结晶型防晒剂的良好溶剂。原料味较重,使用时注意用量和香精的选择。目前在中国最高添加量为10%
奥克立林 octocrylene	UVB	油溶性液体,用于辅助提高SPF值,光稳定性良好,结晶型防晒剂的良好溶剂。目前在中国最高添加量为10%
苯基苯并咪唑磺酸 phenylbenzimidazol sulfonic acid	UVB	水溶性粉末,需中和,配方pH值保持在7以上,防止结晶析出,配合油溶性防晒剂使用可显著提高SPF值,特别适用于高SPF值配方,目前在中国最高添加量为8%(以酸计)
聚硅氧烷-15 polysilicone-15	UVB	油溶性液体,用于高SPF配方,辅助提高SPF值,光稳定性良好,目前在中国最高添加量为10%
二氧化钛 titanium dioxide	UVB	粉末状,可预先配制为油分散液或水分散液,一般采用表面处理过的红晶石型纳米级二氧化钛,目前在中国最高添加量为25%

3. 动植物提取液

我国许多防晒化妆品采用天然动植物提取液配制而成，具有无刺激性、无毒副作用、防晒效果良好等特点，深受消费者欢迎。可作为防晒剂的动植物很多，如沙棘、芦荟、薏苡仁、胎盘提取液、貂油、山姜、罗勒、草果、椴树花、鼠尾草、款冬花等。这些植物提取物除了能吸收紫外线外，还具有清除自由基的功能，对于晒后皮肤的修复具有良好的作用。

三、防晒化妆品配方设计

(1) 产品功效性

具有较高的防晒值和全波段防晒。每一种防晒剂均有其局限性，只使用一种化学防晒剂很难达到好的防晒效果，所以很多企业的防晒产品配方往往会含有两种以上的防晒剂。复配的方式多种多样，例如，采用有机防晒剂与无机防晒剂复配，降低有机防晒剂用量；再如采用UVB防晒剂与UVA防晒剂复配，达到UVB、UVA同时防护的目的；又如两种UVB防晒剂复配，利用防晒剂间的协同增效作用，提高防晒效果。某知名企业采用甲氧基肉桂酸乙基己酯、奥克立林、二乙氨基羟苯甲酰基苯甲酸己酯三种化学防晒剂按照7∶2∶3的质量比混合，获得了性价比很高的防晒产品。

防晒剂的用量要根据产品设计的SPF值和PA值来匹配。我国规定防晒化妆品的SPF

值最高只能标注 SPF 50+，即使实际 SPF 值超过 50，也只能标注 SPF 50+。另外，化学防晒剂用量越大，对皮肤刺激性也越大，成本也越高。所以没有必要追求过高的 SPF 值而加大化学防晒剂用量。

（2）产品安全性

根据最新版的《化妆品卫生规范》，化学防晒剂是化妆品的限用原料，其安全性一直备受争议，如甲氧基肉桂酸乙基己酯在中国允许的最大使用量是 10%。为了获得好的防晒效果，一般采用复配的方式，以避免单一防晒剂的使用量超过法规允许的使用量。另外，还需加入适当的抗敏剂和皮肤修复剂，降低刺激性。常用的抗敏剂有 α-红没药醇和甘草酸二钾；对晒后肌肤具有修复功能的常用原料有芦荟、燕麦葡聚糖、燕麦多肽、维生素 E、维生素 C 和中药提取物等。

（3）有一定的抗水性

防晒产品可配成 W/O 和 O/W 体系，W/O 比 O/W 有更好的防水抗汗效果。为了提高配方的防水抗汗效果，一般将防晒产品制成 W/O 体系，如果要制成 O/W 体系，则需要在配方中添加抗水成膜剂。

（4）容易涂抹，肤感清爽

选择硅油包水的剂型肤感清爽，且防水抗汗效果良好。另外，选择铺展性好、渗透性强的油脂有助于防晒剂在皮肤上的均匀分散和提高防晒能力。

（5）注意防晒剂与化妆品基质成分的相容性

有的防晒剂在油脂中会出现降解现象，如丁基甲氧基二苯甲酰甲烷、*N*,*N*-二甲基 PABA 辛酯、对甲氧基水杨酸辛酯等。有的防晒剂不能与防腐剂配伍，如 Parsol 1789 不能与甲醛释放体防腐剂复配。

（6）注意配制工艺问题

如 Parsol 1789 遇铁离子容易变色，配方中需要加入 EDTA 等作为螯合剂，生产中不得接触铁质器具；化学防晒剂不能长时间高温加热，生产中应予以避免。

四、防晒化妆品配方实例

目前市售的防晒化妆品中，按形态主要有防晒乳液（sunscreening lotion）和防晒霜（sunscreening cream）等。

防晒乳液和防晒霜既能保持一定油润性，又不至于过分油腻，使用方便，是比较受欢迎的防晒制品，可制成 O/W 型，也可制成 W/O 型。其配方结构在普通乳液和膏霜基础上添加防晒剂，达到防晒效果，其制法同乳化类化妆品中粉底、BB 霜等类似。表 8-23～表 8-26 为防晒化妆品的配方实例。

表 8-23　防晒乳配方实例（一）

物质名称	质量分数/%	作用
鲸蜡硬脂基葡糖苷	2.5	乳化
鲨肝醇	0.5	抗敏
羟苯甲酯	0.25	防腐
羟苯丙酯	0.15	防腐
$C_{12\sim15}$醇苯甲酸酯	4.0	润肤
碳酸二辛酯	6.0	润肤
甲氧基肉桂酸乙基己酯	7.0	防晒

续表

物质名称	质量分数/%	作用
二乙氨基羟苯甲酰基苯甲酸己酯	2.0	防晒
维生素E乙酸酯	0.4	抗氧化
硅胶	2.0	肤感调节
二甲基硅油(5cps)	4.0	润肤
去离子水	余量	溶解
EDTA-2Na	0.05	螯合
甘油	4.0	保湿
丁二醇	4.0	保湿
鲸蜡醇磷酸酯钾	1.5	乳化
二氧化钛分散液	4.0	防晒
丙烯酰二甲基牛磺酸铵/山嵛醇聚醚-25甲基丙烯酸酯交联共聚物	0.4	增稠
红没药醇	0.3	抗敏
辣蓼提取物	0.1	抗敏
苯氧乙醇	0.4	防腐
香精	0.15	调香

表 8-24　防晒乳配方实例（二）

组分	物质名称	质量分数/%	作用
A	去离子水	余量	溶解
	丙二醇	3.0	分散
	聚丙烯酸酯交联聚合物-6	0.6	悬浮稳定
B	甲氧基肉桂酸乙基己酯	4.5	防晒
	水杨酸乙基己酯	2.0	防晒
	山茶花籽油(HT-1128)	1.0	肌肤调理、抗敏、防晒
	氧化锌/丁二醇	10.0	防晒
	C_{14}～C_{22}醇和C_{12}～C_{20}烷基葡糖苷	0.5	乳化
C	香精	适量	赋香
D	甘草酸二钾	0.4	抗敏
	去离子水	10.0	溶解
E	乙醇	18.0	溶解、分散

制备工艺如下。

① 将A组分润湿分散好，加入B组分和水，加热至80℃，搅拌均质分散均匀。

② 降温至45℃以下，加入C和D组分，搅拌分散均匀。

③ 加入E组分，搅拌分散均匀即可。

本配方为稀薄乳液状，适合配套喷雾瓶，使用便利。氧化锌/丁二醇为物理防晒成分，甲氧基肉桂酸乙基己酯、水杨酸乙基己酯为化学防晒成分，两者相辅相成；在防晒助剂山茶花籽油（HT-1128）的辅助下，大大提升SPF值。大量乙醇的添加，使其涂抹分散性大大提高，方便消费者使用。

表 8-25　防晒霜配方实例（一）

组分	物质名称	质量分数/%	作用
A	二氧化钛	8.0	防晒
	甲氧基肉桂酸辛酯	8.0	防晒
	水杨酸辛酯	3.0	防晒
	异壬酸异壬酯	6.0	分散

续表

组分	物质名称	质量分数/%	作用
A	山茶花籽油(HT-1128)	1	抗敏、肌肤调理
	虾青素	0.05	抗氧化
	聚羟基硬脂酸	1.0	乳化
	硅蜡	2.0	增稠
	羊毛脂	2.0	肌肤调理
	聚二甲基硅氧烷	6.0	肌肤调理
	有机硅乳化剂	3.5	肌肤调理
B	丙烯酰二甲基牛磺酸铵/山嵛醇聚醚-25 甲基丙烯酸酯交联聚合物	3.0	增稠
	甘油	5.0	分散、保湿
	丙二醇	10.0	分散、保湿
	神经酰胺 3(FMC-3355)	2.0	防晒保护、抗敏
	羟苯甲酯	0.3	抗菌、防腐
	水	余量	溶解
C	防腐剂	适量	抗菌、防腐
	香精	适量	赋香

制备工艺如下。

① 配料缸中加入 B 组分，互溶后加热至 80℃，待用。

② 用 A 组分部分油脂分散二氧化钛，研磨 15min 后和其他物料加入主缸中，加热至 80℃。

③ A 组分开启均质，将 B 组分缓慢加入 A 组分中，乳化完成后再均质 3min，搅拌降温。

④ 降至 40℃时加入 C 组分，搅拌均匀后出料。

本配方为稠厚膏霜，适合配套泵瓶或挤压软管。二氧化钛为物理防晒成分，甲氧基肉桂酸辛酯、水杨酸辛酯为化学防晒成分，两种防晒原料相辅相成，在防晒助剂山茶花籽油（HT-1128）的辅助下，可有效提升 SPF 值。抗氧化剂虾青素可以延伸产品货架期的 SPF 值；大量油脂和调理剂的添加，使其涂抹分散性大大提高；山茶花籽油和神经酰胺 3 的抗敏组合的添加，使配方致敏率远远低于市场同类型产品；神经酰胺 3（FMC-3355）的屏障作用，可有效防止太阳光照射而产生黑色素。

表 8-26　防晒霜配方实例（二）

物质名称	质量分数/%	作用
月桂基 PEG-9 聚二甲基硅氧乙基聚二甲基硅氧烷	3.50	乳化
PEG-10 聚二甲基硅氧烷	2.00	乳化
二硬脂二甲铵锂蒙脱石	1.00	增稠、稳定
羟苯甲酯	0.25	防腐
羟苯丙酯	0.15	防腐
新戊二醇二庚酸酯(LONESTER NGD)	4.00	润肤、溶剂
碳酸二辛酯	6.00	润肤、溶剂
辛基聚甲基硅氧烷	8.00	润肤、溶剂
甲氧基肉桂酸乙基己酯	7.00	防晒
奥克利林	3.00	防晒
二乙氨基羟苯甲酰基苯甲酸己酯	2.00	防晒
维生素 E 乙酸酯	0.40	抗氧化
硅胶	2.00	肤感调节

续表

物质名称	质量分数/%	作用
二甲基硅油(5cps)	4.00	润肤
去离子水	余量	溶解
EDTA-2Na	0.05	螯合
甘油	4.00	保湿
丁二醇	4.00	保湿
二氧化钛分散液	4.00	防晒
氯化钠	1.00	稳定
红没药醇	0.30	抗敏
辣蓼提取物	0.10	抗敏
苯氧乙醇	0.40	防腐
香精	0.15	调香

五、防晒效果的评价

防晒化妆品的防晒效果用 SPF 值（sun protection factor,）和 PA 值（protection of UVA）来评价。

1. SPF 值

SPF 值是指在涂有防晒剂防护的皮肤上产生最小红斑所需能量与未加防护的皮肤上产生相同程度红斑所需能量之比。在美国，FDA 对防晒产品的 SPF 值测定有较为明确的规定。它以人体为测试对象，采用氙弧日光模拟器模拟太阳光或用日光对 20 名以上的被测试者的背部进行照射。先不涂防晒产品，以确定其固有的最小红斑量（MED），然后在测试部位涂上一定量的防晒产品，再进行紫外线照射，得已防护部位的 MED，对每个受试者的每个测试部位，由式(8-1) 计算各个受试者的 SPF 值，然后取平均值作为样品的 SPF 值。

$$SPF=\frac{\text{使用防晒品防护的 MED}}{\text{未用防晒品防护的 MED}} \tag{8-1}$$

式中，MED 是最小红斑量（minimal erythema dose）的缩写，是指引起皮肤红斑，其范围达到照射点边缘所需要的紫外线照射最低剂量（J/m^2）或最短时间（s）。

SPF 值的高低从客观上反映了防晒产品对 UVB 紫外线防护能力的大小。美国 FDA 在 1993 年的终审规定：最低防晒品的 SPF 值为 2～6，中等防晒品的 SPF 值为 6～8，高度防晒产品的 SPF 值在 8～12，SPF 值在 12～20 的产品为高强防晒产品，超高强防晒产品的 SPF 值为 20～30。

根据食品药品监管总局制定的《防晒化妆品防晒效果标识管理要求》规定：我国防晒指数（SPF）的标识应当以产品实际测定的 SPF 值为依据。当产品的实测 SPF 值小于 2 时，不得标识防晒效果；当产品的实测 SPF 值在 2～50（包括 2 和 50，下同）时，应当标识该实测 SPF 值；当产品的实测 SPF 值大于 50 时，应当标识为 SPF50＋。

防晒化妆品未经防水性能测定，或产品防水性能测定结果显示洗浴后 SPF 值减少超过 50％的，不得宣称防水效果。宣称具有防水效果的防晒化妆品，可同时标注洗浴前及洗浴后 SPF 值，或只标注洗浴后 SPF 值，不得只标注洗浴前 SPF 值。

2. PA 值

因 UVA 能量较低，以往未受到人们的重视。近几年来，UVA 对人体皮肤的伤害十分引人注意，国外已开始研究有关 UVA 防护能力的评价方法。PA 值就是评价防晒产品对

UVA 紫外线防护能力的评价指标。

UVA 防护指数 PFA 值是指引起被防晒化妆品防护的皮肤产生黑化所需的最小持续性黑化量（MPPD）与未被防护的皮肤产生相同程度黑化所需的 MPPD 之比。对每个受试者的每个测试部位，由式(8-2) 计算各个 PFA 值，然后取平均值作为样品的 PFA 值。

$$PFA=\frac{使用防晒品防护的\ MPPD}{未用防晒品防护的\ MPPD} \tag{8-2}$$

式中，MPPD 是指辐照后 2～4h 在整个照射部位皮肤上产生轻微黑化所需要的最小紫外线辐照剂量或最短辐照时间。

PFA 值只取整数部分，按下列方式表达 PA 值。

PFA 值小于 2　　无 UVA 防护效果

PFA 值 2～3　　PA＋

PFA 值 4～7　　PA＋＋

PFA 值 8～15　　PA＋＋＋

PFA 值 16 以上　　PA＋＋＋＋

六、防晒产品的再优化

前面介绍了有关防晒产品的一般知识，而随着人们对防晒化妆品的重视，在 SPF 测试过程中，对防晒指数的不确定性的分析评价方法及防晒产品的功效稳定性也提出了新的要求。通常情况下，防晒指数越高，则其测量值的不确定性也就越大。做防晒产品的难点就在于对 SPF 和 PA 值的评估及其自身的不确定性。要解决这些问题，应根据有关最新的研究和反复实践，并借助国际公司的 SPF 和 PA 模拟软件以及实践中总结的分散技术来实现防晒产品的再优化。

(一) 影响防晒产品 SPF 和 PA 值的几个问题

1. 物理防晒剂的问题

物理防晒剂三个问题：聚集问题、悬浮问题、空间问题。

(1) 聚集问题

聚集问题是指物理防晒剂纳米粉由于粒径小、表面能高，在配方体系里容易团聚成颗粒状态，导致 SPF 值和 PA 下降。根据粉的表面处理方式的不同，聚集问题又分为油相粉的聚集问题和水相粉的聚集问题。

① 解决方案。针对油相粉的聚集问题，采用油性表面处理的纳米粉根据实际情况选择不同的油性分散剂（DisperseFS300/300R/600R/800）聚羟基硬脂酸，其物理形态为液体或浆状，来源都是蓖麻油，也就是采用蓖麻油酸单体来进行聚合，在不同的聚合工艺条件下做出具有不同特性的油相粉体分散剂，以满足不同工程师对不同无机粉体在油相中的分散需求。

针对水相粉的聚集问题，采用水性分散剂（Disperse FS 90）INCI：PEG-26-PPG-30 磷酸酯。磷酸酯基团紧密包裹颗粒表面，EO 和 PO 嵌段式共聚物在水相呈发散状态，有利于粉的悬浮，且隔离粉与水的直接接触，缓解粉的水解作用，避免或缓解水相的 pH 漂移。同时，当使用了水性分散剂后，由于水性分散剂将粉与水隔离，这时水相可以使用卡波和反转乳胶聚合物。纳米粉不会导致体系崩溃。

② 应用实例。油相和水相的粉如果已经聚集了，大部分都可以补加分散剂，通过合适

的工艺把体系恢复到粉的良好分散状态，图 8-5 为粉聚集后分散的生产实例。

图 8-5(a) 是粉已经聚集了，粉在油相，看到很多白点；图 8-5(b) 是实验室补加油性分散剂返工，按纳米粉的 1/10 添加，升温到 90℃，打均质，看到白色颗粒完全消失，非常均匀，然后逐步冷却至室温即可。

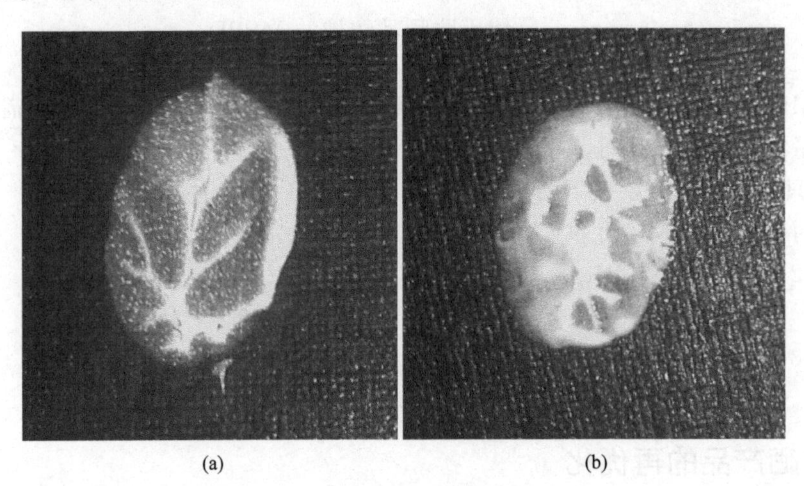

(a) (b)

图 8-5 粉聚集后分散的生产实例

(2) 悬浮问题

原理：TiO_2、ZnO 是金属氧化物颗粒，油脂相对密度通常约为 0.8，通常金属氧化物的颗粒相对密度会比较大，在油脂里会呈现下沉现象。那么能否找到一种油脂，其自身能把金属氧化物颗粒悬浮住，并且长期稳定？如果能找到这样的油脂，无疑对化妆品配方的稳定性及功效性化妆品的功效发挥是非常有利的。为了解决这个问题，通过反复不断的试验，终于在化妆品行业中常规用到的上百个油脂里找到了几种具有悬浮力的特色油脂。

验证方法非常简单：取 50mL 的小烧杯，加 10g 油脂，再加 10g 纳米钛白粉，搅匀，过一段时间观察粉有没有沉底，上层有没有油冒出来？大部分油脂经过半小时或一整晚，粉沉底了，油也冒出来了，但有个别油脂很稳定，1 周，1 个月，半年甚至更久，体系都很稳定。例如，二丙二醇二苯甲酸酯（PAESTER 9825）和羟基硬脂酸乙基己酯（Crodamol OHS）就可以很好地应对此种状况，纳米粉在油脂里能长期稳定，既不沉底，也不漂浮。当然具有悬浮力的油脂在化妆品行业里并不多见，但还是有的，也很难用理论来解释这一现象。但是从化妆品应用的角度来看，这种现象对配方非常管用。例如，纯油防晒，如果用到纳米粉，用具有悬浮力的油脂二丙二醇二苯甲酸酯，再与油性分散剂配伍，该体系中粉就不会沉降，因为有分散剂，粉也不会聚集，这样做成的喷雾防晒，体系里就不用加钢珠或玻璃珠来摇匀使用了。如果是水性纳米粉，可以通过水性分散剂和双甘油调密度来解决或改善粉的分散问题。

(3) 空间问题

众所周知，选定一种纳米粉，它和不同油脂的相容性是不同的，在一些油脂里相容得少一点，在另一些油脂里相容得多一些；容入一些油脂的速度慢一些，容入另一些油脂的速度快一些。通常在相容性好的油脂里容入的速度也会快些。也就是说，纳米粉在不同油脂里的容入量是有限的，如果超过这个限度，纳米粉就进不了油相体系，呈现出单独粉相，也就是单独粉相进不了油相体系，有点类似饱和现象，可以理解为油相空间不够，纳米粉继续进入油相会受到限制，进不去的粉呈独立相，带来粉的聚集和多出一个相的问题，给配方带来很多麻烦。

换言之，对乳化体系来说，空间问题是与体系内外相的比例有关，如果内相很小，而要放大量的纳米粉进入内相，就会出现矛盾，也就是内相空间容量太小，没有足够的空间来容纳大量的纳米粉，多出来的纳米粉就独立成相，出现聚集现象，给配方带来麻烦。因此，从配方角度来说，多出来的纳米粉就得设法放入外相。当然两相也需要加入对应的分散剂或完全放在外相加入对应分散剂即可。

另外，还需充分考虑粉的表面处理方案与分散剂的匹配问题。

2. 化学防晒剂的问题

化学防晒剂存在三个问题：黏腻感问题，重结晶问题，电解质问题。

（1）黏腻感问题

黏腻感主要是指 OMC、OCR、OS 等液体防晒剂，肤感通常都比较黏腻，常规办法是添加一些肤感轻质的油脂来降低此类化学防晒剂的黏腻感，比如环五环六挥发性硅油，5cst 或 6cst 的硅油，辛基硅油，异壬酸异壬酯等。

低黏度内相聚合纳米乳化硅油（Hony106）提供了一个降黏腻感的新的解决方案，也不增加乳化体系的乳化负载，粒径在 200nm 左右，能有效降低液体化学防晒剂的黏腻感。

（2）重结晶问题

重结晶问题主要是指固体化学防晒剂，其外观是颗粒，粉剂等。由于这些固体防晒剂，例如，BEMT，EHT，DHHB，BMDBM，B3 等在化妆品常规油脂里的溶解度都比较低，在高温做配方时是液体的溶解状态，恢复室温，或经历冬天气温降低，这类化学防晒剂在油相中过饱和，容易从油相中重结晶而析出固体，导致料体发粗，SPF、PA 下降、起条等不利情况。因为这类固体化学防晒剂都是有机物，有时候这种重结晶情况发生得比较缓慢，需要仔细观察。

针对这个问题，解决方案是寻找高增溶的化妆品油脂来增溶这类固体防晒剂，让固体化学防晒剂始终保持液态，在油相中溶解处于不饱和状态，避免化学防晒剂重结晶。尽管这种油脂少，但还是有的，例如用二丙二醇二苯甲酸酯（PAESTER 9825）、新戊二醇二庚酸酯（LONESTER NGD）来溶解这些固体化学防晒剂，确保在乳化体系中化学防晒剂不重结晶。防晒剂 BEMT、EHT、DHHB、BP3 等在二丙二醇二苯甲酸酯溶解度分别可以达到 34%、30%、50%、45%。

（3）电解质问题

还有一些化学防晒剂是强电解质，比如二苯甲酮-4（B4）。下面按照水包油和油包水两个配方体系分别来讲述。

对于水包油体系（O/W）：这个体系连续相（外相）是水，间断相（内相）是油。在这种体系里，通常都会用卡波（Carbopol）来增稠；用反转乳胶聚合物（Sepigel 305）来给体系起乳化稳定增稠作用；还会用混合醇（十六十八醇）或鲸蜡醇（十六醇）或山嵛醇（二十二碳醇）等长碳链醇来提高体系的稠度。但是这些原料都不耐电解质，也就是说在用到以上三类原料的时候，如果用了电解质化学防晒剂，比如二苯甲酮-4，二苯甲酮-4 产生的电解质会导致卡波、反转乳胶聚合物、长碳链醇作用消失，体系崩溃。这就是电解质化学防晒剂对水包油体系带来的不利影响，导致配方体系的崩溃。所以做水包油体系的防晒产品，尽量避免使用或少用电解质化学防晒剂。

对于油包水体系（W/O）：这个体系连续相（外相）是油，间断相（内相）是水。在这种体系里，是可以用电解质化学防晒剂的。电解质化学防晒剂存在于内相，这对体系的稳定性是有利的。因为对于油包水体系，本身在内相需要添加多元醇（甘油，丙二醇，1,3-丁二醇）和电解质（氯化钠，硫酸镁）来提高体系的低温抗冻性，电解质化学防晒剂的添加可以降低多元醇和电解质的用量，对体系的低温抗冻性是有利的。

所以，鉴于以上原因，对于化学防晒剂的选用，需要区分对待。

以上是对两类防晒剂存在的问题及对应解决方案的简单描述，希望对做配方设计有所帮助。

（二）运用防晒模拟软件对防晒产品配方的优化方案

防晒产品配方设计和优化流程如图 8-6 所示。

① 立项，设定 SPF 值、PA 值。确定需要做水包油还是油包水体系。

② 利用防晒剂模拟器，在充分考虑防晒剂的六大问题的基础上优化防晒剂组合，包括 SPF、PA、防晒剂的效率，特别是防晒剂组合的稳定性。

③ 打样，进行仪器测试，结果通常都是高于理论计算值的。

④ 对防晒剂的组合进行二次优化，即通常对添加量高的防晒剂或较难乳化的防晒剂进行梯度递减试验。需要仪器测试配合，挑出最佳防晒剂的组合。

⑤ 对经过二次优化的防晒剂组合进行流变学控制和稳定性测试，达到要求后，进行 SPF、PA 仪器复测。

⑥ 达到要求后即可申请防晒特证。

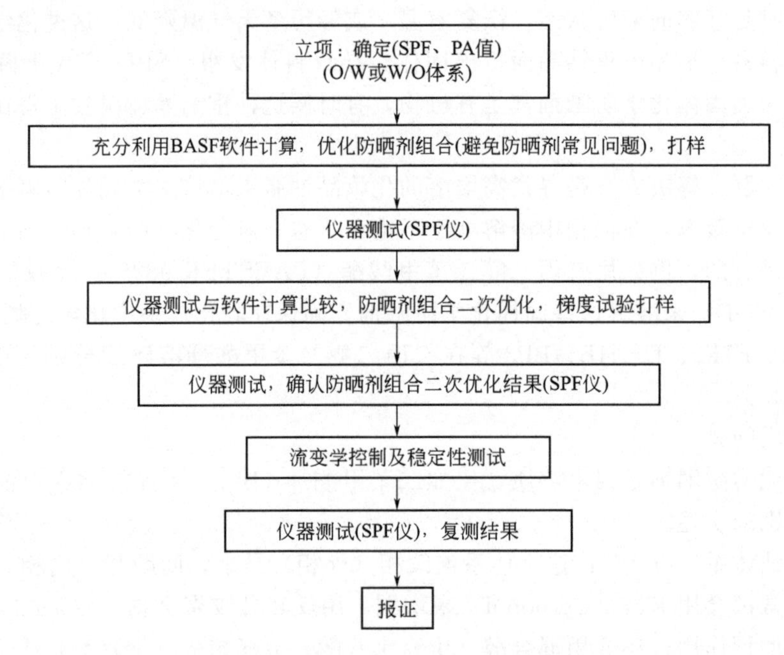

图 8-6　防晒产品配方设计和优化流程

现以 SPF50＋、PA＋＋＋＋防晒霜的配方设计为例进行防晒产品配方优化说明。

1. 防晒产品配方基础数据取得

首先，为了达到 SPF50＋、PA＋＋＋＋，工程师根据经验进行多种防晒剂的组合设计。表 8-27 为一种防晒剂组合设计。

表 8-27　一种防晒剂组合设计（SPF50+、PA++++）

代号	防晒剂	质量分数/%
DHHB	二乙氨羟苯甲酰基苯甲酸己酯	3.5
MBBT(50%)	亚甲基双-苯并三唑基四甲基丁基酚	3
DBT	二乙基己基丁酰胺基三嗪酮	1
EHMC	甲氧基肉桂酸乙基己酯	8
EHT	乙基己基三嗪酮	1
TiO_2	纳米钛白粉(水性处理)	8

在 BASF 防晒模拟器中输入表 8-27 所述的防晒剂，模拟器计算结果为该防晒剂组合物总量为 24.5 份，效率 2.6，也就是加 1 个点的防晒剂，能产生 2.6 个 SPF 值。图 8-7 为模拟器显示的吸收曲线。

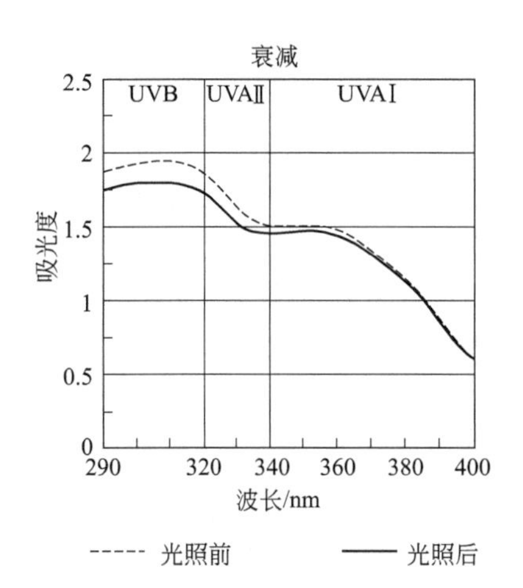

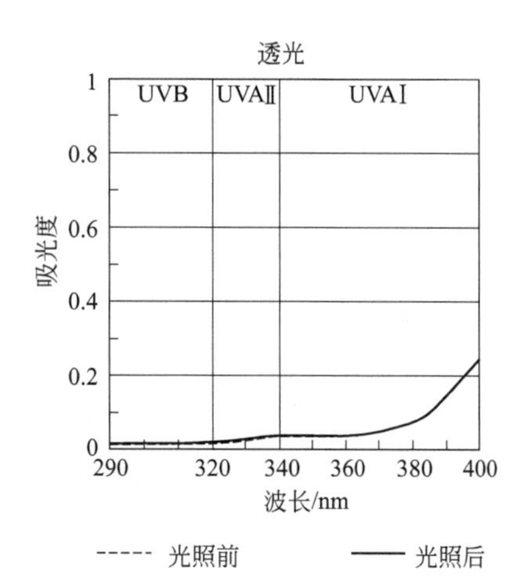

图 8-7　模拟器显示的吸收曲线（一个 MED（最小红斑量）剂量下照射前后的效果显示图）

图 8-7 中虚线与实线靠得很近，说明防晒剂组合很稳定，不会出现变色问题。PA 达到 16.9，符合设计要求。

按照模拟获得的防晒剂组合，根据工程师经验设计的测试配方如表 8-28 所示。

表 8-28　测试配方

组分	物质名称	质量分数/%	组分	物质名称	质量分数/%
A	Sunsoft Q12Y-C	0.9	C	Solagum AX	0.25
A	Tween 20	2	C	FS 90	1.2
A	Paester 9825	5	C	810A	8
A	SCE	4	C	丙二醇	3
A	Parsol MCX	8	C	HEU 结晶	2
A	Uvinul A Plus	3.5	C	TEC	0.2
A	DBT	1	C	Water	余量
A	EHT	1	D	Tinosorb M	6
A	D5	2	D	PHE-G	0.9
A	木兰醇	0.1	D	EHG	0.1
B	Sepiplus 400	1	D	EM601	5
			D	Fragrance	适量

制备工艺如下。

① 把B相加入热的A相中。

② 把预分散好的热的C相加入A+B相，4000r/min均质1min。

③ 自然搅拌冷却10min，水浴搅拌冷却到常温，即可得到测试样品。

对测试样品进行SPF/PFA仪器测试，结果如图8-8、图8-9所示。

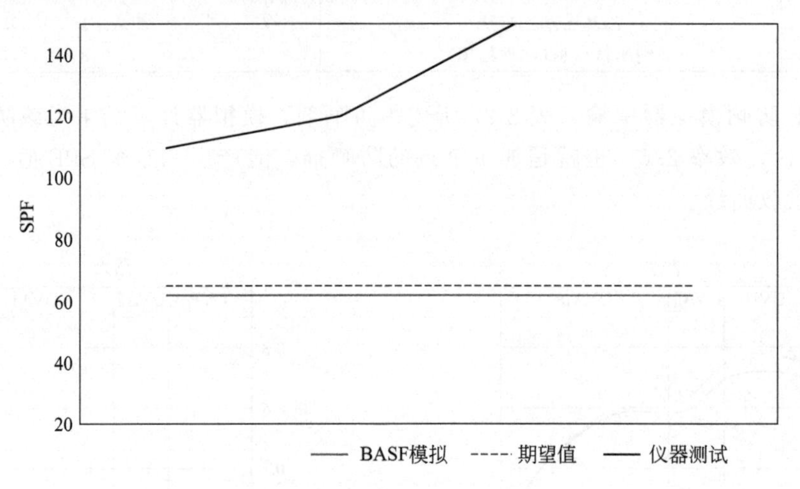

图 8-8 仪器测试获得的SPF值

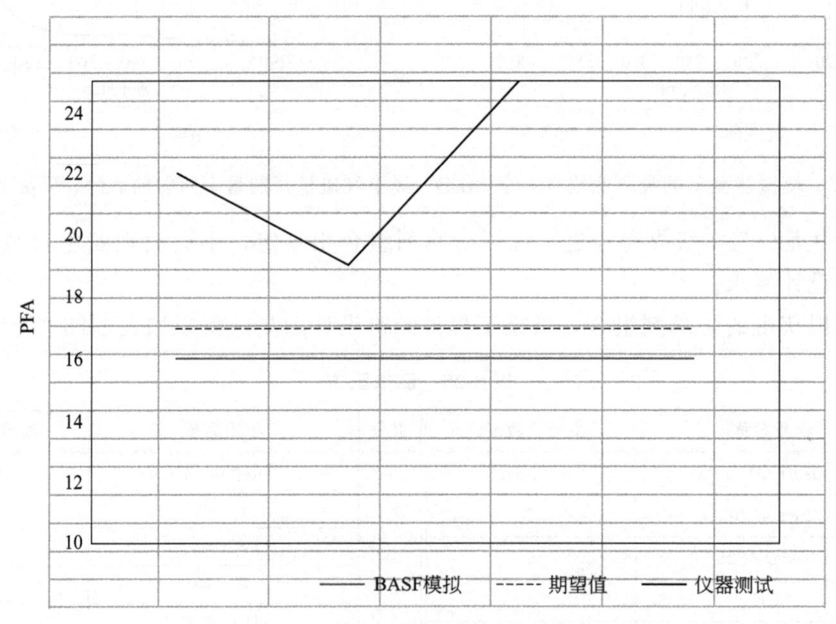

图 8-9 仪器测试获得的PFA值

图8-8、图8-9中最下面一条线是标准模拟值，由BASF模拟软件给出；中间线是期望值，为确保测试通过，略高于BASF模拟线，而最上面的折线是根据模拟器的防晒剂组合，仪器的实测值。从图可知，表8-28所示的防晒剂组合的实际值比模拟值和期望值均高，需要进一步进行用量递减优化。

2. 防晒应用二次优化（防晒剂组合梯度递减测试）

鉴于SPF/PFA仪器测试都远远高于理论计算值，可以对高添加量的防晒剂进行梯度递减。选定一个防晒剂，例如纳米钛白粉，或 Uvinul A Plus，进行梯度递减实验，具体如表8-29 所示。

表 8-29 梯度递减实验方案

组分	物质名称	质量分数/%						
		配方 1	配方 2	配方 3	配方 4	配方 5	配方 6	配方 7
A	Sunsoft Q12Y-C	0.9	0.9	0.9	0.9	0.9	0.9	0.9
	A170	2	2	2	2	2	2	2
	PAESTER 9825	5	5	5	5	5	5	5
	SCE	4	4	4	4	4	4	4
	PS15E	3	3	3	3	3	3	3
	Parsol MCX	8	8	8	8	6	5	8
	Uvinul A Plus	3	2.5	3	3	2	2	2.5
	DBT	1	1	1	1	1	1	1
	EHT	1	1	1	—	—	—	—
	D5	2	2	2	2	2	2	2
B	Simulgel NS	1.8	1.8	2	2	2	2	2
C	Solagum AX	0.2	0.2	0.2	—	0.2	0.2	0.2
	TR-2	—	—	—	0.1	—	—	—
	GW 90	1.2	1.2	1.2	1	1	1	1
	810A	7	6	5	5	4	4	5
	丙二醇	3	3	3	3	3	3	3
	HEU	2	2	2	2	2	2	2
	柠檬酸三乙酯	0.2	0.2	0.2	0.2	0.2	0.2	0.2
	水	余量	余量	余量	余量	余量	余量	余量
D	Tinosorb M	6	6	6	6	5	3	6
	PHE-G	0.9	0.9	0.9	0.9	0.9	0.9	0.9
	EHG	0.1	0.1	0.1	0.1	0.1	0.1	0.1
	EM601	5	5	5	5	5	5	5
	Fragrance	适量	适量	适量	适量	适量	适量	适量

从实践角度来说，梯度递减对配方都是有利的，这样可以大大提高防晒剂的效率，同时由于防晒剂的用量降低了，有利于防晒配方的安全。防晒剂梯度递减的方法也称为防晒剂的二次优化，二次优化是在防晒模拟器理论计算的基础上进行的，前提是必须克服防晒剂的六大问题。

在梯度试验的时候也是有一些技巧的，首选高添加量的纳米钛白粉进行递减，这对后续配方的配制是有利的；梯度递减 DHHB 也是有利于后续配方稳定的，因为 DHHB 相对比较难以乳化，MBBT 的添加量也偏高了，都是梯度递减的对象。

根据递减试验结果，重新设计优化的配方如表 8-30 所示。

表 8-30 优化后的配方

组分	物质名称	质量分数/%
A	聚甘油-10 月桂酸酯	1.00
	甘油硬脂酸酯,PEG-100 硬脂酸酯	2.80
	二丙二醇二苯甲酸酯	5.00
	二 PPG-2 肉豆蔻油醇聚醚-10 己二酸酯	5.00
	异壬酸异壬酯	5.00
	奥克立林	9.00
	二乙氨基羟苯甲酰基苯甲酸己酯	3.00
	二乙基己基丁酰胺基三嗪酮(DBT)	1.80
	环五聚二甲基硅氧烷	3.00

续表

组分	物质名称	质量分数/%
B	丙烯酸羟乙酯/丙烯酰二甲基牛磺酸钠共聚物，角鲨烷，聚山梨醇酯-60	2.50
C	去离子水	余量
	黄原胶/阿拉伯树胶	0.60
	Diglycerol 双甘油	5.00
	PEG-26/PPG-30 磷酸酯	1.00
	物理防晒剂	5.00
D	聚二甲基硅氧烷醇，聚山梨醇酯-20，水（HONEY 106）	3.00
	亚甲基双苯并三唑四甲基丁基苯酚	6.00
	苯氧乙醇	0.90
	乙基己基甘油	0.10
	香精	0.10

制备工艺如下。

① 将 A 组分加热到 80℃，搅拌分散完全。

② 将 C 组分加热到 80℃，搅拌溶胀完全。

③ 将 B 组分加入 A 组分中，搅拌均匀。

④ 搅拌情况下，将 C 组分加入 A、B 组分中，均质 2min。

⑤ 降温至 45℃左右时加入 D 组分，搅拌均匀，室温出料。

对二次优化配方产品用仪器重新测试，SPF 约 68，PA 约 16.9。

3. 防晒配方三次优化（工艺优化）

对于同一个配方，通过生产工艺控制，如果乳化粒径越小，那么这个配方的肤感就越清爽。

一般市场上的膏霜类产品通常都是真空乳化设备做的，是有均质机的，其乳化粒径通常都在 10～30μm，小于 10μm 的很少。分散盘做的能量输入会较小，粒径会偏大，约 50μm。纳米设备得到的粒径要远远小于均质机和分散盘，是带有蓝光的纳米级料体。

所以，防晒配方在二次优化的基础上，应进行第三次工艺优化，使得油相粒径纳米化，肤感会更轻，SPF、PA 再次提高，还可以大大降低二次优化后防晒剂的整体用量，肤感清爽的同时安全性再次得到提升。

七、企业生产的防晒产品配方实例

表 8-31 为企业实际生产的防晒霜配方（SPF30＋），表 8-32 为企业实际生产的防晒乳配方（SPF30＋PA＋＋）。

表 8-31　企业实际生产的防晒霜配方（SPF30＋）

组分	物质名称	质量分数/%	作用
A	甘油硬脂酸酯	1.00	乳化
	鲸蜡硬脂醇	0.80	增稠、稳定
	硬脂酸	1.80	增稠、稳定
	辛酸/癸酸甘油三酯	1.50	润肤、溶剂
	二丙二醇二苯甲酸酯	5.00	润肤、溶剂
	聚二甲基硅氧烷	0.50	润肤、溶剂
	甲氧基肉桂酸乙基己酯	6.00	防晒
	水杨酸乙基己酯	3.00	防晒
	二苯酮-3	1.50	防晒

续表

组分	物质名称	质量分数/%	作用
A	蜂花烷基 PVP(POLYGEL CA)	0.50	稳定
	二氧化钛/C_{12}～C_{15}醇苯甲酸酯/环聚二甲基硅氧烷/聚羟基硬脂酸/硬脂酸铝/矾土	7.20	防晒
	生育酚乙酸酯	0.60	抗氧化
B	去离子水	余量	溶解
	EDTA-4Na	0.05	螯合
	1,3-丁二醇	5.00	保湿
	黄原胶	0.30	增稠稳定
C	1,2-己二醇	0.40	防腐
	对羟基苯乙酮	0.40	防腐
	尿囊素	0.20	保湿
	氨基甲基丙醇	0.30	pH 调节
D	聚丙烯酰胺/C_{13}～C_{14}异链烷烃/月桂醇聚醚-7	0.55	增稠、稳定
	亚甲基双-苯并三唑基四甲基丁基酚	1.50	防晒
	红没药醇	0.30	抗炎
	苯氧乙醇	0.35	防腐
	香精	0.25	调香

表 8-32　企业实际生产的防晒乳配方（SPF30+ PA++）

组分	物质名称	质量分数/%	作用
A	去离子水	余量	溶解
	EDTA-2Na	0.02	螯合
	氯化钠	1.00	稳定
	尿囊素	0.20	皮肤软化
	D-泛醇	0.50	保湿
	二氧化硅球体(粒径 2μm)	2.00	肤感
	1,3-丁二醇	2.00	保湿
	透明质酸钠	0.02	保湿
	氨甲基丙醇	0.15	中和
B	月桂基 PEG-9 聚二甲基硅氧乙基聚二甲基硅氧烷	2.00	乳化
	山梨坦倍半油酸酯	0.50	乳化
	羟苯甲酯	0.20	防腐
	羟苯丙酯	0.10	防腐
	双-乙基己氧苯酚甲氧苯基三嗪(Tinosorb S)	3.00	防晒
	二乙氨羟苯甲酰基苯甲酸己酯(Uvinul A Plus)	3.00	防晒
	甲氧基肉桂酸乙基己酯(Parsol MCX)	7.50	防晒
	4-甲基苄亚基樟脑(Parsol 5000)	1.00	防晒
	奥克立林(ESCALOL 597)	1.00	防晒
	聚硅氧烷-15(Parsol SLX)	1.00	肤感
	C_{12}～C_{15}醇苯甲酸酯(COSMACOL EBI)	2.00	溶解
	碳酸二辛酯(Cetiol CC)	2.00	溶解
	新戊二醇二庚酸酯(LONESTER NGD)	2.00	溶解
	辛基聚甲基硅氧烷	1.00	润肤
	十一烷/十三烷	3.00	溶剂
	甲基丙烯酸甲酯交联聚合物	2.00	增稠
C	生育酚乙酸酯	0.20	抗氧化
	硅油 DC345	22.00	润肤
	硅油 DC9040	1.00	润肤
	亚甲基双-苯并三唑基四甲基丁基酚(Tinosorb M)	2.00	防晒
D	去离子水	6.00	溶解
	苯基苯并咪唑磺酸	3.00	防晒
	氨甲基丙醇	1.00	中和
	乙醇	10.00	溶解
E	苯氧乙醇	0.15	防腐
F	香精	0.30	赋香

制备工艺如下。

① 先用1,3-丁二醇预先分散透明质酸钠；用硅油DC 345预先分散硅油DC 9040；C组分预先分散均匀；D组分预先分散均匀。

② 将原料A组分原料投入水相锅里，加热到80℃，搅拌至原料完全分散溶解。

③ 将B组分原料加入乳化锅中，搅拌分散溶解完全，加热至80℃。抽油乳化前，加入C组分的分散液，搅拌分散均匀。

④ 将水相缓慢抽入乳化锅进行乳化，高速均质10min，并快速搅拌。

⑤ 降温至55℃，加入D组分的分散液，搅拌均匀，然后加入E组分，高速均质5min。

⑥ 降温至45℃以下，将F组分加入乳化锅，搅拌均匀。

⑦ 抽真空脱泡，降温至37℃，出料。

第六节　祛斑化妆品

一、色斑及其形成

祛斑类化妆品是用于减轻面部皮肤表皮色素沉着的化妆品。面部色素沉着症主要有雀斑、黄褐斑和瑞尔氏黑皮症，是色素障碍性皮肤病。研究认为，色素沉着与人体的内分泌腺中枢——脑下垂体有密切联系。脑下垂体有两种黑色素细胞刺激分泌激素（MSH），即α-MSH和β-MSH。MSH能使黑色素细胞内酪氨酸活性增强，使酪氨酸的铜化物变成亚铜化物，加强表皮细胞吞噬黑色素颗粒，并在紫外线照射下促使黑色素颗粒从还原状态变成氧化状态，导致皮肤色素沉着。具体的黑色素形成机制如图8-10所示。

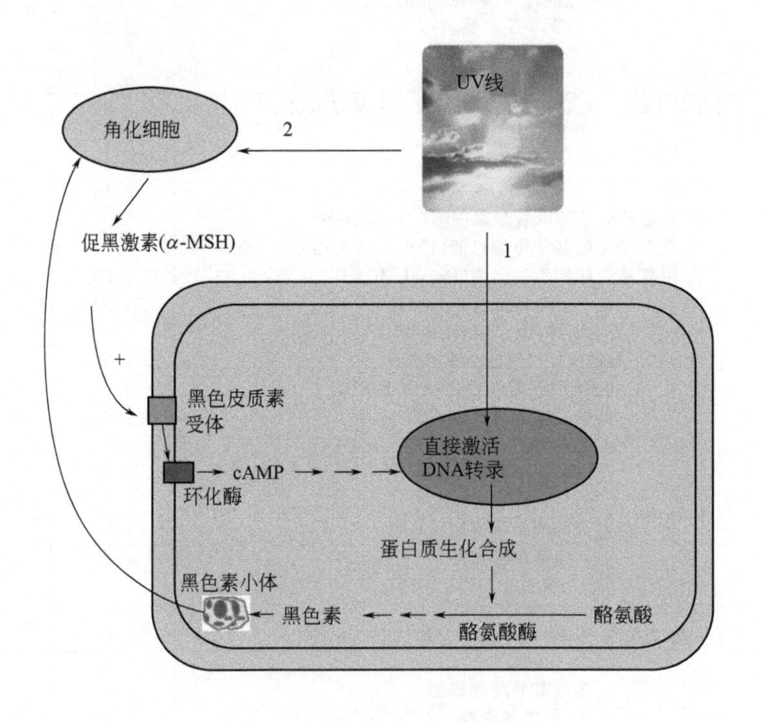

图8-10　皮肤黑色素形成机制

黑色素（Melanin）形成经历了如下化学反应：

酪氨酸 → 多巴 → 多巴醌

→ 5,6-二羟基吲哚 → 吲哚-5,6-醌 →(聚合) 黑色素

要形成黑色素，需要有酪氨酸、酪氨酸酶、氧及黑色素体。黑色素体内的酪氨酸酶活性越大，含量越多，越易形成黑色素。因此通过抑制酪氨酸酶的活性，清除活性氧，减少紫外线照射，防止氧化反应发生等途径，可有效地减少黑色素的形成。另外对已形成的黑色素通过漂白等方法可淡化色斑。

对于色素沉着病的防治，目前国内外尚无特效疗法，当体内患有疾病时，要直接祛除病因，并相应地服用维生素 C、维生素 B 等抑制黑色素形成的药物。从化妆品的角度主要从以下途径达到美白的目的（见表 8-33）。

表 8-33 美白途径及相应活性物质

美白途径	活性物质
阻止紫外线的照射	防晒剂、桑皮黄素等
清除氧自由基	VE 及其衍生物、VC 及其衍生物、虾青素、甘草黄酮、阿魏酸酯等
抑制酪氨酸酶	VC 及其衍生物、甘草黄酮、曲酸衍生物、熊果苷、氢醌、苯乙基间苯二酚（SymWhite 377）、Amino M-10 复合氨基酸、聚谷氨酸等
对黑色素细胞特异的毒性	氢醌、苯乙基间苯二酚（SymWhite 377）等
对黑色素细胞外信息调控	内皮素拮抗剂
促进生成的黑色素排出体外	烟酰胺、胎盘提取液、果酸、寡肽-1、VC 及其衍生物等

二、常用祛斑有效成分

1. 苯乙基间苯二酚

苯乙基间苯二酚是一种专利美白剂，代号 SymWhite 377，具有优异的酪氨酸酶抑制剂，其对酪氨酸酶的抑制能力是曲酸的 22 倍；能有效抑制黑色素细胞合成黑色素的活性，其抑制黑色素细胞的能力是曲酸的 210 倍，熊果苷的 32 倍。

2. 熊果苷

能抑制酪氨酸酶活性，同时对黑色素细胞也具有细胞毒性，从而达到抑制黑色素生成的作用，对黄褐斑、雀斑和晒斑均有疗效，在化妆品中主要用作皮肤增白剂。值得注意的是熊果苷只在 pH 值为 6～7 范围内稳定，离开这个 pH 值范围其分解成氢醌的比例会快速提升，所以含有熊果苷的美白产品要注意控制好 pH 值，否则产品中检出氢醌的概率是很大的。

3. 虾青素

通过阻抑和消除体内超氧阴离子自由基的作用来减少黑色素的生成。

4. 曲酸

最近采用曲酸制成的祛斑化妆品，由于其疗效显著，无副作用，深受消费者欢迎。曲酸的作用机制与其他祛斑剂不同，它经皮肤吸收后直接对酪氨酸转化为多巴的过程具有较强的抑制作用，因此能消除细胞的黑色素沉积，基本祛除或明显减轻雀斑、黄褐斑及继发性色素沉着等。曲酸在祛斑霜中的用量一般为1.5%～2.5%。试验证明曲酸与维生素C及其衍生物具有很好的协同增效作用，两者配合使用，祛斑效果更理想。另外，曲酸与其他制剂（如SOD、胎盘提取物、氨基酸、防晒剂和各种植物提取物等）共同使用，也有一定的增效作用。

5. 维生素

含维生素C的化妆品，对抑制黑色素也很有效，它可以降低酪氨酸酶的活性，从根本上减少黑色素的生成，从而起到减退色素沉着的作用。但维生素C本身易氧化，不稳定，又不易被皮肤吸收，无法用于化妆品中，所以一般用其衍生物，如维生素C磷酸酯镁盐、维生素C棕榈酸酯和维生素C乙基醚，这些衍生物的稳定性和吸收效果大大优于维生素C。维生素C乙基醚具有如下功效和性能：强效抑制酪氨酸酶活性，阻止黑色素合成，高效美白祛斑；促进胶原蛋白合成，改善皮肤暗淡无光泽，赋予皮肤弹性；强力抗氧化，有效清除皮肤内的自由基；抗日光引起的炎症，有较强的抗菌消炎作用；具有亲油和亲水结构，易于皮肤吸收，可直达真皮层；稳定性好，耐光、耐热、耐酸、耐碱、耐盐和空气氧化。

维生素A酸对治疗老年斑有效，但也是常用其衍生物，如维生素A棕榈酸酯和乙酸酯。

烟酰胺，即维生素B_3、维生素PP。烟酰胺是美容皮肤科学领域公认的皮肤抗老化成分，其在皮肤抗老化方面最重要的功效是减轻和预防皮肤在早期衰老过程中产生的肤色黯淡和暗黄。美白祛斑的机理是能促进已经生成的黑色素快速排出体外。

6. 阿魏酸异辛酯

阿魏酸异辛酯是一种集抗氧化、抑制酪氨酸酶和吸收紫外线三种功效于一身的高效美白剂，抗氧化活性高，约为维生素E的4倍；具有非常好的防晒效果，能有效隔离280～360nm波段的紫外线辐射；能强效抑制酪氨酸酶、DHICA酶等活性，具有强效美白效果。

7. 中草药提取物

目前国内的祛斑类产品中，很多是以中草药制成的，如桑皮黄素、白及、白术、白茯苓、当归以及配合使用维生素C、E及SOD等，对祛除色素沉着有一定作用。近年来的研究表明，甘草、当归、川芎、沙参、柴胡、防风等的抗酪氨酸酶的效果显著。也就是说，这些中药可以抑制和减少黑色素的形成，对于祛除色素沉着症是有科学依据的。

8. *α*-羟基酸及其衍生物Amino M-10复合氨基酸系列

α-羟基酸（AHAs）又称为水果酸，是由水果提取出来的有机酸的统称。AHAs在“换肤术”中用作皮肤角质层的剥离剂，当新生角质层形成时，AHAs起着降低表皮角质细胞的黏着作用，使之容易成片脱落，改变表皮外观，增强角质层的柔韧性，达到“换肤”美白作用。

9. 甘草成分

光甘草定是从光果甘草中分离得到的黄酮类化合物，能深入皮肤内部并保持高活性，美白并高效抗氧化，能有效抑制黑色素生成过程中多种酶的活性，特别是抑制酪氨酸酶的活性。同时，还具有防止皮肤粗糙和抗炎、抗菌的功效。光甘草定是一种疗效好、功能全面的美白成分，其缺点就是价格昂贵且容易变色。

另外，甘草中的其他成分如甘草黄酮、甘草次酸、甘草酸二钾均具有非常好的抑制皮肤黑色素生成的作用，是广泛使用的美白剂。

10. 内皮素拮抗剂

20 世纪 90 年代中期，皮肤生理学家发现人体皮肤被紫外线（UVB）照射后，角朊细胞释放出内皮素，该内皮素的信息被黑色素细胞膜上的受体接受后，刺激了黑色素细胞的分化、增殖并激活酪氨酸酶的活性，从而黑色素急剧增加。内皮素拮抗剂能调控内皮素的信息网络作用，抑制黑色素的增长。如 OLI-2168 内皮素拮抗剂就是一种天然的美白剂。

11. 其他

除上述外，二苯甲酮、水杨酸苯酯、二氧化钛等也有美白效果，其作用是避免紫外线的照射，降低氧化程度，从而减少黑色素的生成，但不是抗氧化剂，所以不能从生理上抑制黑色素的产生。

三、配方设计与配方实例

由于引起色素沉着症的原因很多，所以消除色斑的方法也不尽相同。有的药物对某些人有效，而对另一些人则不起作用，所以，祛斑类产品还有待进一步研究和开发。

1. 配方设计

（1）有效性

美白化妆品的效果是消费者的关注点，也是配方设计的一个难点。提高美白活性成分的用量，固然可以提升效果，但成本会上升，而且会刺激皮肤。目前，大多采用多种美白活性成分复配的方式，例如，将阻止黑色素生成的物质（如苯乙基间苯二酚、熊果苷、曲酸二棕榈酸酯等）与促进黑色素排出的物质（VC 磷酸酯镁、烟酰胺等）复配，达到比较全面的祛斑美白效果。

（2）安全性

祛斑美白化妆品的安全性也是国家有关监管部门和消费者的关注点，防止祛斑化妆品的违规添加。所以，选择祛斑美白剂时要注意原料的安全性，不得添加违禁品。

（3）稳定性

祛斑美白化妆品最大的稳定性问题是变色，这主要是由美白活性成分易氧化造成的。所以配方设计时要注意避免产品变色，生产时不宜高温长时间加热。另外，也要注意美白活性成分与乳化剂、增稠剂、防腐剂和油脂的配伍性。

2. 配方实例

祛斑类化妆品可制成水剂、膏霜和乳液状等形式，其中尤以膏霜和乳液类产品最为流行，不仅具有增白、防止黑色素的生成及在皮肤上的沉着，而且还具有护肤、养颜作用。其配方结构是在膏霜的基础上加入祛斑类药物，但必须注意所用乳化剂与祛斑类药物之间的配伍性。

表 8-34 为祛斑美白化妆品配方实例。该配方表有三种剂型，适宜不同客户需求群体。用复合植物提取液专利产品为表面修复，用神经酰胺 3 和氢化卵磷脂为内部肌底层巩固，辅以各种美白剂，逐层次修复色斑，达到美白效果，并有效防止色斑复发。

表 8-34 祛斑美白化妆品配方实例

组分	物质名称	质量分数/%			作用
		膏霜	乳液	水剂	
A	去离子水	余量	余量	余量	溶解
	二丙二醇	6.0	6.0	6.0	保湿
	羟苯甲酯	0.15	0.15	0.15	防腐
	YOUKE大米发酵滤液	6.0	5.0	4.0	美白、靓肤
	甜菜碱(AC-20)	3.0	3.0	6.0	保湿
	维生素C乙基醚	0.5	0.5	—	美白
	桑皮黄素	2.0	2.0	3.0	美白
	传明酸(氨甲环酸)	1.0	1.0	—	美白
	透明质酸钠	0.05	0.05	0.1	美白、保湿
	神经酰胺3(FMC-3311)	—	—	3.0	美白、保湿
	神经酰胺3(FMC-3355)	2.0	2.0	—	美白、保湿
B	氢化卵磷脂	2.0	1.0	—	乳化
	GTCC	3.5	3.0	—	润肤
	聚二甲基硅氧烷(6CS)	1.5	1.0	—	润肤
	羟苯丙酯	0.1	0.1	—	防腐
	甘油硬脂酸酯	1.0	0.6	—	乳化
C	丙烯酰胺类共聚物	3.0	1.0	—	增稠
	碘丙炔醇丁基氨甲酸酯	0.3	0.3	0.3	防腐

制备工艺如下。

① 将A组分和B组分分别加热至80℃，搅拌下将B组分加入A组分中，搅拌均质分散均匀。

② 降温至45℃以下，加入C组分，搅拌均质分散均匀即可。

第七节 除臭化妆品

除臭化妆品是指有助于消除腋臭的化妆品。一般人的体臭可用香水、花露水等来消除，但汗臭症严重时，会发出一股油脂腐败般的酸臭味，用一般的香水和花露水难以消除。抑汗祛臭化妆品就是为达到祛除或减轻体臭的目的而设计配制的。

一、体臭的成因

人的全身布满了汗腺，通过分泌汗液以保持皮肤表面的湿润并排泄废弃物。每个人汗液分泌的情况不同，同一个人也因食物、运动、精神状态、外界环境以及身体部位的不同而有所变化。有些人腋窝下的腋下腺分泌异常，常排出大量的黄色汗液，发出一种刺鼻难闻的臭味。尤其在夏季、气温高、汗腺分泌旺盛时，臭味更为明显。因为这种臭味类似狐狸身上所发出的臊气，所以人们称它为“狐臭”。

狐臭是由于腋窝中大汗腺的分泌所致，分泌物呈半液体状，与牛乳相仿。它与皮脂腺所分泌的脂肪酸、蛋白质等分泌物以及皮肤表皮的死亡细胞、污垢一起经细菌作用，发生酸败，而产生一种刺鼻性气味。

狐臭多发生于青年，特别是发育成熟的女青年，而老年人及儿童却很少见。这是由于青年人的性腺日渐发育，性激素分泌增加，刺激神经系统，促进了大汗腺的分泌，使汗液中的有机物含量增多。又由于腋窝阴暗潮湿，适宜于细菌的生长繁殖，细菌产生的酶类极大地加速了有机物的分解，于是产生了具有恶臭的有机酸类。

二、除臭的方法和祛臭活性物

为了消除或减轻汗臭，应从以下几方面着手。

1. 抑制汗液分泌

抑汗活性物能使皮肤表面的蛋白质凝结，使汗腺膨胀，阻塞汗液的流通，从而产生抑制或减少汗液分泌量的作用，其主要成分是收敛剂。

收敛剂的品种很多，大致可分为两类：一类是金属盐类，如苯酚磺酸锌、硫酸锌、硫酸铝、氯化锌、氯化铝、碱式氯化铝、明矾、氯化羟锆铝、甘氨酸铝锆等；另一类是有机酸类，如单宁酸、柠檬酸、乳酸、酒石酸、琥珀酸等。

绝大部分有收敛作用的盐类，其 pH 值都较低（2.5～4.0），这些化合物电解后呈酸性，对皮肤有刺激作用，对织物会产生腐蚀。如果 pH 值较低而又含有表面活性剂，会使刺激作用增加，可加入少量的氧化锌、氧化镁、氢氧化铝或三乙醇胺等进行酸度调整，从而减少对皮肤的刺激性。

2. 利用化学反应除臭

利用化学物质与引起臭味的物质反应达到除臭目的，常用的除臭物质有碳酸氢钠、碳酸氢钾、甘氨酸锌、$Zn(OH)_2$、ZnO 等。

3. 采用臭味吸附剂除臭

利用臭味吸附剂防止或消除所产生的臭味，常用的吸附剂有阳离子和阴离子交换树脂、硫酸铝钾、2-萘酚酸二丁酰胺、异壬酰基-2-甲基-γ-氨基丁酸酐、聚羧酸锌和镁盐、分子筛等。

4. 采用杀菌剂除臭

利用杀菌剂抑制细菌繁殖，从而达到爽身除臭的目的。祛臭化妆品的主要成分是杀菌祛臭剂，常用的有中药洁肤剂、二硫化四甲基秋兰姆、六氯二羟基二苯甲烷、3-三氟甲基-4，4′-二氯-*N*-碳酰苯胺，以及具有杀菌功效的阳离子表面活性剂，如已脒定二（羟乙基磺酸）盐、十二烷基二甲基苄基氯化铵、十六烷基三甲基溴化铵、十二烷基三甲基溴化铵等。也可使用氧化锌、硼酸、叶绿素化合物以及留香持久且具有杀菌消毒功效的香精等。

5. 香精掩盖除臭

利用香精掩盖体臭，达到改善气味的目的，比如薄荷脑等清凉剂产品。

三、除臭化妆品类型和配方实例

除臭化妆品有液状、膏霜状和气雾型等类型，但尤以除臭液效果显著，市场上也比较畅销。气雾型除臭剂配方已经介绍，在此主要介绍除臭液和除臭霜配方实例。

1. 除臭液配方实例

除臭液俗称香体露，可用已脒定二（羟乙基磺酸）盐、十二烷基二甲基苄基季铵盐等季铵类化合物作除臭剂，这类化合物能杀菌除臭，无毒性及刺激性，且易吸附于皮肤上，作用持久，用量一般为 0.5%～2.0%。也可采用水溶性叶绿素衍生物作为除臭剂或与季铵盐并用。以六氯二羟基二苯甲烷等氯代苯酚衍生物配制除臭液时，应先用丙二醇或乙醇溶解后再用水稀释，但应注意不与铁、铝容器接触，以免发生变色，用量一般为0.25%～0.5%。

表8-35为氨基酸去味液配方实例，该配方为水剂产品，配制便利，适合应用于喷雾瓶。以阳离子己脒定二（羟乙基磺酸）盐为杀菌除味剂；用复合氨基酸Amino M-10这一人体必需氨基酸作为巩固剂，从而达到即时和长效的除臭功效。

表8-35　氨基酸去味液配方实例

物质名称	质量分数/%	作用
去离子水	余量	溶解
复合氨基酸(Amino M-10)	20.0	抗菌
己脒定二(羟乙基磺酸)盐(HD)	0.1	杀菌

制备工艺如下。

① 保证工具和容器干净。

② 称量各原料，搅拌混合均匀即可。

2. 除臭霜配方实例

除臭霜可制成O/W型，也可制成W/O型。以氯代苯酚衍生物作为除臭剂，当与苯酚磺酸盐、氯化锌等配合则可制成粉质膏霜，但所用乳化剂必须与所用除臭剂相配伍。如采用氯代苯酚类除臭剂，则不能使用影响杀菌性能的非离子表面活性剂作乳化剂，而选用硬脂酸钾，可收到良好的乳化效果，又不影响其活性。若使用氧化锌作除臭剂，则可选用非离子表面活性剂作乳化剂。

表8-36为除臭霜配方实例，该配方以氢化卵磷脂、山茶花籽油和神经酰胺3来修复、巩固、加强肌底屏障层，有效阻止异味因子的散发；再辅助茶树油杀灭肌肤表面细菌和遮蔽异味散发。

表8-36　除臭霜配方实例

组分	物质名称	质量分数/%		作用
		配方1	配方2	
A	水	余量	余量	溶解
	吐温-20	0.5	0.5	增溶
	甜菜碱(AC-20)	2.0	6.0	调整
	甘油	8.0	8.0	保湿
	氢化卵磷脂(FMC-1070)	1.2	1.8	乳化
	羟苯甲酯	0.2	0.2	防腐
B	辛酸/癸酸甘油三酯	12.0	12.0	润肤
	神经酰胺3	1.0	2.0	肌底层屏障修复
	山茶花籽油(HT-1128)	8.0	8.0	肌底层屏障修复
	羟苯丙酯	0.1	0.1	防腐
	季戊四醇四(双-叔丁基羟基氢化肉桂酸)酯	0.1	0.1	抗氧化
	聚二甲基硅氧烷(350CS)	2.0	2.0	润肤
C	丙烯酰二甲基牛磺酸铵/VP共聚物	0.6	0.6	增稠剂
D	茶树油	0.15	0.3	除味
	苯氧乙醇	0.3	0.3	防腐

制备工艺如下。

① 将A组分和B组分分别加热至75～85℃，搅拌分散均匀，备用。

② 搅拌下慢慢将B加入A组分中，搅拌均质均匀并保温消泡。

③ 在70℃左右搅拌下加入C组分，搅拌均质分散均匀。

④ 降温至45℃以下，加入D组分，搅拌均匀即可。

3. 除味棒配方实例

表8-37为除味棒配方实例，该配方剂型为固体棒状，携带和应用极为便利。用硫酸铝钾作为收敛剂来阻止人体汗味的散发；使用了清凉剂薄荷醇，有效消除使用者的热感，给人以舒适感。

表8-37 除味棒配方实例

物质名称	质量分数/%	作用
鲸蜡硬脂醇、PEG-20硬脂酸酯	3.0	乳化
聚二甲基硅氧烷和聚二甲基硅氧烷PEG-10/15交联聚合物(HT-803)	20.0	润肤
微晶蜡	18.0	增稠
硬脂醇	16.0	增稠
氢化大豆油	15.0	润肤
神经酰胺3	0.5	肌底层屏障修复
环五聚二甲基硅氧烷	6.0	润肤
滑石粉	10.0	增稠
气相二氧化硅	1.0	稳定
薄荷醇	0.5	去味
硫酸铝钾	10.0	收敛

制备工艺如下。

① 保证工具和容器干燥无水。

② 称量各物料，加热搅拌溶解，混合均质分散均匀即可。

第八节 健美化妆品

健美化妆品是一种有助于使体形健美的化妆品，又称为减肥产品（slimming products）。近年来国外这类产品有较大的发展，对其作用机理的研究也不断深入，将这类产品称为抗脂肪团产品。

一、脂肪团的形成

脂肪团来自人体未利用的营养物的贮存，会引起过量脂肪在人体内的积聚。当哺乳动物的代谢超过热量的摄取时，体内的糖类化合物、脂质或蛋白质在代谢过程中变为甘油三酯，贮存在脂肪细胞的空泡内。过量脂肪的积存也可能是由胞内酶和激素分泌功能的异常引起的，激素能减少脂解酶的水平或加速有利于脂肪积聚的酶的生物合成。

脂肪细胞位于上皮层与肌肉之间联结组织的纤维网格内。这一高度血管化的中间层称为脂肪层或皮下组织，它也含有弹性纤维、蛋白葡聚糖和胶原等。

1. 局部脂肪积聚和分解

甘油三酯过剩，引起脂肪细胞质块的积聚，称为“局部脂肪沉积”。一般认为，皮下脂肪层的加厚是脂肪细胞的体积增大，而不是脂肪细胞数目的增生。如果这些增大的脂肪细胞压迫邻近的组织，就可能降低静脉的血液循环和发生淋巴迁移，影响有关大分子的淋巴液的循环。

由于女性皮下组织结构的特点，女性比男性更容易形成脂肪团。男性有较扩张的皮下组织排列，而女性的皮下组织在真皮与皮下组织界面呈褥子状的结构，很少平行的纤维将皮肤与下层结构联结。在纤维将皮肤锚住的地方，可能出现“橘皮状”皮肤或脂肪团块。这样的脂肪沉积甚至在体重正常或消瘦人的大腿和臂部部位也会出现，脂肪团在妇女中最常出现。

在减肥过程中，脂肪不是从所有部位和局部沉积物中以均匀的速度消失，而是腹部脂肪消失较大腿和臂部快。这种差别是由于每个组织部位脂肪生成和脂解的速度不同。在西半球，80%的妇女不管是否肥胖都感到有必要减少皮下脂肪层，这些脂肪层特别集中于大腿和臂部。男士脂肪层常出现在上腹、三角肌和颈背部。

脂肪分解是指脂肪甘油三酯降解成甘油和游离脂肪酸（FFAs）的过程：

$$\begin{array}{l} RCOOCH_2 \\ \quad | \\ RCOOCH \\ \quad | \\ RCOOCH_2 \end{array} + 3H_2O \longrightarrow \begin{array}{l} CH_2OH \\ | \\ CHOH \\ | \\ CH_2OH \end{array} + RCOOH$$

随着甘油三酯的水解，长链的 FFAs 进入线粒体内，氧化成 CO_2 和 H_2O，以腺苷三磷酸形式产生能量。在细胞浆内 FFAs 也可能重新酯化为甘油三酯。

2. 局部脂肪积聚的原因

至今，局部脂质不良的可能病因还未完全了解清楚。目前，有两种主要的观点：脂肪细胞代谢调节失调和微循环血流分配不均。前者与体内激素有关，一些激素，如肾上腺素、去甲肾上腺素、高血糖素和促肾上腺皮质激素（ACTH）等通过膜的受体对腺嘌呤环化酶起到活化作用，迅速刺激脂解作用，如果这些激素失调，则会引起脂肪积聚。后者与血液循环有关，慢的循环促进脂肪生长，快的循环促进脂解，加速血液循环有助于减肥。

二、减肥常用活性物质

1. 黄嘌呤类生物碱

甲基黄嘌呤、咖啡因、氨茶碱、可可碱、茶碱、茶碱乙酸和海藻酸等黄嘌呤类生物碱能抑制磷酸双酯化酶，因而提供 β-肾上腺素的刺激作用，分解脂肪。这类黄嘌呤类生物碱使甘油三酯代谢，有助于局部地使过剩的脂质转移变成 FFAs，然后由淋巴系统消除。

2. 硅烷醇及其复合物

硅烷醇可改善静脉和淋巴微细管的通透性，使之更容易除去排出物。在正常使用的含量下，硅烷醇甘露糖醛酸的活性比其他一般脂解化合物（如茶碱）大 7 倍。该化合物亦表现出突出的抗自由基（特别是 O_2^- 和丙醛）、抗炎和抗水肿活性。它可减少弹性纤维的破坏和胶原的降解。由于硅烷醇甘露糖醛酸对细胞膜糖蛋白葡糖有强的亲和作用，因而它可以反复地重组蛋白葡聚糖和糖蛋白，有助于产生联结组织。

甲基硅烷三醇也能阻止不饱和甘油三酯的积聚，增加甲基黄嘌呤的活性。尽管甲基硅烷三醇不能抑制磷酸双酯酶，但其存在有利于甘油三酯的脂解，刺激腺嘌呤环化酶。

3. 辅酶 A 和 L-肉碱

临床试验结果证明，将 β-肾上腺素刺激剂、α_2-肾上腺素抑制剂与磷酸双酯酶抑制剂（如咖啡因）结合，对体内局部脂肪沉积的减少是更有效的。三种成分中可能是磷酸双酯酶抑制剂最有效，其次为 β-肾上腺素刺激剂，再次为 α_2-肾上腺素抑制剂。从微循环理论中可知，静脉和淋巴微循环作用和联结组织的降解对过度脂肪沉积起着重要的作用，如果找到一些微循环的调节剂，便可增强 β-肾上腺素刺激剂、α_2-肾上腺素抑制剂的作用。

生化介质辅酶 A 和 L-肉碱可使 FFAs 进入线粒体的氧化作用位置，供给线粒体呼吸链的燃料，不断将 FFAs 消耗，因而不断增加甘油三酯的分解。在此，生化介质辅酶 A 和 L-肉碱就相当于一种催化剂的作用。

4. 中草药提取物

一些草药，如辣椒精、热感剂、大黄、大麦、常春藤、假叶树、蘑菇、车轴草、蓟类、柠檬和海藻提取物等都含有一些对静脉血管有营养作用的组分。这些草药的使用可改善皮肤末梢的微循环，使不易透滤的排泄物排出，并能提供收敛、营养和局部加固的作用。

三、配方实例

表 8-38 为减肥啫喱配方实例，该配方用酸碱中和发热原理，通过外部热量来燃烧人体内部多余脂肪；辅助水溶辣椒碱，让发热更加持久。

表 8-38　减肥啫喱配方实例

（Ⅰ剂）

剂型	组分	物质名称	质量分数/%	作用
Ⅰ剂	A	去离子水	余量	溶解
		黄原胶	0.8	增稠
		双丙甘醇	4.0	溶解
		甘油	5.0	溶解
		羟苯甲酯	0.15	防腐
		咪唑烷基脲	0.2	防腐
	B	辣椒碱	1.0	减肥因子
	C	碳酸氢钠	4.0	减肥因子

（Ⅱ剂）

剂型	组分	物质名称	质量分数/%	作用
Ⅱ剂	A	去离子水	余量	溶剂
		黄原胶	0.5	增稠
		甘油	5.0	溶解
		双丙甘醇	4.0	溶解
		羟苯甲酯	0.15	防腐
		咪唑烷基脲	0.2	防腐
		卡波姆(940)	0.35	增稠
		聚二甲基硅氧烷	2.5	润肤
	B	嫩红素	0.2	减肥因子
		氢化蓖麻油(CO40)	0.8	增溶剂
	C	乳酸	3.0	减肥因子

Ⅰ剂制备工艺如下。

① 将 A 组分和适量的水升温至 80℃，搅拌均质，分散均匀。

② 降温至 45℃以下，加入 B 和 C 组分，搅拌至完全溶解即可。

Ⅱ剂制备工艺如下。

① 将 A 组分和适量的水升温至 80℃，搅拌均质，分散均匀。

② 降温至 45℃以下，加入预先混合均匀的 B 组分和 C 组分，搅拌分散即可。

表 8-39 为减肥膏霜配方实例，该配方用热感剂（香兰基丁基醚）来发热燃烧人体多余

脂肪，用渗透促进剂 FMC-6060 使活性物热感剂到达有效作用部位；使用氢化卵磷脂和神经酰胺 3 以巩固肌底层的屏障，使脂肪尽量燃烧转化。

表 8-39　减肥膏霜配方实例

组分	物质名称	质量分数/%	作用
A	去离子水	余量	溶解
	神经酰胺 3	1.0	肌底屏障修复
	羟苯甲酯	0.15	防腐
	羟苯丙酯	0.1	防腐
	氢化卵磷脂	1.0	乳化
	氢化聚异丁烯	1.5	润肤
	辛酸/癸酸甘油三酯	4.5	润肤
B	聚二甲基硅氧烷和聚二甲基硅氧烷 PEG-10/15 交联聚合物	18.0	摩擦
	生育酚(维生素 E)	0.1	抗氧化
	聚丙烯酰胺和聚乙二醇二丙烯酸酯 305	2.8	增稠
	复合氨基酸(Amino M-10)	0.3	滋养调理皮肤
	香兰基丁基醚	0.5	发热,燃烧脂肪
	碘丙炔醇丁基氨甲酸酯	0.3	防腐
C	透明质酸	0.02	肌底屏障修复
	聚谷氨酸	0.02	肌底屏障修复
	丙二醇	2.0	溶解
D	PEG/PPG/聚丁二醇-8/5/3 甘油(FMC-6060)	1.0	渗透、促进

制备工艺如下。

①将 A 组分和热水混合加热至 85℃，搅拌均质分散均匀。

②降温至 45℃以下，加入 B 组分，搅拌分散均匀。

③加入 C 和 D 组分，搅拌混合均匀即可。

第九节　美乳化妆品

美乳化妆品是指有助于乳房健美的化妆品。对于绝大多数女性来说，拥有丰满迷人的身段是她们不懈的追求。然而，由于遗传和后天发育不良等诸多因素，造成不少女性对自己的形体不满意。因此，用于丰胸的保健用品在市场上越来越流行。

一、丰胸活性成分

目前，用于丰胸的活性物质主要有如下物质。

1. 乳酸钠硅烷醇

乳酸钠硅烷醇可刺激乳房皮肤下成纤维细胞和改善表层皮肤的水分，增加皮肤组织的再生能力，重新建立其生理平衡，达到丰胸目的。

2. 透明质脂硅烷醇

透明质脂硅烷醇结合了透明质酸的保湿特性与硅烷醇的通性，用于合成和构造皮肤结缔组织（胶原蛋白、弹性蛋白），为皮肤的构造成分之一，也是使皮肤弹性得以保留的一个重要因素，它能帮助保存皮肤中的黏多糖的完整性，并具有维护弹性纤维的作用。通过对乳房发育提供营养达到丰胸的目的。

3. 水杨酸酯硅烷醇

水杨酸酯硅烷醇具有抗炎症、抗浮肿、重组细胞膜的作用，而且还能抵抗细胞膜中自由基产生的脂肪过氧化的毒素，从而使乳房更坚挺。

4. 肝素钠

肝素钠是由猪或牛的肠黏膜中提取的硫酸氨基葡聚糖的钠盐，属黏多糖类物质。该物质具有促进血液循环的作用，是抗凝血药的活性成分。

5. 营养成分

营养成分能及时为乳房发育提供所需养分，增加脂肪量。营养成分包括水解蛋清、各种氨基酸、维生素及一些营养性油脂、植物提取物（如花粉、啤酒花精、人参、甘草精、丹参、红花、元胡、赤芍、郁金、印度没药树脂提取物等）、生化制剂等（如胶原蛋白、果酸、DNA、海藻多糖等）。啤酒花精和甘草精具有类似荷尔蒙的功能，能增加乳房的弹性。印度没药树脂提取物丰胸的机理主要有两个方面：能刺激 3-磷酸甘油醛脱氢酶活性，从而增加甘油三酯在脂肪细胞的贮存；能抑制环磷酸腺苷的生成，从而抑制脂肪的分解。

二、配方实例

将以上活性物质加入膏霜、乳液和其他护肤产品配方中，即可制得丰胸化妆品。目前我国市场上的美乳产品以膏霜为主要剂型。

表 8-40 为一种丰胸膏霜的配方实例。该配方以物理摩擦按摩和化学吸收手段同时作用于人体乳房。用本配方产品按摩乳房部位，可有效去除多余角质，同时还能促进热感剂（香兰基丁基醚）和神经酰胺 3 的渗透吸收，在燃烧去除多余脂肪之后，使肌肤肌底层得到神经酰胺 3 的更好护理，让乳房丰满坚挺。

表 8-40 丰胸膏霜配方实例

组分	物质名称	质量分数/%	作用
A	氢化聚异丁烯	4.0	润肤
	聚二甲基硅氧烷	2.0	润肤
	神经酰胺 3	10.0	肌底层屏障巩固
	聚二甲基硅氧烷和聚二甲基硅氧烷 PEG-10/15 交联聚合物(HT-803)	3.0	润肤
	鲸蜡硬脂醇	1.2	增稠
	甘油硬脂酸酯	4.0	乳化
	羟苯甲酯	0.2	防腐
	羟苯丙酯	0.1	防腐
B	去离子水	余量	溶剂
	黄原胶	0.1	增稠
	丁二醇	5.0	溶解
	甘油聚醚-26	3.0	溶解
	高岭土	11.5	摩擦
	膨润土	4.5	摩擦
	滑石粉	10.0	摩擦
	苯氧乙醇	0.25	防腐
	咪唑烷基脲	0.2	防腐
	氧化铁红	0.25	颜色
	氧化铁黄	0.16	颜色
	氧化铬绿	0.15	颜色

续表

组分	物质名称	质量分数/%	作用
C	甘油	10.0	溶解
	水解藻胶	1.2	润滑
D	舒敏佳	0.15	抗敏
	香兰基丁基醚	0.3	发热,燃烧脂肪
	PEG/PPG/聚丁二醇-8/5/3甘油	1.5	渗透促进因子
	复合氨基酸(Amino M-10)	3.0	活性物

制备工艺如下。

① 将A组分升温至80～85℃，搅拌分散均匀。

② 加入B组分，升温至80～85℃，用均质机研磨至分散均匀。

③ 加入预先混合均匀好的C组分，搅拌均质分散均匀。

④ 降温至45℃以下，加入D组分，搅拌分散均匀即可。

【案例分析8-1】

问题：某公司生产的一批白发染成黑发的染发膏（共500kg），使用者投诉按说明书使用染膏后只能将头发染成深灰色，但不能染成黑色。

分析：该产品已经生产了半年时间，以前没有出现类似的投诉，说明配方不存在问题。查看生产记录单发现，对苯二胺在配方中的含量为4%，生产500kg染膏应该加入对苯二胺20kg，但生产记录单上显示只有8kg。由于配料加入对苯二胺过少，导致了染色效果不好，也就是货不对板。

处理：召回这批产品。

【案例分析8-2】

问题：某公司生产的一批烫发液，在出锅前品管部检验发现，该批产品的pH值达到10.3，明显高于公司的内控标准（8.5～9.5）。

分析：该产品已经生产了多批，以前没有出现pH值超标问题，说明不是配方和生产工艺的问题。因而可能是生产过程中存在的问题，查看生产记录单发现，配料员在加氨水时加入了过多的氨水，导致pH值过高。

处理：加入柠檬酸调节pH值为8.5～9.5。

【案例分析8-3】

问题：某公司生产的一批含钛白粉的防晒霜，在出锅前品管部检验发现，该批产品膏体中有细小的颗粒。

分析：该产品已经生产了多批，以前没有出现类似问题，说明不是配方和生产工艺的问题。因而可能是原料本身和生产过程中存在的问题。检查发现，按照同样原料已经生产了一批产品，没有出现这个问题，说明原料不存在问题。查看生产记录单发现粉相研磨（用三辊研磨机研磨）出现了问题，工艺规定要研磨三次，但由于配料工只研磨了两次后就到交接班了，交班时忘记通知下一班的配料工再研磨一次，导致了粉相中有一些细小颗粒存在。

处理：将这批产品用研磨机研磨，直到分散均匀，不存在细小颗粒为止。

【案例分析 8-4】

问题：某公司生产了几批祛斑霜，在出锅前品管部检验发现，连续几批产品的黏度达不到内控标准要求，均出现偏低的现象。

分析：该产品已经生产了多批，以前没有出现黏度超标问题，说明不是配方和生产工艺的问题。因而可能是原料本身和生产过程中存在的问题。查看生产记录单发现，每批产品从配料到生产结束都是按照制定的生产工艺进行的，不存在配错料和不按生产工艺操作的问题。检测原料时发现，这几批产品用的卡波姆（940）与以前生产用的卡波姆（940）是不同厂家生产的。实验室用新的卡波姆（940）打小样也发现了黏度偏低的问题，说明这次生产事故原因是变更原料生产企业导致的。因为不同企业生产的原料的性能是有区别的。

处理：补加少量卡波姆（940），或加入少量膏霜增稠剂，调整到规定的黏度。

【案例分析 8-5】

问题：某公司工程师在研制一款美白霜时用到了熊果苷作为美白剂，美白霜的 pH 值为 3.5，放在 48℃恒温箱中进行 3 个月耐热试验，耐热试验结束后测定美白霜中氢醌含量，结果检测出含有 17μg/g 氢醌。

分析：氢醌是化妆品禁用成分，是不能检出的。那么，氢醌是哪里来的呢？来自熊果苷的分解。熊果苷稳定的 pH 值范围为 6～7，而试验样品美白霜的 pH 值为 3.5，是存在分解风险的；而且由于温度较高（48℃），加速了熊果苷的分解。

处理：重新设计配方，将美白霜的 pH 值调整为 6.5，进行耐热试验，结果未检出氢醌。所以，在使用熊果苷的时候，一定要注意使用的 pH 值，以免造成氢醌检出。

【案例分析 8-6】

问题：某公司生产的一款防晒霜，消费者投诉涂抹时有砂粒感。

分析：配方中没有添加磨砂成分，所以砂粒感应该是有物料结晶析出。配方分析后发现防晒剂的溶剂体系存在缺陷，导致部分防晒剂在温度低时结晶析出了。

处理：召回该款防晒霜产品。重新设计配方，重新申报特化证。

实训 8-1 染发化妆品的制备

一、实训目的

① 通过实训，进一步学习染发化妆品的制备原理；

② 掌握染发化妆品操作工艺过程；

③ 学习如何在实验中不断改进配方的方法；

④ 通过实训，提高动手能力和操作水平。

二、实训内容

1. 实训原理

持久性染发化妆品由染料基质和氧化剂基质两剂组成，使用时将两剂混合均匀后涂到头发上染色。

2. 实训配方

(1) 染料基质配方

如表 8-41 所示。

表 8-41 染料基质实训配方

物质名称	质量分数/%				作用
	配方 1	配方 2	配方 3	配方 4	
去离子水	余量	余量	余量	余量	溶解
对苯二胺	2.1	0.1	—	—	染料中间体
间苯二酚	0.7	—	—	—	染料中间体
间氨基苯酚	0.5	0.1	—	—	染料中间体
对氨基苯酚	—	—	—	0.5	染料中间体
4-羟基-2-氨基甲苯	—	0.5	0.59	0.6	染料中间体
2,4-二氨基苯氧乙醇盐酸盐	0.2	—	—	—	染料中间体
4-氨基间甲酚	—	0.6	—	—	染料中间体
2,5-二氨基甲苯硫酸盐	—	—	0.71	—	染料中间体
EDTA	0.2	0.2	0.2	0.2	螯合
亚硫酸钠	0.4	0.3	0.3	0.3	抗氧化
异抗坏血酸钠	0.4	0.3	0.3	0.3	抗氧化
甘油聚醚-26	3.0	3.0	3.0	3.0	保湿
十六十八醇	7.5	6.0	6.0	6.0	增稠
鲸蜡硬脂醇醚-20	2.5	2.5	2.5	2.5	乳化
氢化卵磷脂(FMC-1070)	1.0	1.0	1.0	1.0	乳化、抗敏
角鲨烷	2.0	2.0	2.0	2.0	头发护理
神经酰胺 3(FMC-3355)	1.0	1.0	1.0	1.0	护理和抗敏
25%氨水	4.0	7.0	7.0	7.0	增加碱性
香精	0.5	0.5	0.5	0.5	赋香

注：配方 1 为黑色，配方 2 为棕红色，配方 3 为紫色，配方 4 为橙色。

生产工艺：将增稠剂、乳化剂、头发护理剂放油相锅内加热到 80～85℃熔解；另外将染料中间体、螯合剂、抗氧化剂、保湿剂投入 80～85℃的热水中，搅拌溶解。然后将油相和水相分别投入到乳化搅拌锅内乳化搅拌，冷却至 45℃时加入碱剂和香精，搅拌均匀即可。由于抗氧化剂是固体，先用少量的去离子水溶解后再加入基质中，以保证分散均匀。

本配方在保证颜色基调不变的情况下，加强了护理的功效和亮度的提升。氢化卵磷脂（FMC-1070）和神经酰胺 3（FMC-3355）能够很好地对头发起到强保护作用，防止受损和过敏现象，其中氢化卵磷脂（FMC-1070）还作为脂质体乳化剂助剂，提升料体的分散性和色粉的稳定均一性。天然亲肤油脂角鲨烷的添加，使染后的头发色泽更加鲜艳。

(2) 氧化剂基质配方

如表 8-42 所示。

表 8-42 氧化剂基质实训配方

物质名称	质量分数/%		作用
	配方 1	配方 2	
去离子水	余量	余量	溶解
十六十八醇	3.5	—	增稠
氢化卵磷脂(FMC-1070)	0.6	—	乳化

续表

物质名称	质量分数/%		作用
	配方 1	配方 2	
羟乙基纤维素	0.8	—	增稠
复合氨基酸(Amino M-10)	1.0	2.0	调理
卡波姆	—	1.2	增稠
羟基亚乙基二膦酸	0.3	0.3	螯合
磷酸氢二钠	0.3	—	pH 调节
50%过氧化氢	12.0	12.0	氧化
香精	适量	适量	赋香
氢化蓖麻油	—	0.5	增溶

注：配方 1 为乳白型膏体基质，配方 2 为透明型膏体基质。

配方 1 的生产工艺：在油相中放入增稠剂和乳化剂，加热至 80～85℃，然后把 85℃的去离子水和油相放入乳化搅拌锅中乳化搅拌，冷却搅拌至 45℃时，再加入螯合剂、pH 调节剂，搅拌均匀，最后加入氧化剂和用增溶剂增溶好的香精，搅拌均匀即可。为了方便使用，稳定剂、螯合剂、pH 调节剂先用少量的去离子水溶解后再加入基质中。

氧化剂的配方主要考虑其中原料过氧化氢的货架期稳定性问题，所以配方中不能过多地添加影响体系稳定的原料，在满足基本增稠乳化的框架下，尽可能地简化配方成分。

对于添加功效产品，在尽量符合头发需求前提下，用复合氨基酸（Amino M-10）代替多种成分，可大大提升配方的安全性和产品货架期的稳定性。

三、实训结果

该产品染色效果为棕色，请根据实训情况填写表 8-43。

表 8-43　实训结果评价表

使用效果描述	
使用效果不佳的原因分析	
配方建议	

实训 8-2　烫发化妆品的制备

一、实训目的

① 通过实训，进一步学习烫发化妆品的制备原理；

② 掌握烫发化妆品操作工艺过程；

③ 学习如何在实训中不断改进配方的方法；

④ 通过实训，提高动手能力和操作水平。

二、实训内容

1. 实训原理

烫发化妆品由卷发剂和定型剂两剂组成，使用时先将卷发剂涂到头发上，做出所需要的发型后，喷上定型剂，达到定型效果。

2. 实训配方与实验步骤

（1）卷发剂配方与实训步骤

按表 8-17 所述配方和工艺步骤进行实验。

（2）定型剂基质配方与实训步骤

按表 8-19 所述配方和工艺步骤进行实验。

三、实训结果

请根据实训情况填写表 8-44。

表 8-44　实训结果评价表

使用效果描述	
使用效果不佳的原因分析	
配方建议	

实训 8-3 防晒霜的制备

一、实训目的

① 通过实训，进一步学习防晒霜的制备原理；

② 掌握膏霜操作工艺过程；

③ 学习如何在实验中不断改进配方的方法；

④ 通过实训，提高动手能力和操作水平。

二、实训内容

1. 实训原理

防晒体系由物理防晒剂和化学防晒剂复配组成，配方中含有钛白粉等粉体，需要将粉体研磨。本实训将制成 W/O 型防晒霜。

2. 实训配方与制备步骤

按表 8-25 所述配方与工艺步骤进行实训。

三、实训结果

请根据实训情况填写表 8-45。

表 8-45 实训结果评价表

使用效果描述	
使用效果不佳的原因分析	
配方建议	

习题与思考题

1. 设计一款育发液配方，并说明配方中各种物质在配方中的作用。
2. 持久性染发化妆品与半持久性化妆品的作用原理有何区别?
3. 设计一款染发化妆品的配方，并说明配方中各种物质在配方中的作用。
4. 烫发化妆品与脱毛化妆品的作用原理有何共同之处和不同之处?
5. 烫发化妆品与脱毛化妆品的配方组成有何共同之处和不同之处?
6. 紫外线有哪三个区段? 分别有什么危害?
7. 常用的防晒剂有哪些?
8. 设计一款防晒霜配方，并说明配方中各种物质在配方中的作用。
9. 色斑是如何形成的? 有哪些祛斑的途径?
10. 常用的祛斑活性物有哪些?
11. 设计一款祛斑霜配方，并说明配方中各种物质在配方中的作用。

第九章
气雾剂型化妆品

Chapter 09

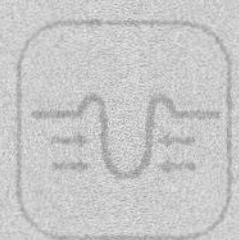

【知识点】 定型喷发胶；发用摩丝；保湿喷雾；防晒喷雾；身体乳喷雾等。

【技能点】 设计气雾剂型化妆品配方；配制气雾剂型化妆品配方；控制生产质量。

【重点】 气雾剂型化妆品组成与常用原料；气雾剂型化妆品配方设计；气雾剂型化妆品配制工艺；生产质量问题控制与解决。

【难点】 气雾剂型化妆品配方设计；生产质量问题控制与解决。

【学习目标】 掌握气雾剂型化妆品组成与常用原料性能；掌握气雾剂型化妆品配制方法；能按生产工艺要求配制出合格的气雾剂型化妆品；能初步进行气雾剂型化妆品的配方设计；能初步解决气雾剂型化妆品生产中出现的质量问题。

第一节　气雾剂型化妆品的定义、组成及分类

一、气雾剂型化妆品的定义

气雾剂型化妆品是指采用气雾剂包装技术及产品形式的化妆品。

气雾剂的英文是 aerosol，也常称为“气溶胶”。气溶胶（aerosol）是由固体或液体小质点分散并悬浮在气体介质中形成的胶体分散体系，其分散相为固体或液体小质点，其大小为 1～100nm。初时研发的气雾剂如杀虫剂、香体喷雾、喷发胶等，喷出物呈细雾的气溶胶状态；但是随着气雾剂技术发展，气雾剂的喷出形态早已远不止气溶胶的单一形式。根据我国包装行业标准《气雾剂产品的标示、分类及术语》，气雾剂产品的定义为：将内容物密封盛装在装有阀门的容积不大于 1L 的容器内，使用时在推进剂的压力下内容物按预定形态释放的产品。这类产品以喷射的方式使用，喷出物可呈固态、液态或气态，喷出形状可为雾状、泡沫、粉末、胶束。

二、气雾剂型化妆品的组成

气雾剂型化妆品最为核心的组成有四部分，分别是产品剂料、推进剂、气雾罐和气雾阀（含促动器）。

产品剂料可参照化妆品生产许可证申证单元的分类，按剂料的物理形态分为一般液态、膏霜乳液、粉剂、有机溶剂、蜡基、牙膏等六种类型状态。

推进剂可按性质、形态分为液化气体和压缩气体两大类，其中液化气体包括氯氟烃类、氢氟烃类、氢氯氟烃类、烃类化合物以及醚类化合物等，压缩气体主要包括氮气、压缩空

气、二氧化碳和氧化亚氮等。推进剂可以是一种，也可以是几种推进剂组成的混合推进剂。

气雾罐根据材质可以分为马口铁气雾罐、铝质气雾罐、塑料气雾罐和玻璃气雾罐等，主要是马口铁气雾罐和铝质气雾罐。

气雾阀按固定盖材质可分为马口铁气雾阀和铝质气雾阀；按喷雾量可分为非定量型气雾阀和定量型气雾阀；按促动方式分为按压型气雾阀和侧推型气雾阀；按促动器结构分为雄型气雾阀和雌型气雾阀；按整体结构可分为二元 BOV 袋阀和普通（一元）气雾阀等。

所以，气雾剂是一个貌似简单，实质上却是十分复杂的多元混合系统。气雾剂型化妆品的组成如图 9-1 所示。

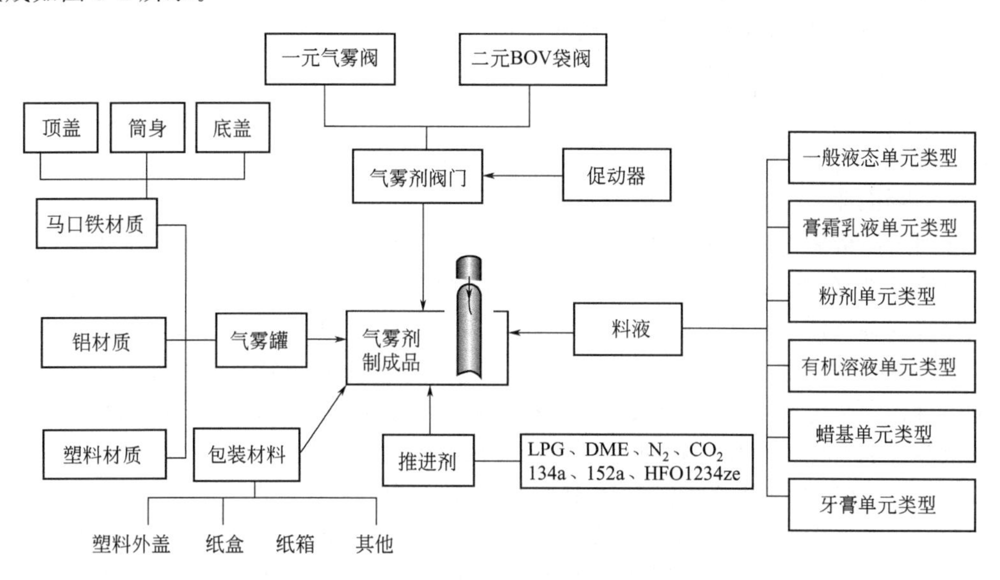

图 9-1　气雾剂型化妆品的组成

三、气雾剂型化妆品的分类

根据产品使用功能及部位，气雾剂型化妆品一般可以分为以下几种。

① 发用气雾剂型化妆品。例如，摩丝、发胶、育毛剂、毛发光亮剂、染发剂、脱毛剂等。

② 护肤用气雾剂型化妆品。例如，保湿喷雾、泡泡面膜、防晒喷雾、晒后修复喷雾、碳酸乳液等。

③ 芳香除臭用气雾剂型化妆品。例如，香体喷雾、头发香氛喷雾、止汗喷雾、鞋子消臭喷雾等。

④ 美容用气雾剂型化妆品。例如，BB 慕斯、指甲油喷雾、美黑喷雾、粉底液喷雾等。

⑤ 盥洗用气雾剂型化妆品。例如，鼻腔清洁喷雾、洁面泡泡、沐浴泡泡等。

另外，气雾剂型化妆品还可以根据喷雾状态，将其分为细雾、摩丝、冰霜、啫喱、粉末等各种类型。

第二节　定型喷发胶

气雾剂型喷发胶的主要作用是定型和修饰头发，以满足各种发型的需要。喷发胶的工作原理是：发胶从气雾罐中呈雾状喷出，均匀地喷洒在干发上，在每根头发表面形成一薄层聚合物，这些聚合物将头发黏合在一起，当溶剂蒸发后，聚合物薄膜具有一定的坚韧性，使头发牢固地保持设定的发型，其定型效果比啫喱水和啫喱膏要好。

一种好的定型喷发胶应具备如下性能：

① 用后能保持好的发型，且不受温度、湿度等条件变化的影响；

② 良好的使用性能，在头发上铺展性好，没有黏滞感；

③ 用后头发具有光泽，易于梳理，且没有油腻的感觉，对头发的修饰应自然；

④ 具有一定的护发、养发效果；

⑤ 具有令人愉快舒适的香气；

⑥ 对皮肤和眼睛的刺激性低，使用安全；

⑦ 使用后应易于被水或香波洗掉。

一、组成与常用原料

(一) 推进剂

气雾剂产品依靠罐内压力将内容物从气雾罐容器中喷出来，这种能够形成罐内压力的气体被称为推进剂（propellent），通常也被称为抛射剂。推进剂包括液化气体和压缩气体两大类：液化气体推进剂是指在常温常压下是气态，在气雾罐内由于受压呈液态的推进剂，这类推进剂除了供给动力之外，往往和剂料混合在一起，兼具溶剂或稀释剂的作用，和剂料一起喷射出来后，由于迅速气化膨胀而使产品具有各种不同的性质和形状；压缩气体推进剂一般不溶或微溶于剂料中，只用作提供内压力，对剂料的性状一般没太大的影响（二氧化碳除外）。最理想的推进剂，往往希望其体现如下特征：在常温下的蒸气压大于大气压；无毒、无致敏反应和刺激性；无色、无臭、无味；性质稳定，不与药物、容器发生相互作用；安全环保，不易燃，同时兼具非可挥发性有机物和全球变暖潜能值 GWP；廉价易得等。

1. 液化气体

(1) 氟氯烃、氢氟氯烃、氢氟烃和氢氟烯烃

氟氯烃、氢氟氯烃、氢氟烃和氢氟烯烃都属于不可燃的液化气体。氟氯烃类（CFC）早期常作为推进剂使用，由于对臭氧层的破坏作用大，根据《蒙特利尔议定书》，已经被淘汰使用；氢氟氯烃类（HCFC）对臭氧层的破坏系数远低于 CFC，但是对臭氧层仍然存在较大的破坏性；氢氟烃（HFC）臭氧层破坏系数为 0，但是全球变暖潜能值（GWP）很高；氢氟氯烃类（HCFC）和氢氟烃（HFC）被视为 CFC 类物质的过渡性替代物质，在我国仍然可以作为推进剂在气雾剂中使用，例如，常用的 HFC134a 和 HFC152a，但已经逐步淘汰和大幅削减。氢氟烯烃类（HFO）对臭氧层的破坏系数为零，气候变暖潜能值（GWP）非常低，在大气停留时间短，化学性能稳定，是非常重要的 CFC、HCFC 和 HFC 的理想替代物质。例如，HFO1234ze 非常安全环保，完全可以替代 HFC134a 在气雾剂中作为推进剂使用，但是价格昂贵。

(2) 低碳烷烃和二甲醚

低碳烷烃包括丙烷、正丁烷和异丁烷，三者都称为液化石油气（LPG），其优点是气味较少，价格低廉。LPG 作为气雾剂的推进剂使用时，经常根据产品所需要的内压力对丙烷、正丁烷和异丁烷三者进行不同比例的混合。

二甲醚是一种无色、具有轻微醚香味的气体，无腐蚀性，毒性低，具有优良的混溶性，能同大多数极性和非极性有机溶剂混溶，和常用的高聚物相容性很好。

低碳烷烃和二甲醚不会对臭氧层产生破坏，也不会产生温室效应，但是都属于挥发性有机物（VOCs），会造成大气中臭氧等污染物浓度增加；同属于易燃易爆推进剂，必须严格遵循行业标准《气雾剂安全生产规程》有关安全要求。

2. 压缩气体

压缩气体包括压缩空气、氮气、二氧化碳、氧化亚氮等，最常用的为氮气和二氧化碳。作为气雾剂型化妆品的推进剂使用时，压缩气体一般只用于隔室式气雾剂产品，以免直接接触剂料而造成剂料被污染。压缩气体在压缩状态下注入容器中，与剂料一般不相混溶。这类推进剂的优点是不可燃，产品内压力不会随温度升高而迅速增高，压力湿度曲线平缓，所以产品的安全性较高。缺点是压缩气体的内压力受体积影响大，使产品喷出后，压力下降很快，导致产品在使用后期雾化效果不佳。尽管压缩气体作为推进剂应用存在一些缺点，但是由于压缩气体具有不可燃和安全环保等特性，未来通过整体提升气雾剂技术研究促进压缩气体更广泛应用极具意义。

（二）聚合物

现代的头发定型制品，无论是溶液型、喷雾型、泡沫型还是凝胶型，基本要求是固发和定型性好，使用聚合物树脂作固发的组分可达此目的。它能够在头发的表面形成一层树脂状薄膜，并具有一定的强度，以保持头发良好的发型。而且这些高聚物可溶于水或稀乙醇，无毒，没有异味，用后可用水或香波洗去。可用于发胶的聚合物与啫喱水的聚合物类似，只是要求所用的聚合物能溶于乙醇，这是因为气雾型发胶基本上采用乙醇或异丙醇等作为溶剂。从目前国内发胶生产企业所用配方来看，大部分使用丙烯酸及其酯类共聚物等阴离子胶浆，主要是考虑到阴离子胶浆的定型硬度和成本。另外，为了加强定型，发胶中聚合物用量相对啫喱水要稍大些。

（三）溶剂

喷发胶配方中溶剂的主要作用是溶解聚合物和其他成分，主要溶剂是乙醇或乙醇/水混合体系，一般不单独用水作溶剂，使用醇的目的就是快干造型，且喷雾好。在有的配方中也会使用少量水，其作用是：

① 改善一些不完全溶于乙醇的树脂的溶解性；

② 减慢蒸发速度，提高保湿性；

③ 降低成本；

④ 环保。

值得注意的是：含水的喷发胶可能引起马口铁容器的腐蚀，从而降低货架寿命。一般采用添加腐蚀抑制剂和内涂层解决容器的防腐问题。铝容器一般没有腐蚀性问题，但成本相对较高。

（四）中和剂

当使用含有酸性基团的树脂（如丙烯酸酯类聚合物）时才需要添加碱性中和剂，其作用是将成膜剂分子中的羧酸基团中和成盐，以提高成膜剂的水溶性。常用的中和剂有氨甲基丙醇（AMP）、三乙醇胺（TEA）、三异丙醇胺（TIPA）等。

（五）增塑剂

增塑剂的作用是改善聚合物膜的性质，使其更赋有柔韧性和光泽性，一般用量为聚合物干基质量分数的5%。可用作增塑剂的有柠檬酸三酯、水溶性硅油、蛋白质、多元醇、羊毛脂衍生物等。值得注意的是：不合适的增塑剂对聚合物膜有严重的影响，会使膜的强度下降，暗淡无光泽。有些情况下也可不添加增塑剂。

（六）香精

由于喷发胶中含有乙醇，香精易于溶解，便于加香。但要注意避免树脂、增塑剂、气雾制品中的推进剂和乙醇气味对香精气味的干扰。乙醇的气味是较难掩盖的，必须通过试验进行筛选。

（七）其他添加剂

喷发胶含有乙醇，一般不需要添加防腐剂，当然少量的防腐剂对产品稳定也有一些好处。其他的添加剂，如氨基酸、维生素和植物提取物可按需要少量添加，但应注意与基质配伍的问题。紫外线吸收剂也可按需要添加。

二、配方实例

表 9-1 为含有 LPG 的气雾剂型喷发胶的配方实例，表 9-2 为含有 DME 的气雾型喷发胶的配方实例。

表 9-1　气雾剂型喷发胶配方实例（含 LPG）

物质名称	质量分数/%	作用
乙醇	60	溶解
聚乙烯吡咯烷酮/乙酸乙烯/丙酸乙烯酯	7	定型
香精	3	赋香
LPG	余量	抛射

表 9-2　气雾剂型喷发胶配方实例（含 DME）

物质名称	质量分数/%	作用
乙醇	41	溶解
聚乙烯吡咯烷酮/乙酸乙烯/丙酸乙烯酯	6	定型
香精	3	赋香
DME	余量	抛射

第三节　发用摩丝

摩丝（Mousse）来自法语，其意为泡沫或起泡的膏霜。摩丝指液体和推进剂共存，在外界施用压力下，推进剂携带液体冲出气雾罐，在常温常压下形成泡沫的产品。在这层意义上，形成了发用摩丝、摩丝香波、摩丝沐浴剂、摩丝剃须膏等各类产品。

发用摩丝是一种泡沫状的定发制品，是最常见的摩丝产品，其特点是具有丰富的、细腻的、量少而体积大的乳白色泡沫，很容易在头发上分布均匀并能迅速破泡，使头发润滑、易梳理、便于造型和定型。在定发制品中，不仅意指泡沫，而且要有修饰、固定发型，用后头发柔软、富有光泽、易于梳理、抗静电，表现头发自然、光泽、健康和美观的外表。

摩丝产品中含有推进剂。一般情况下，产品在静置后，推进剂浮在上层，所以产品使用前必须摇动一下气雾剂的容器，使推进剂能较均匀分散。当打开容器阀门，内容物在压力的推动下从阀门压出，推进剂气化并膨胀，产生泡沫。摩丝涂于头发后，很容易均匀地覆盖在头发的表面。

一、组成与常用原料

摩丝的配方组成主要有聚合物、溶剂、表面活性剂、香精、推进剂及其他添加剂。

1. 聚合物

摩丝所用的聚合物与定型啫喱基本一致，要求聚合物具有良好的水溶性。当然，有的摩丝强调调理效果，则可选用阳离子胶浆成膜剂。

2. 表面活性剂

表面活性剂的作用是降低表面张力，使摩丝形成合适大小和结构的泡沫。在配制摩丝时，表面活性剂的选择很重要。摩丝产品要求好的初始泡沫稳定性，泡沫与头发接触后，应较易破灭分散，并要求泡沫柔软，易于在梳理时分散。表面活性剂的另一作用是分散，在摩丝使用前摇动时，能将推进剂均匀地分散在水相中，形成暂时的均匀体系。摩丝中所用表面活性剂通常是 HLB 值为 12～16 的非离子型表面活性剂，表面活性剂的用量通常在 0.5%～1.5%。

3. 推进剂

一般采用 LPG，由于 DME 与水相溶，不能产生泡沫，所以摩丝类产品都不会采用 DME 作为推进剂。

4. 其他添加剂

摩丝比定型发胶更强调对头发的护理作用，如保湿摩丝中添加保湿剂（如吡咯烷酮羧酸钠），防晒摩丝中添加防晒剂，营养摩丝中添加营养剂（如维生素 E 乙酸酯、泛醇、角蛋白氨基酸、水解胶原蛋白、各种动植物提取物等）。但一般不会加入具有消泡作用的多元醇和油脂类物质。

为了保护气雾容器的金属罐，防止金属腐蚀，可加入腐蚀抑制剂。

二、配方实例

表 9-3 为含有 LPG 的发用摩丝的配方实例。

表 9-3 含有 LPG 的发用摩丝配方实例

物质名称	质量分数/%	作用
丙烯酸(酯)类/月桂醇丙烯酸酯/硬脂醇丙烯酸酯/乙胺氧化物甲基丙烯酸盐共聚物	8.0	定型
PEG-400	3.0	保湿
椰油酰胺丙基甜菜碱	4.0	起泡
增溶剂	0.8	增溶
香精	0.2	赋香
防腐剂	适量	防腐
水	余量	溶解
LPG	25.0	推进

第四节 其他气雾剂型化妆品

气雾剂型化妆品具有使用方便、无二次污染和新颖独特等特点，已广泛被消费者所接受。市场上除定型发胶和发用摩丝外，还有气雾剂型的保湿乳、防晒乳、冷霜、粉底、止汗剂、剃须膏、香水等产品。

一、气雾剂型乳液

近年来，气雾剂型乳液渐渐受到消费者的欢迎。由于气雾剂型乳液喷到皮肤上，推进剂迅速气化挥发，皮肤温度降低而产生冰爽的感觉，所以也归在冷霜类。气雾剂型乳液的配方是在乳液的乳化体系配方基础上，再加入推进剂。值得注意的是，乳液黏度宜小些，过于黏稠不利于喷出。表 9-4 为气雾剂型乳液配方实例。

表 9-4 气雾剂型乳液配方实例

物质名称	质量分数/%	作用	物质名称	质量分数/%	作用
COSMACOL EMI	4.0	润肤	水	余量	溶解
芦荟油	3.0	润肤	汉生胶	0.1	增稠
GTCC	3.0	润肤	Dracorin GOC	1.0	乳化
单甘酯	0.5	助乳化	苯氧乙醇	0.3	防腐
二甲基硅油	2.0	润肤	α-甘露聚糖	2.0	保湿
Novel A	0.6	乳化	芦荟提取物	1.0	保湿
羟苯甲酯	0.2	防腐	香精	0.2	赋香
羟苯丙酯	0.1	防腐	LPG	32.0	推进

二、气雾剂型保湿水

气雾剂型保湿水就是在水剂的配方基础上加入推进剂，表 9-5 为气雾剂型保湿水配方实例。

表 9-5 气雾剂型保湿水配方实例

物质名称	质量分数/%	作用	物质名称	质量分数/%	作用
水	余量	溶解	海藻提取物	1.0	保湿
海藻糖	1.0	保湿	Polygel CB	0.05	增稠
甜菜碱	2.0	保湿	氨甲基丙醇	0.03	中和
芦荟提取物	1.0	保湿、舒缓	防腐剂	0.2	防腐
燕麦葡聚糖	1.0	保湿、舒缓	增溶剂	0.3	增溶
尿囊素	0.2	软化角质	香精	0.1	赋香
聚季铵盐-51	0.1	保湿	氮气	0.6～1g	作推进剂
PEG-400	2.0	保湿			

三、气雾剂型防晒乳

气雾剂型防晒乳就是在防晒乳液的配方基础上加入推进剂，气雾剂型防晒乳设计配方时也是要注意控制产品黏度小些。表 9-6 为气雾剂型防晒乳配方实例。

表 9-6 气雾剂型防晒乳配方实例

物质名称	质量分数/%	作用	物质名称	质量分数/%	作用
Neo Heliopan OS	3.0	防晒	羟苯甲酯	0.2	防腐
Neo Heliopan AV	5.0	防晒	羟苯丙酯	0.1	防腐
Neo Heliopan 357	1.5	防晒	环聚二甲基硅氧烷	2.0	润肤
COSMACOL EBI	3.0	润肤	MONTANOV L	1.5	乳化
Cetiol CC	3.0	润肤	水	余量	溶解

续表

物质名称	质量分数/%	作用	物质名称	质量分数/%	作用
PEG-400	4.0	保湿	燕麦多肽	1.0	保湿
尿囊素	0.2	软化角质	Symrelief 100	0.2	舒缓、抗敏
Polygel CB	0.15	增稠	香精	0.2	赋香
氨甲基丙醇	0.09	中和	LPG	35	推进
苯氧乙醇	0.3	防腐			

四、气雾剂型粉底

气雾剂型粉底就是在粉底的配方基础上加入推进剂，气雾型粉底设计配方时也是要注意控制产品黏度小些，应采用粉底乳液配方。表 9-7 为气雾剂型粉底配方实例。

表 9-7　气雾剂型粉底配方实例

物质名称	质量分数/%	作用	物质名称	质量分数/%	作用
Winsier	5.0	乳化	羟苯甲酯	0.25	防腐
地蜡	0.5	增稠	羟苯丙酯	0.1	防腐
COSMACOL EBI	4.0	润肤	Abil EM 90	1.0	乳化
GTCC	4.0	润肤	水	余量	溶解
芦荟油	3.0	润肤	PEG-400	3.0	保湿
钛白粉	7.0	遮盖	Symrelief 100	0.2	舒缓
铁红	0.1	调色	甜菜碱	2.0	保湿
铁黄	0.32	调色	芦荟提取物	1.0	保湿
铁黑	0.06	调色	苯氧乙醇	0.3	防腐
硬脂酸镁	0.5	悬浮、稳定	香精	0.25	赋香
甲基丙烯酸甲酯交联聚合物	2.0	调节肤感	LPG	30.0	推进

五、气雾剂型止汗剂

气雾剂型止汗剂要求雾化分散，这需要使用细而均匀的粉末，一般要求粉末颗粒直径低于 10μm，以免造成喷嘴堵塞。另外，适当的黏度、添加少量乙醇也可改善雾化效果，其组成主要包括止汗活性成分、增稠剂、润滑剂、溶剂、愈合剂、调理剂、推进剂等。表 9-8 为气雾剂型止汗剂配方实例。

表 9-8　气雾剂型止汗剂配方实例

物质名称	质量分数/%	作用	物质名称	质量分数/%	作用
环状二甲基硅氧烷	7.0	润肤	羟基氯化铝	6.5	止汗
肉豆蔻酸异丙酯	0.5	润肤	乙醇	5.0	溶解
二氧化硅	0.5	增稠	LPG	余量	推进、溶解

六、气雾剂型除臭剂

气雾剂型除臭剂就是在除臭液配方的基础上加入推进剂，主要包含杀菌剂、皮肤收敛剂、保湿剂等成分。表 9-9 为气雾剂型除臭剂配方实例。

表 9-9 气雾剂型除臭剂配方实例

物质名称	质量分数/%	作用	物质名称	质量分数/%	作用
六氯二羟基二苯甲烷	0.12	杀菌	丙二醇	4.30	保湿
香精	0.20	赋香	无水乙醇	46.5	溶解
苯酚磺酸铝	5.75	收敛	LPG	余量	推进、溶解
去离子水	0.60	溶解			

七、气雾剂型剃须泡

气雾剂型剃须泡的成分与剃须膏基本相同，只是各种原料用量不同，且额外加有推进剂。这种剃须产品使用方便，泡沫丰富，使用时只要用手一按，即可喷在皮肤上，剃须时水分保持能力好。

为了使剃须剂易于喷出，剃须剂不能过分稠厚，一般采用三乙醇胺皂或其他非离子表面活性剂作起泡剂，脂肪酸及其他脂肪性滋润剂的加入量也较少。配方实例如表 9-10 所示。

表 9-10 气雾剂型剃须泡配方实例

物质名称	质量分数/%	作用
硬脂酸	6.0	与三乙醇胺反应成皂,起泡,润滑
椰子油酸	2.5	与三乙醇胺反应成皂,起泡,润滑
甘油	6.0	保湿、润滑
三乙醇胺	4.3	与脂肪酸反应成皂,起泡,润滑
芦荟提取物	1.0	舒缓
苯氧乙醇	0.5	防腐
羟苯甲酯	0.1	防腐
香精	0.2	赋香
去离子水	余量	溶解
LPG	12.0	推进

八、气雾剂型洁面泡

气雾剂型洁面泡称为洁面摩丝，是一种面部清洁泡沫，同时具有卸妆和清洁的功能，可以清除毛孔堵塞，减少过多油脂分泌。气雾剂型洁面泡配方实例如表 9-11 所示。

表 9-11 气雾剂型洁面泡配方实例

物质名称	质量分数/%	作用	物质名称	质量分数/%	作用
水	余量	溶解	甘油聚醚-26	3.0	保湿
EDTA-2Na	0.02	螯合	尿囊素	0.2	软化角质
癸基葡糖苷	10.0	表面活性	芦荟提取物	1.0	保湿
椰油酰胺丙基甜菜碱	5.0	表面活性	LPG	28.0	推进
月桂酰基肌氨酸钠	3.0	表面活性			

九、气雾剂型香水

气雾剂型香水就是将香水以气雾的形态使用，即在香水配方基础上加入了推进剂。气雾剂型香水配方实例如表 9-12 所示。

表 9-12　气雾剂型香水配方实例

物质名称	质量分数/%	作用
香精	5	赋香
无水乙醇	45	溶解
DME	50	推进、溶解

第五节　生产工艺和质量控制

一、生产工艺流程

气雾剂型产品的生产工艺流程如图 9-2 所示。

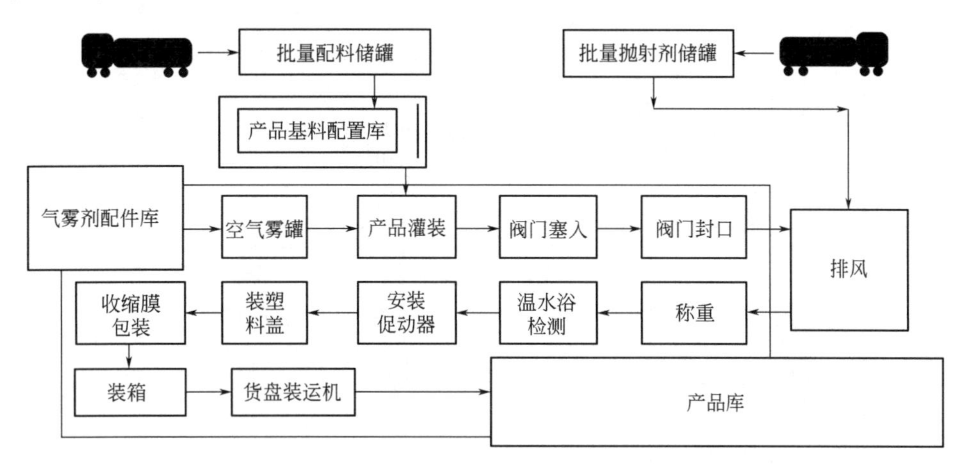

图 9-2　气雾剂型产品的生产工艺流程

典型的气雾剂型产品的生产线示意图如图 9-3 所示。

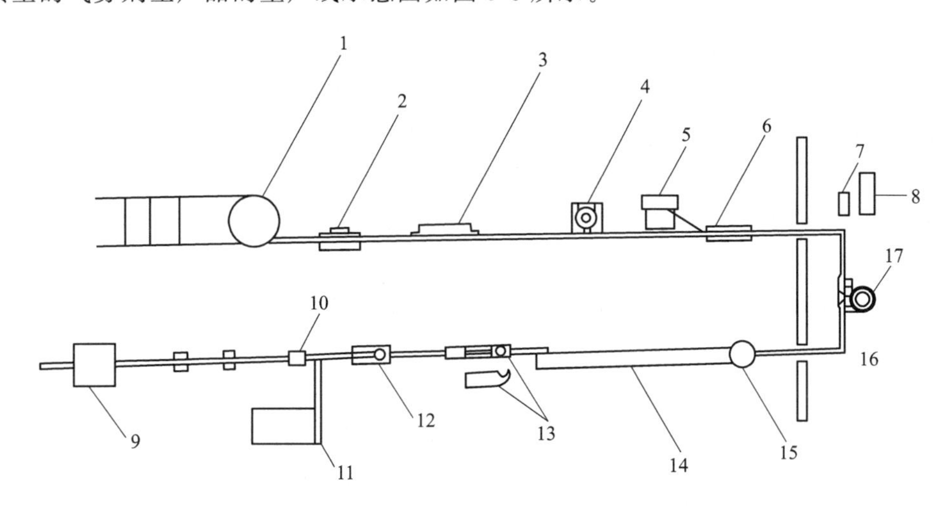

图 9-3　典型的气雾剂型产品的生产线示意图

1—容器输送圆盘；2—罐清洗器；3—打码机；4—基质充填机；5—阀门贮槽；6—阀门插入器；7—水力泵；8—真空泵；9—外包装工作台；10—压盖帽；11—盖帽贮槽；12—加盖帽机；13—吹干机；14—水浴；15—平衡缓冲台；16—充气室；17—压盖充气

二、气雾罐和气雾阀

作为盛装和密封剂料的气雾罐和气雾阀，并不只是一般概念上的物理包装。气雾罐除了作为气雾剂产品剂料与推进剂的盛装容器之外，还必须能够承受推进剂气相部分所产生的压力和气雾剂内容物的侵蚀；气雾阀除了保证对气雾剂产品有良好的密封作用之外，还具有保证气雾剂内容物可靠有效地喷出来，能够承受各种气雾剂配方有效成分的侵蚀作用和满足各种气雾剂配方的使用性能要求等。这些功能远远超出了作为包装物的一般涵义。

气雾罐材质可以是金属、玻璃和塑料，最为常用的是镀锡马口铁气雾罐和铝质气雾罐。塑料气雾剂容器在技术成熟程度及推广应用方面还有许多技术上的问题有待解决。

气雾罐及气雾阀的结构示意图如图 9-4 所示。

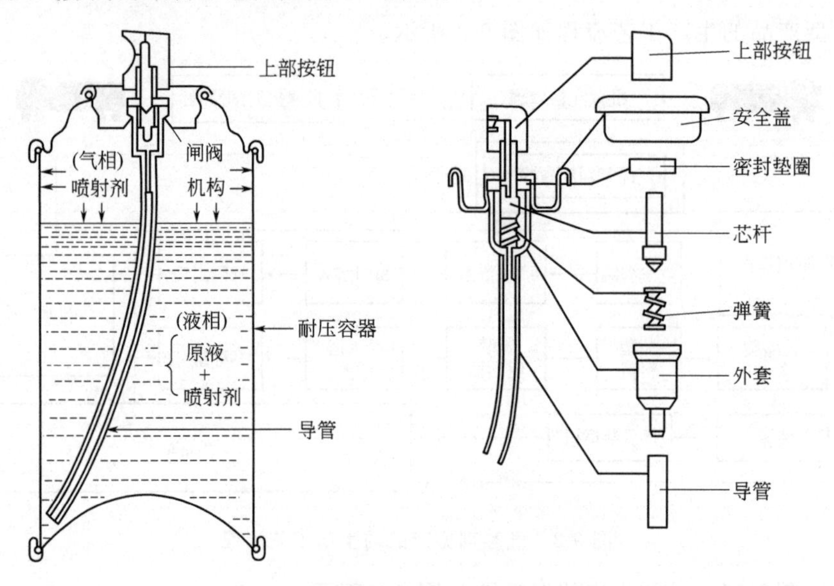

图 9-4　气雾罐及气雾阀的结构示意图

气雾剂产品的工作原理：内容物（包括剂料和推进剂）在气雾罐中处于压力平衡状态。当压下按钮（促动器），气雾阀开启时，剂液通过导管向上压送到阀基体内，然后再通过芯杆的计量孔，进入芯杆通道到达按钮（促动器），最后从按钮（促动器）的喷嘴（微雾头）处喷出。内容物离开喷嘴时发生的雾化过程是多种因素综合作用的结果。以雾化为例：首先，当内容物从喷嘴高速冲出时，与空气撞击粉碎成雾滴，此后包含在雾滴中的液相推进剂，由于原先罐内施加的压力解除，立即气化成气体状态。推进剂从液相转换到气相释放出的能量进一步使雾滴两次粉碎或蒸发变细，碎裂成许多更加微小的雾滴。上述整个过程都是在瞬间完成的（如图 9-5 所示）。如要使产品压出时成泡沫状，其主要的不同在于内容物是由乳化体系的剂料和不相溶的液化气推进剂组成，当阀开启时，喷出内容物中的液化气体在乳化体系中迅速气化膨胀，从而产生由许多小气泡组成的泡沫形状。

三、推进剂充填工艺

气雾剂推进剂灌装充填工艺主要有两种方法：一种是从阀门固定盖下灌气的 U-t-C 充填法；一种是直接通过阀芯灌气的 T-t-V 充填法。两种充填方法都已有 40 多年的历史和经验，前者以美国采用为主，后者则在欧洲普遍盛行。

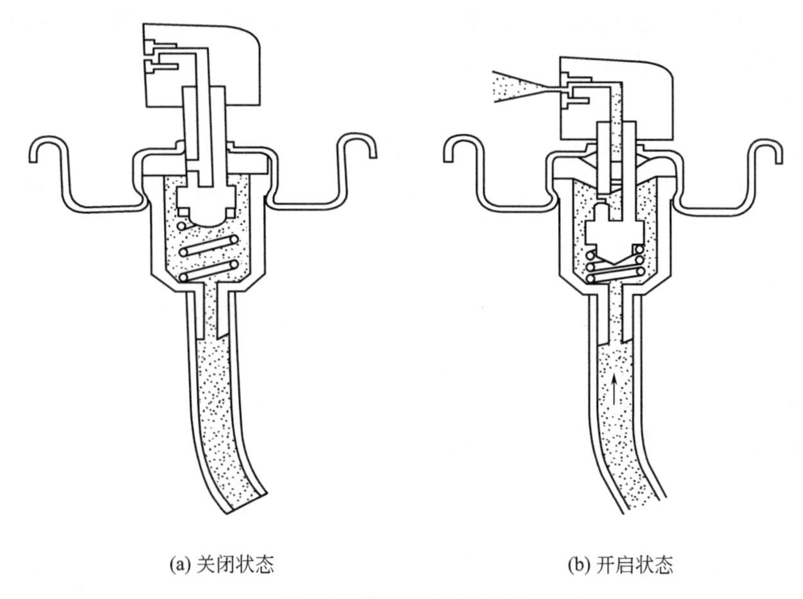

(a) 关闭状态　　(b) 开启状态

图 9-5　阀门的工作状态

（1）U-t-C 盖下充填法

将压缩气体或液化气类抛射剂从位于气雾罐口但还未封口的阀门固定盖与罐口之间灌入。在灌装时使阀门略为提起以使灌气环套入后使抛射剂进入罐内达到平衡或计量。在完成灌气过程的瞬间由 U-t-C 专用头将阀门封装在罐口上。在这种灌装法中，灌气和封口两个动作是在一起完成的。

（2）T-t-V 阀芯充填法

压缩气体或液化气类抛射剂直接通过阀门的阀芯中间孔及计量孔，然后进入阀室内，再通过输入管进入气雾罐内（液相中）底部。此时阀门已预先在气雾罐口上封口完毕。在这种灌气法中，灌气和封口两个动作是分别在两台或一台机器上完成的，封口在前，灌气在后。

U-t-C 与 T-t-V 这两种典型的灌装方式在气雾剂工业中获得了广泛应用，但是从压缩气体的灌气要求来看，U-t-C 灌装法似乎更为适用。因为它不需要考虑阀门的型式与结构，灌气速度快，也无需考虑气体压缩过程中产生的热影响。但只要这些因素处理得当，T-t-V 灌装法也一样可用于压缩气体的灌装。

四、质量控制

气雾剂型化妆品不同于一般的化妆品，这不仅反映在包装容器、生产工艺上，而且在配方上也有不同的要求。传统化妆品配方应用于气雾剂类型时，一般都需要做出适当的调整，根据产品特点探索新的途径。例如一般的剃须膏配方用于气雾剂产品时往往会显得太黏稠了；又如定型发胶的高分子聚合物在乙醇中的溶解性佳，故在选用时只考虑其成膜性能（如坚牢度、弹性和水洗性等）即可；但如采用丙烷或丁烷等烷烃作为推进剂时，还必须考虑高分子聚合物在推进剂中的溶解度。

气雾剂型化妆品在生产和使用过程中应注意以下问题。

1. 喷雾状态

喷雾的性质（干燥或潮湿）受不同性质和不同比例的推进剂、气雾阀的结构及其他成分（特别是乙醇）的存在所制约。低沸点的推进剂形成干燥的喷雾，因此如要产品形成干燥的喷雾可以在配方中增加推进剂的比例，减少其他成分（如乙醇）。当然，增加推进剂会提高内压力，必须保证内压力符合产品安全要求。

2. 泡沫形态

泡沫形态由推进剂、剂料配方和气雾阀系统所决定，可以产生干燥坚韧的泡沫，也可以产生潮湿柔软的泡沫。当其他成分相同时，高压的抛射剂较低压的推进剂所产生的泡沫更坚韧而有弹性。

3. 化学反应

配方中的各组分之间要注意不能发生化学反应，同时要确保剂料组分、推进剂和包装容器之间也不发生化学反应。

4. 溶解度

不同化妆品成分对不同的推进剂的溶解度是不同的，配方时应尽量避免使用溶解度不好的物质，以免在溶液中析出，阻塞气雾阀，影响产品使用性能。

5. 腐蚀作用

化妆品剂料中的成分和推进剂都有可能对气雾罐和气雾阀的内表面产生腐蚀，配方设计需要考虑这一因素，同时必须通过规范的稳定性测试进行验证。

6. 变色

乙醇溶液的香水和古龙水，在灌装前的运送及贮存过程中容易受到金属杂质的污染，灌装后即使在玻璃容器中，色泽也会变深，应注意避免。泡沫制品较易变色，这可能是香料的原因。

7. 香味

影响香味的因素较多。制品变质、香精中香料的氧化以及和其他原料发生化学反应，或抛射剂本身气味较大等都会导致制品香味变化。

8. 低温考验

采用冷却灌装的制品应注意基料在低温时不会出现沉淀等不良现象。

9. 安全生产

气雾剂生产通常涉及易燃易爆推进剂的使用，必须严格依照行业标准《气雾剂安全生产规程》进行生产，确保生产安全。

五、新型气雾剂工艺

前面所述的气雾剂是将化妆品膏体与抛射剂混装在一起，称为一元包装。近年来，开始流行二元包装，所谓二元包装即是将抛射剂与化妆品膏体分别盛放在同一包装容器内两个互相隔离的单元中，并由净化的压缩空气取代丙丁烷液化气、二甲醚等作抛射剂。二元包装的特点是气雾罐中有一个囊袋，原料灌装在囊袋里，气体在气雾罐与囊袋之间，原料与气体及罐体不接触，具有环保、卫生级别高、解决原料腐蚀罐体和气液不相容等优势，但成本相对较高，工艺比一元包装复杂。图 9-6 为二元包装气雾罐结构。

灌装工艺：将压缩空气充入罐中后，封好带囊袋的阀门；原料灌在罐内囊袋中，使原料与罐体完全隔离。使用时打开阀门，罐内压缩空气压迫囊袋将原料压出罐外，当原料完全压出后，罐内压缩空气仍留在罐内，因而还可以重复灌装。被喷出来原料的气雾形状可通过改变阀门促动器来控制。

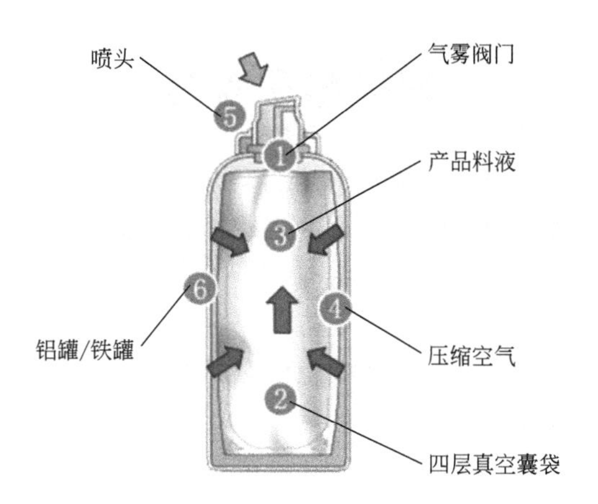

图 9-6　二元包装气雾罐结构

与一元包装相比，二元包装的优势主要体现在如下几个方面。

① 密封性。一元包装密封性差，无囊袋保护料体包装；二元包装的密封性高，由阀门、四层真空囊袋、铝罐形成的多重保护料体包装系统。

② 料体纯净度。一元包装是气料混合，料体不够纯净，无法使产品品质最优化，而且密封性差，可能导致其他气体、细菌进入而导致料体变质；二元包装是气料分开，料体通过真空无菌技术灌装进食品级囊袋。

③ 喷射效果。一元包装喷出的料体雾化效果差，同时冲击力较大，肌肤吸收相对不够理想；二元包装喷出的料体呈均匀持续的纳米雾化状，更容易被肌肤吸收。

④ 喷射便捷度。一元包装有沉淀物，用前需摇一摇，使用过程需多次按压，喷射时瓶身只能保持水平树立的固定角度；二元包装无沉淀物，随拿随喷，一按畅喷到底，无需多次按压，全方位无死角任意摆喷。

⑤ 利用率。一元包装有残余物，易造成浪费；二元包装利用率高达 98%。

⑥ 喷射声效。一元包装在喷射时有气体泄出的声音。二元包装喷射过程中静音。

虽然二元包装气雾剂生产成本较高，生产工艺较复杂，但其优越的体验效果比一元包装气雾剂更适用于美妆行业，有很好的发展前景。

案例分析

事件过程： 2005 年某化妆品企业生产的一批摩丝压出泡沫很少。品管部检测表明，不存在推进剂泄漏问题。

原因分析： 在无推进剂泄露的情况下，摩丝压出的泡沫很少，这有可能是香精未能增溶好。由于该配方中使用的增溶剂在低于 30℃ 时呈膏状，生产中水温不够导致溶解不彻底，时间长了香精析出，从而影响了产品泡沫。

解决方法： 可选择以下两种解决方法：

1. 选择使用低温时液态状的增溶剂，避免增溶剂低温析出；

2. 对于低温膏状的增溶剂，需水浴不高于 50℃ 的加热与香精混合，再加入 45℃ 的水中搅拌溶解完全，降温后出料，可解决溶解不好的问题。

处理方法： 该企业选用了第一种处理方法，即用低温时呈液态增溶剂代替低温时呈膏状的增溶剂，经调整后解决了摩丝压出泡少的问题。

习题与思考题

1. 气雾剂型喷发胶用的聚合物与啫喱水用的聚合物有何区别？
2. 气雾剂型摩丝用的聚合物与啫喱水用的聚合物有何区别？
3. 常用的推进剂有哪些？分别有什么特点？
4. 简述气雾剂型化妆品的生产工艺过程。
5. 气雾剂型化妆品在生产和使用过程中应注意哪些问题？
6. 二元包装与一元包装相比，有哪些优缺点？

第十章 口腔卫生用品

Chapter 10

【知识点】 牙齿；牙膏；牙粉；含漱水。

【技能点】 设计牙膏配方；设计含漱水配方。

【重点】 牙膏的组成与常用原料；牙膏的配方设计；牙膏的生产工艺；牙膏生产质量控制；含漱水的配方设计。

【难点】 牙膏的配方设计；含漱水的配方设计。

【学习目标】 掌握牙膏生产工艺过程和工艺参数控制；掌握牙膏常用原料的性能和作用；掌握牙膏和含漱水的配方技术；能正确地确定牙膏生产过程中的工艺技术条件；能根据市场需要自行设计牙膏和含漱水配方，并能将配方用于生产。

第一节　牙齿与口腔清洁

口腔是消化道的起始部分。前经口裂与外界相通，后经咽峡与咽相续。口腔内有牙、舌、唾腺等器官。口腔的前壁为唇、侧壁为颊、顶为腭、口腔底为黏膜和肌等结构。

一、牙齿的结构

牙齿的结构如图 10-1 所示。

从外部观察，整个牙齿由牙冠、牙根和牙颈三部分组成。在口腔里能看到的部分就是牙冠，它是发挥咀嚼功能的主要部分，其形态因功能而异。牙根固定在牙槽窝内，是牙齿的支持部分，有单根牙和多根牙。牙冠和牙根交界处叫牙颈。如果把牙齿纵向剖开来观察，牙冠从外到里是由牙釉质（俗称珐琅质）、牙本质两层硬组织以及最里面的牙髓软组织构成的。牙釉的硬度很高，可达莫氏硬度 6～7 度，与水晶的硬度相近，它是人体组织中最硬的部分。牙釉的化学组成主要是无机磷酸盐，牙釉含羟基磷灰石达 96%，其余为有机角质类及水分。磷灰石的结晶度很高，晶体质地坚硬，使牙齿能承受长期的咀嚼压力和发挥磨碎食物的作用。牙本质是构成牙齿的主体，其中约含羟基磷灰石 70%，其余为骨胶原和少量有机物。牙髓的神经、血管通过根尖孔与牙槽骨和牙周膜的神经、血管相连接。营养物质通过血液供给牙髓，营养牙齿，所以牙齿和牙周组织密不可分。

牙根的表面是一层很薄的牙釉质，其内侧是牙本质，再内部是牙髓，牙髓中分布着血管和神经。若龋齿的牙釉已损坏，牙本质接触到酸、冷食物时，齿髓神经就会有痛感。

包绕牙根和牙颈部的是牙周组织，它由牙周膜、牙槽骨和牙龈（俗称牙花肉）三部分组成，其主要功能是支持、固定和营养牙齿。牙龈是围绕齿颈并覆盖在牙槽骨上的那一部分牙

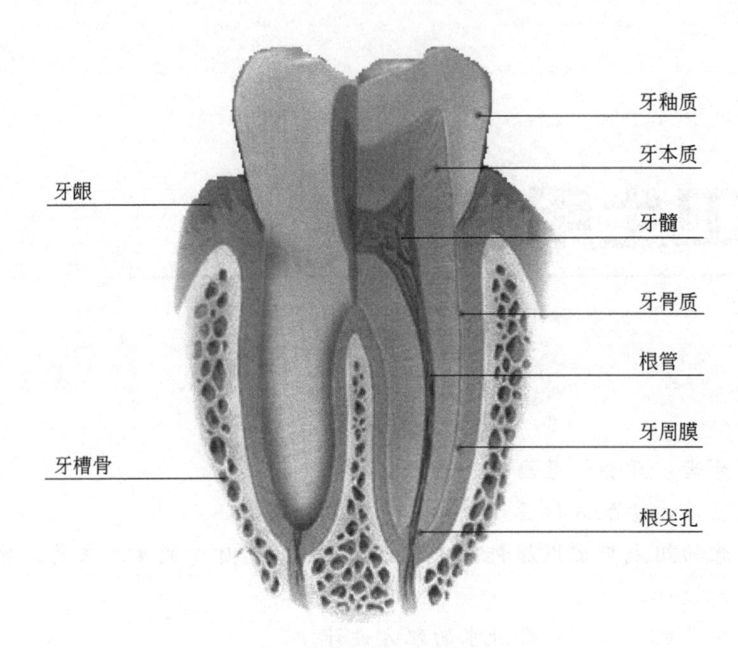

图 10-1　牙齿的结构

组织，其作用是保护牙齿的基础组织，对细菌的感染起到屏障作用。

二、常见口腔疾病和口腔的清洁

常见口腔疾病主要有口腔溃疡、牙周炎、牙髓炎、龋病和牙本质敏感症等。口腔疾病产生的原因有全身和局部的因素：全身因素包括营养缺乏，内分泌和代谢障碍等；局部因素主要是附着在口腔，特别是牙面上的沉积物对牙齿、牙龈和牙周组织的作用。

口腔内存在着多种细菌，能使食物残渣、脱落的上皮细胞等物质腐败、发酵，产生对牙齿和口腔黏膜有害的物质。口腔中的细菌与食物残渣中的糖类作用，生成蜂窝状的葡聚糖和果聚糖，这些聚糖和唾液黏混在一起，能把细菌和其他分散物质黏附在牙齿表面形成牙菌斑，牙菌斑长期与唾液中钙盐作用，会形成不溶性的磷酸钙和碳酸钙，附在牙齿上成为坚硬的牙结石，牙结石能导致牙病的发生。因此要去除这些有害物质，保持牙齿和口腔的清洁。

人体的口腔具有一定的自净功能，也就是说具有自然地清洁口腔的作用，如唾液的作用及进食时的咀嚼动作都有清洁效果，口腔内的有益细菌群落也有去除有害物质的功能，但这些自净功能有时却难以防止牙病的发生，这就需要利用口腔卫生用品人为地清洁口腔和牙齿。

常用的口腔卫生用品有牙膏、牙粉、漱口水等。目前产量最大、应用最为普及的口腔卫生用品是牙膏。牙膏是与牙刷配合使用的口腔卫生用品，用牙膏刷牙可以清洁牙齿口腔，减少龋齿发生，促进牙龈健康和消除口臭。

第二节　牙　膏

中国口腔护理用品协会将牙膏定义为：牙膏是和牙刷一起用于清洁牙齿，保护口腔卫生，对人体安全的一种日用必需品。根据牙膏的定义，牙膏应该符合以下要求：

① 能够去除牙齿表面的薄膜和菌斑而不损伤牙釉质和牙本质；

② 具有良好的清洁口腔及其周围的作用；

③ 无毒性，对口腔黏膜无刺激；

④ 有舒适的香味和口味，使用后有凉爽清新的感觉；

⑤ 易于使用，挤出时呈均匀、光亮、柔软的条状物；

⑥ 易于从口腔中和牙齿、牙刷上清洗；

⑦ 具有良好的化学和物理稳定性，仓储期内保证各项指标符合标准要求；

⑧ 具有合理的性价比。

牙膏可分为普通牙膏和功效牙膏两大类。在牙膏中加入某些活性物质或药物，使牙膏除了有洁齿功能以外，还具有抑制牙结石、防龋齿、消炎、脱敏等功效，这类牙膏称为功效牙膏，功效牙膏比较常见的有含氟牙膏和中草药牙膏等。

一、牙膏组成和常用原料

牙膏是一种复杂的混合物，它通常由保湿剂、胶黏剂、甜味剂、发泡剂、摩擦剂、稳定剂、特殊添加剂、香精以及去离子水等成分组成。

（一）摩擦剂

摩擦剂（abrasive）是牙膏的主体原料，一般占配方的20%～50%。摩擦剂的摩擦作用可帮助除去牙齿上的牙垢、牙菌斑等。摩擦剂大多是粉状无机物质，一般应具备下列条件：

① 无味、无臭、无毒的白色粉末；

② 有适当的硬度和摩擦值，硬度应低于莫氏硬度5度为宜，确保不损伤牙齿质地，而且粒子的晶形不应是针状或具有尖锐棱角，否则易损伤牙齿；

③ 粒子直径在1～20μm；

④ 不溶于水或微溶于水。

具备上述条件的常用摩擦剂有下面几种物质。

1. 碳酸钙

碳酸钙的资源丰富，价格便宜，一般用于中低档牙膏。牙膏用的碳酸钙有沉淀碳酸钙和天然碳酸钙两种。沉淀碳酸钙通过化学反应制得，其硬度低于天然碳酸钙，但因其价格比天然碳酸钙高，故国内很少用于生产牙膏。天然碳酸钙有方解石粉和云石粉两种，碳酸钙含量都达98%以上，白度较好，是目前价廉物美的牙膏原料。方解石粉因其不同的晶体结构，其硬度和摩擦值较云石粉高，不宜单独作为摩擦剂，往往与摩擦值较低的磷酸盐共同使用。

2. 磷酸氢钙

磷酸氢钙有无水盐与二水合物两种，两者性能不同。无水磷酸氢钙硬度较高，莫氏硬度为3.5度，不宜单独使用，常添加在二水合磷酸氢钙中复配使用；二水合磷酸氢钙的硬度为2～2.5度，硬度适中，pH值适中，口感良好，是一种优良的摩擦剂，而且与牙釉有亲和力，有利于牙质的再矿化，常用作高档牙膏的摩擦剂。但需注意的是用二水合磷酸氢钙作摩擦剂，首先必须确保其稳定性，否则二水合磷酸氢钙容易失去结晶水而使得膏体增稠、结粒，甚至变硬，或使膏体渗水分离，质量变坏，这是由于二水合磷酸氢钙水解生成羟基磷灰石的结晶与磷酸所致。二水合磷酸氢钙质量要稳定，必须进行稳定化处理，在制造时需添加稳定剂，防止其向失水转变，这是牙膏级磷酸氢钙的特殊要求。由于科技的发展，磷酸氢钙与氟化物也表现出较好的相容性，所以目前在含氟牙膏中也采用磷酸氢钙，并占一定的地位。

3. 焦磷酸钙

焦磷酸钙的结晶有α、β、γ几种相，其中β、γ相均属软性磨料，α相较硬，摩擦剂中以含β、γ相80%为宜。由于焦磷酸钙的溶解度极小，它不会降低氟化物的活性，与氟化物有较佳的氟相容性，曾在含氟牙膏中普遍采用，但由于他的磨蚀系数偏高，长期使用会使牙齿表面失去光泽，所以现在国内外已很少使用焦磷酸钙作摩擦剂。

4. 不溶性多偏磷酸钠

它是一种非钙盐摩擦剂，与氟化物相容性好。它配于牙膏中，具有酸性性质，易腐蚀铝管，一般不单独使用。常与焦磷酸钙混合配制在氟化物牙膏中。

5. 二氧化硅

二氧化硅化学性质稳定，与牙膏中氟化物和其他药物相容性较好，与其他原料的配伍性也很好，几乎在所有的牙膏配方中都可以使用二氧化硅，所以是近年来发展很快的一种牙膏原料。牙膏用二氧化硅基本有两种，一种是沉淀二氧化硅，有一定的摩擦值，可作牙膏摩擦剂；另一种是气相二氧化硅，基本无摩擦值，但它有一定的水合作用，可用作增稠剂。

沉淀二氧化硅是硅酸经缓慢脱水生成的干凝胶，缓慢的脱水过程使干凝硅胶的体积明显收缩，阻止了重新水合的可能性。若硅酸快速脱水则生成二氧化硅的气凝胶，快速脱水时体积无明显收缩，遇水时二氧化硅气凝胶能重新水合。

二氧化硅是开发透明牙膏的独特原料，其折射率为1.45～1.46，接近甘油（1.47）和山梨醇（1.46）的折射率，利用固相与液相的折射率相近的原理而使膏体呈透明状态。因此，如果在甘油或山梨醇中加少量水为液相，以二氧化硅干凝胶作摩擦剂为固相，可以制造出透明牙膏。

6. 三水合α-氧化铝

氢氧化铝也称为三水合α-氧化铝，质量稳定，摩擦值适中，外观洁白，pH值接近中性，是一种两性化合物，在膏体中能平衡酸碱度，具有良好的配伍性能，对氟化物有较好的相容性，所以也是一种较好的摩擦剂。牙膏用氢氧化铝价格比磷酸氢钙低，碱性比碳酸钙低，是制造含氟牙膏或其他药物牙膏较理想的摩擦剂。

7. 硅铝酸钠

硅铝酸钠是人工合成的无机摩擦剂，其中SiO_2的比例较高，SiO_2与Al_2O_3的摩尔比至少为45∶1。硅铝酸钠也可用于制造透明牙膏。

不溶性的无机摩擦剂除上述几种外，还有碳酸镁、磷酸镁、硅酸钙、硅酸镁等。

（二）增稠剂

增稠剂是影响牙膏稳定性的关键原料，其主要作用是防止牙膏中固相组分与液相组分的分离。牙膏用增稠剂需具有下列主要性能：

① 使牙膏具有适当的黏度和稠度，但又不感到黏腻，有良好的流动性能。

② 使牙膏具有骨架，挤出的牙膏能停留在牙刷上而不会下塌，有良好的成条性能。

③ 在刷牙时牙膏容易分散，不腻嘴，有良好的扩散性能。

④ 自身稳定性好，不易发生生物降解，贮存期间膏体稳定不分层，不分离出水，不影响牙膏的气味和色泽，有良好的稳定性能。

⑤ 与牙膏中其他组分，特别是活性物质的相容性好，有良好的配伍性能。

牙膏中常用的增稠剂有三类：一类是有机合成胶，如羧甲基纤维素钠、羟乙基纤维素、聚乙烯吡咯烷酮等；一类是天然植物胶，如鹿角菜胶、海藻胶、汉生胶等；还有一类是无机胶，如二氧化硅气凝胶、胶性硅铝酸镁、胶性膨润土等。

下面介绍几种常用的增稠剂。

1. 羧甲基纤维素钠（CMC）

羧甲基纤维素钠是目前国内外最普遍使用的牙膏增稠剂，是一种阴离子纤维素衍生物。用于牙膏的 CMC 替代度一般为 0.9～1.2，2%的水溶液黏度为 800～1200mPa·s。CMC 价格便宜，增稠性能好，但其黏度受可溶性电解质，特别是钠盐和重金属的影响较大，还易受酶的作用而发生生物降解。

2. 羟乙基纤维素（HEC）

羟乙基纤维素是非离子的纤维素衍生物。用于牙膏的 HEC 要求替代度为 1.7。HEC 抗电解质能力优于 CMC，但它也会受酶的作用而降解。

3. 鹿角菜胶

鹿角菜胶是一种天然的增稠剂，在钠、钾、铝等正离子存在下，形成热可逆性凝胶，即低于某一温度时形成凝胶，温度升高时又熔化。鹿角菜胶有多种类型，其中 K 型和 I 型有较好的胶凝作用，适合于制造牙膏。K 型鹿角菜胶在牙膏中的凝胶于 50℃以上熔化，而 I 型于 80℃以上熔化。鹿角菜胶的凝胶具有触变性，切力增加时膏体变薄。因此用鹿角菜胶制成的膏体有骨架而不黏腻，挤出性能好，刷牙时易分散。鹿角菜胶与牙膏中有效成分相容性好，不易因生物酶的作用而降解。

（三）保湿剂

保湿剂（humectants）是牙膏中的主要组分之一，其主要作用是：

① 保持膏体的水分，当牙膏暴露在空气中时，能防止水分的蒸发，在管口处的牙膏就不致发硬、黏结；

② 保持膏体的流变性，便于机械加工；

③ 降低牙膏的冻点，防止牙膏在低温下结冻发硬，即使在低温（一般－10℃）下也能正常使用；

④ 提高牙膏的共沸点，牙膏冰冻后再融化时，不会导致膏体中水分分离，即使在高温（一般 50℃）下膏体仍然稳定。

常用的保湿剂有甘油、山梨醇、丙二醇、木糖醇、聚乙二醇（分子量在200～1500）等，现在最常使用的是山梨醇，或甘油和山梨醇的混合物。

（四）表面活性剂（发泡剂）

牙膏中加入表面活性剂，兼有乳化、发泡和清洁作用，通过乳化作用有助于香精等油溶性物质与膏体中的其他组分均匀组合成稳定的体系；通过洗刷时产生丰富的泡沫有助于清除牙垢和牙菌斑。牙膏级的发泡剂，必须对牙龈和口腔黏膜无刺激性，安全无毒，无不良气味，不干扰牙膏香味，最常用的表面活性剂是十二烷基硫酸钠（俗称 K12）。此外还有 *N*-月桂酰肌氨酸钠（Ls-30）、椰油单甘油酯硫酸钠等。

（五）香精

香精是牙膏中极为重要的组成部分，牙膏的口感、风格、档次等因素基本上取决于所选用的香精。牙膏用的香精应使口腔感到清爽凉快，它不但要赋予牙膏一定类型的香气，而且要赋予一定类型的口味，因此对配制牙膏所用的香精质量要求很高，特别是对甜橙油、留兰香油、薄荷油等天然精油的质量需加以严格的鉴定。

配制和使用牙膏香精时需遵循以下几点原则：

① 牙膏香精作用于口腔，属于食品香精的一部分，香精配方中所选用的香料必须全部符合食品安全规格；

② 牙膏中某些原料可能存在不舒适气味和口味，因此需要选用口味适合、留香适合的香精与甜味剂相配合，形成舒适调和的复味，以掩盖原料不好的气味；

③ 牙膏香精本身不仅要求有良好的气味，更重要的是使用之后口腔中要留有清凉、爽口和新鲜的味觉。此外香精中基香必须和主香协调，同时能将主香衬托出来，形成明显的香型，如薄荷香型、留兰香型、甜橙香型等；

④ 为了使香精中各种成分更加协调，使主香和润突出，并在刷牙后口腔中留有舒适的香味，还需加入某些定香剂；

⑤ 牙膏的颜色大多数为白色，故在选配香精时应避免选用深色香精，同时需通过试验以确认香精在膏体中与其他组分有良好的配伍性能，在使用时膏体不变色、不变味。

国内外牙膏中常用的香型大致有以下六种：薄荷香型、留兰香型、冬青香型（沙士香型）、水果香型、肉桂香型以及茴香香型。

（六）去离子水

牙膏中一般含20%～40%的水分，牙膏配方用水必须用较纯的水，因为如果水中含较多的杂质，则某些杂质可能与膏体的组分发生化学反应产生气胀、异味等质量问题，如果膏体是铝管装，还可能造成腐蚀穿孔。牙膏配方用水，目前最常采用的是通过离子交换法制成的去离子水。

（七）其他添加剂

1. 着色剂

牙膏有时也添加着色剂，以增加其外观的美感，一般常用一些食用色素，如叶绿素铜钠等。

2. 漂白剂

牙膏中添加漂白剂有助于除去牙齿上的污斑。常用的漂白剂有过硼酸钠、过氧化氢、过氧化氢-尿素化合物等，但这类牙膏由于稳定性或安全性等技术性问题，市场上并不多见。

3. 甜味剂

牙膏中常用的甜味剂是糖精、三氯蔗糖和木糖醇，用来改善牙膏的口感，如掩盖一些摩擦剂的碱土味和一些特殊药剂的苦涩味等。它和香料配合形成调和的复味，并赋予牙膏特定的口感和风格。

4. 活性添加剂

活性添加剂是特种牙膏中必需添加的成分，如为了防止龋齿而添加氟化物，为了抗敏加入氯化锶等。

5. 缓蚀剂

如果用铝管来做牙膏管，则铝管的腐蚀是牙膏产品中重要的质量问题之一，在牙膏产品中需添加缓蚀剂，以提高铝管对膏体的抗蚀性能。常用的缓蚀剂有硅酸钠（CP级、AR级或食品级）、硝酸钾（CP级、AR级）等。但现在牙膏包装已经很少使用铝管，而用塑料管，则不用在牙膏中加入缓蚀剂。

二、牙膏配方设计

牙膏是由多种原料组成的，这些原料就其形态而言分为固态和液态。固态主要是粉末摩擦剂，液态是水相（包括水溶性物质）和油相（香料等）所形成的乳状液。膏体的基本结构是固体粉末、乳液状粒子以及未脱除干净的气泡悬浮于胶性凝胶中所形成的一种复杂的多相分散体系。因此，要调好牙膏的配方，除了掌握各种原料的性能和在牙膏中的作用外，还要了解各原料之间的关系，即胶态分散体中有关的表面化学和胶体化学的一些基本理论。

在确定牙膏配方时，除了考虑各组分在清洁牙齿、口腔中的功能以外，还需考虑它们对膏体的稳定性和流变性的影响。特别是摩擦剂、增稠剂、保湿剂、香精、水分这几种组分相互之间的比例，若稍有变化就会对稳定性和流变性带来很大的影响。在确定配方时需注意以下几点。

① 增稠剂配成的亲液胶体的黏度较高时，摩擦剂粉料的需要量就较少，否则膏体太稠厚；反之，如果是低黏度的亲液胶体，则需加入较多的摩擦剂粉料。

② 甘油、山梨醇等保湿剂属非水溶液，用量要适当。如果甘油的浓度过高，CMC 等亲液溶胶将受影响，轻则溶胶的黏度下降，重则发生沉淀。所以必须控制好水分和非水溶液的比例。

③ 脂肪醇硫酸盐等离子型表面活性剂也能使亲液溶胶的黏度下降，这类表面活性剂在牙膏中的用量不宜过多，以适当的发泡量为宜。

牙膏配方中各种组分的用量可在一定范围内变动，以求各种作用相互平衡，最终达到较满意的效果。现将不透明牙膏和透明牙膏中各组分配比的范围列举如下。

1. 不透明牙膏配方设计

不透明牙膏的配比：摩擦剂（40%～50%）；保湿剂（20%～30%）；增稠剂（1%～2%）；表面活性剂（1.5%～2.5%）；甜味剂（0.1%～0.5%）；防腐剂（0.1%～0.5%）；添加剂（0.1%～2%）；香精（1%～1.5%）；水（余量）。表 10-1 为一种不透明普通牙膏的配方实例。

表 10-1 一种不透明普通牙膏的配方实例

物质名称	质量分数/%	作用	物质名称	质量分数/%	作用
二水合磷酸氢钙	49.0	摩擦	糖精	0.3	甜味
焦磷酸钠	1.0	稳定	香精	1.3	赋香
甘油	25.0	保湿	山梨酸钾	0.5	防腐
羧甲基纤维素	1.2	增稠	去离子水	余量	稀释
十二烷基硫酸钠	2.0	起泡			

2. 透明牙膏配方设计

透明牙膏的配比：摩擦剂（10%～20%）；保湿剂（50%～75%）；增稠剂（0.2%～1%）；表面活性剂（1%～2%）；甜味剂（0.1%～0.5%）；防腐剂（0.1%～0.5%）；添加剂（1%～2%）；香精（1%～1.5%）；水（余量）。表 10-2 为一种透明牙膏的配方实例，表 10-3 为企业实际生产的配方实例。

表 10-2 一种透明牙膏的配方实例

物质名称	质量分数/%	作用	物质名称	质量分数/%	作用
二氧化硅	25.0	摩擦	糖精	0.2	甜味
山梨醇(70%)	30.0	保湿	香精	1.3	赋香
甘油	25.0	保湿	山梨酸钾	0.5	防腐
羧甲基纤维素	0.5	增稠	去离子水	余量	稀释
十二烷基硫酸钠	2.0	起泡			

表 10-3　企业实际生产的透明牙膏配方实例

物质名称	质量分数/%	作用	物质名称	质量分数/%	作用
综合二氧化硅	3.0	摩擦	CAB-35	2.5	起泡
H 型二氧化硅	12.0	摩擦	三氯蔗糖	0.12	甜味
山梨醇	61.0	保湿	木糖醇	1.0	甜味
甘油	3.0	保湿	氢氧化钾	0.08	中和
CMC、TH9	0.6	增稠	香精	1.2	赋香
黄原胶	0.2	增稠	苯甲酸钠	0.3	防腐
卡波姆(940)	0.1	增稠	薄荷醇	0.002	清凉
月桂酰肌氨酸钠	1.0	起泡	去离子水	余量	稀释

三、功效牙膏和配方实例

由于普通牙膏防治牙病的能力较差，因而正逐渐被功效牙膏所取代。功效牙膏中含特种添加剂或活性物质，其目的在于防治龋齿、牙周病、牙本质过敏等牙病。这些添加剂作用的机理有下面几种：

① 增加牙釉的抗酸蚀能力，如含氟牙膏；

② 将口腔内的糖类、蛋白质等食物残余物分解掉，如含酶牙膏；

③ 杀灭或抑制口腔中的细菌，如消炎止血牙膏；

④ 抑制或消除牙菌斑及牙结石，如防牙结石牙膏。

另外，还有减缓牙本质过敏症状的脱敏牙膏，具有抗菌、消炎、活血等效果的中草药牙膏等。

（一）含氟牙膏

1. 氟化物的作用

氟化物是牙膏中最常用的添加剂，目前在欧美市场上，含氟牙膏占了极大部分的牙膏市场；在我国牙膏市场上，含氟牙膏也逐渐增多。

牙釉质是由羟基磷灰石结晶形成的，在中性、碱性介质中不溶于水，但随着 pH 值下降溶解度迅速提高，因此牙齿易遭酸蚀而形成龋齿。如唾液含有少量（1mg/L）氟化物，牙釉的酸溶度下降为无氟存在时的 1/5，这时羟基磷灰石遇氟化物会转变成氟磷灰石，它比羟基磷灰石更难溶于酸，因此增加了牙釉的抗酸蚀能力，防止龋齿的发生。

必须注意的是，适量的氟是人体必需的，但过量的氟化物对人体是有害的，如大量使用氟化钠，使唾液中氟化物含量达到 100～300mg/L 时，生成较易溶解的氟化钙，在 pH 值较低时，更加速了氟化钙的生成，导致氟骨症，甚至死亡。值得注意的是我国很多地区的水体中氟含量比较高，这些地区的人们就不建议使用含氟牙膏。

牙膏中常用的氟化物有氟化钠、氟化亚锡、单氟磷酸钠、氟化锌等。氟化钠遇到钙盐会产生无活性的氟化钙，故氟化钠不宜用于以钙盐为摩擦剂的牙膏内。氟化亚锡有使牙齿着色的倾向。单氟磷酸钠离解时先产生 PO_3F^{2-}，再缓慢产生游离的活性 F^-，因此不易失去活性，有较好的配伍性。

2. 含氟牙膏配方

表 10-4 为含氟牙膏的配方实例。

表 10-4　含氟牙膏配方实例

物质名称	质量分数/%					作用
	配方 1	配方 2	配方 3	配方 4	配方 5	
焦磷酸钙					48	摩擦
二水合磷酸氢钙	48.8	5	43			摩擦
氢氧化铝		1	4	52		摩擦
不溶性偏磷酸钠		42				摩擦
甘油	22	20	25		25	保湿
山梨醇(70%)				27		保湿
羧甲基纤维素钠	1		0.8	1.1		增稠
海藻酸钠					1.5	增稠
爱尔兰苔浸膏		1				增稠
聚乙烯吡咯烷酮	0.1					增稠
十二烷基硫酸钠	1.2		2	1.5		起泡
N-月桂酰肌氨酸钠		2			2	起泡
单氟磷酸钠	0.76	0.76	0.7	0.8		抗酸蚀,防龋齿
氟化亚锡					0.5	抗酸蚀,防龋齿
氟化钠			0.1			抗酸蚀,防龋齿
糖精	0.2	0.3	0.2	0.2	0.2	甜味
二氧化钛		0.4				降低膏体透明度
苯甲酸钠	0.5	0.5	0.5	0.5	0.5	防腐
香精	适量	适量	适量	适量	适量	赋香
精制水	余量	余量	余量	余量	余量	稀释

(二)含酶牙膏

在牙膏中加酶，就是利用酶的催化，使难溶的菌斑基质、食物残渣分解为易溶物，在刷牙漱口时被排出口腔，达到洁白牙齿、预防龋齿及牙龈炎的效果。

1. 常用的酶

牙膏配方中常用的酶有以下几种。

(1) 蛋白酶

其功能是催化分解蛋白质类食物残渣，并有软化血管的功能，对防治牙龈出血有一定效果。

(2) 葡聚糖酶

是牙膏用酶中最重要的一种。牙菌斑是通过葡聚糖黏附在牙齿表面作为骨架而形成。这种葡聚糖是蔗糖受细菌作用转化而成的。它不能由单独的葡萄糖和果糖形成。而葡聚糖酶能把蔗糖分解成葡萄糖和果糖，使其不被细菌作用。葡聚糖酶还能催化分解牙菌斑中的黏多糖基质，因此葡聚糖酶有预防和清除牙菌斑的功能，从而在根源上杜绝龋齿的发生。

(3) 溶菌酶

其功效是杀灭口腔中能促使形成龋齿的链球菌、乳酸杆菌、丝状菌等有害菌种。在唾液的协同作用下，其灭菌效果更为显著。

(4) 纤维素酶

其作用是分解附着在牙齿上的纤维素类食物残渣。

加酶牙膏配方设计的关键是酶的保活和配伍问题。酶的活性对其所处的条件有密切的关系，稍有不当，酶的活性就会下降甚至完全失去。例如十二醇硫酸钠能降低酶的活性；香料中的茴香脑、氯化钠、氯化镁对酶有保活作用，而高温、强酸、强碱都会使酶破坏。酶能分解某些纤维素衍生物，因此加酶牙膏不能用 CMC 作增稠剂。

2. 含酶牙膏配方

表 10-5 为含酶牙膏的配方实例。

表 10-5 含酶牙膏配方实例

物质名称	质量分数/%		作用
	配方 1	配方 2	
磷酸氢钙	50		摩擦
氢氧化铝		40	摩擦
二氧化硅		3	摩擦
甘油	25		保湿
山梨醇(70%)		26	保湿
丙二醇		3	保湿
海藻酸钠	0.9	1	增稠
明胶	0.2		增稠
N-月桂酰肌氨酸钠		3	起泡
蔗糖酯		2	起泡
十二烷基硫酸钠	0.5		起泡
糖精	0.36	0.2	甜味
蛋白酶(U/g 膏体)	1500～2000		酶
葡聚糖酶(U/g 膏体)		2000	酶
苯甲酸钠	0.4	0.4	防腐
香精	适量	适量	赋香
去离子水	余量	余量	溶解

(三)消炎止血牙膏

1. 常用抗菌剂

抗菌剂的功能是抑制口腔细菌的生长，间接地防止葡聚糖和酸的产生，并消除炎症，除中草药外，其他常用的化学合成抗菌剂有：

(1) 季铵盐

季铵盐类化合物有很好的抗菌效果。如在牙膏中加 0.25%～1%的季铵硅氧烷，对抑制牙菌斑有较长久的效果，这种牙膏每两星期用一次就足够了。洗必泰是一种适用于牙膏的阳离子杀菌剂，其化学名为 1，6-双（对氯苯缩二胍）己烷，常以葡萄糖酸洗必泰的形式使用。另外，研究表明用洗必泰与氟化钠合并使用比单独使用效果好。洗必泰与其他成分的配伍性差，应避免与羧甲基纤维素钠配合使用，但可与羟乙基纤维素配合使用。

(2) 叶绿素铜钠盐

水溶性叶绿素铜钠盐具有抑菌和有助于人体细胞组织再生的作用。添加在牙膏中对于祛除口臭，缓解呼吸道炎症及抗酸均有效。

(3) 止血环酸

化学名为反-4-氨甲基环己烷甲酸，易溶于水，微溶于热的乙醇，是一种具有良好消炎作用的化合物。一般物质由于其不能被口腔黏膜吸收，因此不能发挥应有的作用。而止血环酸能够在短时间内有相当数量被口腔黏膜吸收，所以能发挥良好的消炎作用。另外，它还能和牙膏中表面活性剂起互促效应，使其均匀分散于口腔内，增强牙膏的清洁效果，对抑制口腔炎、出血性疾患以及祛除口臭有较好的效果。在牙膏中的用量为 0.05%～1.0%。

2. 消炎止血牙膏配方

表 10-6 为消炎止血牙膏的配方实例。

表 10-6　消炎止血牙膏的配方实例

物质名称	质量分数/%					作用
	配方 1	配方 2	配方 3	配方 4	配方 5	
磷酸氢钙	50					摩擦
磷酸三钙			49			摩擦
二氧化硅				16		摩擦
碳酸钙		50			50	摩擦
甘油	25	25		8	15	保湿
丙二醇			25			保湿
聚乙烯吡咯烷酮				20		增稠
海藻酸钠			1.7			增稠
羧甲基纤维素钠	1	1.4			1.4	增稠
羟丙基纤维素				3.4		增稠
十二烷基硫酸钠	2	2.6	2.6		2.5	起泡
蔗糖酯				2		起泡
止血环酸	0.2				0.05	消炎、止血
二葡糖酸洗必泰				5.3		杀菌、消炎
氟化钠				0.22		抗酸蚀、防龋齿
冬凌草提取液		0.5				抑菌、消炎
叶绿素铜钠盐			0.1		0.05	抗酸蚀、抑菌
草珊瑚浸膏					0.05	抑菌、消炎
木糖醇	0.3	0.35	0.3	0.1	0.5	甜味
香精	适量	适量	适量	适量	适量	赋香
防腐剂	适量	适量	适量	适量	适量	防腐
去离子水	余量	余量	余量	余量	余量	溶解

(四)脱敏牙膏

脱敏剂的作用是减缓牙本质的过敏症状。氯化锶、柠檬酸盐和硝酸盐是常用的脱敏剂。氯化锶的脱敏机理在于锶离子能被牙釉、牙本质吸收，结合成碳酸锶、氢氧化锶等沉淀，降低了牙体硬组织的渗透性，提高牙组织的缓冲作用。锶离子又能与牙周组织密切结合，增加牙周组织防病能力，达到脱敏效果。柠檬酸阴离子与牙本质小管和骨骼晶质表面的钙盐生成柠檬酸钙配合物，起到保护和封闭的作用，因而有脱敏效果。具有镇静止痛作用的草珊瑚等中草药也有脱敏功能。表 10-7 为脱敏牙膏的配方实例。

表 10-7　脱敏牙膏的配方实例

物质名称	质量分数/%				作用
	配方 1	配方 2	配方 3	配方 4	
二氧化硅	24				摩擦
焦磷酸钙		41.7			摩擦
磷酸氢钙				50	摩擦
氢氧化铝		50			摩擦
甘油	25	10	15	25	保湿
山梨醇(70%)		12			保湿
羧甲基纤维素钠		0.85	1.5	1	增稠
羟乙基纤维素	1.6				增稠
月桂醇硫酸钠		1.2	1.5	2.5	起泡
蔗糖酯	2				起泡
硝酸钾	10				脱敏

续表

物质名称	质量分数/%				作用
	配方 1	配方 2	配方 3	配方 4	
$SrCl_2 \cdot 6H_2O$			0.3		脱敏
柠檬酸锌		0.2			脱敏
中草药脱敏剂				0.5	脱敏
焦磷酸钠			0.25	0.5	稳定
木糖醇	适量	适量	适量	适量	甜味
香精	适量	适量	适量	适量	赋香
防腐剂	适量	适量	适量	适量	防腐
去离子水	余量	余量	余量	余量	溶解

（五）防牙结石牙膏

柠檬酸锌是抑制菌斑和结石的传统药物，锌离子能阻止磷酸钙沉淀的生成，从而防止牙结石的形成，同时还有明显的抑菌作用和脱敏效果，所以柠檬酸锌是一种安全有效的抗菌斑、抗结石剂。聚磷酸盐也是安全有效的抗结石剂，它的作用是阻止初期的无定形磷酸钙转变成结晶型羟基磷灰石。止血环酸在表面活性剂的协同作用下有清除牙垢的效果，并有抑菌作用，也可作为除垢剂添加在牙膏中。表 10-8 为防牙结石牙膏的配方实例。

表 10-8 防牙结石牙膏配方实例

物质名称	质量分数/%	作用	物质名称	质量分数/%	作用
氢氧化铝	45	摩擦	氟化钠	0.1	抗结石
甘油	18	保湿	三聚磷酸钠	1	抗结石
羧甲基纤维素钠	1.2	黏合	山梨酸钾	0.5	防腐
十二烷基硫酸钠	2	起泡	香精	适量	赋香
柠檬酸锌	0.5	抗结石	去离子水	余量	溶解

（六）中草药牙膏

在我国生产的牙膏中，常加入草珊瑚、千里光、两面针、田七、连翘、丹皮酚、金银花、野菊花等中草药的有效成分。这些中草药具有抗菌、消炎、活血等效果，而且对人体安全无害，因此中草药牙膏深受消费者欢迎，目前在我国牙膏市场上，这类中草药牙膏占40%～60%的市场份额，具有举足轻重的地位。

四、牙膏的生产工艺

牙膏的生产过程是由制膏、制管和灌装三个工序组成的，其中制膏是牙膏生产的关键工序。制造稳定优质的膏体，除选用合格的原料、设计合理的配方外，制膏工艺及制膏设备也极为重要。工艺路线的正确与否，设备均化、分散能力的高低，都对膏体的最终质量产生影响。牙膏生产工艺流程如图 10-2 所示。

根据溶胶制法上的不同，牙膏的生产工艺分为湿法溶胶制膏工艺和干法溶胶制膏工艺两种。

（一）湿法溶胶制膏工艺

湿法溶胶制膏工艺是目前国内外普遍采用的一种工艺路线，有常压法和真空法两种。

常压法制膏工艺由制胶、捏合、研磨、真空脱气等工序组成，其中制胶工序与其他工序

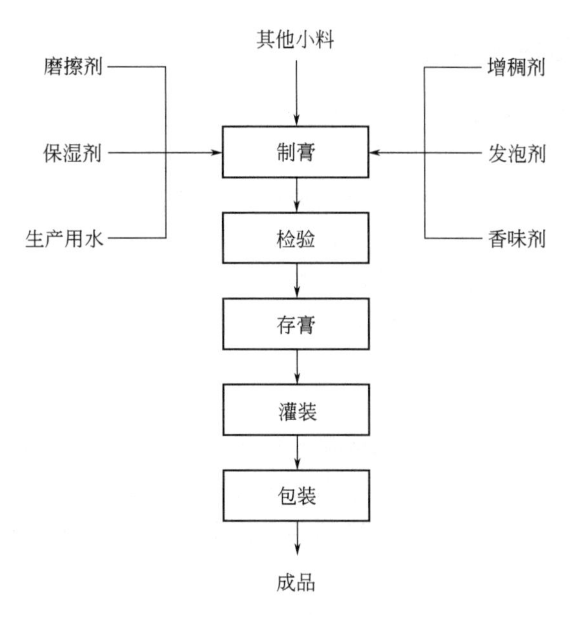

图 10-2 牙膏生产工艺流程

分开，不在同一台设备中进行，所以也称二步湿法制膏。我国牙膏行业早期主要采用此法制膏，随着技术进步，该制膏方法已逐渐被淘汰，目前一般采用真空法制膏工艺。

真空法制膏工艺，又称为一步湿法制膏，是将制膏的四个主要工序（即制胶、捏合、研磨、脱气）都放在同一台设备中，连续操作完成。该制膏法的主要设备是多效制膏釜，习惯称作“四合一”制膏设备，是目前国际上先进的制膏设备，其工艺过程如下。

① 按照配方预混制备胶水相、水相和粉相。将黏合剂预混溶于部分保湿剂（如甘油、丙二醇等）中得到胶水相；将水溶性成分和其余保湿剂溶于水中，制成水相；将摩擦剂和其他粉体混于粉料罐中得到粉相。

② 在真空制膏机真空度达到工艺要求时，依次用管道输送系统加入水相和胶水相，搅拌均匀后加入粉相，二次搅拌均匀后进行均质搅拌、研磨。搅拌和研磨过程中，膏料中会产生气泡，故需同时抽真空，直至真空度达－0.096MPa 为止，时间约为 50min。搅拌、研磨结束后，打出少量的膏体进行检验，合格后，将膏体贮存于贮存锅进行陈化，使物料自然冷却至常温，同时使物料充分膨胀形成均相的黏合体，提高物料的弹性，陈化时间约为 120min。在制膏过程中，因搅拌、研磨过程会摩擦放热，故在夏季需用夹套冷却水控制温度低于 45℃。

（二）干法溶胶制膏工艺

干法溶胶制膏工艺与湿法溶胶制膏工艺的主要差别在于溶胶前防止干胶结团的方法不同。干法溶胶制膏工艺是把增稠剂粉料与摩擦剂粉料按配方比例预先用粉料混合设备混合均匀，在捏合设备内与水、甘油溶液一次捏合成膏，搅拌均匀后再加入香精和洗涤发泡剂。该工艺省掉了制胶水的工序，极大地缩短了生产流程，特别是由原制膏一条线改革为制膏一台机，有利于生产的自动化、连续化。但干法溶胶制膏工艺需要细度在 50μm 的增稠剂粉料以及高效能的粉料混合设备和制膏设备，因而其发展受到一定限制。

采用上述方法制成的膏体，会存在一些不均匀的块粒，同时膏体中还会混入一定量的空气，所以必须经过研磨和脱气，才能制得细致光滑的膏体。

五、牙膏生产质量控制

1. 投料次序对质量的影响

甘油吸水性很强，能从空气中吸收水分，因此当CMC在甘油中分散均匀后应立即溶解于配方规定的全部水（或水溶液）中，以避免放置时间过长因吸潮而变浓甚至结块。甘油胶应一次加入水中，以避免因分散剂不足或搅拌分散力差而造成胶团凝聚结层。十二烷基硫酸钠（K12）一般在捏合时加入较为合适，能避免制胶过程中产生大量泡沫。此外，CMC是高分子化合物，溶液黏度高，不易扩散，所以制胶时必须搅拌一定时间，使其充分分散均匀。

2. 物料之间的配伍性

在制膏过程中，必须考虑物料之间的相互作用。如氯化锶是脱敏型药物牙膏的常用药，它与十二烷基硫酸钠极易发生反应，生成十二醇硫酸锶和硫酸锶白色沉淀，从而使泡沫完全消失。又如加酶牙膏中不宜用CMC作增稠剂，因酶会破坏CMC胶体。故在配方设计时，要避免这类现象的发生。

3. 膏体的黏度

黏度是膏体的主要特性指标。实践表明，采用高黏度的亲水胶体，在较高的浓度时，加入较多的粉质摩擦剂，就不能吸收到需要的水分，会使膏体十分稠厚。反之，低黏度的亲水胶体，即使在较高的浓度时，也能容纳较多量的粉质摩擦剂的加入。

将牙膏从软管中挤出一条，在易吸水的纸条上以检查其弹性、黏度和可塑性等。管内膏体受到手指轻微的压力时即应润滑地从管中挤出来，挤出的膏条必须细致光滑，按管口的大小呈圆柱形，并应在一定的时间内保持这一形状；膏条放置一段时间表面不应很快地干燥，水分不应很快渗入纸条，膏条应黏附在纸面上，即使纸条倾斜也不应该落下。

4. 腐蚀现象和解决办法

牙膏是多种无机盐混合含水的胶状悬浮乳化体，装牙膏的软管如果为铝制品，当膏体与之接触，铝表面与膏体界面会发生化学腐蚀和电化学腐蚀。减缓腐蚀的途径有：一是在铝管内壁喷涂防腐层，使铝管表面与膏体隔离；二是在膏体中加入缓蚀剂，如正磷酸盐、硅酸盐、铝酸盐等；三是使用塑料管代替铝管。

5. 离浆现象和解决办法

离浆现象即牙膏生产中常见的脱壳现象，是由于胶团之间的相互吸力和结合的增强，逐渐将牙膏胶体网状结构中包覆的水排挤出膏体外，使膏体微微分出水分，失去与牙膏管壁或生产设备壁面黏附的现象（即称脱壳现象）。可根据增稠剂的黏度调整其用量，降低胶团在膏体中的浓度，缓和胶团间的凝结能力，或适当加大粉料用量以利用粉料的骨架作用等，都可减少离浆现象的发生。

6. 解胶现象和解决办法

解胶现象是由于化学反应或酶的作用，使膏体全部失掉增稠剂，固、液相之间严重分离，不仅将包覆水排出膏体外，就连牢固的结合水也被分离，使胶团解体，胶液变为无黏度的水溶液，粉料因无支垫物而沉淀分离。这种不正常的解胶现象无论发生得急缓，其后果均严重影响牙膏的质量。为尽量避免解胶现象的发生，当发现亲水胶体浓度增加时，粉质摩擦剂的用量就必须减少；亲水胶体的黏度越高，粉料的需要量就越少；甘油用量增加时，水分应该减少并增添稳定剂，甘油浓度过高会引起亲水胶体的黏度减弱，甚至使有些亲水胶体沉淀；如果加入发泡剂的量太多，就会使亲水胶体水溶液的黏度显著下降。因此在牙膏生产中应根据每批原料的性能及其相互间的关系，适当进行配方和操作的调整，以保证制膏的正常生产。

7. 气胀现象与解决办法

气胀现象是指膏体中产生了气体，管内压力过大，使包装膨胀甚至冲破包装的现象。引起气胀现象的原因主要有：

① 配方不合理，有的原料 pH 值过低，引起碳酸钙等原料释放出二氧化碳气体；

② 配方不合理，原料间或原料中含有的杂质与原料反应产生气体；

③ 微生物污染，特别是酵母菌污染产生气体。生产中应针对不同的气胀原因采取不同的措施。如果是配方不合理引起的，就应重新制定配方；如果是微生物引起的，就应控制生产过程的卫生。

第三节 其他口腔卫生用品

一、牙粉

尽管牙膏以卫生、使用方便、口感好等优点占口腔卫生用品之主流，但仍有相当多的人习惯于使用牙粉。牙粉的功效成分与牙膏相似，只是省去了液体部分，其生产工艺简单，同时还给携带及贮存、包装带来便利。

牙粉一般由摩擦剂、洗涤发泡剂、增稠剂、甜味剂、香精和某些特殊用途添加剂（如氟化钠、叶绿素、尿素和各种杀菌剂等）组成，其作用与在牙膏中相同，只是牙粉中用的胶质仅仅是稳定泡沫而没有形成凝胶的必要。表 10-9、表 10-10 为企业实际生产的牙粉配方。

表 10-9 企业实际生产的牙粉配方（一）

物质名称	质量分数/%	作用	物质名称	质量分数/%	作用
碳酸氢钙	余量	摩擦	薄荷醇	0.1	清凉
生物活性玻璃(Regesi Ⅰ型)	2.0	修复龋齿	凉感剂	0.1	清凉
超细二氧化硅	21.0	摩擦	乙醇	1.0	溶解
氨基酸表面活性剂	5.0	洗涤发泡	糖精钠	0.18	甜味
苯甲酸钠	0.3	防腐	去离子水	0.3	溶解
QP-100 羟乙基纤维素	0.002	增稠	金银花提取物	0.2	抑菌
天然菊花香精	0.15	赋香			

表 10-10 企业实际生产的牙粉配方（二）

物质名称	质量分数/%	作用	物质名称	质量分数/%	作用
磷酸氢钙	余量	摩擦	乙醇	1.0	溶解
超细二氧化硅	10.0	摩擦	三氯蔗糖	0.05	甜味
月桂醇硫酸酯钠盐(K12)	5.0	洗涤发泡	去离子水	0.3	溶解
苯甲酸钠	0.3	防腐	金银花提取物	0.2	抑菌
小苏打	2.0	pH 调节	绿茶粉	0.6	使口气清新
茉莉香精	0.3	赋香	无患子粉	0.1	牙齿保健
植酸钠	0.1	螯合、抗氧化	五倍子粉	0.15	消炎止血
超细珍珠粉	0.1	美白			

牙粉的生产工艺简单，可先将小料与部分大料（摩擦剂等）预先混合，再加入其他大料中，然后在具有带式搅拌器的拌粉机内进行混合拌料，最后在粉料中喷入香精，也可先在部分摩擦剂中混合及过筛后加入，同时将混合好的牙粉再一次过筛，即可进行包装。

二、含漱水

含漱水简称漱口水，与牙膏、牙粉的使用方法不同，牙膏、牙粉要与牙刷配合使用，且主要靠配方中的摩擦剂进行物理清除，而含漱水不需特别的用具，单独用于口腔内漱口，其主要作用是祛除口臭和预防龋齿。我国含漱水发展较慢，但随着现代文明社交的需要，含漱水将越来越受欢迎。

（一）含漱水的组成

含漱水的组成有水、乙醇、保湿剂、表面活性剂、食用香料及其他添加剂等，其功能和代表物如表10-11所示。

表10-11 含漱水的组成和代表性物质

组分	主要功能	代表性原料	含量范围（质量分数）/%
食用香料	使含漱水在使用时有愉快感，使口腔即时和用后有清新、凉爽的口感；用香料愉快的气味压盖口臭，使口气暂时感到清新、愉快；有些香料有杀菌作用	最流行的是薄荷，肉桂香也很流行	0.1～0.5
乙醇	有刺激和清新感，增强香料的作用，有助于使某些香料组分加溶，对清洁作用和杀菌作用也有贡献	食用级乙醇	0～25
保湿剂	赋予产品“体质感”，抑制在瓶盖上因水分蒸发而析出结晶	甘油、丙二醇、山梨（糖）醇	10～25
表面活性剂	加溶香精；如果有需要，可有起泡作用；降低表面张力，有助于除去口腔内的污垢；有些表面活性剂有杀菌或抑菌作用	月桂醇硫酸酯钠盐、聚醚	0～0.5
增稠剂	赋予产品“体质感”和黏度	天然或合成水溶性聚合物（食品级）	0～0.5
水	溶剂和介质	去离子水	加至100
特殊制剂：抗菌剂、收敛剂、氟化物	增加抗菌作用，能与唾液蛋白和口腔黏膜作用	洗必泰 氟化钠	按需要添加
着色剂	改善产品外观，赋色，薄荷香用绿色，肉桂香用红色，也可为无色透明显得纯净	食用色素	适量

各种组分的用量根据不同的漱口水功能变化幅度较大。如乙醇一般可加入0～30%，当香精用量高时，乙醇用量应多些，以增加对香精的溶解性，同时乙醇本身也具有轻微的杀菌效力；保湿剂在含漱水中的主要作用是缓和刺激作用，但用量过多有利于细菌的生长，一般用量为10%～25%；香精在含漱水中起重要作用，它使含漱水具有令人愉快的气味，漱口后在口腔内留有芳香，掩盖口腔内不良气味，给人以清新、爽快之感，常用的香精有冬青油、薄荷油、黄樟油和茴香油等，用量为0.1%～0.5%。

为使含漱水具有更好的杀菌效果，通常采用的杀菌剂有硼酸、安息香酸、薄荷、苯酚、麝香草脑等。近年来常采用季铵盐类表面活性剂代替许多过去常用的杀菌剂，常用的有含C_{12}～C_{18}的长链烃的季铵化合物，如氯化十二烷基三甲基铵、氯化十六烷基三甲基铵、十六烷基三甲基吡啶鎓等，它们具有优良的杀菌性能，但因其能使含漱水稍带苦味，用量受到限制。应该注意的是，阳离子表面活性剂不能和阴离子表面活性剂混用。

用于含漱水的表面活性剂还有非离子型（如吐温类）、阴离子型（如十二醇硫酸钠等）

以及两性表面活性剂等，它们除增溶香精外，还有起泡和清除食物碎屑的作用。此外，含漱水还需加入适量的甜味剂，如糖精、葡萄糖和果糖等，用量为0.05%～2%。

(二)含漱水配方

表10-12为含漱水的配方实例，表10-13～表10-15为企业实际生产的含漱水配方。

表10-12 含漱水配方实例

物质名称	质量分数/%			作用
	配方1	配方2	配方3	
乙醇	10	31	18	刺激和清新作用
山梨醇(70%)	20	10		保湿
甘油		15	13	保湿
乙酸钠			2	pH缓冲
安息香酸		1		杀菌
硼酸		2		杀菌
葡萄酸洗必泰	0.1			杀菌
Tween-20			1	发泡、增溶
Tween-60	0.3			发泡、增溶
月桂酰甲胺乙酸钠			1	发泡、增溶
薄荷油	0.1	0.1	0.3	清新作用
肉桂油	0.05			清新作用
叶绿素铜钠		0.1		抗菌
糖精钠		0.1		甜味
柠檬酸	0.1			pH缓冲
香精	适量	适量	适量	赋香
食用色素	适量	适量	适量	着色
去离子水	余量	余量	余量	溶解

表10-13 企业实际生产的含漱水配方(一)

组分	物质名称	质量分数/%	作用
A	水	余量	溶解
	甘油	5	保湿
	西吡氯铵CPC	0.01	杀菌
	羟苯甲酯	0.1	防腐
B	木糖醇	0.1	甜味、抑菌
	三氯蔗糖	0.015	甜味
C	薄荷脑	0.1	清新
	CO40	1	增溶
	留兰薄荷	0.08	清新
D	苯甲酸钠、山梨酸钾(SB防腐剂)	1	防腐

表10-14 企业实际生产的含漱水配方(二)

物质名称	质量分数/%	作用	物质名称	质量分数/%	作用
去离子水	余量	溶解	海盐	0.2	调味
山梨醇	4.5	保湿	1%三氯蔗糖	0.6	甜味
甘油	1.0	保湿	山梨酸钾	0.4	防腐
CO40	1.0	增溶	丙二醇	1.0	保湿
水蜜桃香精	0.075	赋香	羟苯甲酯	0.1	防腐
双重薄荷	0.012	清新	1%柠檬酸	2.0	调节pH
木糖醇	2.0	甜味、抑菌			

表 10-15 企业实际生产的含漱水配方（三）

物质名称	质量分数/%	作用	物质名称	质量分数/%	作用
去离子水	余量	溶解	糖精钠	0.01	甜味
山梨醇	4.0	保湿	苯甲酸钠	0.15	防腐
甘油	1.0	保湿	丙二醇	1.0	保湿
乌龙茶香精	0.075	赋香	羟苯甲酯	0.1	防腐
茶醇素	0.35	清新	蜂胶提取液	2.0	调节 pH
食用色素	0.01	调味			

含漱水与水剂类化妆品的生产过程类似，包括混合、陈化和过滤。配制好的含漱水应有足够的陈化时间，以使不溶物全部沉淀。溶液最好冷却至5℃以下，并在这一温度下过滤，以保证产品在使用过程中不出现沉淀现象。

案例分析

【案例分析 10-1】

事件过程： 2007 年 5 月，巴拿马和多米尼加相继查出含有二甘醇的牙膏。6 月 1 日，美国食品和药品管理局发布进口警报称，从中国的牙膏中检出了最高含 4%的二甘醇，于是对中国的牙膏采取了扣留措施，并在香港、新加坡、欧盟、日本陆续遭禁。

事件处理： 7 月 12 日国家质检总局发出公告，禁止含二甘醇成分的牙膏产品出口和进口，同时明确牙膏生产企业不得使用二甘醇作为原料。

对二甘醇的认识： 二甘醇，又称一缩二乙二醇、二乙二醇醚，二乙二醇。约在公元 2000 年前被作为一种使配方稳定的添加剂添加到牙膏中，以起到增溶的作用，并广泛应用于牙膏中。二甘醇属于低毒类化学物质，进入人体后可通过代谢排出迅速，无明显累积性，迄今未发现有致癌、致畸和诱变作用的证据，一定剂量内的二甘醇对人体无害，但大剂量摄入会损害肾脏。

【案例分析 10-2】

问题： 某牙膏生产企业在生产一批牙膏后，进行出锅前检验时，发现有轻微的出水现象，黏度也有所下降。

分析： 该产品已经连续生产了多年，不存在配方的问题。而且生产用的原料与上一批次生产用的原料厂家、批次也是一样的，说明不存在原料厂家和批次变更带来的质量问题。因此很可能是配制过程的问题。查看生产记录单发现，配制员没有完全按照生产工艺要求进行操作，剪切均质的时间比上一批次要长很多，导致配方中的 CMC 的网状结构由于长时间剪切而破坏，破坏了胶体的稳定性，导致黏度下降和膏体出水。

处理： 补加适量的 CMC 胶水，调整黏度到产品要求的黏度范围。返工后，检测有关指标能达到产品标准要求。

实训 10-1 牙膏的制备

一、实训目的

① 学习牙膏的配制工艺过程；

② 学习如何在实验中改进实验配方的方法；

③ 通过实训，提高动手能力和操作水平。

二、实训内容

1. 制备原理

采用常压湿法制膏工艺。

2. 制备配方

如表 10-16 所示。

表 10-16 牙膏实训配方

物质名称	质量分数/%	作用	物质名称	质量分数/%	作用
CMC	1	增稠	单氟磷酸钠	0.7	抗酸蚀，防龋齿
甘油	22	保湿	三氯蔗糖	0.2	甜味
二水磷酸氢钙	48	摩擦	薄荷香精	0.9	赋香
K12	1.5	发泡	去离子水	余量	溶解
焦磷酸钠	0.42	稳定			

3. 制备步骤

① 在搅拌下，将增稠剂 CMC 分散于甘油中，搅拌 10min，以充分分散；将焦磷酸钠、单氟磷酸钠和三氯蔗糖加入水中，并搅拌溶解完全；在搅拌下将水溶液加入甘油分散体中，搅拌 5～10min，此时不可有结块现象，即制得胶水。

② 将胶水加入拌和机中，加入二水磷酸氢钙，慢速拌和 5min，膏体应细致光滑，继续快速拌和 15min。加入 K12 和香精，拌和 10min，得到膏体。

③ 将膏体移入真空机中于 86.65～101.32kPa 脱气 10～15min，脱气时应缓慢搅拌，以免产生过多的气泡。

④ 将牙膏灌入软管，封管尾，即得牙膏。

三、实训结果

请根据实训情况填写表 10-17。

表 10-17 实训结果评价表

使用效果描述	
使用效果不佳的原因分析	
配方建议	

习题与思考题

1. 牙膏中常用的摩擦剂有哪些？透明牙膏可选用哪些摩擦剂？

2. 含氟牙膏中常用哪些氟化物？这些氟化物使用时应注意哪些问题？

3. 可用于牙膏的酶制剂有哪些？分别有什么作用？

4. 牙膏中常用的脱敏剂有哪些？分别有什么作用？

5. 牙膏中使用的消炎杀菌剂有哪些？

6. 牙膏生产中常见的质量问题有哪些？如何克服？

第十一章
化妆品配方研发创新设计思路

Chapter 11

牛顿曾经说过：“如果说我看得比别人更远些，那是因为我站在巨人的肩膀上。（If I have seen further，it is by standing on the shoulders of giants.）”牛顿的科学研究成果确实是在以哥白尼、伽利略、开普勒等诸多科学家的科研成果基础上研究发展取得的。

化妆品配方的研发与创新也不例外，做化妆品配方的研发与创新最好是基于前人的研究成果，切忌我行我素，不着边际，更不要天马行空。如果一出道就能得到一位大师级的前任指导，站在“大师”的肩膀上，研发之路就会少走许多弯路。如果没有那么幸运，那么也要想办法间接地站在“大师”的肩膀上。

编者结合多年化妆品配方的研究心得认为，对知名化妆品的成分表进行学习、剖析、推导，是一条做好化妆品配方研发与创新的途径。通过学习，不但能够很好地规避各种专利，不掉入违法的泥淖，而且对推动个人创新能力的提升以及推动整个化妆品工业的发展都是有益的。

一、熟悉化妆品法规

如何参照知名化妆品的成分表来研发配方呢？在参照成分表、开始研发配方之前，应熟知两部法规：一是《消费品使用说明——化妆品通用标签》，二是《国产非特殊用途化妆品备案管理办法》。

根据国家质量检验检疫总局和国家标准化管理委员会发布的《消费品使用说明——化妆品通用标签》的规定，从2010年6月17日起，所有在中国境内生产和进口报检的化妆品都需要在产品包装上明确标注产品配方中加入的所有成分的名称。

为加强国产非特殊用途化妆品管理，2014年6月1日国家食品药品监督管理局组织制定了《国产非特殊用途化妆品备案管理办法》，当中有规定产品配方信息应当符合相关法律规范的要求。

这两部法律颁布实施之后，中国执法部门开始对所有上市化妆品实施备案审查制度，所有化妆品都必须进行全成分标注。立法者的初衷在于：

① 给予消费者知情权；

② 提供更全面的信息给消费者，以方便消费者选择需要和喜爱的产品。

这两部法律的颁布实施对化妆品配方工程师的产品开发提供了帮助，因为包括知名品牌在内的所有化妆品的成分都必须全成分标注，不得隐藏，所以对知名化妆品的成分表进行剖析、推导与学习，变得更为容易，参考知名化妆品的成分表进行产品创新也变得更为必要。

二、掌握配方三要素

在开始研发化妆品配方之前，作为配方师，还要先明白下面这个重要的问题：什么是化妆品配方。参阅相关资料，并结合编者的认知，将化妆品配方定义为：为生产某种化妆品需要的配料所提供的方法和配比。这个定义规定了“配方三要素”：

① 配料；

② 方法（生产工艺）；

③ 配比。

下面分别详细介绍“配方三要素”：

第一，配料即生产者按照产品的设计，有目的地添加到产品配方中，并在最终产品中起到一定作用的所有成分，包括单体成分和混合物。如果是研习知名化妆品，那么，其“配料”可以说是已知的。《消费品使用说明——化妆品通用标签》6.4.1 规定“在化妆品销售包装的可视面上应真实地标注化妆品全部成分的名称”。比如有一款“保湿柔润精华霜”，在盒子的右侧面就能看到其所有的配料（成分）如下。

成分：水、环五聚二甲基硅氧烷、1,3-丙二醇、甘油、环己硅氧烷、PEG-10 聚二甲基硅氧烷、角鲨烷、二苯基甲硅烷氧基苯基聚三甲基硅氧烷、二硬脂二甲铵锂蒙脱石、氯化钠、兰科植物提取物、透明质酸、1,2-己二醇、腺苷、月桂基 PEG-9 聚二甲基硅氧乙基聚二甲基硅氧烷、聚硅氧烷-11、聚二甲基硅氧烷、聚二甲基硅氧烷/乙烯基聚二甲基硅氧烷交联聚合物、乙基己基甘油、甜菜碱、EDTA-2Na、高岭土、葡萄糖、生育酚（维生素 E)、精氨酸/赖氨酸多肽、(日用）香精。

观察盒子上印刷的化妆品成分表，就可以了解到该产品的所有成分。但是，市场上流通的化妆品原料有时是以混合物的形式存在的，单一的成分有时购买不到，或者根本不存在。相关法规也有约定：对混合物成分应按照其混合前的物质标注。所以只观察盒子上印刷的化妆品成分表，不能弄清楚这个产品的成分是以单一成分还是以混合物的形式加入配方中，这时候就要登录“国产非特殊化妆品备案查询平台”，输入相关知名化妆品的商标和产品名称进行查询。为了行文方便，将盒子上的成分表命名为“成分表”，“国产非特殊用途化妆品备案查询平台”查询到的包含混合物的成分表命名为“组分表”。如这一瓶“保湿柔润精华霜”，查询到该产品的组分表如下。

成分：配方导入模板：{水，1,3-丙二醇，(环己硅氧烷，环五聚二甲基硅氧烷)，甘油，(PEG-10 聚二甲基硅氧烷，环五聚二甲基硅氧烷，二硬脂二甲铵锂蒙脱石)，二苯基甲硅烷氧基苯基聚三甲基硅氧烷，PEG-10 聚二甲基硅氧烷，角鲨烷，氯化钠，(聚硅氧烷-11，聚二甲基硅氧烷)，(甘油，甜菜碱，葡萄糖，兰科植物提取物，聚二甲基硅氧烷，1,3-丙二醇，水)，1,2-己二醇，(环己硅氧烷，聚二甲基硅氧烷/乙烯基聚二甲基硅氧烷交联聚合物，环五聚二甲基硅氧烷)，二硬脂二甲铵锂蒙脱石，(精氨酸/赖氨酸多肽，水)，(月桂基 PEG-9 聚二甲基硅氧乙基聚二甲基硅氧烷，生育酚)，(日用）香精，(生育酚，乙基己基甘油)，腺苷，高岭土，EDTA-2Na，透明质酸}

大括号“{ }”里的内容就是该产品的所有组分，有些配料是括在小括号“( )”里的，其意思是这个括号里的组分是个混合物，不止一个成分。比如(环己硅氧烷，环五聚二甲基硅氧烷)，如果只看盒子上的成分表，还可能真以为分别加入环己硅氧烷、环五聚二甲基硅氧烷，事实上纯的环己硅氧烷成本有些高，添加进入配方不是很经济，参看组分表后，就应该直接添加 XIAMETER（R）PMX-0345。

第二，方法，即产品的生产工艺。有经验的化妆品配方工程师，看了产品的成分表或者组分表之后，都比较容易推导出产品的生产工艺。如果是膏霜，基本上只有油包水乳化工艺、水包油乳化工艺或者位阻式乳化工艺的区别。还以这盒“保湿柔润精华霜”为例，里面用到了经典的硅油包水乳化剂：PEG-10 聚二甲基硅氧烷、月桂基 PEG-9 聚二甲基硅氧乙基聚二甲基硅氧烷，还含有硅油包水稳定剂：氯化钠，因此基本上可以判定其工艺是油包水乳化工艺。

第三，配比，即某成分在产品中的百分含量。一个产品配方其配料少则十几种组分，多则五十几种组分，每种组分可能又含有三、五种成分，每种成分都要推导出其合理的配比，的确不是一件容易的事。但也并非无章可循，凡事都有规律。从《消费品使用说明——化妆品通用标签》《国产非特殊用途化妆品备案管理办法》入手，找出规律，可以总结出化妆品成分配比的推导原则。但在学习推导之前，先介绍一个非常重要的数据库——化妆品成分配比经验值数据库。

三、建立“化妆品成分配比经验值数据库”

在任何一个配方里，任一成分的配比都不可能无限大，也不可能无限小，它有一个理想的配比，但找到某一成分在某一特定配方里的理想配比是很难的。比如在一个只有 20 种成分的面膜配方里，一个有经验的配方师，如果非要通过实验去论证这 20 种成分在面膜配方里的理想配比，要做的正交实验不下 3000 次。

编者初步调查过，在广州，一个做自主品牌兼做代工、年销售额 5000 万元的化妆品厂，它的配方工程师平均每天要开发 1 个配方，但一个专做化妆品 OEM 加工、年销售额也有 5000 万元的化妆品厂，它的配方工程师平均每天就要开发 20 个以上的配方。如果每个配方都要做正交实验，那么 1 个配方做 3000 次实验，20 个配方 6 万次，平均每次实验时间要 30min。如果是这样，化妆品配方开发将是一件无法完成的事，化妆品配方工程师一生的时间就可能“荒废”在这无休止的实验之中，一辈子也做不出几个配方。幸好，化妆品配方开发既是科学，也是艺术，更是经验，“化妆品成分配比经验值”在化妆品配方开发中起到的即使不是主导作用也是关键作用。

比如在设计一个保湿霜时，无论是有经验的还是无经验的配方工程师，都会考虑添加甘油和透明质酸钠，但甘油和透明质酸钠的配比各是多少呢？编者的经验是：甘油配比设定在 5%～15%，透明质酸钠的配比设定在 0.03%～0.25%，为什么这样设计配比呢？这是经验值！就像中医的许多经典药方的疗效也得到现代科学的佐证一样，化妆品成分配比经验值并不违背科学，相反，合理的化妆品成分配比经验值都无一例外地遵循了某种科学原理，都有它的科学合理性。再以甘油在热乳化型膏霜中的使用为例，在保湿霜中甘油的配比经验值设定在 5%～15%是有它的科学合理性的：首先，甘油具有很好的抗冻性，能很好地保护保湿霜在−20℃不被冻坏，为了保证甘油发挥它的抗冻作用，甘油在热乳化型保湿霜中的使用量不应低于 5%；其次，甘油虽然是很好的保湿剂，但如果配比偏高，在非常干燥的气候环境里它反而会从皮肤深处吸收水分而导致皮肤更干燥，所以甘油在化妆品配方中的使用量不应超过 20%；最后，一个保湿霜配方除了含有甘油之外，常常还复配丁二醇、戊二醇、二丙二醇、聚乙二醇、甜菜碱、海藻糖、透明质酸钠、PCA 钠等多种保湿成分，为达到良好的保湿性能以及使用手感，甘油在化妆品配方中的合理配比不应超过 15%。

以上是结合经验，又依据科学，建立了甘油在热乳化型膏霜里的配比经验值。化妆品成分配比经验值的定义可以概括为：化妆品配方工程师根据经验，并遵循科学，设定某一成分在某种剂型化妆品配方中的配比数值范围。化妆品配方工程师为每一个所用到的化妆品成分建立配比经验值，就建立了属于他个人的“化妆品成分配比经验值数据库”。

在与化妆品配方工程师交流“化妆品成分配比经验值数据库”时，有些配方工程师觉得这个数据库应该是实用的化妆品配方设计工具，感叹自己之前没有建立过这样的数据库。其实，每个化妆品配方工程师都建立过一个只属于他自己的“化妆品成分配比经验值数据库”，或大或小，或合理或不合理而已，所谓化妆品配方就是有意或无意地使用这种数据库的数值进行加工的产物，即使他从来没有在笔记本上或电脑里建立过这样的数据库，也从来没有意识到已经在大脑里建立了这样一个数据库，并时时应用它。“化妆品成分配比经验值数据库”植根于经验，并牢牢地存储在每一个化妆品配方工程师的大脑里。为什么许多配方工程师设计一个保湿霜配方时，油脂的总配比不会超过30%？这就是配比经验值！打板打多了的配方工程师就知道油脂总配比超过30%的保湿霜太油腻了，现在的人，特别是年轻的消费者，不会喜欢这么油腻的配方。那为什么同一个配方师在设计按摩膏的配方时，油脂的总配比又要超过40%？其实这也是配比经验值。只要在手背上按摩十几分钟就知道如果按摩膏里的油脂含量少了，润滑度就不够，不好按摩。

虽然说，存在于配方工程师脑海里的“化妆品成分配比经验值数据库”也可以指导人们设计修改配方，但编者还是强烈建议具有3年以上研发实践经验的配方工程师，最好还是在电脑里建立“化妆品成分配比经验值数据库”，这样既能提高个人工作效率，也有利于指导年轻的配方工程师尽快成才。比如一个不太常用的原料：香兰基丁基醚，通过试验验证它在紧致霜里的配比为0.2%就能取得良好的发热感，最好就把数据登记在电脑里的“化妆品成分配比经验值数据库”，那么在90天后设计另一个类似配方时一旦忘记了香兰基丁基醚的配比，也可以通过查阅数据库轻易得到，不用再重新试验一番。

“化妆品成分配比经验值数据库”既然是经验值，那么它就是私有的、个性化的东西，每个人都有他的经验值，没有谁对谁错，只有谁的经验值更加趋向理想而已。为了帮助初入行者，或者入行多年但未入深者做好化妆品配方创新，这里选了部分广州某化妆品有限公司“化妆品成分配比经验值数据库”的资料（表11-1)，供大家参考、学习。由于是护肤品配方工程师，因此只建立了护肤品成分配比经验值数据库。

在表11-1中，分别列出了油脂在乳化膏霜、乳液、凝乳/凝霜、面膜等产品中的总配比，也列出了保湿剂在乳化膏霜、乳液、凝乳/凝霜、化妆水、精华素、面膜等产品中的总配比。这是一个非常实用的数据，初入行的准配方师，一定要熟记于心，如果做到了，可保证准配方工程师在职业生涯的初期不犯或少犯严重的错误。以乳化膏霜为例，在数据库里，规范了在乳化膏霜里油脂的总配比是10%～30%，为什么这样设定呢？油脂总配比超过30%一来不好乳化、配方可能也不稳定，二来市场不需要油脂含量那么大的油腻产品（按摩膏例外）；但油脂总配比低于10%，对于一个乳化膏霜来说其滋润度太低了，不符合消费者的心理预期，买一个不滋润的保湿霜会令其感到失望。其他产品如乳液、凝霜等的油脂、保湿剂的总配比都是基于市场要求、消费者需求、配方开发经验等多方面而得出的经验数据。

表 11-1 广州某化妆品公司建立的“化妆品成分配比经验值数据库”

成分类型	标准中文名称	配比范围/%					
		乳化膏霜	乳液	凝乳/凝霜	化妆水	面膜液	精华素
		油脂总配比 10%～30% 保湿剂总配比 5%～15%	油脂总配比 8%～15% 保湿剂总配比 5%～10%	油脂总配比 3%～10% 保湿剂总配比 5%～20%	油脂总配比 0～2% 保湿剂总配比 2%～15%	油脂总配比 0～2% 保湿剂总配比 2%～10%	油脂总配比 0～2% 保湿剂总配比 5%～20%
油脂	液体石蜡	5～20(在按摩膏里的配比可达 30)	5～10	2～5	—	—	—
	矿脂	1～8	1～3	1～3	—	—	—
	氢化聚异丁烯	3～10	4～8	2～4	—	—	—
	氢化聚癸烯	3～10	2～6	2～4	—	—	—
	碳酸二辛酯	0.5～5	0.5～3	0.5～3	—	—	—
	辛酸/癸酸甘油三酯	5～10	3～8	2～5	—	—	—
	棕榈酸乙基己酯	3～10	4～8	2～5	—	—	—
	异壬酸异壬酯	2～8	1～5	1～5	0.1～0.5	0.1～1	0.1～1
	甘油三(乙基己酸)酯	5～10	3～8	2～5	—	—	—
	季戊四醇四(乙基己酸)酯	2～8	1～5	1～3	—	—	—
	二异硬脂醇苹果酸酯	1～3	1～3	0.5～2	—	—	—
	聚二甲基硅氧烷(5～350cst)	1～3	1～3	1～3	0.1～0.5	0.1～1	0.1～1
	环五聚二甲基硅氧烷	2～5(在油包水型膏霜里的配比为 5～20)	1～3(在油包水型乳液里的配比为 10～30)	1～3	0.3～1	0.5～2	0.5～2
	苯基聚三甲基硅氧烷	0.5～2	0.5～2	0.5～2	0.3～1	0.5～2	0.5～2
	环五聚二甲基硅氧烷、聚二甲基硅氧烷醇(DOW PMX-1401/PMX-1501)	0.5～2	0.5～2	0.5～5	0.1～0.5	0.1～1	0.1～1

续表

成分类型	标准中文名称	配比范围/%					
		乳化膏霜	乳液	凝乳/凝霜	化妆水	面膜液	精华素
		油脂总配比 10%～30% 保湿剂总配比 5%～15%	油脂总配比 8%～15% 保湿剂总配比 5%～10%	油脂总配比 3%～10% 保湿剂总配比 5%～20%	油脂总配比 0～2% 保湿剂总配比 2%～15%	油脂总配比 0～2% 保湿剂总配比 2%～10%	油脂总配比 0～2% 保湿剂总配比 5%～20%
油脂	环五聚二甲基硅氧烷/聚二甲基硅氧烷交联聚合物(DC-9040)	0.5～5	0.5～3	0.5～5	—	—	—
	鲸蜡硬脂醇	0.5～3	0.2～1	—	—	—	—
	霍霍巴籽油	0.5～5	0.5～3	0.5～3	0.1～0.5	0.1～1	0.1～1
	角鲨烷	0.1～5	0.1～5	0.1～3	—	—	—
	油橄榄果油	1～8	1～4	0.5～3	—	—	—
	山茶籽油	1～8	1～4	0.5～3	—	—	—
	稻糠油	1～5	1～3	—	—	—	—
	氢化椰油甘油酯类	1～5	1～3	—	—	—	—
	牛油果树果脂	1～5	1～3	—	—	—	—
乳化剂	甘油硬脂酸酯、PEG-100 硬脂酸酯[GARLACEL 170-PA-(SG)]	1～3	1～3	—	—	—	—
	PEG-20 甲基葡糖倍半硬脂酸酯(Glucamate SSE-20)	1～2.5	1～2.5	0.5～1	0.2～0.5	0.2～0.5	0.2～0.5
	甲基葡糖倍半硬脂酸酯(Glucamate SS)	0.5～1.5	0.5～1.5	—	—	—	—
	聚山梨醇酯-20(吐温-20)	1～2	1～2	0.3～2	0.1～0.3	0.1～0.3	0.1～0.3
	聚山梨醇酯-60	1～2	1～2	0.3～2	0.1～0.3	0.1～0.3	0.1～0.3
	山梨坦硬脂酸酯(司盘-60)	1～3	1～3	—	—	—	—
	C_{12}～C_{20} 烷基葡糖苷、C_{14}～C_{22} 醇(Montanov L)	1～3	1～3	—	—	0.1～0.5	0.1～0.5

续表

成分类型	标准中文名称	配比范围/%					
		乳化膏霜	乳液	凝乳/凝霜	化妆水	面膜液	精华素
		油脂总配比 10%～30% 保湿剂总配比 5%～15%	油脂总配比 8%～15% 保湿剂总配比 5%～10%	油脂总配比 3%～10% 保湿剂总配比 5%～20%	油脂总配比 0～2% 保湿剂总配比 2%～15%	油脂总配比 0～2% 保湿剂总配比 2%～10%	油脂总配比 0～2% 保湿剂总配比 5%～20%
乳化剂	鲸蜡硬脂醇橄榄油酸酯、山梨坦橄榄油酸酯(Olivem 1000)	1～2	1～2	0.5～1	0.1～0.5	0.1～0.5	0.1～0.5
	聚丙烯酸酯-13、聚异丁烯、聚山梨醇酯-20(SEPIPLUS 400)	0.5～1.5	0.5～1.5	0.5～2.5	0.1～0.5	0.1～0.5	0.1～0.5
	PEG-10 聚二甲基硅氧烷(KF-6017)	1～3	1～3	0.1～0.5	—	—	—
	月桂基 PEG-9 聚二甲基硅氧乙基聚二甲基硅氧烷(KF-6028)	0.8～2	0.8～2	—	—	—	
	鲸蜡基 PEG/PPG-10/1 聚二甲基硅氧烷(EM90)	0.8～2.5	0.8～3				
	C_{20}～C_{22} 醇、C_{20}～C_{22} 醇磷酸酯(SENSANOVWR)	0.3～1	0.3～1	0.1～0.3	0.1～0.3	0.1～0.3	0.1～0.3
	丙烯酸(酯)类共聚物钠、卵磷脂(Lecigel)	0.3～1	0.3～1	0.8～2	0.1～0.3	0.1～0.5	0.1～0.5
	丙烯酸羟乙酯/丙烯酰二甲基牛磺酸钠共聚物(EMT-10)	0.3～1.5	0.3～1	0.3～2	0.1～0.3	0.1～0.5	0.1～1
保湿剂	丙二醇	3～15	3～15	3～15	3～15	1～5	1～5
	丁二醇	3～15	3～15	3～15	3～15	1～5	1～5
	双丙甘醇	3～15	3～15	3～15	3～15	1～5	1～5
	戊二醇	0.3～3	0.3～3	0.3～3	0.3～2	0.3～2	0.3～2
	己二醇	0.3～2	0.3～2	0.3～2	0.3～2	0.3～2	0.3～2
	辛甘醇	0.1～0.5	0.1～0.5	0.1～0.5	0.1～0.5	0.1～0.5	0.1～0.5
	甘油	5～15	5～15	3～15	1～5	1～5	1～5

续表

成分类型	标准中文名称	配比范围/%					
		乳化膏霜	乳液	凝乳/凝霜	化妆水	面膜液	精华素
		油脂总配比 10%～30% 保湿剂总配比 5%～15%	油脂总配比 8%～15% 保湿剂总配比 5%～10%	油脂总配比 3%～10% 保湿剂总配比 5%～20%	油脂总配比 0～2% 保湿剂总配比 2%～15%	油脂总配比 0～2% 保湿剂总配比 2%～10%	油脂总配比 0～2% 保湿剂总配比 5%～20%
保湿剂	聚甘油-10	1～5	1～5	1～5	0.5～3	0.5～3	0.5～3
	甘油丙烯酸酯/丙烯酸共聚物、丙二醇、PVM/MA共聚物(lubrajel oil)	2～5	2～5	2～5	1～5	1～5	1～5
	尿素	0.5～5	0.5～5	0.5～3	—	—	—
	甜菜碱	0.1～3	0.1～3	0.1～3	0.1～3	0.1～3	0.1～3
	海藻糖	0.1～3	0.1～3	0.1～3	0.1～3	0.1～3	0.1～3
	赤藓醇	0.1～2	0.1～2	0.1～2	0.1～2	0.1～2	0.1～2
	透明质酸钠(100-230万分子量)	0.005～0.35	0.005～0.35	0.005～0.35	0.005～0.35	0.005～0.35	0.005～0.35
增稠剂	黄原胶	0.05～0.3	0.05～0.3	0.05～0.1	0.05～0.1	0.03～0.15	0.03～0.15
	丙烯酸(酯)类/$C_{10\sim30}$烷醇丙烯酸酯交联聚合物(Carbopol Ultrez-20)	—	0.05～0.3	—	0.03～0.15	0.03～0.15	0.03～0.15
	卡波姆(卡波姆940)	0.05～0.2	0.03～0.15	0.03～0.35	0.03～0.1	0.03～0.15	0.03～0.15
	聚乙二醇-90M	0.01～0.1	0.01～0.1	0.01～0.1	0.01～0.1	0.01～0.1	0.01～0.1
	羟乙基纤维素	0.05～0.2	0.05～0.2	0.05～0.2	0.02～0.1	0.05～0.1	0.05～0.2
防腐剂	羟苯甲酯	0.15～0.2	0.15～0.2	0.1～0.15	0.05～0.1	0.05～0.1	0.05～0.1
	羟苯丙酯	0.05～0.1	0.05～0.1	0.05～0.1	0.02～0.05	0.02～0.05	0.02～0.05
	甲基异噻唑啉酮(Microcare MT)	0.01～0.12	0.01～0.12	0.01～0.12	0.01～0.12	0.01～0.12	0.01～0.12
	双(羟甲基)咪唑烷基脲(桑普 杰马-A)	0.05～0.2	0.05～0.2	0.05～0.2	0.05～0.2	0.05～0.2	0.05～0.2

四、化妆品成分配比的推导原则和应用

下面从《消费品使用说明——化妆品通用标签》《国产非特殊用途化妆品备案管理办法》法规入手，以及结合编者建立的《化妆品成分配比经验值数据库》，总结出以下三个化妆品成分配比的推导原则，使用这些推导原则，就可以根据知名化妆品的包装盒上的成分表，以及“国产非特殊用途化妆品备案查询平台”查到的该产品的组分表，推导出知名化妆品的大致配方。

(一)推导原则

原则一：在化妆品成分表中找出一个其配比等于或稍高于1%的成分，称之为“分水岭成分”，“分水岭成分”之前的其他成分的配比都≥1%，之后的其他成分的配比都小于1%。

《消费品使用说明——化妆品通用标签》规定：“成分表中成分名称应按加入量的降序列出。”这一条规定说明：成分表中的成分是“按加入量的降序列出”的，也就是说前面成分的含量一般情况下大于或者等于后一成分的含量。

《消费品使用说明——化妆品通用标签》规定：“如果成分的加入量小于和等于1%时，可以在加入量大于1%的成分后面任意排列成分名称。”这一条规定说明：加入量≤1%的组分的排列是随机排列，加入量是0.1%还是1%不得而知，但肯定不会超过1%。

能否找出“分水岭成分”是能否推导出化妆品成分配比的一个关键成分，“分水岭成分”出现在成分表中间的位置或第十位以后位置的概率较高，因为要保证一个配方有足够的保湿度，总要添加大量的保湿剂和油脂，这些保湿剂和油脂通常都占据在前十的位置，且用量常常大于1%。现以这款“保湿柔润精华霜”为例，来说明如何找到“分水岭成分”。

成分：水、环五聚二甲基硅氧烷、1,3-丙二醇、甘油、环己硅氧烷、PEG-10聚二甲基硅氧烷、角鲨烷、二苯基甲硅烷氧基苯基聚三甲基硅氧烷、二硬脂二甲铵锂蒙脱石、氯化钠、兰科植物提取物、透明质酸、1,2-己二醇、腺苷、月桂基PEG-9聚二甲基硅氧乙基聚二甲基硅氧烷、聚硅氧烷-11、聚二甲基硅氧烷、聚二甲基硅氧烷/乙烯基聚二甲基硅氧烷交联聚合物、乙基己基甘油、甜菜碱、EDTA-2Na、高岭土、葡萄糖、生育酚(维生素E)、精氨酸/赖氨酸多肽、(日用)香精。

成分：配方导入模板：{水，1,3-丙二醇，(环己硅氧烷，环五聚二甲基硅氧烷)，甘油，(PEG-10聚二甲基硅氧烷，环五聚二甲基硅氧烷，二硬脂二甲铵锂蒙脱石)，二苯基甲硅烷氧基苯基聚三甲基硅氧烷，PEG-10聚二甲基硅氧烷，角鲨烷，氯化钠，(聚硅氧烷-11，聚二甲基硅氧烷)，(甘油，甜菜碱，葡萄糖，兰科植物提取物，聚二甲基硅氧烷，1,3-丙二醇，水)，1,2-己二醇，(环己硅氧烷，聚二甲基硅氧烷/乙烯基聚二甲基硅氧烷交联聚合物，环五聚二甲基硅氧烷)，二硬脂二甲铵锂蒙脱石，(精氨酸/赖氨酸多肽，水)，(月桂基PEG-9聚二甲基硅氧乙基聚二甲基硅氧烷，生育酚)，(日用)香精，(生育酚，乙基己基甘油)，腺苷，高岭土，EDTA-2Na，透明质酸}

这是一个硅油包水保湿霜。排在中间的位置有一个比较熟悉的成分“透明质酸”，假如这个“透明质酸”选用的是常规115万～175万分子量的品种的话，其用量接近1%是不太可能的，因为配比太高会导致膏体太稠厚、黏滞。排在第十一位的成分“氯化钠”，极有可能是配比接近1%的成分，因为按照硅油包水乳化理论，氯化钠的加入可以使乳化颗粒带电，使得乳化颗粒在连续相中相互排斥，以稳定体系。氯化钠为什么是配比接近1%呢？根

据相关的专业乳化理论书籍，氯化钠配比建议是1%左右。同时，氯化钠1%的配比也是一个经验值，配比高了会刺激皮肤，配比低了产品不稳定。另外，前面的成分“二硬脂二甲铵锂蒙脱石”，是一种季铵化的蒙脱土，配比高在皮肤上会产生阻涩感，因此它的用量估计也是在1%左右，这是一个经验值——因此说在化妆品配方研究中，经验值非常重要。基于以上分析，基本可以判定该产品的“分水岭成分”是“氯化钠”。“氯化钠”前面成分的配比都是大于或等于1%，而后面成分的配比都是小于1%。

原则二：通过在皮肤上涂抹试用化妆品，感受其使用时和使用后的效果，以及观察各成分在成分表中的所在位置，并参考“化妆品成分配比经验值数据库”的相关数据来判断该化妆品中配比≥1%的主体成分的添加量。

如果是护肤品，则根据滋润度来判断整体油脂和保湿剂的添加量；如果是洁面产品，则根据使用后的清洁度来推断表面活性剂的添加量；如果是口红，则要根据涂敷后的滋润感来推定各种油脂和蜡的比例。

以这盒“保湿柔润精华霜”为例，涂抹时感觉它是非常轻质的一款凝霜，厚重的成分估计是没有加入的，查看其成分表也验证了这一点。排在前面仅次于水的成分是“环五聚二甲基硅氧烷”，则判断它和排在第五位的“环己硅氧烷”同属一个组分，商品名为XIAMETER(R)PMX-0345。PMX-0345属于挥发性硅油，对皮肤来说没有任何滋润感可言，PMX-0345在配方中的使用是想让这款精华霜在使用时产生轻盈透气的感觉。触摸涂敷本产品的皮肤，判断PMX-0345在本产品中的配比不低于10%。考虑到硅油包水配方的稳定性，PMX-0345作为油包水配方的外相的主要组成部分，其用量应该在15%左右，否则该产品的稳定性欠佳。

排在第三位和第四位的成分是“1,3-丙二醇”和“甘油”，它们都属于保湿剂，对皮肤有补水保湿功效，考虑到这款“保湿柔润精华霜”的油脂主体成分是“环五聚二甲基硅氧烷”“环己硅氧烷”，它们基本上没有滋润度，因此“1,3-丙二醇”和“甘油”的使用量一定不能低，否则，对皮肤而言这款霜除了爽滑的肤感之外没有任何好处，因此大胆地设定“1,3-丙二醇”的配比为12%，“甘油”的配方为8%。

原则三：所推导的知名化妆品，如果属于乳化体系，则应查找相关书籍或供应商资料，确定乳化剂的配比。

对于一个乳化体系的产品来说，乳化剂是该产品的灵魂，乳化剂的选择、用量、搭配合理与否，决定了该产品在长达3年的货架寿命时间里，其品质是否恒定不变。有经验的工程师看一眼成分表大概也可以推测出乳化剂的配比，比如这款“保湿柔润精华霜”，主乳化剂“PEG-10聚二甲基硅氧烷”的配比设定为2%，辅助乳化剂“月桂基PEG-9聚二甲基硅氧乙基聚二甲基硅氧烷”的配比设定为0.5%。但没有经验的配方工程师，不能随意设定，乳化剂的配比从0.1%～10%都有可能，从来没有使用过这两款乳化剂的配方工程师是不能推定出它的配比的。因此应多查阅专业资料或书籍。就上面这两款硅油乳化剂来说，它们极有可能是日本某化学有机硅有限公司生产的原料，要弄懂这两款乳化剂的属性以及在配方中的配比，查阅该公司的资料或者请教该公司技术人员是最好的方法。

以上是为配方设计人员总结出的化妆品成分配比的三个推导原则，不过，由于化妆品配方设计的复杂性，以及化妆品剂型的繁多，仅靠这三个推导原则的指导就能轻易地做出与名牌产品一样品质的产品，那是不可能的。但它作为一个指南，为初入行者指明方向；作为一缕阳光，为迷途者拨开迷雾，相信是可以的。下面举例说明对从市场上购买来的五款产品，如何使用三个推导原则推导出其大致配方。

(二)应用实例

1. 滋养保湿晚霜(水包油型膏霜)

(1) 配方成分表

成分:水、角鲨烷、矿油、甘油、聚二甲基硅氧烷、鲸蜡醇、PEG-40硬脂酸酯、甘油硬脂酸酯、山梨坦三硬脂酸酯、蜂蜡、微晶蜡、辛基十二醇、丙烯酰胺/丙烯酰基二甲基牛磺酸钠共聚物、水解大豆蛋白、苯氧乙醇、长柔毛薯蓣根提取物、香精、异十六烷、己基癸醇、石蜡、丙烯腈/甲基丙烯酸甲酯/亚乙烯基二氯共聚物、氯苯甘醚、硬脂醇、辛酰水杨酸、谷维素、羟苯甲酯、肉豆蔻醇、聚山梨醇酯-80、泛酰巯基乙胺磺酸钙、EDTA-2Na、素方花花提取物、芳樟醇、薰衣草油、迷迭香叶油、苧烯、CI 15985、丁香酚、香豆素、柠檬醛、香茅醇、氢氧化钠、香叶醇、苯甲醇。

(2) 配方推导

参照以上成分表和下面的组分表,基于三个"推导原则"以及个人经验,可推导出"滋养保湿晚霜"的大致配方,见表11-2。

表11-2 滋养保湿晚霜推导配方

物质名称	质量分数/%
①水	加至100
②角鲨烷	8
③甘油	8
④聚二甲基硅氧烷	2.5
⑤矿油	8
⑥(鲸蜡醇,肉豆蔻醇,硬脂醇)	3
⑦(矿油,微晶蜡,石蜡)	2
⑧PEG-40硬脂酸酯	2.5
⑨甘油硬脂酸酯	1
⑩山梨坦三硬脂酸酯	0.5
⑪(丙烯酰胺/丙烯酰基二甲基牛磺酸钠共聚物,水,异十六烷,聚山梨醇酯-80)	0.6
⑫蜂蜡	1
⑬[己基癸醇,长柔毛薯蓣(dioscorea villosa)根提取物]	0.2
⑭辛基十二醇	1
⑮苯氧乙醇	0.5
⑯(水,水解大豆蛋白)	0.3
⑰[水,素方花(jasminum officinale)花提取物]	0.1
⑱(水解大豆蛋白,苯氧乙醇)	0.5
⑲香精	适量
⑳丙烯腈/甲基丙烯酸甲酯/亚乙烯基二氯共聚物	0.8
㉑谷维素	0.1
㉒羟苯甲酯	0.2
㉓氯苯甘醚	0.3
㉔辛酰水杨酸	0.2
㉕(泛酰巯基乙胺磺酸钙,水)	0.1
㉖(EDTA-2Na,水)	0.2
㉗氢氧化钠	0.02
㉘迷迭香(rosmarinus officinalis)叶油	0.01
㉙薰衣草(lavandula angustifolia)油	0.01
㉚CI 15985	适量
㉛苯甲醇、香茅醇、香叶醇、苧烯、芳樟醇、香豆素、丁香酚、柠檬醛	适量

(3) 推导的理由和过程

1) 先找出分水岭成分。根据在成分表中的位置以及经验，初步判定甘油硬脂酸酯就是"分水岭成分"，理由是甘油硬脂酸酯作为"滋养保湿晚霜"的配方的辅乳化剂配比不宜太高，且后面还有一个 HLB 值为 2.1 的辅乳化剂山梨坦三硬脂酸酯，因此将甘油硬脂酸酯的配比设定为 1%，"甘油硬脂酸酯"前面成分的配比都≥1%，而后面成分的配比都<1%。

2) 确定各主体成分的配比。由于成分②角鲨烷在成分表里排在第二位，仅次于水的位置，且它是成分表中为数不多的液体油脂，虽然角鲨烷的原料价格高达 450 元/kg，但考虑到该产品在中国市场的售价也高达 350 元/盒，所以角鲨烷在配方中的配比多少不太受原料成本的限制；再通过涂抹，感觉"滋养保湿晚霜"比较嫩滑滋润，因此确定突破"化妆品成分配比经验值数据库"的经验值：角鲨烷配比的上限为 5%，将成分②角鲨烷的配比设定为 8%。

由于成分③甘油在成分表里排在第四位，考虑到它是配方里唯一的多元醇保湿剂，配比不能过低，但前面已经将排在第二位的成分②角鲨烷的配比设定为 8%，按降序排列原则，那么排在第四位的成分③甘油的配比也只能设定在 8%。

成分④聚二甲基硅氧烷作为一种调节手感以及预防膏霜泛白的成分，只要起到这两方面作用就可以了，加多了也不会提高产品的滋润度，所以将其设定在 2.5%。

成分⑤矿油在成分表里排在第三位，它的配比比较容易推导，因为排在第二位的成分②角鲨烷和排在第四位的成分③甘油都被设定在 8%，那么按照化妆品成分降序排列规则，成分⑤矿油的配比也只能设定在 8%。

成分⑥（鲸蜡醇，肉豆蔻醇，硬脂醇）在中国原料界这三个成分很少有原料厂家组合成一种原料来出售，可能是这款"滋养保湿晚霜"的生产厂家自己预配的一个原料。按照经验，不管什么样的高碳链醇如鲸蜡醇、肉豆蔻醇、硬脂醇、山嵛醇、花生醇，它们在一个膏霜里的总配比量不应超过 3%，总配比大了，涂敷感很差，于是将⑥（鲸蜡醇，肉豆蔻醇，硬脂醇）的配比设定为 3%。由于买不到这个原料，故将该组分拆分成三个单一原料分别加入配方中，配比为：鲸蜡醇 2.5%，肉豆蔻醇 0.2%，硬脂醇 0.3%。

成分⑦（矿油，微晶蜡，石蜡）同样是在中国这三个成分也很少见有原料厂家组合成一种原料来出售，这又可能是这款"滋养保湿晚霜"的生产厂家预配的一个原料。按照对微晶蜡、石蜡这类高碳烷烃的认识，在配方中不会加太大量，因此决定将成分⑦（矿油，微晶蜡，石蜡）的配比设定为 2%，也由于买不到该混合原料，故将该组分拆分成三个单一原料分别加入配方中，配比为：矿油 1%，微晶蜡 0.5%，石蜡 0.5%。

3) 确定乳化剂的配比。查阅某公司的相关资料，以及参考"化妆品成分配比经验值数据库"，将该产品的乳化剂成分⑧PEG-40 硬脂酸酯设定在 2.5%。成分⑧PEG-40 硬脂酸酯是"滋养保湿晚霜"的主乳化剂，其配比不能太低，否则乳化能力可能不足，PEG-40 硬脂酸酯紧跟排在鲸蜡醇的后面，在成分⑥（鲸蜡醇，肉豆蔻醇，硬脂醇）的组分里，单独设定过鲸蜡醇的配比为 2.5%，按降序排列规则，成分⑧PEG-40 硬脂酸酯的配比不得大于 2.5%，所以它的配比设定为 2.5%。

成分⑨甘油硬脂酸酯作为"滋养保湿晚霜"的辅乳化剂，已经被设定为分水岭成分，配比为 1%；根据 HLB 值，成分⑩山梨坦三硬脂酸酯的配比也不宜设定太高，所以将其设定为 0.5%。

4）非主体成分的配比。由于其他成分在成分表中的位置都排在分水岭成分——甘油硬脂酸酯的后面，它们的含量都小于1%，依照成本以及参考“化妆品成分配比经验值数据库”，分别对它们的配比给出了如表11-2所示的数据。

2. 滋养保湿乳液（水包油型乳液）

（1）配方成分表

成分：水、丁二醇、甘油、白池花籽油、辛酸/癸酸甘油三酯、聚二甲基硅氧烷、氢化卵磷脂、水解大豆蛋白、苯氧乙醇、羟苯甲酯、PEG-100硬脂酸酯、甘油硬脂酸酯、丙烯酰二甲基牛磺酸铵/硬脂醇聚醚-25甲基丙烯酸酯交联聚合物、黄原胶、氯苯甘醚、鲸蜡醇、香精、卡波姆、硬脂醇、季戊四醇四（双-叔丁基羟基氢化肉桂酸）酯、泛酰巯基乙胺磺酸钙、EDTA-2Na、1,2-戊二醇、素方花花提取物、芳樟醇、苧烯、肉豆蔻醇、氢氧化钾、苯甲醇、香叶醇、香茅醇［774382/08；C187808/1A］。

（2）配方推导

参照以上成分表和下面的组分表，基于三个“推导原则”以及经验，将推导“滋养保湿乳液”的大致配方，见表11-3。

表11-3 滋养保湿乳液推导配方

物质名称	质量分数/%
①水	加至100
②丁二醇	8
③甘油	8
④白池花(limnanthes alba)籽油	7
⑤辛酸/癸酸甘油三酯	6
⑥聚二甲基硅氧烷	2
⑦氢化卵磷脂	2
⑧(甘油硬脂酸酯,PEG-100硬脂酸酯)	1
⑨(水,水解大豆蛋白,1,2-戊二醇)	0.5
⑩[水,1,2-戊二醇,素方花(jasminum officinale)花提取物]	0.5
⑪(水解大豆蛋白,1,2-戊二醇,苯氧乙醇)	0.5
⑫苯氧乙醇	0.5
⑬羟苯甲酯	0.18
⑭丙烯酰二甲基牛磺酸铵/硬脂醇聚醚-25甲基丙烯酸酯交联聚合物	0.8
⑮(鲸蜡醇,肉豆蔻醇,硬脂醇)	0.9
⑯氯苯甘醚	0.3
⑰硬脂醇	0.2
⑱香精	适量
⑲黄原胶	0.15
⑳卡波姆	0.15
㉑(泛酰巯基乙胺磺酸钙,水)	0.5
㉒季戊四醇四(双-叔丁基羟基氢化肉桂酸)酯	0.1
㉓(水,EDTA-2Na)	0.1
㉔(氢氧化钾,水)	适量
㉕苯甲醇、香茅醇、香叶醇、苧烯、芳樟醇	适量

(3) 推导的理由和过程

1) 先找出分水岭成分。这个配方是比较容易找出分水岭成分的。防腐成分苯氧乙醇、羟苯甲酯在成分表中的位置排名很靠前，分别排在第九、第十位，而这两款防腐剂的配比不可能超过1%，一方面是因为防腐剂加多了可能触犯法规，同时也会导致皮肤敏感，另一方面本产品中还有一种防腐剂氯苯甘醚，所以它们的配比不可能是1%或以上，按经验，苯氧乙醇的配比应为0.3%～0.6%，羟苯甲酯配比可能在0.1%～0.2%。所以分水岭成分还必须向前面找。成分表中前面的一个成分是水解大豆蛋白，作为一个植物成分，不好判断它的配比，植物成分加0.01%也行、加10%也有可能，故先跳过它。再往前看前一个成分是氢化卵磷脂，也是一种植物成分，但其实它是已经被修饰过化学结构的，有经验的配方工程师都知道它是一种乳化剂。参看成分表，这个配方还有另外一个乳化剂：成分⑧（甘油硬脂酸酯，PEG-100硬脂酸酯），但它排在成分⑬羟苯甲酯的后面，配比不能超过1%，所以更显得成分⑦氢化卵磷脂肯定是主乳化剂，且配比不能低，否则乳化可能不稳定，所以将氢化卵磷脂的配比设定为2%，同时将它作为分水岭成分，“氢化卵磷脂”前面成分的配比都≥2%，而后面成分的配比都<1%。

2) 确定各主体成分的配比。由于成分②丁二醇、成分③甘油在成分表里排在第二、第三位，仅次于水的位置，通过涂抹，感觉“滋养保湿乳液”还是比较滋润的一款乳液，参照“化妆品成分配比经验值数据库”配比范围，将成分②丁二醇的配比设定为8%，成分③甘油的配比也设定为8%。

成分④白池花（limnanthes alba）籽油、成分⑤辛酸/癸酸甘油三酯在成分表里排在第四、第五位，是这款乳液的主要油脂成分，既然本品宣称为滋养保湿乳，那它保湿度不能太低，通过涂抹也能感受到其油脂含量不低，参照“化妆品成分配比经验值数据库”：乳液中的油脂总配比为8%～15%，故将本配方中的油脂总配比设定到接近上限——设定成分④白池花（limnanthes alba）籽油的配比为7%，成分⑤辛酸/癸酸甘油三酯的配比设定为6%。

成分⑥聚二甲基硅氧烷估计是350cst的中等黏度的硅油，作为一种调节手感以及预防膏霜泛白的成分，只要达到这两方作用就可以了，加多了也不会提高滋润度，故将其设定在2%。

3) 确定乳化剂的配比。成分⑦氢化卵磷脂、成分⑧（甘油硬脂酸酯，PEG-100硬脂酸酯）是这款产品的乳化剂，在前面分水岭成分寻找的时候已经探讨过其配比的推导，这里不再重复。但有一点对新入行的配方工程师提醒一下，甘油硬脂酸酯和PEG-100硬脂酸酯在组分表中作为一个组分：（甘油硬脂酸酯，PEG-100硬脂酸酯）出现的时候，表明它是一个复合成分，这个复合成分在化妆品技术界非常有名，最早被英国禾大公司成功复配出来，型号叫A165，至今化妆品配方界仍称之为A165。

4) 非主体成分的配比。由于其他成分在成分表中的位置都排在分水岭成分——氢化卵磷脂的后面，它们的含量都小于或等于1%，参考成本以及参照“化妆品成分配比经验值数据库”对它们的配比分别进行推定。

3. 保湿柔润精华霜（油包水型膏霜）

(1) 配方成分表

成分：水、环五聚二甲基硅氧烷、1,3-丙二醇、甘油、环己硅氧烷、PEG-10聚二甲基硅氧烷、角鲨烷、二苯基甲硅烷氧基苯基聚三甲基硅氧烷、二硬脂二甲铵锂蒙脱石、氯化钠、兰科植物提取物、透明质酸、1,2-已二醇、腺苷、月桂基PEG-9聚二甲基硅氧乙基聚二甲基硅氧烷、聚硅氧烷-11、聚二甲基硅氧烷、聚二甲基硅氧烷/乙烯基聚二甲基硅氧烷交联聚合物、乙基己基甘油、甜菜碱、EDTA-2Na、高岭土、葡萄糖、生育酚（维生素 E）、精氨酸/赖氨酸多肽、（日用）香精。

（2）配方推导

参照以上成分表和表 11-4 的组分表，基于三个“推导原则”以及个人经验，可推导出“保湿柔润精华霜”的大致配方，见表 11-4。

表 11-4 保湿柔润精华霜推导配方

物质名称	质量分数/%
①水	加至 100
②1,3-丙二醇	12
③(环己硅氧烷,环五聚二甲基硅氧烷)	15
④甘油	8
⑤(PEG-10 聚二甲基硅氧烷,环五聚二甲基硅氧烷,二硬脂二甲铵锂蒙脱石)	3
⑥二苯基甲硅烷氧基苯基聚三甲基硅氧烷	1.5
⑦PEG-10 聚二甲基硅氧烷	2
⑧角鲨烷	2
⑨氯化钠	1
⑩(环五聚二甲基硅氧烷,聚硅氧烷-11,聚二甲基硅氧烷)	1
⑪[甘油,甜菜碱,葡萄糖,兰科植物(orchid)提取物,1,3-丙二醇,水]	0.3
⑫1,2-己二醇	0.5
⑬(环己硅氧烷,聚二甲基硅氧烷/乙烯基聚二甲基硅氧烷交联聚合物,环五聚二甲基硅氧烷)	1
⑭二硬脂二甲铵锂蒙脱石	0.01
⑮(精氨酸/赖氨酸多肽,水)	0.01
⑯[月桂基 PEG-9 聚二甲基硅氧乙基聚二甲基硅氧烷,生育酚(维生素 E)]	0.5
⑰(日用)香精	0.02
⑱[生育酚(维生素 E),乙基己基甘油]	0.2
⑲腺苷	0.1
⑳高岭土	0.1
㉑EDTA-2Na	0.02
㉒透明质酸	0.01

（3）推导的理由和过程

1）先找出分水岭成分。根据在成分表中的位置以及研究经验，判定成分⑨氯化钠就是“分水岭成分”，将其配比设定为 1%，“氯化钠”前面成分的配比都≥1%，而后面成分的配比都<1%。

2）确定各主体成分的配比。由于成分②1,3-丙二醇排在第三位，通过涂抹，感觉“保湿柔润精华霜”有一定的保湿补水性能，作为主要保湿剂的丙二醇，配比不能低，因此设定为 12%。

由于成分③（环己硅氧烷，环五聚二甲基硅氧烷）由成分表里排在第二位和第五位的成分混合而成，混合物的配比含量仅次于水，按照降序排列规则，它的单一成分“环五聚二甲基硅氧烷”配比要比丙二醇大才能确保排在第二位，又通过查阅资料得知（环己硅氧烷，环五聚二甲基硅氧烷）混合物里“环五聚二甲基硅氧烷”的含量不低于 85%，因此将（环己硅氧烷，环五聚二甲基硅氧烷）设定在 15%，从而确保该配比符合降序规则。

由于成分④甘油的排名仅次于 1,3-丙二醇，于是甘油设定在 8%，保证该产品有足够的滋润度。

设定成分⑤(PEG-10 聚二甲基硅氧烷，环五聚二甲基硅氧烷，二硬脂二甲铵锂蒙脱石)在 3%是一个经验值，它是一个混合物，有可能是化妆品厂自己复配，也有可能购买，但不管如何，二硬脂二甲铵锂蒙脱石在复合物中的含量可能为 20%～30%，在配方中的总用量为 0.5%～1%，因此设定在 3%符合经验值。

由于成分⑧角鲨烷所在的位置刚好在分水岭成分⑨氯化钠的前面一个位置，又考虑到该成分高达 450 元/kg 的原料价格，加之这款“保湿柔润精华霜”市场定价在 125 元/盒，因此设定在 2%较为经济合理。

由于成分⑥二苯基甲硅烷氧基苯基聚三甲基硅氧烷在成分表中的位置排在配比已设定为 2%的成分⑧角鲨烷之后，又在成分⑨氯化钠之前，因此设定它的配比为 1.5%比较合理。

3）确定乳化剂的配比。查阅该公司的相关资料，以及参考“化妆品成分配比经验值数据库”，将该产品的乳化剂成分⑦PEG-10 聚二甲基硅氧烷设定为 2%，［月桂基 PEG-9 聚二甲基硅氧乙基聚二甲基硅氧烷，生育酚（维生素 E)］设定为 0.5%。

4）非主体成分的配比。由于其他成分在成分表中的位置都排在分水岭成分——氯化钠的后面，它们的含量都≤1%，故参考成本以及参照“化妆品成分配比经验值数据库”对它们的配比分别进行推定。

4. 清润补水凝霜（位阻式乳化凝霜）

（1）配方成分表

成分：水、甘油、乙醇、环己硅氧烷、辛酸/癸酸甘油三酯、季戊四醇四异硬脂酸酯、丙二醇、氢化聚异丁烯、聚丙烯酰基二甲基牛磺酸铵、硬脂基聚二甲硅氧烷、山嵛醇、甘油硬脂酸酯、合成蜡、泛醇、苯氧乙醇、甘油硬脂酸酯柠檬酸酯、二椰油酰乙二胺 PEG-15 二硫酸酯二钠、丙烯酸（酯）类共聚物、维生素 E、EDTA-2Na、辛甘醇、香精、葡糖酸钙、葡糖酸镁、氢氧化钠、己基肉桂醛、芳樟醇、苧烯、透明质酸钠、乙酸丁酸纤维素、葡糖酸铜、丁二醇、葡糖酸锰、聚磷酸胆碱乙二醇丙烯酸酯、聚乙烯醇、氯化钠、苯甲醇、葡萄果提取物、CI 17200［899067/04；C171930/1A］。

（2）配方推导

参照以上成分表和表 11-5 的组分表，基于三个“推导原则”以及个人经验，可推导出“清润补水凝霜”的大致配方，见表 11-5。

表 11-5 清润补水凝霜推导配方

物质名称	质量分数/%
①水	加至 100
②甘油	10
③乙醇	5
④环己硅氧烷	5
⑤辛酸/癸酸甘油三酯	4
⑥季戊四醇四异硬脂酸酯	4
⑦丙二醇	3
⑧(二椰油酰乙二胺 PEG-15 二硫酸酯二钠,氢化聚异丁烯,山嵛醇,甘油硬脂酸酯,甘油硬脂酸酯柠檬酸酯)	1.5
⑨聚丙烯酰基二甲基牛磺酸铵	1
⑩硬脂基聚二甲硅氧烷	0.8
⑪［丙烯酸(酯)类共聚物,水］	1

续表

物质名称	质量分数/%
⑫泛醇	0.5
⑬苯氧乙醇	0.5
⑭合成蜡	0.5
⑮(聚乙烯醇，聚丙烯酰基二甲基牛磺酸铵，聚磷酸胆碱乙二醇丙烯酸酯，乙酸丁酸纤维素，丁二醇，苯氧乙醇，透明质酸钠，氯化钠，辛甘醇，水)	1
⑯辛甘醇	0.5
⑰生育酚(维生素 E)	0.1
⑱(EDTA-2Na，水)	0.1
⑲香精	0.06
⑳葡糖酸钙	0.001
㉑葡糖酸镁	0.001
㉒氢氧化钠	0.1
㉓乙基肉桂醛	0.001
㉔芳樟醇	0.001
㉕苧烯	0.001
㉖透明质酸钠	0.03
㉗葡糖酸铜	0.001
㉘葡糖酸锰	0.001
㉙苯甲醇	0.3
㉚葡萄(vitis vinifera)果提取物	0.5
㉛CI 17200	0.0001

（3）推导的理由和过程

1）先找出分水岭成分。根据在成分表中的位置以及研究经验，判定成分⑨聚丙烯酰基二甲基牛磺酸铵就是“分水岭成分”，将其配比设定为 1%，聚丙烯酰基二甲基牛磺酸铵前面成分的配比都≥1%，而后面成分的配比都<1%。

2）确定各主体成分的配比。由于成分②甘油在成分表里排在第二位，它的含量肯定不会太低，通过涂抹感觉“清润补水凝霜”具有很强的保湿补水性能，因此其配比设定为 10%。

由于成分③乙醇在成分表里排在第三位，仅次于甘油，初步判断不会太低，但乙醇本身对皮肤的渗透能力较强，如果添加量太大，会对皮肤造成刺激。通过涂抹试验，根据其对皮肤的清凉度，判断它的添加量在 5%左右。

成分④环己硅氧烷为 5%，成分⑤辛酸/癸酸甘油三酯为 4%，成分⑥季戊四醇四异硬脂酸酯为 4%，之所以设定这样的比例，一是考虑降序排列，二是因为涂抹之后的滋润度，因此辛酸/癸酸甘油三酯、季戊四醇四异硬脂酸酯这两款有点滋润的油脂其总配比不可能低于 8%，但膏霜本身又不黏腻，估计是挥发性硅油的降黏感在起作用，因此环己硅氧烷设定为 5%。

3）确定乳化剂的配比。该配方用到两种乳化剂，一种是成分⑨聚丙烯酰基二甲基牛磺酸铵，由于它是“分水岭成分”，其配比被设定为 1%；另一种是成分⑧（二椰油酰乙二胺 PEG-15 二硫酸酯二钠，氢化聚异丁烯，山嵛醇，甘油硬脂酸酯，甘油硬脂酸酯柠檬酸酯），它是作为一个整体加入配方之中的，这个乳化剂有点少见，入行不深的配方工程师可能不知道。它其实是Sasol（沙索）公司复配好的乳化剂，作为一个整体货品售卖，它的商品名叫：CERALUTIONH。据沙索介绍，它是一款新型表面活性剂，是一种层状液晶凝胶网络O/W乳化剂，易与神经酰胺配伍，减少皱纹，具有抗衰老效果，且能有效乳化各种油脂，兼具成膜性能，强效保湿，抗氧化活性，能在宽pH值（3～12）范围内使用，能耐受高电解质同时提供优雅的肤感。根据经验，将其配比设定为1.5%。

4）非主体成分的配比。由于其他成分在成分表中的位置都排在分水岭成分——聚丙烯酰基二甲基牛磺酸铵的后面，它们的含量都≤1%，参考成本以及参照“化妆品成分配比经验值数据库”对它们的配比分别进行推定。

5. 维生素C透亮补水面膜

（1）配方成分表

成分：水、丁二醇、双丙甘醇、烟酰胺、1,2-己二醇、葡萄柚果提取物、甜橙果皮油、香橼果皮油、薰衣草油、西伯利亚冷杉油、辣薄荷油、蓝桉叶油、北美圆柏油、丁香叶油、温州蜜柑果皮提取物、兰科植物提取物、甘油聚醚-26、茶叶提取物、山茶叶提取物、胭脂仙人掌果提取物、PEG-60氢化蓖麻油、甘油、甜菜碱、卡波姆、精氨酸、抗坏血酸磷酸酯镁、纤维素胶、EDTA-2Na。

（2）配方推导

参照以上成分表和组分表11-6，基于三个“推导原则”以及个人经验，可推导出“维生素C透亮补水面膜”的大致配方，见表11-6。

表11-6 维生素C透亮补水面膜推导配方

物质名称	质量分数/%
①水	加至100
②丁二醇	5
③双丙甘醇	2.5
④葡萄柚(citrus paradisi)果提取物	0.1
⑤烟酰胺	2
⑥1,2-己二醇	1.5
⑦甘油聚醚-26	0.8
⑧甜菜碱	0.5
⑨PEG-60氢化蓖麻油	0.02
⑩纤维素胶	0.1
⑪EDTA-2Na	0.02%
⑫卡波姆	0.09
⑬精氨酸	0.12
⑭(甜橙果皮油,香橼果皮油,丁香叶油,北美圆柏油,蓝桉叶油,辣薄荷油,西伯利亚冷杉油,薰衣草油)	0.05
⑮[(甘油,胭脂仙人掌果提取物,山茶叶提取物,茶叶提取物,兰科植物提取物,温州蜜柑果皮提取物,水)]	适量
⑯抗坏血酸磷酸酯镁	0.01

（3）推导的理由和过程

1）先找出分水岭成分。根据在成分表中的位置以及研究经验，初步判定成分⑥1,2-己二醇就是“分水岭成分”，因为排在它后面的10个成分都是精油或提取物，在面膜里添加每种精油都超过1%的配比是不可能的，因为会导致皮肤不适。所以理论上将成分⑥1,2-己二醇设定为“分水岭成分”是合理的，所以可以将其配比设定为1%，但又考虑到1,2-己二醇在配方中作为唯一的防腐成分，为保证三年的货架寿命，其用量应偏高，因此将它设定为1.5%。

2）确定各主体成分的配比。由于成分②丁二醇在成分表里排在第二位，因为它是这款面膜的主要保湿成分，所以它的含量肯定不会太低，再通过涂抹感觉这款面膜具有很强的保湿补水性能，又根据“化妆品成分配比经验值数据库”中丁二醇面膜里的上限为5%，因此将其配比设定为5%。

由于成分③双丙甘醇是保湿成分，根据“化妆品成分配比经验值数据库”中的数据，它的用量一般为1%～5%，又因其在成分表中排第三位，仅次于丁二醇，根据配方保湿需要，我们将其设定为2.5%。

由于成分⑤烟酰胺在成分表里排在第四位，初步判断配比不会太低，由于这款面膜主打亮肤、美白，所以烟酰胺的含量应该在2%或以上，但考虑这是一款面膜，如果烟酰胺添加量太大，会刺激皮肤，所以设定在2%比较安全。

3）非主体成分的配比。其他成分由于其含量都≤1%，参考“化妆品成分配比经验值数据库”以及配方成本推导出了各自的配比。要注意的是成分⑯抗坏血酸磷酸酯镁，设定其配比为0.01%，主要基于其时间长会氧化变黑，不能加多，所以只能说这是一款概念性面膜，所谓维生素C（抗坏血酸）含量微乎其微。如果在此款面膜中添加抗氧化较好的3-*O*-乙基抗坏血酸，配比超过1%也不太会变色，将是一款名副其实的维生素C面膜。

五、化妆品配方创新设计

（一）基于市场定位的化妆品配方创新

在模仿创新这条道路上无论仿版仿得多逼真，其实都清楚：并没有创造出属于自己的作品。如果学习了本章内容之后只陶醉于仿版的方法，而不是更进一步锤炼技术，那么离真正的化妆品配方创新其实还很遥远。毋庸置疑，一个知名化妆品品牌市场的成功意味着它的产品配方创新是成功的，但令人困惑的是，有时将仿造得不分伯仲的配方去生产出类似的产品投放市场，却未能取得成功。

多年前，A名牌“小×瓶”驰名中外、备受青睐。有个配方工程师把“小×瓶”仿了出来，连味道都仿得一模一样，没有人能区分得出来。仿造出这样一款名牌产品，该配方师觉得兴奋不已，就极力鼓动他的老板生产一种类似的产品投放市场。于是一次就生产了10万瓶S牌“小×罐”投向市场。半年过去了，S牌“小×罐”只卖出1850瓶。后来调查该产品失败的原因在于产品的气味，许多消费者描述其气味简直就像米饭发馊的味道。但其实S牌“小×罐”和A名牌“小×瓶”都是植物精油复配的香氛，其气味可以说是相差无几的。如果说S牌“小×罐”是米饭发馊的味道，那么A名牌“小×瓶”其实闻起来也是米饭发馊的味道。但直到今天，A名牌“小×瓶”虽然闻起来还是米饭发馊的味道，但是依然是那么受人追捧。

从成分和配料的角度来分析，S牌“小×罐”和A名牌“小×瓶”的配方是极其相像的，但一个品牌成功了，另一个却失败了。之所以产生这样截然不同的结果，是产品市场定位错乱所导致。以上面的S牌“小×罐”为例，事后调查得知：它定位为中低端市场，售价为60元/瓶，目标消费人群是18～30岁的年轻工薪一族。由于收入稍低，年轻工薪一族基本没有消费过定价为580元/瓶的A名牌“小×瓶”，更加不知道“小×瓶”的米饭发馊的味道其实是乳酸杆菌发酵过的滤液才有的“高科技味道”。A名牌“小×瓶”的消费人群基本上都是40岁以上的高消费人群，他们早就习惯了这种米饭发馊的“高科技味道”，并以此为傲。但S牌“小×罐”的消费人群——年轻工薪一族，由于年轻和阅历，他们在使用产品时更注重的是对产品的感官体验，那种用起来舒服、闻起来好闻、用后摸起来嫩滑的产品，他们就觉得是好产品；而闻起来很是难闻的S牌“小×罐”，他们认为是变质的劣质产品，并不相信商家所说的这种米饭发馊的味道就是乳酸杆菌发酵滤液才有的“高科技味道”。

“苟日新，日日新，又日新”，作为配方工程师，做好化妆品配方创新是使命，也是价值所在。但我们不能为模仿而模仿，也不能为创新而创新。真正的化妆品配方创新离不开产品的市场定位，也离不开对消费者的深刻理解，更离不开对消费者发自内心的关怀。再高雅的配方、再高超的技术，终究逃不过消费者最后的审判。如果配方的创新不考虑产品的市场定位，不管目标消费人群是谁，或者即使考虑到了也无视消费者的感受，那么对消费者的这种漠不关心就注定了产品配方创新的失败。

前面说过化妆品配方创新“切忌我行我素，不着边际，更不要天马行空”，不能为创新而创新。要间接地站在“大师”的肩膀上——通过对知名化妆品的成分表进行学习、剖析、推导，来做好化妆品配方创新。但这并不代表主张抄袭，相反要反对抄袭，抄袭的结果只能是一败涂地，因为为模仿而模仿的产品是没有灵魂的，知名品牌的产品特点一旦抄袭过来极有可能成为模仿产品的硬伤，就像A名牌“小×瓶”的“高科技味道”到S牌“小×罐”这里变成了“米饭发馊的味道”。

创新主张学习，而学习的目的在于应用，为学习而学习，或者为抄袭而学习是空谈家或投机者的做派。化妆品配方工程师是实践家，因为配方师的杰作——产品，最终都要经过市场的检验。所以配方师在开发新产品时，要做到脑海里有市场，心目中有消费者。最先要考虑的是产品的市场定位，之后是对消费者的深刻理解，最后才是配方的设计。做好了市场定位，并理解了消费者的内心需求时，之前所学习到的知名品牌的配方设计思路、成分选择标准、原料复配方案、配方数据推导，才能成为有用的“化妆品成分配比经验值数据库”。开发新产品时，可以从这个“化妆品成分配比经验值数据库”里抽出与打版要求类似的配方，再用“市场定位”与“对消费者的深刻理解”这两把工具去裁剪配方，把不符合定位的原料删除，再加入一些能满足目标消费人群功效诉求的成分，这样就能创造出一个全新的、有价值的配方。

综上所述，化妆品配方创新应包括以下五个步骤：

① 市场定位和深刻理解消费者；

② 配方设计思路；

③ 设计产品配方；

④ 产品试用调查；

⑤ 根据试用结果修正并确定配方。

下面举个案例详细阐明“化妆品配方创新五步骤”。

(二)化妆品配方创新实例

在此以“××水光美白亮肤精华液”研发为例阐述化妆品的配方创新。

1. 市场定位和深刻理解消费者

市场定位是指为使产品在目标消费者心目中相对于竞争产品而言占据清晰、特别和理想的市场位置而进行的安排。因此，化妆品配方工程师所研究的配方技术必须使产品有别于竞争品牌，并能取得在目标市场中的最大战略优势。化妆品配方工程师创新的配方一定要有利于产品塑造出与众不同的、给人印象鲜明的形象，并将这种形象生动地传递给消费者，从而使该产品在市场上确定适当的位置。化妆品配方工程师一定是为了消费者而研究配方。

在开始研究“××水光美白亮肤精华液”的配方之前，就已经有了清晰的产品定位：产品目标消费人群是18～30岁初入职场的一部分年轻人，他们肤色偏向暗沉，偶尔还长色斑，普遍缺水干燥，且毛孔粗大，他们为此而苦恼多时，所以该产品的美白效果要明显些，正所谓一白遮百丑。由于初入职场的一部分年轻人由于收入不是太高，500元以上的高端产品可能不适合他们，所以定价在120元/盒。由于该产品的容量已设定为30mL，且瓶子和盒子的包材成本以及产品加工费为每盒6元，按照行规，产品的生产成本不应超过零售价的10%，可以推算出“××水光美白亮肤精华液”的每公斤料体成本为：200元/kg［即(120×0.1－6)/0.03］，这个成本可以做中高档的美白配方，有许多高效的美白成分都可以选择加入配方中。年轻人对产品的补水效果较为看重，所以在配方创新时可加大补水成分的添加量。

2. 配方设计思路

美白配方的创新开发遵循以下两种配方设计思路。

(1) 第一种思路，将某种美白成分添加到极致甚至远超原料商建议的上限

这种思路设计的配方，其美白成分相对单一，集中点在对黑色素生成、转运、代谢等的某个环节进行干扰，从而起到美白效果。比如添加浓度为10%的烟酰胺精华液，在加速黑色素颗粒代谢、快速净白皮肤方面可取得不俗的效果；添加浓度为5%的曲酸精华液，在抑制人体内的酪氨酸酶活性、控制皮肤的色素沉淀方面具有非常优异的效果；添加浓度为10%的乙基抗坏血酸精华液，在还原已生成的黑色素、提亮肤色方面也能取得显著的效果……

这种配方设计思路的产品代表是号称原料桶的“The Ordinary”，The Ordinary是加拿大DECIEM旗下的一个品牌。其配方设计思路最大的特点：单一有效成分添加量是原料生产商指导最大添加量的几倍，也远远超过普通品牌的添加量，号称低价“猛药”“原料桶”品牌。

这种配方思路的好处是：如果某类消费者皮肤刚好缺乏这个成分，或者这个成分对某类消费者皮肤的效用特别明显，那么就可轻易地起到显著的效果。但这种配方思路，不可避免地忽视了皮肤的耐受力，如果碰上敏弱性的肤质，这种设计思路设计出来的配方可能会引发严重的过敏现象，比如10%的烟酰胺精华液对皮肤较薄的脆弱性皮肤、红血丝类皮肤，就可能产生严重的红肿现象。基于对消费者的理解以及表达对消费者的关怀，更倾向于选择第二种配方设计思路。

(2) 第二种思路，多种美白提亮成分的协同复配以求达到最佳的美白效果

每种美白成分都有它独有的美白作用机理，每种美白成分也都有它的缺点甚至是对皮肤有害的一面，配方工程师所要做的事情，就是充分了解各种美白成分的优缺点，通过复配，将配方中美白成分的美白功效都发挥到较佳状态的同时，又使它们的缺点得到了规避，还人体皮肤无负面作用。知名的美白产品，基本上采用的都是第二种配方设计思路。

按照第二种配方设计思路来开发“××水光美白亮肤精华液”，第一件事就是从100多种美白成分中筛选出几种美白成分，因为不可能将100多种美白成分都添加进配方中。在开发“××水光美白亮肤精华液”的时候，美白产品已归为特殊用途化妆品，也就是说在国内上市的国产或进口的美白化妆品都要遵循中国的化妆品法规，其美白成分要全部列在成分表上公之于世。通过学习30种知名品牌的美白产品，对里面的美白成分逐一分析，再参考供应商提供的文献资料，并结合多年对美白化妆品成分的认知，筛选出5种美白成分进行复配。详细的筛选过程比较琐碎，这里不详述，现给出这5种美白成分和6种关键辅助成分的复配数据（表11-7）。

表11-7 5种美白成分和6种关键辅助成分的复配数据

物质名称	质量分数/%
苯乙基间苯二酚	0.2
3-*O*-乙基抗坏血酸	1.2
光果甘草提取物(光甘草定)	0.05
烟酰胺	2
凝血酸	1.2
橙皮苷甲基查尔酮	0.1
乳酸	0.1
马齿苋提取物	3
红没药醇/姜根提取物(SymRelief® 10)	0.2
生物糖胶-1	5

下面分别讲述如何发挥这5种美白成分的优点，又如何规避它们各自的缺点。

① 第一种美白成分：苯乙基间苯二酚。俗称377，是德国德之馨公司开发的专利成分，又名馨肤白。苯乙基间苯二酚美白效果独占鳌头，备受护肤界的推崇、偏爱。经多次试验证明，包括人体测试、体外细胞培养实验，苯乙基间苯二酚的美白效果均超过了曲酸、熊果苷等传统美白成分。在现有的国家药监局批准使用的美白成分里面，苯乙基间苯二酚是唯一在1个皮肤生长周期约28天时间里能达到肉眼可分辨出有美白效果的成分。所以当“××水光美白亮肤精华液”的目标消费人群是18～30岁初入职场的一部分年轻人，要修护好这部分年轻人的皮肤问题，非苯乙基间苯二酚莫属。

使用苯乙基间苯二酚也应斟酌，因为通过以往的应用经验都说明苯乙基间苯二酚并非是一个温和的美白原料。药监局规定它的最高添加量不得超过0.5%，估计也是考虑到它的刺激性问题才设定它的限量。在2015年，苯乙基间苯二酚刚刚被批准可以在化妆品里使用时，某知名品牌就推出了含有0.5%苯乙基间苯二酚的一款美白霜，但由于配方没有做好防敏措施，导致产品过敏率过高而退市。

为了降低“××水光美白亮肤精华液”的刺激性，配方中又复配了三种防敏感成分：马齿苋提取物、红没药醇/姜根提取物（SymRelief® 10）、生物糖胶-1。在化妆品配方创新进入第四个环节即产品试用调查的时候，发现产品的过敏率很低：一共发出1000份样品，只有3例反馈用后有不适现象，过敏率在0.3%左右，在美白类产品中过敏率已经是非常低的了，尤其是产品含有高达0.2%的苯乙基间苯二酚就更显得尤其难得。事后研究分析得知，配比量高达5%的生物糖胶-1是让产品变得温和的一个关键因素。生物糖胶-1具有成膜性，能产生“第二层皮肤效应”。生物糖胶-1可与皮肤角质蛋白以离子键形式结合，在皮肤上形成一层三维网状结构——一层透气的糖膜，不仅提供卓越的肤感，更被视为一种皮肤的天然保护膜。这一层具有保护功能的活性薄膜就像人体第二层皮肤一样，它能有效地缓解苯乙基间苯二酚的刺激性。苯乙基间苯二酚由于双羟基键的存在使其对皮肤有天然的亲和度，导致其对皮肤的瞬间渗入量过大，皮肤细胞短时间难以承受这么大剂量的美白成分，导致产生刺痛感以至于过敏。5%配比的生物糖胶-1能减缓苯乙基间苯二酚对皮肤的渗透速度，让其在长达4h的时间里慢慢渗入皮肤，大大减少皮肤的不适感，也大大降低皮肤的过敏概率。

② 第二种美白成分：3-*O*-乙基抗坏血酸。3-*O*-乙基抗坏血酸是在抗坏血酸3号羟基位上引入了乙基，不仅提高了维生素C的稳定性，还具有亲水性和亲油性，方便在配方中使用，并且这种双亲结构物质容易透过角质层并到达真皮，进入皮肤后被生物酶分解转化为维生素C和H_2O，从而发挥维生素C的作用。研究表明：3-*O*-乙基抗坏血酸主要通过两个方面来实现美白效果：一方面能配合酪氨酸酶的活性中心铜离子（Cu^{2+}），从而抑制酪氨酸酶的活性，有效阻止黑色素的合成；另一方面具有强大的抗氧化性，能够将氧化型黑色素（深黑色）还原成浅色的类黑色素（棕色），使皮肤的色泽和明亮度在2周左右的时间获得明显的提升。

3-*O*-乙基抗坏血酸比较稳定，尽管相对于维生素C而言，3-*O*-乙基抗坏血酸的稳定性得到了很大改进，但也不是恒定不变色。3-*O*-乙基抗坏血酸添加入含水的配方中时，由于水中存在微量的氧气，也可能是由于3-*O*-乙基抗坏血酸发生部分水解的原因，3～6个月之后，配方料体也会出现变黄现象。经试验得知，3-*O*-乙基抗坏血酸pH值在5～5.5的配方环境中比较稳定，所以在配方中加入了0.1%的乳酸，将配方的pH值控制在5～5.5。另外，考虑到在长达3年的货架寿命时间里，一旦光照或氧化等原因使产品发生变色可能也会引起消费者的疑虑，所以在配方中加入了0.1%的橙皮苷甲基查尔酮，该物质一方面能够抗蓝光、保护产品不被光照变质，另外一方面它本身是一个颜色很黄的物质，可以作为天然色素使用，使料体稍稍显黄色，即使3-*O*-乙基抗坏血酸由于水解等原因变色了，肉眼也分辨不出来。为什么不选择柠檬黄这些合成色素呢？因为现在的消费者抗拒合成色素，而添加0.1%的橙皮苷甲基查尔酮不仅起到了调色的功能，而且它在成分表中是以天然成分来体现的，消费者乐于接受。

③ 第三种美白成分：光果甘草提取物（光甘草定）。光甘草定是一种黄酮类物质，提取自一种叫光果甘草的珍贵植物。光甘草定因为其强大的美白作用而被人们誉为“美白黄金”。查阅文献可知，在中国对光甘草定美白机理的研究已经有长达30年的历史，经历了两代人。在体外细胞的测试当中发现：光甘草定显示出很强的抗自由基氧化作用，能明显抑制体内新陈代谢过程中所产生的自由基。故基本可以得出这样的结论：光甘草定一方面通过抑制酪氨酸酶来抑制黑色素的形成，另一方面通过抑制环氧化酶影响花生四烯酸的产生，从而减轻皮肤炎症，黑色素暴长的现象也就不会发生。推测光甘草定的抗炎舒缓作用，应该在某种程度上安抚了皮肤细胞，中和了苯乙基间苯二酚的刺激性，不至于发生皮肤炎症。

④ 第四种美白成分：烟酰胺。“原料桶”品牌The Ordinary也推出了超高含量的烟酰胺原液，含量为10%。烟酰胺的美白作用机理同其他美白成分不同，它并不像苯乙基间苯二酚那样在源头上控制黑色素的生长，也不像3-*O*-乙基抗坏血酸那样在最后环节将氧化型

黑色素（深黑色）还原成浅色的类黑色素，而是在黑色素转运的中间环节发挥作用：通过"阻止黑色素小体向其他细胞扩散"，让黑色素细胞虽然产生了黑色素，但不能向角质细胞转运出去，迫使黑色素母细胞不再继续分泌黑色素，从而达到美白、淡斑的效果。

在配方中只添加了2%的烟酰胺，原因在于过高的烟酰胺添加量会导致皮肤敏感。烟酰胺本身并不致敏，但烟酰胺这个原料会残存微量的烟酸带入产品中，而且在长达3年的货架时间里烟酰胺也会部分水解为烟酸。烟酸即使极其少量的存在，也会通过活化免疫细胞释放前列腺素，导致毛细血管扩张，皮肤有可能会出现暂时的潮红刺痛现象，甚至产生药疹。除非找到了烟酰胺中的烟酸含量控制在微量的办法，否则超过2%的用量可能导致消费者使用时出现不适。

⑤ 第五种美白成分：凝血酸。和烟酰胺一样，凝血酸在抑制酪氨酸酶活性、抑制黑色素生成方面，表现并不优秀。据最早使用凝血酸作为美白成分的日本资生堂公司的相关研究表明：凝血酸的真正美白作用机理是抑制"促炎因子的释放"，并对黑色素小体的转运具有抑制作用。另外，凝血酸的化学性质相当稳定，不易受温度、环境的破坏，且没有刺激性，因此它是美白宝库里最自由应用的百搭原料。在"××水光美白亮肤精华液"里加入1.2%的凝血酸，考虑的是不同美白成分之间的协同效应，在黑色素形成、转运、代谢各个环节，都有相对应的美白成分发挥作用，而凝血酸在抑制"促炎因子的释放"方面起到了作用，为"××水光美白亮肤精华液"的美白效果的体现多了一重保障。

3. 设计产品配方

经过多次反复调试后，设计出了"××水光美白亮肤精华液"的配方。在设计配方时，一方面要考虑原料的水溶性，另一方面还要兼顾原料间的配伍性。传统的精华主体配方，如0.3%卡波姆941+0.1%透明质酸钠根本就没法配伍苯乙基间苯二酚，苯乙基间苯二酚加入卡波姆体系中，料体立马垮掉，卡波姆也被析了出来。于是采用了丙烯酰二甲基牛磺酸铵/VP共聚物和聚丙烯酸酯交联聚合物-6，之所以用这两个原料复配作为赋形剂，原因在于前者是短流变的增稠剂，而后者是长流变的增稠剂，两者复配使用能使配方获得丰满的手感和精华液长流变的拉丝效果。"××水光美白亮肤精华液"初步设计的配方如表11-8所示。

表11-8 初步设计的配方

组分	物质名称	质量分数/%
A_1	甘油	10
	丁二醇	4
	丙二醇	3
	双丙甘醇	4
	汉生胶	0.15
	甘草酸二钾	0.1
	海藻糖	1
	羟苯甲酯	0.1
	乳酸	0.1
	EDTA-2Na	0.05
	透明质酸钠	0.05
A_2	水	加至100
	氢化卵磷脂	1

续表

组分	物质名称	质量分数/%
B_1	异壬酸异壬酯	2
	生育酚乙酸酯	0.3
	苯乙基间苯二酚	0.2
B_2	丙烯酰二甲基牛磺酸铵/VP共聚物	0.35
	聚丙烯酸酯交联聚合物-6	0.23
C	3-*O*-乙基抗坏血酸	1.2
	光果甘草提取物(光甘草定)	0.05
	烟酰胺	2
	凝血酸	1.2
	橙皮苷甲基查尔酮	0.1
	马齿苋提取物	3
	红没药醇/姜根提取物(SymRelief® 10)	0.2
	生物糖胶-1	5
	双(羟甲基)咪唑烷基脲	0.2
	苯氧乙醇	0.3
	香精	适量

制备工艺步骤如下。

① 将 A_1 倒入乳化锅，25r/min 中速搅匀。将 A_2 也倒入乳化锅，25r/min 中速搅拌，加热到 85℃。

② B_1 倒入油锅，25r/min 中速搅拌，加热到 85℃。B_2 也倒入油锅，25r/min 中速搅拌均匀后，抽入乳化锅。

③ 乳化锅 25r/min 中速搅拌、50r/s 高速均质 360s。

④ 25r/min 中速搅拌，冷却到 50℃。将 C 倒入乳化锅，25r/min 中速搅拌、25～35r/s 中高速均质 120s。25r/min 中速搅拌冷却到 42℃以下，检测合格则可卸料。

4. 产品试用调查

产品试用调查是化妆品配方创新的第四个环节，也是最重要的一个环节，但也是最不受重视的一个环节。不能只局限于自己试用产品，自己认为好的配方就是好配方，自己不喜欢的配方就否定。有些做得稍微好一点的公司，会把产品配方样品分发给员工试用，之后再收集员工的意见。其实以上两种做法都不可取，都没有做到“深刻理解消费者”。一个产品的试用阶段，怎么可能没有消费者的参与呢？所以在开发“××水光美白亮肤精华液”时，因为目标消费人群是 18～30 岁的年轻人，他们应该喜欢清淡的香型，而不是浪漫粉香。试用结果证明判断是正确的，年轻人很喜欢清淡香型。一共发出 1000 份样品，共有 3 例反馈皮肤用后不适，过敏率在 0.3%左右，合理也可控。但还有一个普遍反映的问题：产品用后有些黏腻、黏手，不是很舒服。收集到这些反馈意见之后，决定对配方进行调整，化妆品配方创新进入第五个环节，也是最后一个环节。

5. 根据试用结果修正并确定配方

根据上述的产品试用调查结果，对配方进行了修正，修正后的产品保湿度不变，但产品的用后肤感非常水润，不再有黏腻感。这主要是由于甘油的配比从 10%降为 5%，另外加入了 2%的 PEG/PPG/聚丁二醇-8/5/3 甘油以及 1%的双-PEG-18 甲基醚二甲基硅烷，这两种成分都是比较好的抗黏腻原料。修正后的配方再打版出来50盒，分发给之前反映黏腻的消费者，获得了他们的一致好评。修正后的配方如表11-9所示，制备工艺不变。

表11-9 修正后的配方

组分	物质名称	质量分数/%
A_1	甘油	5
	丁二醇	4
	PEG/PPG/聚丁二醇-8/5/3甘油	2
	双丙甘醇	4
	汉生胶	0.15
	甘草酸二钾	0.1
	双-PEG-18甲基醚二甲基硅烷	1
	羟苯甲酯	0.1
	乳酸	0.1
	EDTA-2Na	0.05
	透明质酸钠	0.05
A_2	水	加至100
	氢化卵磷脂	1
B_1	异壬酸异壬酯	2
	生育酚乙酸酯	0.3
	苯乙基间苯二酚	0.2
B_2	丙烯酰二甲基牛磺酸铵/VP共聚物	0.35
	聚丙烯酸酯交联聚合物-6	0.23
C	3-*O*-乙基抗坏血酸	1.2
	光果甘草提取物(光甘草定)	0.05
	烟酰胺	2
	凝血酸	1.2
	橙皮苷甲基查尔酮	0.1
	马齿苋提取物	3
	红没药醇/姜根提取物(SymRelief® 10)	0.2
	生物糖胶-1	5
	双(羟甲基)咪唑烷基脲	0.2
	苯氧乙醇	0.3
	香精	适量

值得一提的是，以上配方设计方案是基于达到高效美白效果的思路来设计的，如果是基于注重产品的温和性而不强调产品的功效，则应基于注重产品温和性的思路来设计。

六、对中国化妆品配方工程师的寄语

学习知名品牌化妆品的成分表，揣摩它背后的配方设计思路、关键成分的选择标准、原料复配的合理方案，从而推导出其合理的配方数据未必是难以企及的事。但不应该止步于此，只满足于所谓的“仿版”，那么在模仿这条道路上无论仿版仿得多逼真，都应该清楚：并没有创造出属于自己的作品。爬到巨人的肩膀上，目的是为了看得更远。要做的是刻苦钻研、精益求精，不停地锤炼技术！

要想在化妆品配方创新研究这条道路上走得比较久远，需要积累相当多的实战经验；不仅要热衷埋首伏案于实验室，还能够走进市场为创新的产品做好市场定位；能真正学会倾听消费者的心声，产品能真正满足消费者内心的渴望，那时便成为了配方大师。即使不参考所谓的世界名牌的产品成分表，也能设计出大师级的配方来，或许那个时候也就到了所谓的世界知名品牌的配方师向我们学习配方技术的时候。

附　录

附录1　一些常用油性物质及其性能

序号	商品名	INCI名称(中文)	INCI名称(英文)	性能简介
1	乳木果油	牛油果树果脂	butyrospermum parkii (shea butter)	润肤剂,从牛油果树的果实中提取而成,含有丰富的不饱和脂肪酸,能够加强皮肤的保湿能力,能滋润干性皮肤即角质受损的肌肤,还可以调节产品的流动性,改善黏度,提高产品的感官品质和使用肤感
2	Water Clear Refined Jojoba Oil	霍霍巴籽油	simondsia chinensis (jojoba) seed oil	润肤剂,常温下为无色透明液体,天然来源,中度肤感,具有良好的稳定性、抗氧化性,含有丰富的维生素,滋养软化肌肤
3	Evoil Olive Oil	油橄榄果油	olea europaea (olive) fruit oil	润肤剂,常温下为橙黄色透明液体,天然来源,中度肤感,对皮肤的渗透能力较羊毛脂、油醇差,但比矿物油好,还具有一定的防晒效果
4	Floraesters 60	霍霍巴酯类	jojoba esters	润肤剂,常温下为白色膏体状,天然来源,亲肤性好,较为滋润
5	NE-44 GRAPE SEED OIL	葡萄籽油	vitis vinifera (grape) seed oil	润肤剂,常温下为淡黄色透明液体,天然来源,含有丰富的维生素,滋养软化肌肤
6	CETIOL SB45	牛油果树果脂	butyrospermum parkii (shea butter) oil	润肤剂,常温下为奶白色脂状物,天然来源,肤感滋润,特别适用于防晒产品,可以增加产品的SPF值
7	MDF	白池花籽油	limnanthes alba (meadowfoam) seed oil	润肤剂,常温下为淡黄色液体,天然来源,中度肤感,含97%的长链脂肪酸,是一种非常稳定的油脂,不油腻
8	2039 N KAHL WAX	小烛树蜡	euphorbia cerifera (candelilla) wax	润肤剂,常温下为棕黄色蜡状固体,天然来源,可作为增稠剂、赋形剂,具较好的抗水性,常用于彩妆产品。一般用于W/O产品
9	PHARMALAN USP	羊毛脂	lanolin	润肤剂,常温下为黄色黏稠软膏体,动物来源,滋润度好,具有良好的亲肤性,封闭性好
10	PIONIER 3476	矿脂	petrolatum	润肤剂,常温下为白色软膏状,石油化工来源,封闭性好,适合做便宜的保湿产品
11	WHITE BEESWAX SP-422P	白蜂蜡	cera alba	润肤剂,常温下为浅黄色颗粒状,动物来源,可作为增稠剂、赋形剂,能提高产品高温稳定性和蜡质感
12	Edenor C18-65 MY	硬脂酸	stearic acid	润肤剂,常温下为白色固体,可作乳化产品的增稠剂、清洁产品的皂基基料,泡沫较为细腻
13	LANETTE MY	鲸蜡硬脂醇	cetearyl alcohol	润肤剂,常温下为白色固体,可作增稠剂、助乳化剂、赋形剂
14	IPP	棕榈酸异丙酯	isopropyl palmitate	润肤剂,常温下为无色透明液体,合成油脂,肤感清爽不油腻
15	IPM	肉豆蔻酸异丙酯	isopropyl myristate	润肤剂,常温下为无色透明液体,合成油脂,肤感清爽不油腻

续表

序号	商品名	INCI 名称(中文)	INCI 名称(英文)	性能简介
16	DC 200	聚二甲基硅氧烷	dimethicone	润肤剂,常温下为无色透明液体,可作消泡剂,按照聚合度的大小分为高黏度和低黏度,其中低黏度产品有挥发性,肤感清爽不黏腻;高黏度产品无挥发性,但滋润性较好,并且防水性佳
17	EDENOR C14 99-100MY	肉豆蔻酸	myristic acid	润肤剂,常温下为白色固体,可作增稠剂,常作为洁面产品配方皂基基料,泡沫粗大
18	LANETTE 16	鲸蜡醇	cetyl alcohol	润肤剂,常温下为白色固体,可作增稠剂、助乳化剂
19	EDENOR C12 98-100MY	月桂酸	lauric acid	润肤剂,常温下为白色固体,可作增稠剂,常作为洁面产品配方皂基基料,泡沫粗大
20	PARLEAM LITE 合成角鲨烷	氢化聚异丁烯	hydrogenated polyisobutene	润肤剂,常温下为无色透明液体,合成油脂,清爽肤感,可降低配方的黏腻感
21	GTCC	辛酸/癸酸甘油三酯	caprylic/capric triglyceride	润肤剂,常温下为无色透明液体,合成油脂,中等润肤,铺展性良好
22	DC 345	环聚二甲基硅氧烷	cyclomethicone	润肤剂,常温下为无色透明液体,合成油脂,无味、不油腻且无刺激性。作为基本油相组分或作为活性物质的临时载体,可改善铺展性并易于涂抹。作为一种低黏度挥发性硅氧烷,可降低配方的黏腻感,挥发后基本无残留,还可降低表面张力,有助于产品铺展,并促进固体颜料均匀分散
23	MT-1/GW Cosmacol EBI	$C_{12\sim15}$ 醇苯甲酸酯	$C_{12\sim15}$ alkyl benzoate	润肤剂,常温下为无色透明液体,合成油脂,防晒成分的分散、增溶剂,可增加防晒产品的 SPF 值
24	ESTOL 1543	棕榈酸乙基己酯	ethylhexyl palmitate	润肤剂,常温下为无色透明液体,合成油脂,有一定的封闭性,肤感清爽不油腻
25	PRISORINE 3631	季戊四醇四异硬脂酸酯	pentaerythrityl tetraisostearate	润肤剂,常温下为无色透明液体,合成油脂,非常润滑,光亮度高,与皮肤亲和性好,具较好的抗水性,适合于彩妆产品
26	S&P 地蜡	地蜡	ozokerite	润肤剂,常温下为白色固体,石油化工来源,可作增稠剂,赋形剂,具较好的抗水性,常用于彩妆产品。一般用于 W/O 产品
27	ARLAMOL HD	异十六烷	isohexadecane	润肤剂,常温下为无色透明液体,合成油脂,清爽肤感,可增加产品光泽度
28	DC 556	苯基聚三甲基硅氧烷	phenyl trimethicone	润肤剂,常温下为无色透明液体,合成油脂,清爽不油腻,易涂抹,透气性好,相容性好,柔软并保护肌肤
29	CETIOL CC	碳酸二辛酯	dicaprylyl carbonate	润肤剂,常温下为无色透明液体,合成油脂,具有极干爽的铺展性,对结晶性的有机防晒剂、二氧化钛、氧化锌有很好的溶解性,能显著提高 SPF 值,降低配方的黏腻感
30	EUTANOL G	辛基十二醇	octyldodecanol	润肤剂,常温下为无色透明液体,合成油脂,中等极性油脂,肤感相当爽滑,适合用于润肤油及清爽型护肤产品
31	PARAFFIN OIL	矿油	mineral oil	润肤剂,常温下为无色透明液体,石油化工来源,中度肤感,经济型油脂,封闭性好,可作二氧化钛分散剂

续表

序号	商品名	INCI 名称(中文)	INCI 名称(英文)	性能简介
32	PURESYN 4	氢化聚癸烯	hydrogenated polydecene	润肤剂,常温下为无色透明液体,合成原料,肤感滋润厚重,可代替矿物油产品,易吸收,特别适用于手霜、身体乳液及冬天或北方使用的产品
33	氢化蓖麻油	氢化蓖麻油	hydrogenated castor oil	润肤剂,常温下为白色固体,半合成原料,可作增稠剂,调节黏度
34	DC 2503	硬脂基聚二甲硅氧烷	stearyl dimethicone	润肤剂,常温下为无色透明液体,人工改性硅蜡,肤感清爽,可降低配方的黏腻感
35	ABIL WAX 9801	鲸蜡基聚二甲基硅氧烷	organo-modified polysiloxane	润肤剂,常温下为黄色透明液体,人工改性有机硅氧烷,可为肌肤提供如丝般光滑感觉,有助于色粉和防晒剂分散,在防晒产品中可有效提高防晒指数
36	DERMOFEEL BGC	丁二醇二辛酸/二癸酸酯	butylene glycol dicaprylate/dicaprate	润肤剂,常温下为无色透明液体,人工合成,亲肤性好,中等极性,不油腻
37	CETIOL SN-1	鲸蜡醇乙基己酸酯	cetyl ethylhexanoate	润肤剂,常温下为无色透明液体,人工合成,具有非常好的铺展性和低封闭性,不油腻
38	Dragoxat 89	异壬酸异辛酯	ethylhexyl isononanoate	润肤剂,赋予产品独特的柔软、细滑、不黏腻的肤感,减少油腻感和黏腻感,具有良好的抗水性能
39	Isoadipate	己二酸二异丙酯	diisopropyl adipate	润肤剂,具有优良的成膜性能,可提供愉悦的柔软感和不黏腻感,是醇水体系的完美润肤剂,降低乙醇体系配方的干燥感
40	COSMACOL OE	二辛基醚	dicaprylyl ether	润肤剂,轻柔干爽,易铺展,适合制备极端 pH 值(高或低)的产品,能生产无黏腻感或要求降低产品黏腻感的产品
41	NACOL 22-98	山嵛醇	behenyl alcohol	润肤剂,油脂,赋形剂,做出的膏霜黏度稳定,肤感特别
42	DOMUSCARE AL	$C_{12\sim15}$醇乳酸酯	$C_{12\sim15}$ Alkyl Lactate	一种抗刺激的润肤剂,具有:低添加量强抗刺激性;明显的赋脂效果和保湿滋润效果;提高含有珠光剂产品的稳定性。可用于透明产品、清洁配方和皂基产品
43	DOMUSCARE MDIS	二异硬脂醇苹果酸酯	diisostearyl malate	润肤剂,中等黏度的润肤油酯,具有分散色粉/粉末特性,并能提高色粉/粉末的光泽度和亮度,适用于唇部、彩妆产品
44	DOMUSCARE PTIS	季戊四醇四异硬脂酸酯	pentaerythrityl tetraisostearate	润肤剂,淡黄色透明液体,油溶性润肤剂;高折射率、高光泽和极好的润滑感;较好的封闭性,可形成亲和性的膜,留下丰富的长效肤感,适用于唇膏和防晒产品
45	SOFTISAN GC8	甘油辛酸酯	glyceryl caprylate	润肤剂,植物来源,熔点为30℃左右,具有良好的铺展性,为皮肤带来良好的滋润和保湿效果,同时具有抗菌能力。实验表明:使用0.5%~1.0%的甘油辛酸酯就能有效改善产品的抗菌性。适用于祛痘、润肤、洗发、护发等产品
46	SOFTISAN PG2 C10	聚甘油-2 癸酸酯	polyglyceryl-2 caprate	润肤剂,无色黏性液体,柔软的触感,具有脱臭、抗菌活性、呵护肌肤及赋脂的功能
47	MIGLYOL PPG 810	丙二醇二辛酸酯/二癸酸酯	propylene glycol dicaprylate/dicaprate	润肤剂,具有良好的铺展性,很好地分散油脂,在皮肤上不会留下油脂光泽,低黏度,低浊点,抗氧化稳定性高,适用于膏霜、乳液等

续表

序号	商品名	INCI 名称(中文)	INCI 名称(英文)	性能简介
48	MIGLYOL OE	油醇芥酸酯	oleyl erucate	润肤剂,霍霍巴油代用品,滋润不油腻,保湿能力优越,可防止皮肤干燥,赋予膏霜光泽
49	Refined Cupuacu Butter 精炼可可脂	大花可可树籽脂	theobroma grandiflorum seed butter	润肤剂,源自亚马孙流域的天然高纯度精炼油脂,对干性或受损的头发和皮肤具有特别强的保湿效果,熔点约 27℃
50	Rice Germ Oil 大米胚芽油	稻(oryza sativa)胚芽油	oryza sativa (rice) germ oil	润肤剂,γ-谷维素含量较高,具有优异的消炎抗过敏作用,具抗氧化和滋润效果
51	Sweet Almond Oil 甜杏仁油	甜扁桃油	prunus amygdalus dulcis(sweet almond)oil	润肤剂,极为温和,具有良好的亲肤性,连最娇嫩的婴儿都可以使用。中性、舒缓、清爽不腻,质地相当轻柔、润滑,是最不油腻的基础油,与任何植物油皆可互相调和,还具有隔离紫外线的作用,因此也是最广泛使用的基础油
52	沙棘果油	沙棘果油	hippophae rhamnoides fruit oil	润肤剂,富含 100 多种生物活性成分,可促进面部微血管的循环,其抗氧化功能可有效祛除面部色斑及皱纹,起到滋润、美白、祛斑、除皱等多方面功效
53	PCL Liquid 100 液体水鸟油 100	鲸蜡硬脂醇乙基己酸酯	cetearyl ethylhexanoate	润肤剂,提供杰出的皮肤柔润度;高纯度油脂;显著的憎水性能
54	PCL Solid 固体水鸟油	硬脂醇庚酸酯,硬脂醇辛酸酯	stearyl heptanoate,stearyl caprylate	润肤剂,有助于乳化体系达到适宜的稠度,可增强稳定性;在美妆产品中能改善成膜性(睫毛膏、眼线等);具有良好的抗水性和赋脂性
55	Isodragol 三异壬酸甘油酯	三异壬精	triisononanoin	润肤剂,是一种具有卓越肤感和铺展性的油脂;颜料分散剂;兼具润湿和赋脂的性能

附录 2　常用乳化剂及其性能

序号	商品名	INCI 名称(中文)	INCI 名称(英文)	性能简介
1	Brij 72 /Brij 721	硬脂醇聚醚-2 /硬脂醇聚醚-21	steareth-2/steareth-21	Brij 72 为 W/O 型乳化剂,Brij 721 为 O/W 型乳化剂,两者配合使用可获得很好的乳化效果,膏体细腻光亮,在较大 pH 值范围稳定
2	GLUCATE SS /GLUCATE SSE-20	甲基葡糖倍半硬脂酸酯 /PEG-20 甲基葡糖倍半硬脂酸酯	methyl clucose sesquistearate /PEG-20 methyl glucose sesquistearate	两者配合使用,为 O/W 型润滑剂,可制得细腻稳定的膏体,属于温和无刺激的乳化剂
3	A6/A25	鲸蜡硬脂醇聚醚-6(和)硬脂醇/鲸蜡硬脂醇聚醚-25	ceteareth-6(and)stearyl allcohol/ceteareth-25	A6 为 W/O 型乳化剂,A25 为 O/W 型乳化剂,两者常配合使用,具有强耐电解质和强耐酸碱能力

续表

序号	商品名	INCI名称(中文)	INCI名称(英文)	性能简介
4	Dracorin CE	甘油硬脂酸酯柠檬酸酯	glyceryl stearate citrate	植物来源的乳化剂,不含PEG,可提供清爽柔软的肤感,制备的微酸性乳液具有良好的皮肤兼容性,特别适用于敏感肌肤
5	EC-Fix SE	蔗糖硬脂酸酯(和)鲸蜡硬脂基葡糖苷(和)鲸蜡醇	sucrose stearate (and) cetearyl glucoside (and)cetyl alcohol	天然植物来源的复合乳化剂,性质温和,乳化后具有网络效应,可提高体系的耐离子性和耐酸碱性,使得产品可以长期保持稳定
6	Dracorin GOC	甘油油酸酯柠檬酸酯	glyceryl oleate citrate	阴离子乳化剂,HLB值约为13,不含PEG,可快速吸收,轻质滋润,既可作主乳化剂,也可用作不含PEG的辅助乳化剂,可以冷配,对极性油与非极性油、低油分含量至高油分含量(10%~40%)都能稳定,适用于较宽pH值(4~9)
7	Novel A	鲸蜡醇(和)月桂基多葡糖苷	cetyl alcohol(and)dodecyl polyglucoside	一种新型的植物糖苷酯类O/W型乳化剂,可以乳化植物油、矿物油、硅油等油脂,具有极佳的铺展性能和良好的耐寒耐热稳定性。该乳化剂较温和,无任何刺激性
8	Span-20/Span-40/Span-60/Span-80 Tween-20/Tween-40/Tween-60/Tween-80	山梨坦月桂酸酯/山梨坦棕榈酸酯/山梨坦硬脂酸酯/山梨坦油酸酯 聚山梨醇酯-20/聚山梨醇酯-40/聚山梨醇酯-60/聚山梨醇酯-80	sorbitan laurate/sorbitan palmitete/sorbitan stearate/sorbitan oleate polysorbate 20/polysorbate 40/polysorbate 60/polysorbate 80	Span-20、Span-40、Span-60、Span-80三者属于W/O型乳化剂,Tween-20、Tween-40、Tween-60、Tween-80属于O/W型乳化剂。两者一般配合使用,是传统的乳化剂
9	MONTANOV 68 /MONTANOV 82 /MONTANOV L /MONTANOV 202	鲸蜡硬脂醇(和)鲸蜡硬脂基烷基糖苷/鲸蜡硬脂醇(和)椰子基葡糖苷/花生醇(和)山嵛醇(和)花生醇葡糖苷/花生醇(和)山嵛醇(和)花生醇葡糖苷	cetearyl alcohol (and) cetearyl glucoside/cetearyl alcohol (and) coco-glucoside/$C_{14\sim22}$ alcohols (and) $C_{12\sim20}$ alkyl glucoside/arachidyl alcohol(and)behenyl alcohol(and) arachidyl glucoside	O/W型乳化剂,天然来源、乳化能力强、手感舒适、性质温和
10	NIKKOL Lecinol S-10	氢化卵磷脂	hydrogenated lecithin	O/W型乳化剂,是安全的生物表面活性剂,具有两亲结构,非常适合做液晶产品,做出来的产品肤感柔滑滋润
11	EMULGADE® SUCRO	蔗糖多硬脂酸酯(和)氢化聚异丁烯	sucrose polystearate(and)hydrogenated polyisobutene	O/W型乳化剂,对肌肤非常温和,可改善肌肤的保湿性能,带来娇嫩的肤感和用后感

续表

序号	商品名	INCI 名称(中文)	INCI 名称(英文)	性能简介
12	OLIVEM 1000	鲸蜡硬脂基橄榄油酯(和)山梨醇橄榄酯	cetearyl olivate(and)sorbitan olivate	O/W 型乳化剂,由天然植物性橄榄油衍生的新一代温和亲肤乳化剂,不含 EO,可形成自乳化体系;可形成液晶结构,极易涂展,得到清爽、丝般手感,且具有长效保湿性;极佳的皮肤亲和性,容易吸收,因为橄榄油是所有天然油脂中与皮肤亲和性最高的油脂
13	ABIL®Care XL 80	双-PEG/PPG-20/5 PEG/PPG-20/5 聚二甲基硅氧烷(和)甲氧基 PEG/PPG-25/4 聚二甲基硅氧烷(和)辛酸/癸酸甘油三酯	BIS-PEG/PPG-20/5 PEG/PPG-20/5 dimethicone(and) methoxy PEG/PPG-25/4 dimethicone(and)caprylic/capric triglyceride	硅酮类水包油乳化剂,具有卓越的稳定性、配方灵活性和良好的肤感。适用于:冷配乳液,冷配喷雾,冷配霜状凝胶,热配乳液,热配膏霜
14	WINSIER	环五聚二甲基硅氧烷(和)二硬脂二甲铵锂蒙脱石(和)PEG-10 聚二甲基硅氧烷	cyclopentasiloxane(and)PEG-10dimethicone(and)disteardimoniue hectorite	硅油或者油包水型的乳化剂,制得的产品手感柔滑细腻,保湿和防水性能优越,产品稳定性极高
15	ABIL EM 97	双-PEG/PPG-14/14 聚二甲基硅氧烷(和)聚二甲基硅氧烷	BIS-PEG/PPG-14/14 dimethicone(and) dimethicone	硅油包水体系用乳化剂,也可用于油包水和水包油中的辅助乳化剂,赋予天鹅绒般丝滑肤感
16	ABIL EM 90	鲸蜡基 PEG/PPG-10/1 聚二甲基硅氧烷	cetyl PEG/PPG-10/1 dimethicone	液态非离子型 W/O 聚硅氧烷乳化剂,由于它的聚合和多功能基团使其具有高度的乳化稳定性,特别适于生产润肤乳液。具有极佳的耐热和耐冷稳定性,能乳化具有高含量植物油和活性成分的配方,也能乳化具有高含量有机和/或物理防晒剂的配方
17	Emulsiphos®677660	鲸蜡醇磷酸酯钾(和)氢化棕榈油甘油酯类	potassium cetyl phosphate(and)hydrogenated palm glycerides	优良的乳化能力,对皮肤温和无刺激,理想的 O/W 乳化剂,涂抹容易,肤感柔软,广泛应用于各种膏霜和乳液,外观亮丽平整
18	K12	月桂醇硫酸酯钠	sodium lauryl sulfate	O/W 型乳化剂,属于传统型的乳化剂,有很强的乳化能力,但有较大的刺激性,适合于制造比较低档的膏霜和乳液(如洗面奶等)
19	硬脂酸钾/硬脂酸钠	硬脂酸钾/硬脂酸钠	potassium stearate/sodium stearate	O/W 型乳化剂,属于传统型的乳化剂,有很强的乳化能力,多用于制造雪花膏型的膏霜
20	蜂蜡(和)硼砂	蜂蜡(和)硼砂	beeswax(and)sodium borate	蜂蜡中的脂肪酸与硼砂反应生成脂肪酸皂,作乳化剂,多用于制造冷霜型的膏霜
21	SEPIGEL 305	聚丙烯酰胺(和)C_{13}～C_{14}异链烷烃(和)月桂醇聚醚-7	polyacrylamide(and)$C_{13\sim14}$ isoparaffin(and)laureth-7	可作为 O/W 型乳化剂,主要用作膏霜增稠剂、悬浮剂,可低温乳化

续表

序号	商品名	INCI 名称(中文)	INCI 名称(英文)	性能简介
22	DOMUSCARE PG8-DI	PEG-8 二硬脂酸酯	PEG-8 distearate	白色蜡状固体,可作为 O/W 乳化剂、肤感调节剂、遮光剂、调理剂;熔点 35℃左右,遇肤即熔。与传统乳化剂相比,具有更清爽、不黏腻的特点
23	DOMUSCARE PG-2 T3IS	聚甘油-2 三异硬脂酸酯	polyglyceryl-2 triisostearate	淡黄色透明液体,不含 PEG,可以作为 W/O 乳化剂、润肤剂、保湿剂使用,清爽无油腻感;黏附性强,折射率高,是良好的油相增溶剂,适用于彩妆产品
24	Hostaphat CS 120	硬脂醇磷酸酯	stearyl phosphate	白色粉末;高效的阴离子乳化剂;不含 EO 和氯;特别适用于防晒产品
25	Hostacerin DGI	聚甘油-2 倍半异硬脂酸酯	polyglyceryl-2 sesquiisostearate	澄清液体;HLB 值约为 5;W/O 乳化剂;不含 EO;可以冷配;适用于 W/O 乳液和膏霜产品中;经 ECOCERT 认可
26	Hostacerin DGMS	聚甘油-2 硬脂酸酯	polyglyceryl-2 stearate	白色颗粒;HLB 值约为 5;不含 EO;复配使用可以提高体系黏度,基质更加细腻光亮,肤感更加滋润;适用于膏霜产品;经 ECOCERT 认可
27	Hostacerin DGSB	PEG-4 聚甘油-2 硬脂酸酯	PEG-4 polyglyceryl-2 stearate	白色蜡状;HLB 值约为 7;复配使用可以提高体系黏度,基质更加细腻光亮,肤感更加滋润;适用于膏霜产品
28	Hostaphat KL 340D	三(月桂醇聚醚-4)磷酸酯	trilaureth-4 phosphate	澄清液体;HLB 值约为 12;O/W 乳化剂;使用方便,无需中和;比传统阴离子乳化剂更温和;特别适用于乳液,防晒产品
29	Hostaphat KW 340D	三(鲸蜡硬脂醇聚醚-4)磷酸酯	triceteareth-4 phosphate	白色蜡状;HLB 值约为 10;O/W 乳化剂;使用方便,无需中和;比传统阴离子乳化剂更温和;特别适用于膏霜,防晒产品
30	Plantasens Natural Emulsifier HE 20	鲸蜡硬脂基葡糖苷,山梨坦橄榄油酸酯	cetearyl glucoside, sorbitan olivate	米色片状;HLB 值约为 9.5;O/W 乳化剂;天然植物来源;对皮肤有保湿作用;可以形成液晶结构;适用于 W/O 乳液和膏霜产品;经 ECOCERT 认可
31	OLI-9018 十八酰胺丙基二甲胺	硬脂酰胺丙基二甲胺,硬脂酸	stearamidopropyl dimethylamine, stearic acid	阳离子调理剂和乳化剂,在酸性条件下可改善头发干梳及湿梳性,赋予头发柔顺及蓬松感;酸性条件下可作膏霜助乳化剂,赋予肌肤柔滑、丝绸感
32	OLI-9022 乳化剂	硬脂醇聚醚-25,硬脂醇聚醚-3,水	steareth-25,steareth-3,water	非离子乳化剂复配物,是生产细腻亮泽 O/W 型膏霜和蜜类的优良乳化剂
33	IMWITOR 600	聚甘油-3 聚蓖麻醇酸酯	polyglyceryl-3 polyricinoleate	W/O 乳化剂;黄棕色黏稠液体;特别适用于柔软、低黏乳液;可提供持久而滋润的肤感
34	IMWITOR 960K	甘油硬脂酸酯 SE	glyceryl stearate SE	自乳化剂,优良的 O/W 乳化剂,用于热配、有滋润肤感的膏霜和 butters 配方
35	IMWITOR GMIS	甘油异硬脂酸酯	glyceryl isostearate	W/O 助乳化剂;适用于冷配和热配,可作为乳液的稳定剂。在喷雾型配方中 IMWITOR375/liteMULS 复配 IMWITOR GMIS 可以有效提高其稳定性
36	IMWITOR PG3 C10	聚甘油-3 癸酸酯	polyglyceryl-3 caprate	助乳化剂,HLB 值为 10～13;赋脂;给予肌肤柔滑愉快的皮肤感觉;在表面活性体系中具有一定的增稠、稳泡作用

参考文献

[1] 龚盛昭，陈庆生. 日用化学品制造原理与工艺. 北京：化学工业出版社，2014.

[2] 董银卯，李丽，孟宏，邱显荣. 化妆品配方设计 7 步. 北京：化学工业出版社，2016.

[3] 董银卯，孟宏，马来记. 化妆品科学与技术丛书：皮肤表观生理学. 北京：化学工业出版社，2018 .

[4] 王军. 功能性表面活性剂制备与应用. 北京：化学工业出版社，2009.

[5] 唐冬雁，董银卯. 化妆品：原料类型・配方组成・制备工艺. 2 版. 北京：化学工业出版社，2017.

[6] 金谷. 表面活性剂化学. 合肥：中国科学技术大学出版社，2008.

[7] 焦学瞬，张春霞，张宏忠. 表面活性剂分析. 北京：化学工业出版社，2009.

[8] 王军. 表面活性剂新应用. 北京：化学工业出版社，2009.

[9] 李蕙础，吕亮. 表面活性剂性能及应用. 北京：科学出版社，2008 .

[10] 裘炳毅，高志红. 现代化妆品科学与技术（上、中、下册）. 北京：中国轻工业出版社，2016.

[11] 赵世民. 表面活性剂：原理、合成、测定及应用. 2 版. 北京：中国石化出版社，2017.

[12] 周波. 表面活性剂. 2 版. 北京：化学工业出版社，2012 .

[13] 裘炳毅. 化妆品和洗涤用品的流变特性. 北京：化学工业出版社，2004.

[14] 钟振声，章莉娟. 表面活性剂在化妆品中的应用. 北京：化学工业出版社，2003.

[15] 王培义，徐宝财，王军. 表面活性剂：合成・性能・应用. 3 版. 北京：化学工业出版社，2019.

[16] 董银卯，郑彦云，马忠华. 本草药妆品. 北京：化学工业出版社，2010.

[17] 裘炳毅. 化妆品化学与工艺技术大全. 北京：中国轻工业出版社，2006.

[18] 龚盛昭，李忠军. 化妆品与洗涤用品生产技术. 广州：华南理工大学出版社，2002.

[19] 李东光. 实用化妆品配方手册. 3 版. 北京：化学工业出版社，2014.

[20] 董银卯，何聪芬. 现代化妆品生物技术. 北京：化学工业出版社，2009.

[21] 赖小娟. 表面活性剂在个人清洁护理用品中的应用. 中国洗涤用品工业，2007，(05).

[22] 陈文求，孙争光. 生物表面活性剂的生产与应用. 胶体与聚合物，2007，(03).

[23] 田震，李庆华，解丽丽. 洗涤剂助剂的应用及研究进展. 材料导报，2008，(01).

[24] 郭俊华，段秀珍. 微乳化香精在液体洗涤剂中的应用. 中国洗涤用品工业，2011，(02).

[25] 张俊敏，骆建辉. 化妆品中 W/O 型乳化体性能的研究. 广东化工，2009，(04).

[26] 孟潇，许锐林，陈庆生，龚盛昭. 基于多重乳化体技术制备中草药防晒霜. 日用化学工业，2017，47 (07).

[27] 孟潇，许锐林，陈庆生，龚盛昭. 基于 BASF Sunscreen Simulator 初步评价 17 种常用化学防晒剂. 当代化工研究，2017，(05).

[28] 孟潇，陈庆生，龚盛昭. 用于化妆品的稳定多重乳状体系的研发. 香料香精化妆品，2016，(06).

[29] 曾茜，龚盛昭，向琴，万岳鹏. 一种氨基酸型无硅油洗发香波的研制. 香料香精化妆品，2016，(05).

[30] 姜海燕，杨成. 香波中硅油在头发上的沉积作用. 江南大学学报（自然科学版），2009，(03).

[31] 孟潇，陈庆生，赵金虎，龚盛昭. 一种出水型色彩调控霜的制备. 日用化学工业，2014，44 (01).

[32] 李建，陈庆生，孙永，龚盛昭. 一种微囊包裹化学型紫外吸收剂技术研究. 日用化学品科学，2014，37 (05).

[33] 陈庆生，孟潇，龚盛昭，孔胜仲，孙永. 复合广谱紫外线吸收剂在防晒化妆品中的应用研究. 日用化学工业，2014，44 (05).

[34] 孔秋婵，张怡，刘薇，龚盛昭. 新型复配无防腐体系的功效研究. 香料香精化妆品，2015 (05).

[35] 张凯，龚盛昭，孙永，万岳鹏. 工业化生产的无患子皂苷在洗发水中的应用研究. 广东化工，2015，42 (19).

[36] 孟潇，冯小玲，陈庆生，龚盛昭. 高效保湿霜配方设计及其保湿性能研究. 香料香精化妆品，2015，(04).

[37] 舒鹏，孔胜仲，龚盛昭. 一种美白乳液的制备与稳定性研究. 日用化学工业，2014，44 (11).

[38] 李强，万岳鹏，孙永，龚盛昭. 浅析抗污染发用洗护产品发展新趋势. 香料香精化妆品，2017，(06).

[39] 孔秋婵，张怡，刘薇，龚盛昭. 天然来源复配防腐体系的功效研究. 香料香精化妆品，2017，(05).

[40] 王友升，朱昱燕，董银卯. 化妆品用防腐剂的研究现状及发展趋势. 日用化学品科学，2007，(12).

[41] 李安良，杨淑琴，郭秀茹. 化妆品功效成分及其研发方向. 第十一届中国化妆品学术研讨会论文集，2016.